AutoCAD를 활용한

자동화기계설계

이창훈 저

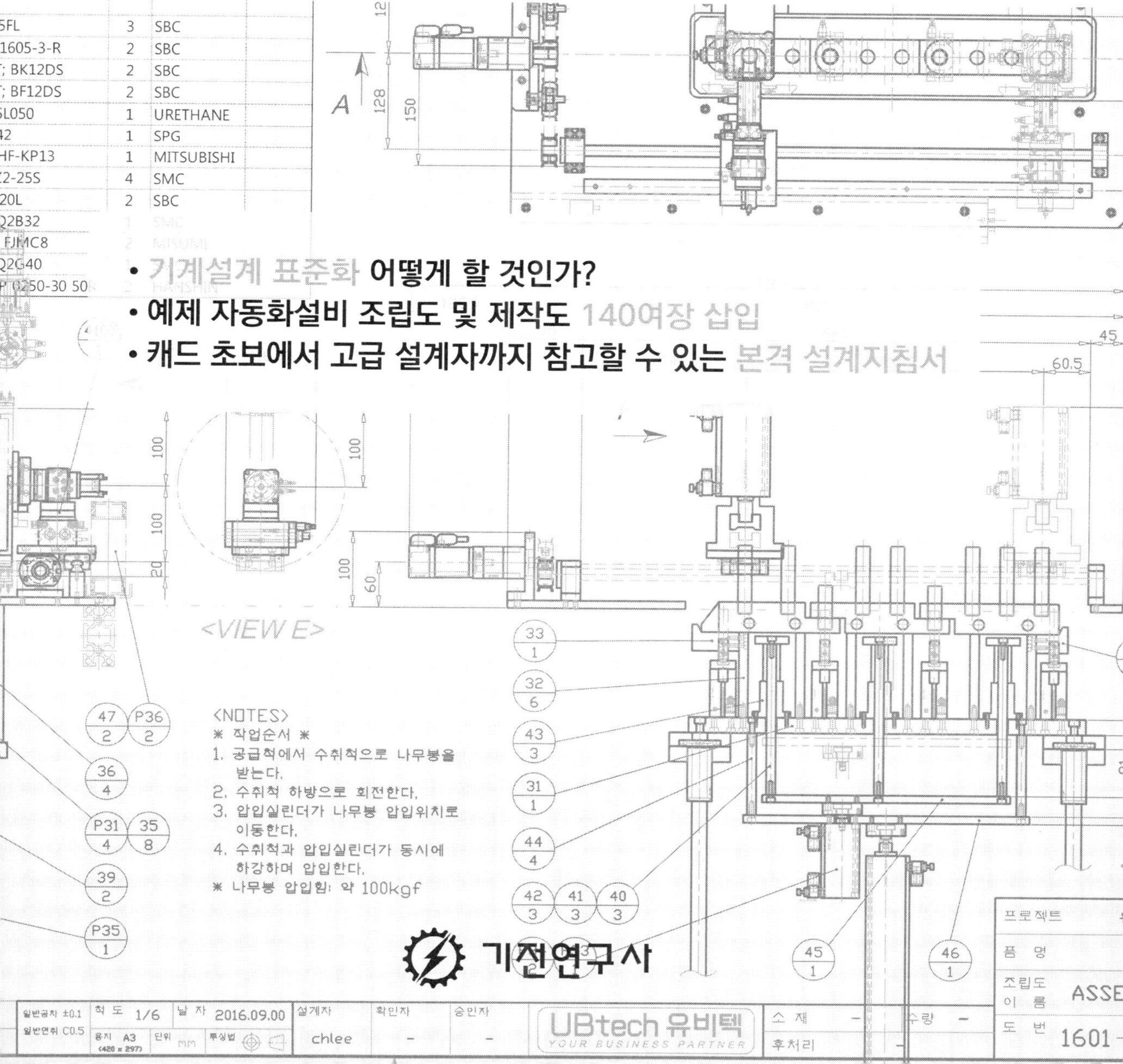

기전연구사

PREFACE

오토데스크(AUTODESK)社에서 만든 오토캐드(AUTOCAD)는 가장 널리 사용되는 설계 소프트웨어 입니다. 이 책은 시중의 수많은 책에서와 같이 오토캐드의 사용방법 기술에 중점을 두지 않았습니다. 이 책의 목적은 오토캐드를 이용한 기계설계 또는 자동화설계 실무에 있어서 직접 적용할 수 있는 최선의 방법을 찾고자 함에 있습니다. 동기와 목적에 대한 자세한 설명은 하기와 같습니다.

첫째, 산업현장에서 간과하기 쉬운, 오토캐드를 이용한 기계설계 표준화에 대한 합리적인 기준을 제시하고자 합니다.

설계방법은 큰 기업에서 소기업까지 수많은 회사들에 있어서 저마다 다릅니다. 자기 고유의 설계방법이 표준화되어 정착된 기업에서는 높은 업무효율을 내기도 하지만, 그렇지 못한 기업에서는 시간과 비용의 손실이 발생하기도 합니다. 많은 수의 회사에서는 특히 소기업에서는 표준화에 대한 개념조차도 부족하며, 현업에 쫓기다 보면 설계 표준화가 당장 중대한 일이 아니다보니 이에 대한 정립을 충분히 하지 못하고 현업에 매진할 수 밖에 없는 상황입니다.

하지만 표준화 정립을 하지 못한 채 현업이 진행되고 시간이 흐르게 되면, 설계효율 감소, 설계오류, 제품불량, 부서간 업무혼선 등과 같은 생산성 하락에 의한 불합리한 손실이 발생할 수 있습니다. 이는 기업 고유의 기술력이 부족해서 발생하는 생산성 하락이 아닌 설계업무 방식의 문제점 혹은 표준화 되지 않음으로 인한 생산성 하락인 경우가 많습니다. 현장에 몸담고 있는 필자는 수없이 목격해 왔습니다.

또한 캐드가 탄생한 이후에 설계자 한 개인에게 부담되는 업무는 갈수록 많아진다고 하겠습니다. 빠른 시간 안에 설계를 마쳐야 하고 수 백장의 제작도를 그려내는데 허락되는 시간도 단 며칠에 불과할 때가 많습니다. 더러는 다 있는 도면 늘리고 줄여서 설계하는데 무슨 시간이 그리 많이 걸리냐는 핀잔을 듣기도 합니다. 캠(CAM, CAE)으로 작업할 파일을 만들어 이메일로 보내야 하며 매뉴얼에 들어갈 설명도를 만들기도 합니다. 캐드에 의해 설계방법이 고도화된 그 이상으로 설계자에게 부과되는 일은 더 많아지고 또 복잡해졌습니다. 이러한 흐름에서 많아지고 복잡해진 도면들을 오차 없이 또 오류 없이 관리해낸다는 것은 결코 쉽지 않은 문제입니다. 이제는 그 관리 방법에 대해 고민해야 합니다.

둘째, 캐드라는 컴퓨터 작업환경에 적합하며 설계작업의 효율을 높일 수 있는 방법을 찾고자 합니다.

오늘날 산업현장에서 기계설계 작업을 할 때 대부분 오토캐드를 사용합니다. 멀지 않은 과거에는 펜을 이용하여 종이에 직접 드래프팅을 하였지만 지금은 거의 찾아볼 수 없는 모습이 되었습니다. 드래프팅의 규칙에 대해서는 국가별로 만들어 사용하는 표준규격(KS, JIS, ASME 등)에서 정의하는 규칙 있습니다. 종이에 드래프팅 하는 것과 동일하게 캐드를 이용하여 드래프팅을 하더라도 규격에서 정의하는 드래프팅 규칙을 모두 만족할 수 있습니다. 캐드가 나중에 발명된 기술이지만 기본적으로 종이에 드래프팅 하는 규칙을 그대로 만족하게끔 만들어졌기 때문입니다.

하지만 캐드로의 설계환경 변화는 드래프팅 규칙을 완전히 준수하기에는 불편한 점이 다소간 있다고 필자는 생각합니다. 과거의 드로잉 기준만 생각하여 현재의 방법에서는 실제로 시간과 품이 많이 들어가는데도 불구하고 규칙을 고집하는 경우를 봐왔습니다. 더구나 현재의 산업사회는 갈수록 경쟁이 치열해지고 필연적으로 설계시간 단축과 제조비용 절감을 끝을 모르게 요구하고 있습니다. 이러한 상황에서 어떻게 하면 보다 효율적으로 오토캐드를 사용하여 기계설계를 할 수 있을까 하는 고민을 필자는 하게 되었습니다. 또한 어떻게 하면 드래프팅 규칙을 준수하면서 캐드작업 효율을 높일 수 있을까를 고민하게 되었습니다. 이 책은 그 고민의 결과입니다. 드래프팅 규칙을 최대한 준수하며 벗어남은 최소화하려 노력했습니다.

빠르게! 정확하게! 단순하게!

이 책이 지향하는 바입니다. 이 책은 오토캐드의 초보자는 물론 고급 설계자에게도 참고되리라 생각합니다. 끝으로 이 책을 만들어주신 기전연구사 임직원 여러분께 깊은 감사를 드립니다. 그리고 사랑하는 아내, 쭈니, 뽀이, 양가부모님에게 이 작은 성과를 바칩니다. 무엇보다도 이 책을 선택해주신 독자 여러분께 특별한 감사말씀을 드립니다.

감사합니다.

2017년 1월
이 창 훈

CONTENTS

CONTENTS

CONTENTS

chapter 04 예제 장비 소개 … 89

chapter 05 조립도 구성 … 99

CONTENTS

CONTENTS

자동화 기계설계

Chapter 01

오토캐드 환경설정

오토캐드의 환경설정을 현장에서의 작업에 비유하자면, 작업에 앞서 작업대를 깨끗이 치우고 필요한 공구류와 부품들을 제 위치에 적절히 배치하여 본격적인 작업을 위한 준비를 하는 것이라고 하겠다. 환경설정의 여부에 따라서 기계설계 작업의 효율이 높아질 수 있다. 또한 캐드는 윈도우에서 사용되므로 윈도우라는 컴퓨팅 환경을 활용하는 것도 중요하다.

1.1 화면구성

1.1.1 초기 화면

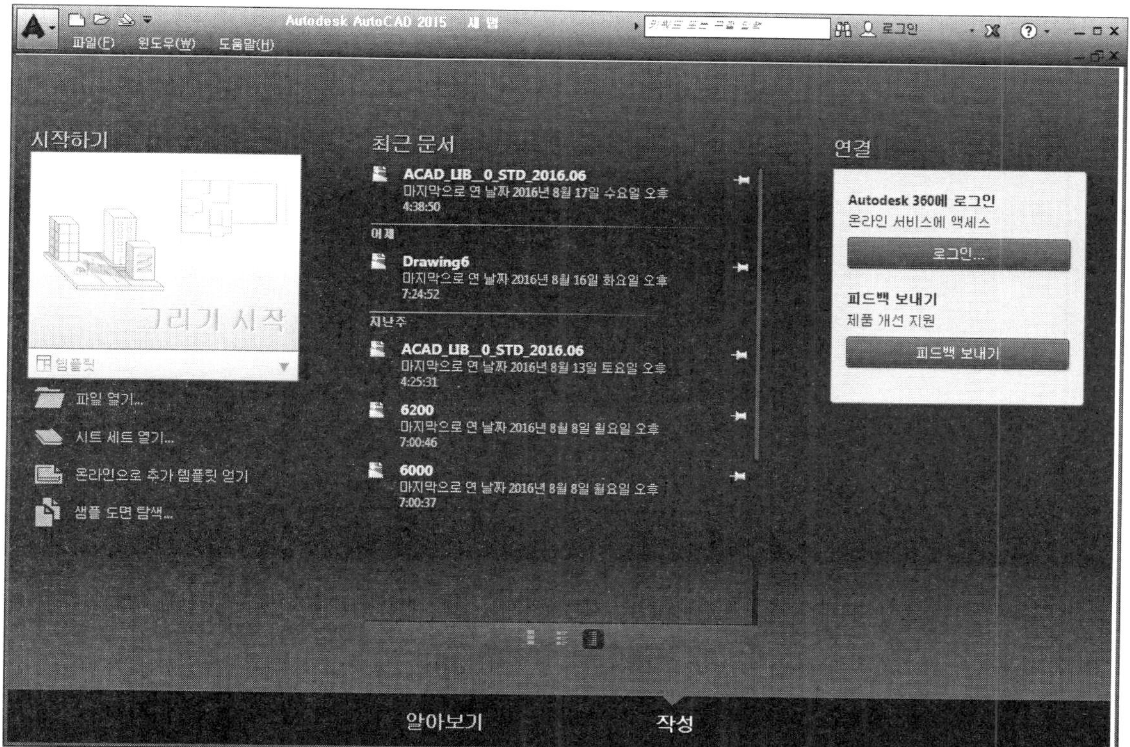

그림 1-1 오토캐드 실행 후 첫 화면

이 책에서는 오토캐드 2015 버전을 사용하였다. 너무 과거버전이 아닌, 대략 오토캐드 2010 버전 이후에서는 오토캐드의 버전에 따른 차이는 대동소이하다. 독자 분들이 다른 버전의 오토캐드를 사용해도 이 책의 내용은 유효하다는 점을 미리 밝혀둔다.

그림 1-1은 오토캐드를 실행한 뒤 첫 화면이다. 도면파일을 새로 만들기 위해 Ctrl + N을 입력한다. 그러면 그림 1-2에서처럼 템플릿을 선택하는 창이 나타난다. 기본값인 'acadiso'를 그대로 하여 '열기'를 클릭한다.

'☐' 안의 문자는 키보드 키 입력을 의미한다.

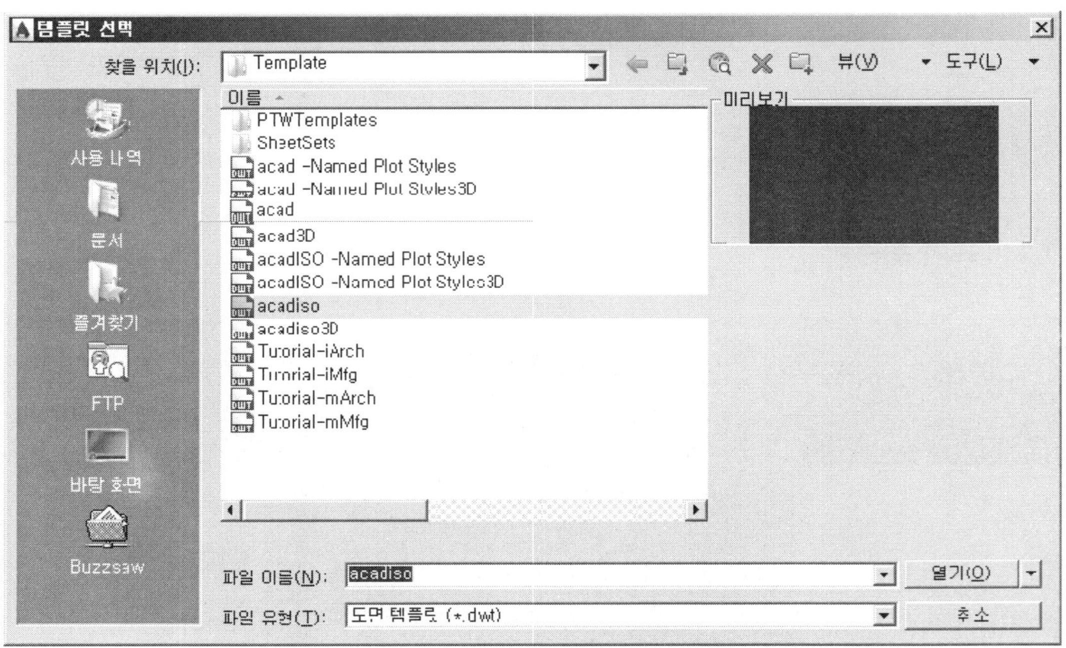

그림 1-2 템플릿 선택

이제 그림 1-3과 같이 새로 만든 도면파일이 열린다.

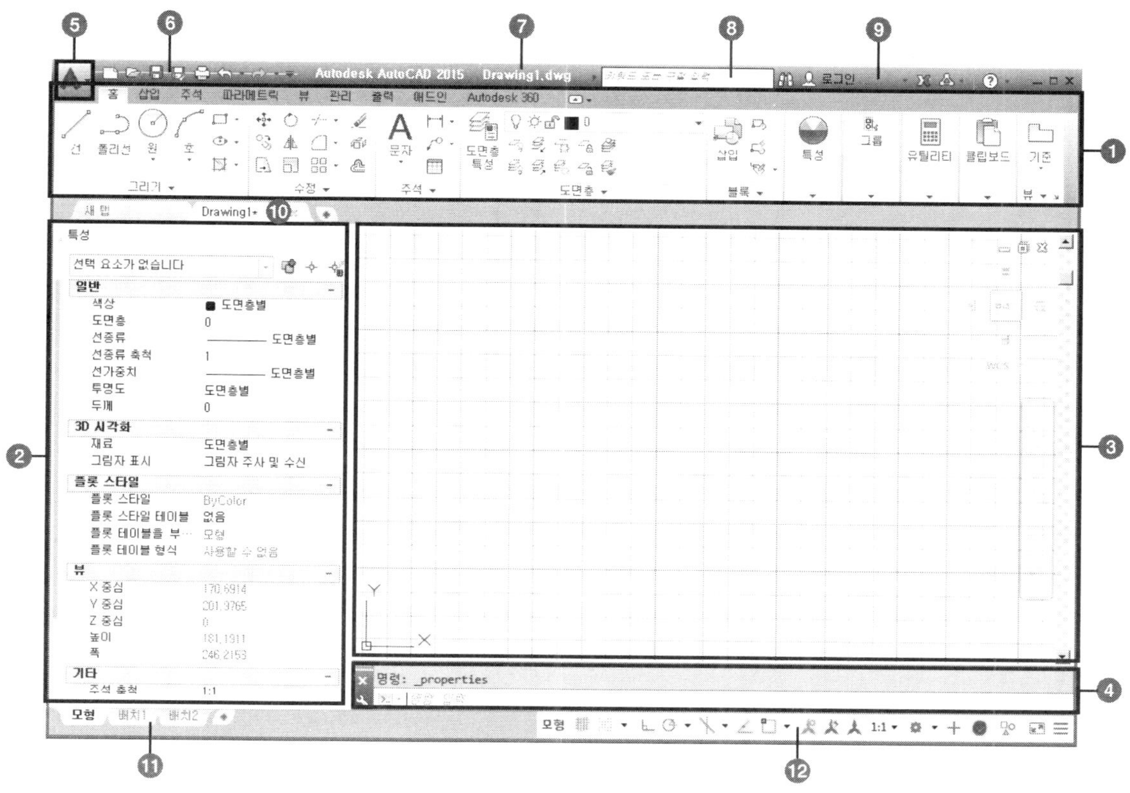

그림 1-3 새 도면파일 초기화면

새 도면파일의 초기화면에 대한 설명은 다음과 같다.

❶ **리본 메뉴바**: 대부분의 명령과 기능을 담고 있다.

❷ **특성창**: 작업창의 엔티티(entity), 치수, 속성정의 블록 등에 대한 특성들을 설정할 수 있다. Ctrl + 1 입력으로 특성창을 켜거나 끌 수 있다.

엔티티(Entity)는 오토캐드 상에서 직선, 원, 호 등의 그려진 선을 의미한다.

❸ **작업창**: 설계 작업이 이루어지는 공간이다.

❹ **명령어 입력창**

❺ **기본메뉴 버튼**: 버튼을 클릭하면 새로 만들기, 열기, 저장하기, 출력하기, 옵션 설정 등의 기본메뉴가 나타난다.

❻ **신속 접근 도구막대**: 기본메뉴 버튼의 기능을 밖으로 꺼내어 빠르게 사용할 수 있도록 했다.

❼ **현재 작업하고 있는 파일 이름**

❽ **도움말 검색창**

❾ **온라인 연결 도구**

❿ **파일탭**: 파일간의 이동 시에 사용한다.

⑪ 모형 배치탭

⑫ 도구바

1.1.2 화면 정리

오토캐드 초기화면을 그대로 사용하기에는 불필요한 내용들이 있다. 이들을 정리해주면 작업영역도 넓어지고 사용이 편리해진다. 앞으로 설명할 내용을 모두 따라 할 필요는 없다. 사용자 각자의 기호에 따라서 설정하면 되겠다.

그림 1-4에서 ❶은 리본 메뉴바이다. 비단 오토캐드 뿐만 아니라 최근의 많은 소프트웨어들은 리본 메뉴바로 화면구성이 바뀌는 추세이다. 사용이 더 편리해졌을지는 모르나 리본 메뉴바는 마우스로 클릭하여 사용해야 하므로 키보드로 단축키를 사용하는 입장에서는 불필요하다. 이를 클래식 메뉴로 바꿔준다.

그림 1-4에서 ❷라고 지시된 단추를 눌려주면 그림 1-5와 같은 메뉴가 뜨는데 여기에 'AutoCAD 클래식'이라는 항목이 있다. 이를 선택해준다. 그러면 그림 1-6과 같은 화면으로 바뀐다. 상단의 리본메뉴가 바뀐 것을 알 수 있다.

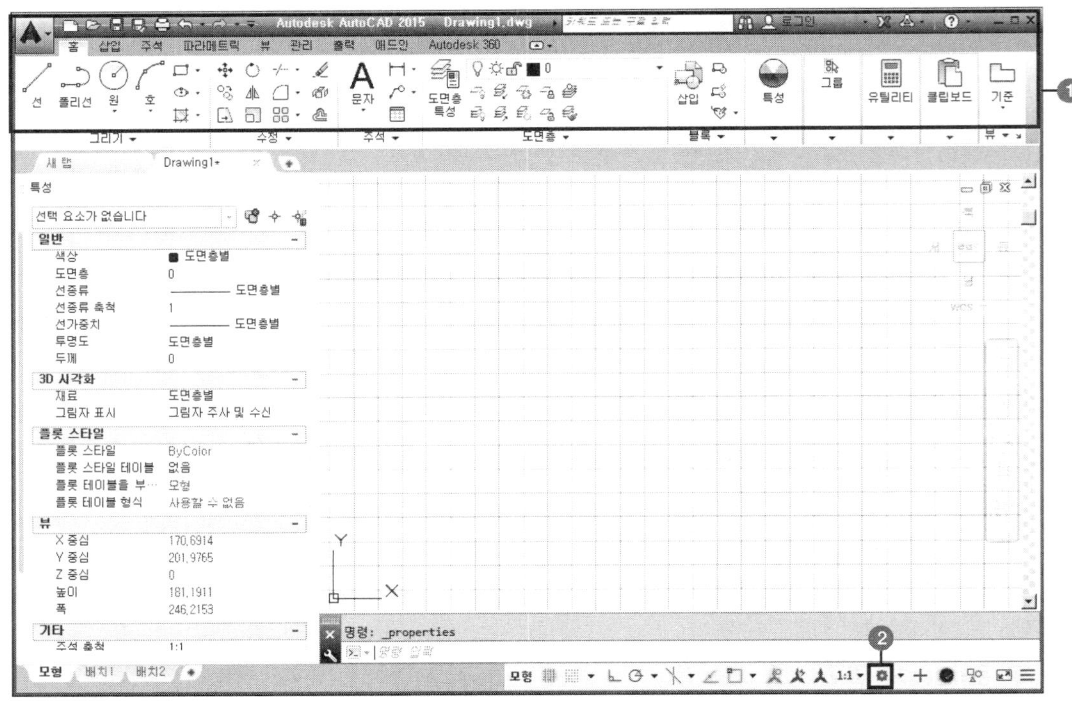

그림 1-4 리본 메뉴바

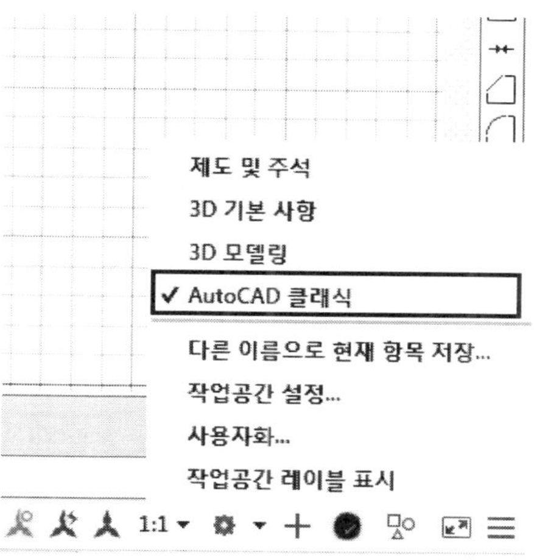

그림 1-5 오토캐드 클래식 설정

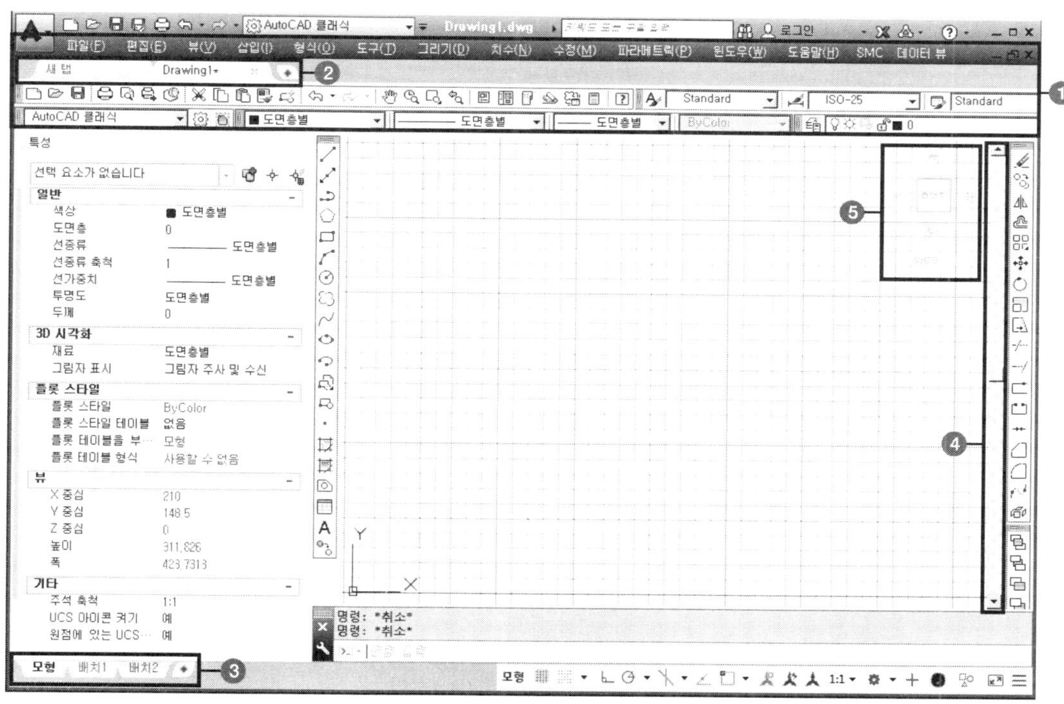

그림 1-6 오토캐드 클래식 환경

그림 1-6의 화면에 대한 설명은 다음과 같다.

❶ **메뉴바, 도구막대**

❷ **파일탭:** 이 기능은 선호하는 사람이 많다. 하지만 Ctrl + Tab 입력으로 파일 간의 이동이 자유로우므

로 굳이 없어도 되는 기능이다. 옵션창 → 화면표시탭 → '파일탭 표시'를 체크 해제한다(그림 1-9).

❸ **배치 및 모형탭**: 옵션창 → 화면표시탭 → '배치 및 모형탭 표시'를 체크 해제한다(그림 1-9).

❹ **스크롤바**: 옵션창 → 화면표시탭 → '도면 윈도우에 스크롤 막대 표시'를 체크 해제한다(그림 1-9).

❺ **뷰큐브**: 3D 기능을 사용하지 않는 이상 필요하지 않다. 옵션창 → 3D 모델링탭 → '2D 와이어프레임 비주얼 스타일'을 체크 해제한다(그림 1-10).

이제 옵션창의 적용버튼과 확인버튼을 누르면 모두 적용된다. 옵션창을 여는 방법은 다음과 같다. 메뉴바의 도구 → 옵션을 실행한다(그림 1-7). 오토캐드 작업창에서 마우스 우측버튼을 클릭하면 나타나는 메뉴에도 옵션 실행명령이 있다(그림 1-8). 혹은 명령어 입력창에 'OPTIONS'를 입력해도 된다. 그러면 1-9 혹은 그림 1-10의 옵션창이 나타난다.

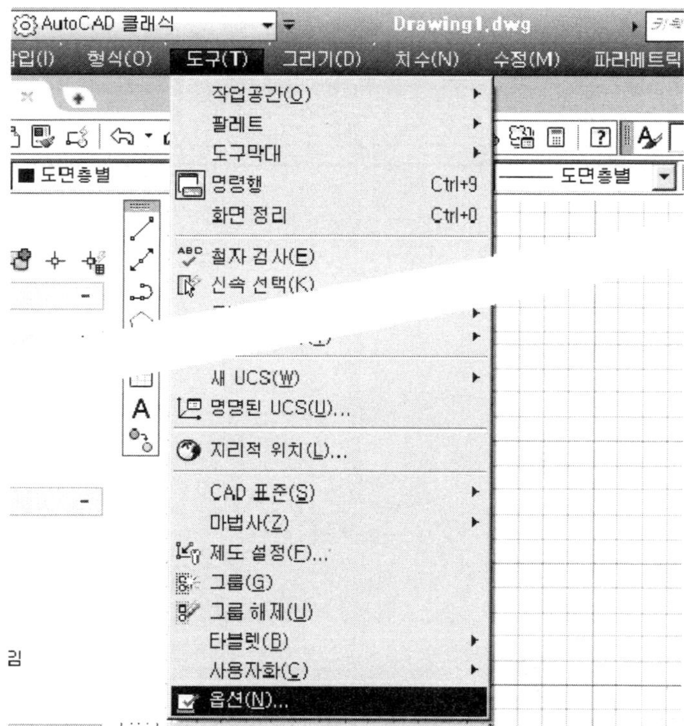

그림 1-7 옵션 실행방법

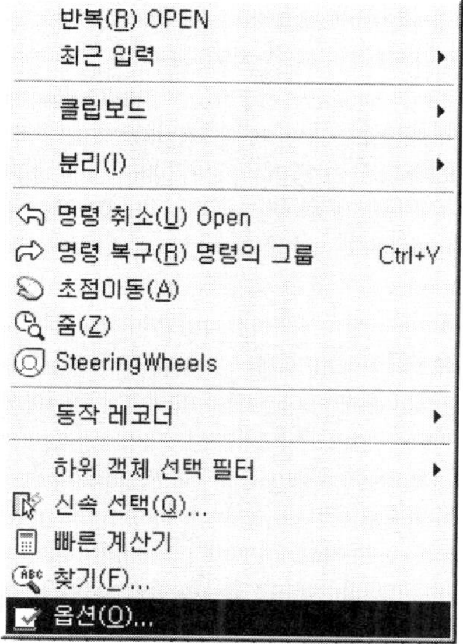

그림 1-8 옵션 실행방법

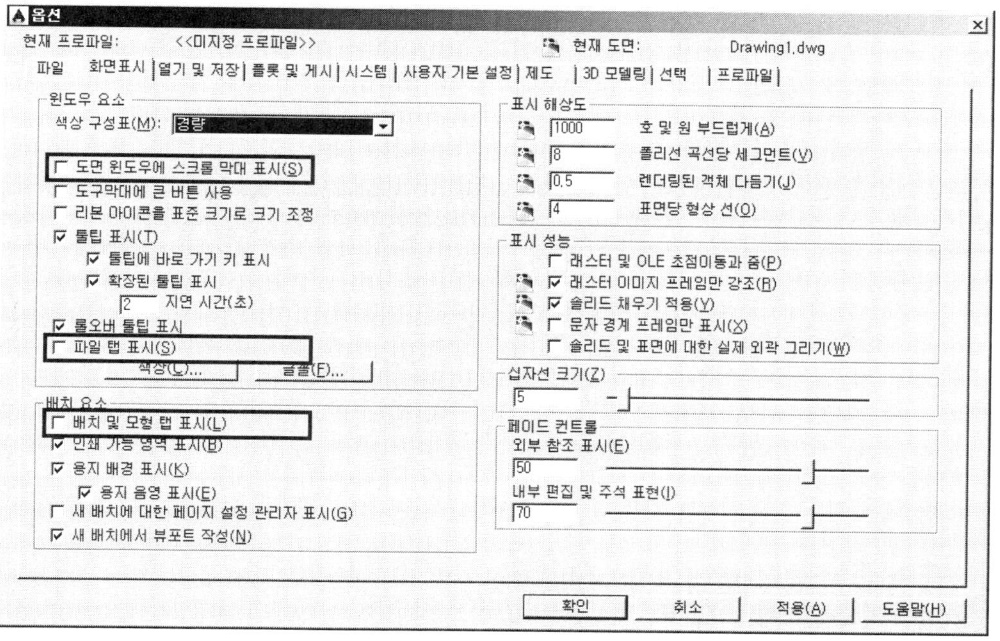

그림 1-9 옵션창 → 화면표시탭

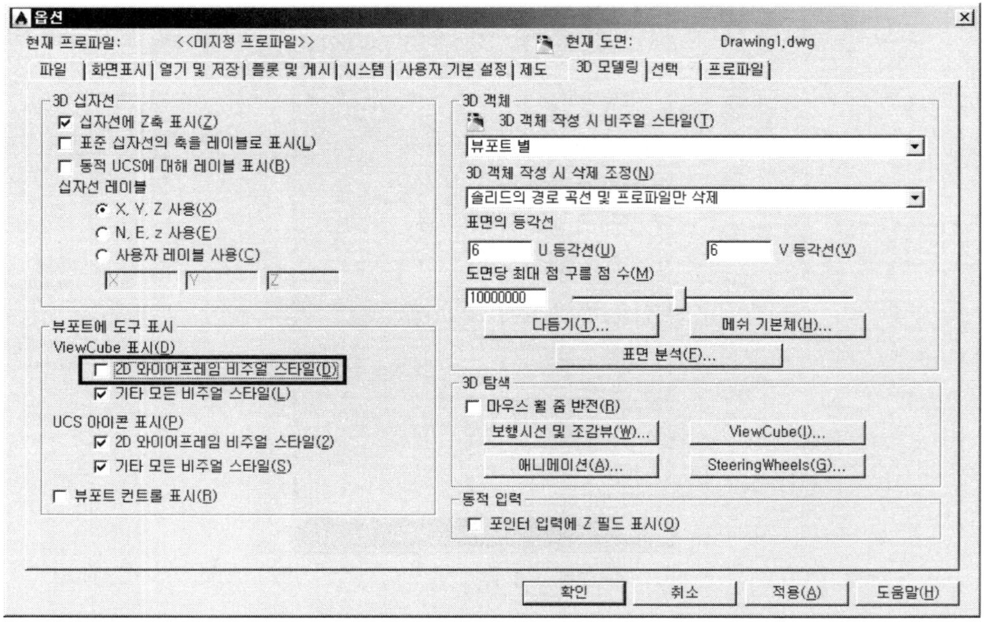

그림 1-10 옵션창 → 3D 모델링탭

1.1.3 도구막대의 정리

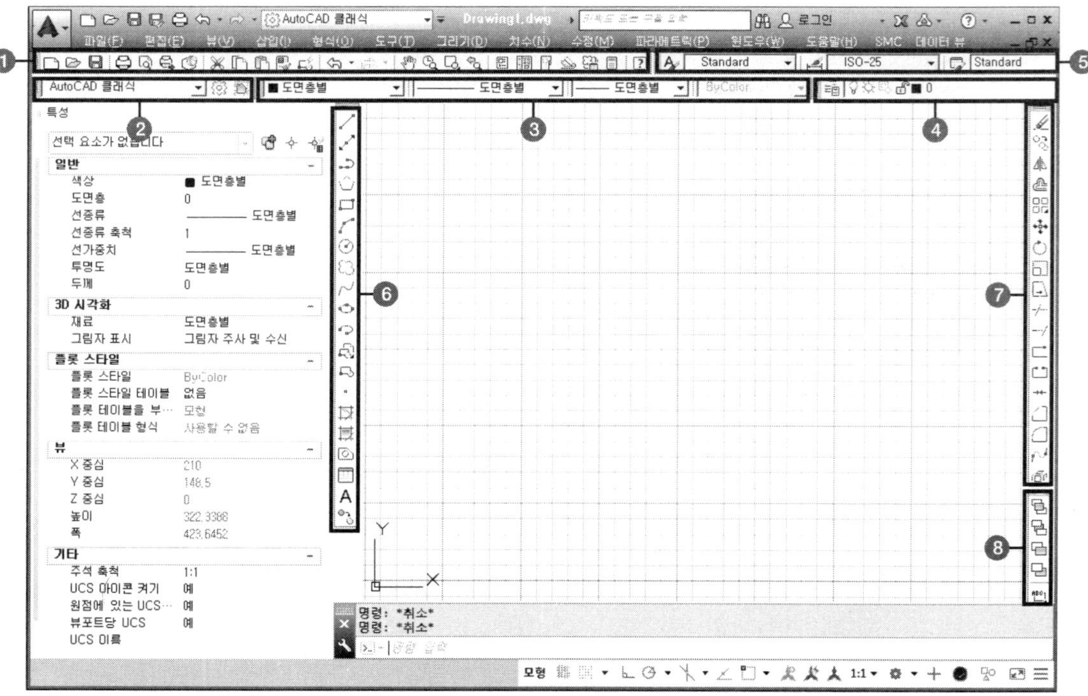

그림 1-11 도구 막대에 대한 설명

그림 1-11의 도구 막대에 대한 설명은 아래와 같다.

❶ **표준 도구막대:** 단축키로 모두 가능하므로 없앤다.

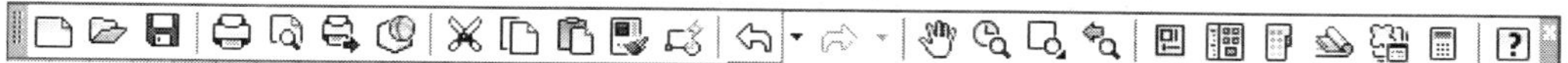

❷ **작업공간 막대:** 필요 없다. 없앤다.

❸ **특성 도구막대:** 자주 쓰므로 닫지 않는다.

❹ **도면층 도구막대:** 자주 쓰므로 닫지 않는다.

❺ **스타일 도구막대:** 자주 쓰므로 닫지 않는다.

❻ **그리기 도구막대:** 단축키로 가능하므로 없앤다.

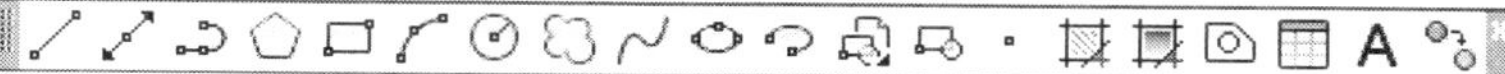

❼ **수정 도구막대:** 단축키로 가능하므로 없앤다.

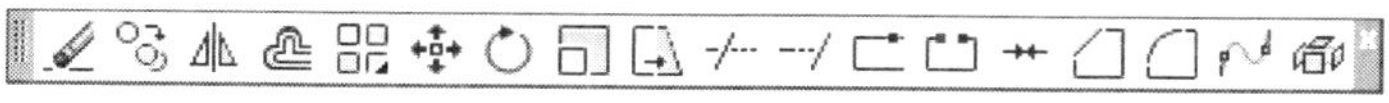

❽ **그리기 순서 도구막대:** 자주 쓰므로 닫지 않는다.

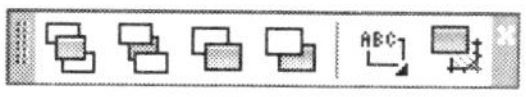

❾ **치수 도구막대:** 기본화면에 있지 않지만 자주 쓰므로 도구막대를 켠다.

❿ **참조편집 도구막대:** 기본화면에 있지 않지만 자주 쓰므로 도구막대를 켠다.

원하는 도구막대를 다시 켜고 싶을 때는, 메뉴바 → 도구 → 도구막대 → 오토캐드에서 선택하면 된다(그림 1-12).

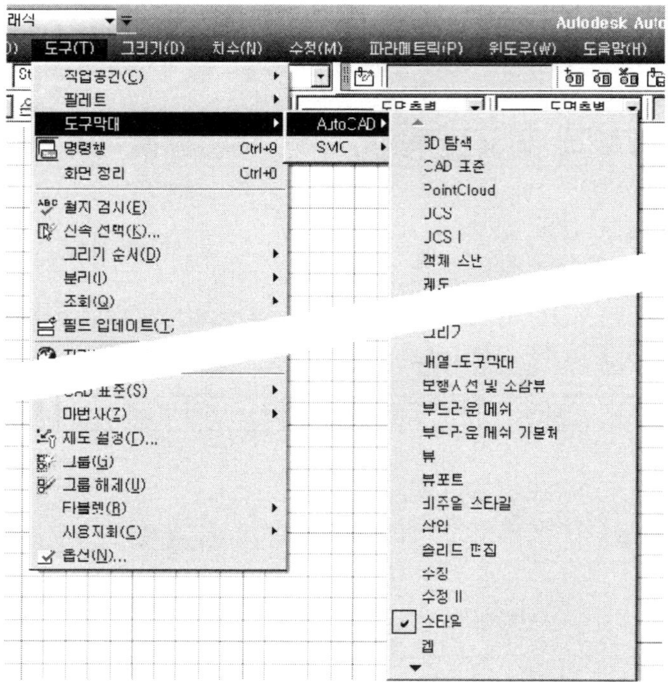

그림 1-12 도구 막대 켜는 방법

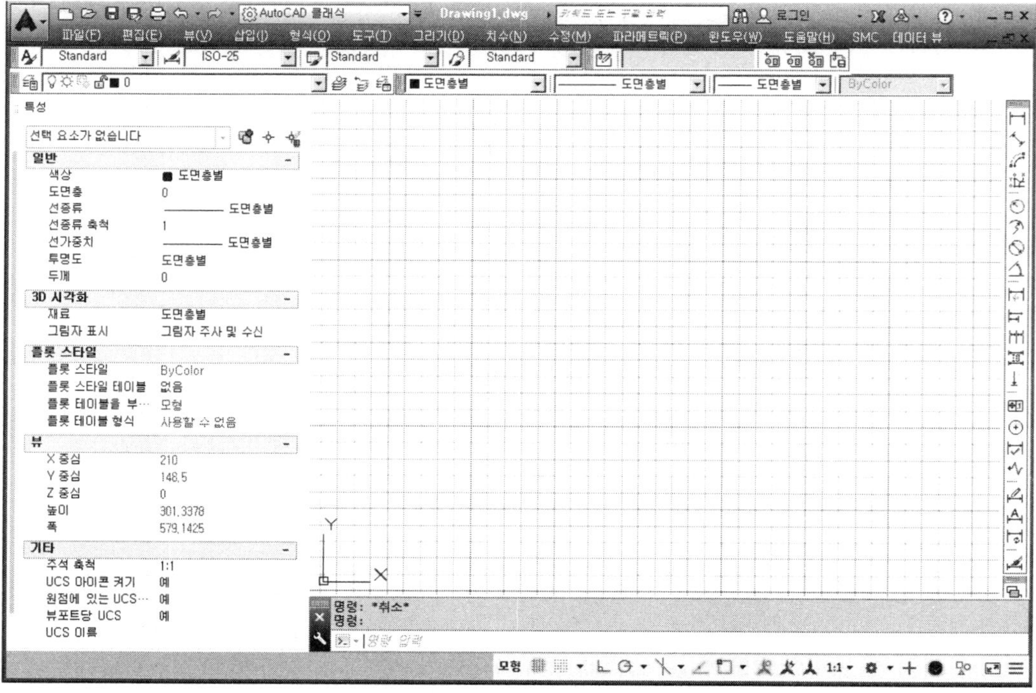

그림 1-13 최종적으로 정리된 화면

1.2 옵션 설정

1.2.1 확인란 크기, 그립 크기 설정

오토캐드 작업창에서 마우스 커서는 '확인란'으로 표시된다. 그 크기가 너무 작으면 라인 등의 엔티티를 쉽게 선택하기가 어렵고 반대로 너무 크면 엔티티끼리 가까이 있을 때 원하는 엔티티를 구별하여 선택할 수가 없다. 옵션창 → 선택탭 → 확인란 크기에서 적당한 크기를 설정해 준다(그림 1-14). 그림 1-15는 오토캐드 작업창에서 사각형을 그렸고 이를 선택하여 그립(grip)을 표시하였다. 사각형 내부에 있는 것이 확인란이다.

그립은 엔티티, 치수, 블록 등을 선택했을 경우 나타나며 마우스로 클릭하여 움직일 수 있는 절점이다. 이 크기가 너무 작으면 역시 쉽게 선택하기가 어렵고 반대로 너무 크면 그립끼리 가까이 있을 때 원하는 그립을 구별하여 선택할 수가 없다. 그림 1-14의 그립 크기에서 적당한 크기를 설정해 준다.

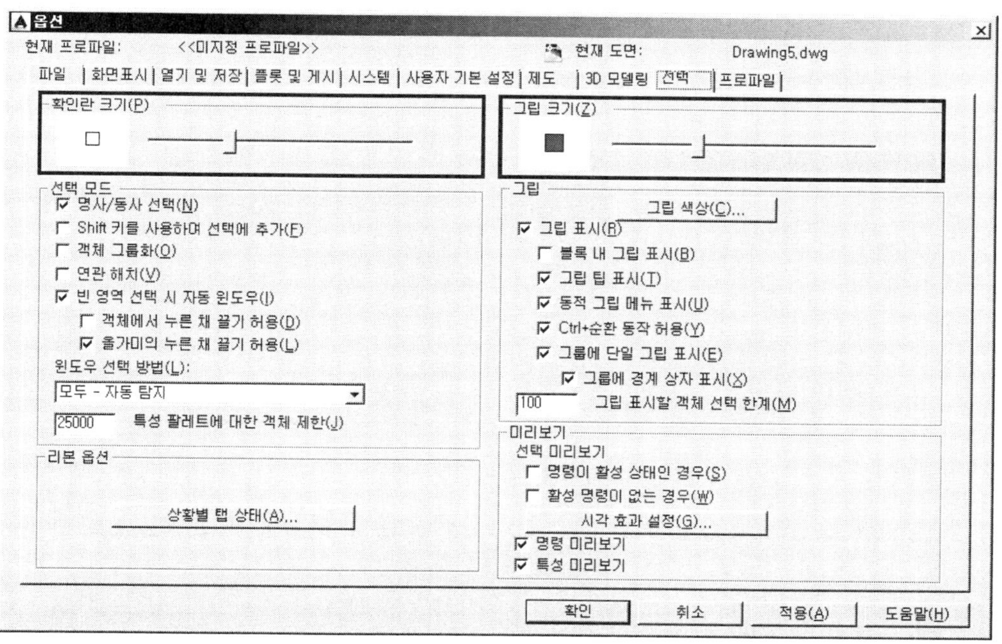

그림 1-14 옵션창 → 선택탭

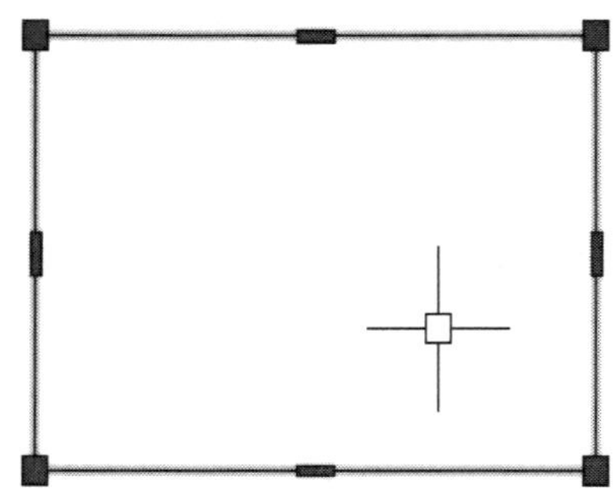

그림 1-15 엔티티 선택 시의 그립과 확인란

1.2.2 오토스냅 표식기 크기, 조준창 크기 설정

오토캐드에서 작업을 하려면 엔티티의 원하는 점을 클릭할 수 있어야 하는데 이를 객체 스냅이라고 한다. 그 크기가 너무 작으면 원하는 점을 잡기가 어렵고 반대로 너무 크면 원치 않는 점이 잡히게 된다. 옵션창 → 제도탭 → 오토스냅 표식기 크기에서 적당한 크기를 설정해 준다(그림 1-16, 그림 1-17).

조준창 크기는 엔티티에서 잡기를 원하는 점에 얼마나 가까이 다가갔을 때 오토스냅 표식기가 나타나는지를 정하는 것이다. 조준창의 크기가 너무 작으면 원하는 점을 잡기가 어렵고 반

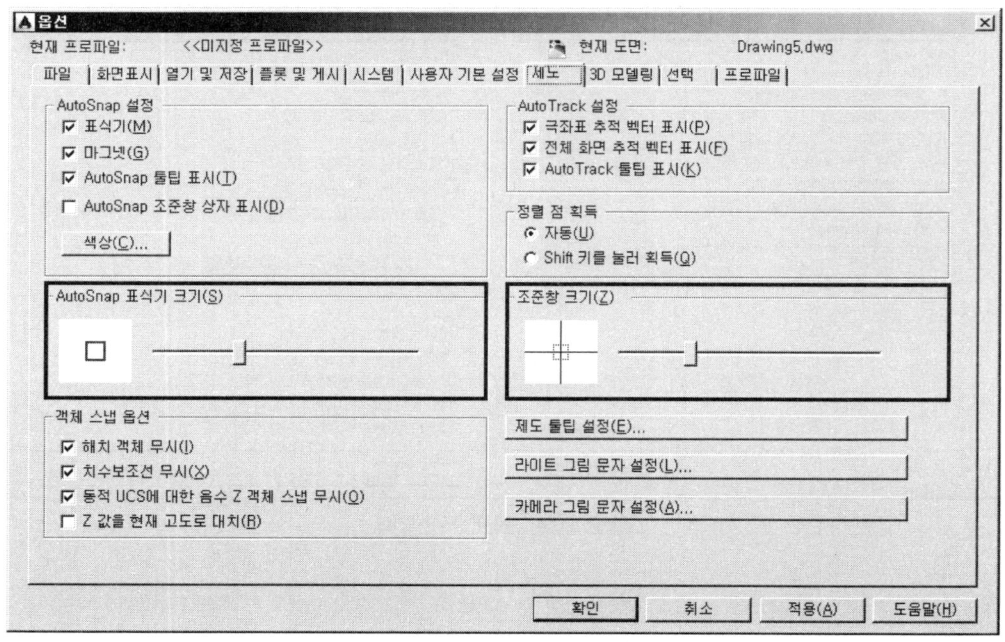

그림 1-16 옵션 창 → 제도 탭

대로 너무 크면 원치 않는 점이 잡히게 된다. 옵션창 → 제도탭 → 조준창 크기에서 적당한 크기를 설정해 준다(그림 1-16, 그림 1-17).

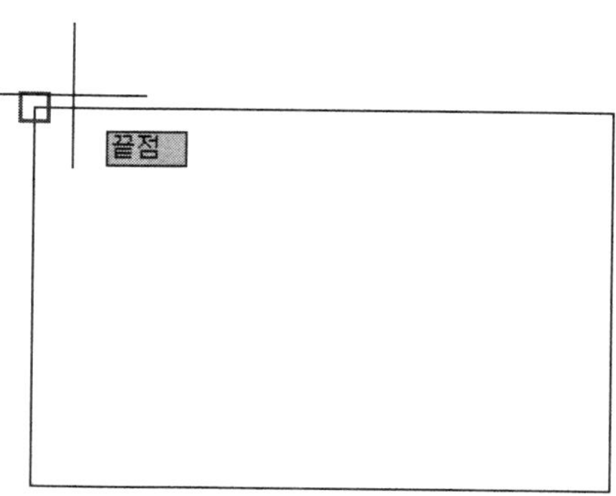

그림 1-17 객체 스냅과 조준창

1.2.3 파일 저장 버전, 자동저장 설정

파일 저장 버전을 현재 버전인 2015 버전을 사용하면 다른 컴퓨터에서 파일을 열고자 할 때 오토캐드의 버전이 2015보다 낮으면 열리지 않는다. 파일을 낮은 버전으로 저장할수록 호환성이 좋아진다. 하지만 무작정 낮기만 한 버전으로 저장하면 또 다른 문제가 발생하는데 저장

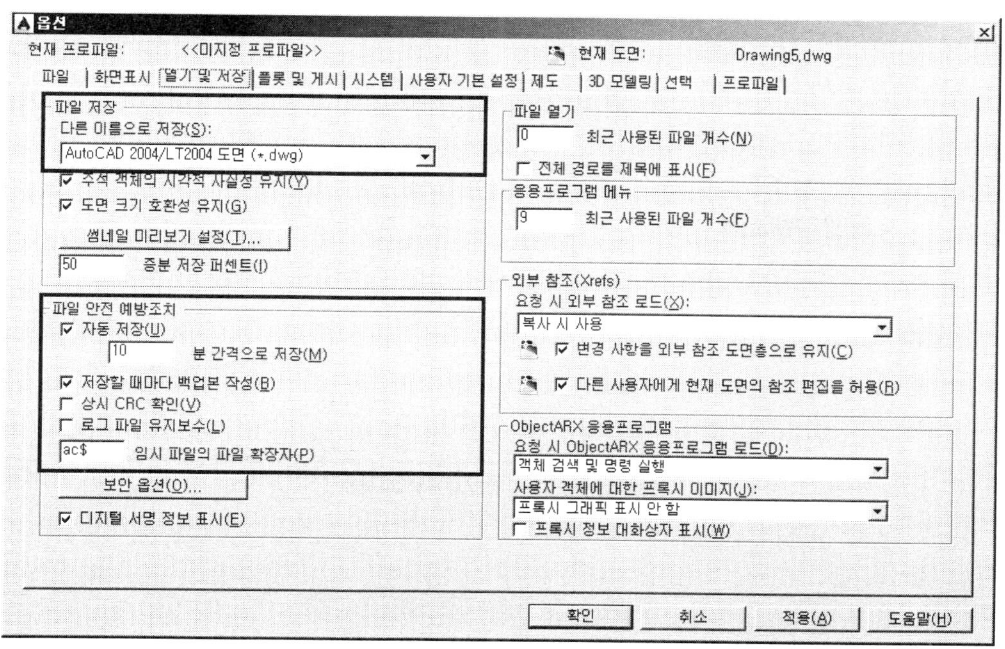

그림 1-18 옵션창 → 열기 및 저장 탭

시 파일의 용량이 커진다는 점이다. 최신 버전일수록 작은 용량으로 저장되는 장점이 있다. 이러한 점들을 감안하여 2004 버전 정도를 사용하면 적절하다.

오토캐드가 갑자기 비정상 종료될 때를 대비하여 자동저장 기능이 있다. 설정한 시간의 간격으로 자동 저장이 된다. 파일의 확장자는 '.ac$'가 된다. 비상시에는 자동저장된 파일을 찾아서 확장자를 '.dwg'로 바꿔주면 오토캐드에서 열 수 있다.

'저장할 때마다 백업본 작성' 기능은 현재 파일을 저장하면 저장하기 바로 전 버전의 파일을 삭제하지 않고 '.bak' 확장자의 형태로 보존하는 기능이다. 확장자 '.bak'을 '.dwg' 파일로 바꿔주면 오토캐드에서 열 수 있다.

1.2.4 파일 자동저장 위치 설정

파일을 자동저장 설정한 경우 기본 저장위치는 윈도우에서 숨겨져 있어서 사용하기 불편하다. 이를 다른 폴더로 설정해두면 비상시에 활용하기 편리하다.

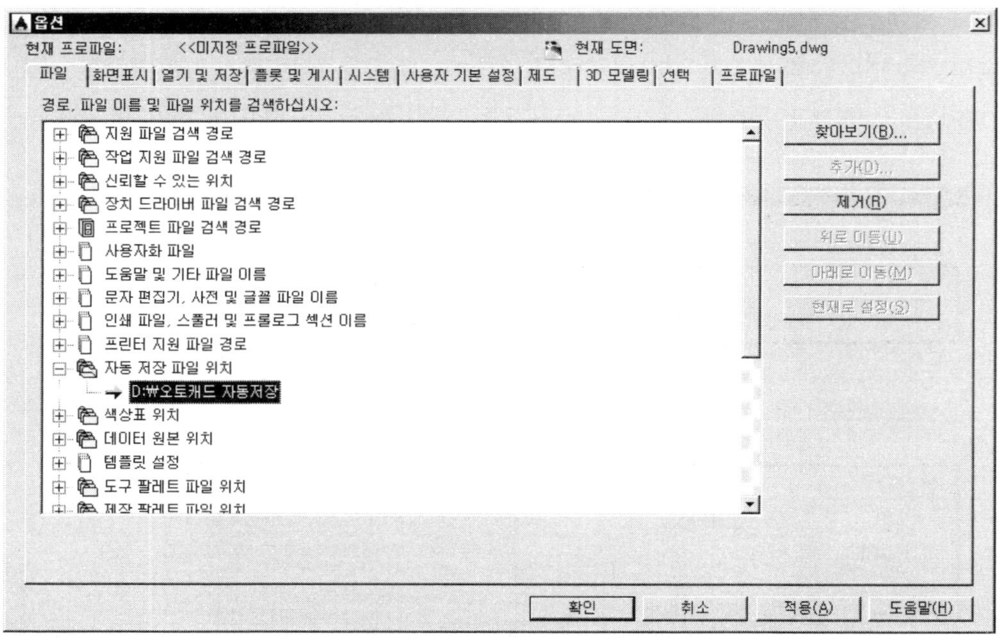

그림 1-19 파일 자동저장 위치 설정

Chapter 02

오토캐드 사용의 기초

2.1 단축키 설정

단축키는 캐드 활용의 꽃이라고 할 수 있다. 컴퓨팅 환경이 갈수록 시각적인 직관성이 좋아짐에 따라서 마우스 클릭만으로도 모든 작업이 가능하다. 하지만 우리가 원하는 것은 최상의 업무 효율이므로 당연히 키보드 활용범위를 넓힐수록 유리하다. 그러므로 캐드에서 단축키 사용뿐 만이 아니라 'Ctrl 키', 'Alt 키', 'Shift 키', '윈도우 키', '펑션(Function) 키' 등도 적극적으로 활용해야 한다.

단축키를 정할 때는 몇 가지를 고려해야 하는데 이는 다음과 같다.

01 직관적인가: 원하는 기능의 이니셜 문자를 정하는 것이 가장 좋다.

02 한 손으로 타이핑 가능한가: 한 손은 마우스를 잡고 있으므로 가능한, 한 손으로 타이핑하는 것이 유리하다.

03 사용 빈도가 높은가: 자주 사용하지 않는 기능까지 단축키를 만들 필요는 없다.

04 다른 툴과의 호환성이 좋은가: 오토캐드에서 사용하는 키가 다른 캐드(인벤터, 솔리드웍스 등)에서 사용하는 키와 기능이 다르다고 하면 곤란할 것이다. 완벽히 동일하게 만들 수는 없어도 함께 고려되면 최선일 것이다.

이상의 조건을 고려하여 만들어진 단축키 리스트는 표 2-1과 같다.

단축키를 설정하는 방법은 다음과 같다.

01 메뉴바 → 도구 → 사용자화 → '프로그램 매개변수 편집'을 클릭한다(그림 2-1).

02 그러면 편집창이 메모장에서 열린다. 기존 내용 전체를 삭제한 뒤 표 2-1의 단축키를 입력해 넣는다(그림 2-2). 기존 내용을 전부 삭제해도 문제되지 않는다. 미리 메모장, 워드, 액셀 등에 단축키를 입력해 두었다가 복사해서 붙여넣기 하면 편리하다.

03 단축키를 입력했으면 저장한 뒤 창을 닫는다.

04 오토캐드를 종료한 뒤 다시 실행해야 설정한 단축키가 정상 작동된다.

표 2-1 오토캐드 단축키 리스트

디폴트	설정키	명령어	디폴트	설정키	명령어
AR,	AR,	*ARRAY	O,	FS,	*OFFSET
C,	C,	*CIRCLE	PL,	DG,	*PLINE
CHA,	CF,	*CHAMFER	PE,	DE,	*PEDIT
CO, CP,	A,	*COPY	POL,	POL,	*POLYGON
			PU,	GG,	*PURGE
DDI,	DC,	*DIMDIAMETER			
DLI,	DD,	*DIMLINEAR	TR,	T,	*TRIM
	DA,	*DIMALIGNED	TEDIT,	TE,	*TEXTEDIT
LE,	DR,	*QLEADER	DT,	TX,	*DTEXT
			T,	TM,	*MTEXT
E,	E,	*ERASE			
EX,	EX,	*EXTEND	RE,	RG,	*REGEN
			REC,	REC,	*RECTANG
F,	F,	*FILLET	RO,	R,	*ROTATE
H,	H,	*HATCH			
L,	G,	*LINE	S,	S,	*STRETCH
			SC,	SC,	*SCALE
M,	V,	*MOVE			
MI,	VR,	*MIRROR	X,	X,	*EXPLODE
			Z,	Z,	*ZOOM

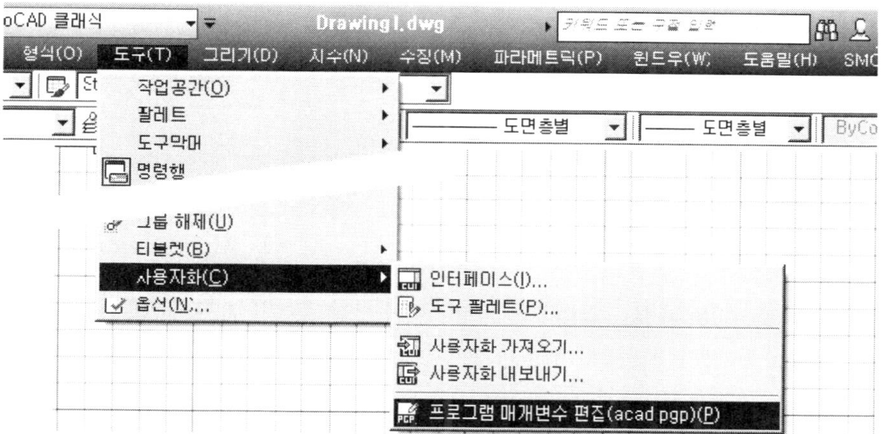

그림 2-1 프로그램 매개편수 편집 실행

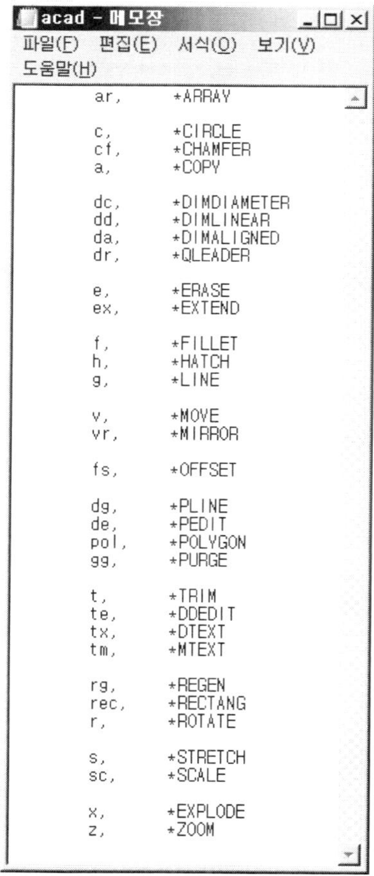

그림 2-2 프로그램 매개변수 편집 창

2.2 기본사항

01 오토캐드의 기본적인 사용방법은 앞서 설명한 단축키를 입력하는 것이다. 모든 명령은 메뉴바 혹은 도구막대에서 마우스 클릭으로도 입력 가능하다. 하지만 효율을 높이기 위해서는 반드시 단축키를 사용해야 한다.

02 오토캐드에서 명령어를 입력하기 전에 [Esc] 키를 두 번 정도 눌러주는 것이 좋다. 혹시라도 다른 명령이 입력된 상태일 수 있기 때문이다.

03 '□' 안의 문자는 키보드 키 입력을 의미한다.

04 명령어를 입력할 때는 [Enter] 키 혹은 [Space Bar] 키를 사용한다. [Space Bar] 키가 왼손으로 쓰기에는 더 편리하다.

05 아무런 명령어를 입력하지 않고 [Enter] 키 혹은 [Space Bar] 키를 입력하면 바로 전에 실행되었던 명령이 입력된다.

06 엔티티(Entity)는 오토캐드 상에서 직선, 원, 호 등의 그려진 선을 의미한다.

07 마우스로 엔티티를 선택할 때는 두 가지 방법이 있다. 오른쪽에서 왼쪽으로 선택하는 것과 왼쪽에서 오른쪽으로 선택하는 것이다. 선택이라 함은 대각방향의 두 포인트를 클릭함으로써 사각형태의 영역을 선택하는 것이다. 그림 2-3~2-5를 보면 직선이 하나씩 그려져 있다.

- 그림 2-3(a)는 오른쪽에서 왼쪽으로의 선택이며 그림 2-3(b)는 그 결과이다.
- 그림 2-4(a)는 왼쪽에서 오른쪽으로의 선택이며 그림 2-4(b)는 그 결과이다.
- 그림 2-5(a)는 왼쪽에서 오른쪽으로의 선택 시 일부가 아닌 전체를 선택했을 때이며 그림 2-5(b)는 그 결과이다. 이로써 각각의 차이점을 알 수 있다.

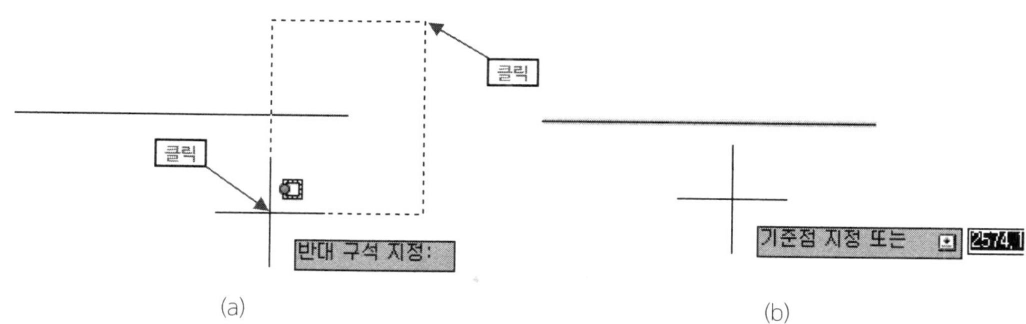

그림 2-3 오른쪽에서 왼쪽으로의 선택

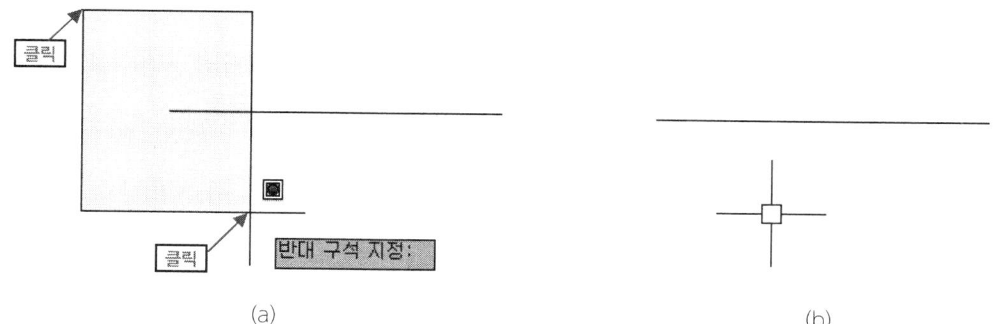

그림 2-4 왼쪽에서 오른쪽으로의 선택

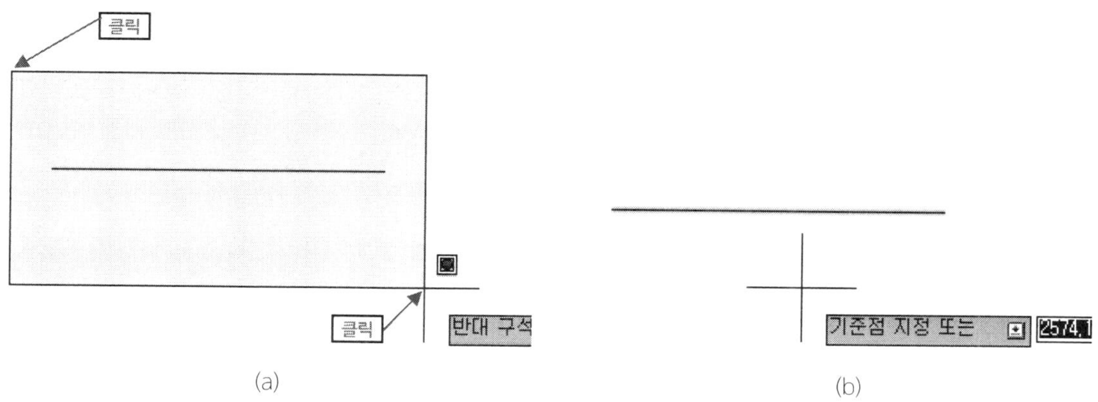

그림 2-5 왼쪽에서 오른쪽으로의 전체 선택

2.3 그리기

직선 그리기

가장 기본적인 직선을 그리는 명령은 G 키이다. '그리다'의 음과 유사하다고 생각하면 이해가 쉽겠다.

01 G → Space Bar 입력한다.

02 원하는 위치의 두 포인트를 클릭한다.

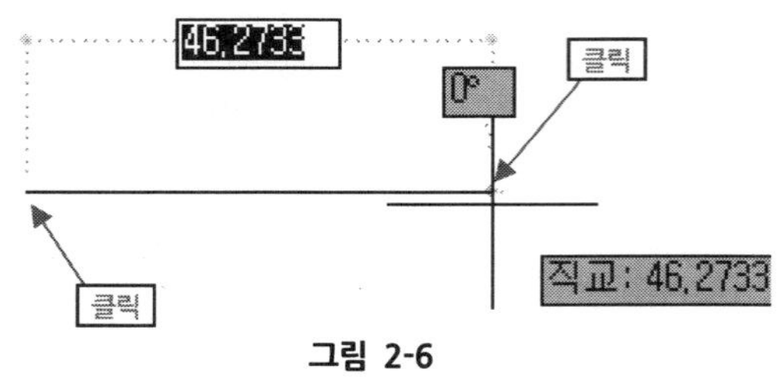

그림 2-6

폴리선 그리기

폴리선은 연결된 선을 말한다.

01 DG → Space Bar 입력한다.

02 원하는 위치의 여러 개의 포인트를 클릭한다.

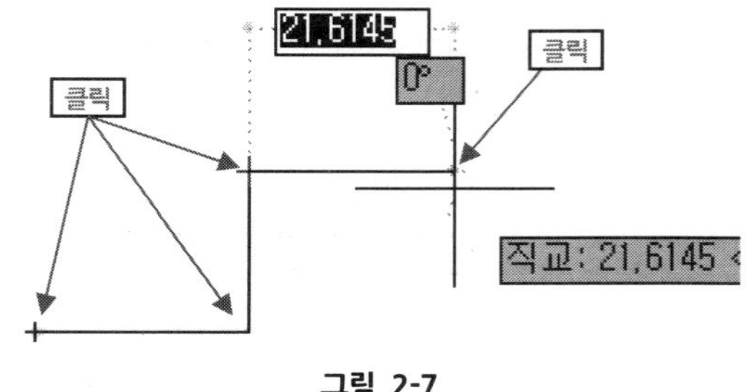

그림 2-7

폴리선 편집

01 DE → Space Bar 입력한다.

02 폴리선을 선택한다. 폴리선이 아닌 경우에는 '전환하기를 원하십니까?'라는 메시지가 나타난다. 이 때 Y 를 입력하면 폴리선으로 변환된다.

03 그러면 그림 2-8과 같은 팝업 메뉴가 나타난다. 명령어 입력 창에도 같은 내용이 나타나는 것을 볼 수 있다. 팝업 메뉴에서 마우스로 클릭해도 되고 명령어 입력 창에서 명령어를 입력하거나 마우스로 클릭해도 된다.

04 주로 사용하는 기능은 결합(J)과 폭(W)이다. 결합은 분해되어 있는 선들을 하나로 만들어주어 전체 길이를 알고자 할 때 유용하다. 타이밍 벨트의 길이를 계산할 때 유용한 기능이다. 또한 결합을 하면 블록처럼 되어 다루기가 쉬워진다. 폭은 선의 굵기를 굵게 표현하여 프리젠테이션용 화면을 만들 때 유용하다.

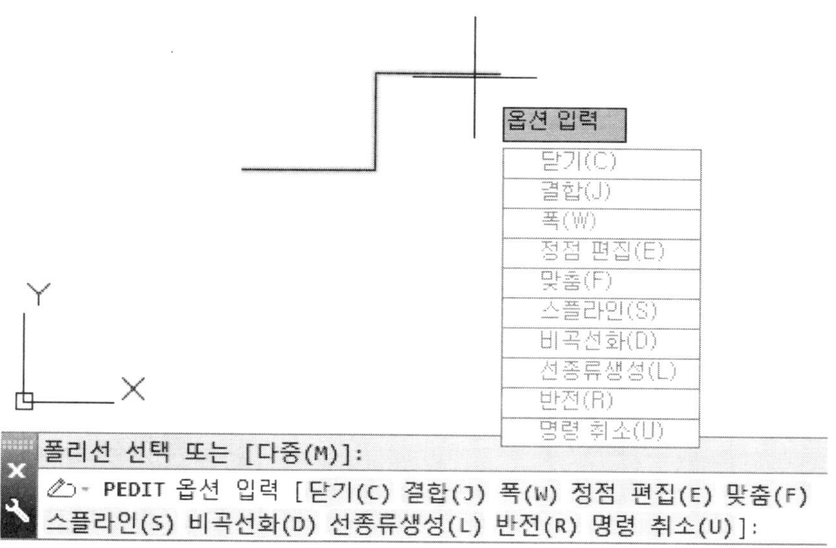

그림 2-8

원 그리기

01 [C] → [Space Bar] 입력한다.

02 원하는 위치의 두 포인트를 클릭한다. 한 점은 원의 중심, 한 점은 원주상의 한 점이 된다.

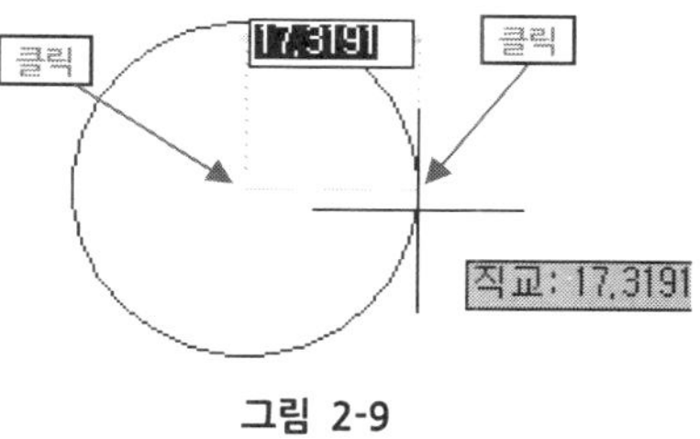

그림 2-9

사각형 그리기

01 [REC] → [Space Bar] 입력한다.

02 원하는 위치의 두 포인트를 사각형의 대각방향으로 클릭한다. 사각형의 대각방향 모서리 두 점이 된다.

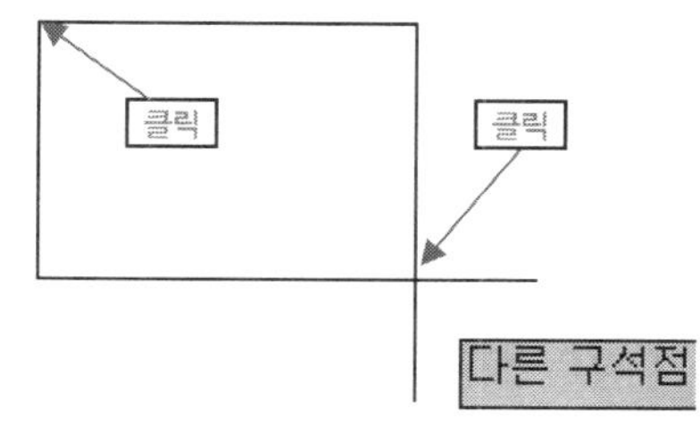

그림 2-10

단일 행 문자 입력

01 [TX] → [Space Bar] 입력한다.

02 원하는 위치를 클릭한다.

03 그러면 문자 높이와 문자 회전각도를 묻는데 문자 높이는 문자스타일로 지정하며 문자의 회전은 문자입력 후에 해도 된다. 그러므로 그냥 넘어가기 위해 [Space Bar]를 두 번 누른다.

04 문자입력란이 생기며 커서가 깜박인다.

05 원하는 문자를 입력하고 Enter 키를 두 번 입력한다.

다중 행 문자 입력

01 TM → Space Bar 입력한다.

02 원하는 위치의 두 포인트를 사각형의 대각방향으로 클릭한다.

03 그러면 문자입력창이 나타나며 도구바도 나타난다.

04 문자를 입력한 뒤 완료되면 도구바의 확인을 누르거나 화면의 빈 공간을 클릭한다.

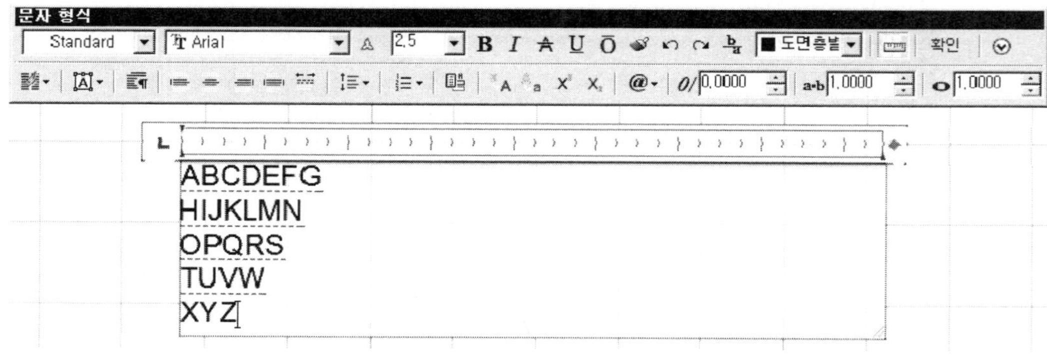

그림 2-11

2.4 편집하기

이동하기

01 [V] → [Space Bar] 입력한다.

02 원하는 엔티티를 선택한다.

03 [Space Bar] 입력한다.

04 원하는 위치의 두 포인트를 클릭한다. 한 점은 이동을 위한 기준 점이고 다른 한 점은 목적지이다.

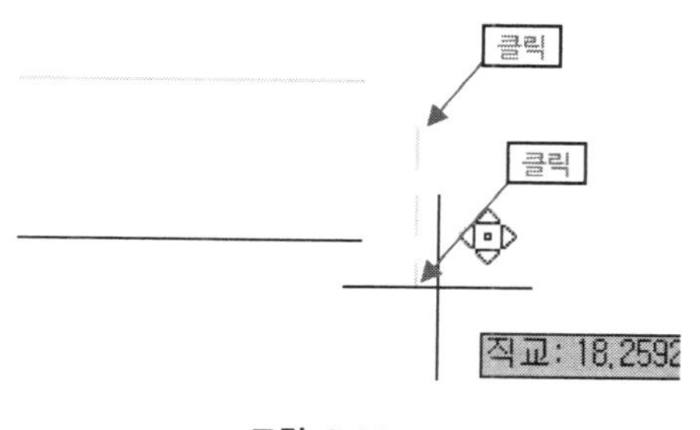

그림 2-12

🔈 엔티티를 편집할 때는 명령을 먼저 입력 후 엔티티를 선택하거나, 반대로 엔티티를 먼저 선택 후 명령을 입력해도 된다.

복사하기

01 [A] → [Space Bar] 입력한다.

02 원하는 엔티티를 선택한다.

03 [Space Bar] 입력한다.

04 원하는 위치의 두 포인트를 클릭한다. 한 점은 이동을 위한 기준 점이고 다른 한 점은 목적지이다.

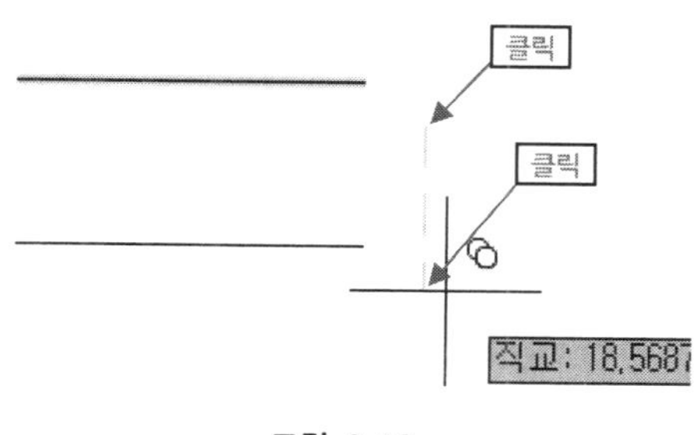

그림 2-13

대칭 복사 혹은 대칭 이동

01 [VR] → [Space Bar] 입력한다.

02 원하는 엔티티를 선택한다.

03 [Space Bar] 입력한다.

04 원하는 위치의 두 포인트를 클릭한다.

05 그러면 '원본 객체를 지우시겠습니까?'라고 묻는데 이때 [Space Bar]를 입력하면 대칭 이동이 되고 [Y] → [Space Bar]를 입력하면 대칭 복사가 된다.

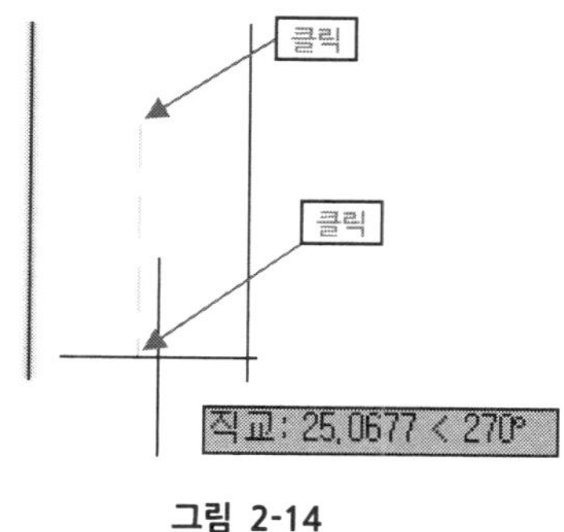

그림 2-14

06 클릭하는 두 포인트가 만드는 가상의 선을 기준으로 대칭이 된다.

배열

01 AR → Space Bar 입력한다.

02 원하는 엔티티를 선택한다(그림 2-15).

03 Space Bar 를 입력한다.

04 화면에서 팝업메뉴로 직사각형, 경로, 원형의 세 가지 옵션이 나타난다.

05 팝업메뉴에서 마우스로 클릭해도 되고 명령어 입력창에서 명령어를 입력하거나 마우스로 클릭해도 된다. 상위 메뉴로 이동하고 싶으면 Esc 키를 누른다.

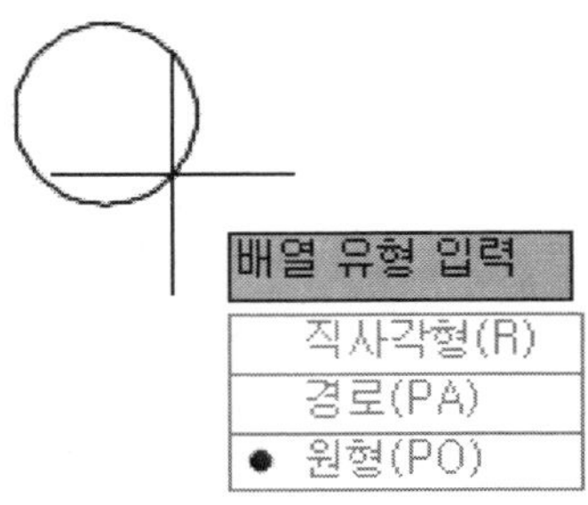

그림 2-15

06 **직사각형:** 수직 수평 배열을 한다. 이를 선택하면 또 다시 하위메뉴가 나타난다(그림 2-16).

- **연관:** 배열을 하나로 묶을 것인지 아닌지를 선택한다.
- **기준점:** 배열의 기준점을 선택한다. 굳이 선택할 필요 없이 그냥 놔둔다.
- **개수:** 배열의 개수를 입력한다.
- **간격 두기:** 배열의 간격을 입력한다.
- **열:** 열의 개수를 입력한다.
- **행:** 행의 개수를 입력한다.
- **레벨:** 3차원기능에서 사용한다.
- **종료:** 배열을 끝낸다.

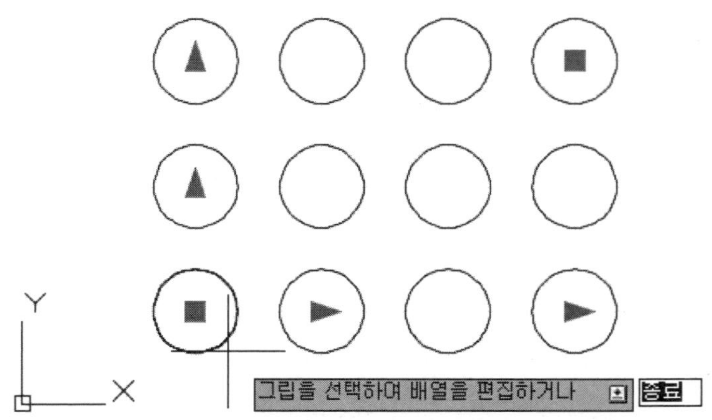

그림 2-16

07 경로: 경로에 따른 배열을 한다. 경로로 사용할 엔티티를 선택한다(그림 2-17).

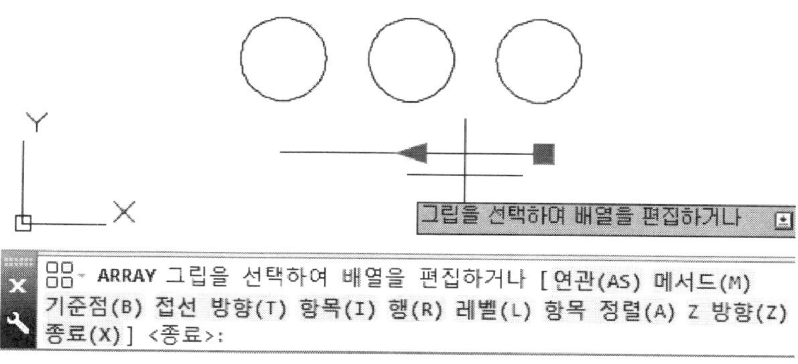

그림 2-17

08 원형: 원형 배열을 한다. 회전의 중심이 될 중심점을 선택한다. 그러면 또 다시 하위메뉴가 나타난다(그림 2-18).

- **연관:** 배열을 하나로 묶을 것인지 아닌지를 선택한다.
- **기준점:** 배열의 기준점을 선택한다. 굳이 선택할 필요 없이 그냥 놔둔다.
- **항목:** 배열의 개수를 입력한다.
- **사이의 각도:** 항목 간의 각도를 입력한다.
- **레벨:** 3차원기능에서 사용한다.
- **채울 각도:** 채울 각도를 입력한다.

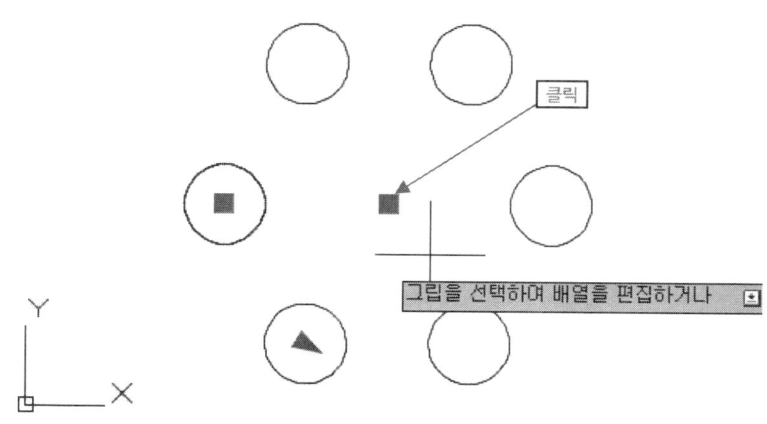

그림 2-18

- **행:** 반경 방향으로 배열하는 개수를 입력한다. 배열 간 거리도 입력한다.
- **항목 회전:** '아니오'일 경우 자전하지 않고 배열된다.
- **종료:** 배열을 끝낸다.

늘이기

직선, 사각형 등의 엔티티나 치수의 끝 혹은 모서리를 선택하여 늘이는 기능이다.

01 S → Space Bar 입력한다.

02 원하는 엔티티의 끝 혹은 모서리를 선택한다.

03 Space Bar 를 입력한다.

04 원하는 위치의 두 포인트를 클릭한다. 한 점은 이동을 위한 기준 점이고 다른 한 점은 목적지이다.

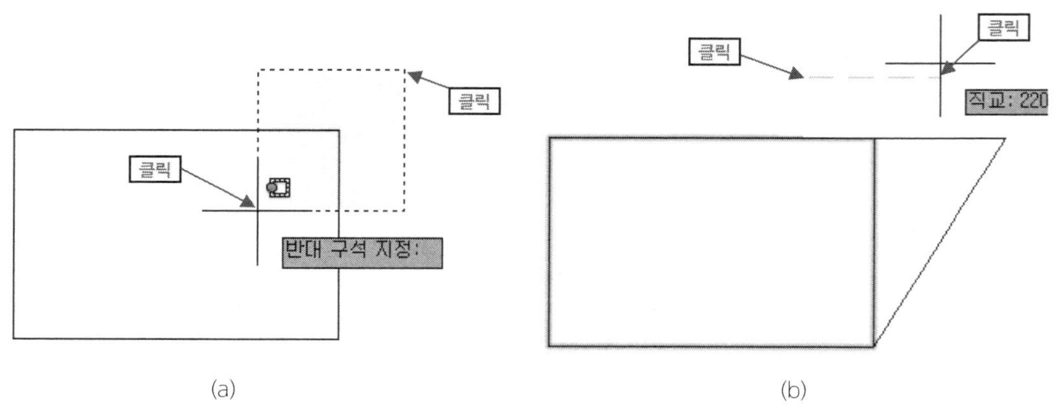

그림 2-19 늘이기

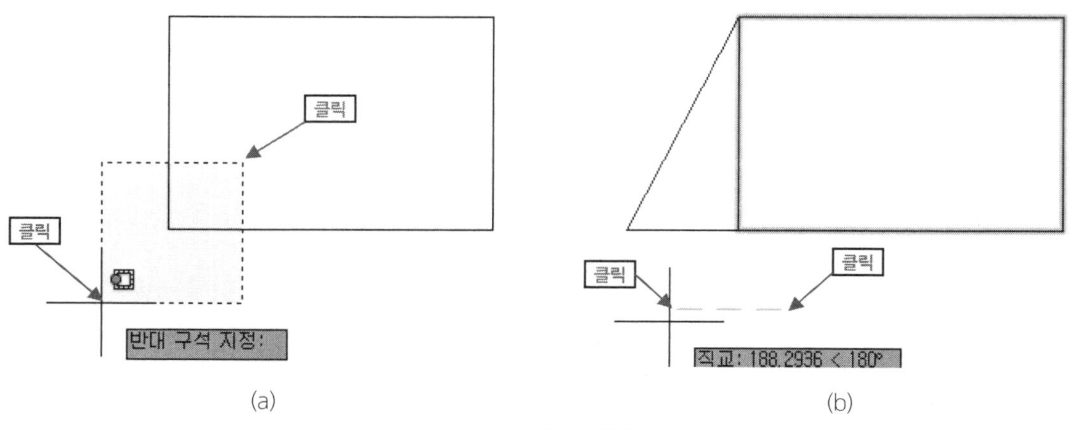

그림 2-20 늘이기

05 그림 2-19와 그림 2-20에서는 사각형을 늘이는 과정을 보여준다.

- 그림 2-19(a)는 사각형의 오른쪽 위 모서리를 선택했을 때다. 오른쪽 위에서 왼쪽 아래로 선택해준다.
- 그림 2-19(b)는 선택 한 후 기준점으로부터 목적점으로 늘이는 모습이다.
- 그림 2-20(a)는 사각형의 왼쪽 아래 모서리를 선택했을 때다. 오른쪽 위에서 왼쪽 아래로 선택해준다.
- 그림 2-20(b)는 선택 한 후 기준점으로부터 목적점으로 늘이는 모습이다.

연장하기

직선이나 원호의 끝점을 원하는 선까지 연장하는 기능이다.

01 [EX] → [Space Bar] 입력한다.

02 연장을 원하는 선이 만나게 될 선을 먼저 선택한다(그림 2-21-a).

03 [Space Bar]를 입력한다.

04 연장을 원하는 선의 연장할 부분(끝부분)을 선택한다(그림 2-21-b).

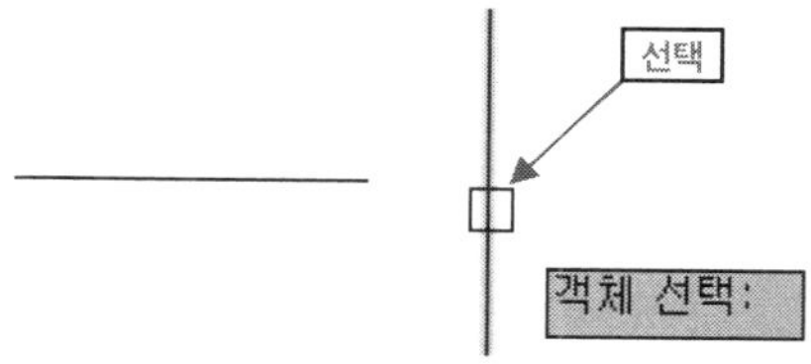

(a)

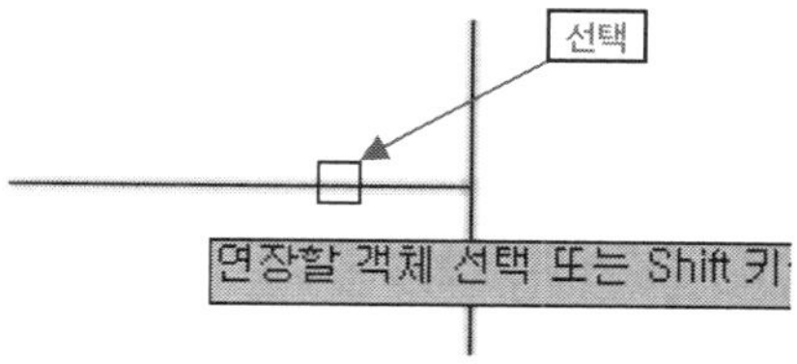

(b)

그림 2-21

회전하기

엔티티를 회전시키는 기능이다.

01 [R] → [Space Bar] 입력한다.

02 원하는 엔티티를 선택한다.

03 [Space Bar]를 입력한다.

04 회전 중심점을 클릭한다.

05 마우스를 움직여보면 회전하는 것을 볼 수 있다. 이 때 [C]를 입력하면 복사가 된다. 원하는 회전각도를 입력하거나 원하는 점을 클릭한다.

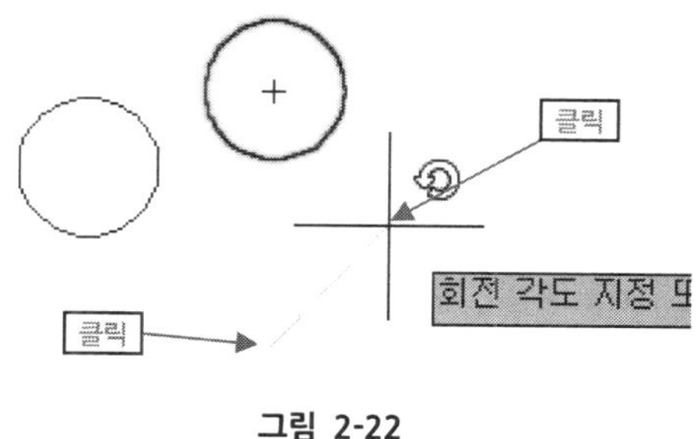

그림 2-22

확대/축소

엔티티의 확대/축소 기능이다.

01 SC → Space Bar 입력한다.

02 원하는 엔티티를 선택한다.

03 Space Bar 를 입력한다.

04 기준점을 클릭한다.

05 마우스를 움직여보면 크기가 변하는 것을 볼 수 있다. 원하는 배율을 입력하거나 원하는 점을 클릭한다.

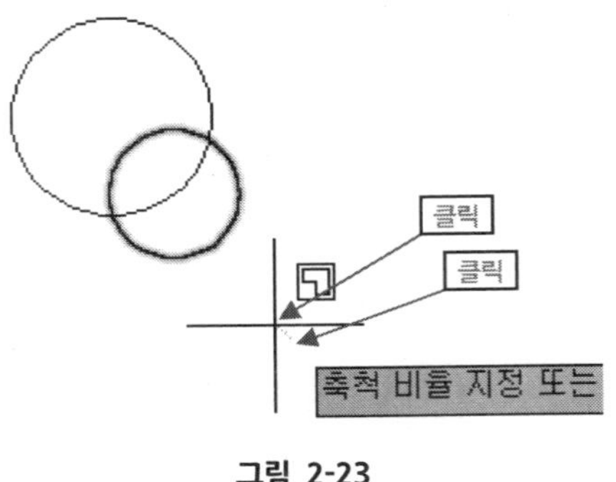

그림 2-23

트림, 잘라내기

교차되어 있는 엔티티의 원하는 부분을 잘라내는 기능이다.

01 T → Space Bar 입력한다.

02 원하는 엔티티를 선택한다(그림 2-24-a).

03 Space Bar 를 입력한다.

04 잘라내기를 원하는 부분을 선택한다(그림 2-24-b).

05 Space Bar 를 입력한다(그림 2-24-c).

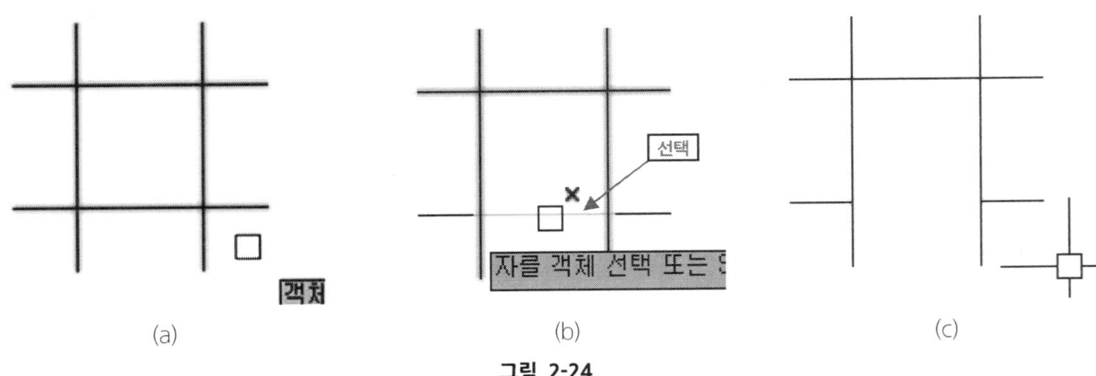

(a) (b) (c)

그림 2-24

지우기

엔티티를 삭제하는 기능이다.

01 E → Space Bar 입력한다.

02 원하는 엔티티를 선택한다.

03 Space Bar 를 입력한다.

04 키보드의 Delete 키를 이용해도 된다.

오프셋

직선, 원호, 폴리선 등의 엔티티를 원하는 이격 거리만큼 복사하는 기능이다. 이 때 호는 중심점을 기준으로 확대 축소된다.

01 FS → Space Bar 입력한다.

02 이격 거리를 입력한다.

03 Space Bar 를 입력한다.

04 원하는 엔티티를 선택한다.

05 원하는 방향으로 빈 공간을 클릭한다.

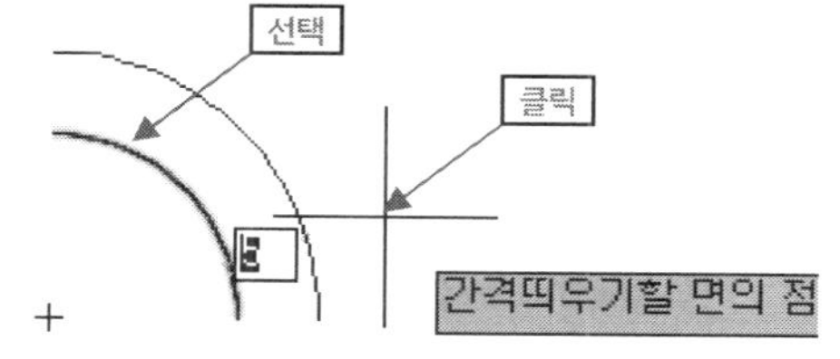

그림 2-25

필렛

모서리에 라운드를 만드는 기능이다.

01 F → Space Bar 입력한다.

02 R → Space Bar 입력한다.

03 원하는 라운드의 반지름 값을 입력한다. 입력하지 않으면 이전에 입력되었던 값으로 자동 설정된다.

04 Space Bar 를 입력한다.

05 모서리의 두 직선을 클릭한다.

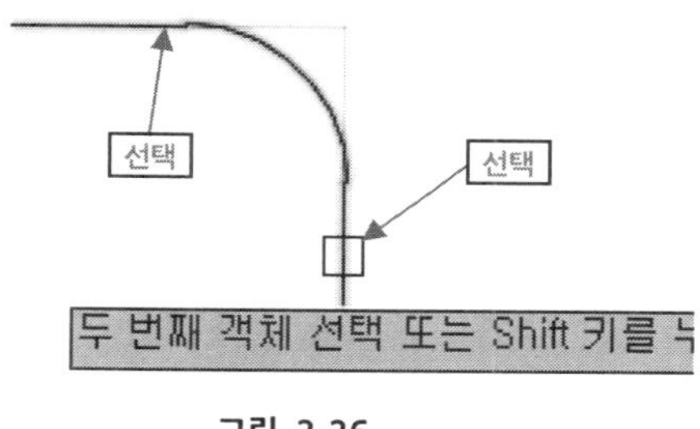

그림 2-26

챔퍼

모서리에 모따기를 만드는 기능이다.

01 CF → Space Bar 입력한다.

02 D → Space Bar 입력한다.

03 원하는 모따기의 첫 번째 값을 입력한 뒤 Space Bar 를 입력한다.

04 두 번째 값을 입력한 뒤 Space Bar 를 입력한다. 두 번째 값이 첫 번째 값과 동일하면 값을 입력하지 않고 Space Bar 를 입력한다.

05 모서리의 두 직선을 클릭한다. 이 때 모서리에 가까운 부분을 클릭해야 한다.

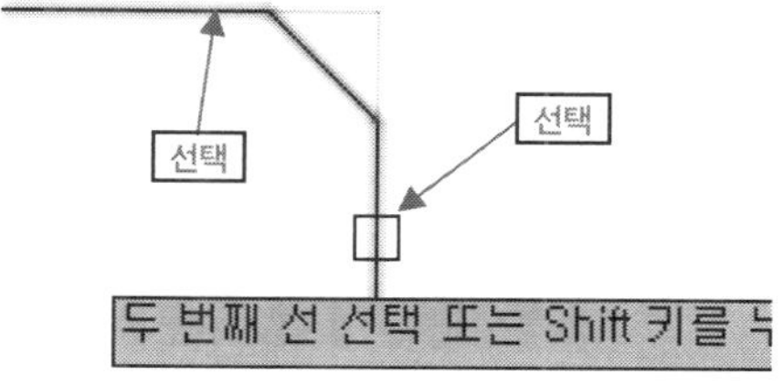

그림 2-27

2.5 기타 명령어 사용

해치

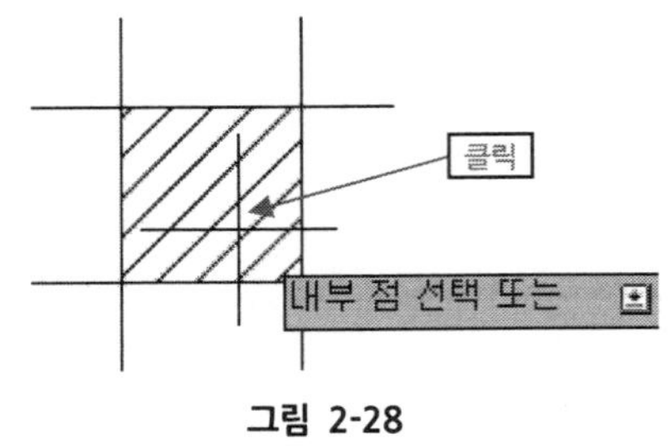

그림 2-28

해치는 엔티티들에 둘러싸인 닫힌 영역에 들어간다.

01 H → Space Bar 입력한다.

02 해치 설정 창이 나타났을 때 곧바로 Space Bar 를 누르면 '경계 → 추가: 점 선택' 버튼이 눌린다. 그러면 해치가 들어갈 영역을 선택한 뒤 Space Bar 를 누른다. 다시 해치 설정 창으로 돌아온다.

03 패턴을 선택하고 각도와 축척을 입력한 뒤 확인 버튼을 누른다.

패턴의 선종류는 도면층으로 적용시킨다.

블록해체

블록을 깨는 기능이다. 폴리라인을 깰 때도 쓰인다.

01 X → Space Bar 입력한다.

02 원하는 블록을 선택한다.

03 Space Bar 를 입력한다.

재생성

원호가 매끈하게 표현되지 않을 때, 화면 크기가 축소되지 않을 때 등에 사용한다. 너무 확대된 상태에서 사용하면 화면이 축소되지 않음에 주의한다.

01 RG → Space Bar 입력한다.

화면 확대

화면 확대 등의 기능이다. 지금은 마우스 휠로 스크롤 되기 때문에 많이 쓰지 않는다.

01 Z → Space Bar 입력한다.

02 하위 메뉴가 많이 나오는데 전체화면 보기인 A 기능을 주로 사용한다.

퍼지

작업창에서 무엇인가 삭제했을 때 화면에서 사라졌어도 파일에서는 사라지지 않는 것들이 있다. 블록, 도면층, 각종 스타일 등이다. 퍼지는 이들을 완전히 삭제하는 기능이다. 그렇지 않으면 화면에 보이지 않더라도 파일에는 남아 있어서 파일 용량을 증가시키는 원인이 된다.

01 GG → Space Bar 입력한다.

02 소거 창이 나타난다.

03 모두 소거가 될 때까지 '모두 소거' 버튼을(A 버튼) 누른다.

치수넣기(원호)

01 DC → Space Bar 입력한다.

02 원하는 원호를 클릭한다.

03 치수를 위치할 곳을 클릭한다.

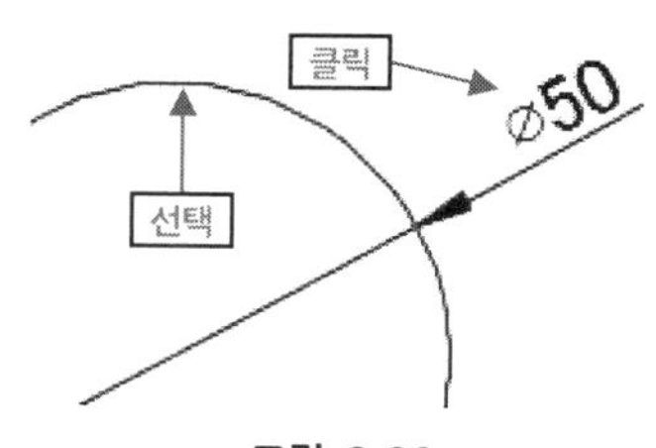

그림 2-29

치수넣기(직선)

01 DD → Space Bar 입력한다.

02 원하는 두 점과 치수 둘 곳을 클릭한다. 수직 혹은 수평하게 치수가 기입된다.

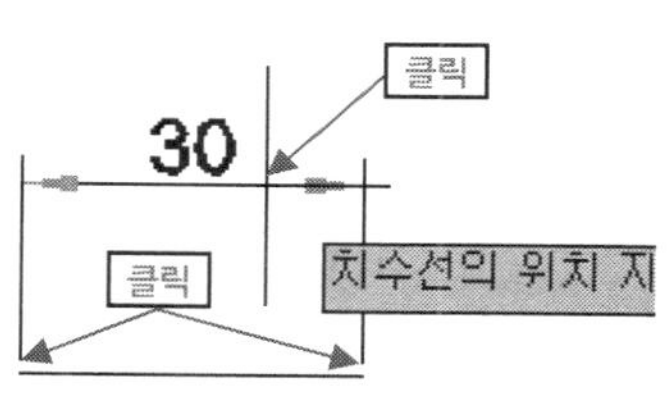

그림 2-30

치수넣기(정렬)

01 DA → Space Bar 입력한다.

02 원하는 두 점과 치수 둘 곳을 클릭한다. 두 점을 연결하는 직선에 정렬된 치수가 입력된다. 수직 혹은 수평이 아닌 엔티티의 치수를 기입할 때 사용한다.

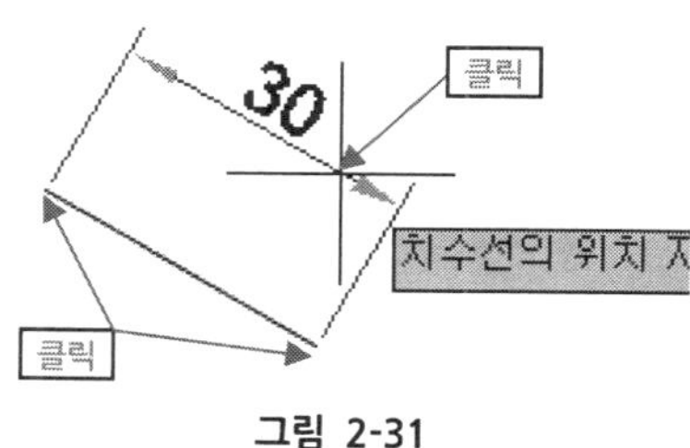

그림 2-31

지시된 노트 넣기

01 DR → Space Bar 입력한다.

02 원하는 점을 클릭한다.

03 지시선의 방향을 고려하여 두 번째 점을 클릭한다.

04 Space Bar → Space Bar 입력한다.

05 원하는 내용을 입력한다.

06 입력을 끝나면 Enter 를 입력하여 끝낸다.

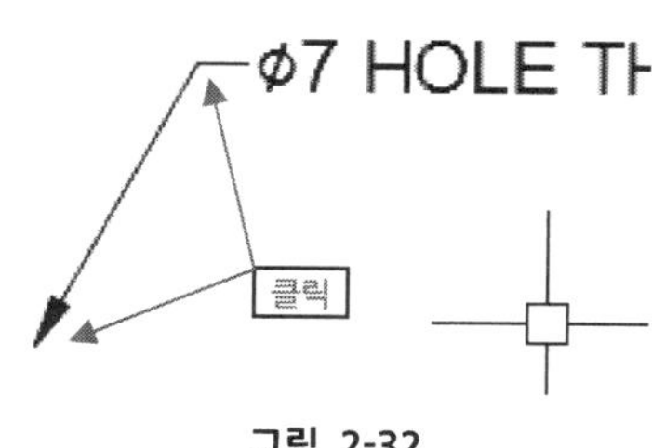

그림 2-32

2.6 키보드의 활용

2.6.1 Ctrl 키 활용

일반적인 조합키의 활용은 대부분 알려진 것이지만 여기에 한번 더 정리하도록 한다. 많이 사용하는 기능만을 정리하였다. 일부를 제외하고 대부분의 기능은 여타의 일반 소프트에서도 동일한 기능인 경우가 많다.

특히 Ctrl + Shift + V '블록으로 붙여넣기'와 Ctrl + Tab '창 간의 이동'은 일반 소프트에는 없으며 많이 쓰는 기능이므로 눈여겨보자.

표 2-2 'Ctrl' 조합키

조합 키	실행 내용
Ctrl + 0	전체화면 보기
Ctrl + 1	특성 창 열고 닫기
Ctrl + 8	계산기 켜기 끄기
Ctrl + A	전체 선택
Ctrl + C	복사하기
Ctrl + N	새파일 만들기
Ctrl + O	파일 열기
Ctrl + P	출력 하기
Ctrl + Q	프로그램 종료
Ctrl + S	저장하기
Ctrl + V	붙여넣기
Ctrl + Shift + V	블록으로 붙여넣기
Ctrl + X	잘라내기
Ctrl + Y	다시 실행
Ctrl + Z	실행 취소
Ctrl + Tab	창 간의 이동

2.6.2 Alt 키 활용

오토캐드의 메뉴바를 열고 닫을 때 사용한다. Alt 키를 누르면(누르고 있는 것이 아닌, 눌렀다 뗀다) 메뉴바의 괄호 안에 표시된 문자 아래 언더바가 생긴다. 이 때 원하는 메뉴의 문자를 누르면 풀다운 메뉴가 열린다. 풀다운 메뉴에서도 명령 옆의 괄호 안에 문자가 표시되어 있는데 해당 문자를 누르면 해당 명령이 실행된다.

예를 들어 그림 2-34에서와 같이 다른 이름으로 저장을 해보면, Alt → F → A 키를 순서대로 누르면 된다. 동시에 누르는 것이 아님에 주의한다.

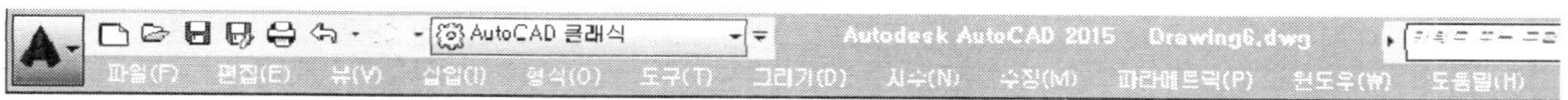

그림 2-33 메뉴바

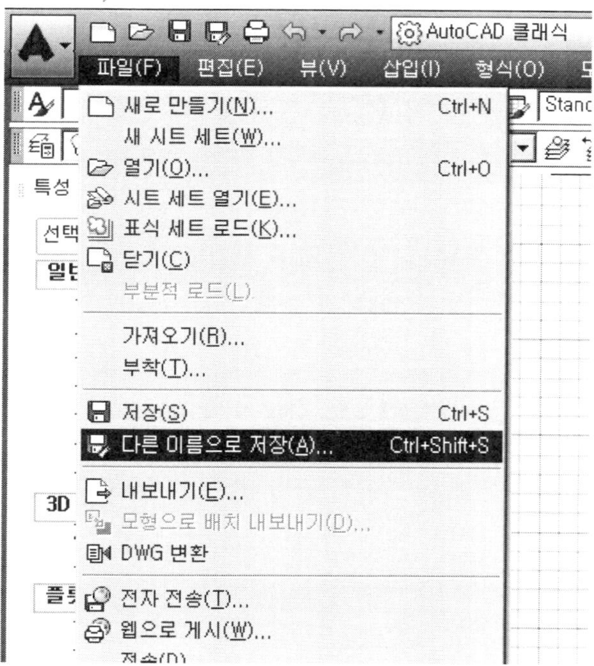

그림 2-34 'Alt' 조합키

특히 윈도우 메뉴를 자주 쓰는데 현재 열려있는 창을 전부 알 수 있고 원하는 창을 선택하여 바로 갈 수도 있다. Alt → W → '원하는 숫자' 키를 순서대로 누르면 된다.

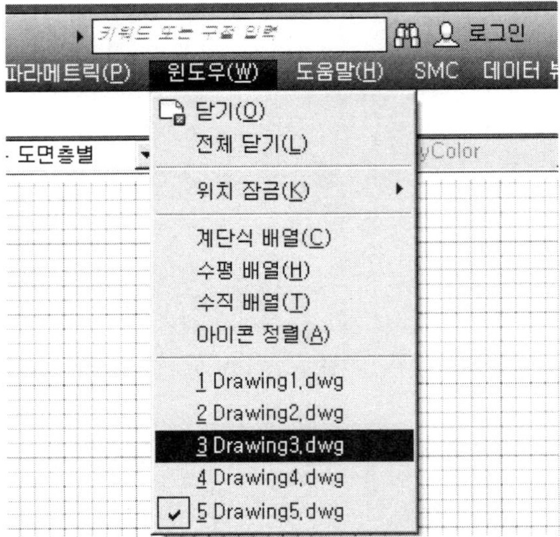

그림 2-35 메뉴바 - 윈도우

2.6.3 Shift 키 활용

01 엔티티 선택을 잘못해서 선택을 해지할 때 Shift 키를 누른 상태에서 엔티티를 클릭하면 된다.

02 오토캐드 작업창의 빈 공간에서 Shift 키를 누른 상태에서 마우스 오른쪽 버튼을 클릭하면 객체 스냅 선택메뉴가 나온다. 이는 기본 객체 스냅으로 설정하지 않은 스냅을 선택할 때 사용한다.

2.6.4 윈도우키 활용

오토캐드에서 사용하는 키는 아니지만 컴퓨터를 좀 더 효율적으로 사용하기 위해서 알아두면 유용하다.

표 2-3 윈도우 조합키

조합 키	실행 내용
Win + D	바탕화면 보기
Win + E	윈도우 탐색기 실행
Win + L	컴퓨터 잠금
Win + R	실행창 켜기

2.6.5 펑션(Function)키 활용

표 2-4에 펑션키 동작 사항을 나타내었다. 특히 F3 '객체 스냅 켜기/끄기'와 F8 '직교 켜기/끄기'는 많이 쓰는 기능이므로 꼭 기억하자.

표 2-4 펑션키의 동작 사항

펑션 키	실행 내용
F1	도움말 열기
F2	문자 윈도우 열기
F3	객체 스냅 켜기 / 끄기
F7	그리드 켜기 / 끄기
F8	직교 켜기 / 끄기
F9	스냅 켜기 / 끄기
F11	객체 스냅 추적 켜기 끄기

2.7 객체 스냅 설정과 사용

앞서 '오토스냅 표식기 크기'의 설명에서 객체 스냅에 대해 간단히 언급하였는데 여기서 자세히 설명한다. 오토캐드에서 선을 그릴 때 아무데나 그리는 것이 아니라 주로 기존의 선 위에 그리게 된다. 그렇다면 기존의 선위의 원하는 점에 정확히 찍혀야 하는데 이 때 사용되는 기능이 객체 스냅이다. 이는 필자가 특히 중요하게 생각하는 내용이다.

만약 잘못 찍히는 스냅 하나가 기준이 되어 이후의 선들이 그려져 나가고, 그렇게 잘못 그려진 선들이 복사되어 나가면 모르는 사이에 엄청나게 누적되게 된다. 잘못된 스냅에 의한 엔티티는 웹에서 다운받거나 외부에서 가져온 구성요소에서도 많이 발견된다. 이렇게 잘못 그려진 엔티티는 알 수 없는 오차를 만든다. 분명히 치수가 잘못 찍히는데 원인을 알 수 없는 경우가 발생한다. 그러면 도면의 신뢰도가 떨어지게 된다. 그러므로 필자는 그 중요성을 다시 한 번 강조하고자 한다.

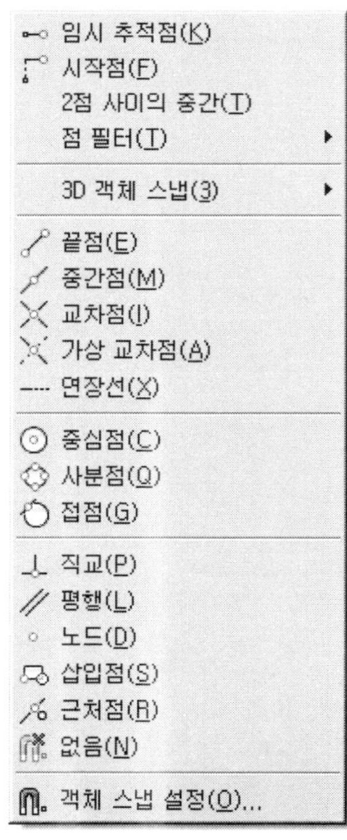

그림 2-36 객체 스냅 메뉴

오토캐드 작업창의 빈 공간에서 Shift + '마우스 오른쪽 버튼'을 클릭하면 객체 스냅 선택 메뉴가 나온다(그림 2-36). 여기서 맨 아래 '객체 스냅 설정'을 클릭하면 그림 2-37과 같은 객체 스냅 설정탭이 나온다.

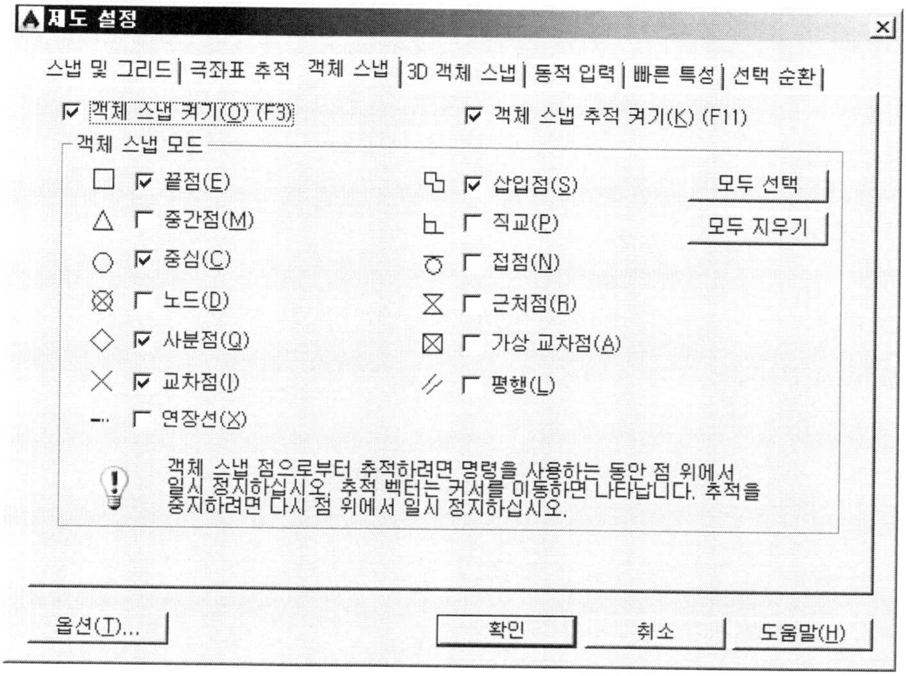

그림 2-37 객체 스냅 설정

불필요한 객체 스냅을 꺼야 스냅이 잘못 찍힐 확률이 낮아진다. 그림 2-37은 필자가 사용하는 객체 스냅이다. 그렇다면 여기서 선택되지 않는 객체 스냅을 쓰고자 할 때는 어떻게 하는가?라고 의문을 가지게 된다. 이때는 필요할 때마다 그림 2-36의 Shift + '마우스 오른쪽 버튼'을 클릭할 때 나타나는 '객체 스냅 메뉴'를 사용한다. 메뉴가 뜨면 마우스로 클릭해도 되지만 가급적 키보드를 써야 빠르다. 예를 들어,

직교점을 찍고 싶으면 Shift + '마우스 오른쪽 버튼'을 클릭 → P 를 입력
접점을 찍고 싶으면 Shift + '마우스 오른쪽 버튼'을 클릭 → G 를 입력

2.8 블록의 활용

블록이란 엔티티들을 하나로 묶는 것을 말한다. 예를 들어 어떤 파트(part: 단품을 의미한다)의 정면도 평면도 측면도 등 하나의 뷰를 이루는 직선 및 곡선 등의 엔티티들은 개별적으로 존재할 이유가 없다. 이를 뷰 단위로 하나로 묶어주면 다루기 편리하다.

2.8.1 블록 만들기

블록을 만드는 방법은 다음과 같다.

01 **잘라내기:** Ctrl + X 를 입력한 뒤 원하는 엔티티들을 선택한다.

02 **블록으로 붙여넣기:** Ctrl + Shift + V 를 입력한 뒤 원하는 곳을 클릭하면 블록이 화면에 삽입된다.

03 이 때 블록의 이름은 임의로 자동으로 정해진다.

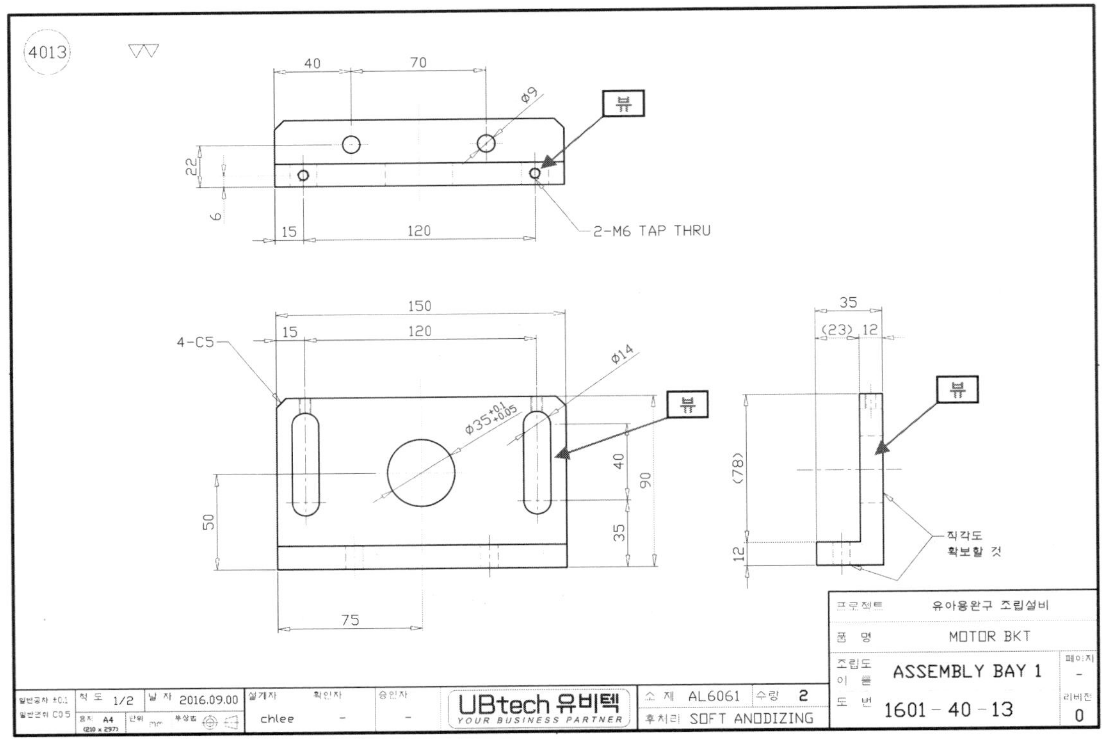

그림 2-38 블록으로 만든 뷰를 이용해 작성한 파트 도면

블록을 만드는 본래의 방법은 블록만들기 기능을 사용하는 것이다.

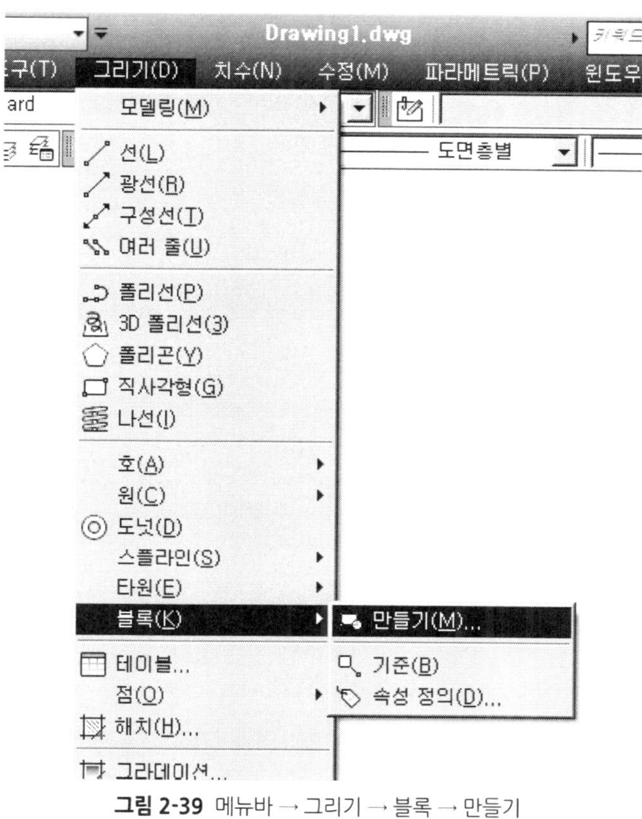

그림 2-39 메뉴바 → 그리기 → 블록 → 만들기

01 그림 2-39와 같이 메뉴바 → 그리기 → 블록 → 만들기를 선택한다.

02 혹은 명령어 입력창에 'BLOCK'을 입력해도 된다.

03 그러면 그림 2-40과 같은 블록 정의 창이 나타난다.

04 이름을 입력한다.

05 객체 → 객체 선택 버튼을 누르고 블록을 만들고자 하는 엔티티들을 선택한다.

06 기준점 → 선택점 버튼을 누르고 기준점을 선택한다. 이는 일반적으로 엔티티들의 좌측 하단을 찍으면 된다.

07 확인 버튼을 누르면 엔티티들이 블록으로 변환되며 완료된다.

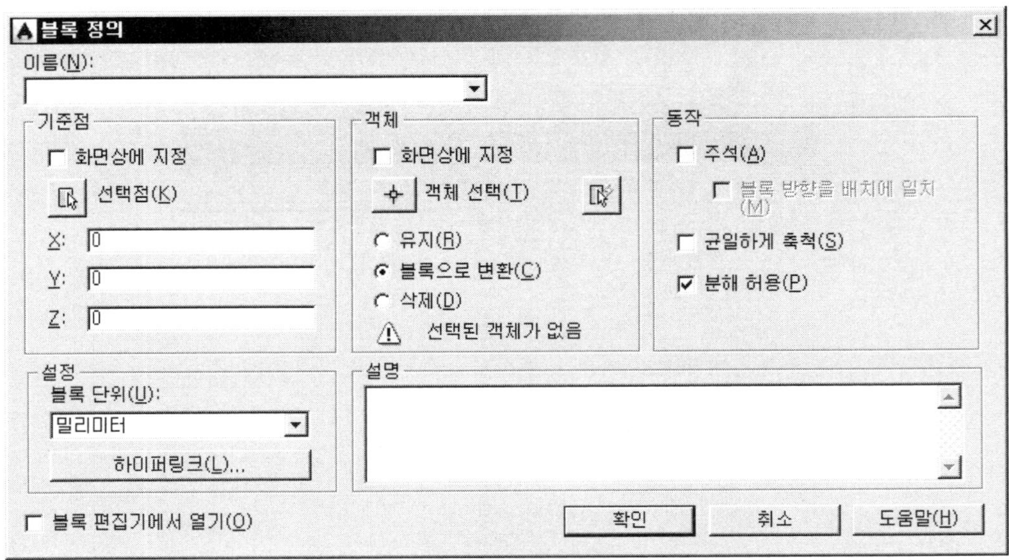

그림 2-40 블록 정의 창

2.8.2 블록 편집하기

블록을 편집하기 위해서는 블록 내부로 들어가야 하는데 이를 블록 내부편집 혹은 참조편집이라고 한다. 오토캐드 과거버전에서는 블록을 더블클릭 하면 내부편집으로 바로 들어갔다. 그런데 이것이 최근 버전에서부터 바뀌었다. 블록을 더블클릭 하면 그림 2-41과 같은 블록 정의 편집창이 나타난다.

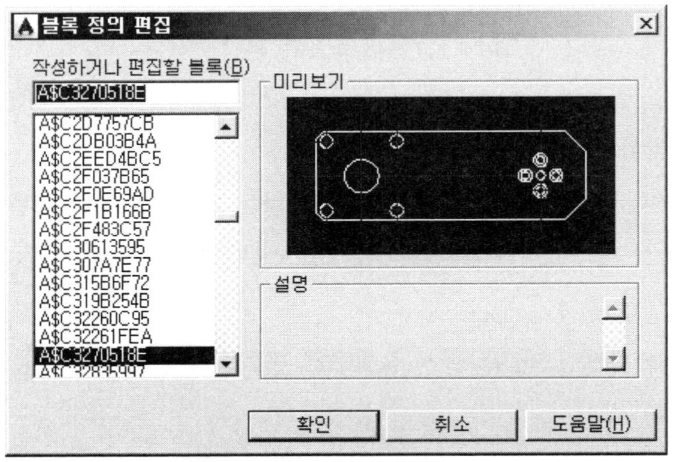

그림 2-41 블록 정의 편집창

그림 2-41에서 보면 좌측에는 현재파일에 존재하는 모든 블록 리스트가 나오고 그 중에 현재 선택한 블록이 우측으로 보인다. 블록 편집을 위해 확인을 누르면 오토캐드의 작업창이 새로운 화면으로 바뀌면서 선택한 블록만 나타난다. 여기서 블록 편집을 하고 저장 후 돌아오게끔 되어있다.

하지만 이는 오토캐드 과거버전에서 사용하던 방식의 내부편집과는 다른 양상이다. 도면에서 선택한 블록 외의 다른 부분이 보이지 않으니 상대적인 관계를 알 수가 없어서 제대로 된 설계를 할 수가 없다. 그러므로 더블클릭이 아닌 다른 방법을 선택해야 한다.

블록 내부편집 방법에는 두 가지가 있는데 첫 번째 방법은 도구막대의 버튼을 이용하는 것이다(그림 2-42).

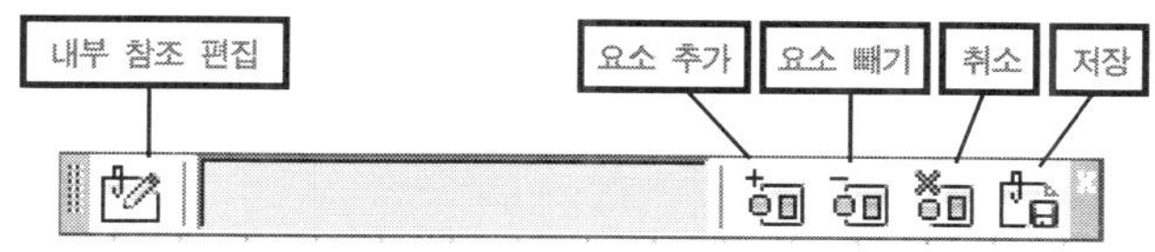

그림 2-42 참조편집 도구막대

두 번째 방법은 다음과 같다.

01 먼저 편집을 원하는 블록을 선택한다. 그리고 마우스 우측버튼을 누른다.

02 그러면 그림 2-43과 같은 팝업메뉴가 나타난다. '블록 내부편집'을 선택한다.

03 그러면 그림 2-44와 같은 참조편집창이 나타난다. 창의 좌측에 보면 현재 선택된 블록 내부에 또 다시 블록이 있을 경우 이를 트리 형식으로 보여준다.

04 여기서 방향키를 이용해 원하는 블록을 선택하면 된다. 선택된 블록은 작업창에서 강조표시가 되므로 식별이 가능하다.

05 원하는 블록을 선택했으면 확인버튼을 누른다. 그러면 비로소 블록 내부편집으로 들어간다.

다음과 같이 키보드를 이용하면 빠르게 진입할 수 있다.

01 원하는 블록 선택 후 마우스 오른쪽 버튼 클릭.

02 [I] + [Enter] + [Enter] 입력.

03 블록 내부편집 진입 완료.

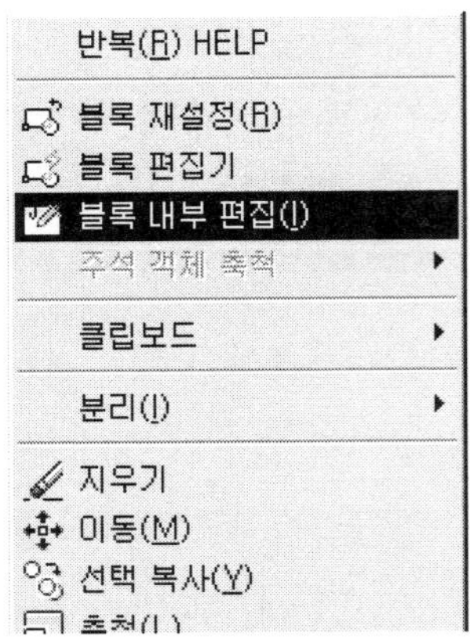

그림 2-43 블록 팝업 메뉴

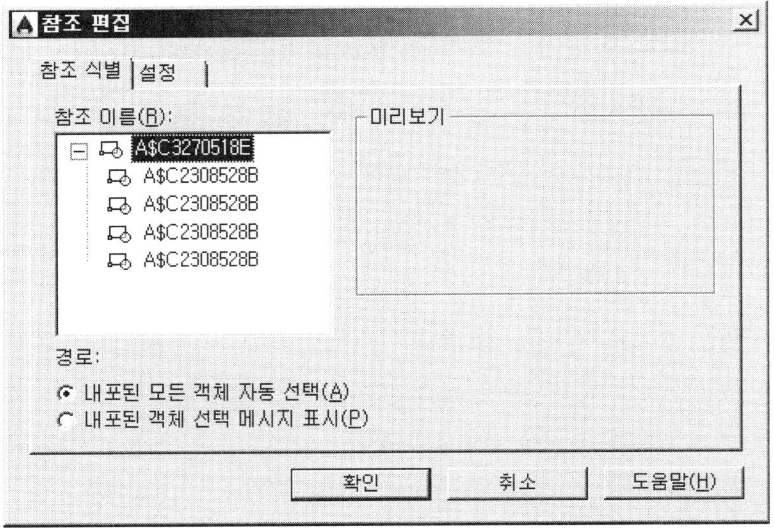

그림 2-44 참조 편집 창

블록을 수정할 때는 한 가지 주의할 점이 있는데 바로 파일 간에 블록을 이동할 때다. 그림 2-45와 같이 두 개의 파일에 동일한 블록이 존재한다고 하자(블록 이름도 동일하다). 하나의 파일에서 블록을 수정하고 이를 복사하여 다른 파일에 붙여넣기하면 수정된 내용이 적용되지 않는다.

이 때는 복사대상 파일에서 블록을 삭제한 뒤 퍼지기능을 통해 파일에서 완전히 삭제한 뒤 새롭게 복사해 넣어야 한다. 혹은 두 개의 파일 모두에서 블록에 대한 수정을 반복해야 한다.

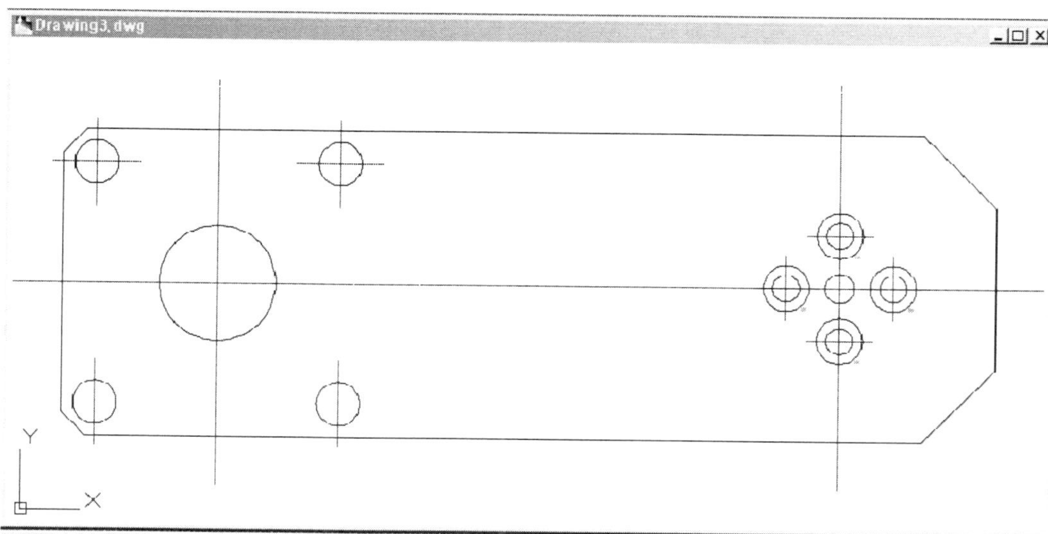

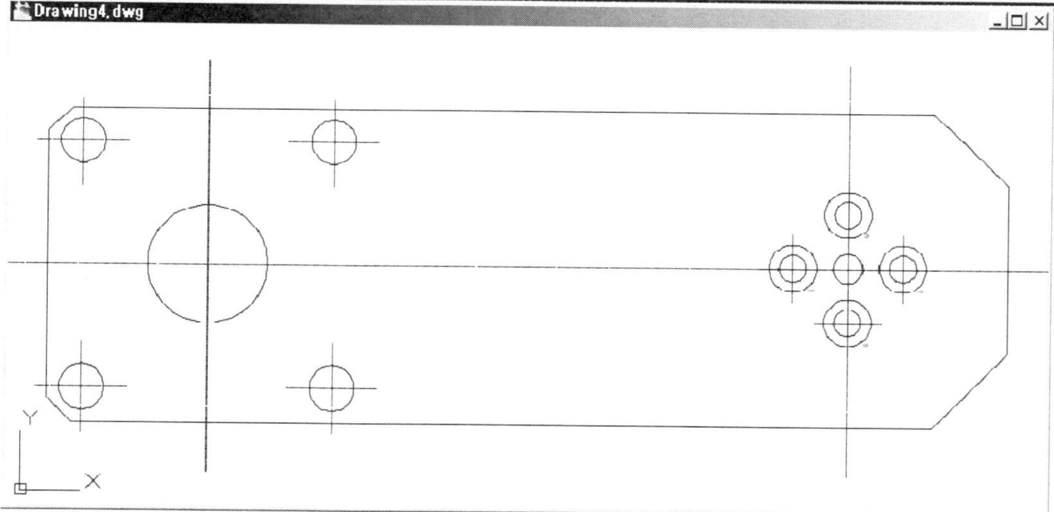

그림 2-45 동일한 블록이 두 개의 파일에 존재할 때

Chapter 03

설계를 위한 준비

3.1 도면 템플릿 만들기

도면 템플릿은 도면의 내용을 담기 위한 기본 틀이다. 도면틀이라고도 한다. 표제란에는 도면 번호와 이름 등 도면의 정보가 들어 간다. 즉 가장 기본적인 도면의 형태라고 하겠다. 회사마다 사용하는 템플릿이 다르므로 획일적으로 정할 수는 없지만 차이점은 크지 않아 대동소이하다. 그러므로 여기에는 일반적으로 쓸 수 있는 도면 템플릿을 실었다.

그림 3-1은 A4 용지의 도면 템플릿이다. 이를 이용하여 독자 여러분들의 회사에 맞는 템플릿을 만들 때 참고하기 바란다. 필요한 내용은 더하고 불필요한 내용은 빼거나 혹은 그대로 사용해도 무방하다.

도면의 종류에 따라서 템플릿을 다르게 사용하기도 한다. 예를 들어 조립도의 템플릿과 제작도의 템플릿을 각각 사용하는 경우이다. 하지만 역시 내용은 대동소이하므로 여기서는 하나의 템플릿으로 통일하였다. 조립도에서는 재질, 후처리 등의 내용은 필요 없는데 이 때는 공란으로 두면 그만이다.

3.1.1 속성정의 문자 활용

도면 템플릿은 블록으로 작성한다. 블록으로 사용하지 않는 경우가 있는데 그러면 작업창에서 도면을 이동하거나 복사할 때 미처 선택되지 못한 일부 문자나 선이 누락되는 등의 오류가 생길 수 있다. 이는 곧 생산성 저하로 연결될 수 있으므로 본 책이 지향하는 바가 아니다. 블록을 사용하면 템플릿이 분해될 걱정이 없으므로 다루기가 편리하다.

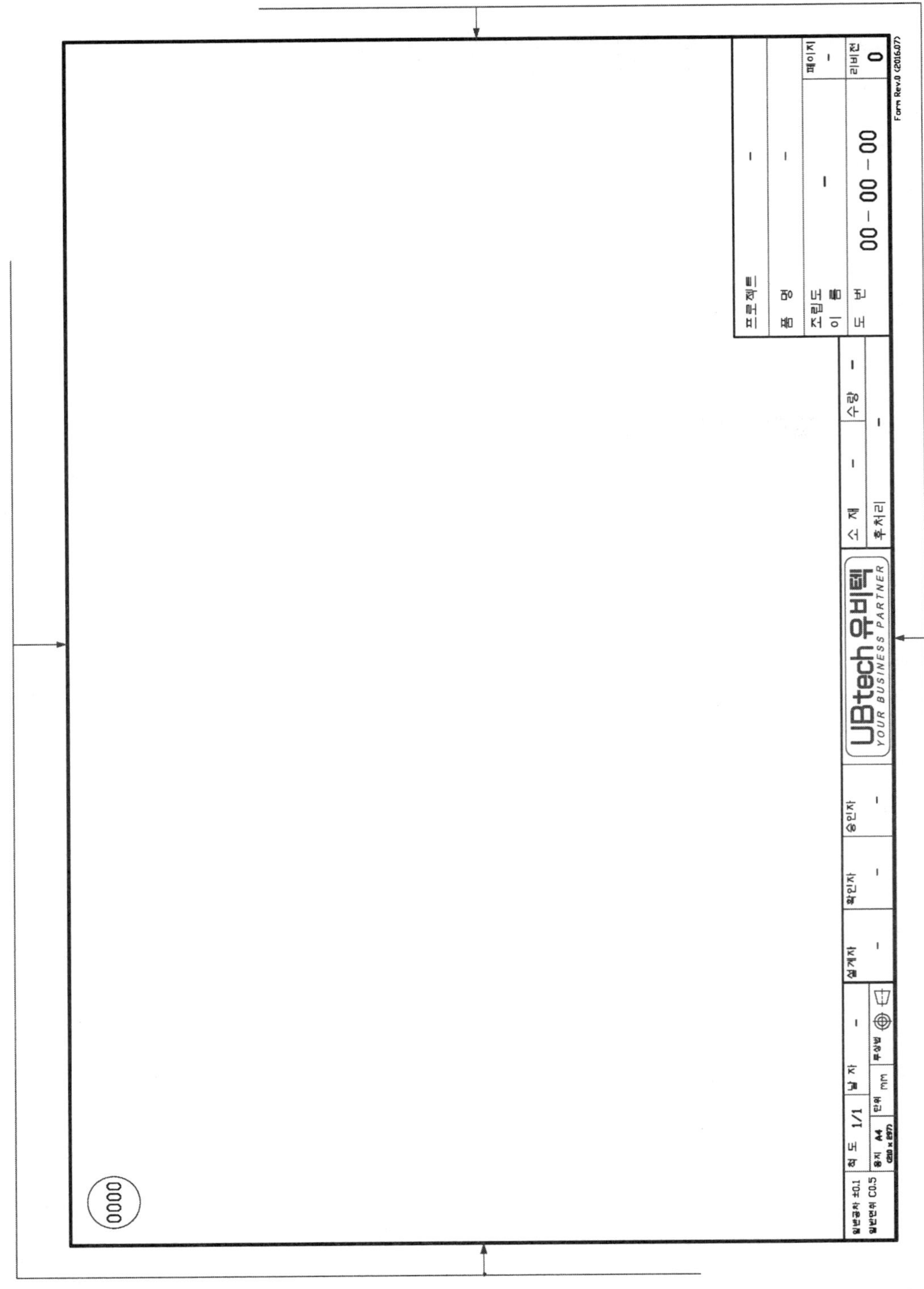
프로젝트
품명
조립도 이름
도번
00 - 00 - 00
페이지
리비전
0
Form Rev.0 (2016.07)
소재
수량
후처리
UBtech 유비텍
YOUR BUSINESS PARTNER
승인자
확인자
설계자
척도 1/1
일반공차 ±0.1
일반면취 C0.5
용지 A4
단위 mm
0000

그림 3-1 도면 템플릿

도면 템플릿을 블록으로 사용하기 위해서는 속성정의 문자 기능을 사용해야 한다. 블록의 특징으로는 동일한 블록이 여러 개 존재할 때, 하나의 블록만 편집해도 모두에게 적용되는 점이다. 그런데 속성정의 문자는 블록의 이러한 특성이 적용되지 않는다. 동일한 블록에서도 속성정의 문자는 서로 다른 값을 가질 수 있다.

속성정의 문자를 만드는 명령어는 'ATTDEF'이며, 그림 3-2는 속성정의 창이다.

❶ 태그는 속성정의 문자 이름이다.

❷ 프롬프트는 일종의 설명인데 굳이 입력하지 않아도 된다.

❸ 기본값은 속성정의 문자를 블록으로 만들었을 때 나타내는 기본 값이다.

❹ 문자 설정란은 오토캐드의 문자 스타일 설정과 동일하며 그 설정에 대해서는 뒤에 설명하므로 그냥 두면 된다.

❺ 태그와 기본값을 입력하고 확인을 누른 뒤 오토캐드 작업창의 원하는 위치에 클릭하여 삽입하면 된다.

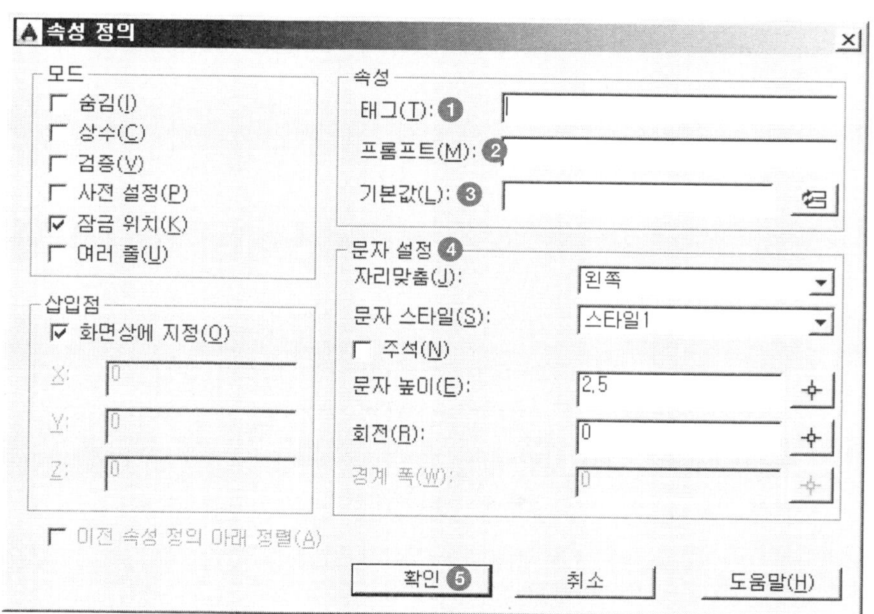

그림 3-2 속성정의 창

또 다른 속성정의 문자를 만들 때는 기존에 만들었던 속성정의 문자를 복사하면 된다. 그리고 더블클릭 하여 태그와 기본값만 바꾸면 새로운 속성정의 문자가 된다.

이제 도면번호, 도면이름, 소재, 수량 등을 속성정의 문자로 만든 뒤 도면 템플릿 블록에 포함시키면 된다. 이 도면 템플릿 블록에서 속성정의 문자를 더블클릭(블록 밖에서) 하면 해당 문자를 입력할 수 있다.

그림 3-3은 도면 템플릿의 속성정의 문자를 더블클릭 했을 때 나타나는 고급 속성 편집기 창이다. '값' 부분에 원하는 내용을 입력한 뒤 Enter 를 입력하면 다음 칸으로 넘어간다. 이렇게 마우스를 쓰지 않고 속도감 있게 내용을 연속적으로 타이핑해 넣을 수 있다. 모두 입력한 뒤 Tab 을 누르면 '확인' 버튼으로 활성화 부분이 넘어가고 여기서 Enter 를 입력하면 창이 닫힌다.

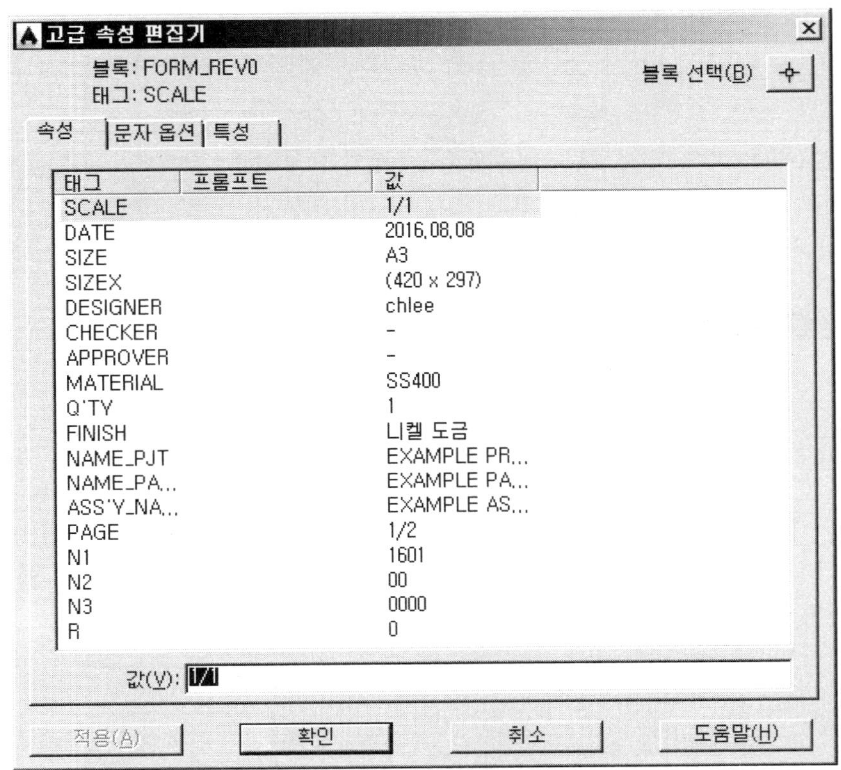

그림 3-3 고급 속성 편집기

속성정의 문자 값은 특성창에서 입력할 수도 있다. 이를 그림 3-4에서 보여주고 있다. 도면 템플릿을 선택하면 특성창에 속성 내용이 나타난다. 이를 응용하면 여러 개의 도면 템플릿을 선택하여 한꺼번에 같은 내용을 입력할 수도 있다. 이는 속정정의 문자를 이용해서 도면템플릿을 블록으로 만드는 중요한 이유이다.

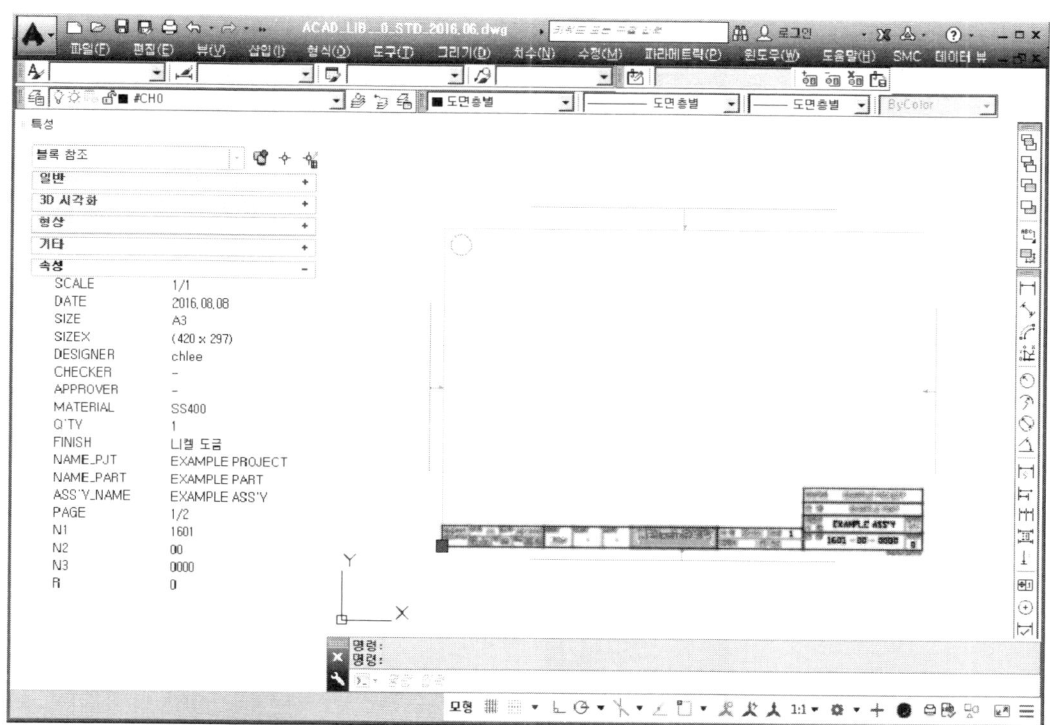

그림 3-4 특성창에서의 속성 입력

3.1.2 블록 속성 편집

도면 템플릿을 블록으로 만든 뒤 속성 편집기(그림 3-3)를 보면 태그의 순서가 원하는 대로 되어 있지 않은 경우가 있다. 이럴 때는 순서를 바꿔줘야 한다. 메뉴바 → 수정 → 객체 → 속성 → 블록 속성 관리자를 선택한다(그림 3-5).

그림 3-6은 블록 속성 관리자이다. 상단의 풀다운메뉴를 열어보면 현재 도면에 포함된 모든 블록을 볼 수 있다. 여기서 도면 템플릿 블록을 선택한다. 우측의 '위로 이동', '아래로 이동' 버튼을 이용하여 순서를 조정한다. 그리고 '동기화' 버튼을 눌러준다. 완료되면 확인 버튼을 눌러서 끝낸다.

도면 템플릿 블록의 내부편집에서, 속성정의 문자의 위치이동 등의 변화에 대해서도 반드시 블록 속성 관리자에서 '동기화' 버튼을 눌러줘야지만 적용이 됨에 주의한다.

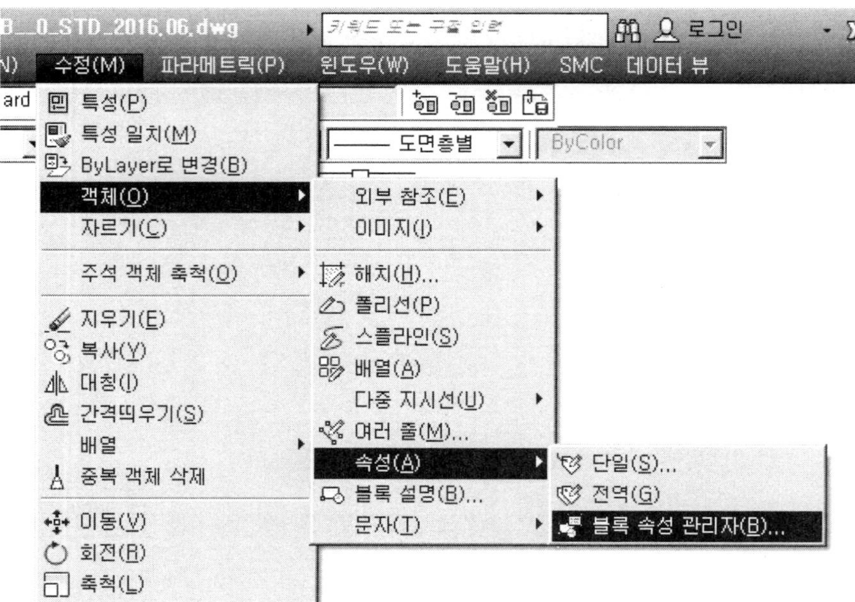

그림 3-5 블록 속성 관리자 실행

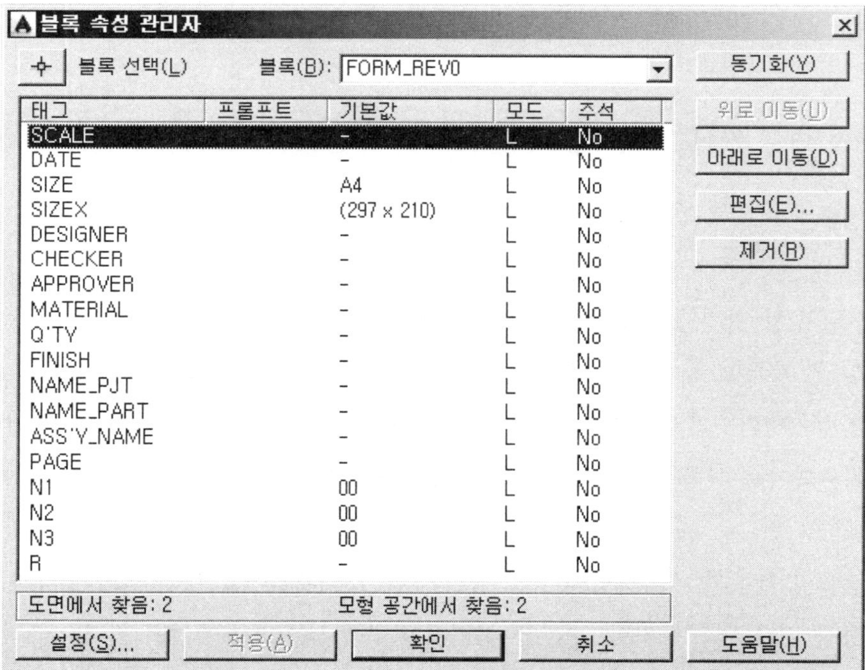

그림 3-6 블록 속성 관리자

3.2 도면층의 활용

도면층이란 화면에 가상의 층이 여러 겹 쌓여 있다고 가정하는 방법이다. 각 도면층마다 선의 종류, 색상, 굵기 등을 다르게 지정하여 편리하게 원하는 엔티티만의 속성을 지정하고 관리하는 방법이다. 매우 유용한 기능이므로 반드시 익혀두자.

3.2.1 도면층 만들기

도면층을 만들기 위해서 메뉴바 → 형식 → 도면층을 선택한다. 혹은 도면층 도구막대에서 '도면층 특성 관리자 버튼'을 클릭한다(그림 3-7). 그러면 그림 3-8과 같은 도면층 특성 관리자 창이 나타난다.

그림 3-7 도면층 특성 관리자 실행

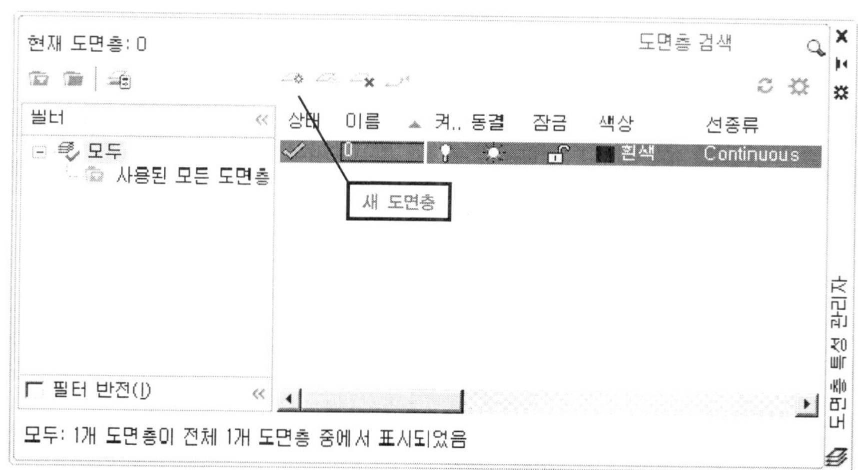

그림 3-8 도면층 특성 관리자

도면층 특성 관리자창에서 새 도면층 버튼을 누른다. 그러면 새로운 도면층이 생기는 것을 볼 수 있다(그림 3-9). 이름을 입력하고 색상과 선종류를 선택한다. 이렇게 만들어서 우리가 사용할 도면층은 하기와 같다. 이름에 '#' 기호를 붙인 이유는 도면에서 다른 도면층이 앞으로 추가 되더라도 하기 도면층들이 도면층 리스트의 위쪽에 항상 위치하도록 하기 위해서이다.

❶ #CH0: 굵은실선 도면층이다. 흰색이며 선종류는 실선이다.
❷ #CH1: 중심선 도면층이다. 빨간색이며 선종류는 'CENTER'이다
❸ #CH2: 숨은선 도면층이다. 하늘색이며 선종류는 'DASHED'이다.
❹ #CH3: 가는실선 도면층이다. 색상11번 이며 선종류는 실선이다.
❺ #CH4: 가상선 도면층이다. 선홍색이며 선종류는 'PHANTOM'이다.
❻ #CH5: 확인선 도면층이다. 하늘색이며 선종류는 'MITTE이다.

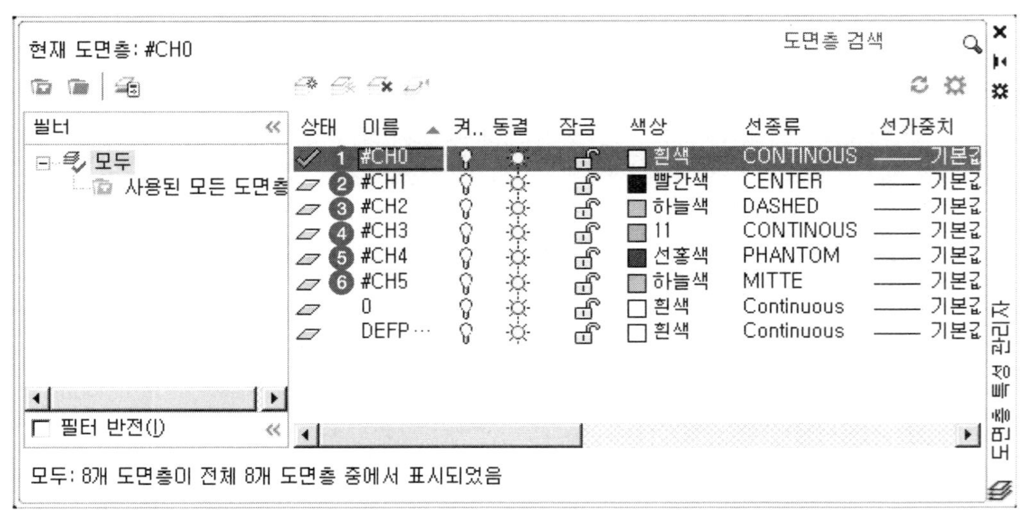

그림 3-9 도면층 만들기

3.2.2 도면층 사용하기

그림 3-10은 도면층 도구막대와 특성 도구막대이다. 여기서는 도면층이 '0' 이고 특성은 모두 '도면층별'로 되어 있다. 이 때 작업창에서 엔티티를 그리면 도면층 '0'에 그려지는 것이다.

도면층을 바꾸고 싶을 때는 먼저 엔티티 혹은 블록을 선택한다. 도면층 도구막대에서 원하는 도면층을 선택한다. 특성 도구막대에서 모두 '도면층별'을 선택한다.

뒤에 설명하겠지만 도면 출력 시 선의 가중치는 색상으로 구분하여 플롯 스타일에서 결정한다. 그러므로 특성 도구막대에서 선의 가중치 선택은 사용하지 않는다.

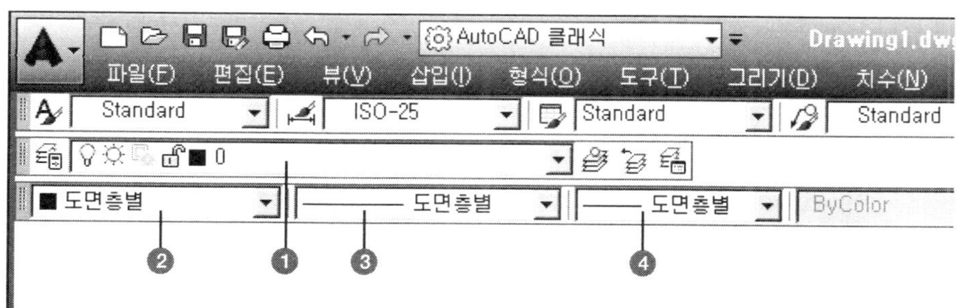

그림 3-10 도면층 도구막대와 특성 도구막대

❶ **도면층 도구막대**: 도면층을 선택할 수 있다.
❷ **특성 도구막대**: 엔티티의 색상을 선택할 수 있다.
❸ **특성 도구막대**: 선의 종류를 선택할 수 있다.
❹ **특성 도구막대**: 도면 출력 시 선의 가중치(굵기)를 선택할 수 있다.

도면층 특성 도구막대에서 '블록별'을 선택하면 블록 내부의 엔티티에 영향을 준다. 이 때 블록이 아닌 엔티티의 경우에는 기본 값인 흰색 실선으로 표현된다. 이해를 돕기 위해 다음의 그림으로 설명하였다.

01 그림 3-11: 엔티티에 #CH1 도면층이 적용된 모습.

02 그림 3-12: 엔티티에 #CH1 도면층이 적용되고, '블록별' 특성이 적용된 모습. 도면층이 적용되지 않아서 흰색 실선이 되었음을 알 수 있다.

03 그림 3-13: 엔티티에 '블록별' 특성을 적용한 뒤에 엔티티를 블록으로 만들었다. 이 블록에 #CH2 도면층을 적용하고 '도면층별' 특성을 적용하였다.

04 그림 3-14: 앞서 만든 블록에 '블록별' 특성을 적용한 모습. 도면층이 적용되지 않아서 흰색 실선이 되었음을 알 수 있다.

05 그림 3-15: 앞서 만든 블록에 '블록별' 특성을 적용하고 이를 또다시 블록으로 만들었다. 2중 블록이다. 여기에 #CH4 도면층을 적용하고 '도면층별'을 특성을 적용한 모습.

06 그림 3-16 앞서 만든 2중 블록에 '블록별' 특성을 적용한 모습. 도면층이 적용되지 않아서 흰색 실선이 되었음을 알 수 있다.

이상과 같이 도면층의 활용에 있어서 '블록별' 특성을 적용하는 방법을 설명하였다. 색상과 선종류 특성을 동시에 적용하였으나 원하는 것만 하나씩 적용할 수도 있다. 또한 특성 도구막대에서 원하는 색상을 직접 선택할 수도 있고 원하는 선종류를 직접 선택할 수 도 있다. 다소 이해하기 어렵겠으나 몇 번 연습해보면 이해하고 활용할 수 있다.

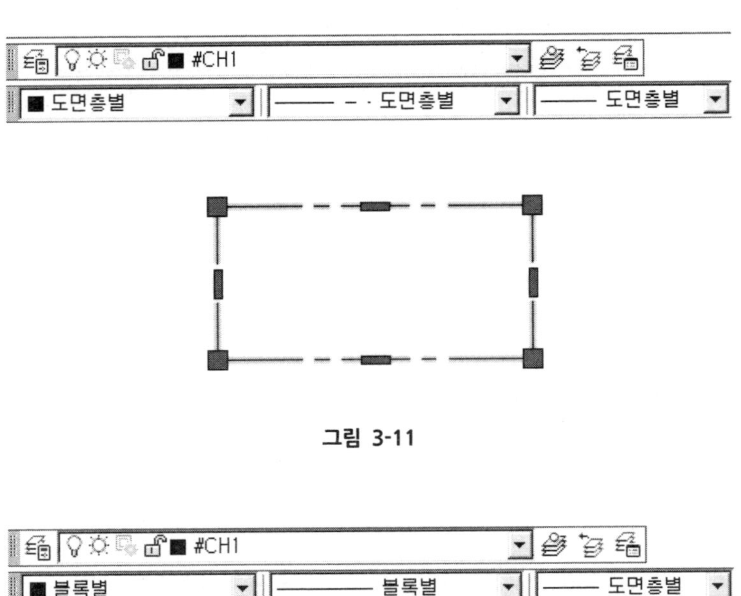

그림 3-11

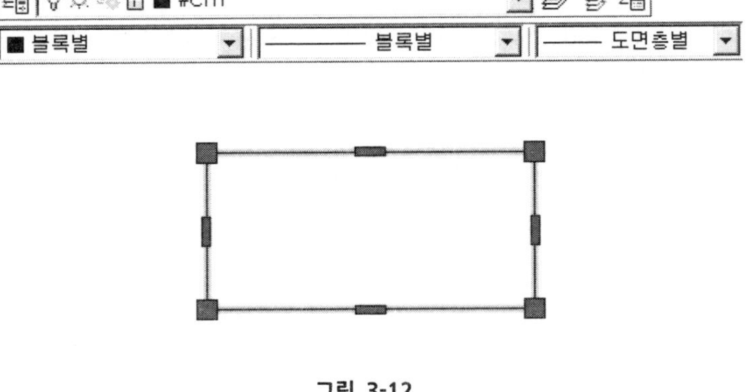

그림 3-12

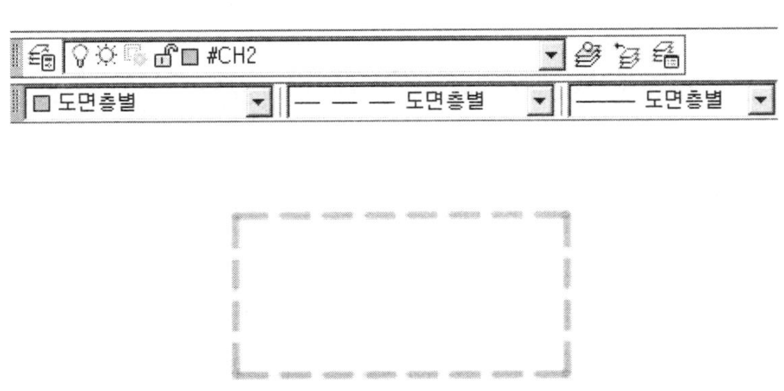

그림 3-13

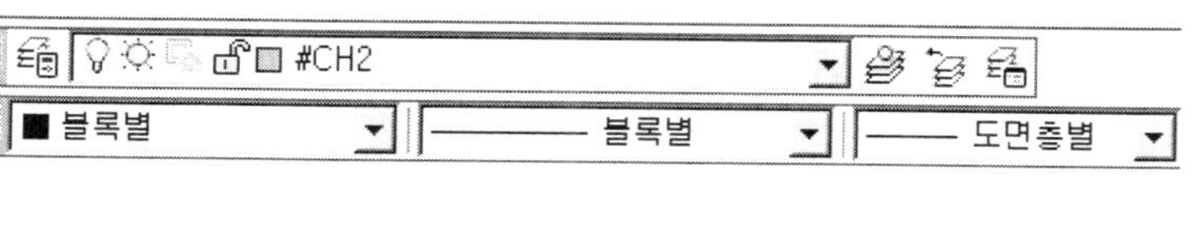

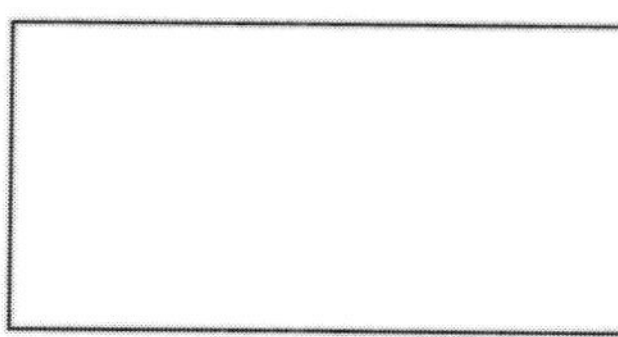

그림 3-14

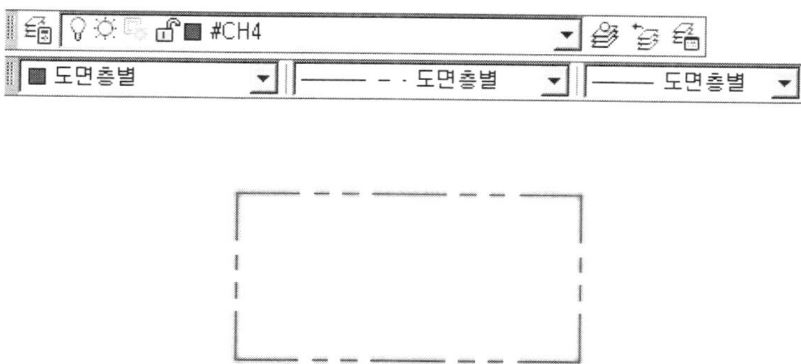

그림 3-15

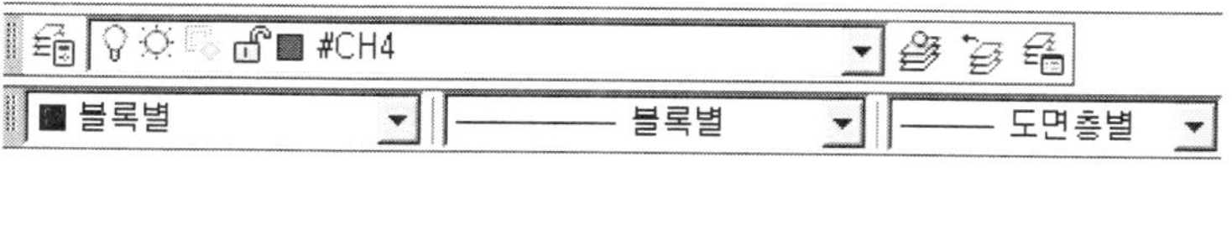

그림 3-16

3.2.3 도면층 저장하기

도면층을 저장하는 일종의 트릭으로써 도면 템플릿을 활용하면 편리하다. 먼저 선을 몇 개 그린 뒤 여기에 도면층을 하나씩 적용해둔다. 그리고 도면 템플릿 블록 안에 아주 작은 크기로 잘 보이지 않게 넣어 둔다.

그림 3-17은 도면 템플릿의 일부분에 작은 선들이 들어가 있는 부분을 확대해서 보여준다. 이제 도면층이 필요할 때는 도면 템플릿을 복사해서 원하는 도면파일로 가져오면 된다. 도면층이 함께 따라오게 된다.

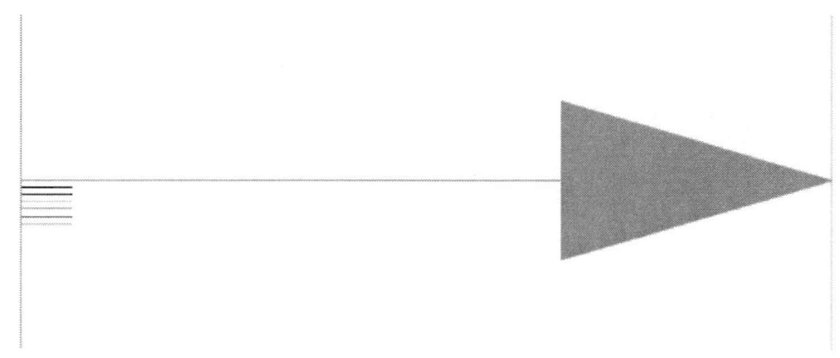

그림 3-17 도면층이 적용된 선들

3.3 치수 스타일의 활용

도면이 그림과 다른 것은 치수 및 설명이 기입되어 있다는 점이다. 오토캐드에서는 치수기입의 형태를 상세하게 설정하고 저장해둘 수 있는데 이를 치수 스타일이라고 한다. 오토캐드에 기본 치수 스타일이 있지만 사용자 각자의 취향에 맞도록 치수 스타일을 만드는 것이 좋겠다.

3.3.1 문자 스타일 만들기

치수도 결국 문자이므로 먼저 문자 스타일을 만들어야 한다. 문자 스타일은 치수에서만 쓰이는 것은 아니고 도면에 입력되는 문자는 모두 관여된다.

문자 스타일을 만들기 위해서는 메뉴바 → 형식 → 문자 스타일을 선택한다. 혹은 스타일

그림 3-18 스타일 도구막대

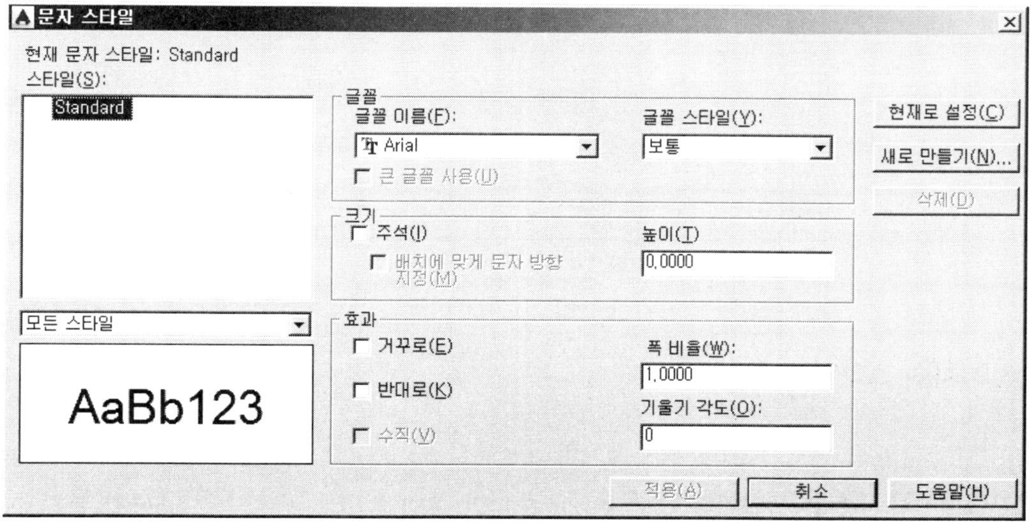

그림 3-19 문자 스타일 설정창

도구막대에서 '문자 스타일 버튼'을 클릭한다(그림 3-18). 그러면 그림 3-19와 같이 문자 스타일 설정창이 나타난다.

문자 스타일 창의 좌측에는 기본 문자 스타일이 있다. 문자 스타일을 새로 만들기 위해 '새로 만들기' 버튼을 클릭한다. 그러면 그림 3-20과 같은 '새 문자 스타일' 작성 창이 나타난다.

그림 3-20 새 문자 스타일 작성 창

'스타일 이름'란에 문자 스타일 이름을 입력한다. #CHT라고 이름을 정했다. 확인 버튼을 누른다. 그러면 다시 문자 스타일 설정창으로 돌아오는데 여기서 글꼴을 선택하고 적용 버튼을 누르면 문자 스타일 작성이 완료된다.

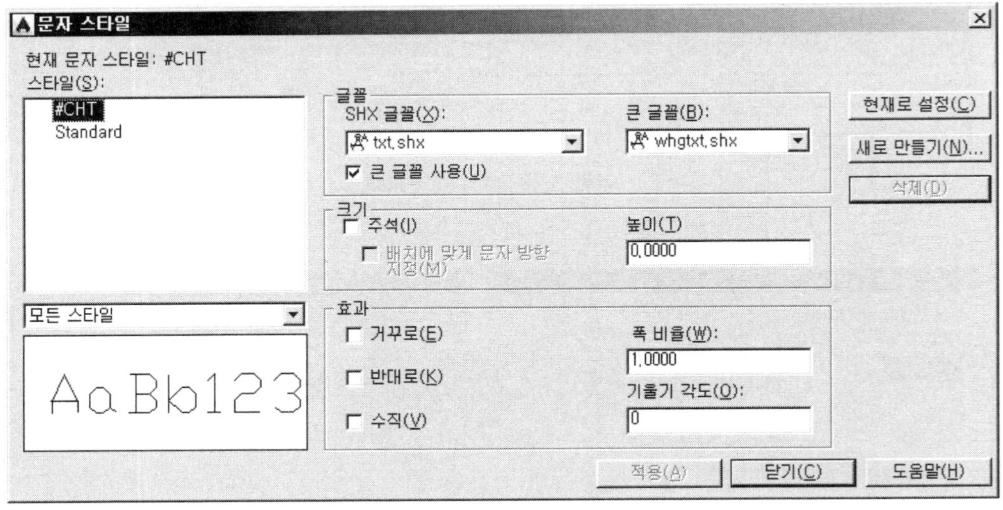

그림 3-21 문자 스타일 만들기

3.3.2 치수 스타일 만들기

치수 스타일을 만들기 위해서는 메뉴바 → 형식 → 치수 스타일을 선택한다. 혹은 스타일 도구막대에서 버튼을 클릭한다(그림 3-22). 그러면 그림 3-23과 같이 치수 스타일 관리자 창이 나타난다.

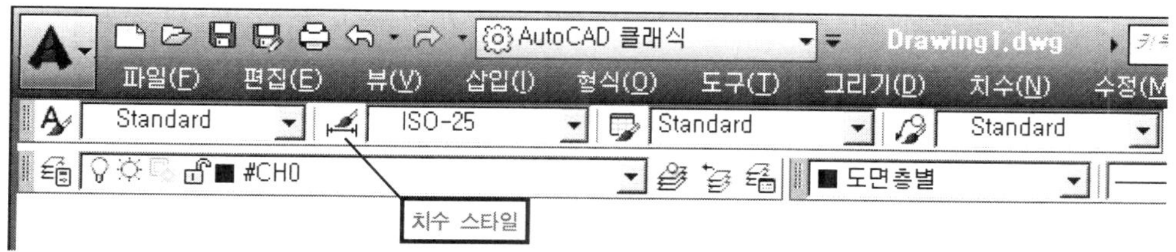

그림 3-22 스타일 도구막대 치수 스타일 버튼

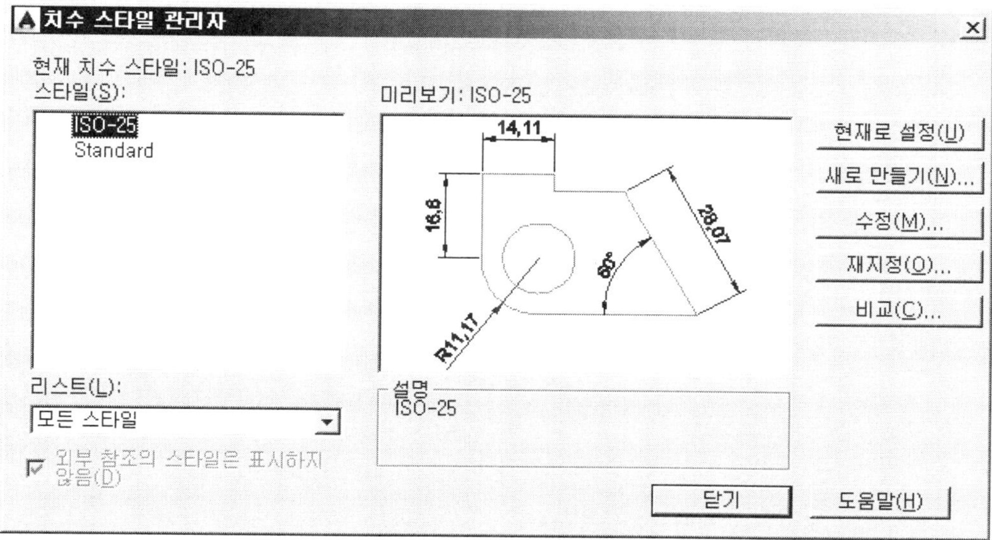

그림 3-23 치수 스타일 관리자

치수 스타일 관리자 창의 좌측에는 기본 치수 스타일이 있다. 치수 스타일을 새로 만들기 위해 '새로 만들기' 버튼을 클릭한다. 그러면 그림 3-24와 같은 새 치수 스타일 작성 창이 나타난다.

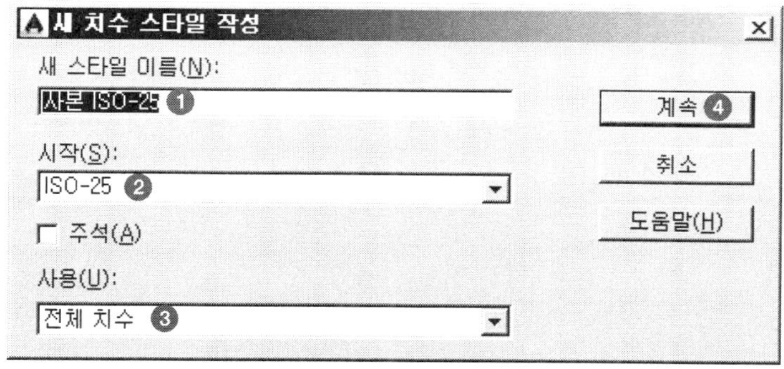

그림 3-24 새 치수 스타일 작성

❶ '새 스타일 이름'란에 치수 스타일의 이름을 입력한다. 치수 스타일은 도면의 축척 별로 만든다. 먼저 1/1 축척의 치수 스타일을 만들기 위해 '**#CH 1/ 1**'라고 이름을 정했다.

❷ '시작'란은 치수 스타일을 만들기 전의 기본 값을 어느 치수 스타일에서 시작하겠느냐는 말이다. 그냥 놔두면 되겠다.

❸ 사용은 '전체 치수'로 한다.

❹ 이제 '계속' 버튼을 누른다.

그림 3-25에서부터 3-31까지는 설정을 완료한 치수 스타일 내용이다.

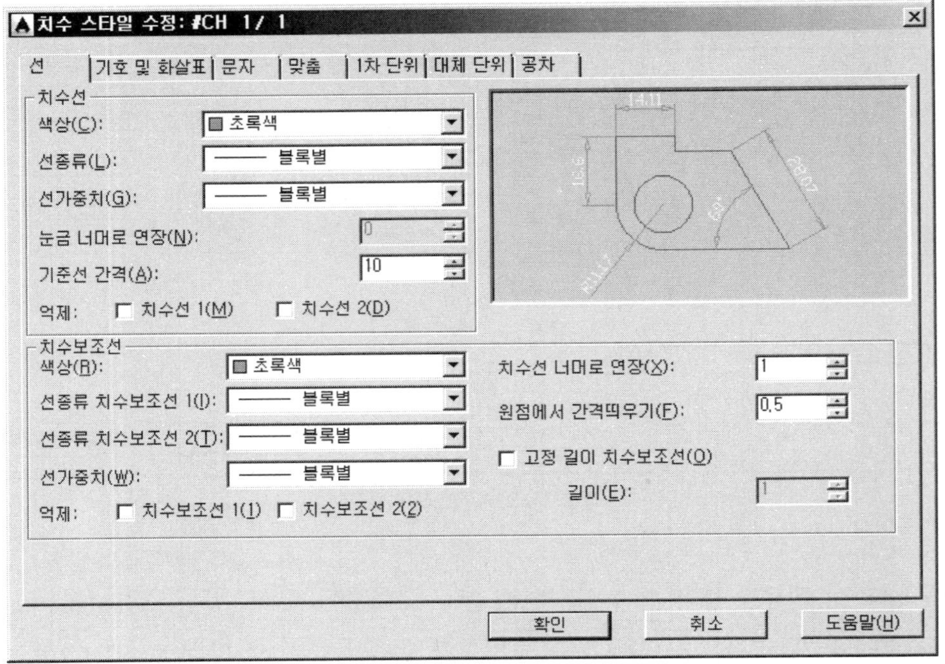

그림 3-25 치수 스타일 수정 → 선 탭

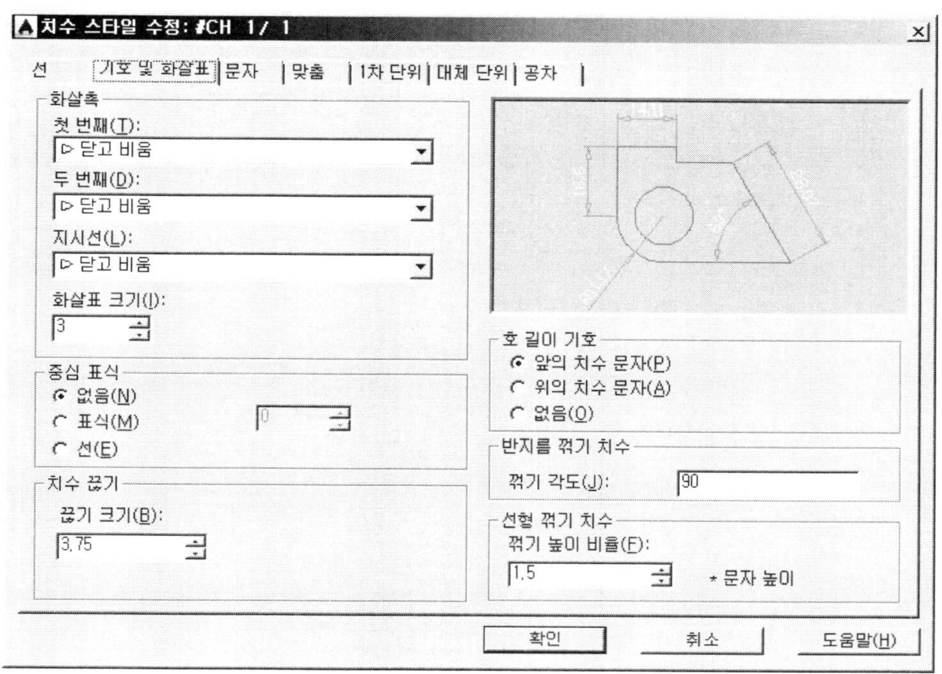

그림 3-26 치수 스타일 수정 → 기호 및 화살표 탭

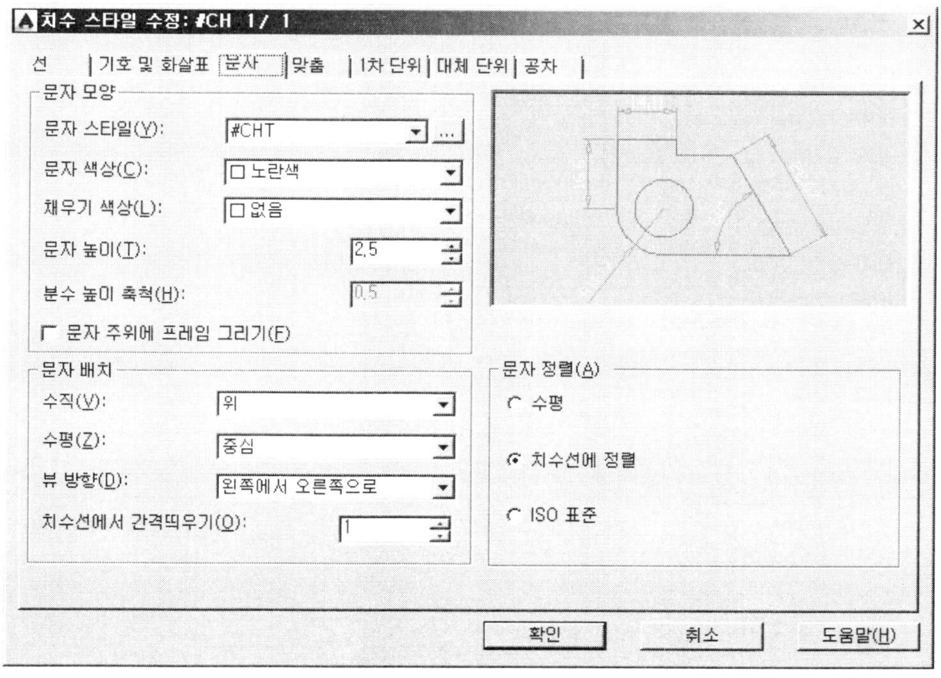

그림 3-27 치수 스타일 수정 → 문자 탭

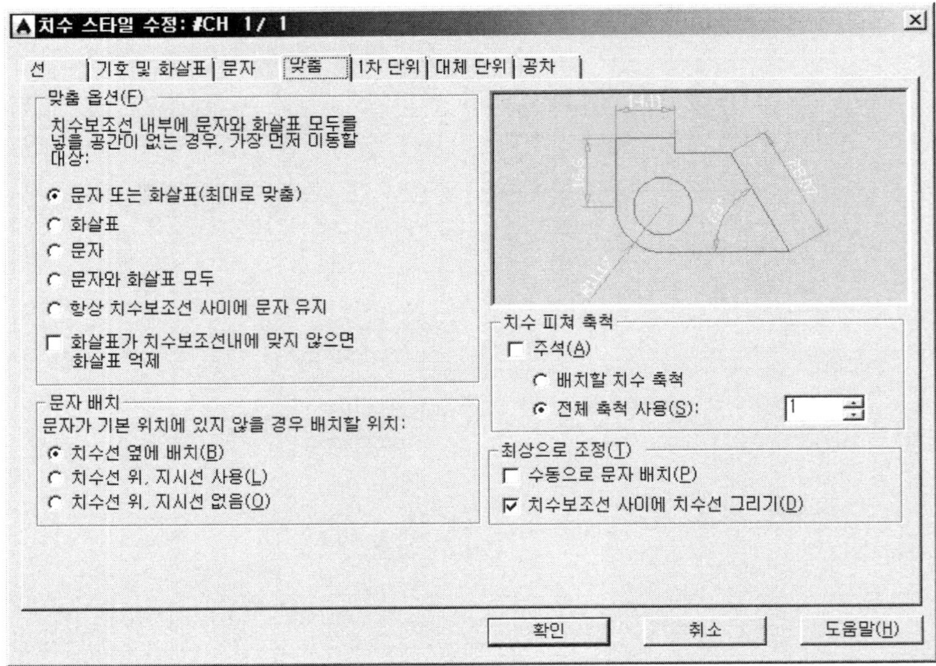

그림 3-28 치수 스타일 수정 → 맞춤 탭

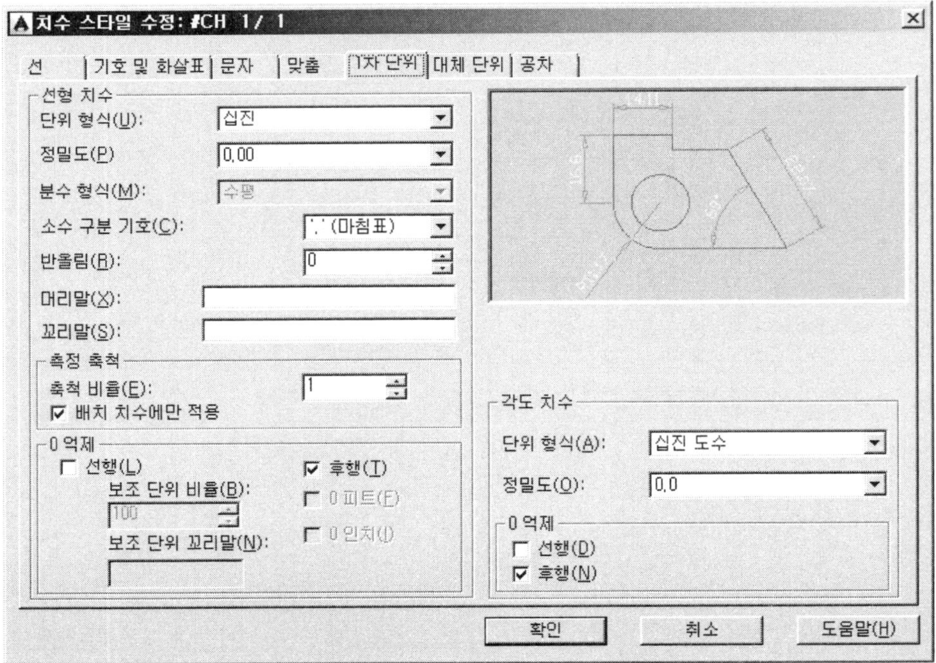

그림 3-29 치수 스타일 수정 → 1차 단위 탭

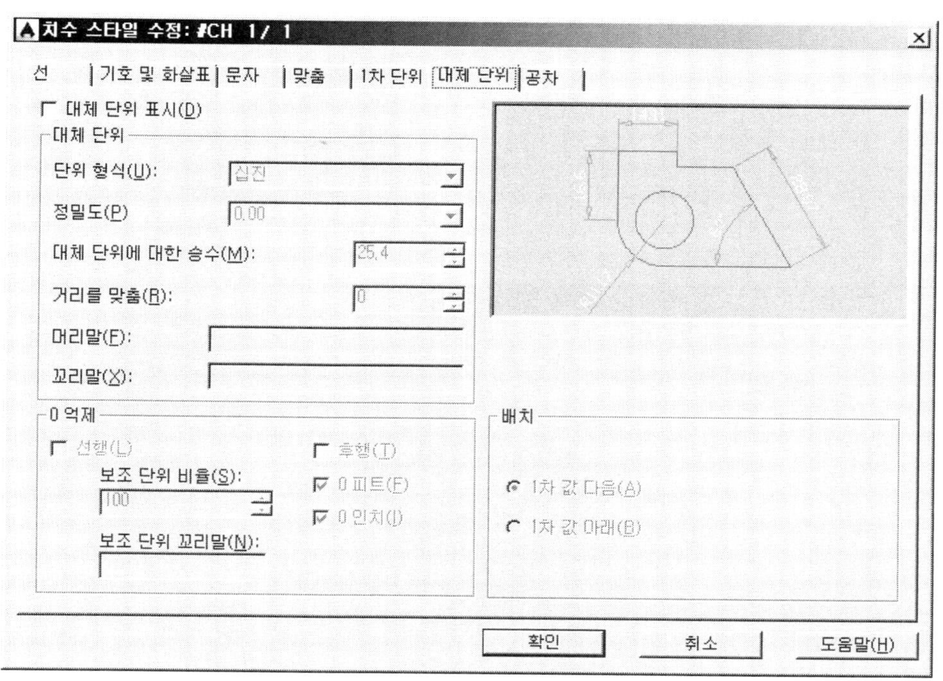

그림 3-30 치수 스타일 수정 → 대체 단위 탭

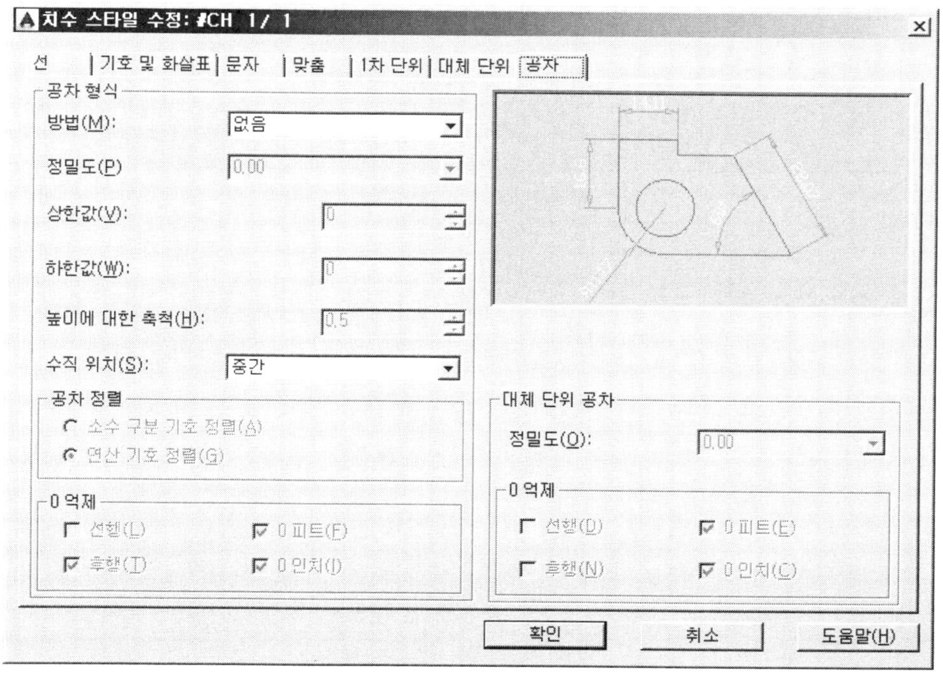

그림 3-31 치수 스타일 수정 → 공차 탭

앞서 치수 스타일은 도면의 축척 별로 만든다고 했는데 이를 설정하는 것이 그림 3-28의 맞춤 탭 → 치수 피쳐 축척 → 전체 축척 사용이다. 현재 만드는 치수 스타일은 1/ 1이므로 1을 입력한다. 1/ 2일 경우는 2, 1/ 3일 경우는 3을 입력하면 된다. 2/ 1과 같은 배척을 만들기 위해서는 0.5를 입력하면 된다. 그림 3-32는 축척 별로 만든 치수 스타일이다.

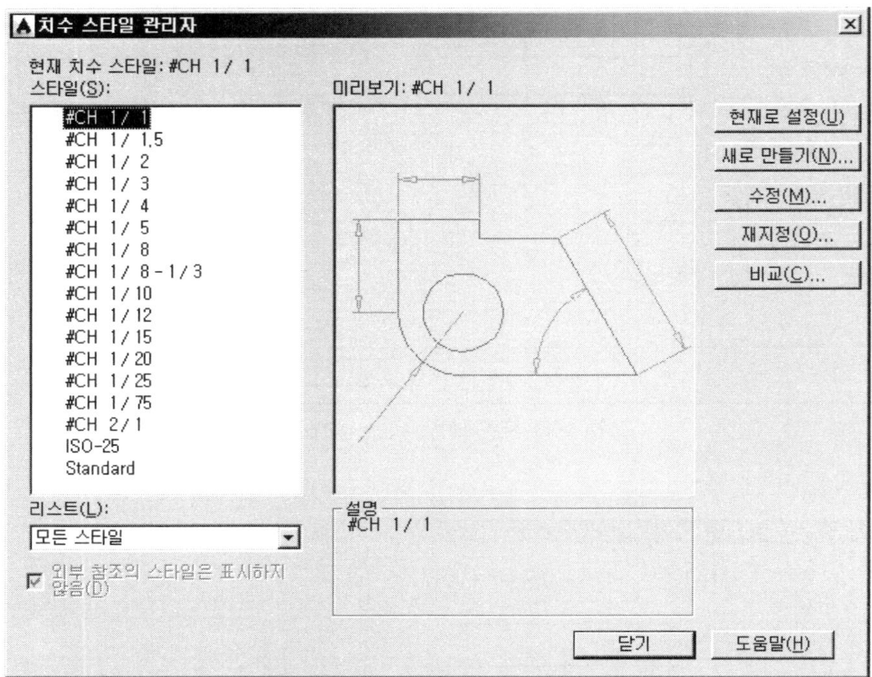

그림 3-32 축척 별로 치수 스타일을 만든 모습

그림 3-33은 축척 별로 만든 치수 스타일을 하나씩 적용하여 치수를 만들어둔 모습이다. 뒤에 설명할 라이브러리 파일에 치수를 이렇게 저장해 두면 퍼지를 이용한 삭제 시에도 사라지지 않으므로 새로 만들 필요 없이 사용하기 편리하다. 이제 치수 스타일이 필요할 때 사용할 도면으로 복사하면 치수스타일이 복사되고 이를 사용하면 된다.

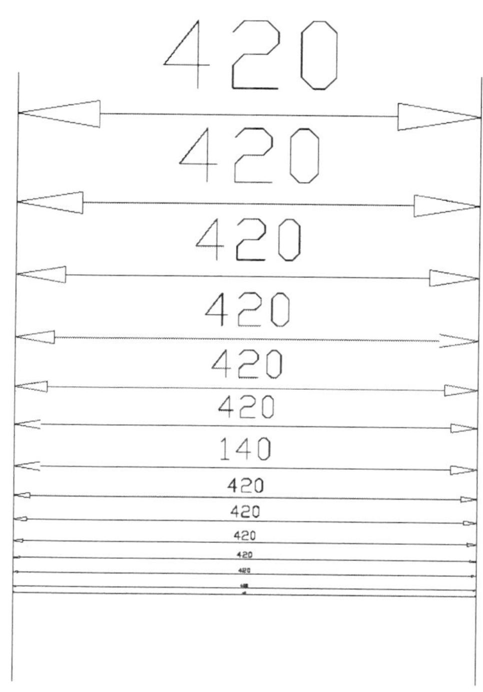

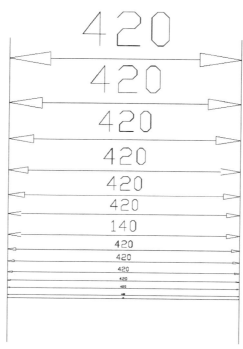

그림 3-33 축척 별로 치수에 적용시켜둔 모습

그림 3-32에 보면 치수 스타일 중에 #CH 1/8 - 1/3이 있다. 이는 3배로 확대하는 뷰가 있을 때 사용하기 위해 만든 치수 스타일이다. 그림 3-34에서 보면 같은 크기를 측정하고 있는 치수가 서로 다른 것을 알 수 있는데 치수 간에 3배의 배율이 있다. 이를 설정하는 것이 그림 3-29에서 1차 단위 탭 → 측정 축척 → 축척 비율이다. 여기에 0.3333…을 입력한다. 2배로 확

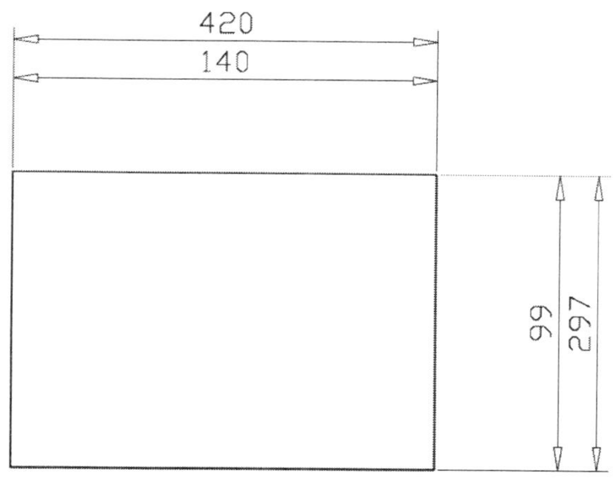

그림 3-34 3배 확대 축척 치수 비교

대하는 뷰에 사용할 치수라고 하면 0.5를 입력하면 된다.

3.3.3 문자 스타일 & 치수 스타일 적용하기

현재의 문자 스타일과 치수 스타일을 정하려면 그림 3-35에서와 같이 스타일 도구막대에서 선택하면 된다. 작업창에 입력되는 문자와 치수는 모두 현재의 스타일로 작성된다.

반면에 이미 작성되어 있던 문자와 치수의 스타일을 바꿀 수도 있다. 먼저 바꾸고자 하는 문자나 치수를 작업창에서 선택한다. 스타일 도구막대에서 원하는 스타일을 선택하면 해당 문자나 치수에 적용된다. 다시 설명하면 기존의 문자나 치수의 스타일을 바꿀 수가 있다는 점이 매우 유용한 기능이다.

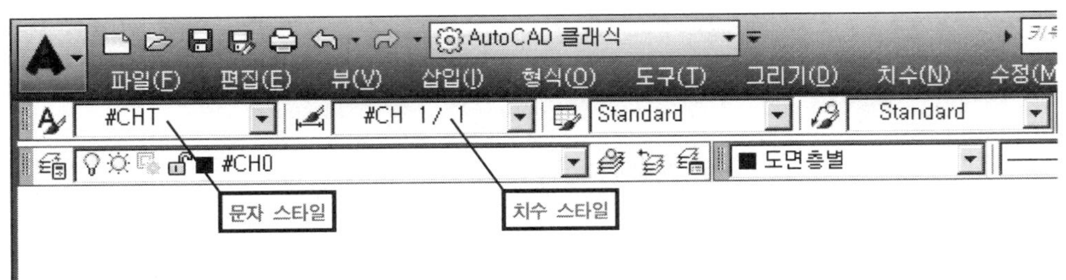

그림 3-35 문자 스타일 & 치수 스타일 도구막대

3.3.4 'DIMSCALE' 명령

치수의 축척을 설정하는 다른 방법이 있는데 이것이 'DIMSCALE' 명령이다. 명령어 입력창에 DIMSCALE → Space Bar 를 입력하면 'DIMSCALE'에 대한 새 값을 입력'이라고 묻는다. 이때 입력하는 값이 그림 3-28에서 볼 수 있는 '치수 피쳐 축척' 값과 동일한 것이다.

즉, 현재 설정되어 있는 치수 스타일에서 '치수 피쳐 축척'에 입력되어 있는 값에 상관없이 그 값이 1일 때를 기준으로 하여 확대 혹은 축소 배율이 적용된다.

'DIMSCALE' 명령을 사용할 때의 단점은 이미 작성되어 있는 치수에는 적용되지 않는다는 점이다. 그래서 앞서 설명한대로 축척 별로 치수 스타일을 만든 뒤에 사용하는 것이 편리하다.

3.4 출력 설정

도면 작성이 완성되면 종이에 출력(플롯이라고도 한다.)을 해야 한다. 지금까지 설정한 모든 것들은 결국 출력을 통해 종이에 그 결과가 나타난다. 앞에서 도면층 특성의 설정 중에서 선 가중치는 사용하지 않는다고 하였다. 이를 출력에서 설정하며 이를 플롯 스타일이라고 한다.

도면층 설정만으로는 선 가중치를 적용하는데 한계가 있다. 왜냐하면 내가 만든 도면층 만을 사용할 수가 없기 때문이다. 기계설계를 할 때 구매품들은 웹 등에서 도면을 받아 쓰게 된다. 이들의 도면층을 일일이 입맛에 맞도록 바꿔줄 수가 없다. 이들 모두의 선 가중치에 대해 온전히 통제할 수 있는 방법은 색상에 따라서 가중치를 부여하는 것이다. 이 설정을 플롯 스타일에서 한다.

3.4.1 플롯 스타일 설정

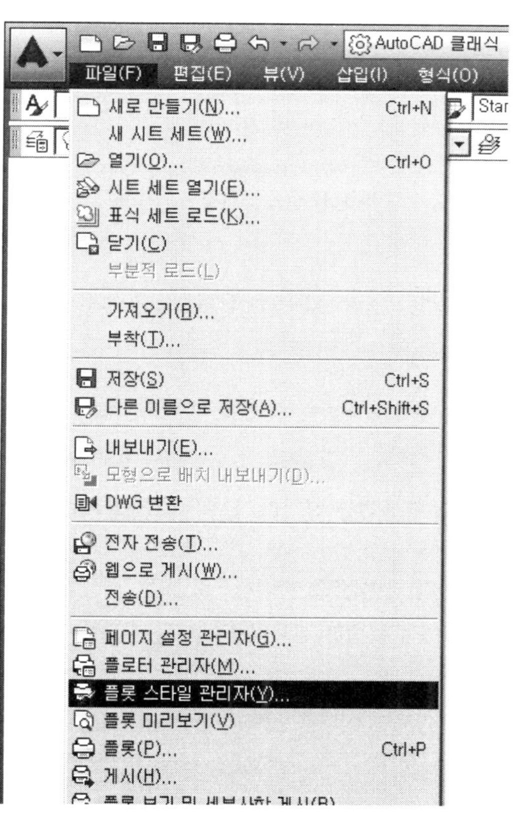

그림 3-36 플롯 스타일 관리자 실행

플롯 스타일을 설정하기 위해서는 플롯 스타일 테이블 편집기를 열어야 한다. 그림 3-36에서와 같이 메뉴바 → 파일 → 플롯 스타일 관리자를 선택한다. 그러면 그림 3-37과 같이 플롯 스타일이 보관된 폴더가 열린다.

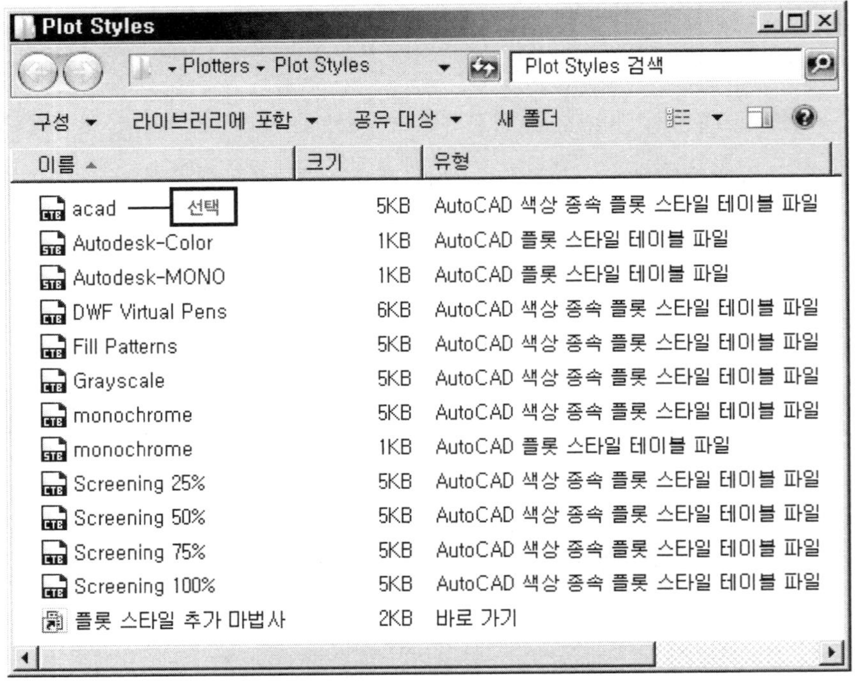

그림 3-37 플롯 스타일 관리자 폴더

여기서 '플롯 스타일 추가 마법사'를 실행해서 플롯 스타일을 새로 만들어도 되고 기존 것을 선택하여 설정하여도 된다. 여기서는 기존 플롯 스타일인 'acad'를 선택한다. 'acad' 파일을 선택하여 실행하면 그림 3-38과 같이 플롯 스타일 테이블 편집기가 나타난다. 여기서 '형식보기 탭'을 선택한다. 이를 보면 좌측에는 색상이 번호 순서대로 나열되어 있다. 우측에는 각 색상에 대한 특성을 설정할 수 있게 되어 있다. 다음은 각 항목에 대한 설명과 그 설정 값이다.

❶ **색상**: 출력되는 색상을 말한다. 흑백으로 출력하므로 모든 색상에 대해 검은색을 선택한다.

❷ **디더링**: 제한된 색상을 조합하여 복잡하거나 새로운 색을 만드는 것을 말한다. 불필요하므로 '끄기'를 선택한다.

❸ **회색조**: 회색조로 출력할 것인지의 여부를 선택한다. 위의 '색상' 항목에서의 색상은 무시된다. 흑백 출력할 것이므로 '끄기'를 선택한다.

❹ **펜 #**: 펜 플로터의 경우 펜의 지정을 말한다. 기본값인 '자동'으로 둔다.

❺ **가상 펜 #**: 펜 플로터가 아닌 경우 펜을 가상으로 지정함을 말한다. 기본값인 '자동'으로 둔다.

❻ **스크리닝**: 진하고 흐린 정도를 말한다.

❼ **선종류**: 실선, 은선, 쇄선 등의 종류를 말한다. '객체 선종류 사용'을 유지한다.

❽ **가변성**: 출력 시 선의 축척을 조정함을 말한다. '켜기'를 선택한다.

❾ **선가중치**: 선의 굵기를 말한다.

❿ **선 끝 스타일**: 선 끝의 모양을 말한다. '객체 스타일'을 유지한다.

⓫ **선 결합 스타일**: 선의 연결부분 모양을 말한다. '객체 스타일'을 유지한다.

⓬ **채움 스타일**: 해칭 형태를 선택한다. '객체 스타일'을 유지한다.

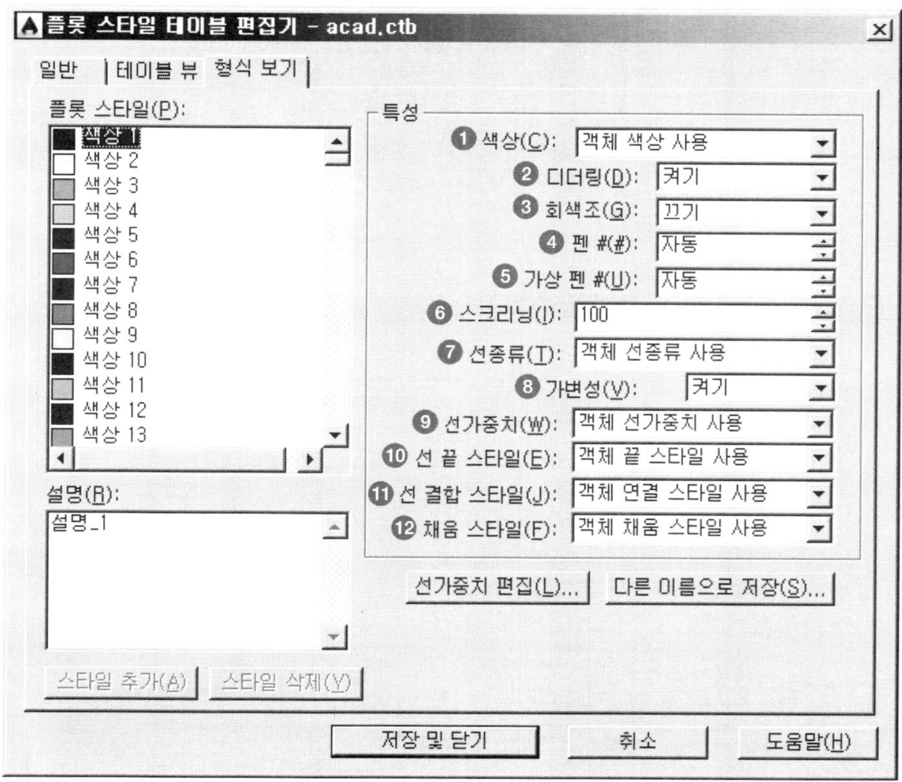

그림 3-38 플롯 스타일 테이블 편집기

이제 각 색상에 대한 스크리닝과 객체 선가중치 값을 입력한다. 이를 표 3-1에 나타내었다. Shift 및 Ctrl 키를 이용하여 색상을 다중으로 선택하면 편리하다. 모든 입력이 완료되면 '저장 및 닫기' 버튼을 눌러 완료한다.

표 3-1 스크리닝 및 선 가중치 입력 값

색 상	스크리닝	선가중치	비 고
색상 2(노란색)	100	0.2	문자
색상 3(녹색)	100	0.1	치수선, 문자
색상 7(검은색)	100	0.35	실선
색상 8	80	0.8	템플릿 외곽선
색상 255(흰색)	100	0.35	실선
나머지 전부	65	0.1	그 밖의 선들

3.4.2 플롯 설정

도면을 출력하기 위해서는 플롯 설정을 해야 한다. Ctrl + P 혹은 'PLOT'을 입력한다. 그러면 그림 3-39와 같이 플롯 설정창이 나타난다. 여기서 우측 하단 표시된 버튼을 누르면 그림 3-40과 같이 창이 확장된다.

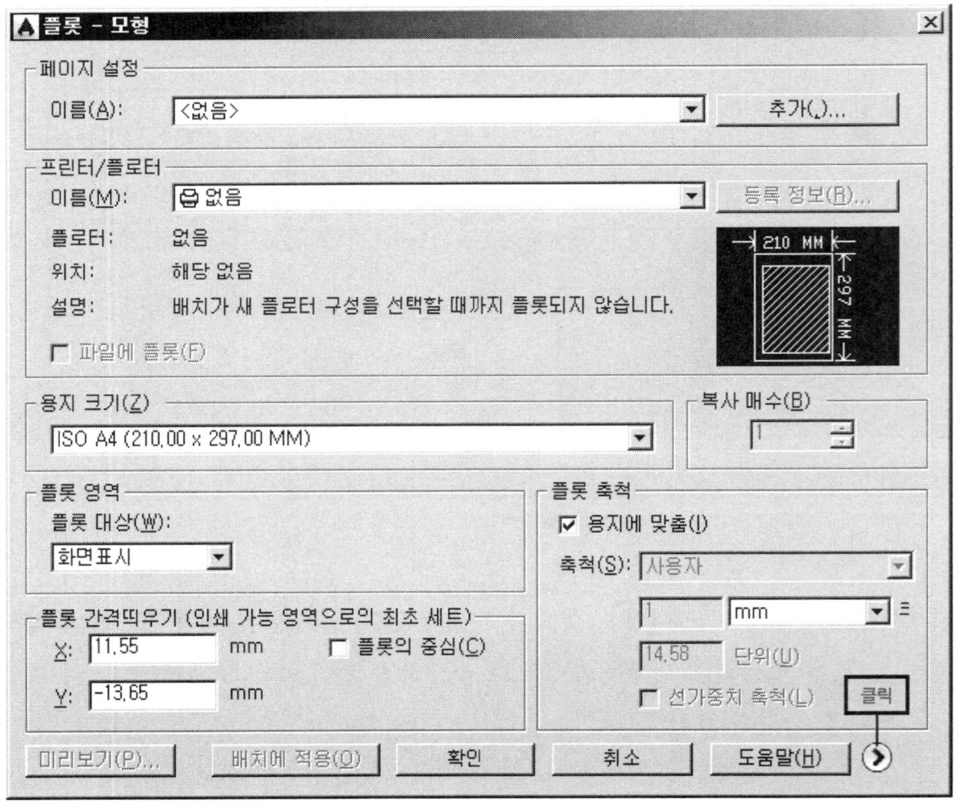

그림 3-39 플롯 설정창

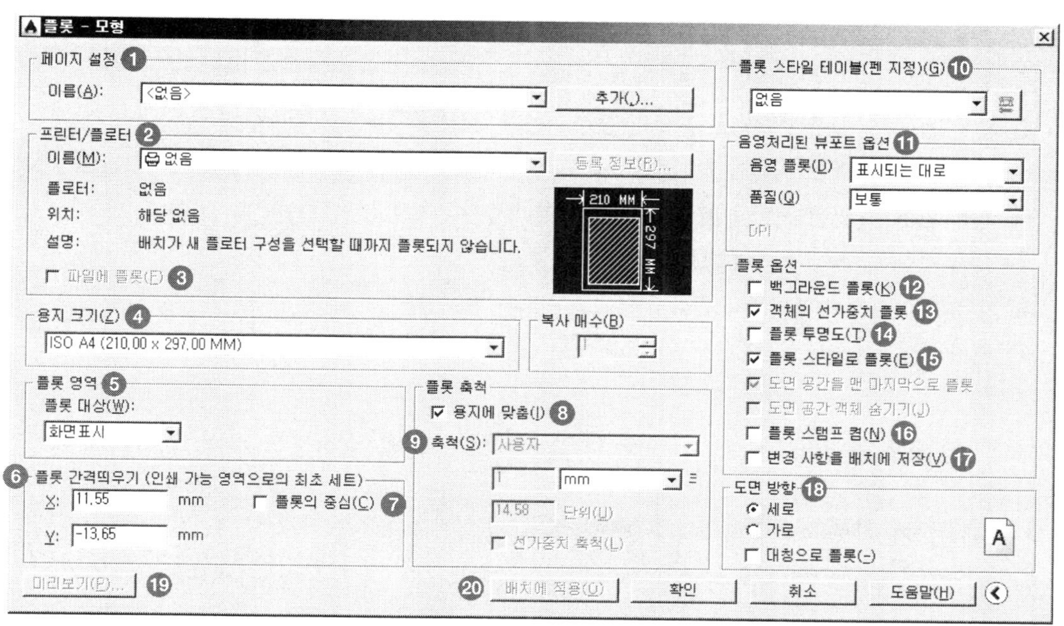

그림 3-40 플롯 설정창 확장

플롯 설정창에 대한 설명은 다음과 같다.

❶ **페이지 설정**: 플롯 창에서의 설정을 저장하거나 불러올 수 있다.

❷ **프린터/플로터**: 플로팅 장치를 선택한다.

❸ **파일에 플롯**: 출력결과가 확장자가 '.plt'인 파일로 저장된다. 사용하지 않으므로 체크하지 않는다.

❹ **용지 크기**: 출력할 종이의 크기를 선택한다.

❺ **플롯 영역 → 플롯 대상**

범위: 작업창에 그려진 모든 것을 담아낸다.

윈도우: 사용자가 직접 지정하는 영역을 출력한다. 가장 많이 쓰인다.

한계: 좌표 기준점(0, 0)을 기준으로 선택된 용지의 크기영역만 출력한다.

화면표시: 현재 화면에 표시된 영역을 출력한다.

❻ **플롯 간격띄우기**: 좌표 기준점(0, 0)에서부터 출력영역까지 띄우는 양을 설정한다.

❼ **플롯 간격띄우기 → 플롯의 중심**: 용지의 중심을 기준으로 출력된다.

❽ **플롯 축척 → 용지에 맞춤**: 용지 안에 들어가도록 축척이 자동으로 맞춰진다.

❾ **플롯 축척 → 축척**: 출력되는 축척을 설정한다.

❿ **플롯 스타일 테이블(펜 지정)**: 앞에서 설명한 플롯 스타일을 선택하는 곳이다. 이곳에서 플롯 스타일을 새로 만들거나 설정할 수도 있다.

⓫ **음영처리된 뷰포트 옵션**: 3D에서 사용한다. 여기서는 사용하지 않으므로 그냥 둔다.

⓬ **플롯 옵션 → 백그라운드 플롯**: 플롯 진행과정을 숨긴다는 의미이다.

⑬ **플롯 옵션 → 객체의 선가중치 플롯**: 선 가중치를 적용할지 여부를 선택한다.

⑭ **플롯 옵션 → 플롯 투명도**: 투명객체로 도면을 출력할 때 사용하므로 체크하지 않는다.

⑮ **플롯 옵션 → 플롯 스타일로 플롯**: 플롯 스타일을 사용할지 여부를 선택한다.

⑯ **플롯 옵션 → 플롯 스탬프 켬**: 플롯 스탬프 설정내용을 사용할지 여부를 선택한다.

⑰ **플롯 옵션 → 변경 사항을 배치에 저장**: 플롯 설정창에서 변경된 내용을 저장한다.

⑱ **도면 방향**: 도면의 출력 방향을 선택한다.

⑲ **미리보기**: 실제로 출력될 모습을 화면으로 확인할 수 있다.

⑳ **배치에 적용**: 플롯 설정창에서 한번 정한 설정을 배치(일괄) 적용한다.

이상과 같이 설명한 내용을 반영하여 우리가 쓰고자 하는 설정을 하면 그림 3-41과 같다.

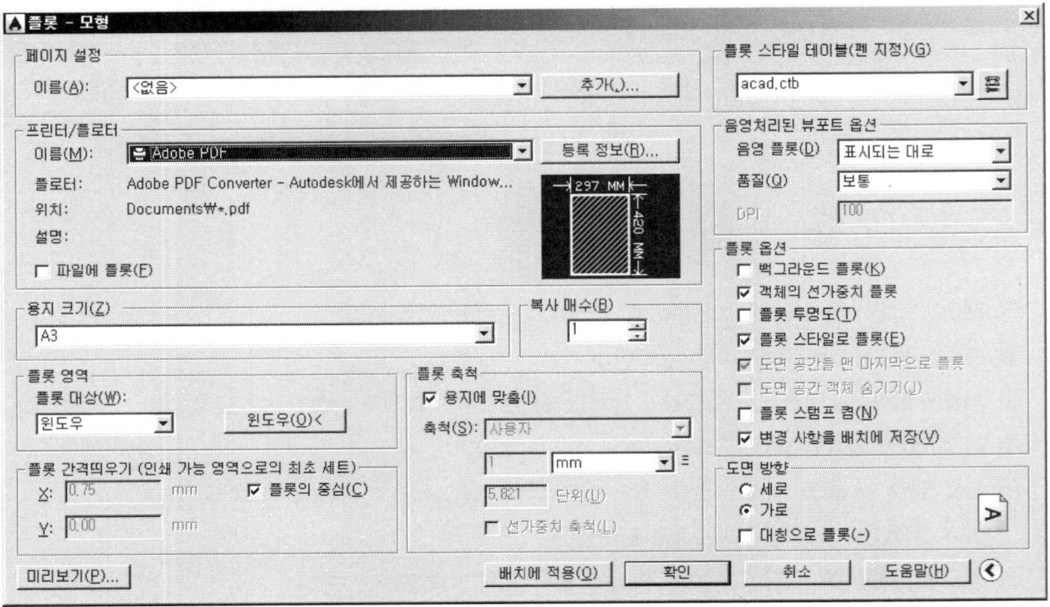

그림 3-41 플롯 설정 완료

3.5 라이브러리 파일 활용

기계설계를 할 때 모든 엔티티를 직접 그리지는 않는다. 많은 부분은 기존의 도면을 가져다 쓰거나 웹에서 다운받아서 쓰게 된다. 예를 들어 볼트, 너트 등의 기계요소나 실린더 베어링 등의 구매품을 말할 수 있다.

이들을 매번 새로이 그리지는 않는다. 그래서 설계자들이 주로 사용하는 것이 홍성메카트로닉스社에서 만든 'CADMAS' 혹은 클릭정보社에서 만든 'MechClick'이다. 이들은 대표적인 요소 라이브러리 제공 소프트라고 하겠다.

하지만 필자의 생각에는 너무 이들 소프트에만 의존하다보면 이들 설계환경이 아닌 경우에는 설계하지 못한다는 문제가 있다. 금액적인 부분도 모든 회사에서 쉽게 갖출 수 있는 것이 아니다. 때문에 가능한 이들 상용 소프트에 의존하지 않고 설계할 수 있는 환경을 만드는 것이 좋겠다. 그래서 필자가 생각한 것이 라이브러리 파일이다. 파일 하나 혹은 몇 개에 미리 도

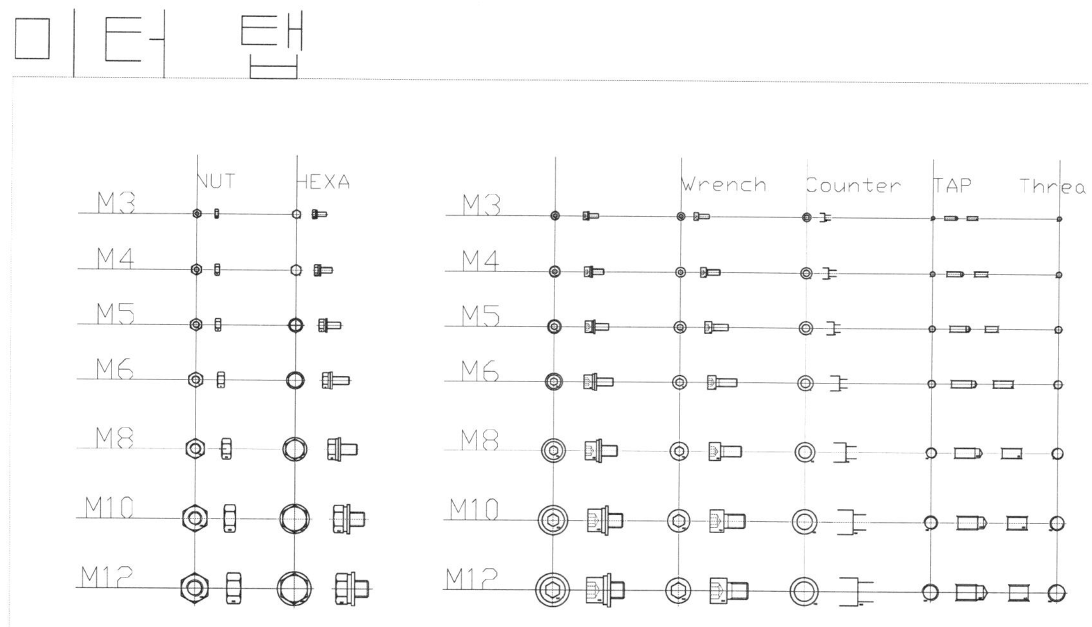

그림 3-42 볼트 라이브러리

면요소를 저장해 둔 뒤 필요할 때마다 열어서 복사해가면 된다.

그림 3-42는 필자가 사용하는 볼트 라이브러리이다. 이 파일에 볼트뿐만 아니라 앞에서 만든 도면 템플릿, 치수 스타일을 함께 넣어두면 편리하다.

이제 문제는 라이브러리 파일을 얼마나 빨리 열어볼 수 있느냐이다. 탐색기를 열거나 폴더를 찾아 들어가야 한다면 잦은 사용에 불편할 것이다. 이 때 윈도우 시작버튼을 활용해보자. 윈도우에서 라이브러리 파일 아이콘을 마우스로 잡고 윈도우 시작버튼으로 가져가면 시작메뉴가 열리고 여기에 파일 바로가기를 넣을 수가 있다. 이를 그림 3-43에서 보여준다. 이제 단 두 번의 클릭으로 간편하게 라이브러리를 열 수가 있다. 혹은 윈도우 키를 이용한다면 한 번의 클릭만으로도 가능하다.

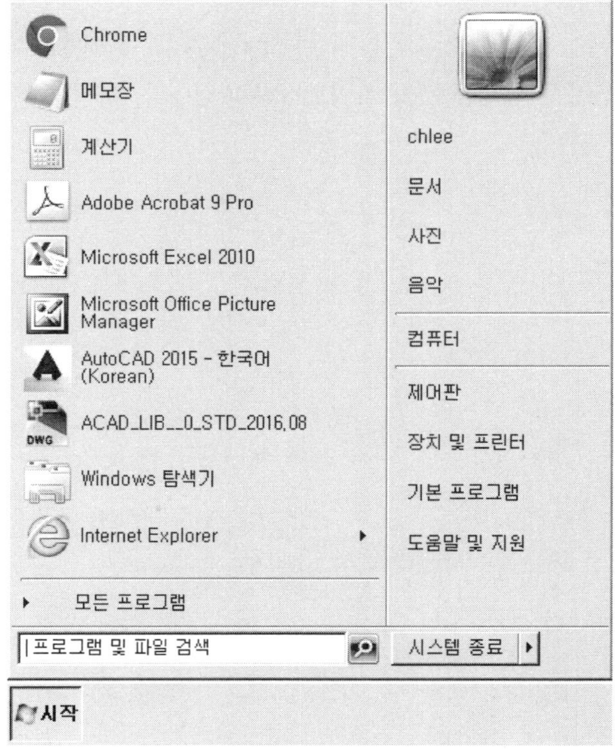

그림 3-43 시작메뉴에 파일 바로가기 등록

그런데 이 방법은 윈도우7에서만 가능하다. 윈도우8 이상의 환경에서는 시작메뉴에 파일의 바로가기가 아쉽게도 등록되지 않는다. 대신 폴더의 바로가기가 등록이 된다. 라이브러리 파일이 담겨진 폴더의 바로가기를 등록해야 한다.

일반 소프트웨어의 경우에는 실행파일에서 마우스 오른쪽버튼을 클릭하면 팝업 메뉴에 '시작 메뉴에 고정' 항목이 나타난다. 시작메뉴에 등록된 아이콘의 순서를 바꿀 수도 있는데 원하는 항목을 잡고 원하는 위치로 드래그 & 드롭하면 된다.

라이브러리 파일의 용량이 크면 열리는데 오래 걸린다. 용량이 작을수록 좋지만 일정량의 데이터를 저장하려면 무작정 작을 수만은 없다. 대략 5MB를 넘기지 않는 것이 좋다. 용량이 커지면 하나의 파일에 모두 저장하기보다는 종류에 따라서 적절히 분배하여 다수의 파일을 만드는 것도 좋은 방법이다.

Chapter 04

예제 장비 소개

4.1 자동화 대상제품 정하기

앞으로의 효과적인 내용 전달을 위해서는 적절한 예제설비가 있어야 하겠다. 이를 위해 하기 그림 4-1과 같은 블록쌓기 나무기차(Melissa & Doug社 제품, 미국)를 조립하는 자동화 설비를 설계하였다. 이 책의 모든 내용은 이 예제 설비를 이용하여 설명하도록 하겠다.

예제설비는 제조사와는 아무런 관련이 없으며 또한 실제의 생산과정도 전혀 알지 못한다. 블록쌓기 나무기차라는 제품만을 참고하여 독창적으로 설비를 설계하였음을 밝힌다.

그림 4-1 블록쌓기 나무기차

그림 4-2 블록쌓기 나무기차의 구조 / 해체한 모습

나무기차의 구조는 그림 4-2와 같다. 아래쪽에 몸체가 순서대로 3개 배열된 것을 볼 수 있다. 각각의 몸체에 가로질러 축이 끼워지고 축 양쪽으로 바퀴가 부착된다. 몸체 위쪽으로 두 가지 길이의 나무봉이 삽입된다. 짧은 나무봉은 몸체끼리 연결하는데 사용된다. 긴 나무봉에는 다양한 모양의 블록이 끼워져 쌓이게 된다.

그림 4-3은 나무기차를 도면화 한 모습이다. 사진으로는 정확히 확인되지 않았던 나무기차 내부에 위치한 바퀴축과 나무봉이 숨은선으로 표현되었으며 몸체에 삽입되어 있는 것을 볼 수 있다.

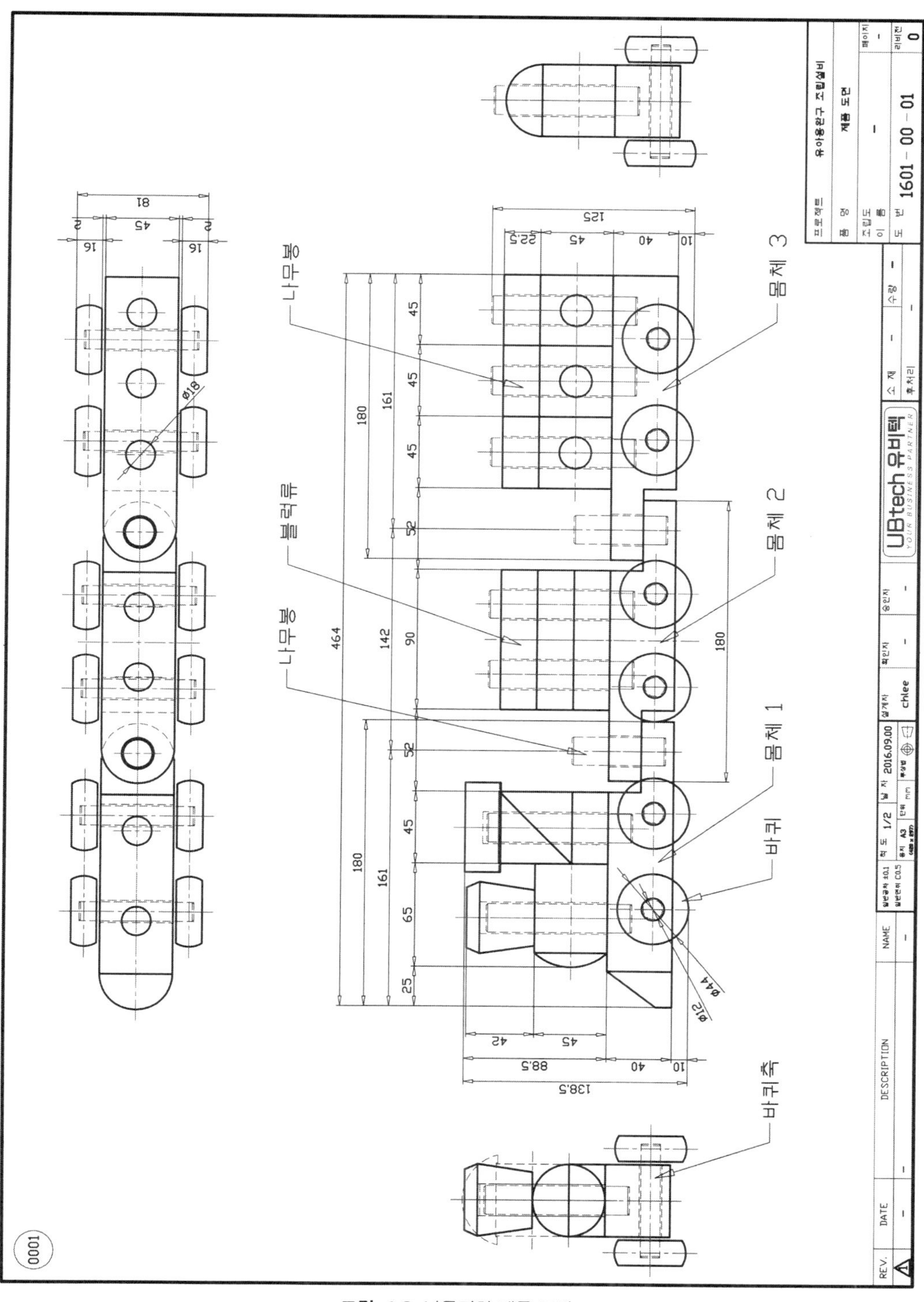

그림 4-3 나무기차 제품 도면

4.2 설비 콘셉트 정하기

자동화 기계설계의 첫 번째 단계는 콘셉트 구상이다. 큰 틀에서의 제조방법, 설비구조, 원리, 형태를 정하는 것이다. 이 때 여러 가지 제약조건을 고려해야 한다.

01 고객이 원하는 설비의 능력은 충족하는가?

예 시간당 생산개수, 생산제품의 품질수준, 다루는 제품의 하중조건.

02 제작 비용이 예산에 맞는가?

예 설비에 사용하려는 구매품이 잘 쓰지 않는 제품이어서 가격이 비쌀 때, 해외 수입제품, 주문생산 제품.

03 납기 준수가 가능한가?

예 제조를 위한 외주업체에 일감이 밀려서 차례를 기다려야 하는가.

예 구매 혹은 제작이 오래 걸려서 전체적인 생산일정에 차질을 주는 특별한 품목은 없는가, 해외 수입 제품, 주문생산 제품.

04 제작이 가능한가?

예 가공과정이 어렵거나 불가능한 부품은 없는가.

예 제관품이 너무 복잡해서 용접 작업되지 않은가, 제관품이 너무 커서 가공머신에서 작업이 되지 않은가.

05 설비가 설치되는 현장의 조건에 맞는가?

예 현장의 공간 크기에 적합한가, 현장 반입에는 문제가 없는가.

예 운반 방법은 어떻게 해야 하는가.

06 그 외 고객이 원하는 특별한 사항이 있다면 이를 준수하는가?

다양한 방법을 모색한 끝에 나무기차 조립설비의 콘셉트를 구상했고 이를 그림 4-4~4-10으로 나타내었다.

그림 4-4

부품을 공급하는 방법은 경사를 이용한다. 부품을 일렬로 적재하고 이를 기울여 경사를 만든다. 경사의 가장 아래에서 부품을 하나 빼내면 경사에 의해 나머지가 밀려 내려온다. 부품

이 소진되면 반대쪽에서 작업자가 보충한다. 그림상에는 한 가지 부품만 보이지만 그 측면으로 다른 부품들도 동일하게 배치하여 나열한다. 공급척으로 부품을 파지하여 공급부에서 꺼내고 X-Y-Z 3축 직교로봇을 이용해 첫 번째 조립베이로 옮긴다. 나무기차의 부품들은 종류는 다양하지만 비슷한 형태가 많으므로 하나의 척으로 파지가 가능하다.

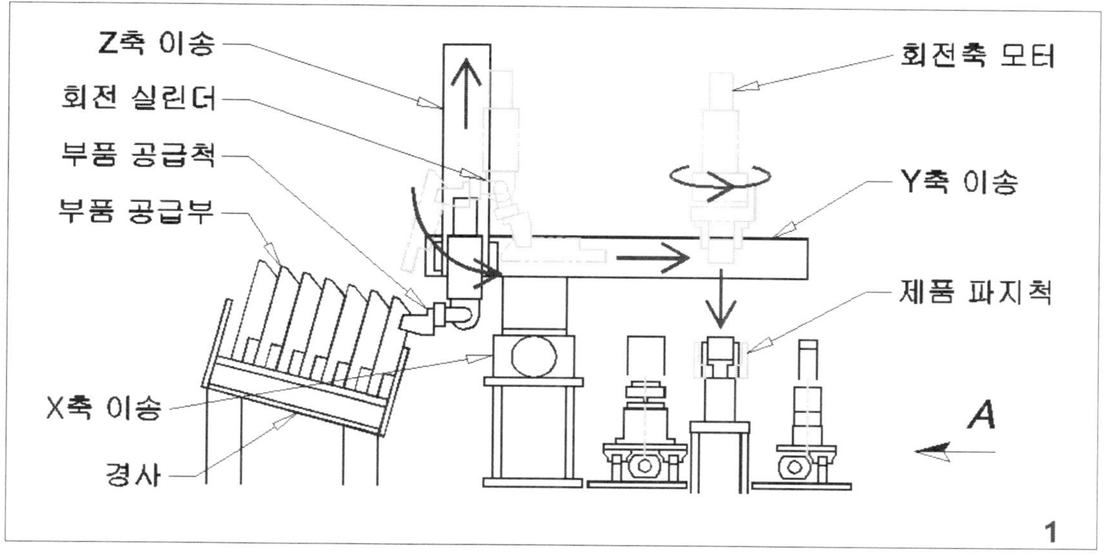

그림 4-4

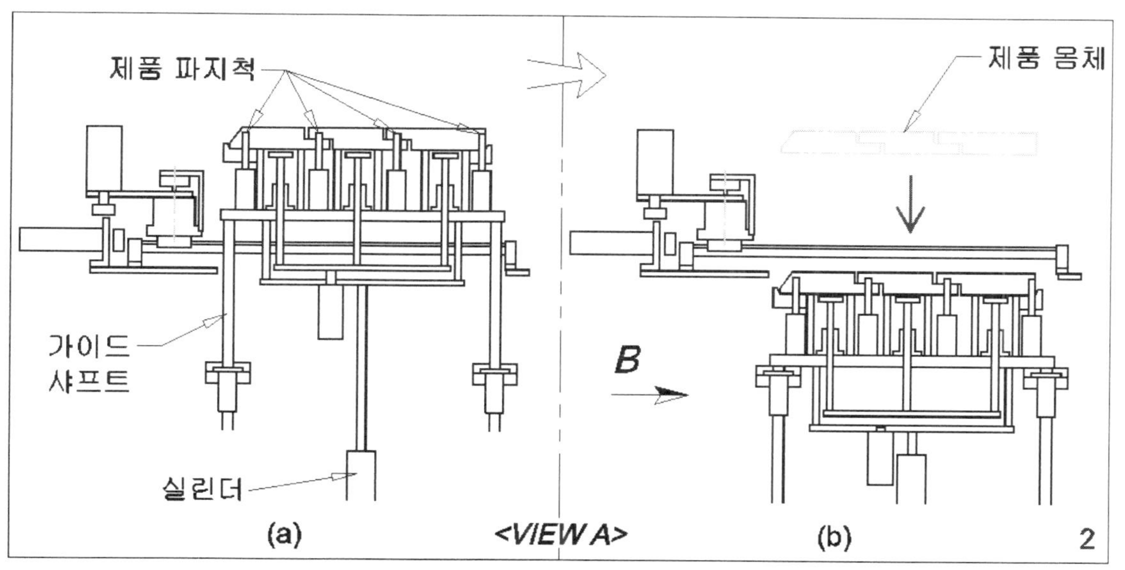

그림 4-5

그림 4-5

나무기차 몸체 3개를 그 연결형태에 맞게 첫 번째 조립베이에 둔다. 그리고 제품 파지척으로 고정한다. 다음 작업을 위해 하강한다.

그림 4-6

첫 번째 조립부에서는 나무봉을 삽입한다. 공급부에서 이송되어온 나무봉을 수취척을 이용해 받은 뒤 회전시켜 몸체의 구멍에 가까이 댄다. 나무봉은 빠지지 않도록 구멍과 억지 끼워맞춤이므로 강하게 압입을 해야 한다. 나무봉은 짧은 것과 긴 것이 있음을 고려해야 한다.

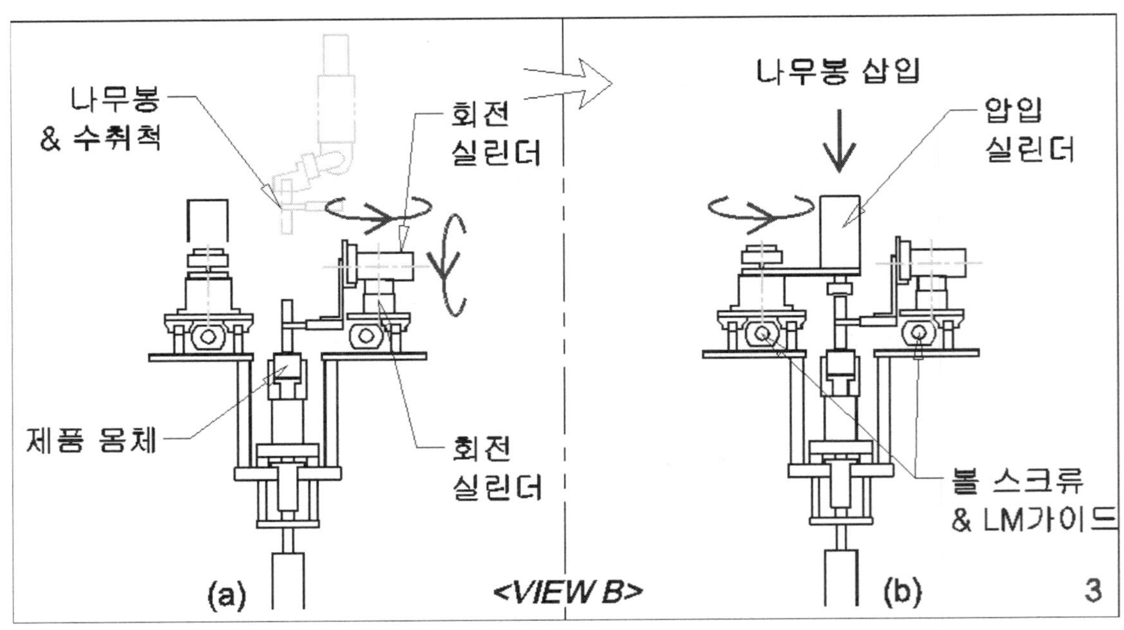

그림 4-6

그림 4-7

다음 작업을 위해 반제품을 두 번째 조립베이로 이송한다. 이는 뒤에 설명할 수평다관절 로봇이 이송한다.

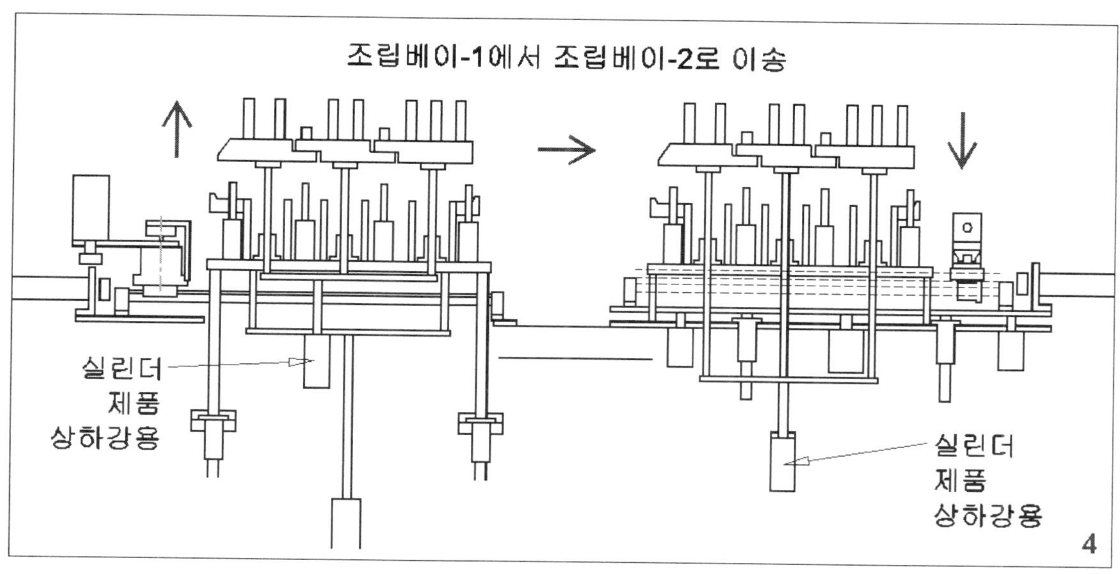

그림 4-7

그림 4–8

반제품의 이송을 위해 하강시켰던 바퀴 삽입부를 상승시킨다.

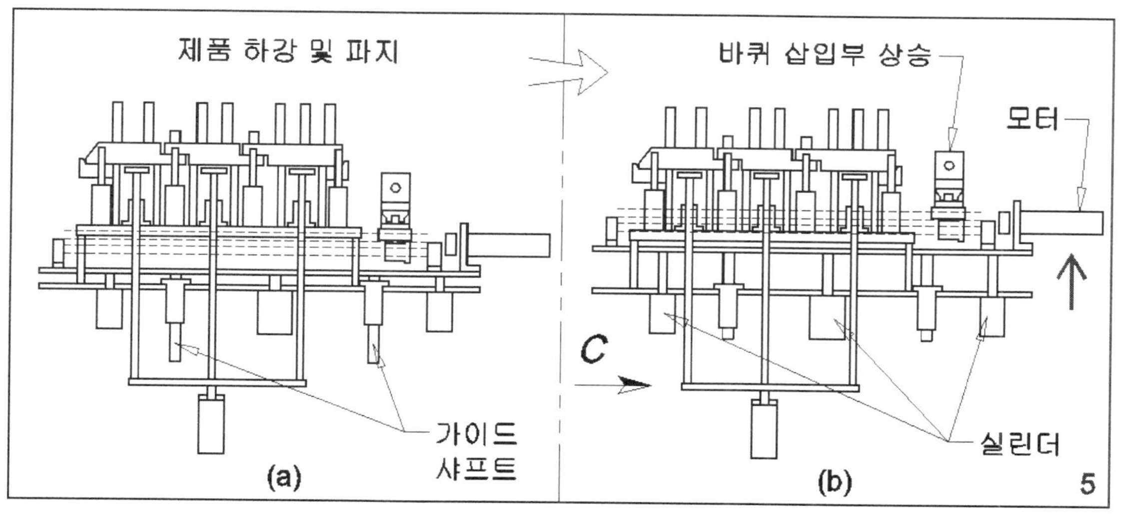

그림 4-8

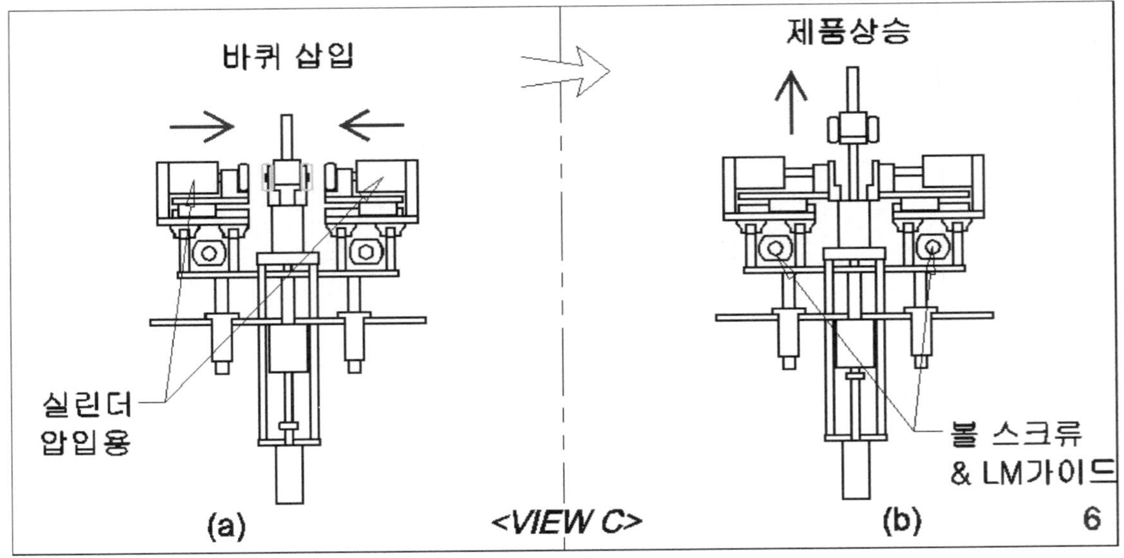

그림 4-9

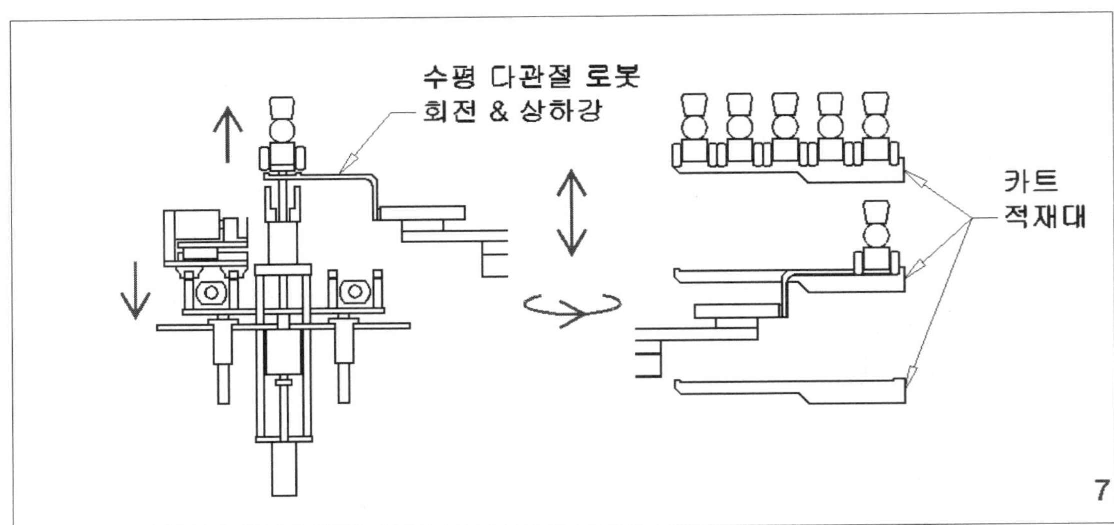

그림 4-10

그림 4-9

두 번째 조립베이에서는 바퀴를 삽입하고 블록들을 쌓는다. 먼저 이송부 직교로봇을 이용해 바퀴 축을 몸체에 가져와 삽입한다. 바퀴축은 여유있는 끼워맞춤이므로 직교로봇의 동작으로 가능하다. 바퀴를 가져와 바퀴 삽입부에 먼저 넣는다. 바퀴와 바퀴축은 억지 끼워맞춤이므로 실린더로 강하게 압입한다. 한 쌍의 바퀴를 부착하면 제품을 상승시켜 바퀴 삽입부와 분리한다. 그리고 다음 위치로 이동하여 다음 바퀴를 부착한다. 이렇게 반복하여 모든 바퀴를 부착한다. 다음으로 블록들을 조립한다. 모든 조립이 완료된다.

그림 4-10

조립이 완료된 제품을 적재카트로 옮겨 적재한다. 여기에는 수평다관절 로봇을 이용한다. 적재카트는 일정수량을 담아서 다음 공정으로 이동시키는 역할을 한다.

이제 위와 같이 구상한 콘셉트에 따라서 나무기차 조립설비를 상세하게 설계하면 된다. 설계 완료된 도면은 이 책 뒤편에 수록되어 있다.

Chapter 05

조립도 구성

조립도 구성은 기계설계의 핵심이다. '2D' 설계 환경에서 조립도를 설계할 때는 기본적으로 탑다운 방식으로 설계한다. 왜냐하면 그것이 가장 간단한 방법이기 때문이다. 이렇게 설계한 조립도에서는 하나의 선이 하나의 파트(단품을 의미한다.)에만 쓰이는 것이 아니라 공유되어 다른 파트를 구성할 수도 있다.

그러므로 설계를 끝내고 파트를 추출하여 단품 제작도를 만들려 할 때 조립도에서 파트 간의 구분에 혼선이 생기기 쉽다. 설계한 사람과 제작도를 작성하는 사람이 다를 경우에는 더더욱 파트를 구분하기가 쉽지 않다. 자연스럽게 제작도 작성에 시간소모가 많아진다. 뿐만 아니라 설계변경이 발생할 경우 조립도를 변경한 후 제작도 작성을 위해 다시 파트를 추출해야 한다. 즉 도면의 사후 관리도 쉽지 않다.

이러한 문제점들을 보완하기 위해 현재의 기계설계에서는 대부분 블록을 사용한다. 하나의 파트를 하나의 블록으로 묶어두는 것이다. 파트간의 구분이 쉬워서 혼선이 발생할 우려가 적어진다. 조립도를 구성할 때 기본적으로 대부분의 파트(정확하게는 파트의 뷰를 말한다.)는 블록으로 작성하며 이를 이용해 조립도를 구성한다. 모든 파트에 대해서라고 말하지 않는 이유는 경우에 따라서 블록으로 만들지 않고 조립도에 표현하는 파트가 있기 때문이다. 이는 뒤에 설명한다.

이제 조립도에 구성된 파트의 블록을 그대로 복사해서 제작도로 만들며 파트의 수정은 블록 내부편집에서 한다. 조립도에서 파트가 수정되면 동일한 블록으로 만든 제작도에도 자동으로 적용이 되며 치수정리 등 도면을 가다듬어 주면 제작도 수정까지 완료된다.

그림 5-1은 임의의 제작도이다. 파트와 뷰의 개념을 보여준다. 파트란 제작도에서 만들게 되는 단품 그 자체를 말한다. 뷰는 단품의 정면도, 평면도, 측면도등의 뷰를 의미한다. 여기서는 뷰를 파트라고 지칭하기도 한다.

블록을 이용하여 설계한다고 해서 처음부터 모든 파트를 블록으로 시작할 수는 없다. 물론 경우에 따라서 다르고 설계자의 경험치와 능력치에 따라 그 방법은 달라진다. 설계 최초의 시작은 기존방법대로 블록을 사용하지 않는다. 탑다운 방식으로 설계를 하다가 설계가 어느 정도 윤곽이 드러나고 정해지면 그 때부터 파트를 하나씩 블록으로 바꿔나가면 된다. 이때 구매품은 처음부터 블록으로 삽입한다. 구매품은 일단 선택하면 사양이 바뀌지 않는 이상은 변화의 여지가 없기 때문이다.

블록을 이용하여 설계할 때의 특징으로는 완벽한 선 처리가 쉽지 않다는 점이다. 블록을 사용하지 않으면 완벽한 조립도의 작성이 가능하지만 앞서 설명한 단점들이 있다. 그러므로 블록을 사용한 설계에서는 도면의 완성도와 이해도를 높이는데 중점을 둬야 하며 너무 완벽한 도면을 추구하는 것은 오히려 바람직하지 않다는 점을 말해두고 싶다.

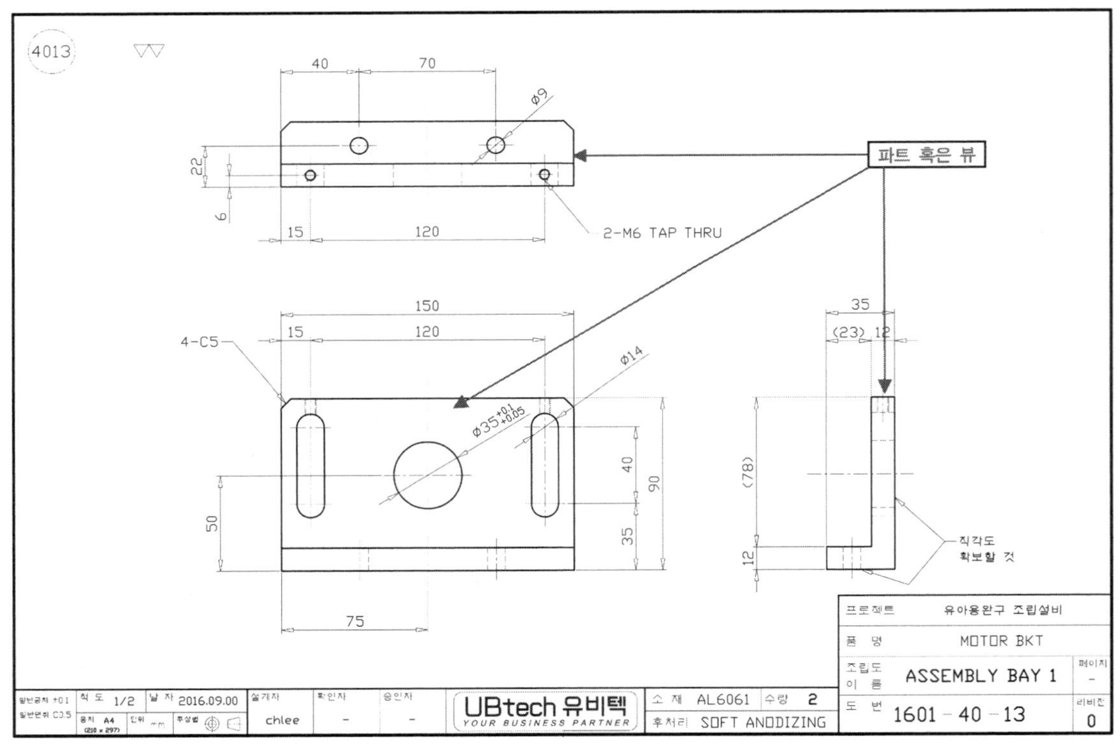

그림 5-1 파트와 뷰

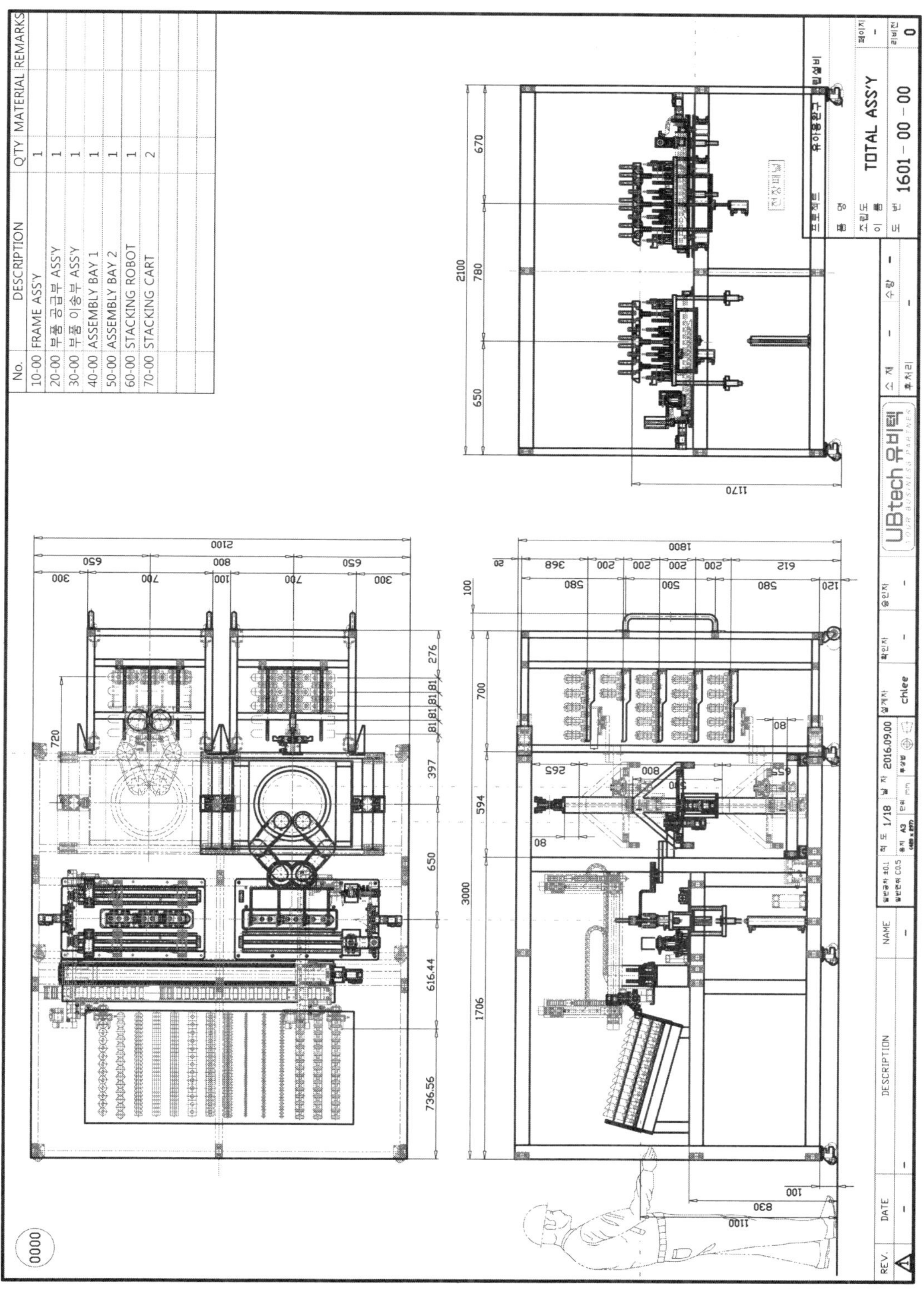
No.
DESCRIPTION
Q'TY
MATERIAL
REMARKS
10-00 FRAME ASS'Y 1
20-00 부품 공급부 ASS'Y 1
30-00 부품 이송부 ASS'Y 1
40-00 ASSEMBLY BAY 1 1
50-00 ASSEMBLY BAY 2 1
60-00 STACKING ROBOT 1
70-00 STACKING CART 2
TOTAL ASS'Y
1601-00-00
UBtech 유비텍
chlee
2016.09.00
1/18
A3
REV.
DATE
DESCRIPTION
NAME

그림 5-2 예제설비 전체조립도

5.1 하위조립부 나누기, 체번하기

그림 5-2는 설계 완료된 설비의 전체조립도이다. 하나의 조립도에 모든 설명을 나타낼 수는 없다. 트리구조와 같이 하위조립부(ASS'Y: SUB ASSEMBLY)를 나누어 이를 하위조립도로 만들어야 한다. 하나의 조립도가 너무 복잡하면, 하위조립도를 추가하여 표현하면 된다.

필자가 현업에서 경험한 설비들을 돌이켜보면 하위조립부를 구분하기 애매한 경우가 많았다. 이에 반해 예제설비는 하위조립부를 나누기 쉬운 구조이다. 나누기할 단위가 명확하기 때문이다. 여기서는 하위조립부를 나누고 이를 체번하는 방법에 대해 설명한다.

체번(替番) : 도면번호를 정하는 일

5.1.1 하위조립부 나누기

하위조립부를 나누는 일반적인 방법은 다음과 같다.

01 실제로 조립하는 단위로 나눈다.

설비를 실제로 제작할 때 조립하는 단위가 있다. 이런 단위 조립품이 모여 설비가 된다. 실제의 조립단위를 하위조립부로 만들면 된다.

02 동일하거나 유사한 기능을 가진 단위로 나눈다.

가장 대표적인 기준이다. 기능이 같거나 유사하다면 하나의 덩어리로 조립될 가능성이 높다. 그렇지 않다고 해도 동일하거나 유사한 부품을 사용하므로 하나의 단위로 묶기 유리하다.

예를 들어 벨트, 기어, 체인 등의 동력전달부는 하나의 조립부로 만들 수 있다. 이들은 서로 다른 축 간에 동력을 전달하므로 조립은 각자의 축으로 나뉠지라도 동일한 기능이므로 하나의 조립부로 묶을 수 있겠다.

03 비록 기능은 다르더라도 하나의 덩어리로 조립된다면 같이 묶는다.

하위조립부를 나눌 때 기능이 동일하거나 유사해야 한다는 점만 강조할 수는 없다. 비록 기능은 다르지만 하나의 덩어리로 조립된다면 이 또한 하나의 조립부로 묶을 수 있다.

04 하나의 덩어리로 조립되지 않더라도 같은 기능을 한다면 같이 묶는다.

여러 곳에 분산되어 있을 수 있다. 예를 들어 설비를 마감하는 카바류가 있다.

하위조립부를 나누는 것은 생각보다 중요할 때가 많다. 이에 따라서 설계, 생산관리, 사후관리까지의 업무 효율에 영향을 미치기 때문이다. 또한 이는 경험치가 매우 필요한 부분이기도 하며 도면번호를 체번하는 것과도 연결된다.

하위조립부를 나누는 것이 칼로 무 자르듯이 처음부터 명확하게 보이기도 하지만 구분하기가 어렵고 애매한 경우도 있다. 애매한 곳에서 어려움이 생긴다. 그러므로 처음에 정한 구분을 끝까지 고집할 필요가 없고 설계 과정 중에 바꿀 수도 있다.

5.1.2 체번하기

하위조립부를 나누고 조립도 설계를 완료하면 하위조립부를 체번한다. 파트의 체번에 대해서는 6장에서 설명한다. 하위조립부 혹은 파트의 체번은 신속하게 이뤄져야 한다. 경험적으로 볼 때 체번을 할 때쯤이면 출도 납기일에 가까워져 시간에 쫓기는 경우가 많기 때문이다.

그래서 더욱 체번에 대한 규칙이 간결하고 명확해야 한다. 체번에 대한 규칙이 빈약할 경우 중구난방이 되기 쉬우며 정작 도면을 보는 사람에게 번호가 불편하게 된다. 최소한의 규칙을 정해놓고 여기에 맞추어 체번을 하면 체번할 때도 신속하게 되고 도면을 보는 사람에게도 편리하다.

여기서는 일반적으로 많은 회사에서 사용하는 체번형식을 사용했으며 이는 다음과 같다.

표 5-1 체번형식

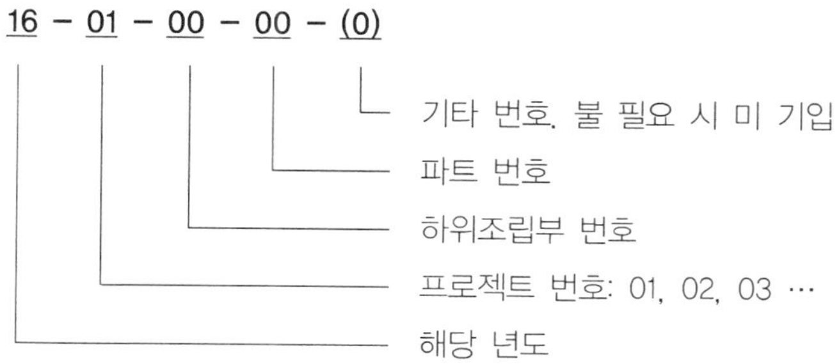

회사마다 사용하는 체번형식은 다양하다. 표 5-1처럼 해당년도를 넣기도 하고 순서대로 프로젝트 번호를 넣기도 한다. 동일설비가 여러 대일 때 설비번호를 넣는 경우, 고객사 별로 관리할 때 그 표기를 넣는 경우, 생산 설비가 다양해서 설비 기호를 넣는 경우 등 회사의 특성에 따라 체번형식은 달라진다.

하지만 거의 모든 경우에서 동일하게 삽입되는 번호가 있는데 위의 체번형식에서 하위조립부 번호 두 자리와 파트 번호 두 자리가 그것이다. 자리 수 역시 필요에 따라서 달라질 수 있겠으나 일반적으로 각각 두 자리이면 충분하다. 여기서는 하위조립부의 체번에 대해 설명한다.

도면번호를 그저 누적 형식으로 사용하는 것은 막상 써보면 불편함이 많음을 느끼게 된다. 모아져야 할 파트들이 분산되고 나중에는 파트들이 두서없이 섞이게 된다. 번호대를 나누어 미리 정해 놓으면 사용하기 편리하다. 일례로써 필자는 거의 대부분 하위조립부 번호 10번 대는 프레임영역으로 사용한다.

이상에서 하위조립부 나누기와 체번하기에 대해 설명했으며 이를 바탕으로 예제설비에 대해 하위조립부를 나누고 체번을 하였다. 이를 표 5-2에 나타내었다.

표 5-2 하위조립부와 도번 리스트

10-00: 프레임 ASS'Y
- 11-00: 메인프레임 ASS'Y
- 12-00: 전장박스 ASS'Y
- 13-00: 프레임 카바 ASS'Y
- 14-00: 공압 관련 ASS'Y

20-00: 부품 공급부 ASS'Y

30-00: 부품 이송부 ASS'Y
- 31-00: 부품 공급척 ASS'Y

40-00: 조립베이-1 ASS'Y
- 41-00: 나무봉 수취척 ASS'Y
- 42-00: 나무봉 압입부 ASS'Y

50-00: 조립베이-2 ASS'Y

60-00: 적재 로봇 ASS'Y
- 61-00: 프레임 ASS'Y
- 62-00: 수평 다관절 ASS'Y

70-00: 적재 카트 ASS'Y

프레임은 자동화설비의 가장 기초항목이라고 할 수 있다. 그러므로 체번할 때 첫 번째 항목이 된다. 표 5-2에서 10번 프레임 조립부는 또 다시 하위조립부로써 메인프레임, 전장박스, 프레임 카바, 공압 관련으로 나누었다. 예제설비에서는 메인프레임 조립도까지 필요하지 않았고 10-01번 메인프레임 제작도만으로 충분하였다. 프레임 조립부관련 이외의 도면은 아쉽게도 작성하지 못했다. 프레임 조립부에 포함된 항목들은 대부분의 자동화설비에서 공통적으로 들어가는 항목들이다. 때문에 비단 예제설비뿐만 아니라 다른 설비에서도 동일한 번호로 체번하게 된다.

체번의 순서는 제품을 생산하는 흐름과 동일하게 하면 된다. 예제설비의 경우는 아니지만 경우에 따라서는 생산흐름의 순서대로 체번하지 않는 경우도 있다. 앞선 번호일수록 중요도가 높은 부분이 위치해야 자연스러운데 중요도가 낮은 부분이 생산흐름의 앞에 나오는 경우가 있다. 이럴 때는 중요도가 낮은 부분은 뒤 번호로 체번하기도 한다. 자동화 설계의 많은 경우에 있어서 3, 4, 5번의 조립부가 설비의 중요부분으로 체번된다. 굳이 비유를 하자면 야구의 중심타선과 비슷하다. 예제설비에서도 3, 4, 5번대 조립부가 설비의 중심부이다.

30번 부품 이송부에서는 31번 부품 공급척을 하위조립부로 만들었다. 그 이유는 다음과 같다. ① 하나의 도면에 모두 설명하기 어려움, ② 큰 스케일의 부품과 작은 스케일의 부품을 하나의 도면에 표현하는 것이 부적절함, ③ 하위조립부로 분리하기 좋은 구조임.

40번 조립베이-1에서도 30번 부품 이송부에서와 동일한 이유로 하위조립부를 만들었다. 반대로 50번 조립베이-2에서는 하나의 도면에 내용을 모두 담을 수 있으므로 하위조립부를 만들지 않았다.

이상과 같이 설명한 사항 외에 언급하지 않았거나 사소한 사항에 대해서는 책의 뒤편에 수록한 예제설비 설계도면을 참고하면 좋겠다.

이상과 같이 예제설비의 하위조립부 나누기와 체번에 대해 설명하였다. 이러한 과정을 한두번 해보면 대부분의 자동화설비에 대한 그것도 대동소이함을 알 수 있고 일정한 패턴으로 반복된다.

앞서 그림 5-2의 예제설비 전체조립도에 대해서 표 5-2와 같이 분류한 하위조립도를 그림 5-3~14에 나타내었다.

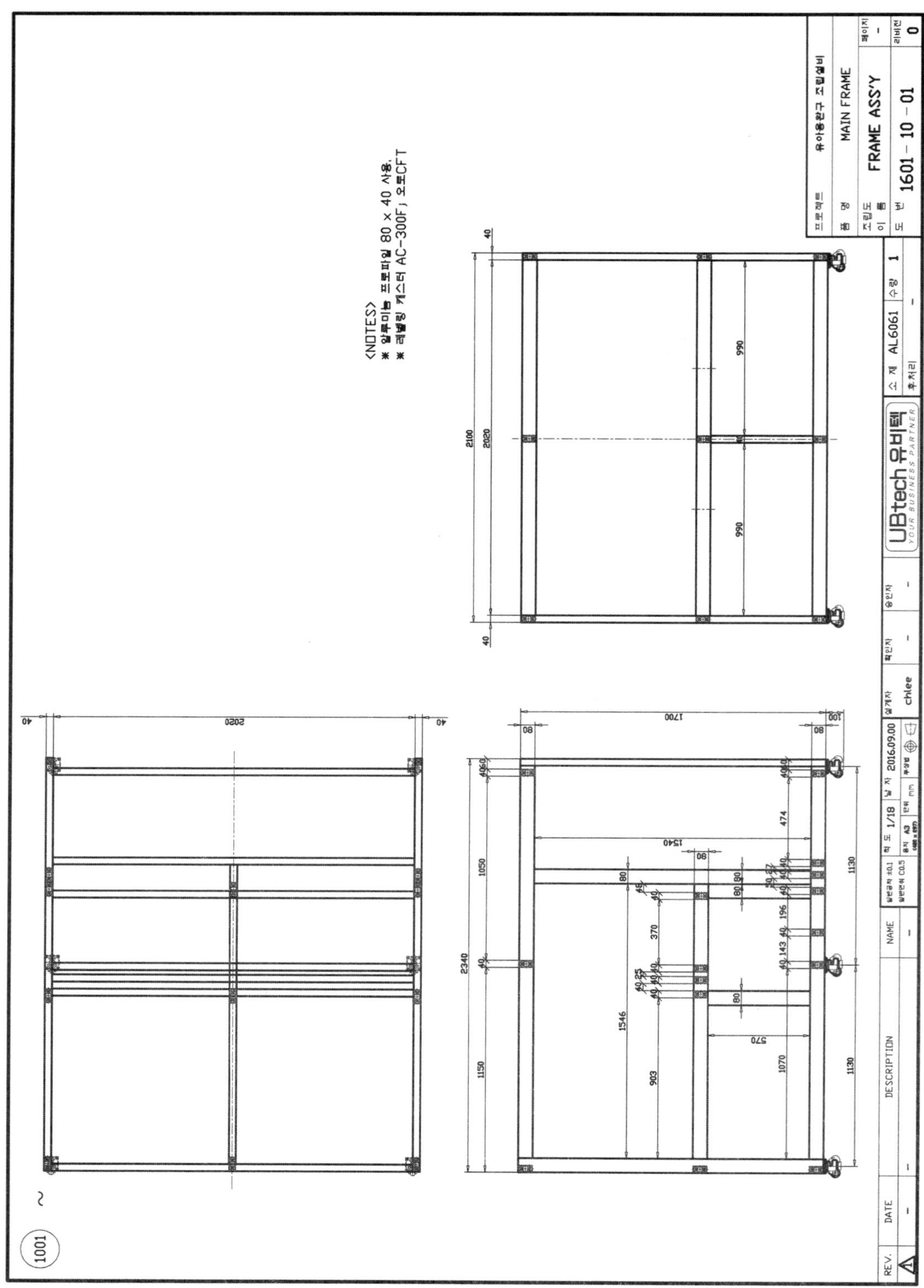

그림 5-3 도면 10-01 메인프레임

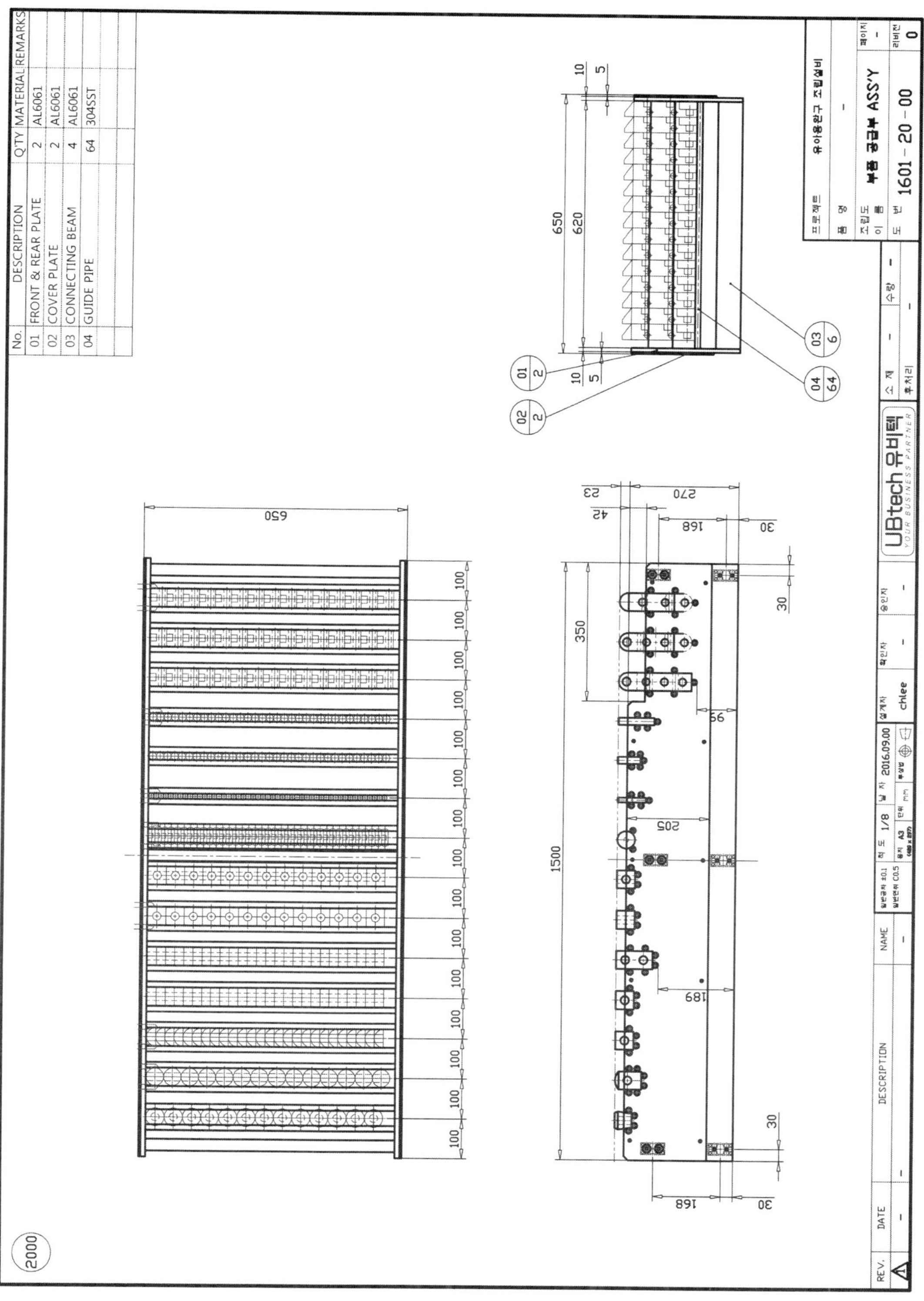

그림 5-4 조립도 20-00 부품 공급부 ASS'Y

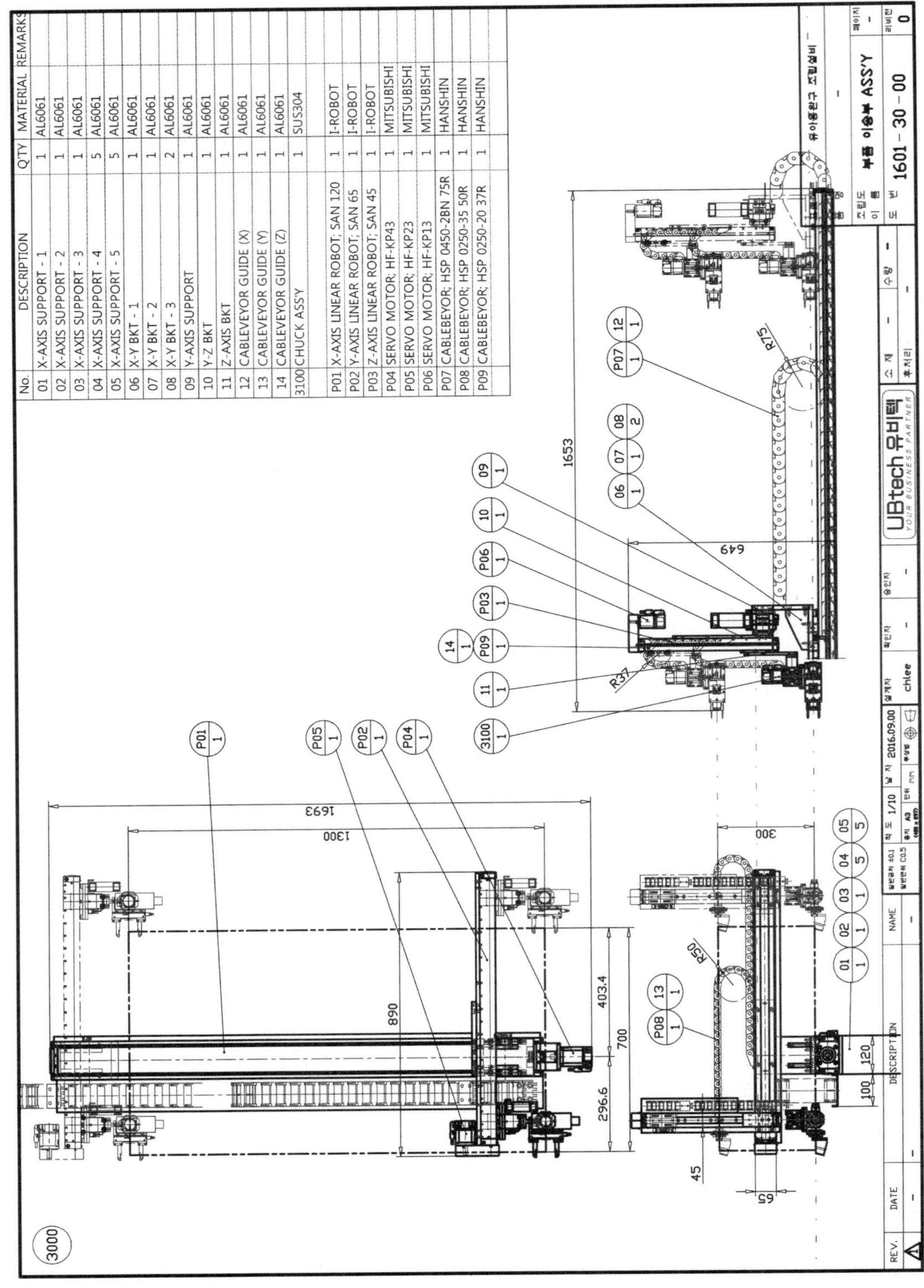

그림 5-5 조립도 30-00 부품 이송부 ASS'Y

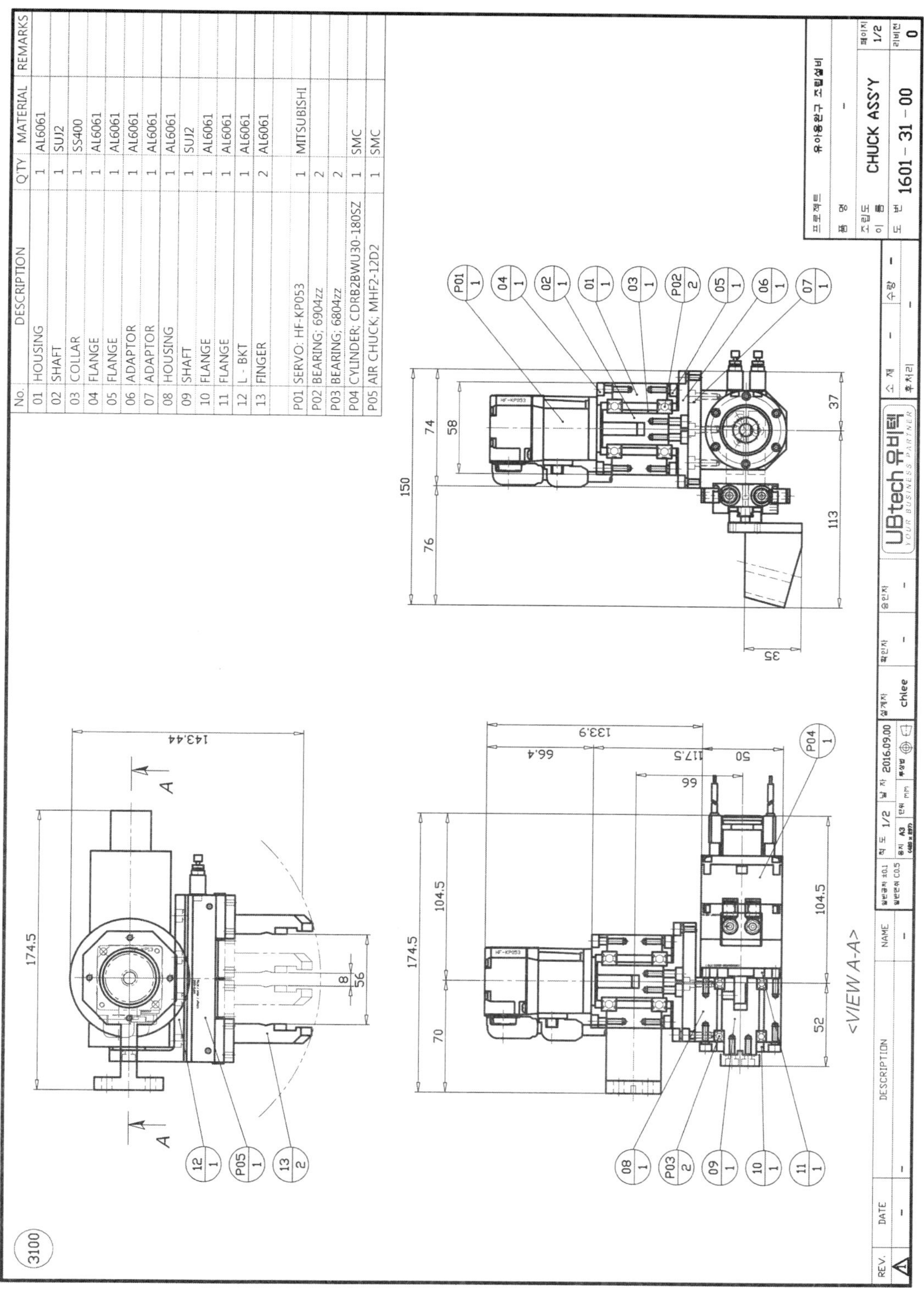

그림 5-6 조립도 30-31 CHUCK ASS'Y

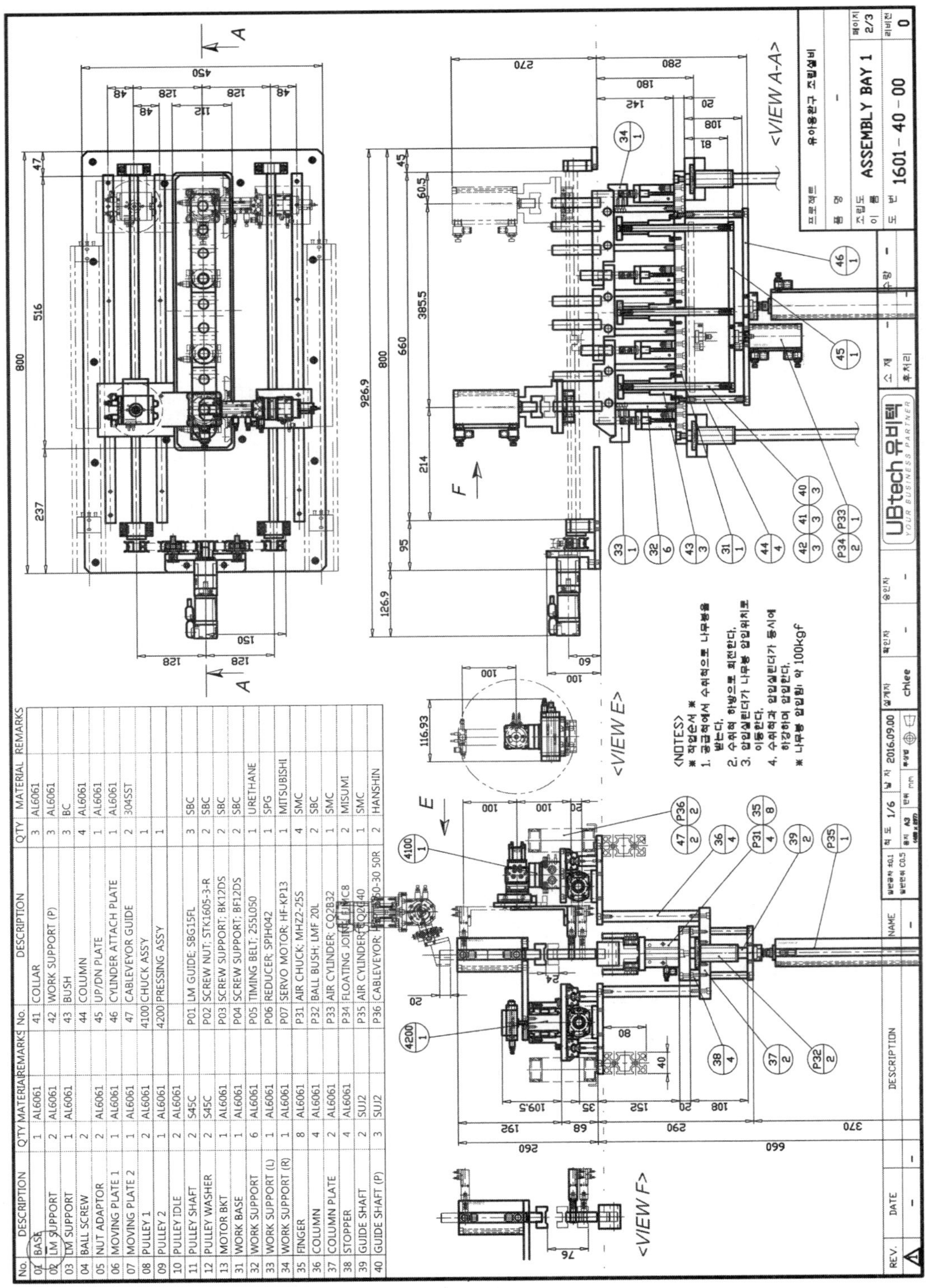

No.	DESCRIPTION	Q'TY	MATERIAL	REMARKS	No.	DESCRIPTION	Q'TY	MATERIAL	REMARKS
01	BASE	1	AL6061		41	COLLAR	3	AL6061	
02	LM SUPPORT	2	AL6061		42	WORK SUPPORT (P)	3	AL6061	
03	LM SUPPORT	1	AL6061		43	BUSH	3	BC	
04	BALL SCREW	2			44	COLUMN	4	AL6061	
05	NUT ADAPTOR	2	AL6061		45	UP/DN PLATE	1	AL6061	
06	MOVING PLATE 1	1	AL6061		46	CYLINDER ATTACH PLATE	1	AL6061	
07	MOVING PLATE 2	1	AL6061		47	CABLEVEYOR GUIDE	2	304SST	
08	PULLEY 1	2	AL6061		4100	CHUCK ASS'Y	1		
09	PULLEY 2	1	AL6061		4200	PRESSING ASS'Y	1		
10	PULLEY IDLE	2	AL6061						
11	PULLEY SHAFT	2	S45C		P01	LM GUIDE; SBG15FL	3	SBC	
12	PULLEY WASHER	2	S45C		P02	SCREW NUT; STK1605-3-R	2	SBC	
13	MOTOR BKT	1	AL6061		P03	SCREW SUPPORT; BK12DS	2	SBC	
31	WORK BASE	1	AL6061		P04	SCREW SUPPORT; BF12DS	2	SBC	
32	WORK SUPPORT	6	AL6061		P05	TIMING BELT; 255L050	1	URETHANE	
33	WORK SUPPORT (L)	1	AL6061		P06	REDUCER; SPIH042	1	SPG	
34	WORK SUPPORT (R)	1	AL6061		P07	SERVO MOTOR; HF-KP13	1	MITSUBISHI	
35	FINGER	8	AL6061		P31	AIR CHUCK; MHZ2-25S	4	SMC	
36	COLUMN	4	AL6061		P32	BALL BUSH; LMF 20L	2	SBC	
37	COLUMN PLATE	2	AL6061		P33	AIR CYLINDER; CQ2B32	1	SMC	
38	STOPPER	4	AL6061		P34	FLOATING JOINT; FJMC8	2	MISUMI	
39	GUIDE SHAFT	2	SUJ2		P35	AIR CYLINDER; CQ2B40	1	SMC	
40	GUIDE SHAFT (P)	3	SUJ2		P36	CABLEVEYOR; [illegible]0-30 50R	2	HANSHIN	

그림 5-7 조립도 40-00 조립베이-1

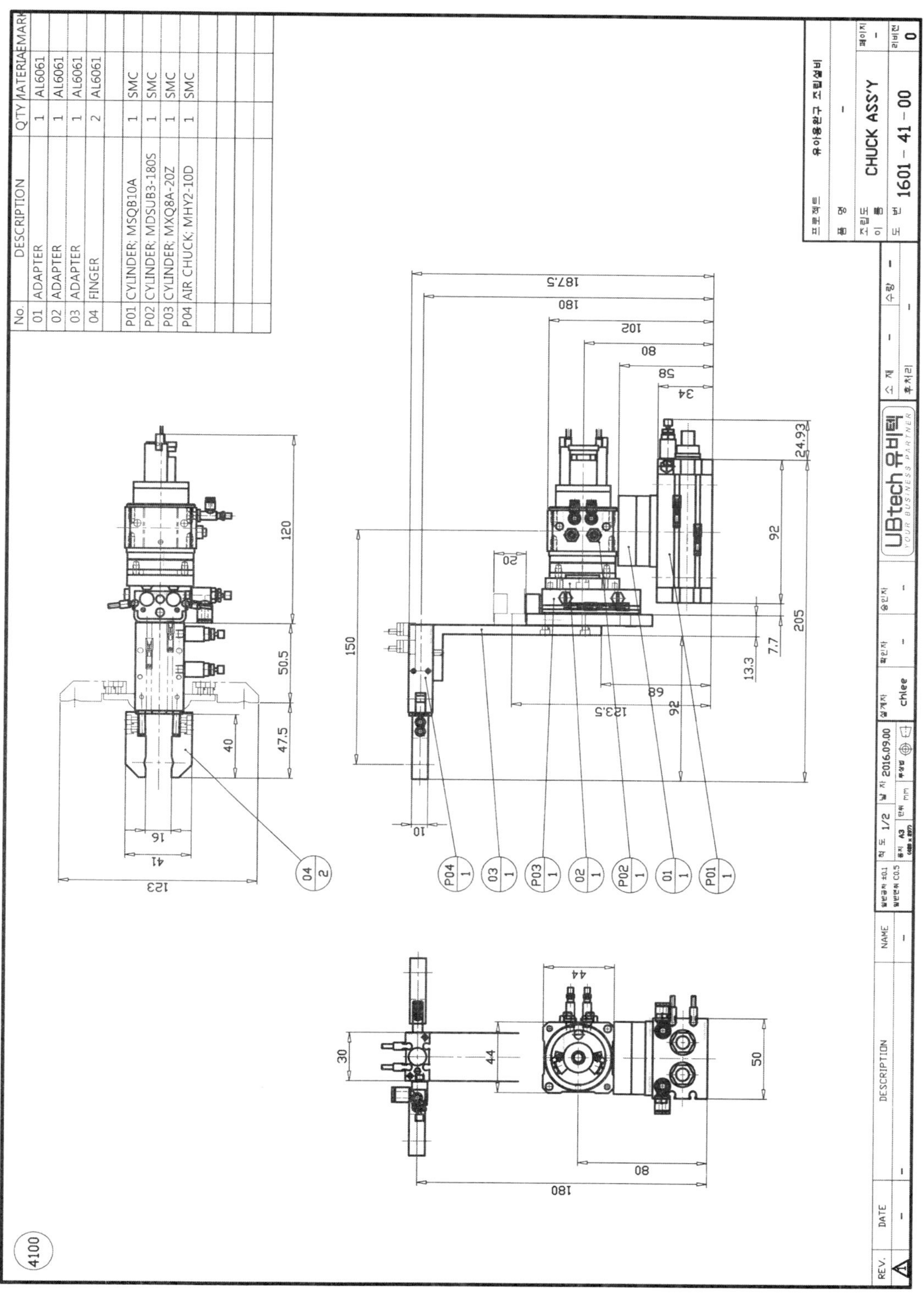
No. DESCRIPTION QTY MATERIAL REMARK
01 ADAPTER 1 AL6061
02 ADAPTER 1 AL6061
03 ADAPTER 1 AL6061
04 FINGER 2 AL6061
P01 CYLINDER; MSQB10A 1 SMC
P02 CYLINDER; MDSUB3-180S 1 SMC
P03 CYLINDER; MXQ8A-20Z 1 SMC
P04 AIR CHUCK; MHY2-10D 1 SMC
프로젝트 유아용완구 조립설비
품명 -
조립도 이름 CHUCK ASS'Y
도번 1601 - 41 - 00
페이지 -
리비전 0
UBtech 유비텍
YOUR BUSINESS PARTNER
설계자 chlee
날짜 2016.09.00
척도 1/2
4100

그림 5-8 조립도 41-00 CHUCK ASS'Y

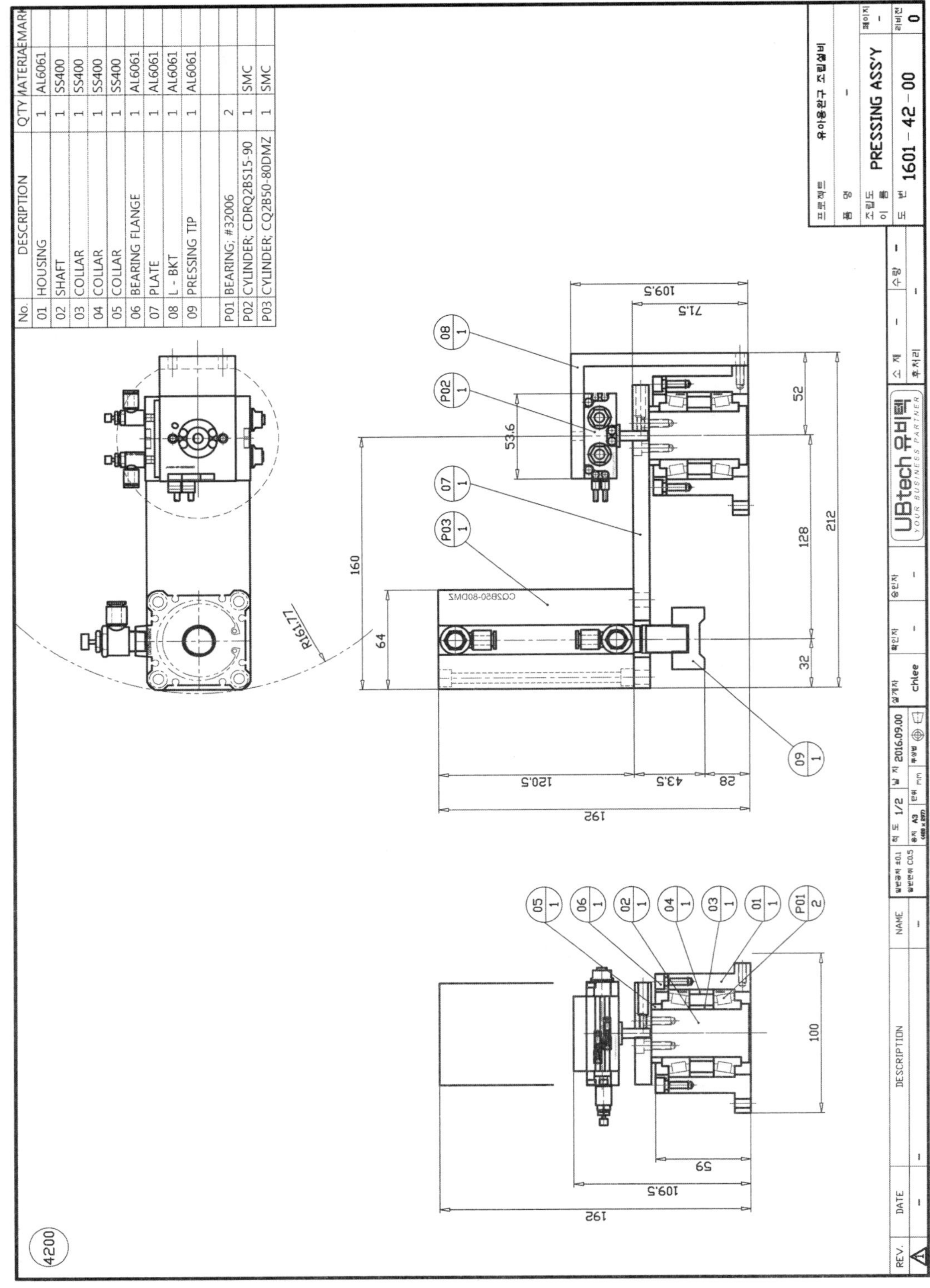

No.	DESCRIPTION	Q'TY	MATERIAL	REMARK
01	HOUSING	1	AL6061	
02	SHAFT	1	SS400	
03	COLLAR	1	SS400	
04	COLLAR	1	SS400	
05	COLLAR	1	SS400	
06	BEARING FLANGE	1	AL6061	
07	PLATE	1	AL6061	
08	L - BKT	1	AL6061	
09	PRESSING TIP	1	AL6061	
P01	BEARING; #32006	2		
P02	CYLINDER; CDRQ2BS15-90	1	SMC	
P03	CYLINDER; CQ2B50-80DMZ	1	SMC	

그림 5-9 조립도 42-00 PRESSING ASS'Y

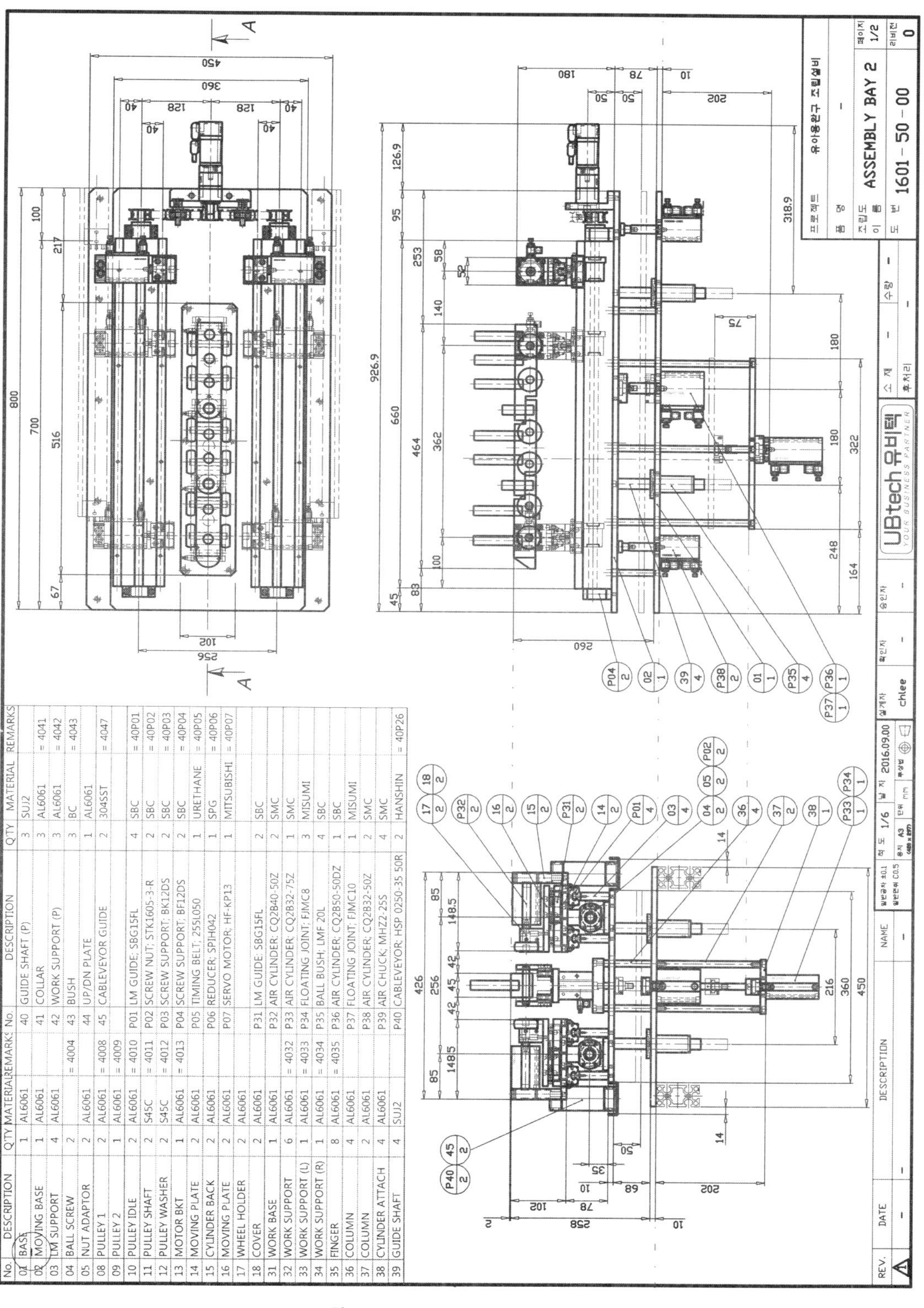

No. | DESCRIPTION | Q'TY | MATERIAL | REMARKS
01 BASE 1 AL6061
02 MOVING BASE 1 AL6061
03 LM SUPPORT 4 AL6061
04 BALL SCREW 2 = 4004
05 NUT ADAPTOR 2 AL6061
08 PULLEY 1 2 AL6061 = 4008
09 PULLEY 2 1 AL6061 = 4009
10 PULLEY IDLE 2 AL6061 = 4010
11 PULLEY SHAFT 2 S45C = 4011
12 PULLEY WASHER 2 S45C = 4012
13 MOTOR BKT 1 AL6061 = 4013
14 MOVING PLATE 2 AL6061
15 CYLINDER BACK 2 AL6061
16 MOVING PLATE 2 AL6061
17 WHEEL HOLDER 2 AL6061
18 COVER 2 AL6061
31 WORK BASE 1 AL6061
32 WORK SUPPORT 6 AL6061 = 4032
33 WORK SUPPORT (L) 1 AL6061 = 4033
34 WORK SUPPORT (R) 1 AL6061 = 4034
35 FINGER 8 AL6061 = 4035
36 COLUMN 4 AL6061
37 COLUMN 2 AL6061
38 CYLINDER ATTACH 4 AL6061
39 GUIDE SHAFT 4 SUJ2
40 GUIDE SHAFT (P) 3 SUJ2
41 COLLAR 3 AL6061 = 4041
42 WORK SUPPORT (P) 3 AL6061 = 4042
43 BUSH 3 BC = 4043
44 UP/DN PLATE 1 AL6061
45 CABLEVEYOR GUIDE 2 304SST = 4047
P01 LM GUIDE; SBG15FL 4 SBC = 40P01
P02 SCREW NUT; STK1605-3-R 2 SBC = 40P02
P03 SCREW SUPPORT; BK12DS 2 SBC = 40P03
P04 SCREW SUPPORT; BF12DS 2 SBC = 40P04
P05 TIMING BELT; 255L050 1 URETHANE = 40P05
P06 REDUCER; SPIH042 1 SPG = 40P06
P07 SERVO MOTOR; HF-KP13 1 MITSUBISHI = 40P07
P31 LM GUIDE; SBG15FL 2 SBC
P32 AIR CYLINDER; CQ2B40-50Z 2 SMC
P33 AIR CYLINDER; CQ2B32-75Z 1 SMC
P34 FLOATING JOINT; FJMC8 3 MISUMI
P35 BALL BUSH; LMF 20L 4 SBC
P36 AIR CYLINDER; CQ2B50-50DZ 1 SBC
P37 FLOATING JOINT; FJMC10 1 MISUMI
P38 AIR CYLINDER; CQ2B32-50Z 2 SMC
P39 AIR CHUCK; MHZ2-25S 4 SMC
P40 CABLEVEYOR; HSP 0250-35 50R 2 HANSHIN = 40P26
프로젝트 유아용완구 조립설비
품명 -
조립도 이름 ASSEMBLY BAY 2
도번 1601 - 50 - 00
페이지 1/2
리비전 0
UBtech 유비텍
YOUR BUSINESS PARTNER
설계자 chlee
날짜 2016.09.00
척도 1/6
용지 A3
단위 mm
REV. DATE DESCRIPTION NAME

그림 5-10 조립도 50-00 조립베이-2

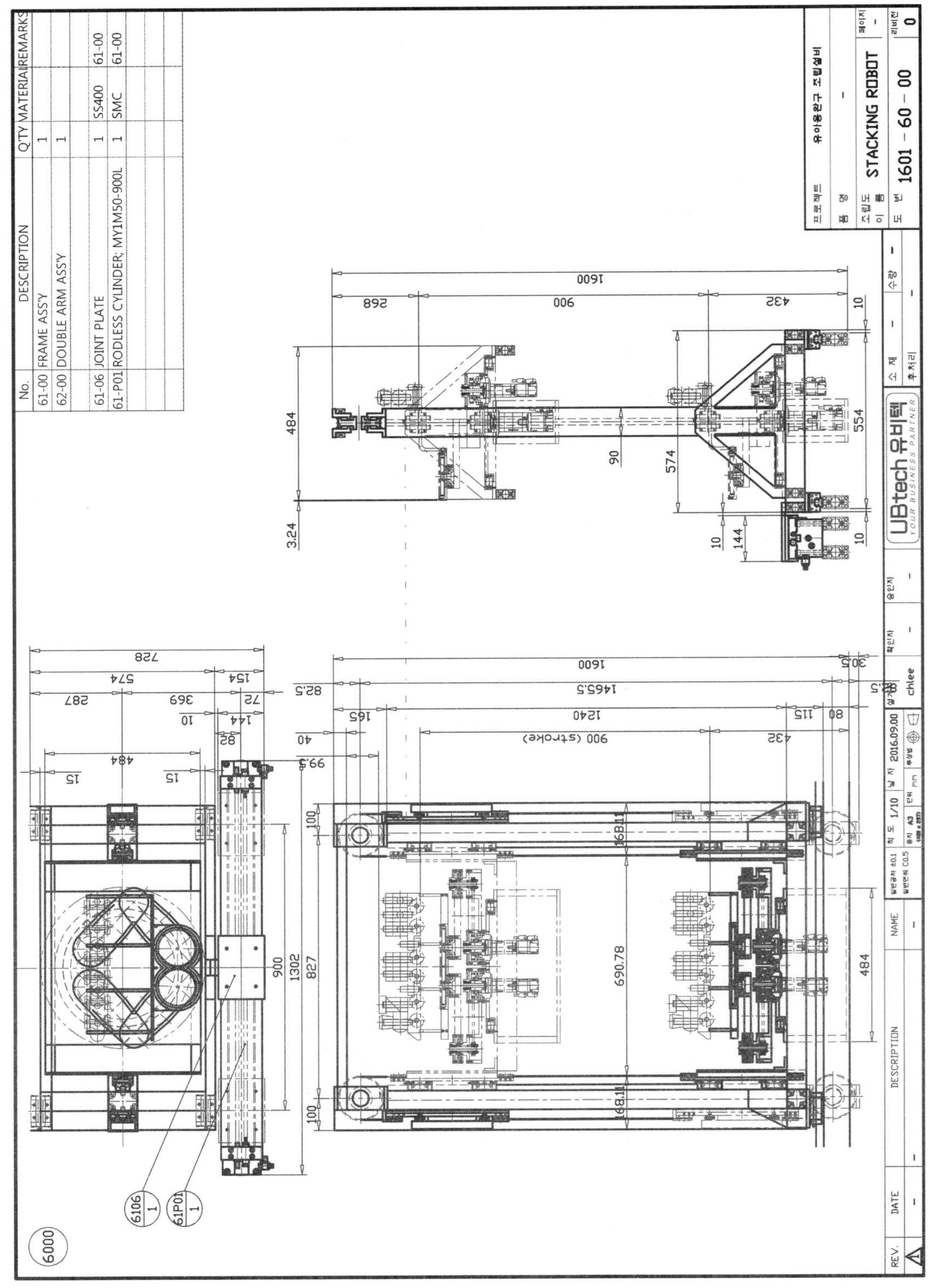

그림 5-11 조립도 60-00 스태킹 로봇

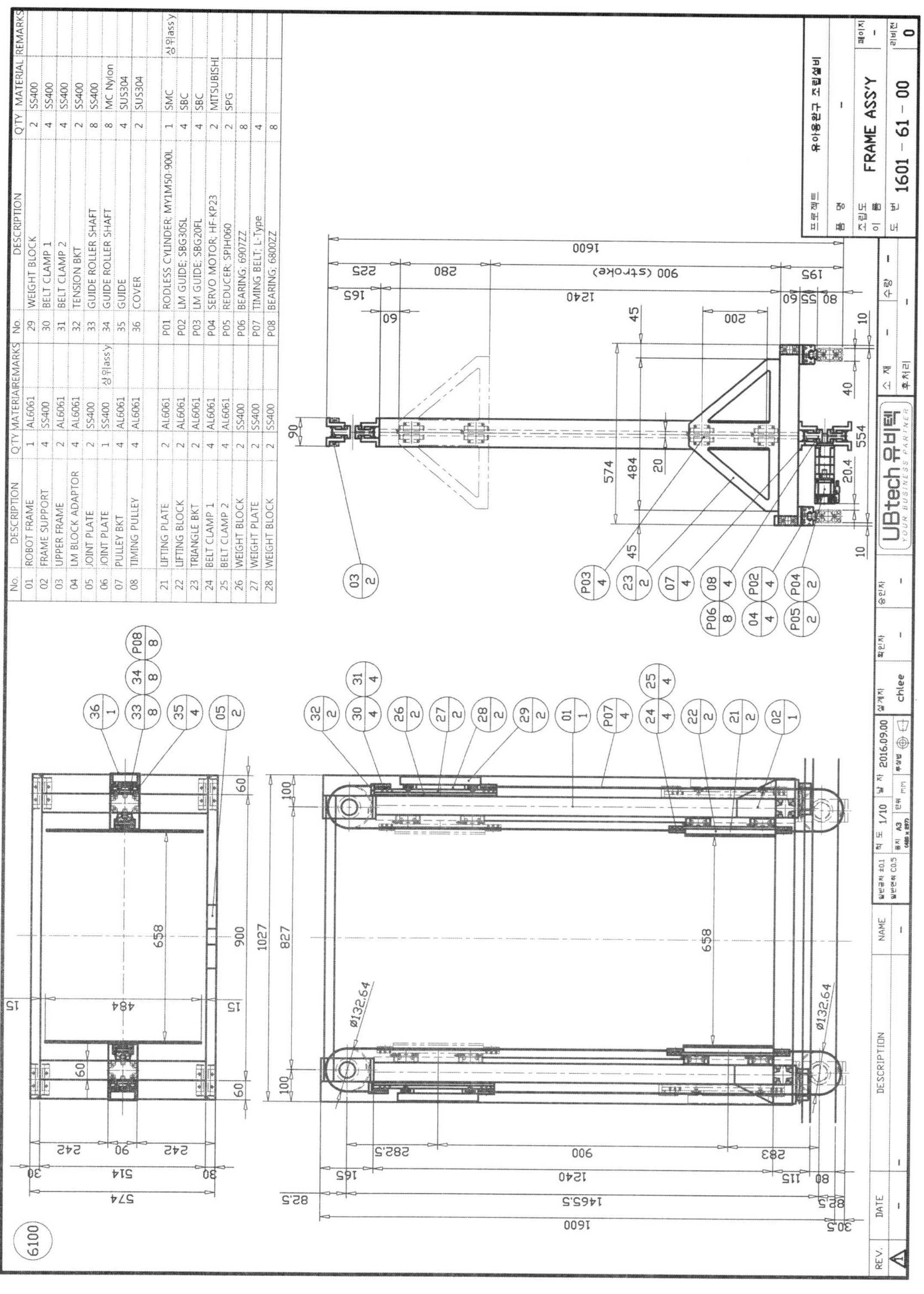

그림 5-12 조립도 61-00 로봇프레임 ASS'Y

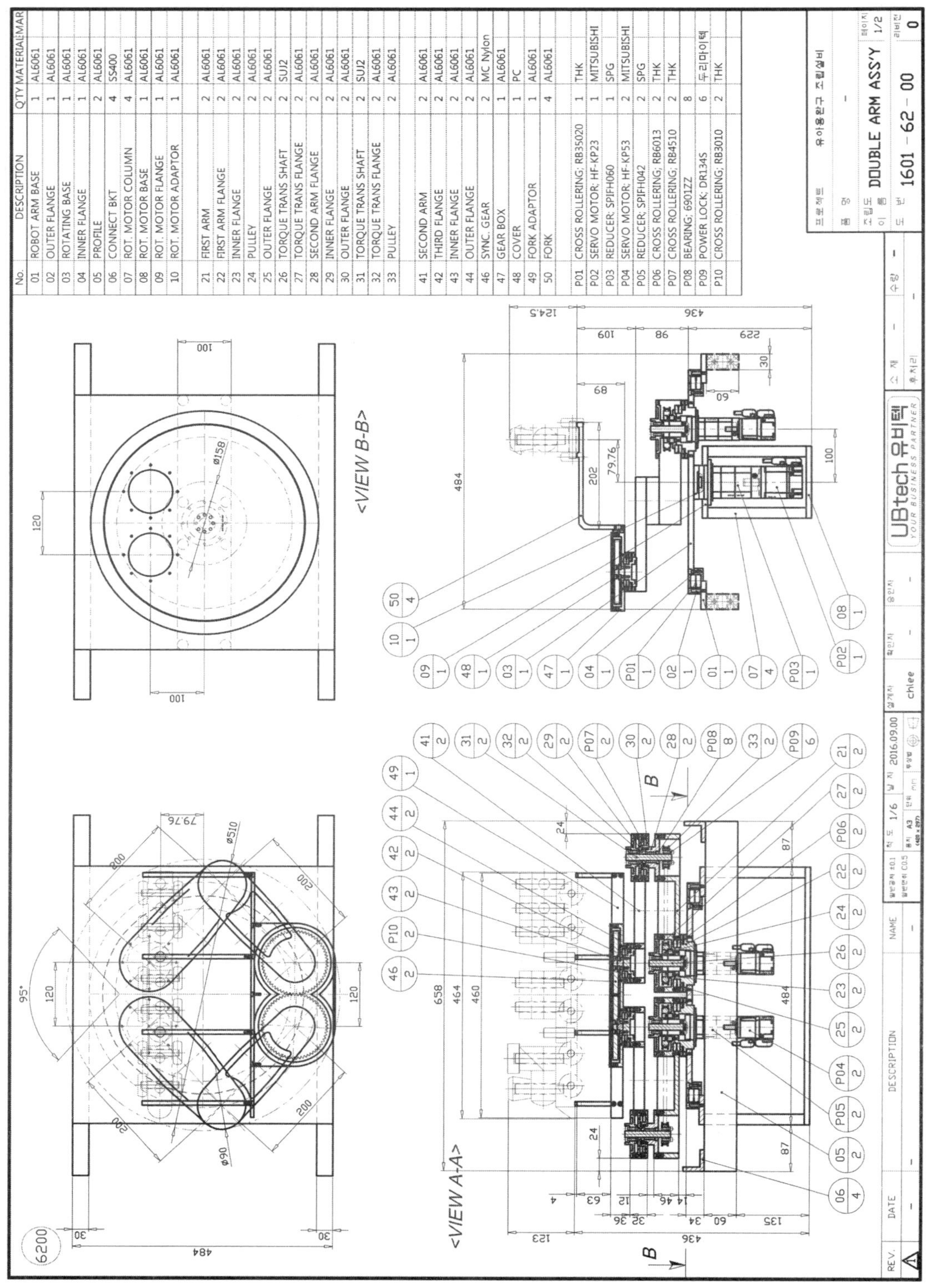

그림 5-13 조립도 62-00 DOUBLE ARM ASS'Y

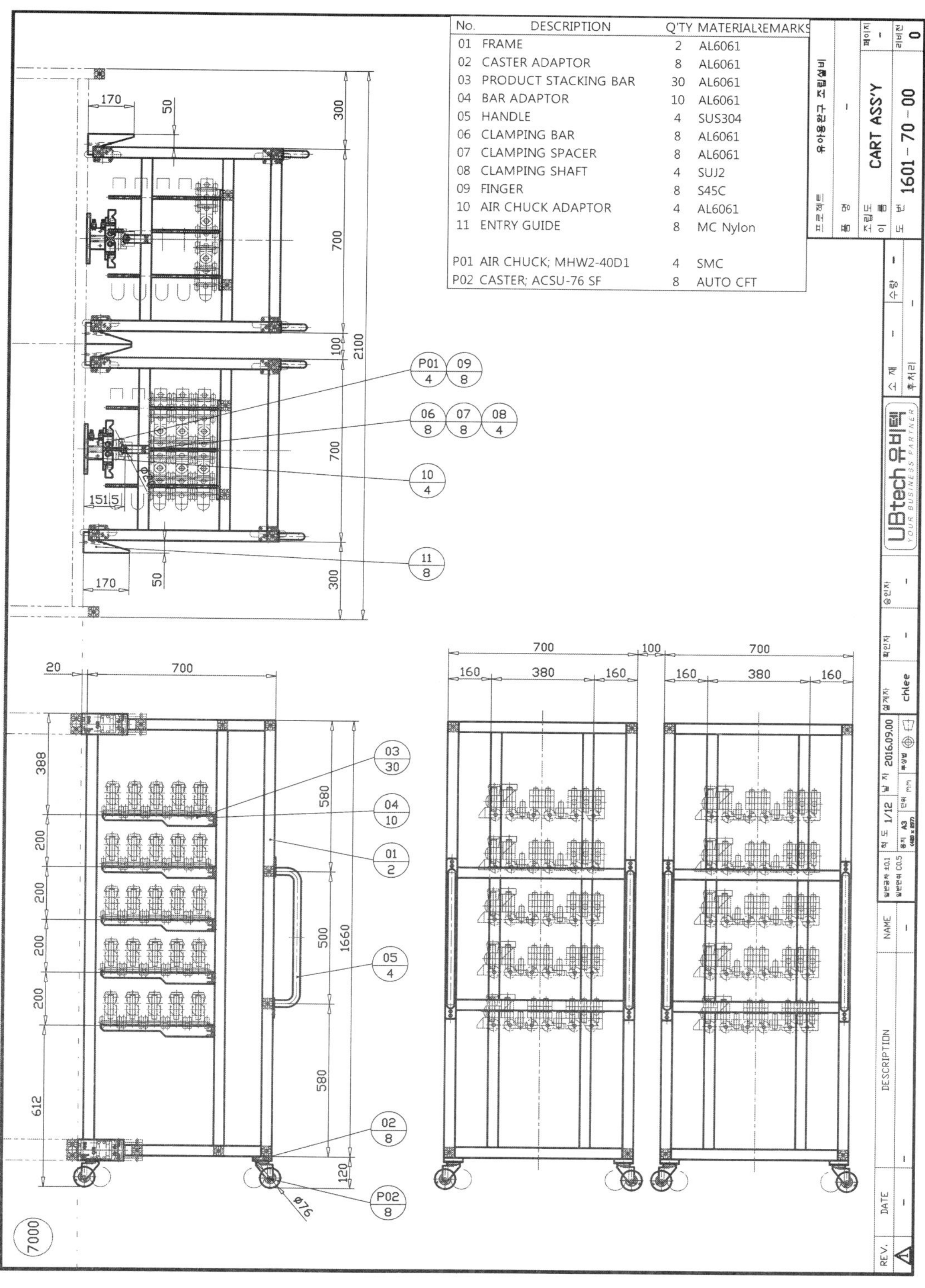

그림 5-14 조립도 70-00 카트 ASS'Y

5.2 다중시트 도면의 작성

표현하고자 하는 내용을 한 장의 시트에 모두 나타낼 수 없다면 시트를 추가하여 조립도를 나눈다. 그림 5-15, 5-16, 5-17은 조립베이-1의 조립도이다. 조립부의 작동과정을 한 장의 시트에 모두 나타낼 수가 없다. 그래서 3장의 시트에 나누어 표현하였다. 이 때의 주의사항으로는 세 장의 시트가 하나의 도면이므로 설계변경 시에는 세 장을 모두 변경해야 한다는 점이다.

조립베이-1의 작동과정에 대한 설명은 다음과 같다.

1. **나무봉 수취척**: 원점위치 대기.
2. **나무봉 압입부**: 원점위치 대기.
3. **이중 상하이동부**: 서포트 상승위치. 반제품 하강위치.
4. **나무봉 수취척**: 작업위치.
5. **나무봉 압입부**: 작업위치.
6. **이중 상하이동부**: 서포트 하강위치.
7. **이중 상하이동부**: 서포트 상승위치. 반제품 상승위치.

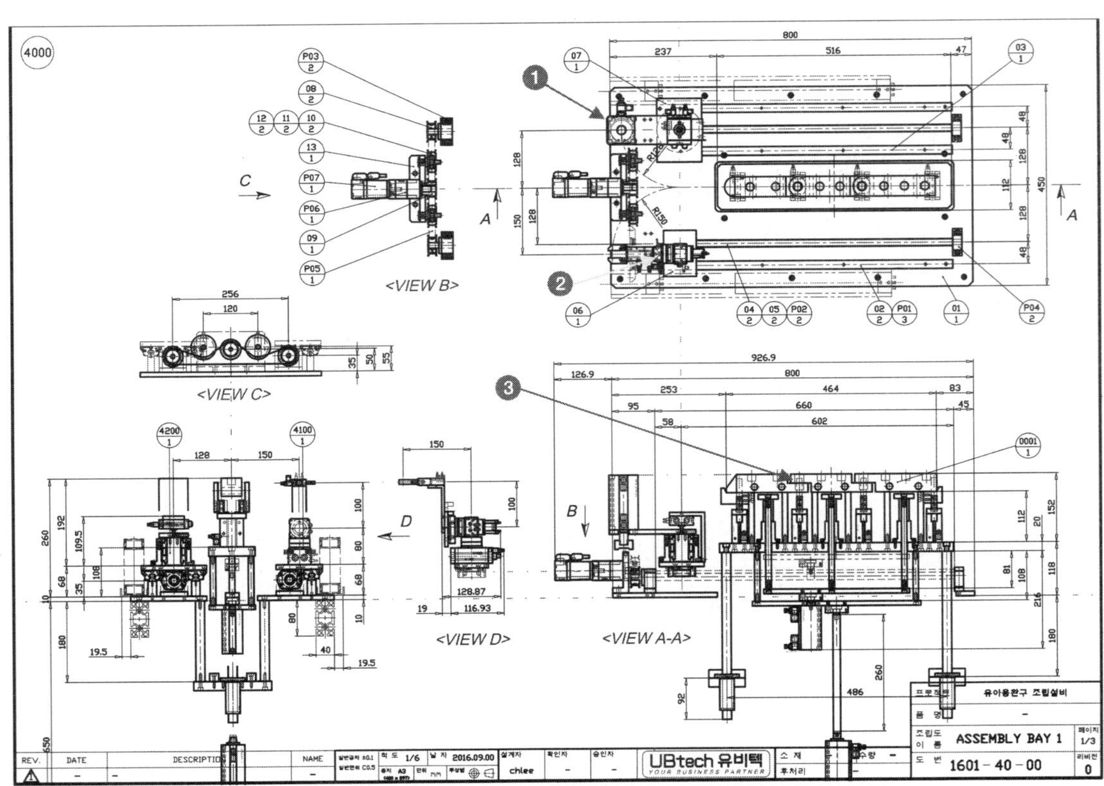

그림 5-15 조립베이-1 조립도 페이지1

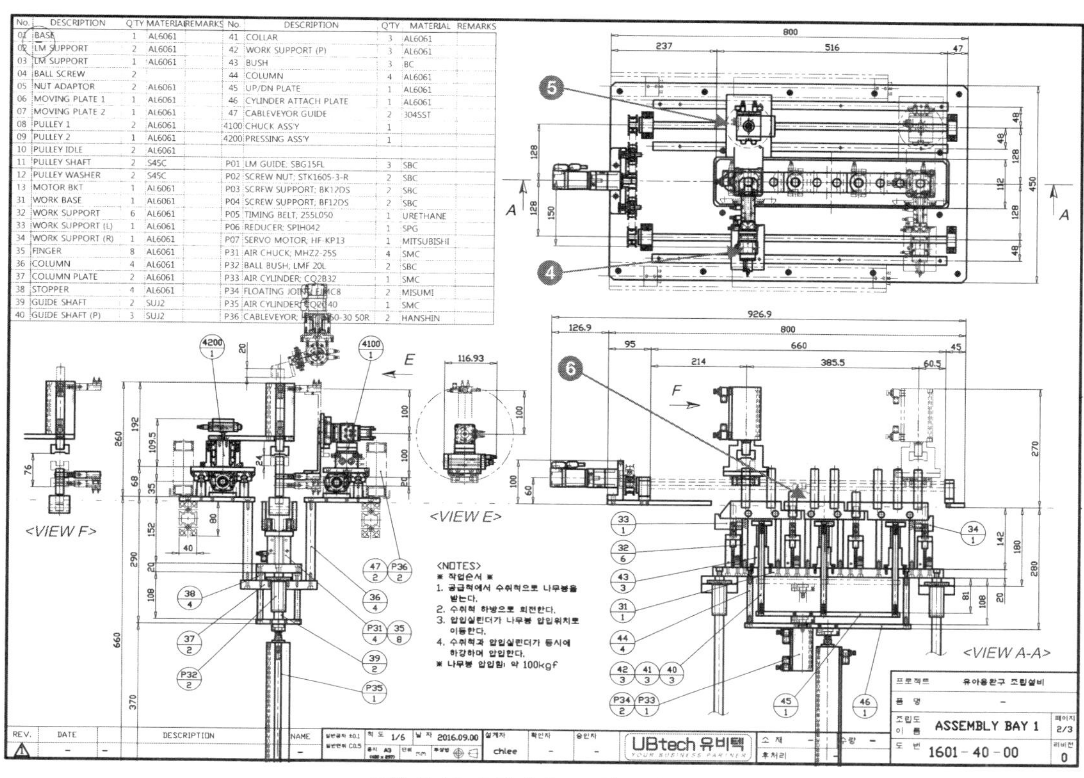

No.	DESCRIPTION	Q'TY	MATERIAL	REMARKS	No.	DESCRIPTION	Q'TY	MATERIAL	REMARKS
01	BASE	1	AL6061		41	COLLAR	3	AL6061	
02	LM SUPPORT	2	AL6061		42	WORK SUPPORT (P)	3	AL6061	
03	LM SUPPORT	1	AL6061		43	BUSH	3	BC	
04	BALL SCREW	2			44	COLUMN	4	AL6061	
05	NUT ADAPTOR	2	AL6061		45	UP/DN PLATE	1	AL6061	
06	MOVING PLATE 1	1	AL6061		46	CYLINDER ATTACH PLATE	1	AL6061	
07	MOVING PLATE 2	1	AL6061		47	CABLEVEYOR GUIDE	2	304SST	
08	PULLEY 1	2	AL6061		4100	CHUCK ASS'Y	1		
09	PULLEY 2	1	AL6061		4200	PRESSING ASS'Y	1		
10	PULLEY IDLE	2	AL6061						
11	PULLEY SHAFT	2	S45C		P01	LM GUIDE; SBG15FL	3	SBC	
12	PULLEY WASHER	2	S45C		P02	SCREW NUT; STK1605-3-R	2	SBC	
13	MOTOR BKT	1	AL6061		P03	SCREW SUPPORT; BK12DS	2	SBC	
31	WORK BASE	1	AL6061		P04	SCREW SUPPORT; BF12DS	2	SBC	
32	WORK SUPPORT	6	AL6061		P05	TIMING BELT; 255L050	1	URETHANE	
33	WORK SUPPORT (L)	1	AL6061		P06	REDUCER; SPIH042	1	SPG	
34	WORK SUPPORT (R)	1	AL6061		P07	SERVO MOTOR; HF-KP13	1	MITSUBISHI	
35	FINGER	8	AL6061		P31	AIR CHUCK; MHZ2-25S	4	SMC	
36	COLUMN	4	AL6061		P32	BALL BUSH; LMF 20L	2	SBC	
37	COLUMN PLATE	2	AL6061		P33	AIR CYLINDER; CQ2B32	1	SMC	
38	STOPPER	4	AL6061		P34	FLOATING JOINT; F[illegible]C8	2	MISUMI	
39	GUIDE SHAFT	2	SUJ2		P35	AIR CYLINDER; CQ2[illegible]40	1	SMC	
40	GUIDE SHAFT (P)	3	SUJ2		P36	CABLEVEYOR; [illegible]50-30 50R	2	HANSHIN	

그림 5-16 조립베이-1 조립도 페이지2

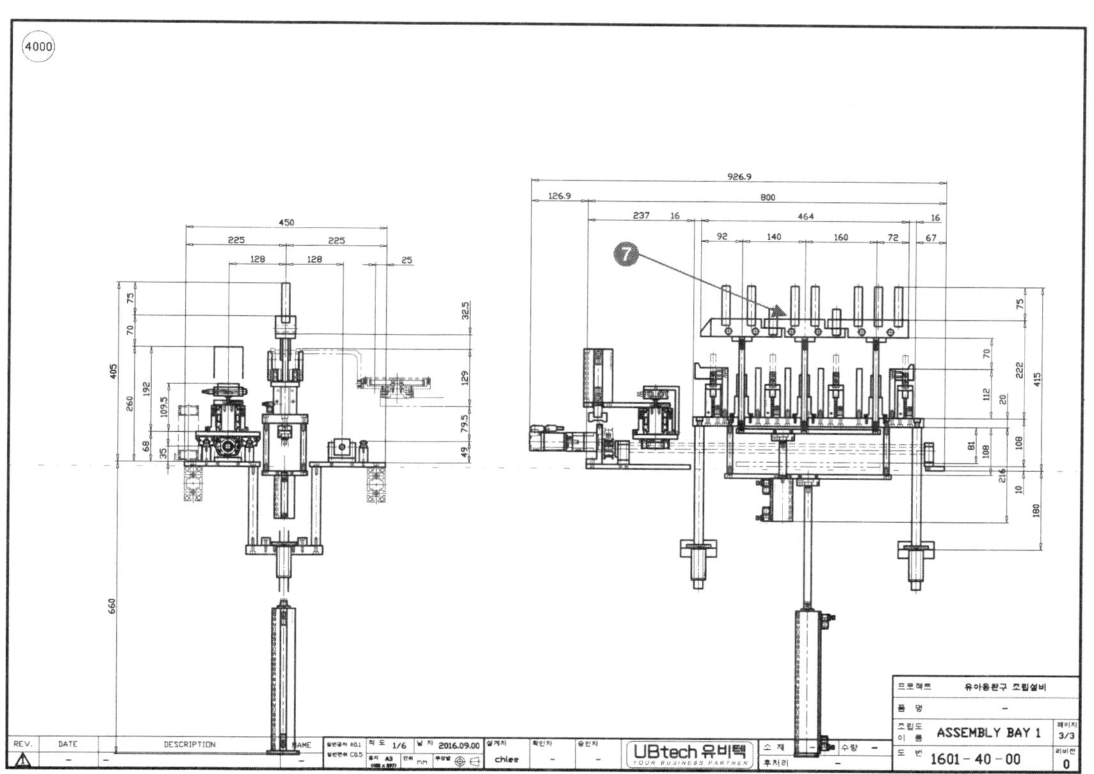

그림 5-17 조립베이-1 조립도 페이지3

5.3 설명을 위한 도면의 추가

도면은 평면에 나타내는 정적인 표현방법이다. 필연적으로 설비의 작동과정을 이해하기가 어려울 수 있다. 그러므로 이해에 도움을 줄 수 있는 도면을 추가하는 것도 좋은 방법이다.

그림 5-18은 부품 공급척의 작동과정을 단계적으로 나타낸 도면이다. 작동과정을 한 단계씩 이해할 수 있다.

그림 5-19는 부품 공급부에서부터 각종부품의 이송과정을 단계적으로 나타낸 도면이다. 작동과정을 한 단계씩 이해할 수 있다. 직교좌표 로봇의 스트로크 관계를 이해할 수 있다.

그림 5-20은 수평다관절 로봇의 다양한 작동형태를 나타낸 도면이다. 각각의 작동형태에서의 스트로크 관계를 이해할 수 있다.

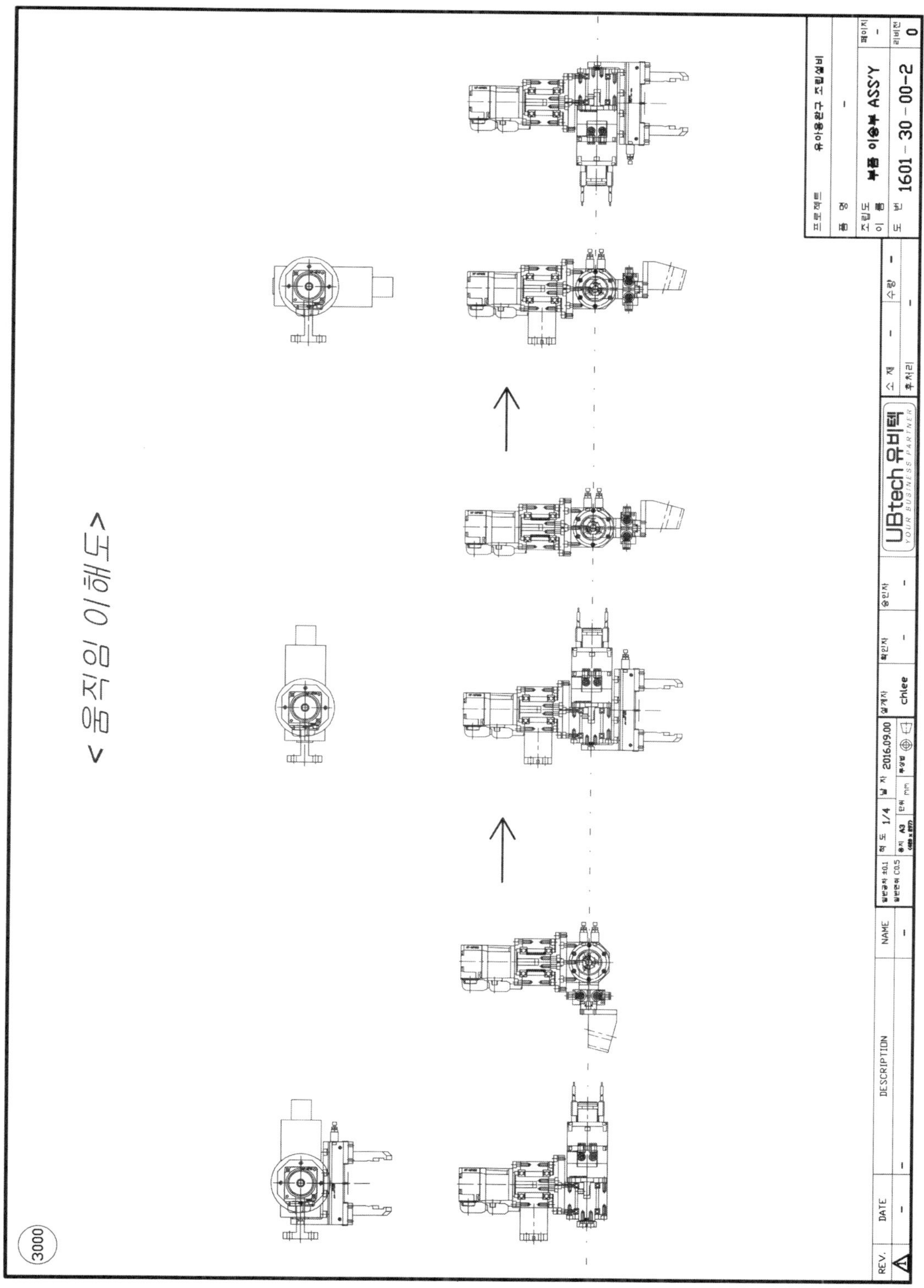

그림 5-18 부품 공급척의 작동과정을 나타낸 도면

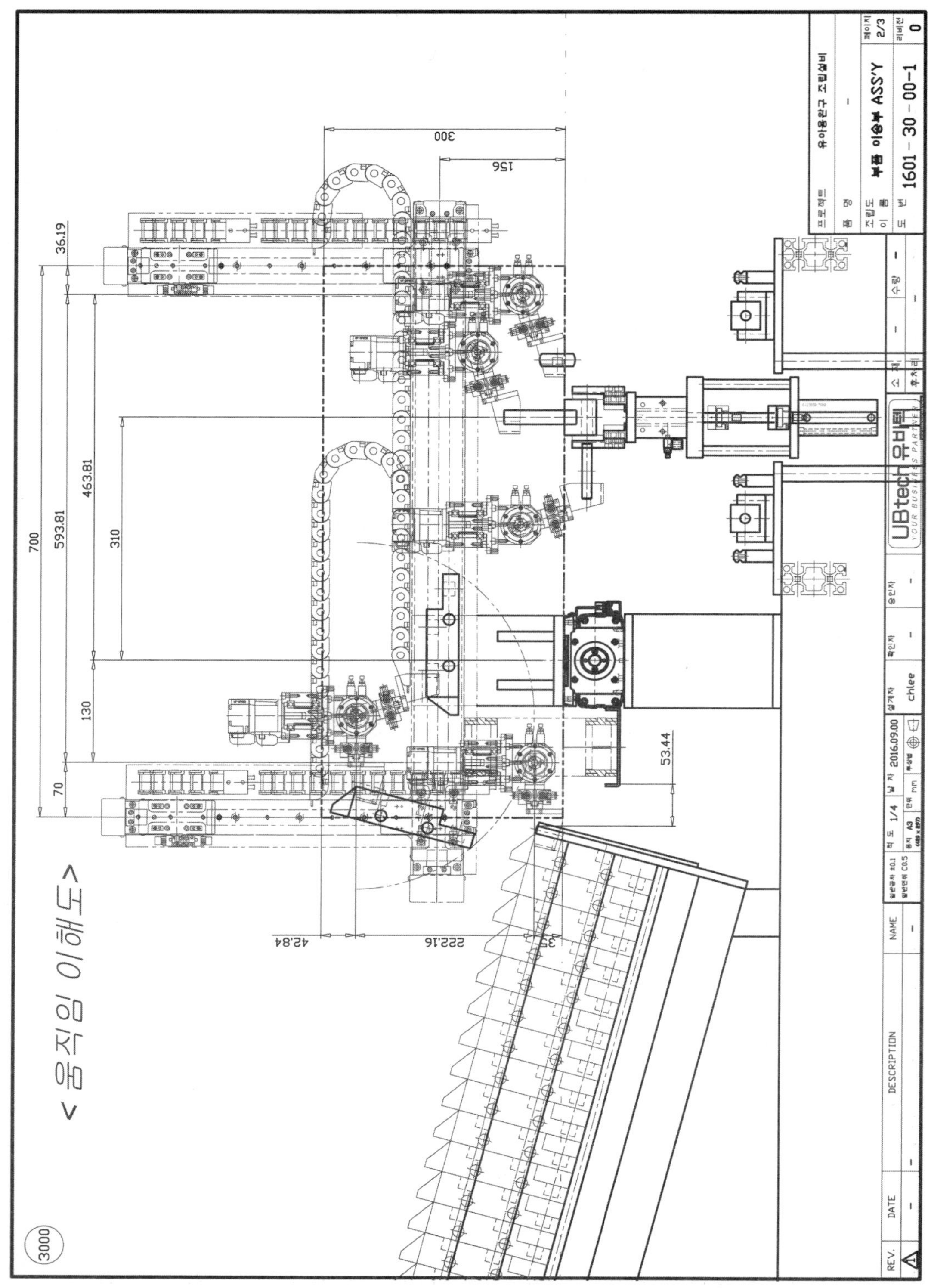

그림 5-19 부품의 이송과정을 나타낸 도면

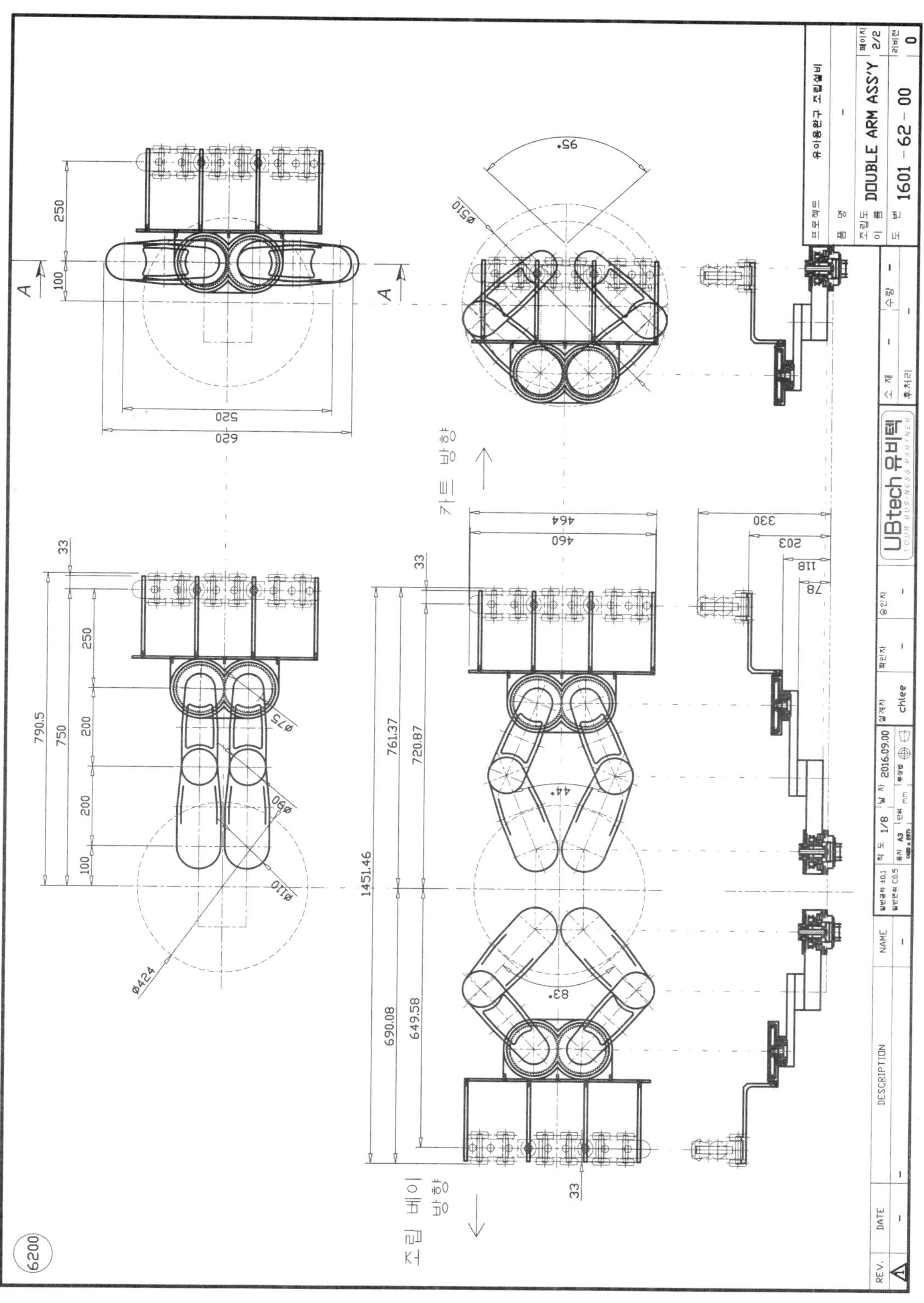

그림 5-20 수평다관절 로봇의 다양한 작동형태를 나타낸 도면

5.4 뷰 배치

5.4.1 뷰 배치 방향

도면에서 뷰 배치 방향이 중요하다. 이야 말로 본격적인 설계에 앞서 결정해야 할 중요한 점이다. 뷰는 하나의 도면을 이루는 정면도 평면도 측면도 등을 일컫는다. 도면을 보는 사람이 혼선 없이 이해하기 위해서는 이를 잘 정해야 한다.

이해를 돕기 위해 다음과 같은 비유를 들어보자. 필자가 과거에 한의원에서 침을 맞은 적이 있었다. 시술 받는 방을 들어가면 작은 방에 출입구를 기준으로 좌우에 침상이 하나씩 총 2개가 배치되어 있었다. 보통은 침상이 머리방향과 발 방향이 같아야 하는데 이곳은 좌측 침상은 문 쪽으로 머리방향이었고 우측은 문 쪽으로 발 방향이었다. 처음에는 이상하게 보였는데 이내 이해가 되었다. 침 시술을 하러 의사가 들어왔을 때 방 가운데 서게 되는데 이때 좌우 어느 쪽을 보더라도 의사의 왼쪽 손은 환자의 머리방향이고 의사의 오른손은 환자의 발 방향인 것이었다.

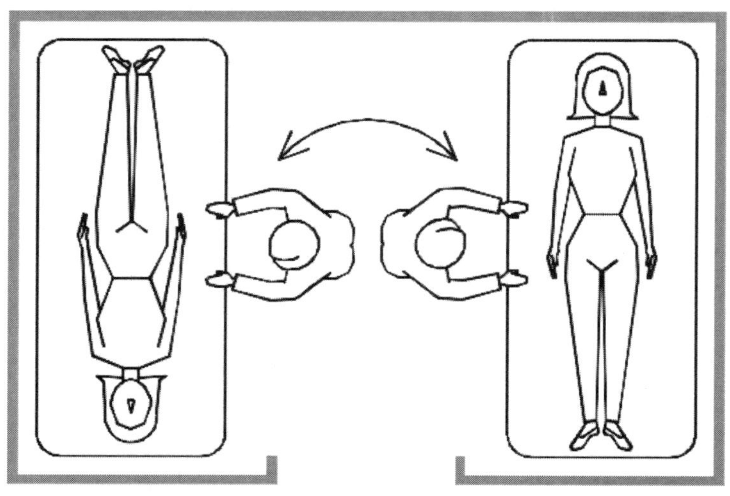

그림 5-21 방향설정의 중요성을 보여주는 일러스트

도면의 뷰 배치도 마찬가지로 방향설정이 적합해야 도면을 해독하는데 오류가 없다. 왼쪽인지 오른쪽인지 정면인지 반대면인지 안쪽인지 바깥쪽인지 판단하는데 도면을 보고도 시간이

오래 걸린다면 혼선이 발생할 가능성이 높다.

일반적으로 생산제품의 흐름은 도면의 왼쪽에서 오른쪽으로 배치한다. 즉 기계의 방향이 왼쪽에서 오른쪽을 향하도록 배치하는 것이 일반적이다. 전체조립도에서 뷰 배치 방향을 정하면 하위조립도와 제작도까지도 자연히 그 방향을 따르게 된다. 즉 한번 정한 뷰 방향이 거의 전체의 도면에 영향을 미치기 때문에 더욱이 처음에 잘 정해야 한다. 더욱 높은 시야에서 보면 하나의 설비에서뿐만이 아니라 생산라인에서 연결되는 다른 설비의 도면까지 영향을 줄 수 있다. 또는 한 회사에서 생산하는 다른 설비의 도면까지 영향을 줄 수 있다. 그러므로 그 중요성을 재차 강조하고자 한다.

전체조립도는 설비 전체이기 때문에 전체조립도에서 설비의 배치 방향을 정한다. 이는 도면을 보게 될 작업자와도 합의가 필요하다. 필자는 뷰 배치 방향을 정할 때 현장의 작업자에게 가서 도면 작성계획에 대해 간단히 설명한 뒤 설비의 어느 방향을 정면도, 평면도, 측면도로 할지를 합의하여 정하였다.

그림 5-22 예제설비 전체조립도를 보자. 정면도를 보면 왼쪽에서는 부품이 투입되고 오른쪽

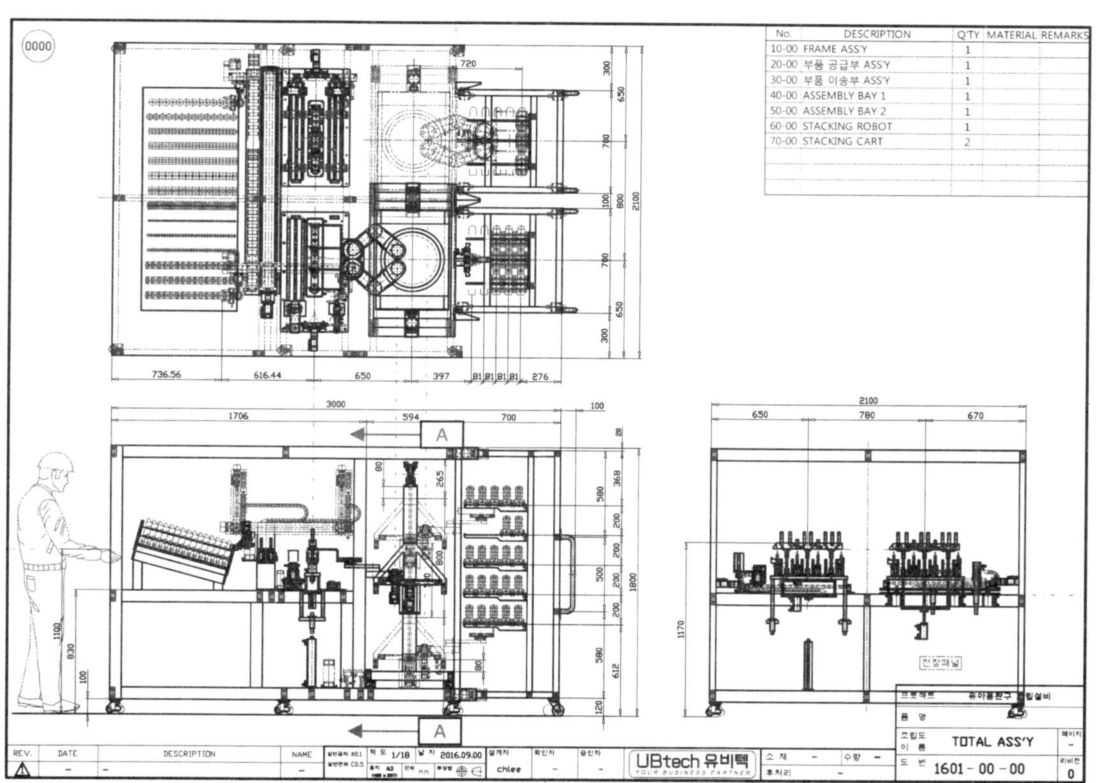

그림 5-22 예제설비 전체조립도

으로 가며 작업이 이루어지고 최종 제품이 오른쪽으로 배출된다. 즉 생산 제품이 왼쪽에서 오른쪽으로 흘러간다. 정면도의 방향이 정해졌으니 자연스럽게 평면도와 측면도가 정해진다.

그림 5-22에서 우측뷰는 우측면도가 아니라 단면도 A-A이다. 우측면도를 표현하는 것보다 중요한 단면도를 표현하는 것이 필요하고 도면을 보는 사람에게 더 많은 정보를 전달할 수 있기 때문이다. 단면도이지만 오른쪽에서 본 방향이기 때문에 우측면도 위치에 배치하였으며 도면을 해독하는데 혼선이 없다.

또한 일반적으로 조립도에서는 정면도 평면도 우측면도를 기본으로 하는 것이 안정적인 뷰 배치이다. 가장 보기 편안하고 우측 상부에는 파트리스트와 노트가 배치되기 때문이다.

그림 5-23은 부품 이송부 조립도이다. 도면에서 보면 평면도의 배치가 다소 부자연스러워 보인다. 도면의 빈 공간이 너무 많아졌기 때문이다. 그럼에도 불구하고 이러한 배치를 한 이유는 전체조립도에서 부품 이송부가 조립된 모습 그대로를 가져왔기 때문이다.

물론 평면도를 시계방향으로 90도 회전시켜 표현할 수도 있다. 부품 이송부 조립도라는 단일 도면만을 놓고 보면 그것이 맞다. 하지만 우리가 원하는 것은 빠르고 정확하고 단순한 작

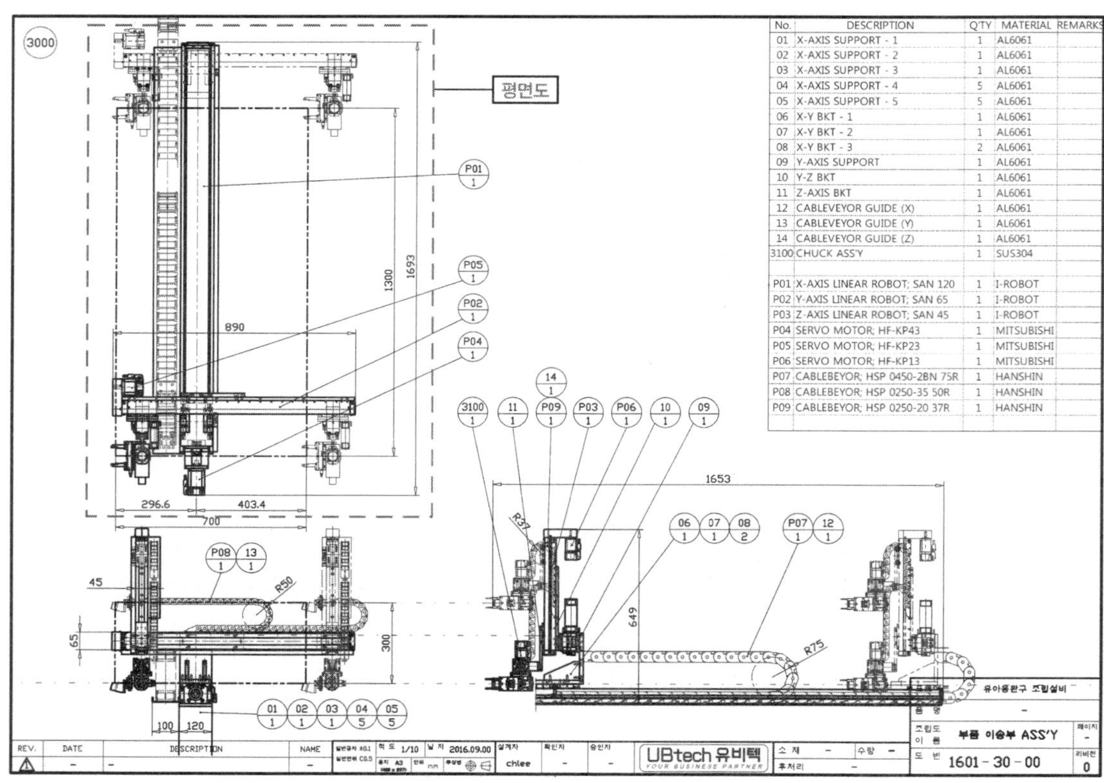

No.	DESCRIPTION	Q'TY	MATERIAL	REMARKS
01	X-AXIS SUPPORT - 1	1	AL6061	
02	X-AXIS SUPPORT - 2	1	AL6061	
03	X-AXIS SUPPORT - 3	1	AL6061	
04	X-AXIS SUPPORT - 4	5	AL6061	
05	X-AXIS SUPPORT - 5	5	AL6061	
06	X-Y BKT - 1	1	AL6061	
07	X-Y BKT - 2	1	AL6061	
08	X-Y BKT - 3	2	AL6061	
09	Y-AXIS SUPPORT	1	AL6061	
10	Y-Z BKT	1	AL6061	
11	Z-AXIS BKT	1	AL6061	
12	CABLEVEYOR GUIDE (X)	1	AL6061	
13	CABLEVEYOR GUIDE (Y)	1	AL6061	
14	CABLEVEYOR GUIDE (Z)	1	AL6061	
3100	CHUCK ASS'Y	1	SUS304	
P01	X-AXIS LINEAR ROBOT; SAN 120	1	I-ROBOT	
P02	Y-AXIS LINEAR ROBOT; SAN 65	1	I-ROBOT	
P03	Z-AXIS LINEAR ROBOT; SAN 45	1	I-ROBOT	
P04	SERVO MOTOR; HF-KP43	1	MITSUBISHI	
P05	SERVO MOTOR; HF-KP23	1	MITSUBISHI	
P06	SERVO MOTOR; HF-KP13	1	MITSUBISHI	
P07	CABLEBEYOR; HSP 0450-2BN 75R	1	HANSHIN	
P08	CABLEBEYOR; HSP 0250-35 50R	1	HANSHIN	
P09	CABLEBEYOR; HSP 0250-20 37R	1	HANSHIN	

그림 5-23 부품 이송부 조립도

업이다. 뷰의 회전으로 인해 보기는 좋아졌을지 모르지만 전체조립도와 부품 이송부 조립도를 오가며 작업해야 할 이후의 업무에 계속적으로 작은 혼선을 줄 가능성이 생긴다. 그러므로 회전하지 않고 그대로 도면화 하는 것이 좋겠다.

그림 5-24는 조립베이-1의 조립도이다. 앞서 설명한 부품 이송부 조립도에서는 평면도를 회전하지 않았는데 여기서는 회전하였다. 그 이유는 조립베이-1은 상대적으로 더 복잡하고 본 설비에서 가장 핵심적인 부분이라고 할 수 있다. 최대한 자세히 표현되기 위해서는 도면의 스케일이 가능한 작아야 한다. 자연히 빈 공간이 작아야 하고 평면도를 회전시켜야 했다. 가능한 상위 조립도의 배치를 따르는 것이 좋은 것이지 강제사항은 아니다. 필요한 경우에는 상위 조립도와 배치가 달라질 수 있다.

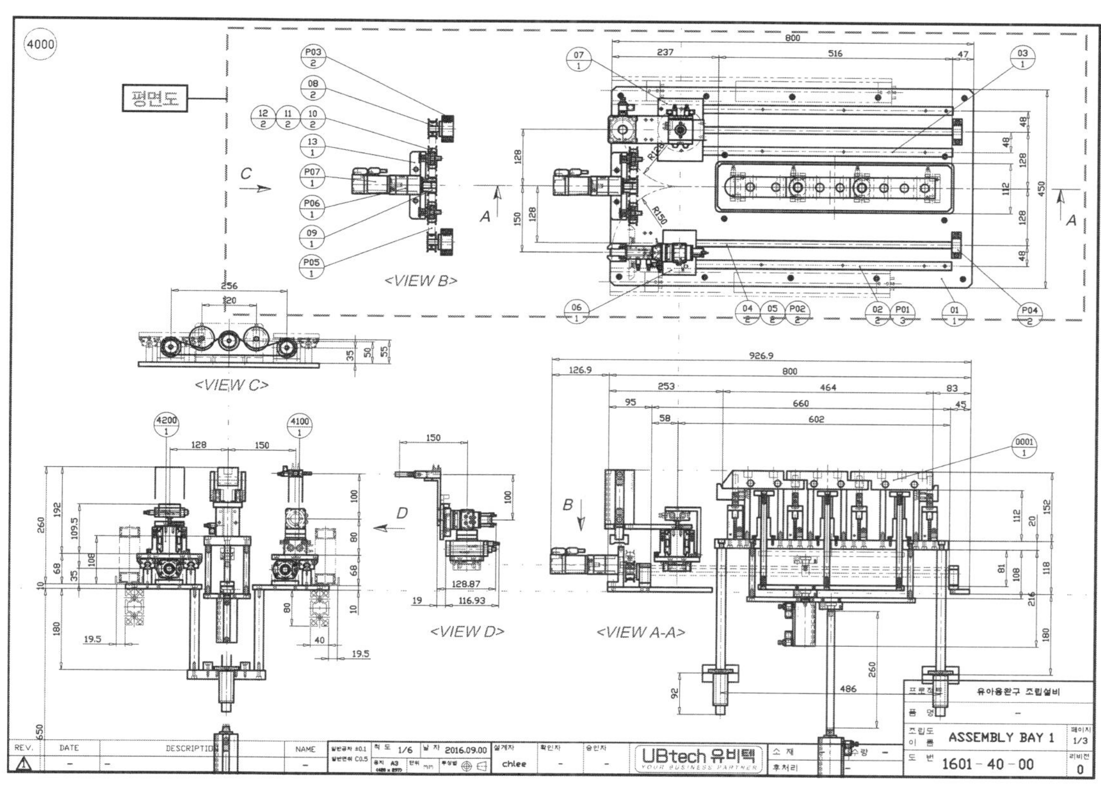

그림 5-24 조립베이-1 조립도

그림 5-25는 나무봉 가압부 조립도이다. 여기서도 조립베이-1의 배치와 동일하게 정면도 평면도 좌측면도가 배치되었다. 이는 상위 조립도인 조립베이-1의 조립도의 배치와 동일하게 한 것이다.

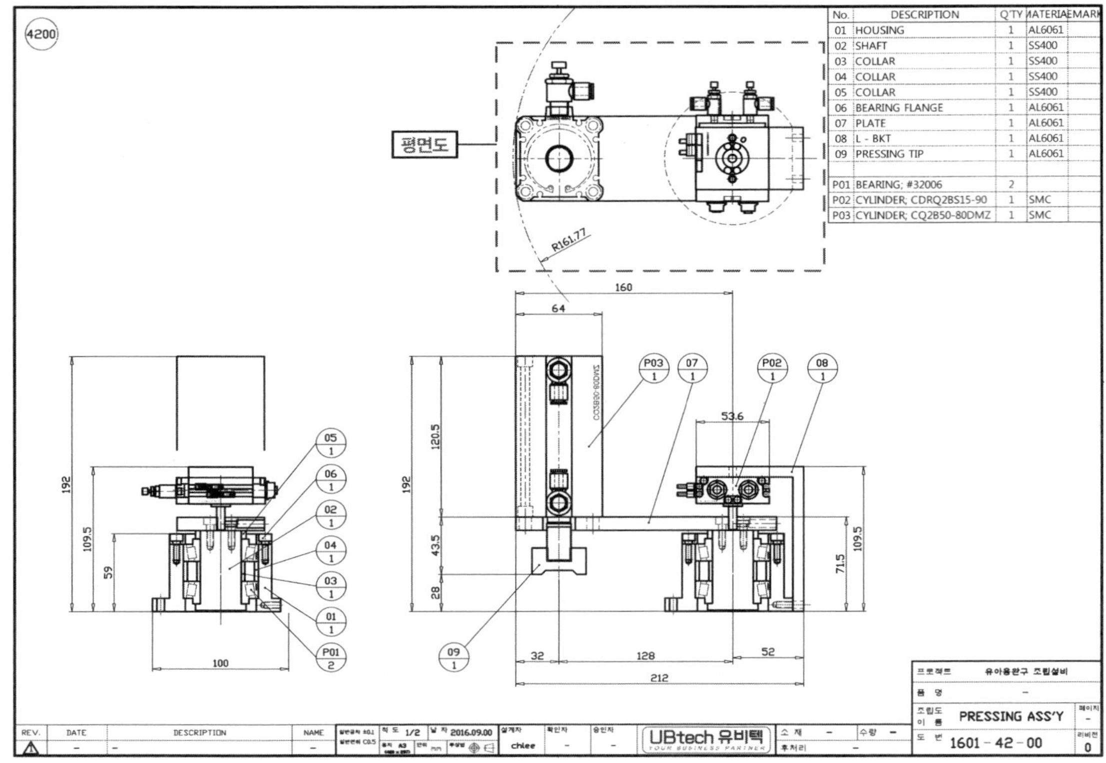

그림 5-25 나무봉 가압부 조립도

5.4.2 도면틀의 배치

도면용지의 크기는 정해져 있고 표현할 내용은 많은 경우가 있다. 이럴 때는 별다른 수가 없이 도면의 빈 공간을 가능한 줄여야 한다. 그림 5-26은 조립베이-1의 조립도이다. 화살표로 표시된 부분을 보면 도면 영역을 벗어나 있다. 하부실린더 부분이 도면틀을 벗어나서 잘려져 표현되어 있는데 하부실린더 부분은 비교적 덜 중요한 부분이며 도면을 해독하는데 큰 문제되지 않음을 알 수 있다.

그림 5-27은 도면 척도를 크게 하여 뷰에서 잘려진 부분이 없이 모든 뷰가 도면틀 안에 들어와 있는 모습이다. 도면틀에 비교하여 상대적으로 뷰가 작아져서 복잡한 부분을 해독하는데 불리해짐을 알 수 있다.

그러나 도면의 빈 공간이 항상 최소여야 하는 것은 아니다. 특히 제작도를 작성할 때 빈 공간이 많이 남더라도 뷰가 복잡하지 않고 표현할 내용이 많지 않아서 도면을 해독하는데 문제없다면 괜찮다.

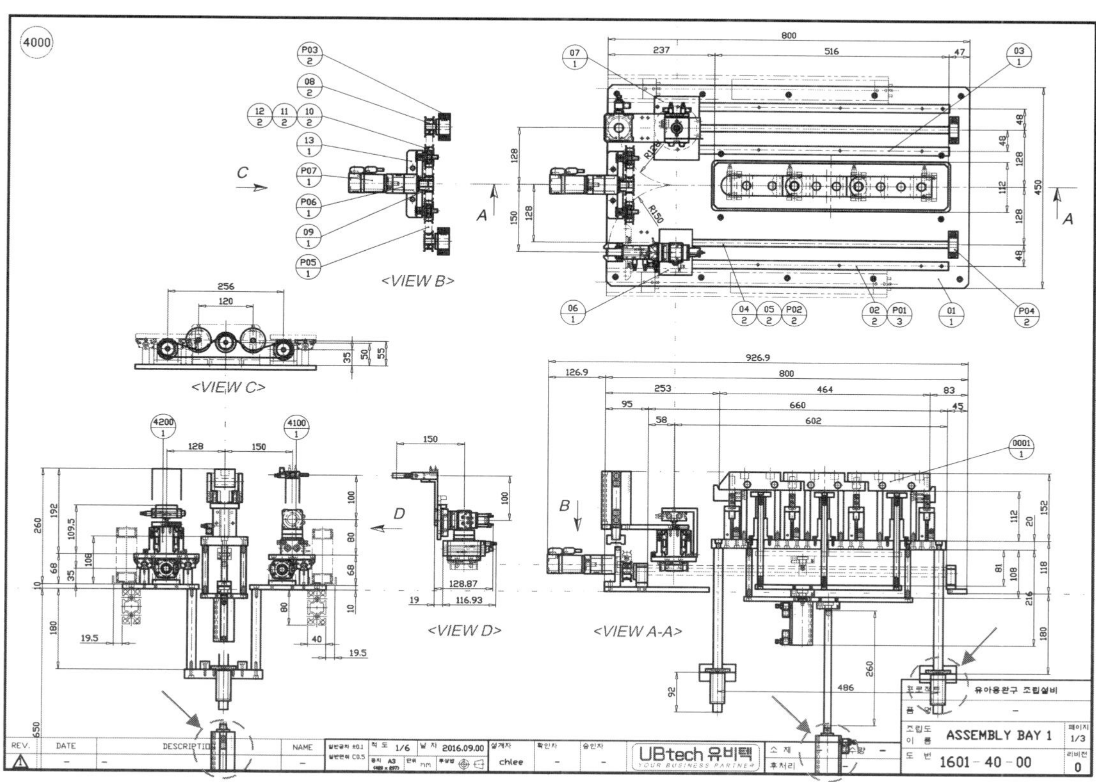

그림 5-26 조립베이-1 조립도

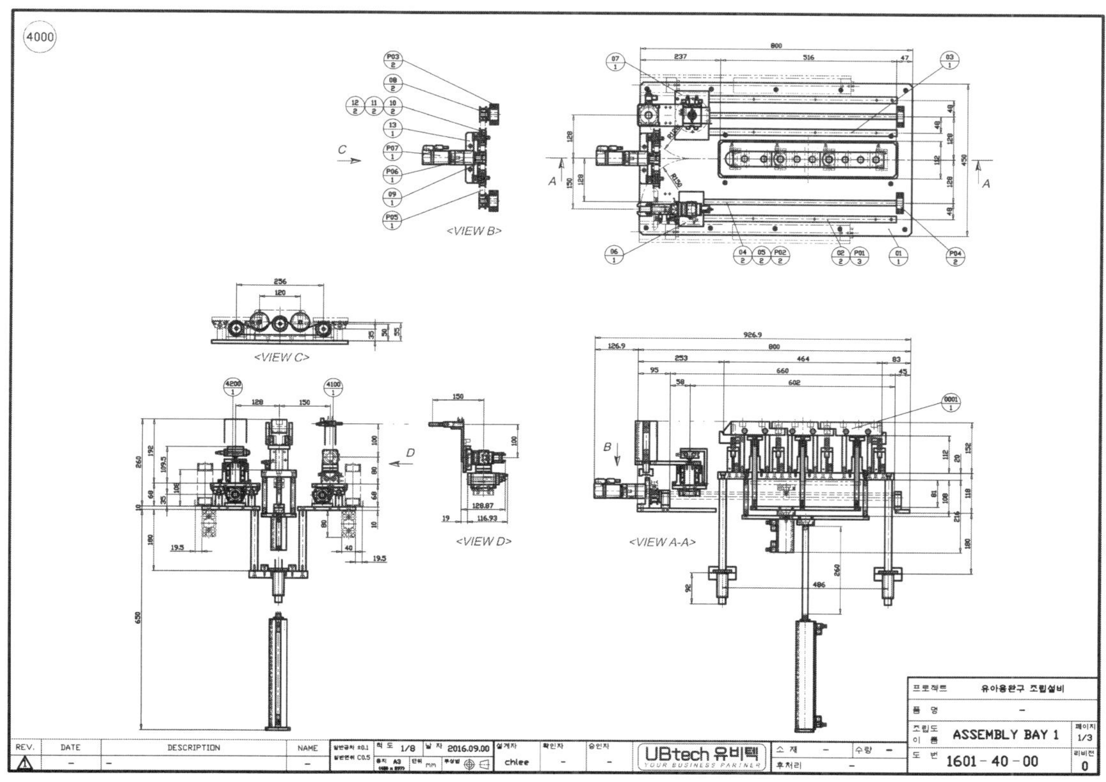

그림 5-27 조립베이-1 조립도

그림 5-28의 표시된 부분에서도 뷰가 도면의 표제란과 중첩됐다. 하지만 도면을 해독하는데 큰 문제가 되지 않는다. 모든 뷰가 도면틀 안에 들어와야 한다는 고정관념을 버려야 한다.

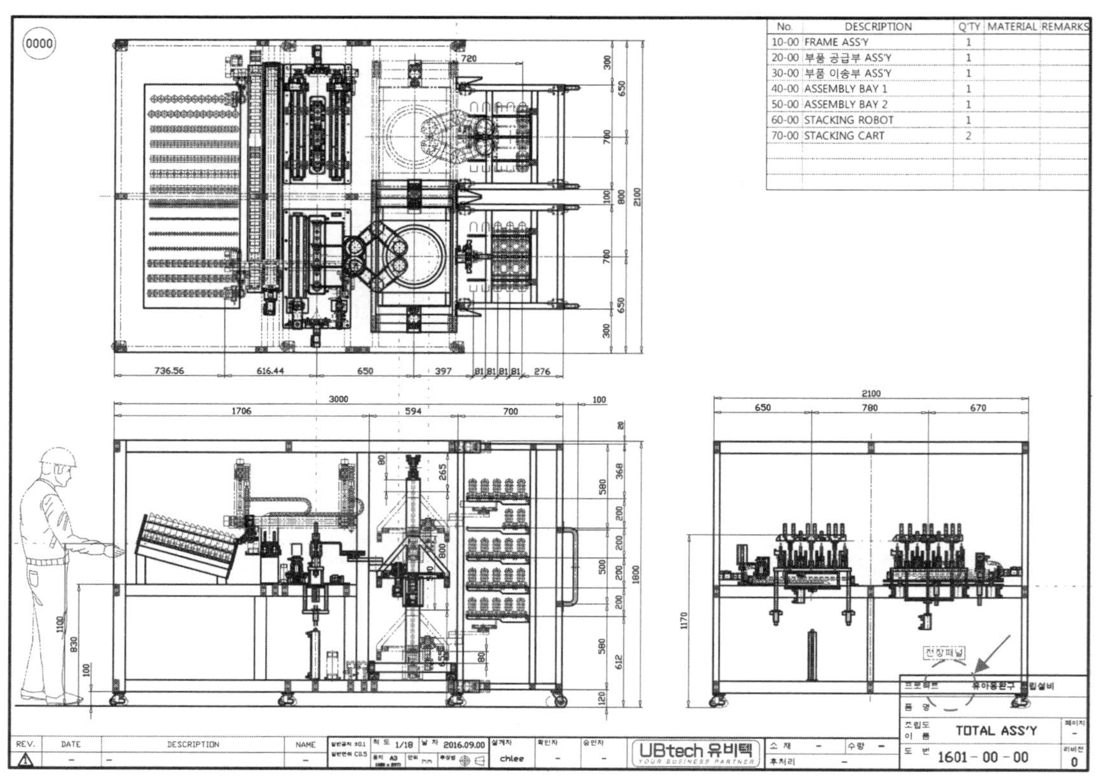

그림 5-28 전체조립도

그림 5-29는 이동카트 조립도이다. 이동카트의 상대적인 조립관계를 알기 위해서는 메인프레임 파트가 있어야 한다. 그런데 그림에서 보다시피 도면틀 안에 모든 뷰가 들어가려면 좌측의 메인프레임 블록을 깨서 도면틀을 벗어나는 부분을 잘라내기 해야 한다.

그런데 블록은 깨지 않는 것이 좋다. 블록을 깨는 순간부터 일이 많아진다. 그림에서처럼 도면틀 밖으로 메인프레임 블록을 배치하면 된다. 출력 시에는 도면 틀 내부만 나타나기 때문에 도면틀 외부로 블록이 걸치더라도 문제되지 않는다.

그림 5-29에서 또 하나 볼 수 있는 것이 도면틀의 방향이다. 반시계 방향으로 90도 회전되어 있다. 이동카트 조립도의 뷰 배치모습이 상하 방향이므로 도면틀을 회전하지 않고 작성하려면 척도를 키워야 한다. 그러면 뷰가 작아질 뿐만 아니라 빈 공간이 많아지며 뭔가 균형이 맞지 않게 보인다. 이를 그림 5-30에서 보여주고 있다. 또한 비교를 위해 메인프레임 블록을

분해하여 필요한 부분만 남기고 잘라내기를 하였다.

원칙대로 배치하자면 그림 5-31과 같이 해야 한다. 즉 평면도를 시계방향으로 90도 회전시켜 배치하면 된다. 이렇게 작업하는 것이 어려운 일은 아니다. 몇 번의 클릭과 약간의 시간을 들이면 된다. 하지만 전체조립도와 뷰 배치 방향이 다르면 이해도가 떨어질 수 있다. 무엇보다 설계작업 시 상위조립도와 비교하며 작업을 해야 하는데 직관성이 떨어지게 마련이다.

그러므로 그림 5-29와 같이 도면틀을 회전시켜 주는 것이 합리적이다.

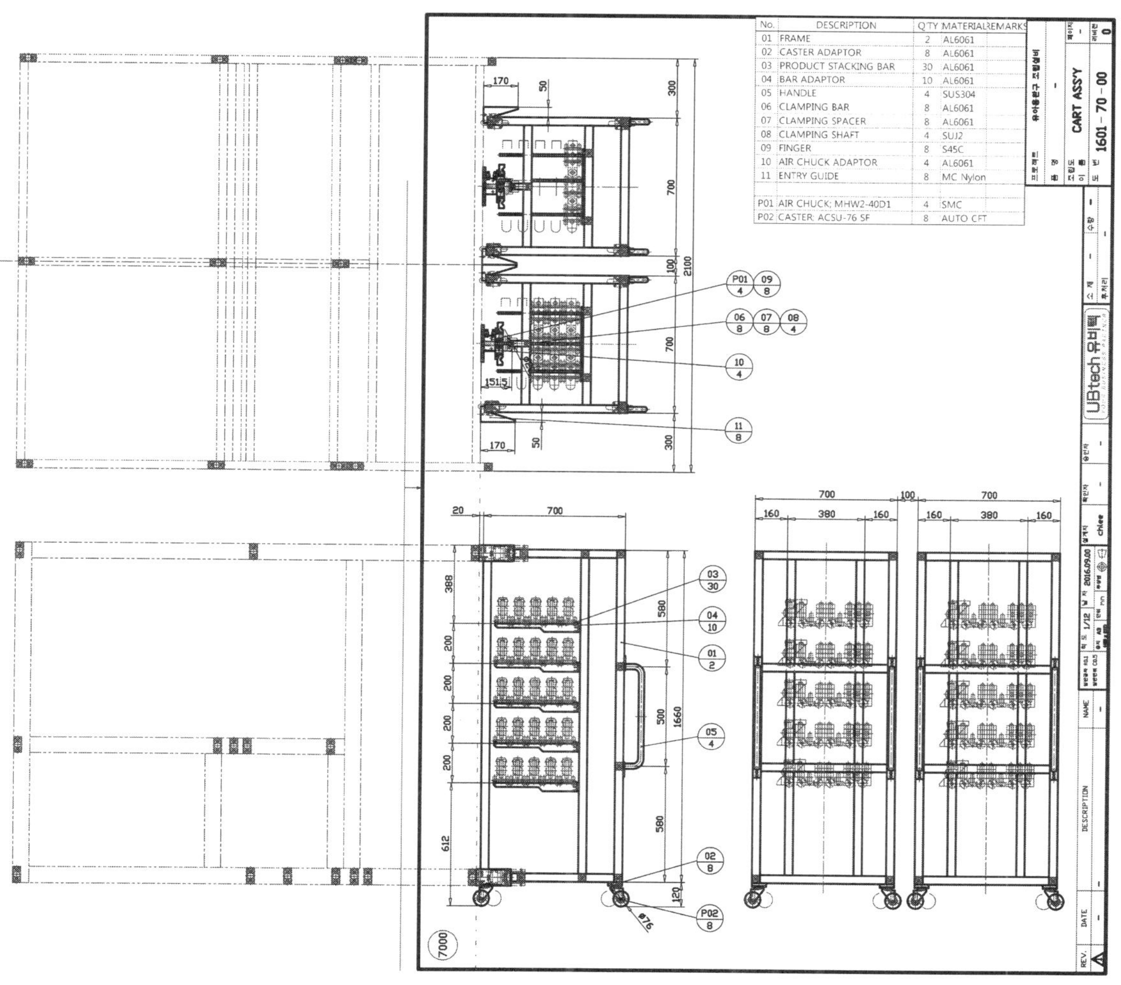

No.	DESCRIPTION	Q'TY	MATERIAL	REMARKS
01	FRAME	2	AL6061	
02	CASTER ADAPTOR	8	AL6061	
03	PRODUCT STACKING BAR	30	AL6061	
04	BAR ADAPTOR	10	AL6061	
05	HANDLE	4	SUS304	
06	CLAMPING BAR	8	AL6061	
07	CLAMPING SPACER	8	AL6061	
08	CLAMPING SHAFT	4	SUJ2	
09	FINGER	8	S45C	
10	AIR CHUCK ADAPTOR	4	AL6061	
11	ENTRY GUIDE	8	MC Nylon	
P01	AIR CHUCK; MHW2-40D1	4	SMC	
P02	CASTER: ACSU-76 SF	8	AUTO CFT	

그림 5-29 이동카트 조립도

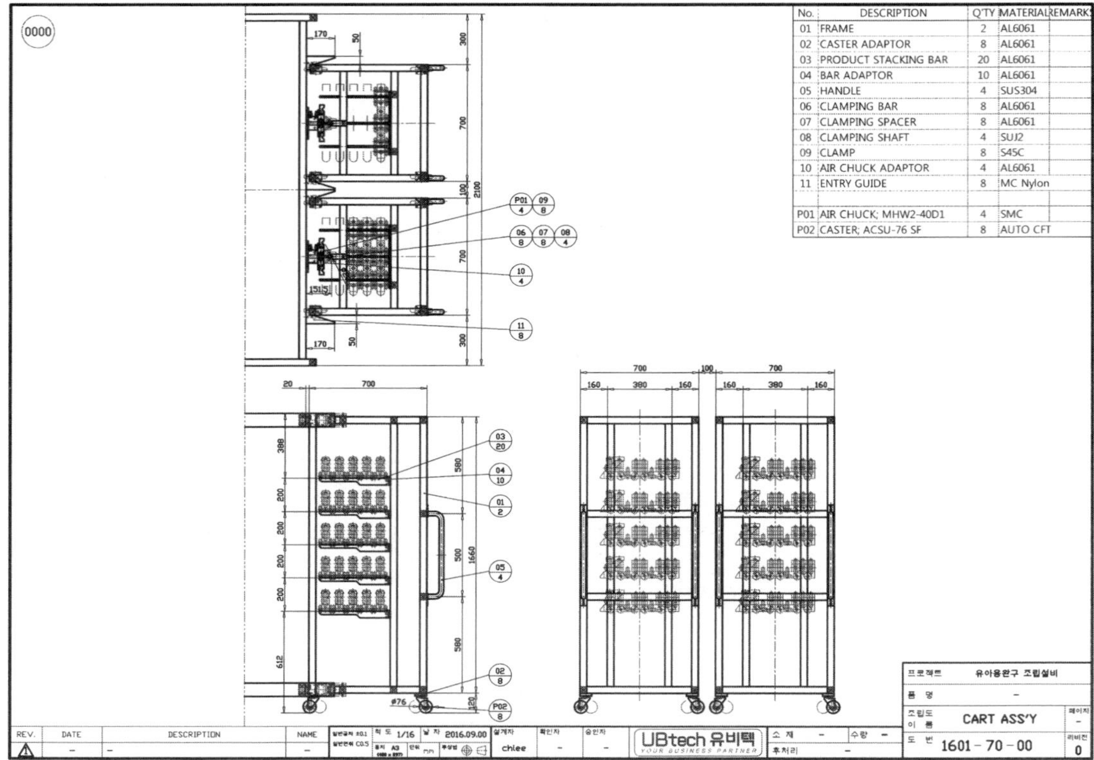

그림 5-30 이동카트 조립도

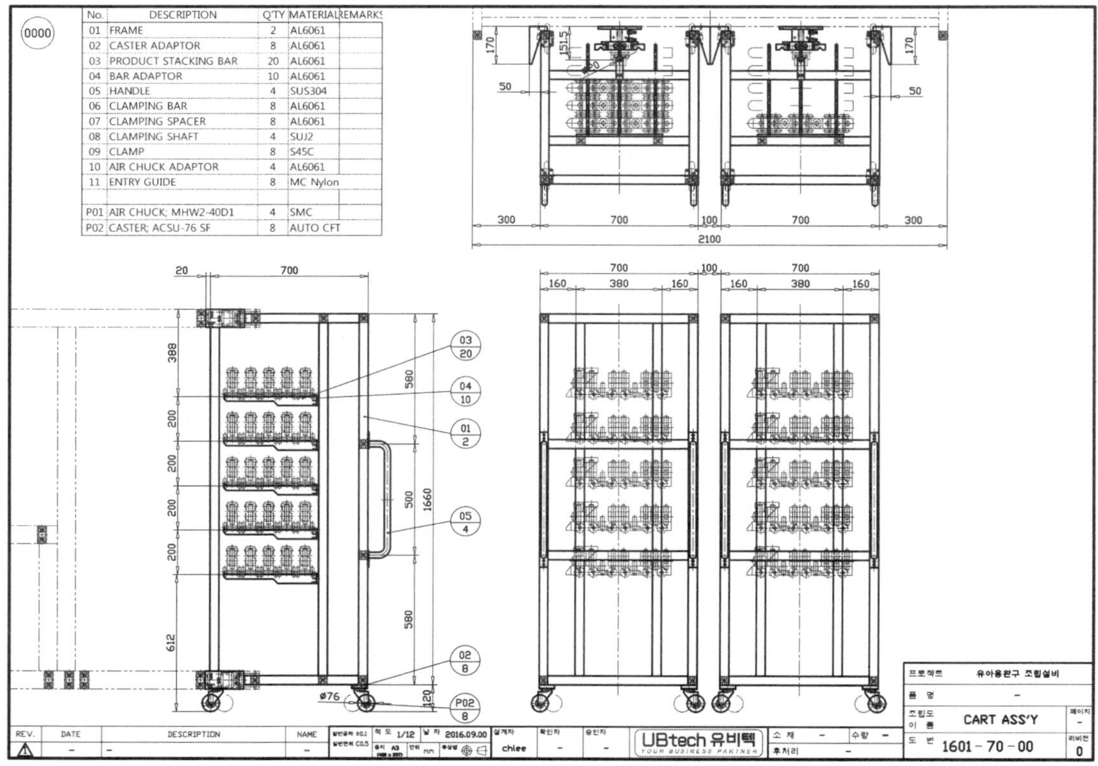

그림 5-31 이동카트 조립도

5.4.3 척도(scale)

표 5-3은 KS 규격에서 정의한 척도이다. 하지만 실제로 도면을 작성하다 보면 정의된 척도만으로는 아쉬울 때가 많다 그래서 표 5-4와 같이 사용하면 적합하다. 그런데 표 5-4에서 정의한 척도로도 아쉬울 때가 있다. 이럴 때는 1 : 6, 1 : 18, 1 : 35 등 짝수 혹은 정수로써 척도를 사용하면 된다.

도면 출력 시 척도 그대로 반영하여 출력할 수가 있는데, 척도대로 출력한 도면은 현장에서 도면을 해독할 때 요긴하게 사용된다. 현장에서 알고자 하는 치수가 빠졌을 때 도면에 자를 대고 직접 측정한다. 여기에 척도를 곱하거나 나누면 실제 치수를 쉽게 알 수가 있다.

도면틀의 크기를 정할 때, 치수스케일을 정할 때, 쇄선의 스케일을 정할 때 척도를 사용한다.

표 5-3 KS 규격에서 정의된 척도

	순위	척 도
축 척	1	1 : 2 1 : 5 1 : 10 1 : 20 1 : 50 1 : 100 …
	2	1 : $\sqrt{2}$ 1 : 1.5 1 : 2.5 1 : 2$\sqrt{2}$ 1 : 3 1 : 4 1 : 6 1 : 5$\sqrt{2}$ 1 : 15 1 : 25 1 : 30 1 : 40 1 : 60 …
현 척	1	1 : 1
배 척	1	2 : 1 5 : 1 10 : 1 20 : 1 50 : 1 100 : 1
	2	$\sqrt{2}$: 1 2.5$\sqrt{2}$: 1 5$\sqrt{2}$: 1 10$\sqrt{2}$: 1 25$\sqrt{2}$: 1 50$\sqrt{2}$: 1

표 5-4 사용하기 편리한 척도

	척 도
축 척	1 : 1.5 1 : 2 1 : 3 1 : 4 1 : 5 1 : 8 1 : 10 1 : 12 1 : 15 1 : 20 1 : 25 1 : 30 1 : 40 … 1 : 100 1 : 200 …
현 척	1 : 1
배 척	1.5 : 1 2 : 1 3 : 1 4 : 1 5 : 1 8 : 1 10 : 1 12 : 1 …

5.5 뷰 만들기

하위조립도를 나누고 뷰를 배치했으면 이제 뷰를 완성해야 한다. 뷰를 만들 때 가장 큰 문제는 부품이 많아지고 복잡해짐에 따라 발생하는 겹치는 부분이다. 이는 조립도 구성을 어렵게 만들고 시간소모를 기하급수적으로 증가시킨다. 이를 잘 표현할수록 도면의 완성도가 높아진다.

5.5.1 뷰의 분리

겹치는 부분이 너무 복잡하여 도저히 표현할 수가 없다면 뷰를 분리한다. 그림 5-32에서 Ⓑ는 Ⓐ의 아랫부분이다. Ⓑ의 원래의 자리는 Ⓐ이지만 중첩되어 Ⓑ를 분리하여 표현했다. Ⓓ는 Ⓒ와 중첩되어 분리하였다.

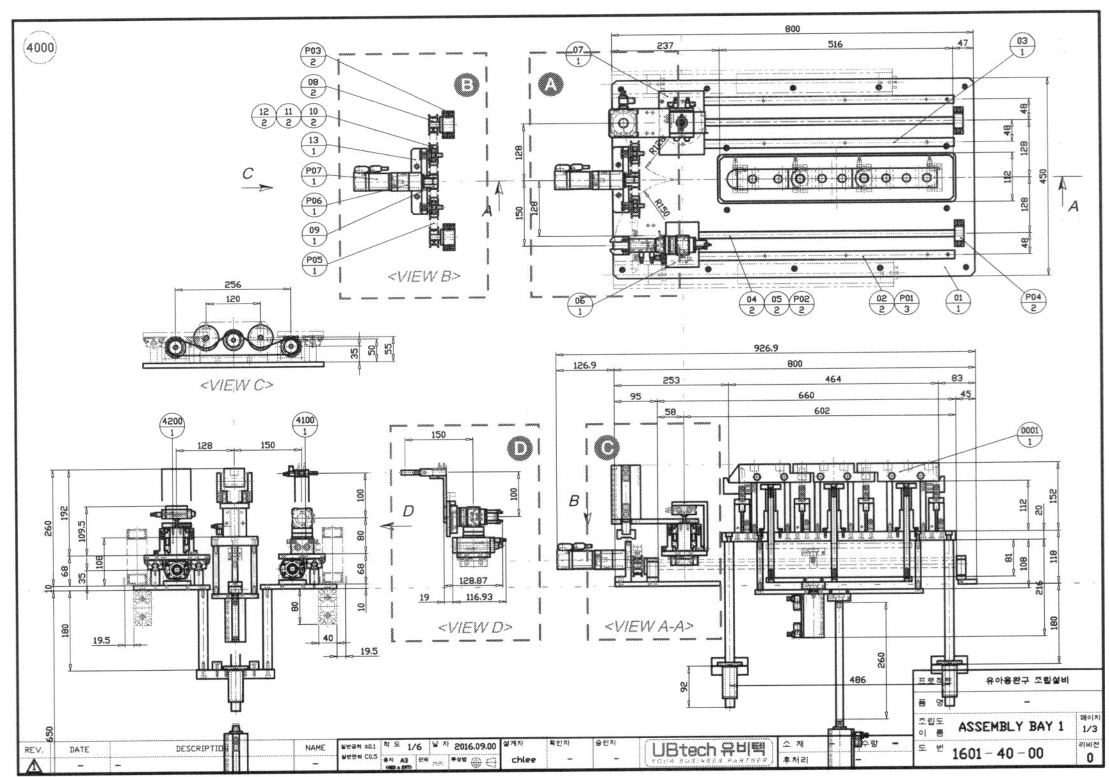

그림 5-32 조립베이-1 조립도

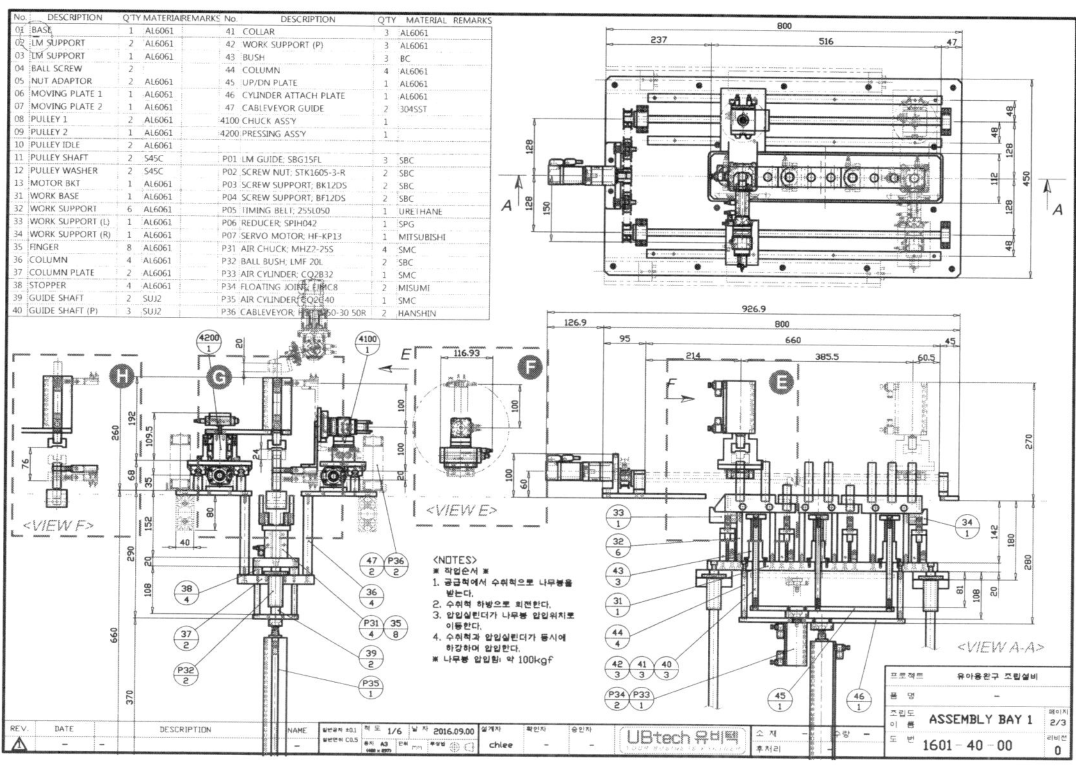

No.	DESCRIPTION	Q'TY	MATERIAL	REMARKS	No.	DESCRIPTION	Q'TY	MATERIAL	REMARKS
01	BASE	1	AL6061		41	COLLAR	3	AL6061	
02	LM SUPPORT	2	AL6061		42	WORK SUPPORT (P)	3	AL6061	
03	LM SUPPORT	1	AL6061		43	BUSH	3	BC	
04	BALL SCREW	2			44	COLUMN	4	AL6061	
05	NUT ADAPTOR	2	AL6061		45	UP/DN PLATE	1	AL6061	
06	MOVING PLATE 1	1	AL6061		46	CYLINDER ATTACH PLATE	1	AL6061	
07	MOVING PLATE 2	1	AL6061		47	CABLEVEYOR GUIDE	2	304SST	
08	PULLEY 1	2	AL6061		4100	CHUCK ASS'Y	1		
09	PULLEY 2	1	AL6061		4200	PRESSING ASS'Y	1		
10	PULLEY IDLE	2	AL6061						
11	PULLEY SHAFT	2	S45C		P01	LM GUIDE; SBG15FL	3	SBC	
12	PULLEY WASHER	2	S45C		P02	SCREW NUT; STK1605-3-R	2	SBC	
13	MOTOR BKT	1	AL6061		P03	SCREW SUPPORT; BK12DS	2	SBC	
31	WORK BASE	1	AL6061		P04	SCREW SUPPORT; BF12DS	2	SBC	
32	WORK SUPPORT	6	AL6061		P05	TIMING BELT; 255L050	1	URETHANE	
33	WORK SUPPORT (L)	1	AL6061		P06	REDUCER; SPIH042	1	SPG	
34	WORK SUPPORT (R)	1	AL6061		P07	SERVO MOTOR; HF-KP13	1	MITSUBISHI	
35	FINGER	8	AL6061		P31	AIR CHUCK; MHZ2-25S	4	SMC	
36	COLUMN	4	AL6061		P32	BALL BUSH; LMF 20L	2	SBC	
37	COLUMN PLATE	2	AL6061		P33	AIR CYLINDER; CQ2B32	1	SMC	
38	STOPPER	4	AL6061		P34	FLOATING JOINT; EJMC8 [?]	2	MISUMI	
39	GUIDE SHAFT	2	SUJ2		P35	AIR CYLINDER; CQ2C40	1	SMC	
40	GUIDE SHAFT (P)	3	SUJ2		P36	CABLEVEYOR; HSP0350-30 50R [illegible]	2	HANSHIN	

그림 5-33 조립베이-1 조립도

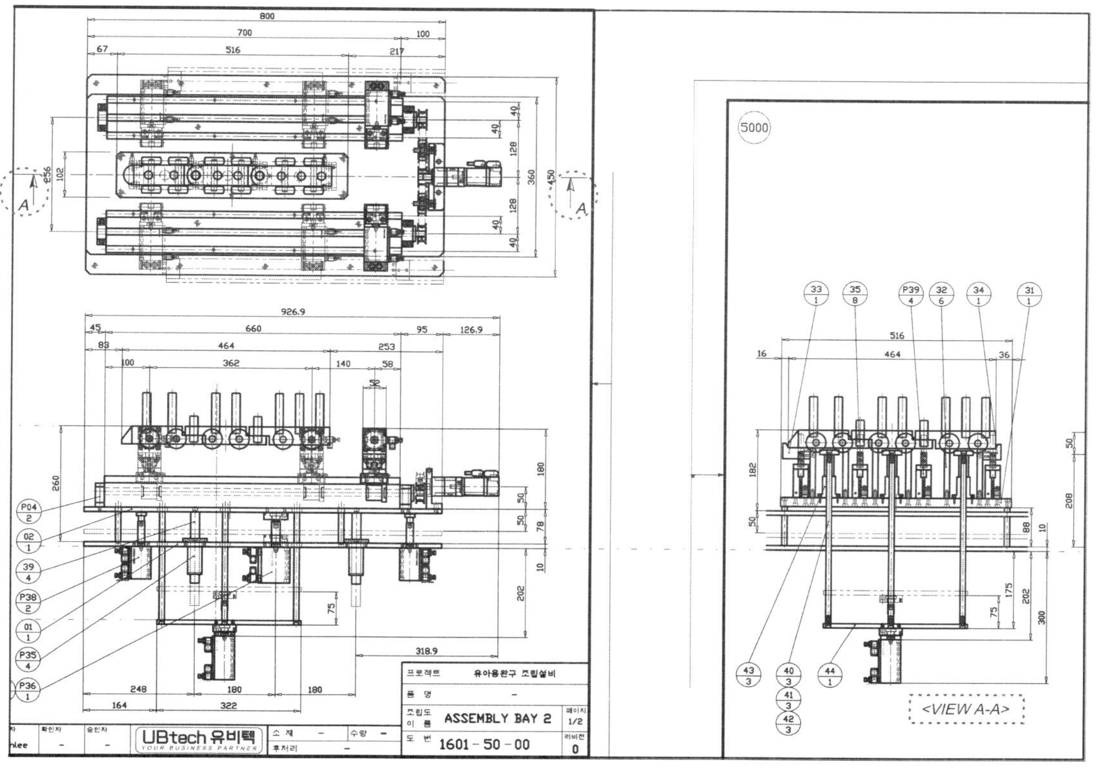

그림 5-34 조립베이-2 조립도 페이지 1, 2의 일부분

그림 5-33의 Ⓕ는 Ⓔ와 중첩되어 분리하였다. Ⓗ는 Ⓖ를 다시 표현하였다. 나무봉이 긴 것과 짧은 것 모두를 Ⓖ에 표현할 수 없어서 Ⓗ를 추가하였다.

그림 5-34는 조립베이-2 조립도 페이지 1, 2의 일부이다. 좌측의 정면도에 모든 내용을 표현할 수 없어서 단면도인 뷰 A-A를 만들어 분리하였다.

5.5.2 파트의 생략

비록 완벽한 도면작성을 할 수 없더라도 필요에 따라서 일부파트를 생략하여 표현한다. 그림 5-35는 부품 이송부 조립도의 일부이다. 측면도의 Ⓑ는 Z축과 공급척을 연결하는 브라켓인데 정면도의 Ⓐ에서는 다른 파트와 중첩되어 생략하였다. 이 때 정면도에서 생략된 브라켓 부품으로 인해 공급척의 조립위치를 알 수 없어서 우측면도와 관계선(Ⓓ, 도면층 #CH5)을 그려 넣어 조립기준을 잡았다.

Ⓒ는 서보모터인데 정면도의 Ⓐ에서는 다른 파트와 중첩되어 생략하였다. 그림 5-36은 비교를 위해서 서보모터가 생략되지 않은 그림이다. 이처럼 중첩되어 복잡한 부분은 아예 한가지를 생략하는 것도 하나의 방법이다.

그림 5-37에서 단면도 A-A를 보면 나무기차를 중심으로 뷰의 좌우가 잘려 있다. 필요한 부분만 표현하고 정면도에 충분히 표현된 부분은 생략하였다.

그림 5-38에서 Ⓐ는 테이블 실린더이며 왼쪽의 측면도에 Ⓑ 위치에 있어야 하는데 회전실린더와 중첩되어 생략하였다.

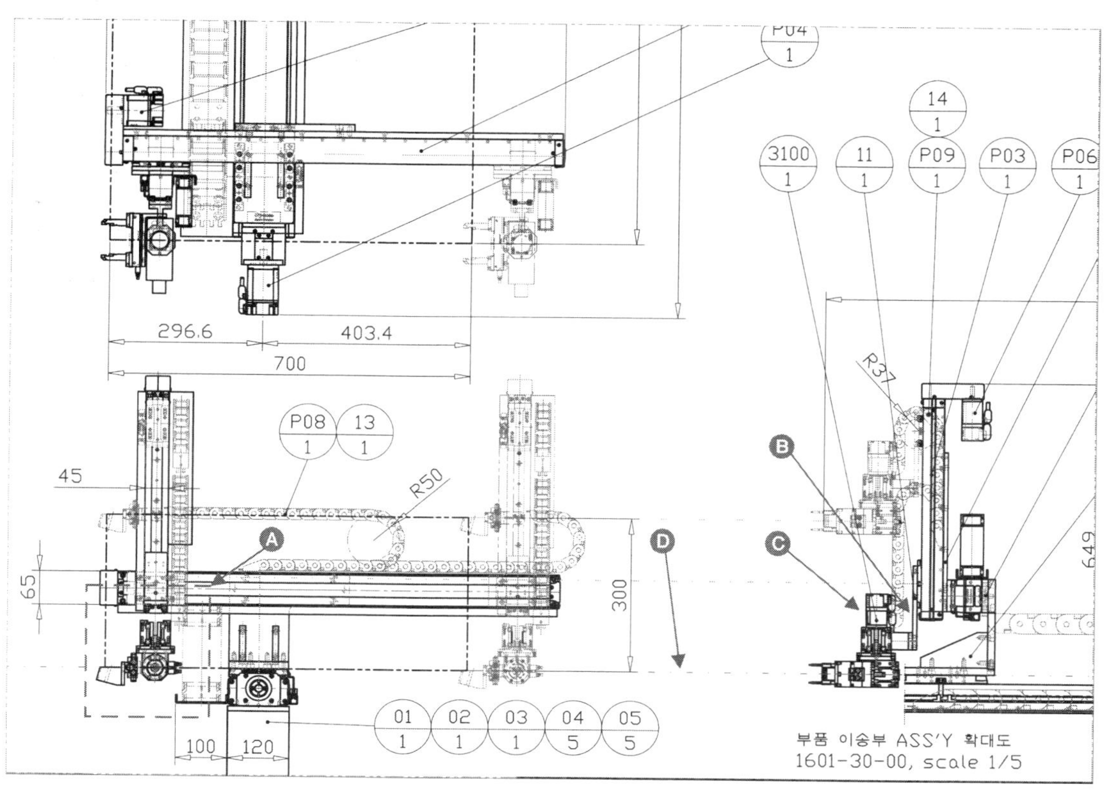

그림 5-35 부품 이송부 조립도 일부

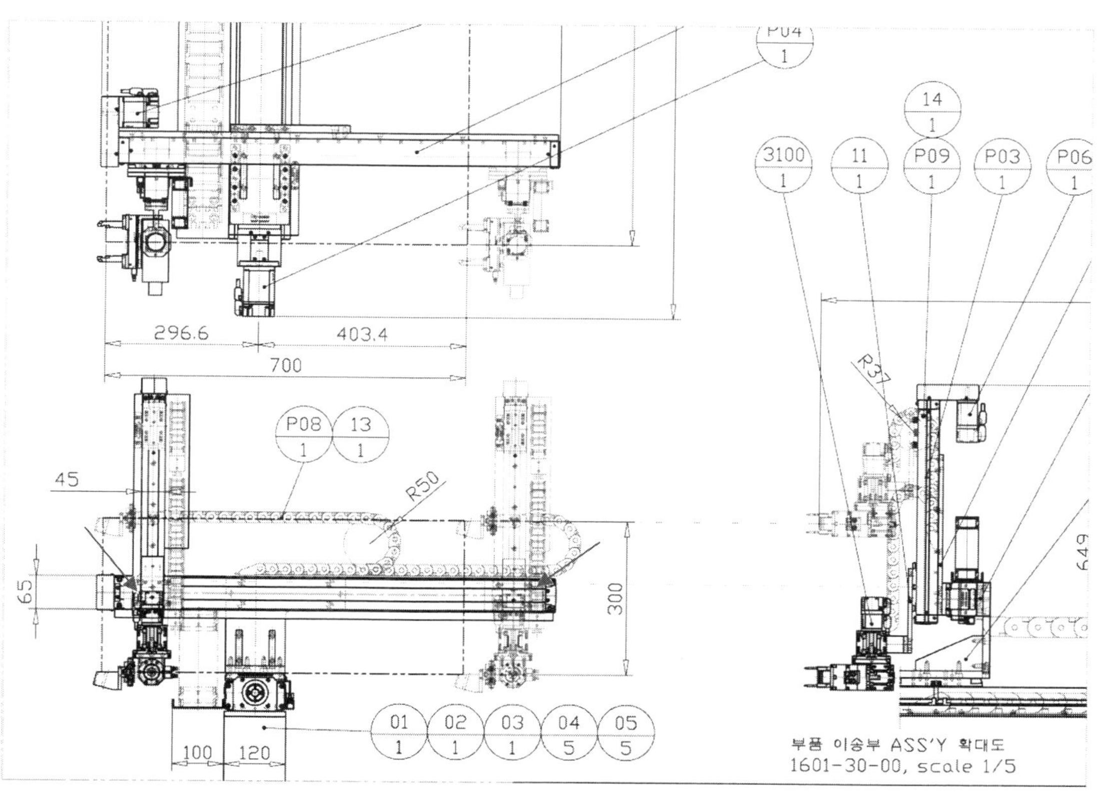

그림 5-36 부품 이송부 조립도 일부

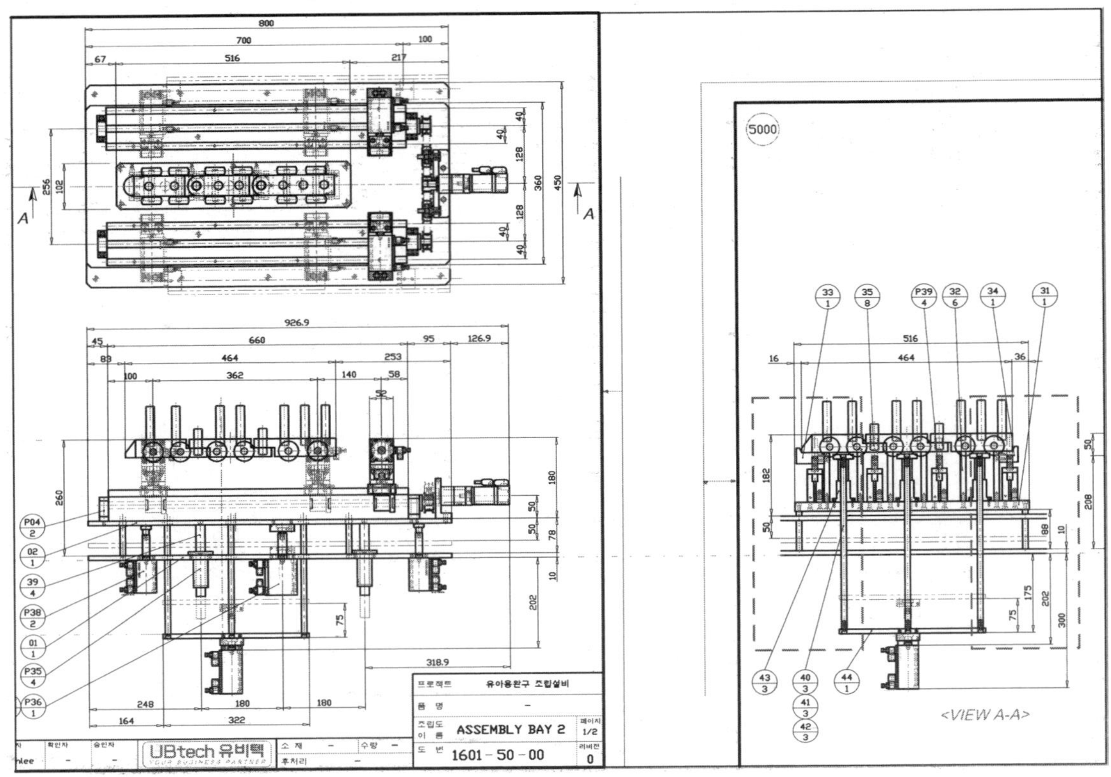

그림 5-37 조립베이-2 조립도 페이지 1, 2의 일부분

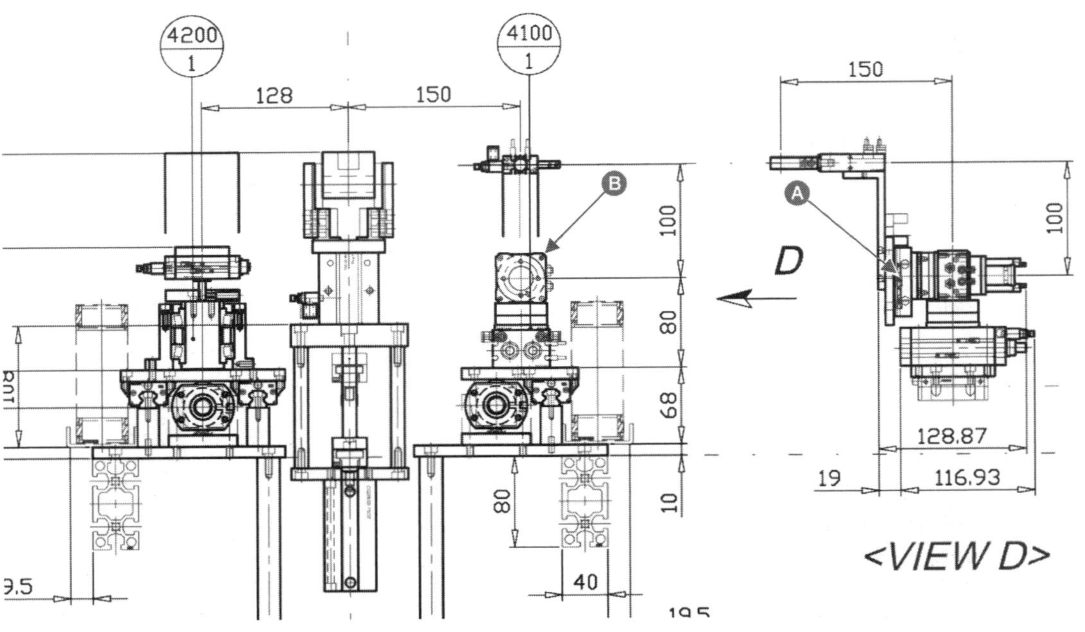

그림 5-38 조립베이-1 조립도의 일부분

5.5.3 스트로크의 표현

자동화 기계는 모터, 실린더 등의 액추에이터(actuator)에 의한 움직임들로 이루어진다. 도면은 정적인 표현이므로 움직임을 표현할 방법이 필요하다.

그림 5-39에서 Ⓐ는 나무기차에 나무봉을 삽입하는 위치의 왼쪽 끝이고 이를 실선으로 표현했다. Ⓑ는 오른쪽 끝이고 이를 가상선으로 표현했다. 즉 작동범위의 양 끝을 실선과 가상선으로 하나씩 표현해 넣는 것이다.

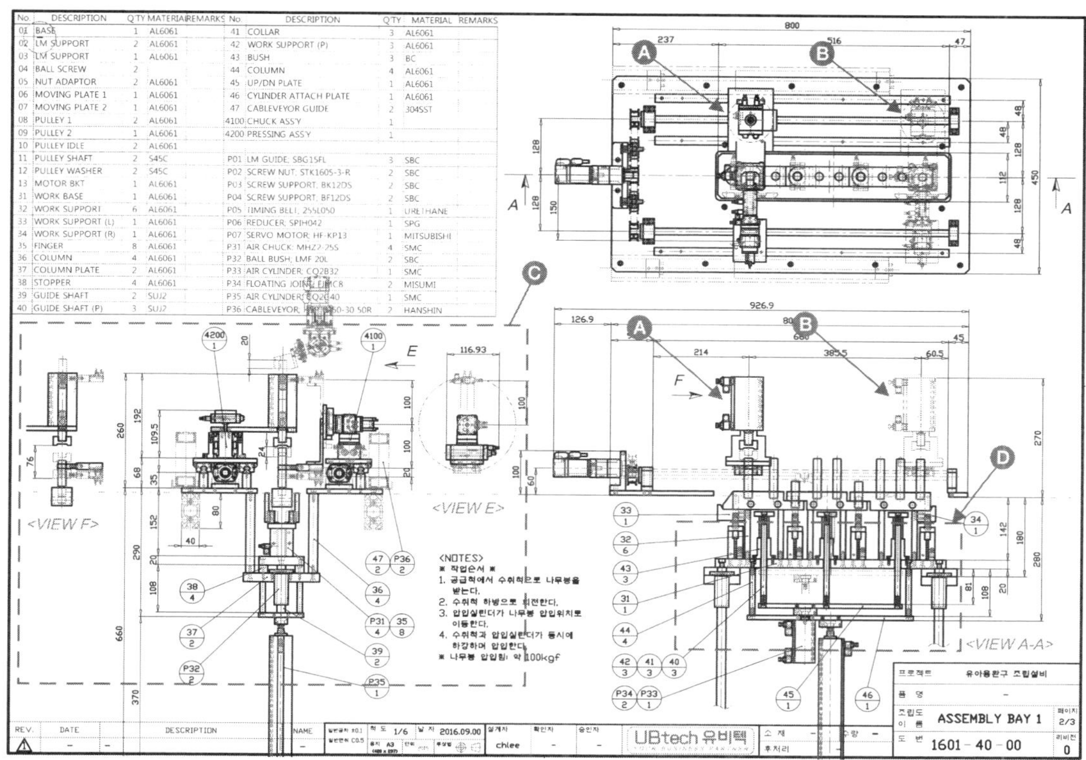

그림 5-39 조립베이-1 조립도

그림 5-40은 그림 5-39의 Ⓒ이다. 그림에 대한 설명은 다음과 같다.

- Ⓐ 회전실린더에 의해 발생하는 수취척의 궤적의 최대원을 가상선으로 나타낸 것.
- Ⓑ 부품 이송부에서 가져온 나무봉을 수취척이 잡는 위치를 가상선으로 나타낸 것.
- Ⓒ1 나무봉을 압입하기 위해 아래쪽으로 회전했을 때의 위치를 실선으로 나타낸 것.
- Ⓓ1 나무봉을 압입하기 위해 대기하고 있는 팁(tip)의 위치를 실선으로 나타낸 것.

C2 테이블 실린더에 의해 하강했을 때의 위치를 가상선으로 나타낸 것.

D2 압입실린더에 의해 팁이 하강했을 때의 위치를 가상선으로 나타낸 것.

VIEW F: 작은길이의 나무봉을 압입할 때를 보여주는 뷰.

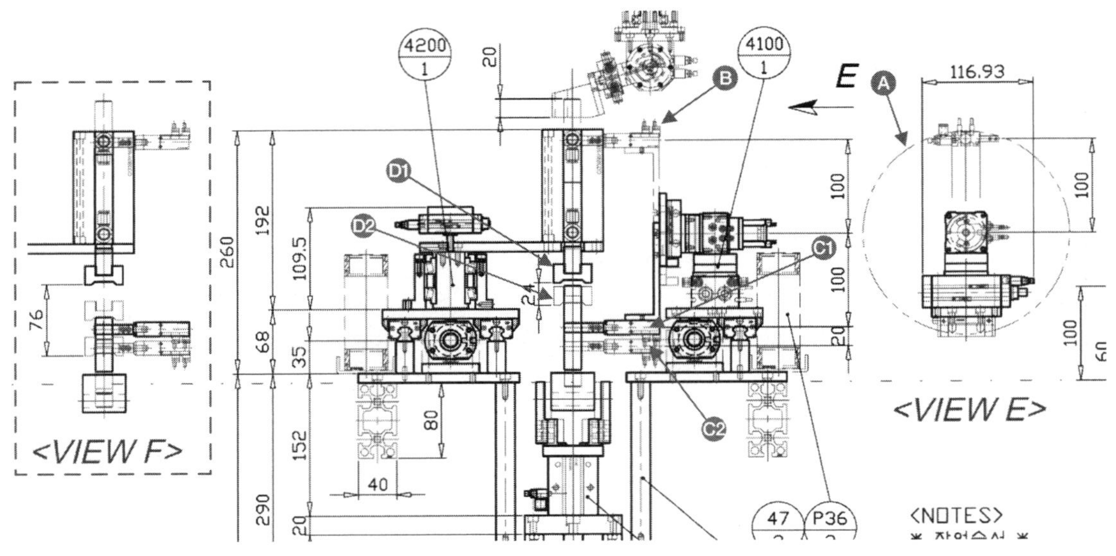

그림 5-40 조립베이-1 조립도 일부분

그림 5-41은 공압실린더이다. 실린더는 실린더 로드가 나올 때와 들어갈 때가 있는데 나왔을 때의 끝단을 가상선으로 처리한다. 실린더를 이렇게 표현해야 하는 이유는 조립도에서 실린더에 연결되는 부분들의 위치를 알기 위함이다.

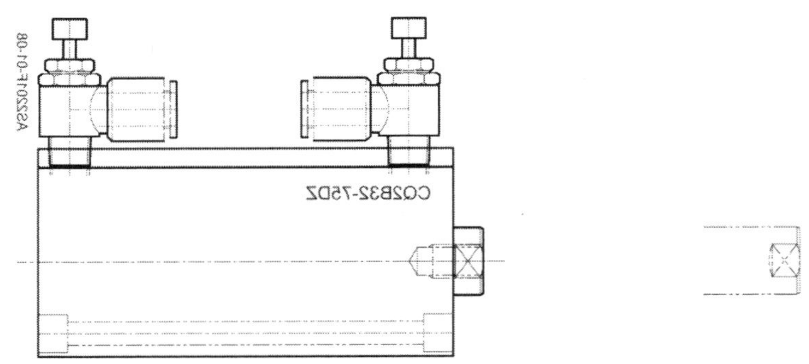

그림 5-41 공압실린더의 스트로크 표현

그림 5-39의 Ⓓ를 확대하여 그림 5-42에 나타내었다. 실린더가 작동하기 전의 위치는 실선으로, 작동했을 때의 위치는 가상선으로 표현하여 나머지 파트들의 위치를 알 수 있다.

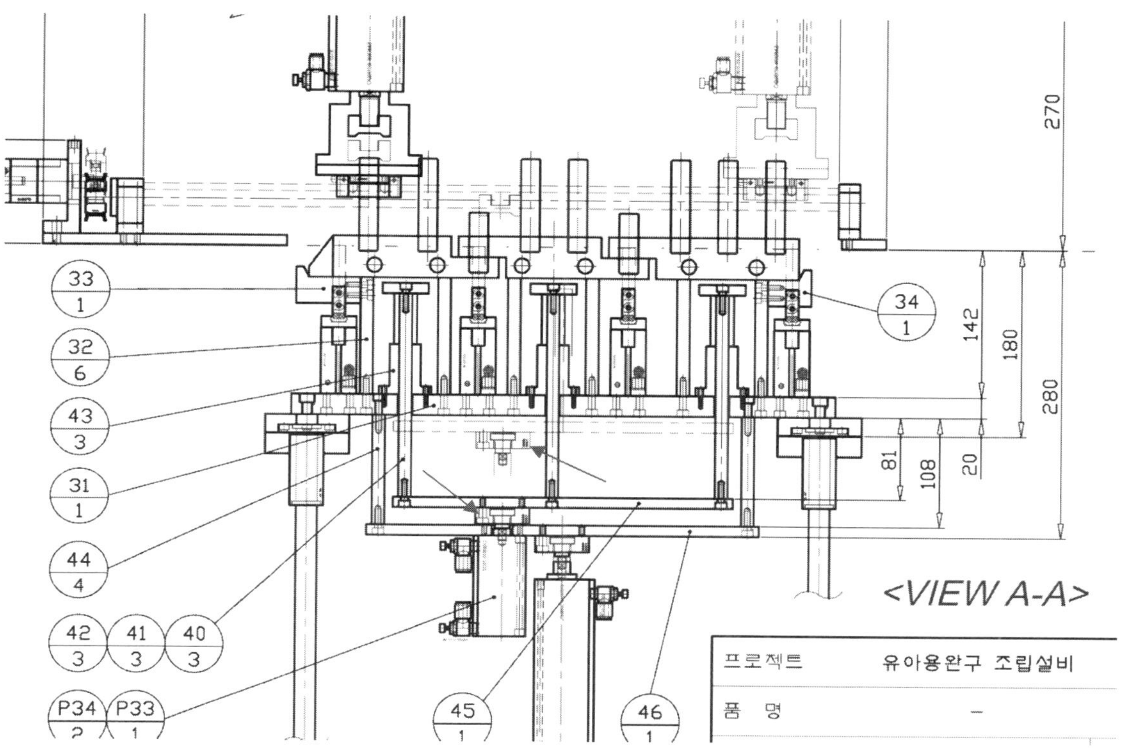

그림 5-42 공압실린더의 스트로크 표현

그림 5-43은 부품 수취척의 조립도이다. 평면도에 보면 나무봉을 잡기위한 에어척이 있는데 척이 벌어져 있을 때를 가상선(Ⓐ)으로, 나무봉을 잡을 때를 실선(Ⓑ)으로 표현하였다.

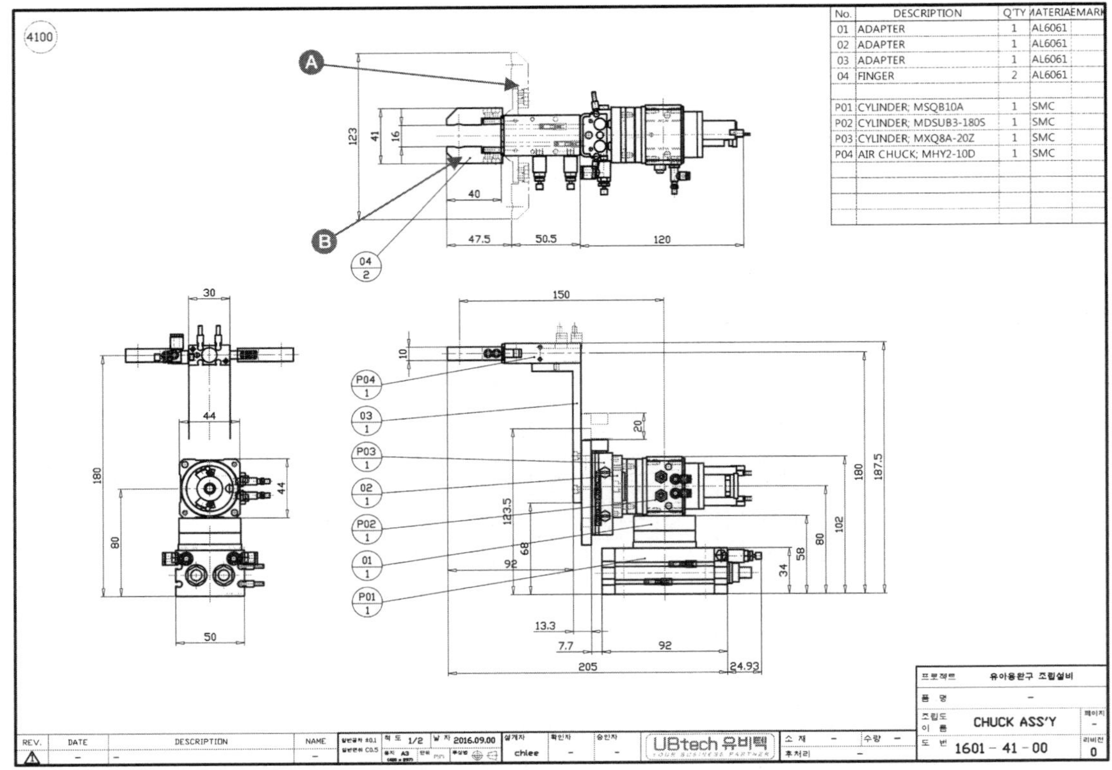

그림 5-43 부품 수취척 조립도

그림 5-44는 부품 이송부 조립도이다. 직교좌표로봇 X, Y, Z축과 Z축에 연결된 공급척으로 구성이 되었다. Y축의 스트로크 일단은 실선(Ⓐ)으로 또 다른 일단은 가상선(Ⓑ)으로 표현했으며 Z축의 양 끝단(Ⓒ, Ⓓ)도 마찬가지로 표현하였다. 그리고 Z축에 연결된 공급척의 위치도 실선(Ⓔ)과 가상선(Ⓕ)으로 각각 표현하였다.

그리고 각각의 축에서 표현된 모든 위치를 척의 위치를 기준으로 가상선(Ⓖ)으로 연결하여 스트로크 범위를 표현하여 도면의 이해도를 높인다.

그림 5-45는 케이블베어의 위치를 설명하기 위한 그림이다. 케이블베어는 다른 부품들과 비교해서 엄밀한 조립을 필요로 하지 않는다. 그리고 실선으로 표현하기에는 다소 복잡하기 때문에 모두 가상선으로 처리하였다. 설명은 다음과 같다.

- X1 - X2 X축 케이블베어의 양단의 위치
- Y1 - Y2 Y축 케이블베어의 양단의 위치
- Z1 - Z2 Z축 케이블베어의 양단의 위치

No.	DESCRIPTION	Q'TY	MATERIAL	REMARKS
01	X-AXIS SUPPORT - 1	1	AL6061	
02	X-AXIS SUPPORT - 2	1	AL6061	
03	X-AXIS SUPPORT - 3	1	AL6061	
04	X-AXIS SUPPORT - 4	5	AL6061	
05	X-AXIS SUPPORT - 5	5	AL6061	
06	X-Y BKT - 1	1	AL6061	
07	X-Y BKT - 2	1	AL6061	
08	X-Y BKT - 3	2	AL6061	
09	Y-AXIS SUPPORT	1	AL6061	
10	Y-Z BKT	1	AL6061	
11	Z-AXIS BKT	1	AL6061	
12	CABLEVEYOR GUIDE (X)	1	AL6061	
13	CABLEVEYOR GUIDE (Y)	1	AL6061	
14	CABLEVEYOR GUIDE (Z)	1	AL6061	
3100	CHUCK ASS'Y	1	SUS304	
P01	X-AXIS LINEAR ROBOT; SAN 120	1	I-ROBOT	
P02	Y-AXIS LINEAR ROBOT; SAN 65	1	I-ROBOT	
P03	Z-AXIS LINEAR ROBOT; SAN 45	1	I-ROBOT	
P04	SERVO MOTOR; HF-KP43	1	MITSUBISHI	
P05	SERVO MOTOR; HF-KP23	1	MITSUBISHI	
P06	SERVO MOTOR; HF-KP13	1	MITSUBISHI	
P07	CABLEBEYOR; HSP 0450-2BN 75R	1	HANSHIN	
P08	CABLEBEYOR; HSP 0250-35 50R	1	HANSHIN	
P09	CABLEBEYOR; HSP 0250-20 37R	1	HANSHIN	

3000
1693
1300
890
296.6
403.4
700
45
65
300
R50
100
120
1653
R37
649
R75
유아용완구 조립설비
부품 이송부 ASS'Y
1601 - 30 - 00
UBtech 유비텍
1/10
2016.09.00
chlee

그림 5-44 부품 이송부 조립도

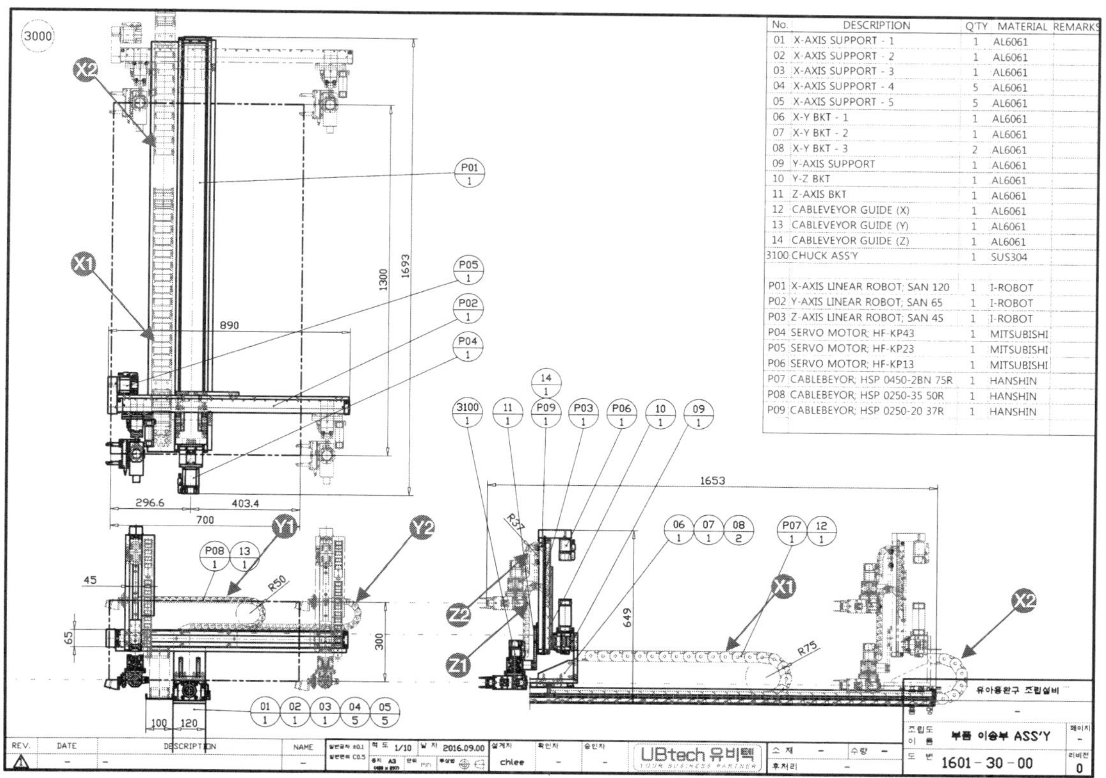

그림 5-45 부품 이송부 조립도

5.5.4 단면의 표현

잘려진 단면을 작도할 때는 단면임을 표시하기 위해 해칭을 넣어야 하는 것이 원칙이다. 하지만 조립도의 단면인 경우에는 각 파트의 단면에 개별적으로 넣어야 함으로 이 또한 시간소모적인 작업이 될 수 있다. 그림 5-46에서 뷰 A-A를 보면 단면임에도 해칭을 넣지 않았는데 단면임이 명백할 때는 해칭을 넣지 않아도 도면을 이해하는데 혼선이 생기지 않는다.

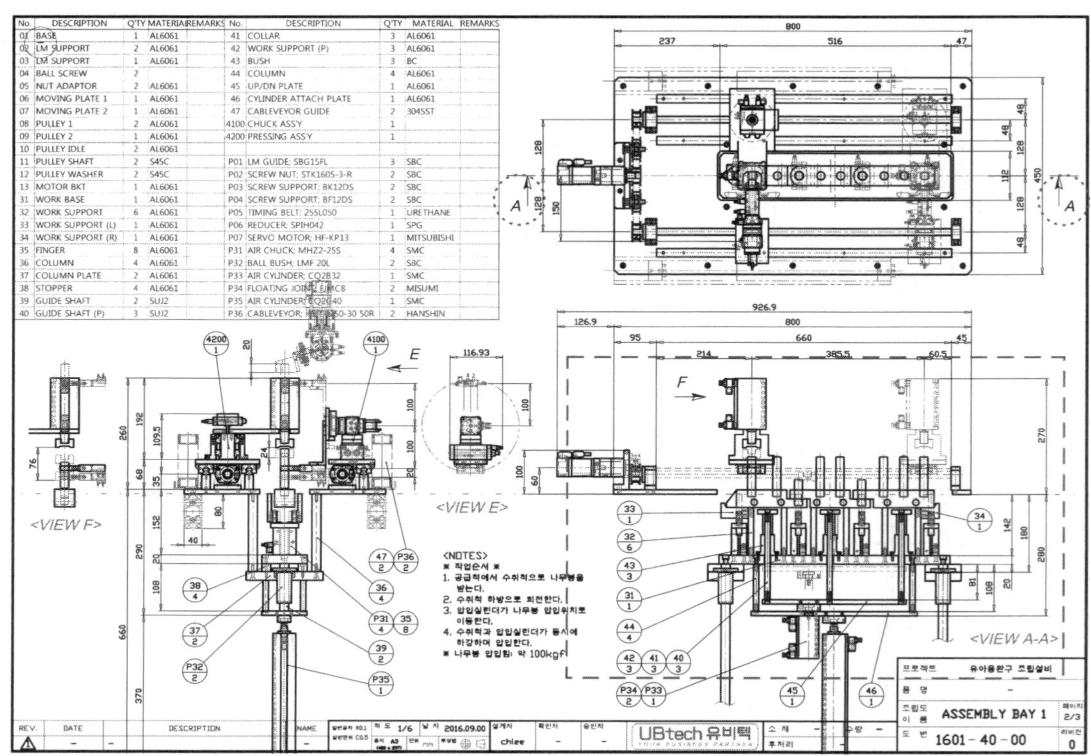

그림 5-46 조립베이-1 조립도

5.6 파트 만들기

앞서 설명하였지만 하나의 파트는 하나의 블록으로 만든다. 여기서는 이 때 사용하는 몇 가지 방법을 소개한다.

5.6.1 블록의 분할

그림 5-47은 부품 이송부 조립도이다. 여기서 Ⓐ를 그림 5-48에 확대하여 나타내었다. 그림에서 보면 공급척을 나타내기 위해 X축 로봇의 중첩되는 부분을 잘라내기 한 것이 보인다. 이들을 숨은선 처리를 이용해 그대로 중첩하여 나타내기에는 선들이 너무 많고 복잡하여 아예 잘라내기를 한 것이다.

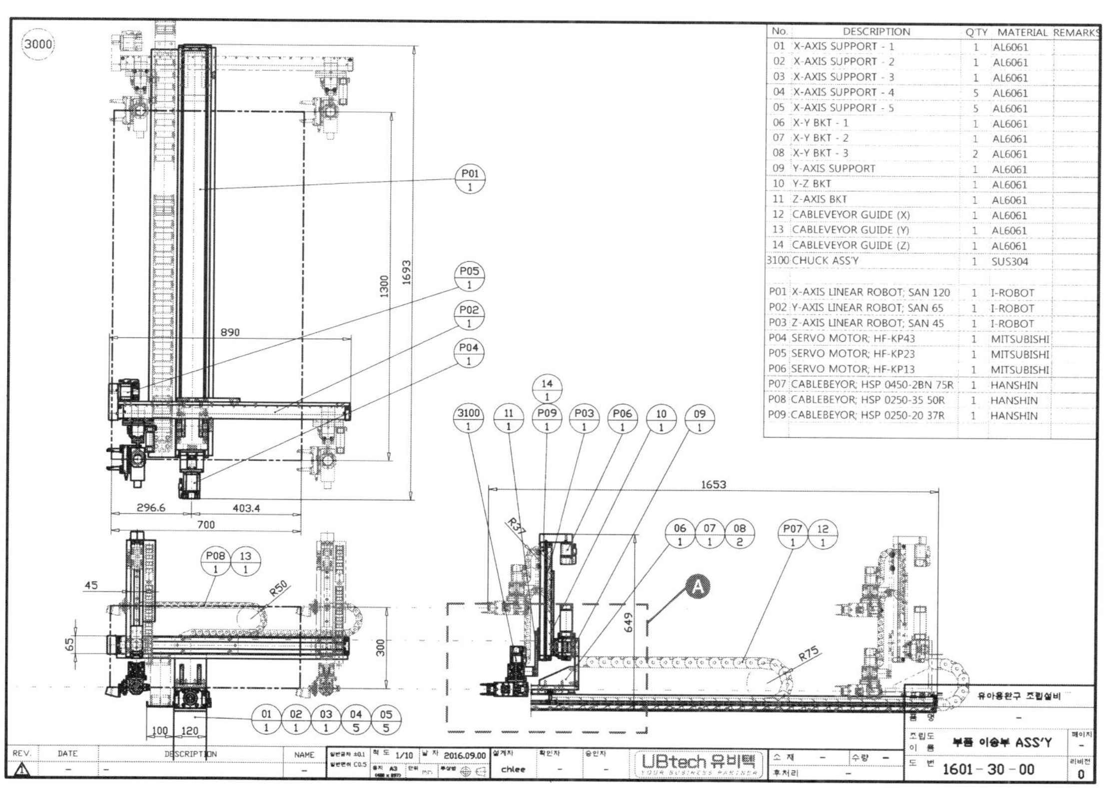

No.	DESCRIPTION	Q'TY	MATERIAL	REMARKS
01	X-AXIS SUPPORT - 1	1	AL6061	
02	X-AXIS SUPPORT - 2	1	AL6061	
03	X-AXIS SUPPORT - 3	1	AL6061	
04	X-AXIS SUPPORT - 4	5	AL6061	
05	X-AXIS SUPPORT - 5	5	AL6061	
06	X-Y BKT - 1	1	AL6061	
07	X-Y BKT - 2	1	AL6061	
08	X-Y BKT - 3	2	AL6061	
09	Y-AXIS SUPPORT	1	AL6061	
10	Y-Z BKT	1	AL6061	
11	Z-AXIS BKT	1	AL6061	
12	CABLEVEYOR GUIDE (X)	1	AL6061	
13	CABLEVEYOR GUIDE (Y)	1	AL6061	
14	CABLEVEYOR GUIDE (Z)	1	AL6061	
3100	CHUCK ASS'Y	1	SUS304	
P01	X-AXIS LINEAR ROBOT; SAN 120	1	I-ROBOT	
P02	Y-AXIS LINEAR ROBOT; SAN 65	1	I-ROBOT	
P03	Z-AXIS LINEAR ROBOT; SAN 45	1	I-ROBOT	
P04	SERVO MOTOR; HF-KP43	1	MITSUBISHI	
P05	SERVO MOTOR; HF-KP23	1	MITSUBISHI	
P06	SERVO MOTOR; HF-KP13	1	MITSUBISHI	
P07	CABLEBEYOR; HSP 0450-2BN 75R	1	HANSHIN	
P08	CABLEBEYOR; HSP 0250-35 50R	1	HANSHIN	
P09	CABLEBEYOR; HSP 0250-20 37R	1	HANSHIN	

그림 5-47 부품 이송부 조립도

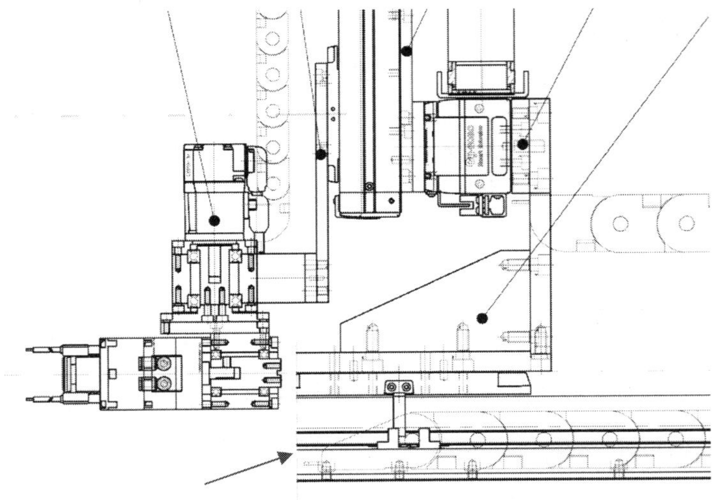

그림 5-48 부품 이송부 조립도 일부분

여기서 잘라내기 한 X-Y브라켓 파트를 따로 나타내면 그림 5-49이다. 그림에서 보면 치수를 넣었다. 잘라내기를 하더라도 임의로 하기보다는 이처럼 일정한 치수에 맞추면 제작도를 작성할 때 잘라낸 부분을 그려 넣기가 보다 손쉬워진다. 제작도는 그림 5-50이다. 잘라내기 한 부분을 블록 외부에 폴리선 혹은 선으로 그려 넣었다(Ⓐ).

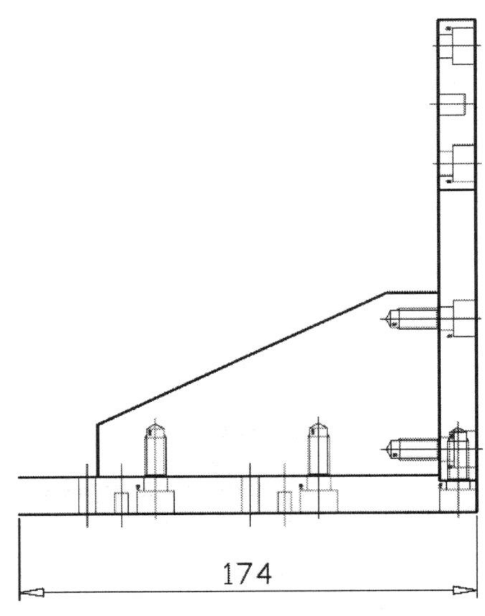

그림 5-49 X-Y브라켓 파트

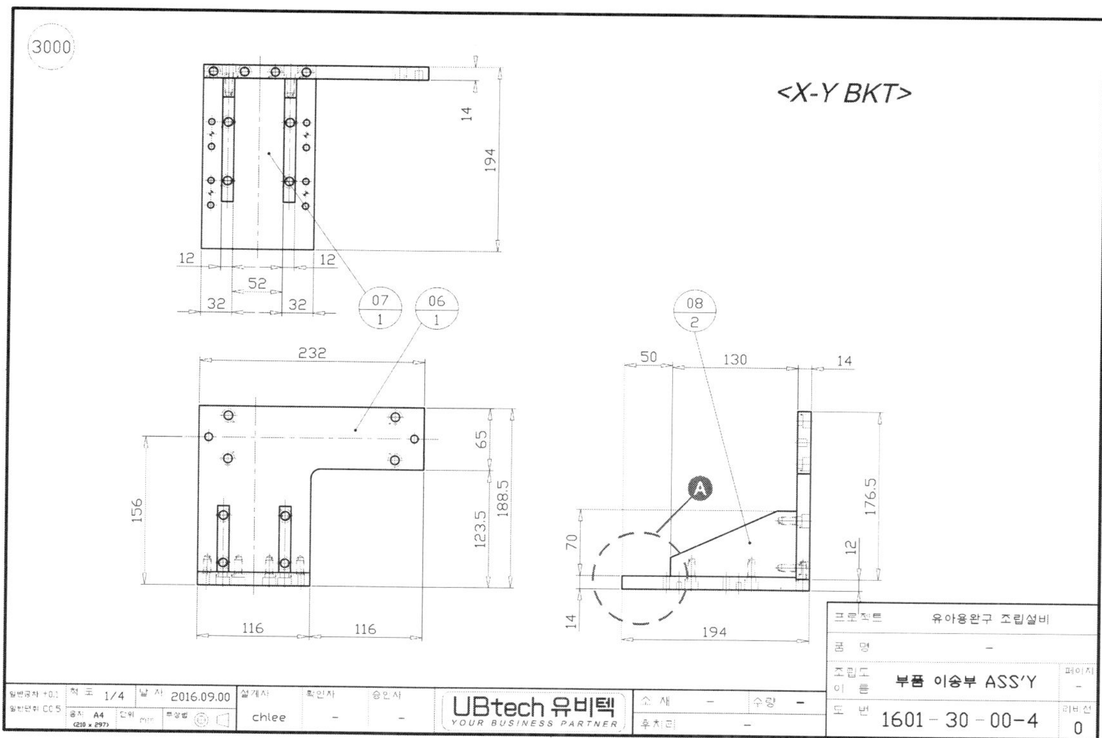

그림 5-50 X-Y브라켓 파트 제작도

그림 5-51은 공급척 조립도이다. 여기서 표시한 파트는 제작도 31-01번이며 그림 5-52에 나타내었다. 그림 5-51에서 보면 정면도와 측면도에 보이는 31-01번 파트의 모습은 일부는 동일한데 Ⓐ 부분만 다르다.

정면도와 측면도의 블록을 각각 만들기보다 그림 5-53과 같이 두 개의 블록을 만들어서 그림 5-51의 정면도에서는 두 블록을 붙여서 사용하고 측면도에서는 하나의 블록만을 사용한다. 물론 그림 5-52의 제작도에서도 두 블록을 붙여서 사용한다.

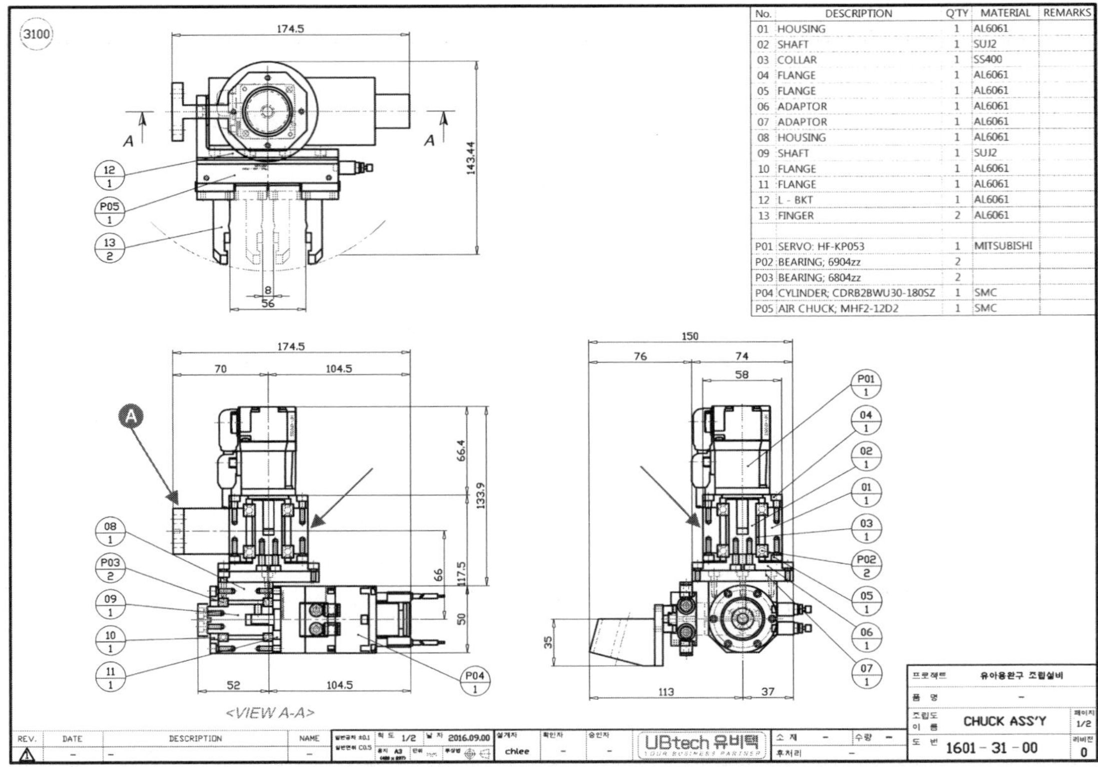

그림 5-51 공급척 조립도

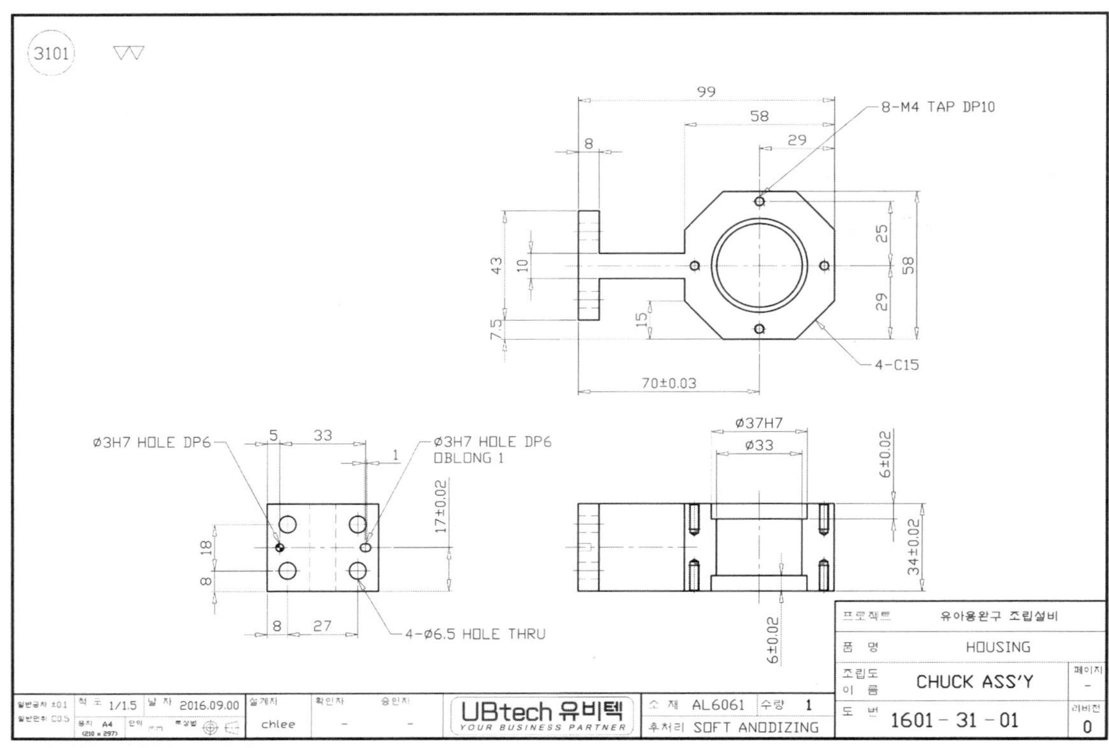

그림 5-52 31-01번 파트 제작도

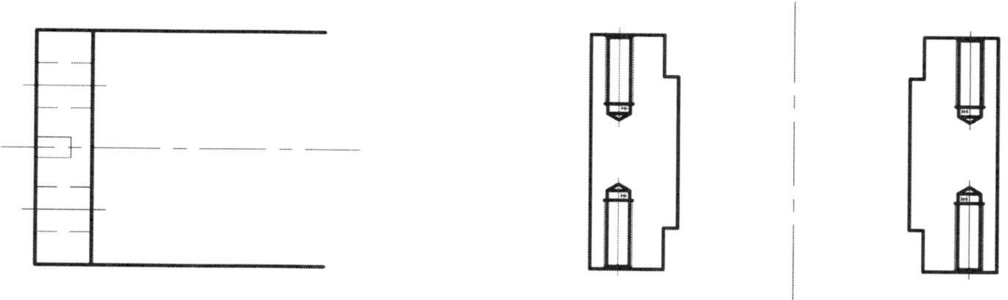

그림 5-53 31-01번 파트블록의 분할

그림 5-54에서 표시한 파트는 31-12번 파트이며 그 제작도를 그림 5-55에 나타내었다. 그림 5-54의 정면도를 보면 31-12번 파트의 일부가 없다. 다른 파트와 중첩되므로 잘라내기를 한 것이다. 이를 그림 5-56에서 볼 수 있다. 필요한 부분과 불필요한 부분으로 나눈 뒤 필요한 부분만 조립도에 넣은 것이다.

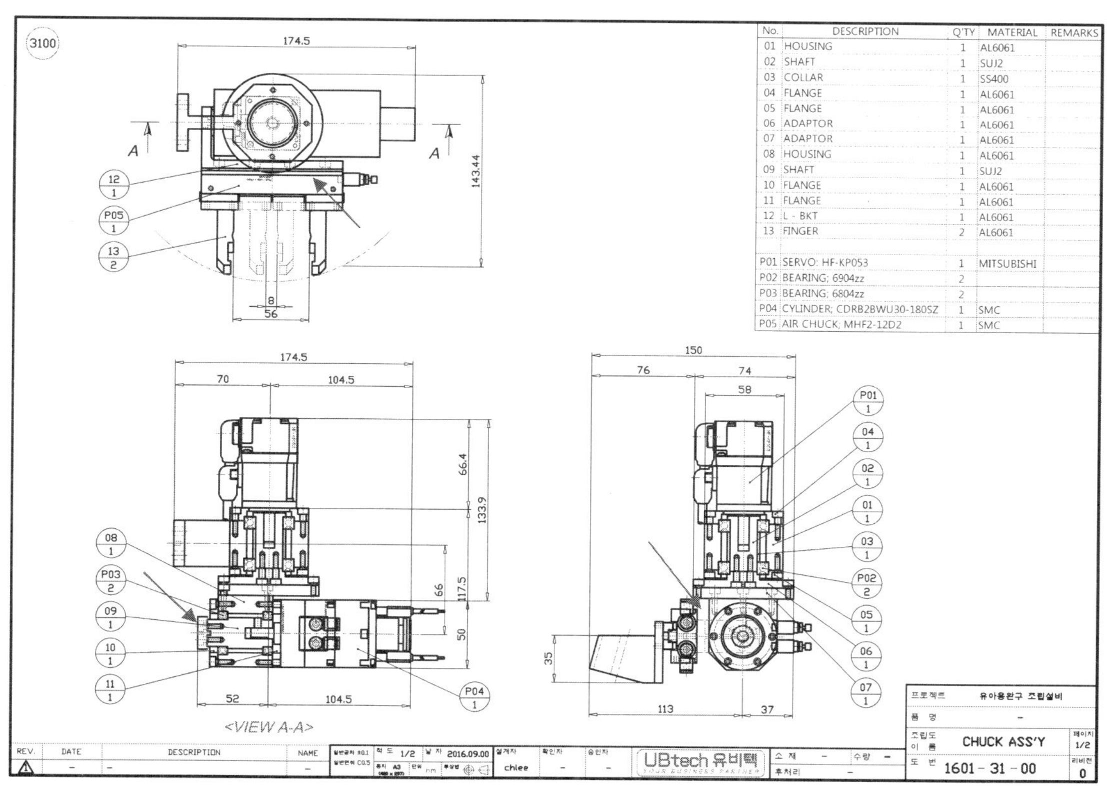

그림 5-54 공급척 조립도

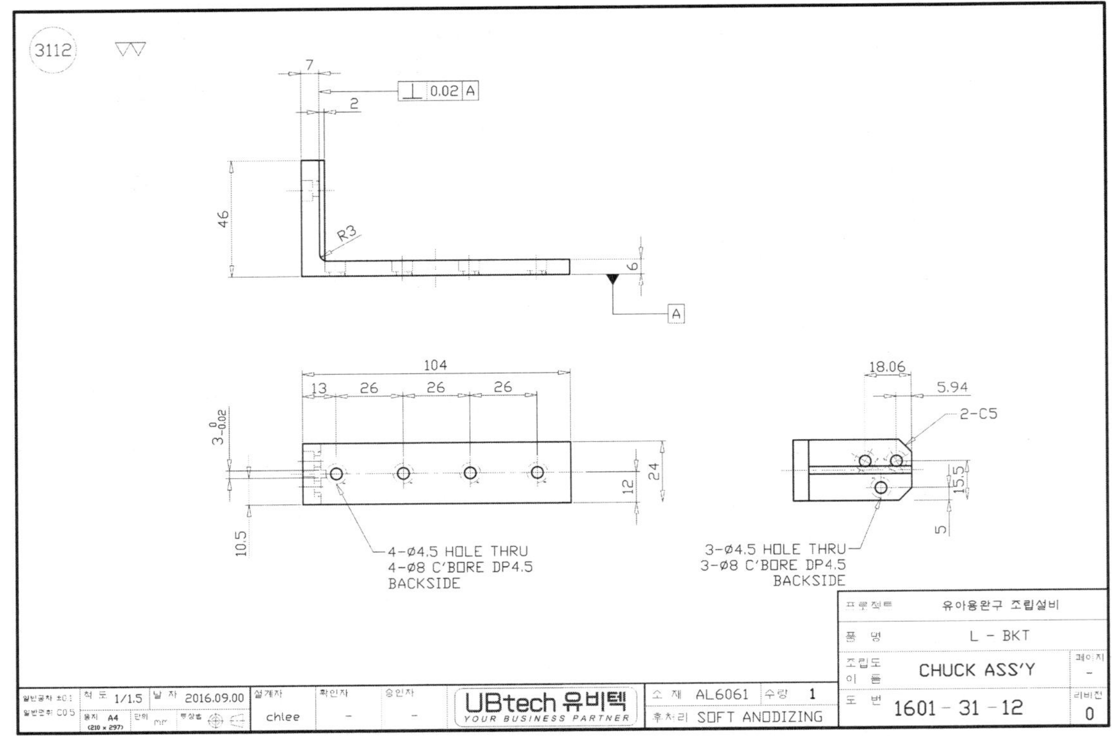

그림 5-55 31-12번 파트 제작도

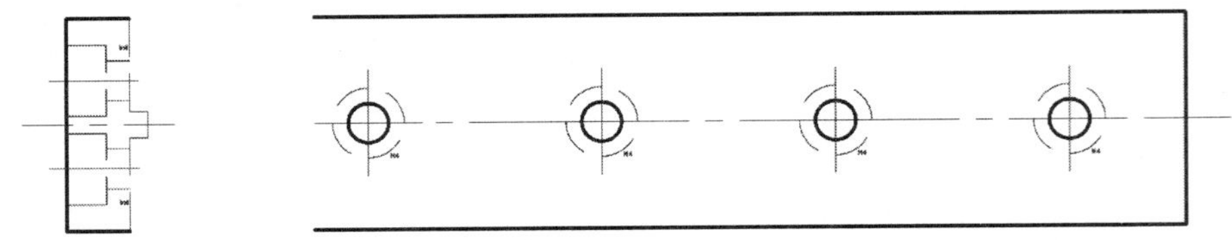

그림 5-56 31-12번 파트블록의 분할

그림 5-57은 이동카트 조립도이다. 여기서 표시한 부분(Ⓐ)에 파트들이 중첩되어 복잡하다. 그래서 프레임에서 중첩되는 부분을 잘라내기 하였다(그림 5-58). 잘라낸 부분을 블록 외부에 그려 넣어 제작도를 만들었다(그림 5-59).

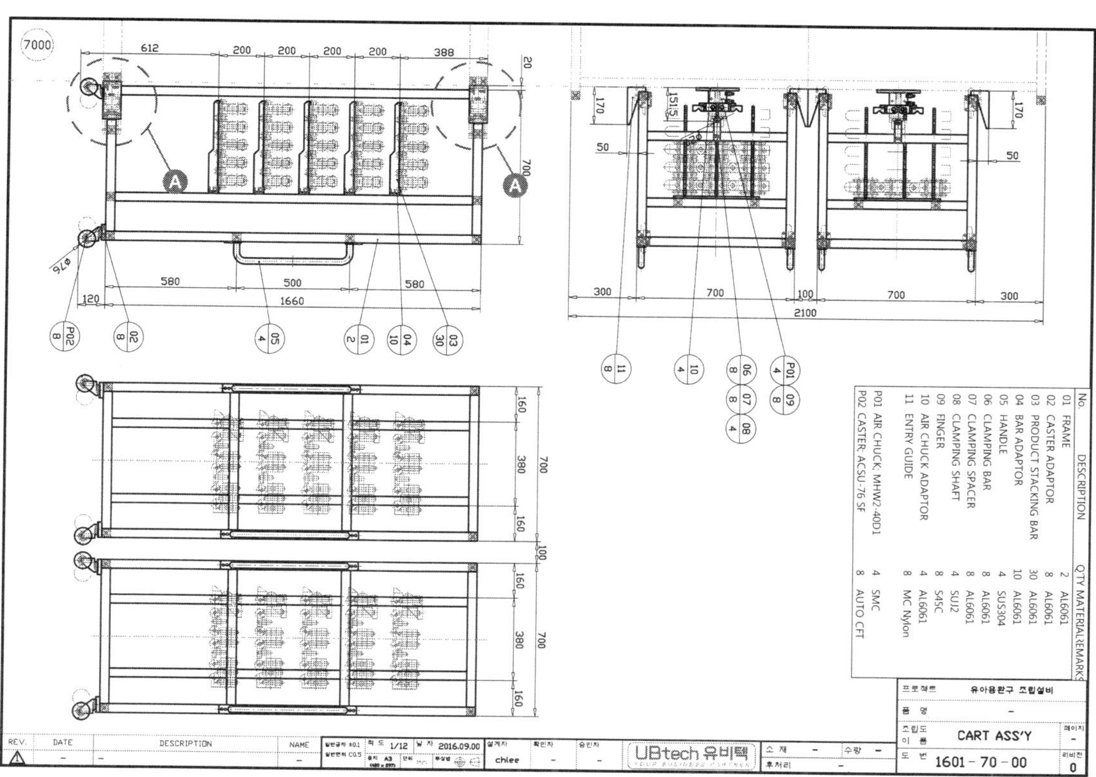

그림 5-57 이동카트 조립도

그림 5-58 카트 프레임 파트블록

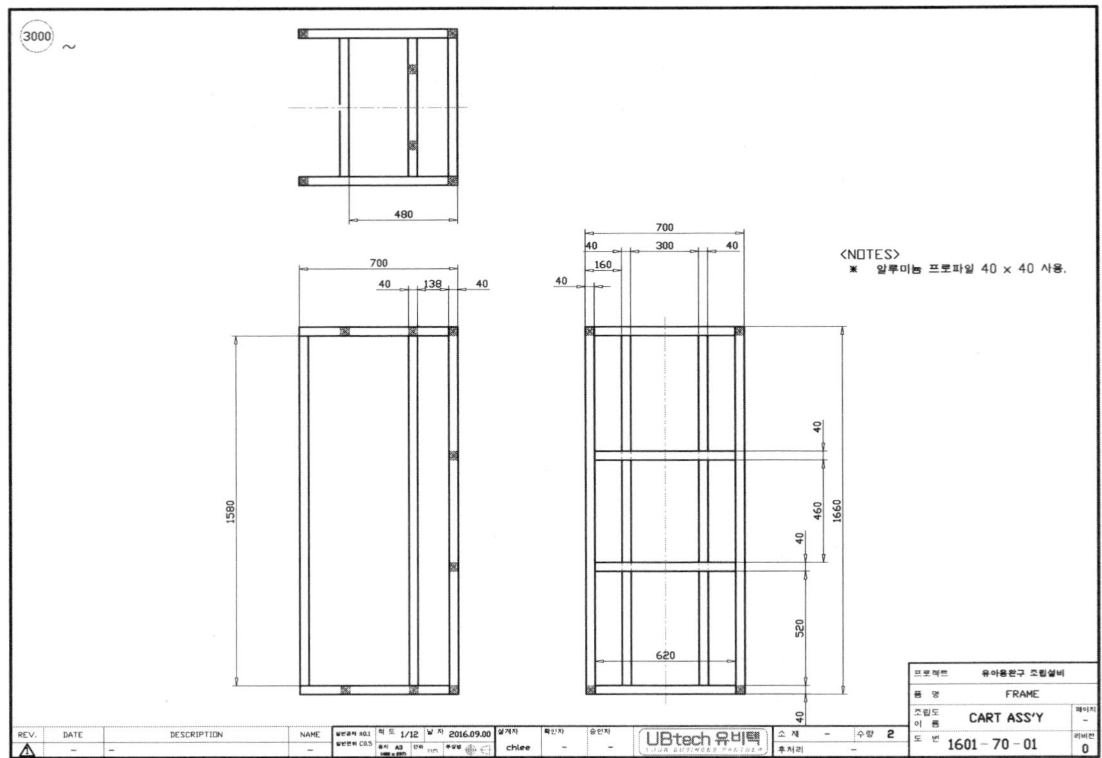

그림 5-59 카트 프레임 제작도

5.6.2 챔퍼 및 라운드의 생략

모서리 챔퍼 혹은 라운드가 작거나 기본값인 경우는 작도하지 않는다. 일반적으로 기본값은 R0.5, C0.5이다. 이미 작도되어 있는 블록을 사용할 경우는 전체 혹은 필요한 부분만이라도 제거한다.

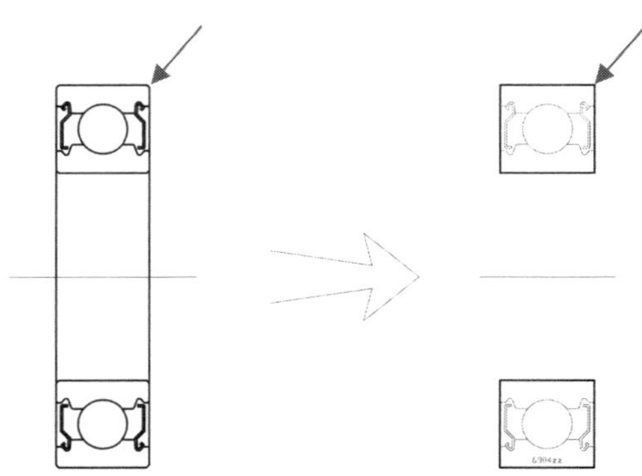

그림 5-60 베어링 모서리의 라운드 제거

블록을 조립도에 넣을 때 모서리를 잡는 경우가 많은데 작은 챔퍼나 라운드가 있으면 모서리 선택에 어려움이 발생하고 잘못 클릭하여 작도 에러까지 연결될 수 있다. 당연히 설계 효율을 떨어뜨리게 된다.

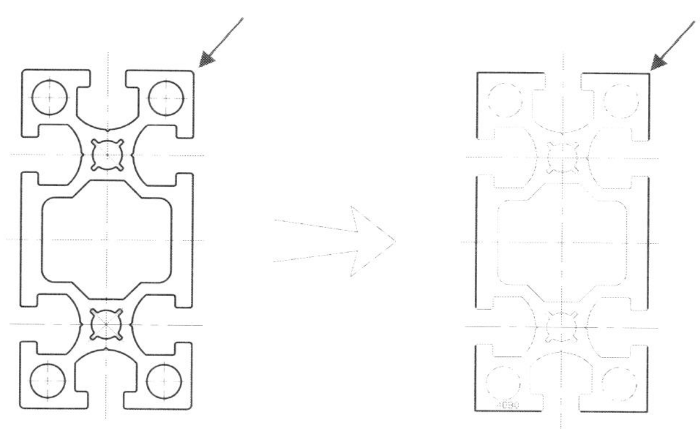

그림 5-61 프로파일 모서리의 라운드 제거

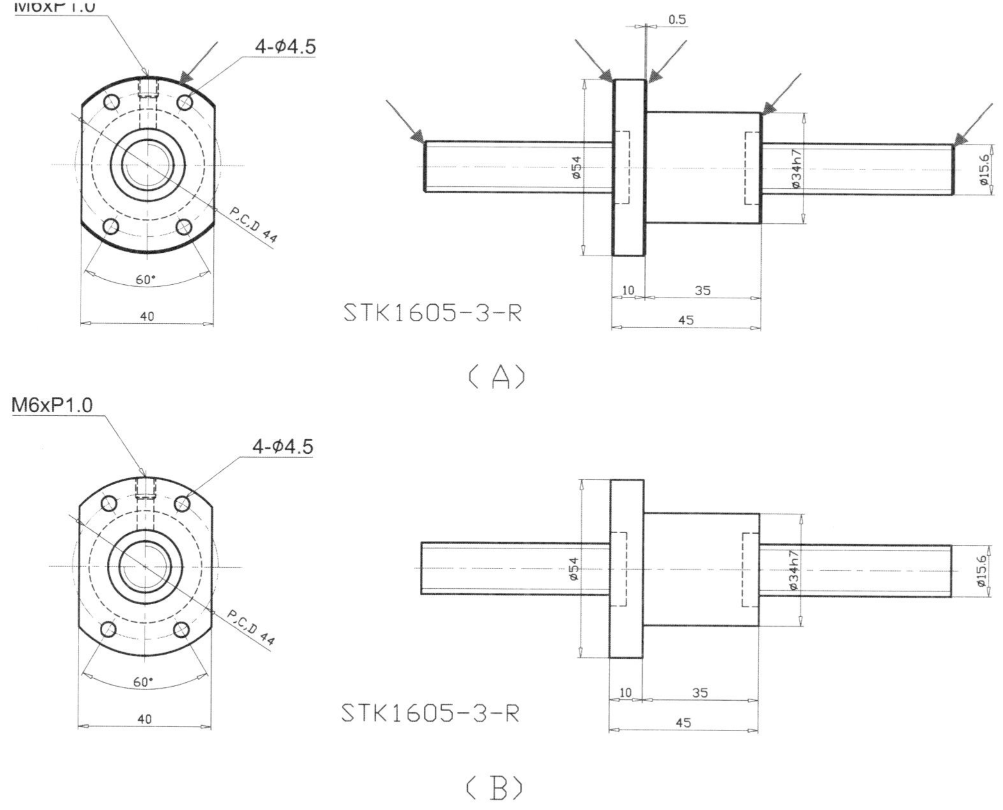

그림 5-62 구매품 모서리의 라운드 제거

5.6.3 블록 내부의 사양 기입

구매품, 프로파일, 형강류 등에는 블록내부에 작은 글씨로 형번을 넣어준다. 언제든 블록을 식별할 수가 있다. 이러한 정보가 없으면 해당품목의 사양을 혼동하기 쉽다.

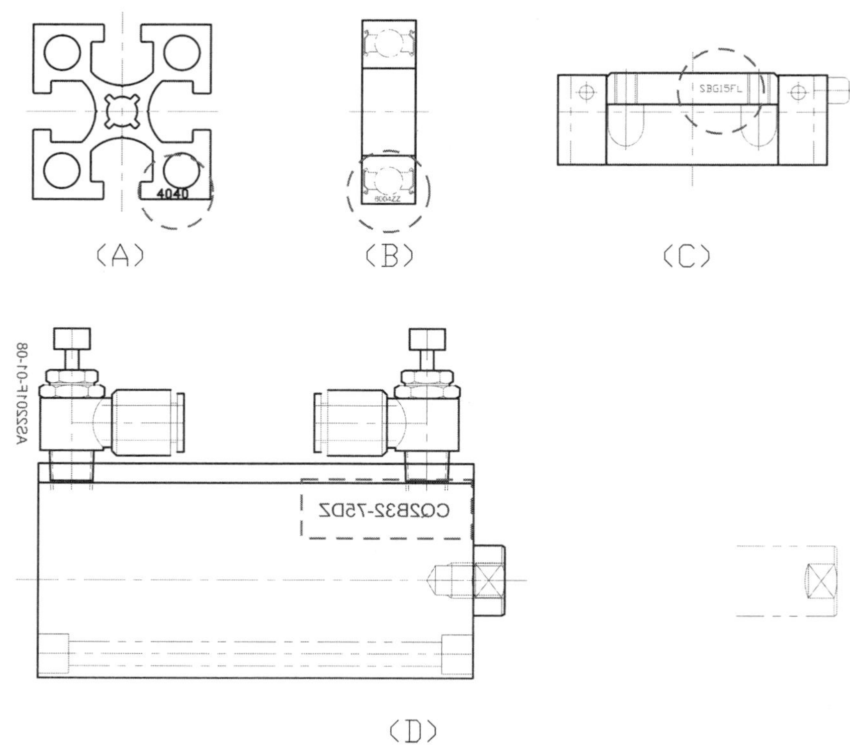

그림 5-63 블록내부의 사양기입

5.7 선 처리

선 처리에 따라서 도면의 품질이 좌우된다. 때로는 사소한 선처리 하나에 의해 도면이 말하고자 하는 것이 완전히 바뀔 수 있다. 선 구분이 명확해야 한다. 선 처리는 엄중하다.

5.7.1 블록내부 선 잘라내기

하나의 파트를 나타내는 블록들이 모여 조립도를 이룬다. 이 때 파트블록을 구성하는 선들 중에서 일부는 제작도에서는 필요하지만 조립도에서는 불필요한 선이 되는 경우가 있다. 이러한 선이 적을 때는 도면을 해독하는데 큰 문제되지 않지만 해독하기 어려울 정도가 되면 문제가 된다.

이 때는 파트블록 내부에서 불필요한 선을 잘라내기 한다. 그러면 반대로 제작도에서는 이 파트블록을 그대로 쓰기에 문제가 있다. 이 때는 잘라내기 한 선들을 블록 외부에 다시 그려주면 된다. 이상의 내용을 다음의 그림에서 설명하였다.

그림 5-64는 공급척 조립도에서 정면도이다. (a)는 파트블록 내부의 불필요한 선들을 잘라내기 하여 조립도를 온전하게 작성한 것이고 (b)는 이를 분해한 모습이다. 그림 5-65는 비교를 위해 반대로 선들을 잘라내기 하지 않은 모습이다.

그림 5-66은 부품 이송부 조립도의 일부이다. (a)에서 Ⓐ 부분은 조립된 부품들간의 상하 위치관계에 따라서 아래쪽에 위치하는 파트블록의 선을 잘라내기 하였다. 이는 숨은선 처리를 해도 되지만 더욱 명확한 표현을 위해 숨은선마저도 표시하지 않았다. 비교를 위해 (b)에서 Ⓑ 부분은 잘라내기 하지 않은 모습이다.

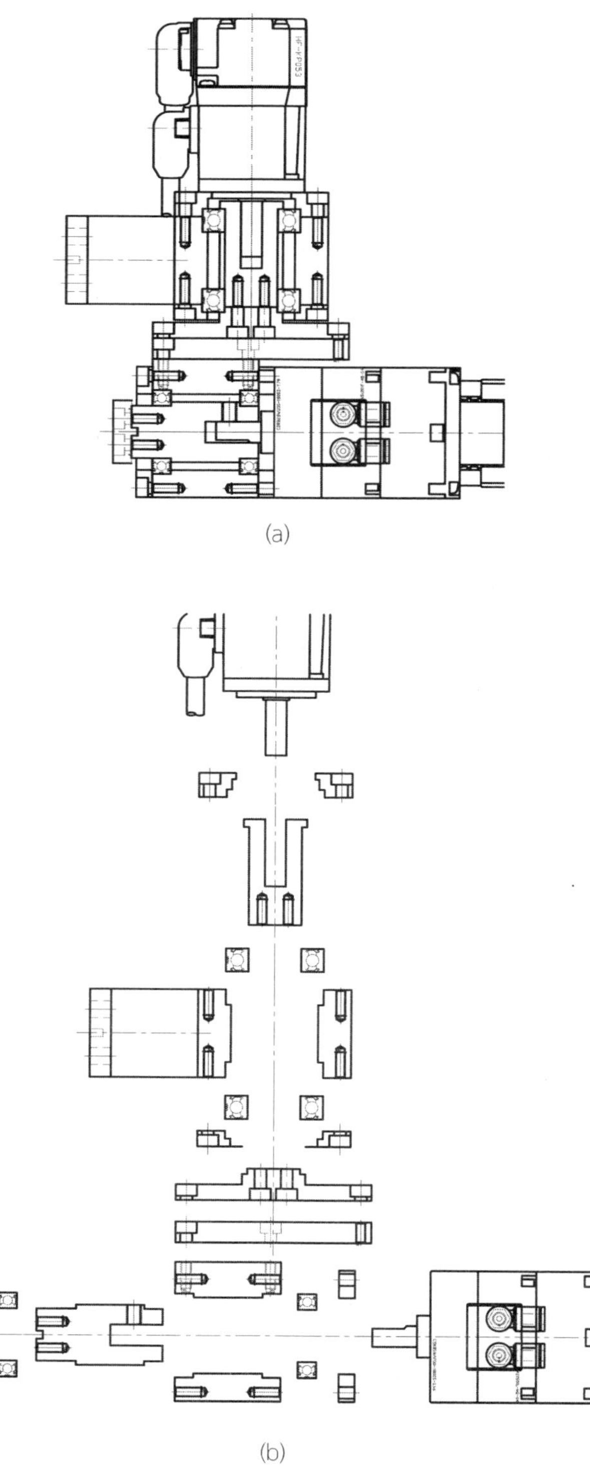

(a)

(b)

그림 5-64 공급척 정면도

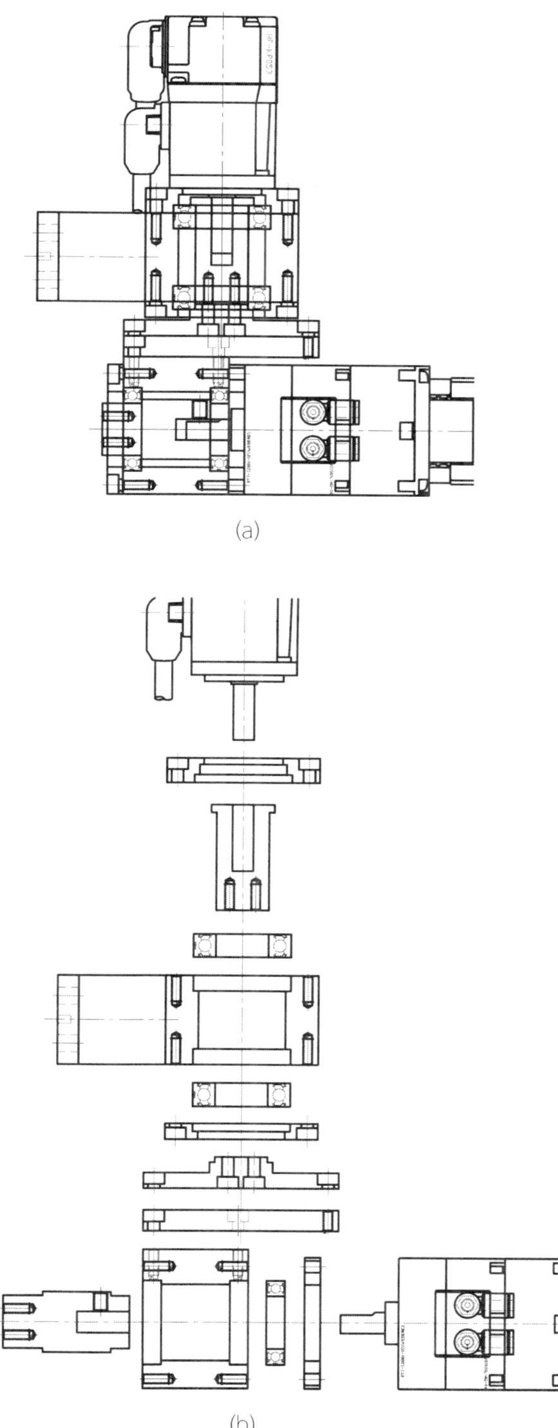

(a)

(b)

그림 5-65 공급척 정면도

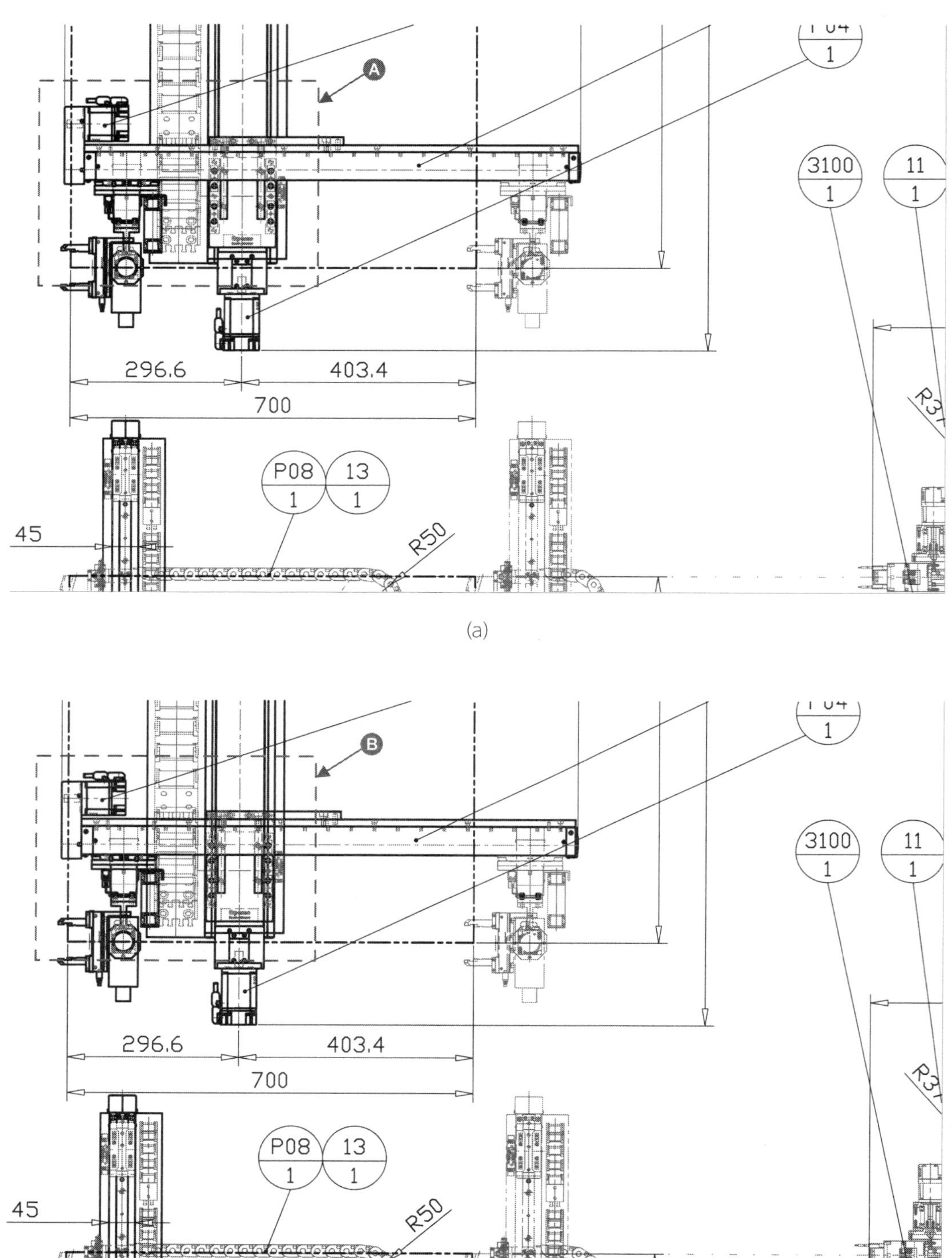

그림 5-66 부품 이송부 조립도의 일부분

5.7.2 '블록별' 선특성의 활용

조립도 구성 시 대부분의 파트는 블록으로 만들기 때문에 엔티티에 선색상 및 선종류 등의 속성을 지정할 때 블록상태에서 지정하는 것이 편리하다. 그리고 앞에서 엔티티의 속성을 지정할 때는 도면층을 사용한다고 하였다.

즉 엔티티의 속성을 블록상태에서 지정하는 방법이 '블록별' 선특성 지정이다. 이는 그림 5-67의 특성 도구막대에서 지정한다. 먼저 원하는 엔티티를 선택하고 특성 도구막대에서 선색상, 선종류를 '블록별'로 지정하면 된다.

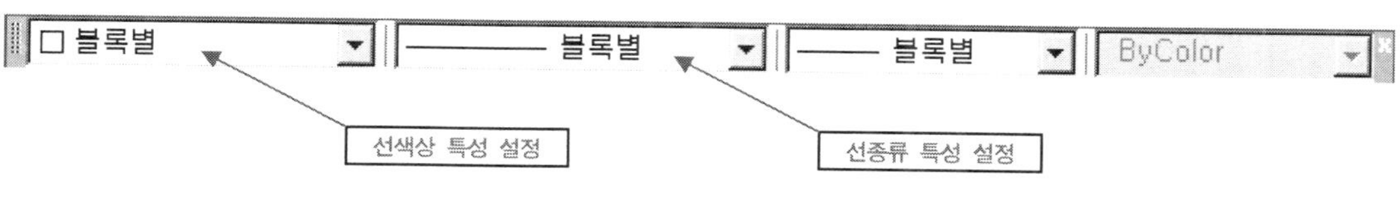

그림 5-67 특성 도구막대

그림 5-68은 조립베이-1 조립도이며 그림 5-69는 뷰 A–A이다. Ⓑ, Ⓒ는 나무봉 압입부의 작동위치 양끝을 표현하기 위해 각각 실선과 가상선으로 표현하였다. 그림 5-70은 나무봉 압입부이며 이는 몇 개의 블록으로 만들어져 있다. 각 블록 내부의 엔티티에서 실선을 모두 선택하여 선특성을 '블록별'로 지정한다. 이제 그림 5-69에서 Ⓑ에는 도면층 #CH0, Ⓒ에는 도면층 #CH4를 지정한다.

그림 5-69는 단면도이다. 뷰에 포함된 파트 모두가 단면도로 표현되지만 그 중에 Ⓓ를 예로 들어보자. Ⓓ는 40-45번 파트이며 그림 5-71은 그 제작도이다. Ⓓ는 조립도에서는 단면도로 나타내지만 제작도에서는 정면도이다. 이를 하나의 블록으로 모두 표현하기 위해 블록내부의 선특성을 그림 5-72와 같이 지정하였다.

그림 5-73 (a)는 그림 5-72의 파트블록에 도면층 #CH0을 적용한 모습이고 이는 조립도에서 단면도로써 사용된다. 그림 5-73 (b)는 도면층 #CH2를 적용한 모습이고 이는 제작도에서 정면도로써 사용된다. 이처럼 블록 내부에서 일부분의 엔티티에 '블록별' 선특성을 지정하여 표현할 수도 있다.

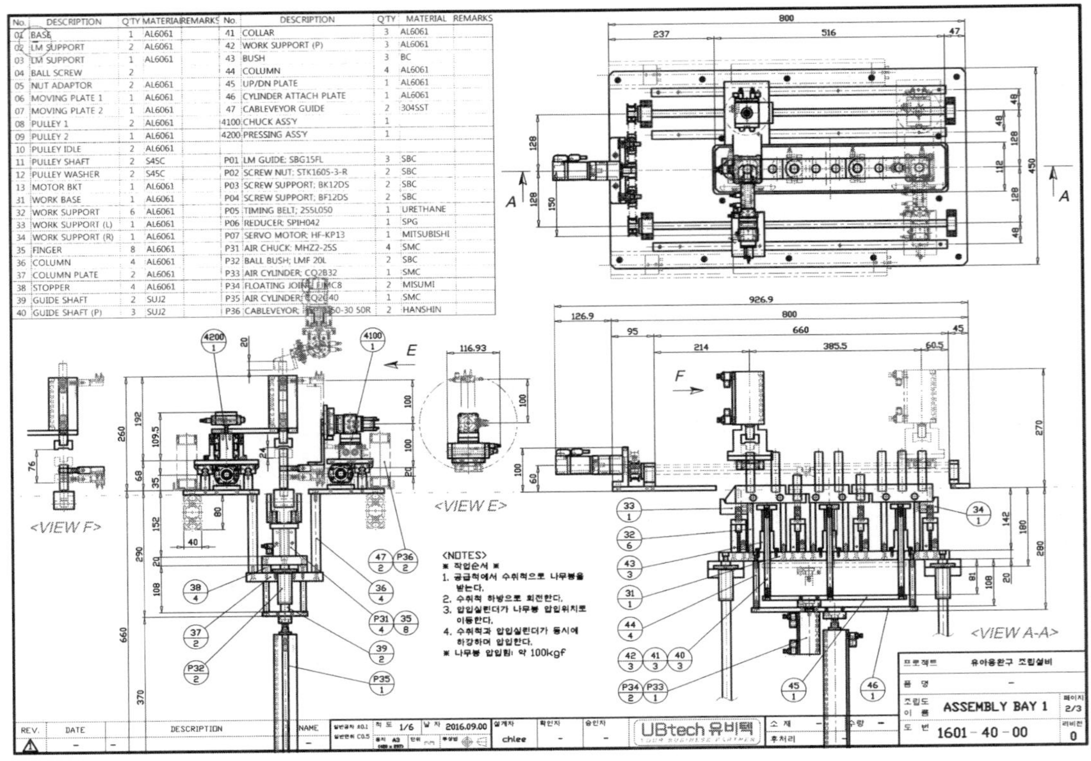

그림 5-68 조립베이-1 조립도

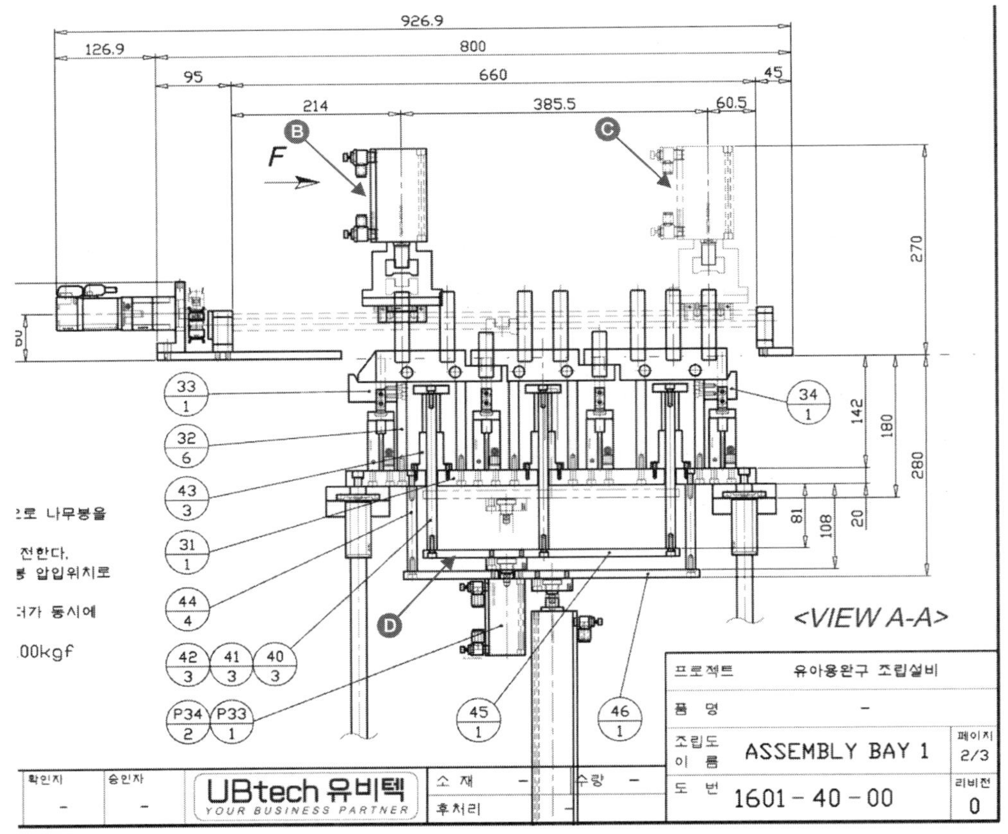

그림 5-69 조립베이-1 조립도 뷰 A-A

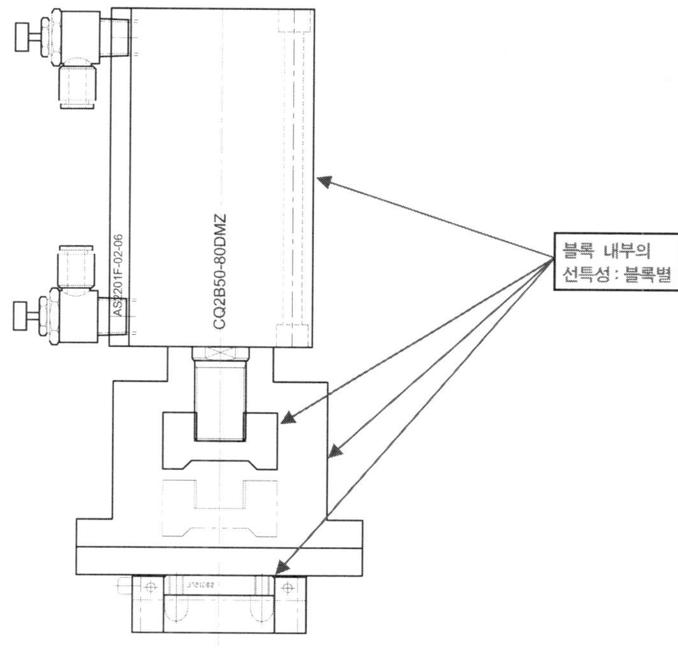

그림 5-70 나부봉 압입부

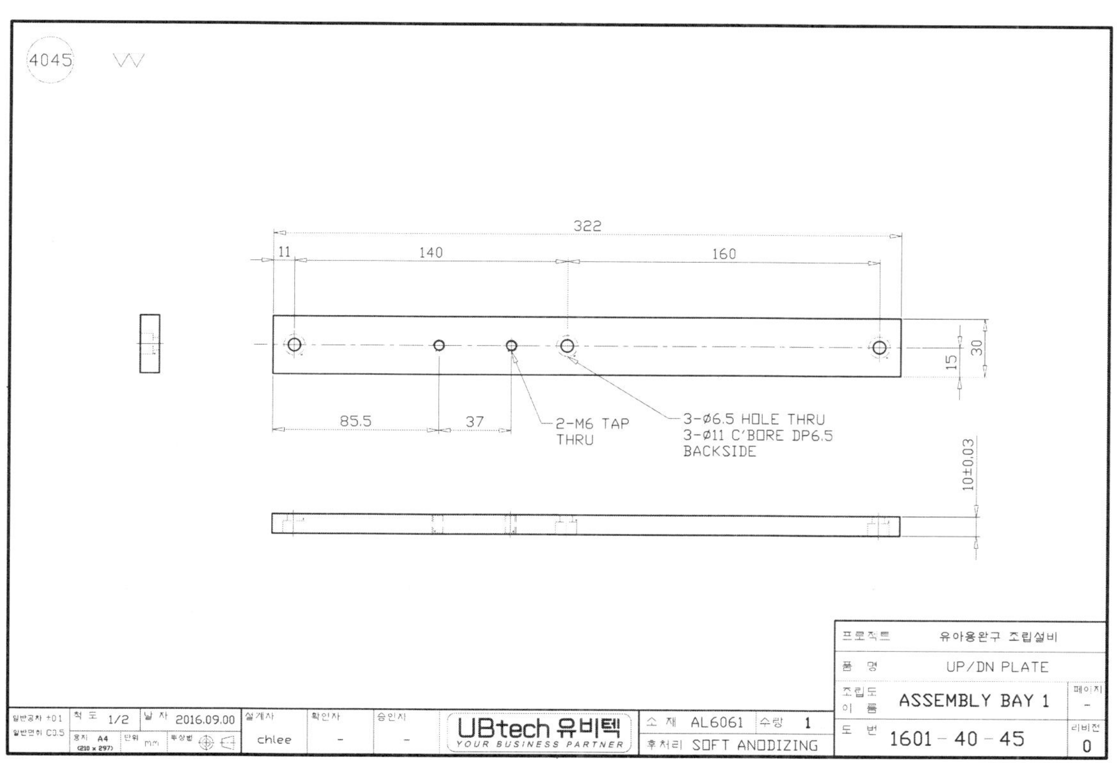

그림 5-71 40-45번 파트 제작도

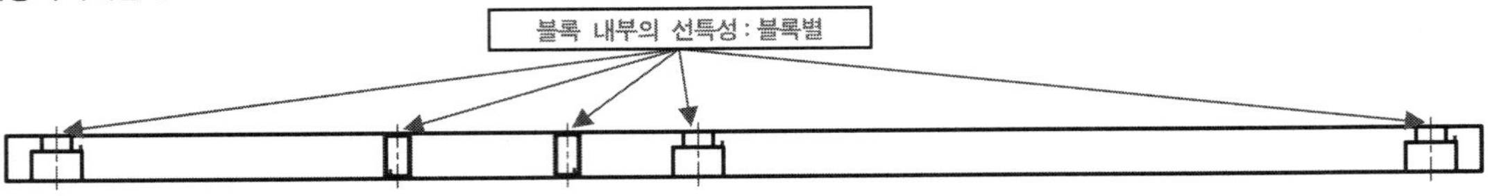

블록 내부의 선특성 : 블록별

그림 5-72

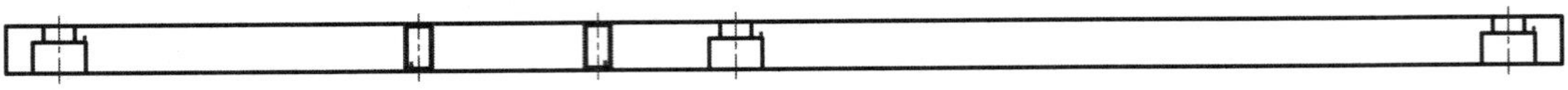

(a)

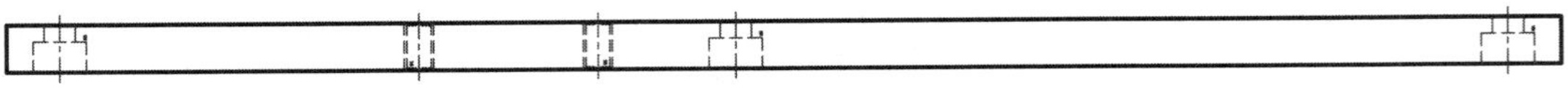

(b)

그림 5-73

그림 5-74는 부품 이송부 조립도의 일부이며 표시한 파트는 X-Y 브라켓이다. 그림 5-75는 그 제작도이다. 조립도를 보면 X-Y 브라켓은 다른 파트에 가려서 일부는 숨은선으로 표현되어야 한다. 이를 위해 블록 내부에서 그림 5-76에서와 같이 지정한 부분에 '블록별' 선특성을 지정하였다. 그림 5-77은 각 파트블록에 도면층 #CH2를 지정한 모습이다.

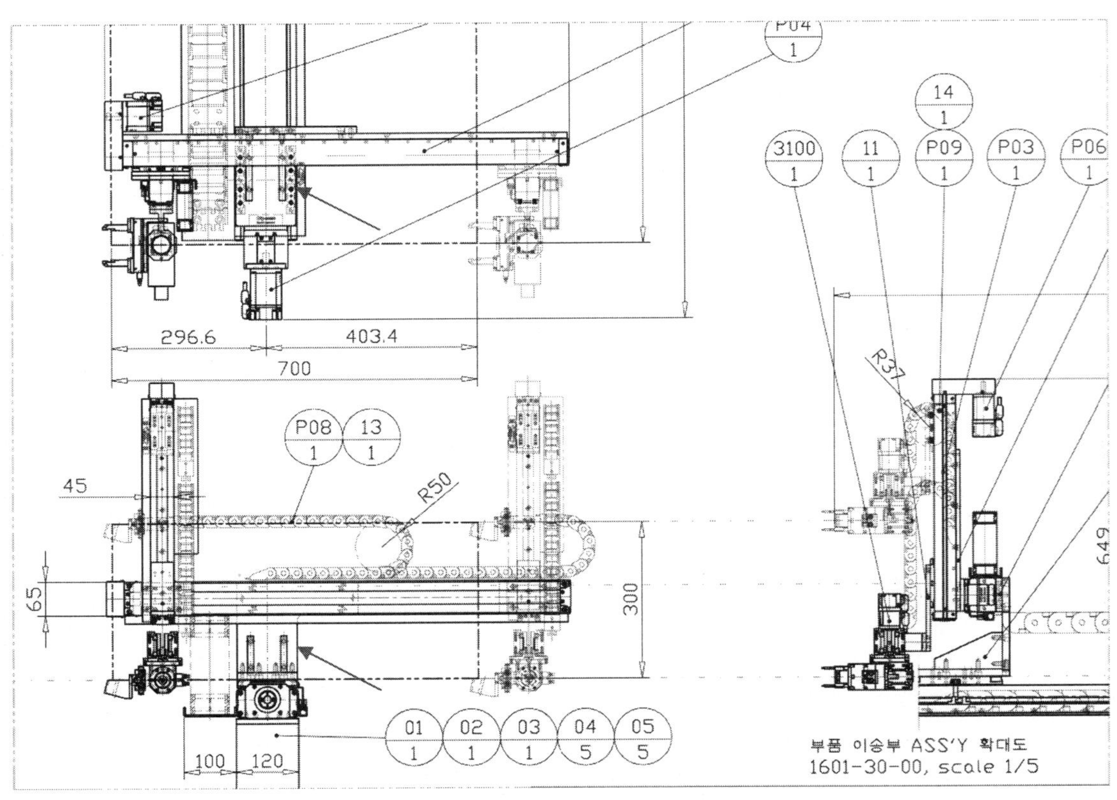

그림 5-74 부품 이송부 조립도 일부분

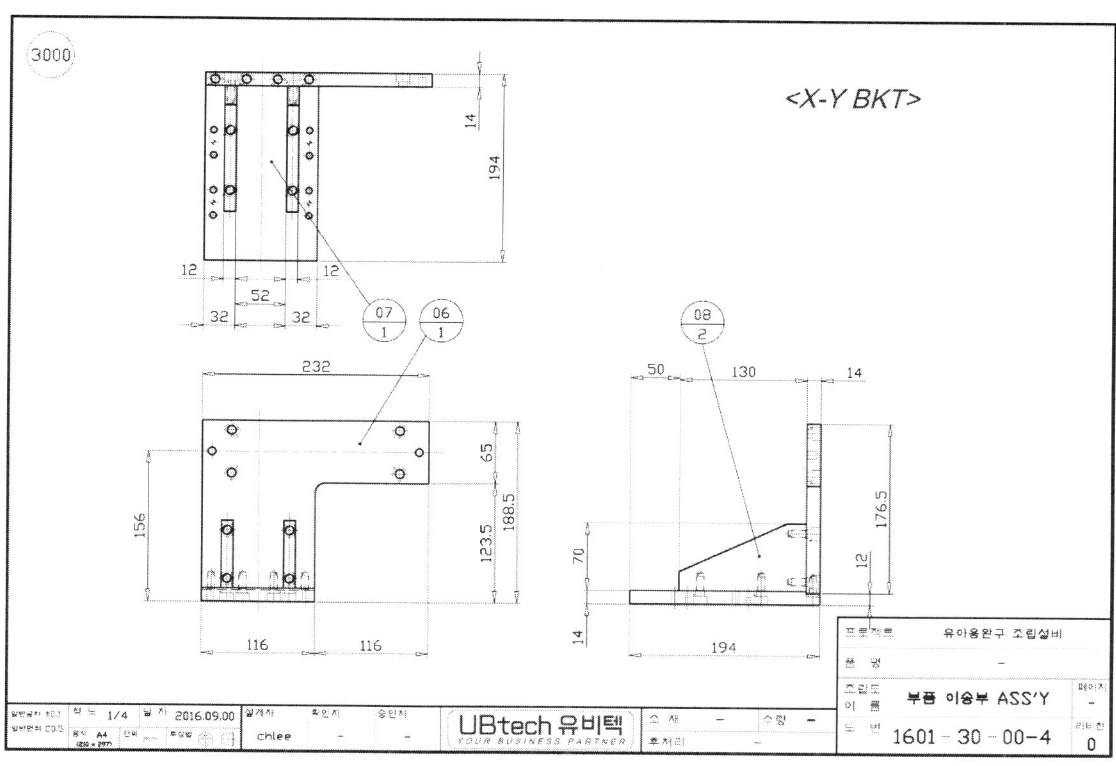

그림 5-75 X-Y브라켓 파트 제작도

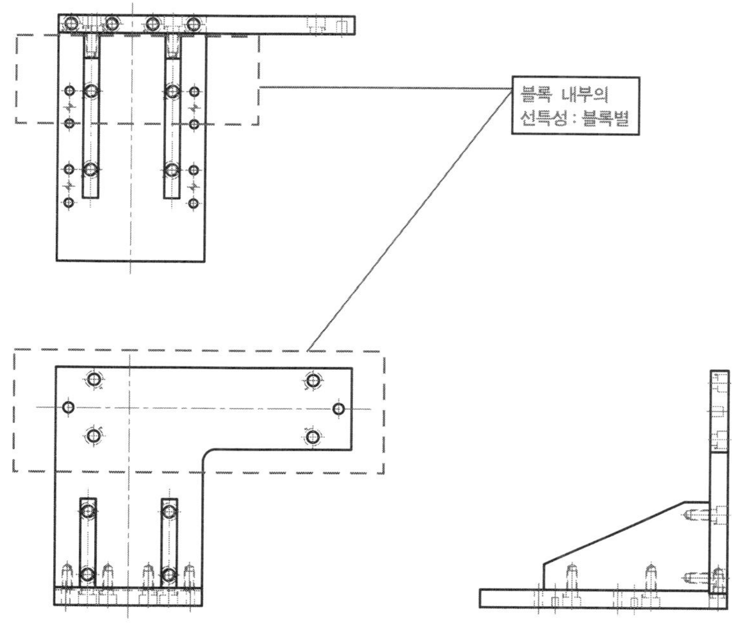

그림 5-76 X-Y브라켓 파트블록

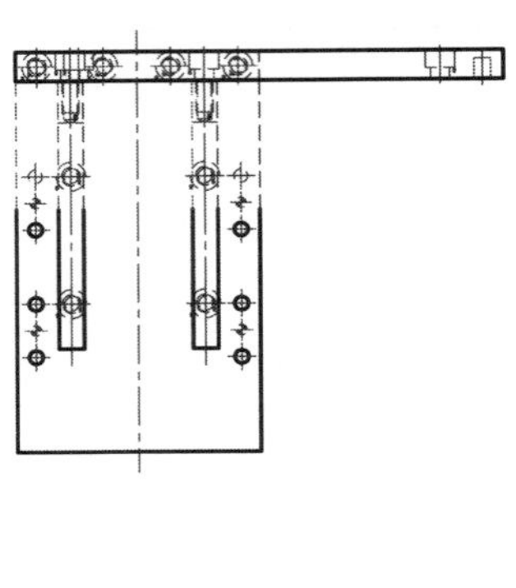

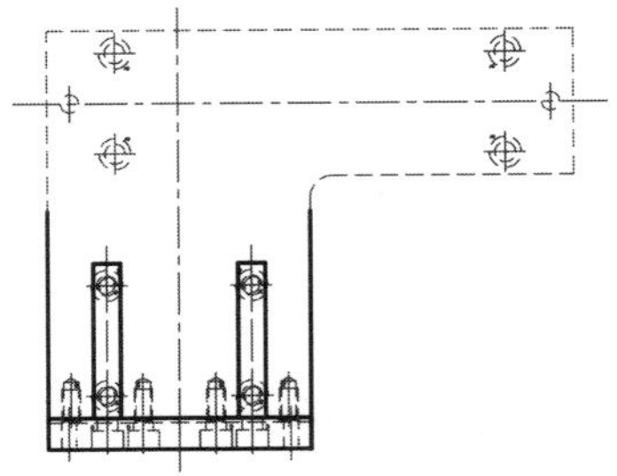

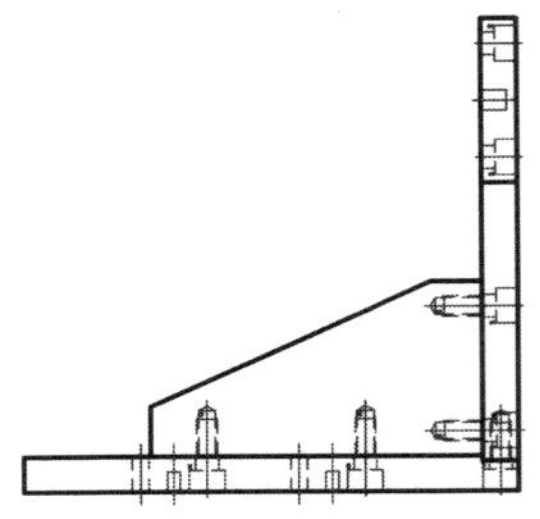

그림 5-77 X-Y브라켓 파트블록

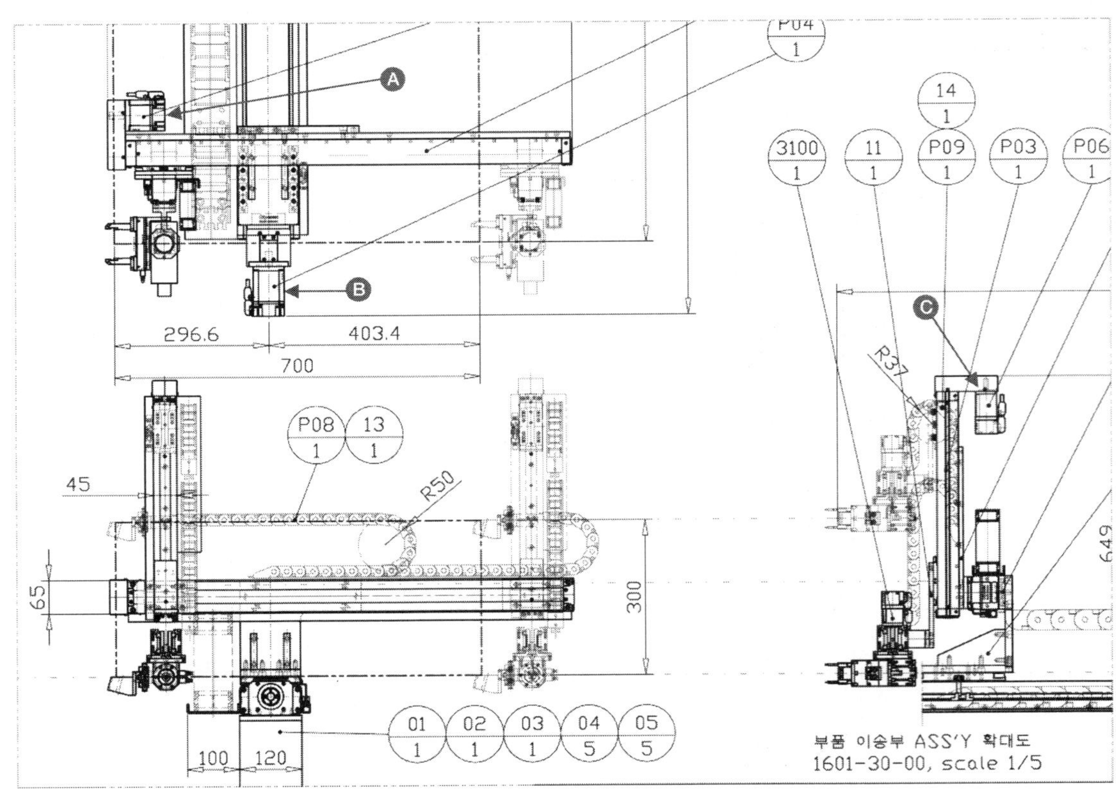

그림 5-78 부품 이송부 조립도의 일부분

그림 5-78에서 표시한 Ⓐ, Ⓑ, Ⓒ는 모두 서보모터이다. 서보모터는 조립 시 축이 항상 상대편 부품 내부로 삽입되게 된다. 그러므로 축 부분은 블록내부에서 선특성을 '도면층별'로 설정한 뒤 도면층을 #CH2로 설정하였다. 나머지 부분은 선특성을 '블록별'로 설정하였다(그림 5-79).

그림 5-80을 보면 좌측(a)은 파트블록에 도면층 #CH0을 적용한 모습이고 우측(b)은 파트블록에 도면층 #CH2를 적용한 모습이다.

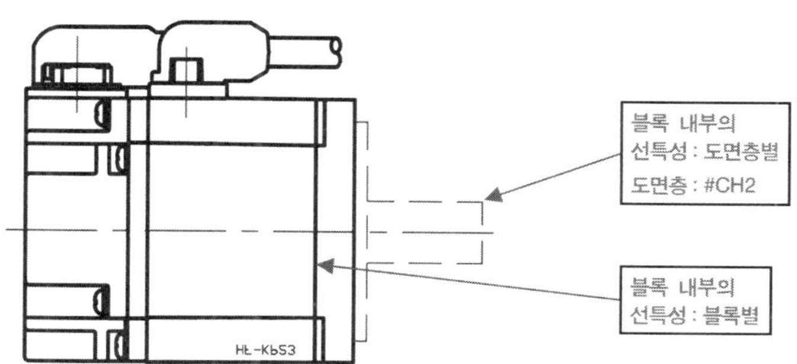

그림 5-79 블록 내부에서 선특성 설정

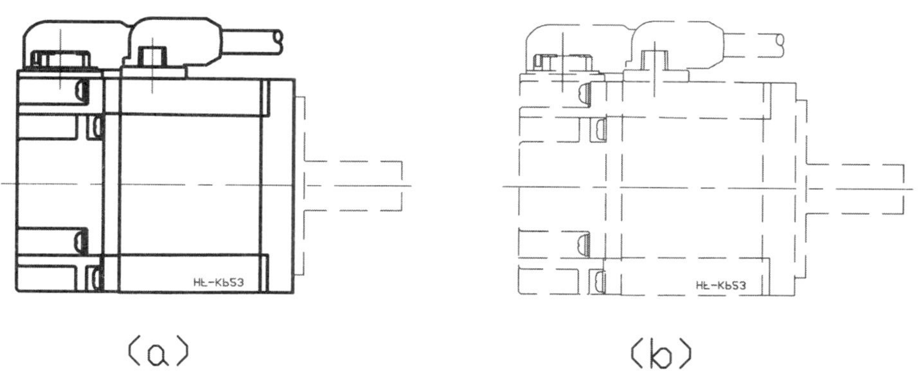

그림 5-80 파트블록에 각각의 도면층을 적용한 모습

5.7.3 미 블록 선 처리

조립도 구성에서 파트를 블록으로 만들지 않고 선으로 처리하는 경우가 있다. 그림 5-81에서 Ⓐ는 LM가이드 레일이다. 이는 선 몇 개로 표현할 수 있는데 이를 굳이 블록으로 만들 필요가 없다. 이런 경우에는 블록이 아닌 선으로 놔두는 것이 좋다.

그림 5-81에서 Ⓑ는 실린더이며 로드가 나온 상태이다. 그림 5-82에서 Ⓒ는 실린더 로드가 들어간 상태이다. 실린더는 그림 5-83과 같이 블록으로 만든다. 하나의 블록으로는 두 가지 상태를 모두 표현하기 어렵다. 그림 5-81의 Ⓑ는 실린더 로드가 나온 상태를 표현하기 위해 파트 블록 위에 선을 덧대어 그려주었다.

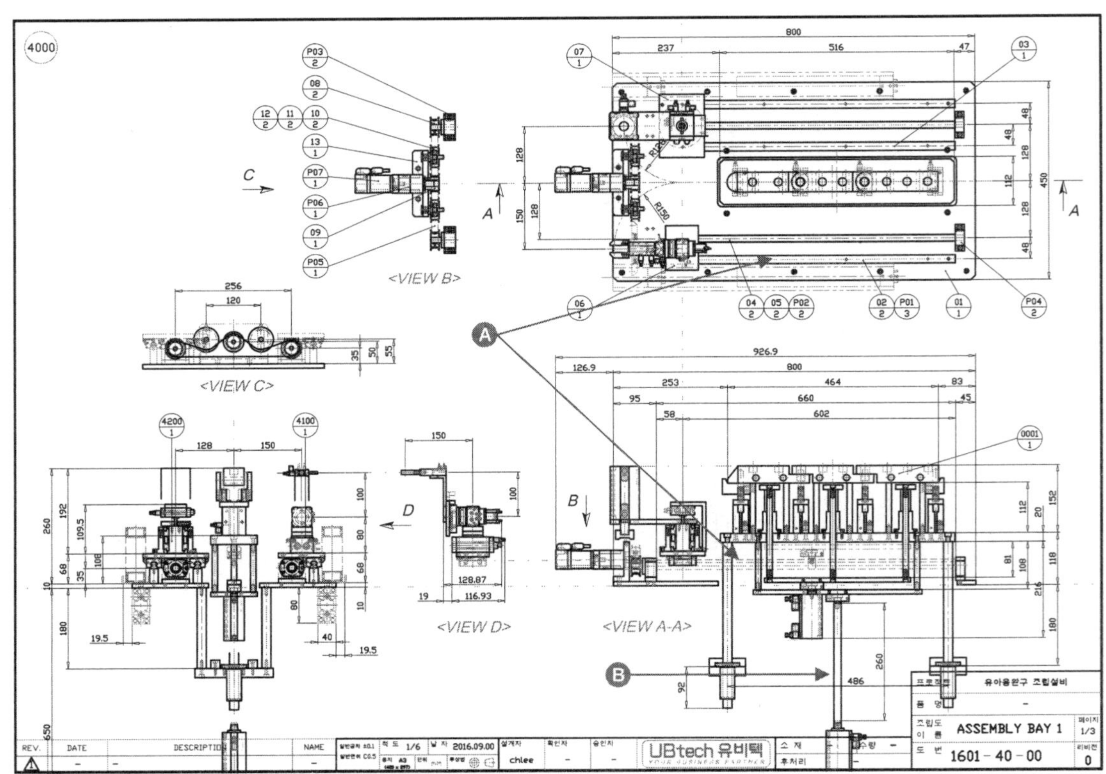

그림 5-81 조립베이-1 조립도 페이지 1

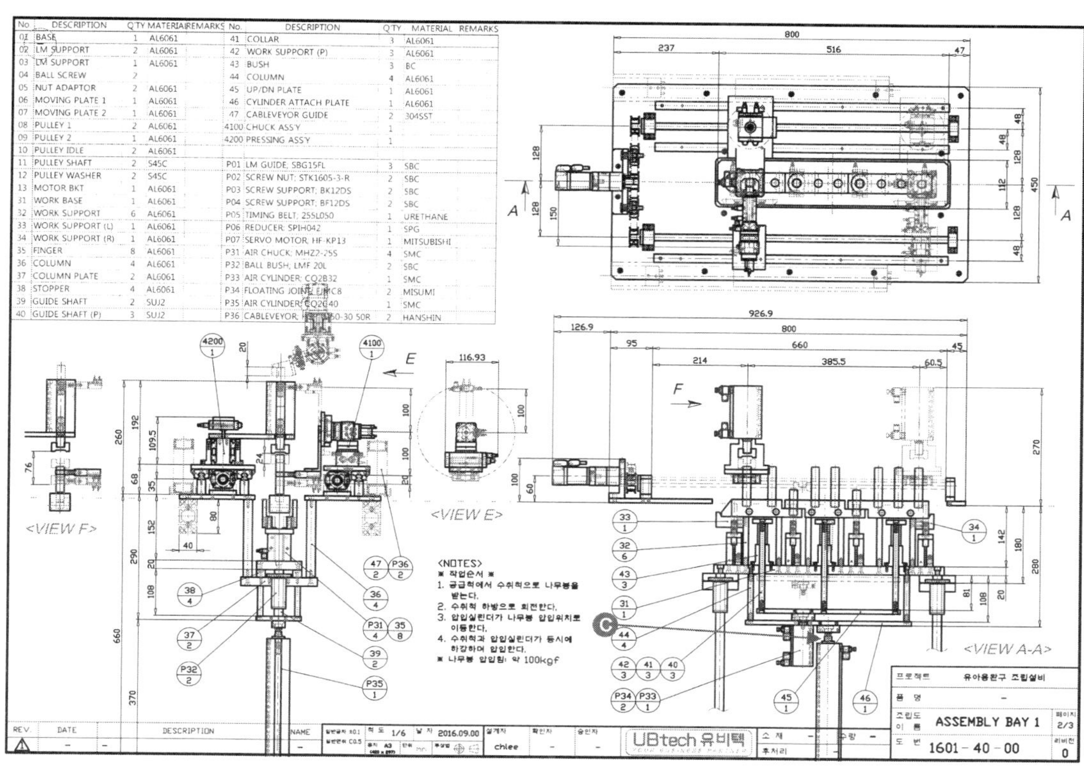

No	DESCRIPTION	Q'TY	MATERIAL	REMARKS	No.	DESCRIPTION	Q'TY	MATERIAL	REMARKS
01	BASE	1	AL6061		41	COLLAR	3	AL6061	
02	LM SUPPORT	2	AL6061		42	WORK SUPPORT (P)	3	AL6061	
03	LM SUPPORT	1	AL6061		43	BUSH	3	BC	
04	BALL SCREW	2			44	COLUMN	4	AL6061	
05	NUT ADAPTOR	2	AL6061		45	UP/DN PLATE	1	AL6061	
06	MOVING PLATE 1	1	AL6061		46	CYLINDER ATTACH PLATE	1	AL6061	
07	MOVING PLATE 2	1	AL6061		47	CABLEVEYOR GUIDE	2	304SST	
08	PULLEY 1	2	AL6061		4100	CHUCK ASS'Y	1		
09	PULLEY 2	1	AL6061		4200	PRESSING ASS'Y	1		
10	PULLEY IDLE	2	AL6061						
11	PULLEY SHAFT	2	S45C		P01	LM GUIDE; SBG15FL	3	SBC	
12	PULLEY WASHER	2	S45C		P02	SCREW NUT; STK1605-3-R	2	SBC	
13	MOTOR BKT	1	AL6061		P03	SCREW SUPPORT; BK12DS	2	SBC	
31	WORK BASE	1	AL6061		P04	SCREW SUPPORT; BF12DS	2	SBC	
32	WORK SUPPORT	6	AL6061		P05	TIMING BELT; 255L050	1	URETHANE	
33	WORK SUPPORT (L)	1	AL6061		P06	REDUCER; SPIH042	1	SPG	
34	WORK SUPPORT (R)	1	AL6061		P07	SERVO MOTOR; HF-KP13	1	MITSUBISHI	
35	FINGER	8	AL6061		P31	AIR CHUCK; MHZ2-25S	4	SMC	
36	COLUMN	4	AL6061		P32	BALL BUSH; LMF 20L	2	SBC	
37	COLUMN PLATE	2	AL6061		P33	AIR CYLINDER; CQ2B32	1	SMC	
38	STOPPER	4	AL6061		P34	FLOATING JOINT; FJMC8	2	MISUMI	
39	GUIDE SHAFT	2	SUJ2		P35	AIR CYLINDER; CQ2C40	1	SMC	
40	GUIDE SHAFT (P)	3	SUJ2		P36	CABLEVEYOR; [illegible]50-30 50R	2	HANSHIN	

그림 5-82 조립베이-1 조립도 페이지 2

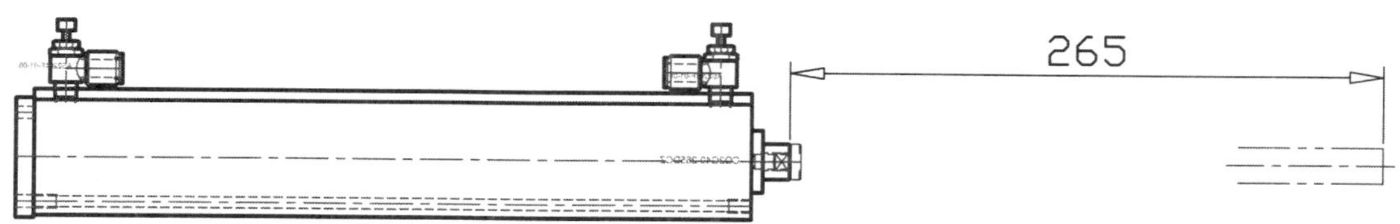

그림 5-83 실린더 블록 모습

그림 5-84는 조립베이-1 조립도의 일부이다. 여기서 Ⓐ는 Ⓑ의 좌측면도이다. 파트끼리 중첩되므로 실린더를 단순한 선(폴리선)으로 대체하였다. Ⓒ는 Ⓓ의 좌측면도이다. 역시 파트끼리 중첩되므로 파트를 폴리선으로 대체하였다.

그림 5-85는 부품 이송부 조립도의 일부이다. Ⓐ는 케이블베어 가이드(30-12번 도면)이고 Ⓑ는 X축 로봇 서포트(30-00-3번 도면)인데 이들을 블록이 아닌 단순화된 선으로 대체하였다.

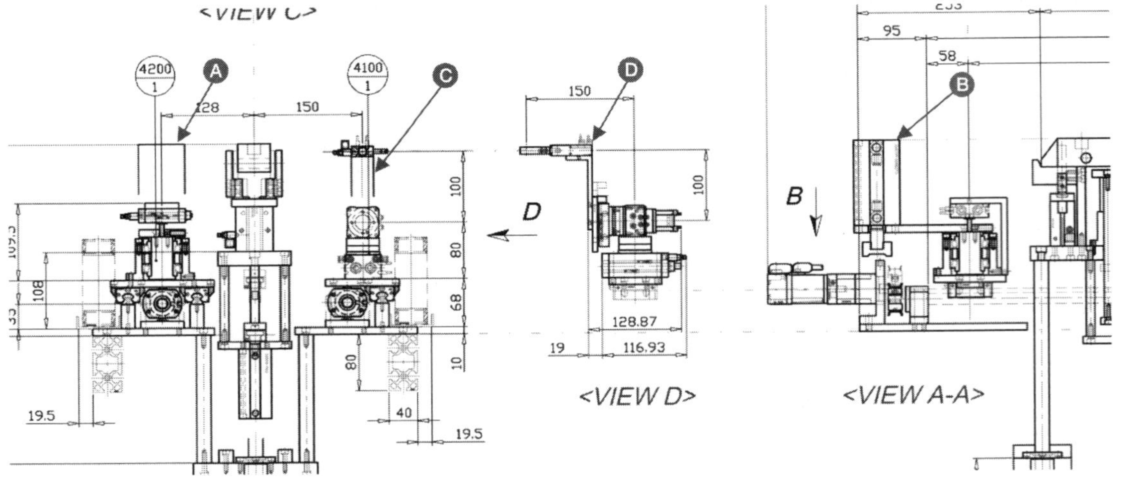

그림 5-84 조립베이-1 조립도 일부분

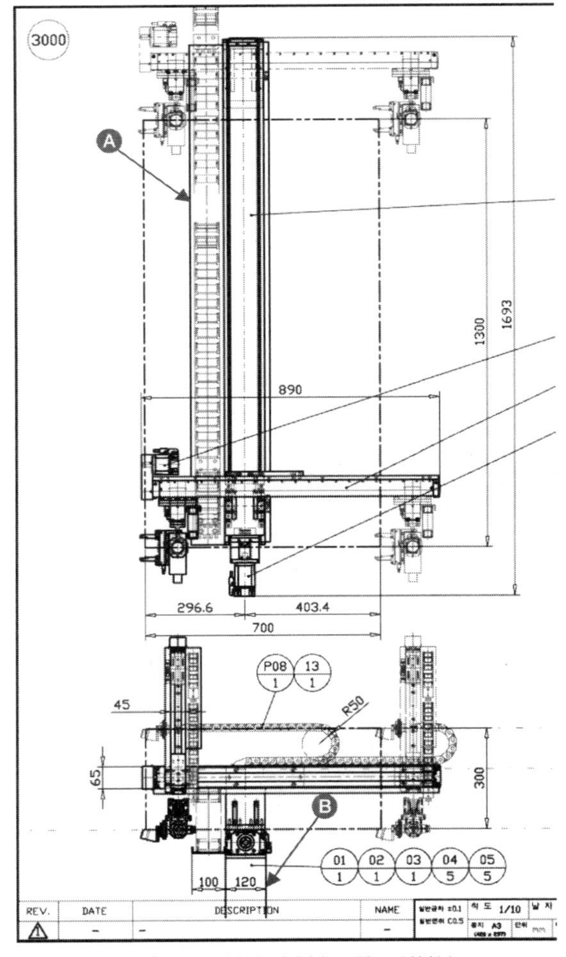

그림 5-85 부품 이송부 조립도 일부분

5.7.4 굵은실선의 최소화

도면에서 사용하는 선의 종류는 굵은실선, 중심선, 숨은선, 가는실선, 가상선 등이 있다. 굵은실선은 파트의 외곽선을 나타내는데 사용하며 가장 굵게 나타낸다. 나머지 선들은 굵은실선에 비교해서 가늘게 나타낸다. 다시 말하면 굵은실선이 시각적으로 가장 두드러지며 중요한 정보를 전달하고 나머지 선들은 보조적인 역할을 한다. 굵은실선을 가능한 적게 사용하는 것이 도면을 이해하는데 도움이 된다.

구매품 등 외부에서 가져온 개체는 시간절약을 위해서 가능한 적게 손대고 그냥 쓰는 것이 좋다. 하지만 작은 편집만으로도 표현효과가 좋아진다면 시행하는 것이 좋겠다. 그림 5-86은 LM가이드의 본래 도면이다. 정면도에 레일의 측면을 나타내기 위해 많은 선들이 있음을 알 수 있다. 대부분은 설계에 불필요한 선들이며 시각적인 복잡함을 초래한다. 이제 그림 5-87을 보면 레일의 외곽선만을 남겨두었음을 알 수 있다. 불필요한 선들은 삭제하여 선을 최소화 한다.

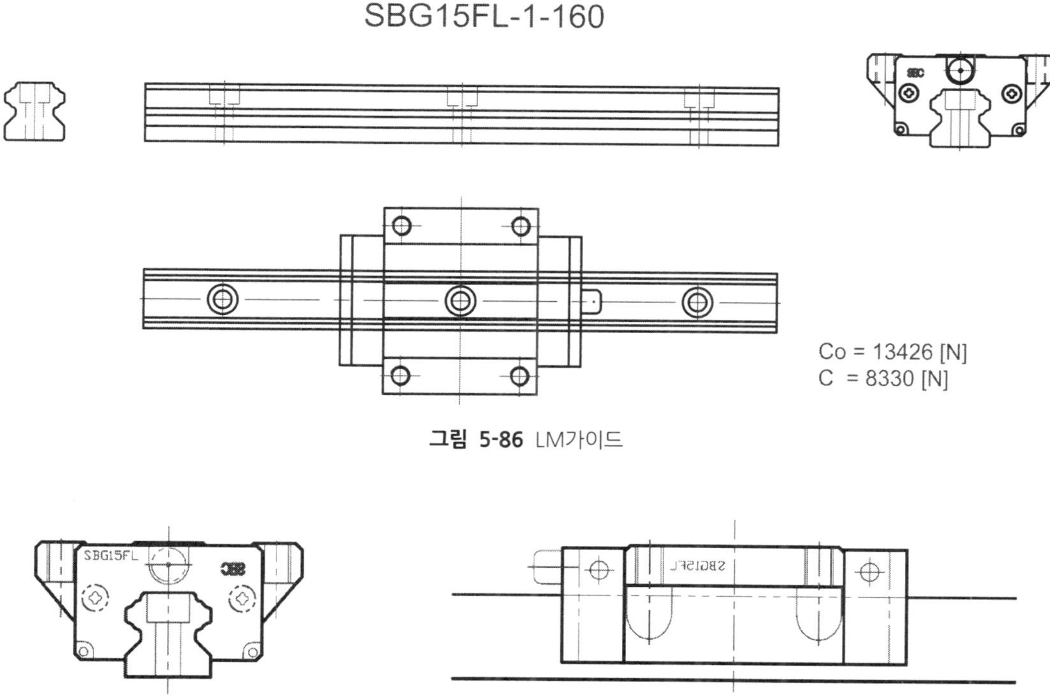

그림 5-86 LM가이드

그림 5-87 LM가이드

그림 5-88은 실린더의 본래 도면이다. 실린더를 엄밀하게 표현한 것이지만 보다시피 선이 너무 많다. 그림 5-89는 실린더를 단순하게 표현한 모습이다.

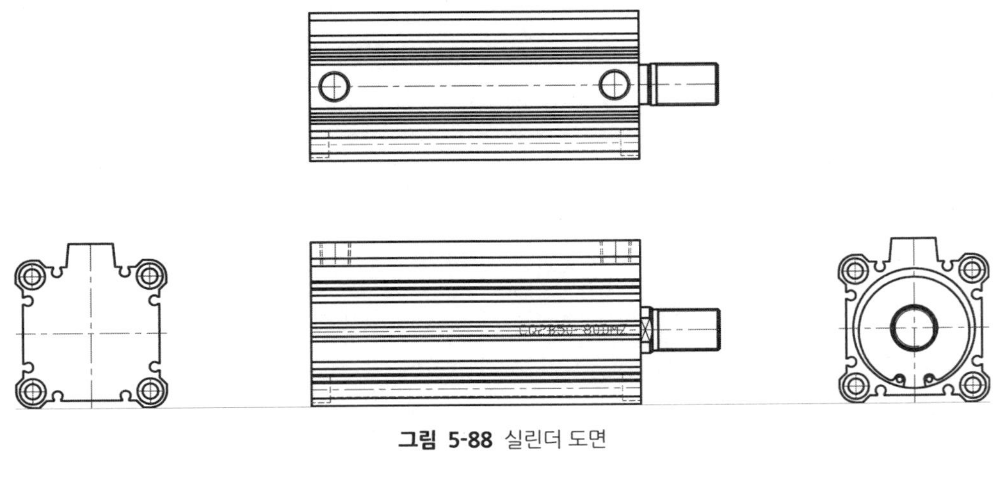

그림 5-88 실린더 도면

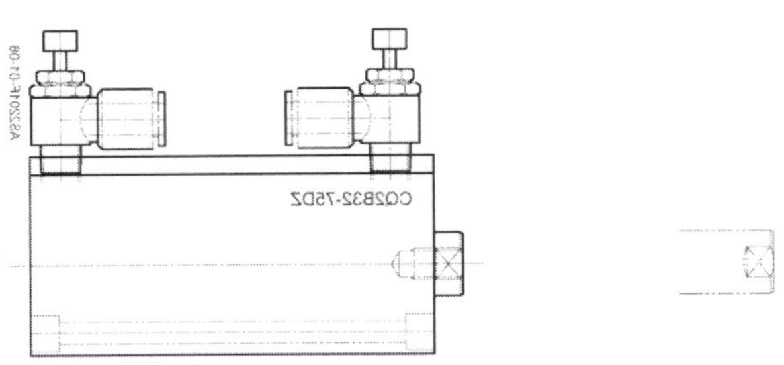

그림 5-89 실린더 도면

그림 5-90은 볼스크류의 본래 도면이다. 옆모습을 보면 나사산을 표현하기 위한 가는실선이 있음을 알 수 있다. 그림 5-91에서는 이를 삭제하여 외곽선만 표현한 것을 볼 수 있다.

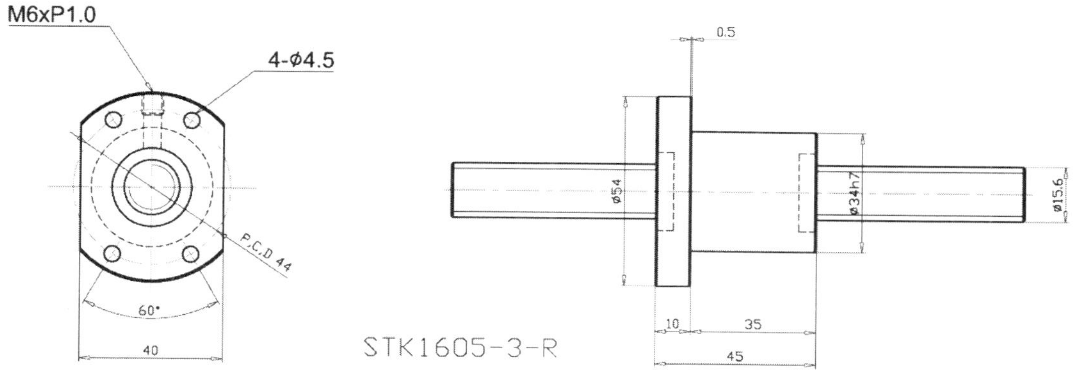

그림 5-90 볼 스크류 도면

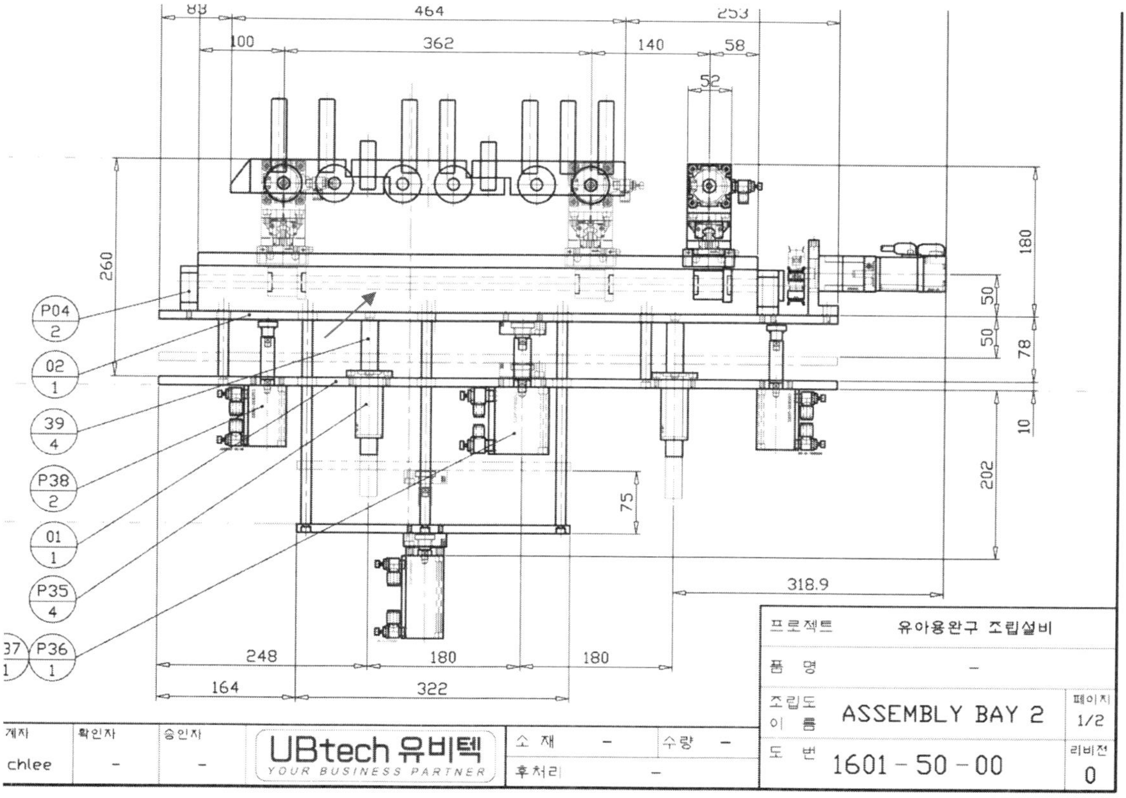

그림 5-91 조립베이-2 조립도 일부분

이처럼 파트를 단순화 시켰을 때 선이 많지가 않다면 굳이 블록을 만들 필요가 없다. 이런 경우에는 블록이 아닌 선으로 두는 것이 좋다(5.7.3절).

5.7.5 굵은실선의 가상선 처리

그림 5-92는 LM 가이드이다. 정면도와 측면도 내부를 보면 일부 선들이 가상선 처리가 되어 있다. 굵은실선이어야 하지만 중요하지 않은 선들을 가상선 처리하였다. 본래대로 표현하면 그림 5-93이다. 굵은실선을 줄일수록 조립도 해독이 쉬워진다.

그림에서 정면도는 하나의 블록이고 측면도는 LM블록과 레일을 나타내는 선 2개로 구성되었다. 그림 5-92의 측면도를 보면 화살표시된 부분이 있다. 이는 레일의 위치를 LM블록에 가상선으로 표시해 둔 것이다. 원래의 도면에는 표시되어 있지 않은 선이다. 표시된 가상선으로 인해 LM블록을 조립도에 삽입할 때 그 조립 기준을 쉽게 찾을 수 있다.

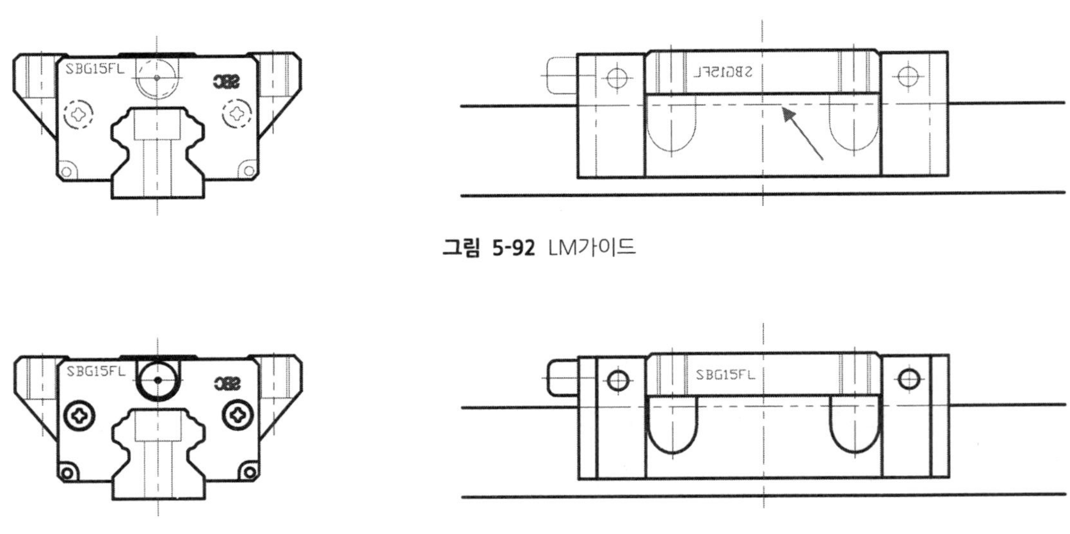

그림 5-92 LM가이드

그림 5-93 LM가이드

그림 5-94는 40x80 크기의 프로파일이다. 본래의 표현방법은 (a) 혹은 (b)이다. (a)의 좌측의 단면도를 보면 모두 실선으로 표기되어 있다. (a)의 우측면도에서는 프로파일 홈은 실선으로 표현되어 있고 홈 내부는 숨은선으로 표현되어 있다. (b)의 우측면도는 숨은선을 표현하지 않은 모습이다.

(c)를 보면 좌측의 단면도에서 내부의 선들이 가상선 처리가 되어 있다. 우측면도는 외곽선 두 개와 중심선만 표현되어 있다. 중요하지 않은 선들은 가상선 처리하고 불필요한 선들은 지운 것이다. 이 역시 굵은실선을 줄이고 최소화하기 위함이다. 예제설비에서는 프로파일을 (c)와 같이 표현하였다.

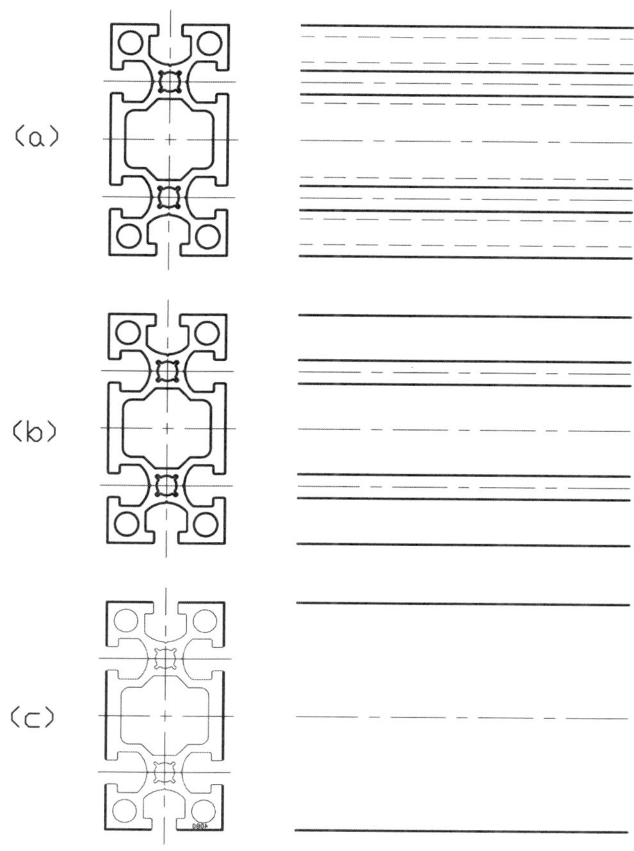

그림 5-94 프로파일의 선처리

그림 5-95는 부품 이송부 조립도의 일부분이다. 표시한 내용은 다음과 같다.

- Ⓧ X축용 케이블 베어
- Ⓨ Y축용 케이블 베어
- Ⓩ Z축용 케이블 베어

케이블베어의 특징은 작도했을 때 굵은실선 처리하기에는 선이 너무 많다. 그리고 상대적으로 중요한 파트가 아니다. 그래서 도면의 대부분의 뷰에서 케이블베어를 가상선 처리하였다.

정면도의 Ⓨ와 같이 케이블베어를 두 개로 표현한 것은 스트로크에 따른 각각의 위치를 표현한 것이다. 본래는 좌측의 것은 굵은실선으로 우측의 것은 가상선으로 표현해야 한다. 하지만 앞에 설명한 이유로 모두 가상선 처리하였다.

정면도에서 ⓧ는 케이블베어의 단면을 보여주는데 뒤쪽에 위치하므로 숨은선 처리를 하였다. 측면도에서의 ⓨ, 평면도에서의 ⓩ는 상대적으로 복잡하지 않으므로 굵은실선 처리하였다.

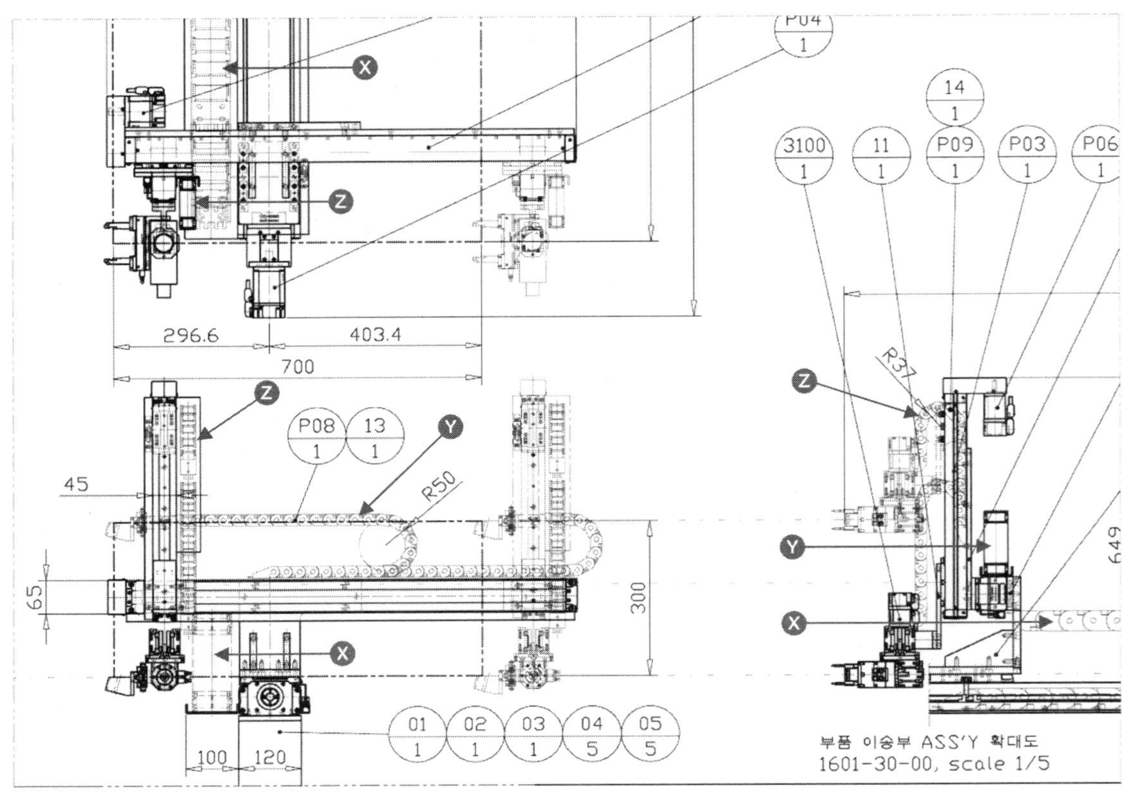

그림 5-95 부품 이송부 조립도의 일부분

5.7.6 굵은실선의 숨은선 처리

그림 5-96에서 표시된 부분은 볼스크류와 LM가이드이다. 정면도에서 볼 때 뒤쪽에 위치하므로 숨은선 처리를 하였다. 하지만 엄밀한 선처리는 그림 5-97과 같다. 그런데 이렇게 정확히 표현하려면 시간이 다소 소모될뿐더러 선들이 분리되어 설계과정에서 다루기도 좋지 않다. 그림 5-96과 같이 표현해보자.

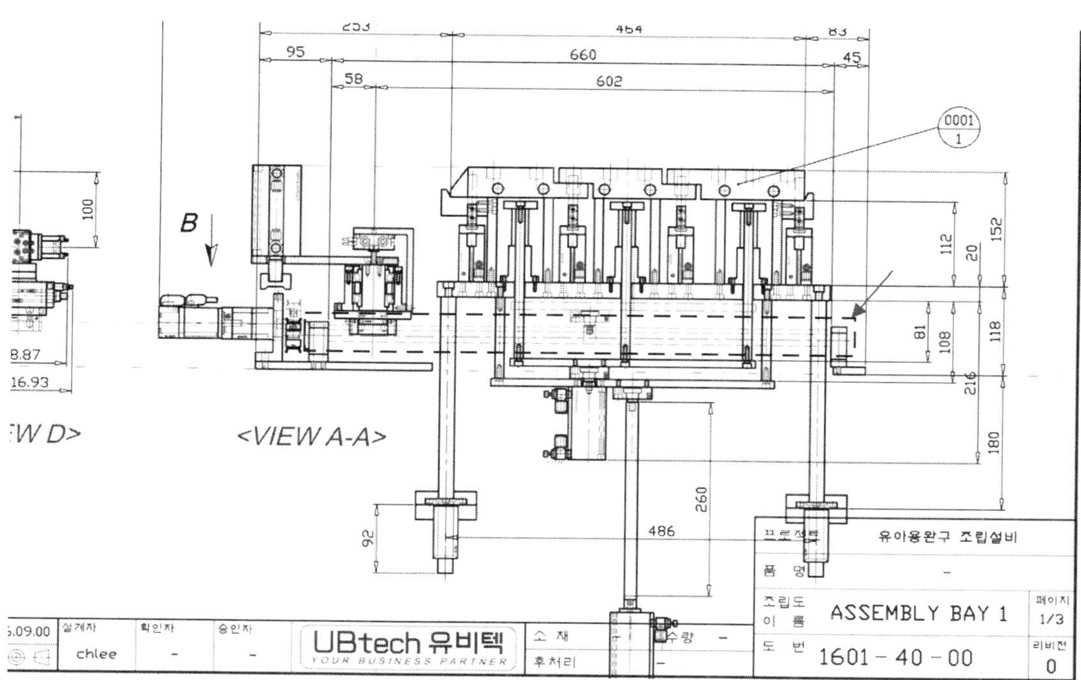
253
464
83
95
660
45
58
602
0001
1
100
B
112
20
152
81
108
118
216
180
8.87
16.93
<VIEW A-A>
260
92
486
프로젝트
유아용완구 조립설비
품 명
조립도 이 름
ASSEMBLY BAY 1
페이지
1/3
도 번
1601 - 40 - 00
리비전
0
설계자
확인자
승인자
chlee
UBtech 유비텍
YOUR BUSINESS PARTNER
소 재
수량
후처리

그림 5-96

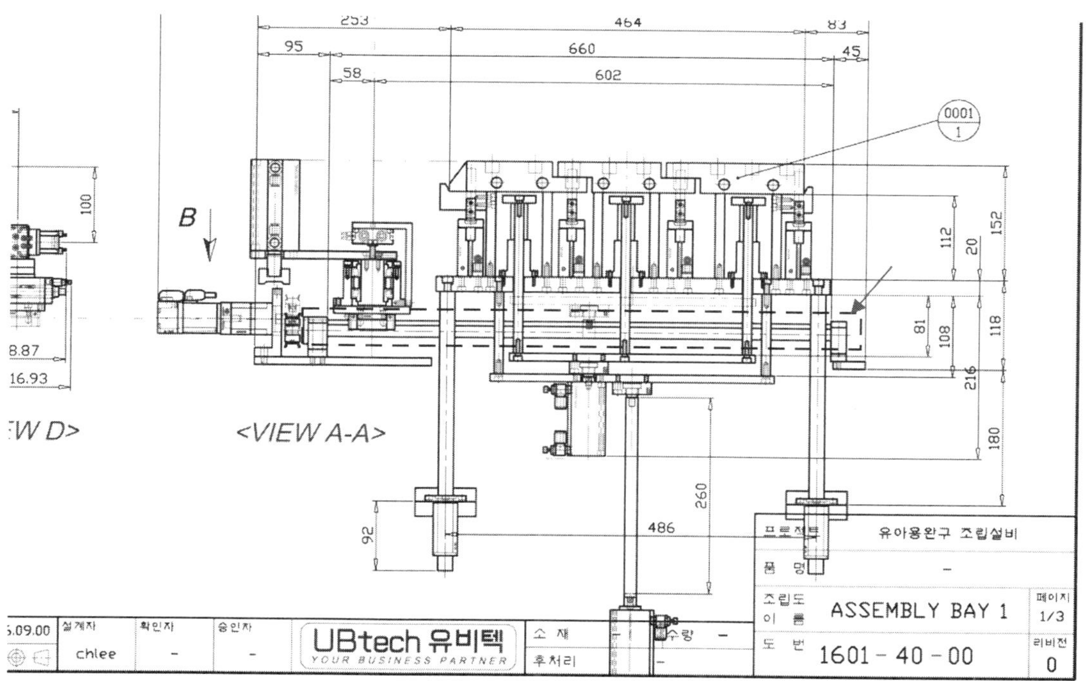
253
464
83
95
660
45
58
602
0001
1
100
B
112
20
152
81
108
118
216
180
8.87
16.93
<VIEW A-A>
260
92
486
프로젝트
유아용완구 조립설비
품 명
조립도 이 름
ASSEMBLY BAY 1
페이지
1/3
도 번
1601 - 40 - 00
리비전
0
설계자
확인자
승인자
chlee
UBtech 유비텍
YOUR BUSINESS PARTNER
소 재
수량
후처리

그림 5-97

5.7.7 굵은실선의 가는실선 처리

경우에 따라서 굵은실선을 가는실선으로 표현한다. 그림 5-98에서 표시된 부분은 부품들이 정렬되어 나열되어 있다. 굵은실선으로 표현하기에는 선이 너무 많고 같은 형태가 반복된다. 그렇다고 가상으로 존재하는 부품들이 아니기 때문에 가상선 처리하기는 부적합하다. 이럴 때 가는실선을 사용하면 좋겠다.

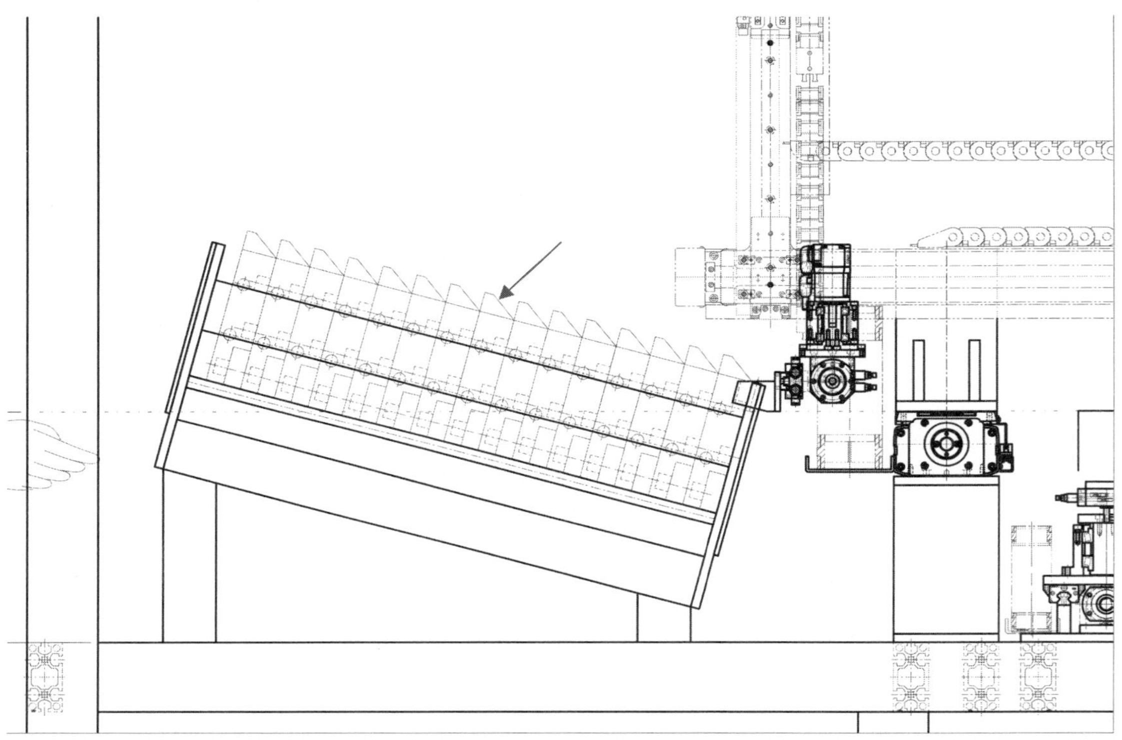

그림 5-98 굵은실선의 가는실선 처리

5.7.8 메인프레임의 가상선 처리

전체조립도를 만들기 위해 하위조립도들을 메인프레임에 얹게 된다. 이 때 메인프레임은 일종의 밑그림이 된다. 하위조립도들 간의 상대적인 위치를 정해주는 기준 역할을 한다. 하위조립도들이 잘 보이려면 메인프레임은 가상선 처리를 하는 것이 좋다. 가려지는 곳은 숨은선이고 가려지지 않는 곳은 굵은실선이 되는 것이 원칙이지만 간단한 처리를 위해서 메인프레임 전체를 가상선 처리하는 것이다.

그림 5-99는 전체조립도이다. 평면도에서는 메인프레임을 가상선 처리하였다. 그 위에 하위 조립도들이 각자의 위치에 맞춰 올라갔다. 그리고 메인프레임의 외곽선에 굵은실선을 추가로 그려 강조를 하였다. 이는 최소한의 굵은실선처리를 한 것이다. 정면도와 측면도에서는 하위 조립도들에 의해 가려지는 곳이 많지 않으므로 메인프레임을 굵은실선 처리하였다.

- Ⓐ 메인프레임은 가상선처리 하였고, 외곽선만 굵은실선으로 덧대어 강조하였다.
- Ⓑ 가려지는 부분이 적어서 메인프레임을 굵은실선 처리하였다.
- Ⓒ 가려지는 부분이 적어서 메인프레임을 굵은실선 처리하였다.

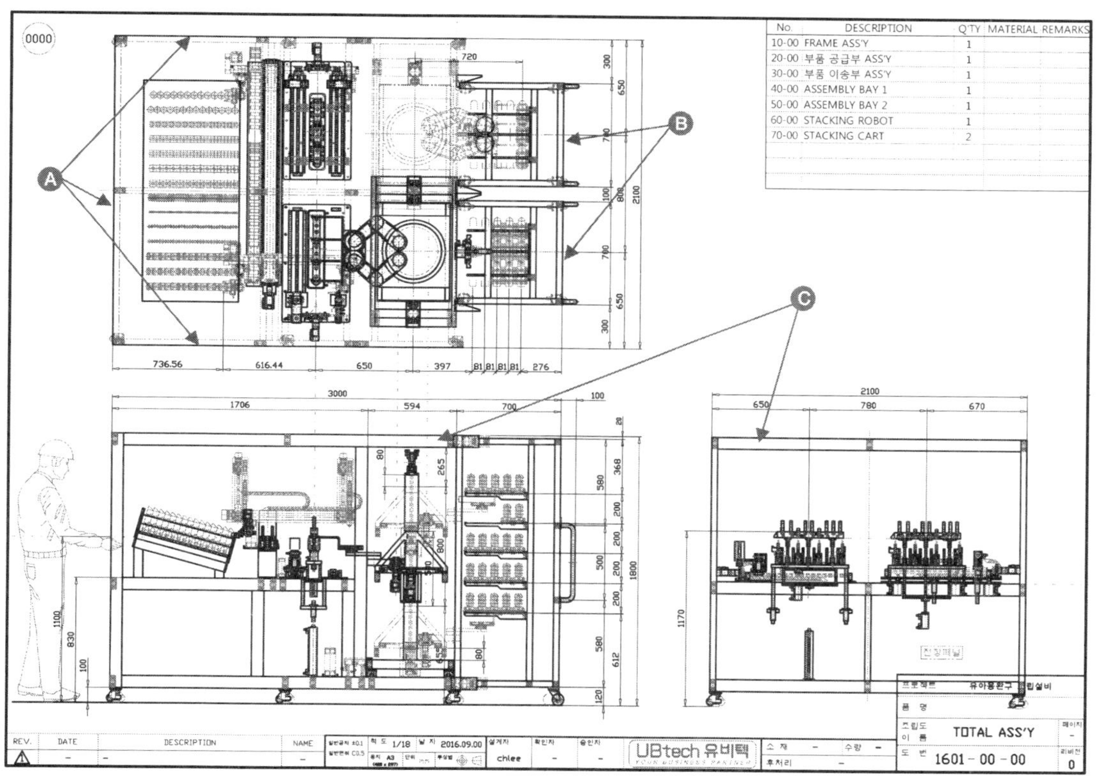

그림 5-99 메인프레임의 가상선처리

5.8 파트리스트 작성

일반적으로 도면에 파트리스트를 작성할 때 단일 행 문자 입력 혹은 테이블 작성 기능을 사용한다. 양이 많지 않을 때는 부담이 없지만 리스트가 많아지면 시간소모가 커지기 시작한다. 해당 문자를 일일이 클릭하여 입력하는 것을 반복해야 하기 때문이다.

파트리스트 작성 시 엑셀(excel: microsoft社)을 이용하면 편리하다. 일일이 클릭하지 않고도 문자 입력이 자유롭기 때문이다. 또한 생산관리용 파트리스트는 일반적으로 엑셀로 작성하는데 이를 그대로 복사해서 사용할 수 있다.

방법은 간단하다. 엑셀에서 파트리스트를 작성한 뒤에 도면에 삽입할 부분을 선택해서 복사한다(Ctrl + C). 그리고 오토캐드로 돌아와서 작업창에 붙여넣기(Ctrl + V)를 한다. 이 때 크기는 도면의 척도기준으로 1 : 1일 때의 크기로 삽입된다. 이를 해당 도면의 척도로 확대 혹은 축소를 해주면 된다. 이 과정을 그림 5-100, 그림 5-101에서 보여준다.

No.	DESCRIPTION	QTY	MATERIAL	REMARKS	No.	DESCRIPTION	QTY	MATERIAL	REMARKS
01	BASE	1	AL6061		30	GUIDE SHAFT	3	SUJ2	
02	LM SUPPORT	3	AL6061		31	COLLAR	3	S45C	
03	BALL SCREW	2	S45C		32	WORK SUPPORT	3	S45C	
04	MOVING PLATE1	1	AL6061		33	BUSH	3	BC	
05	MOVING PLATE2	1	AL6061		34	COLUMN	4	S45C	
06	PULLEY 1	2	AL6061		35	COLUMN PLATE	1	AL6061	
07	PULLEY IDLE	2	AL6061						
08	PULLEY SHAFT	2	S45C		P01	LM GUIDE; SBG15FL	3	SBC	
09	PULLEY WASHER	2	S45C		P02	SCREW NUT; STK1605-3-R	2	SBC	
10	PULLEY 2	1	AL6061		P03	SCREW SUPPORT; BK12DS	2	SBC	
11	MOTOR BKT	1	AL6061		P04	SCREW SUPPORT; BF12DS	2	SBC	
					P05	TIMING BELT; 255L050	1	URETHANE	
21	WORK BASE	1	AL6061		P06	BEARING; 6200	2		
22	WORK SUPPORT	6	AL6061		P07	REDUCER; SPIH042	1	SPG	
23	WORK SUPPORT	1	AL6061		P08	SERVO MOTOR; HF-KP13	1	MITSUBISHI	
24	WORK SUPPORT	1	AL6061						
25	FINGER	8	AL6061		P21	AIR CHUCK; MHZ2-25S	3	SMC	
26	COLUMN	4	AL6061		P22	BALL BUSH; LMF 20L	2	SBC	
27	COLUMN PLATE	2	AL6061		P23	AIR CYLINDER; CQ2B32	1	SMC	
28	STOPPER	4	AL6061		P24	FLOATING JOINT; FJMC8	2	MISUMI	
29	GUIDE SHAFT	2	SUJ2		P25	AIR CYLINDER; CQ2G40	1	SMC	

그림 5-100 엑셀에서 파트리스트 선택 후 복사

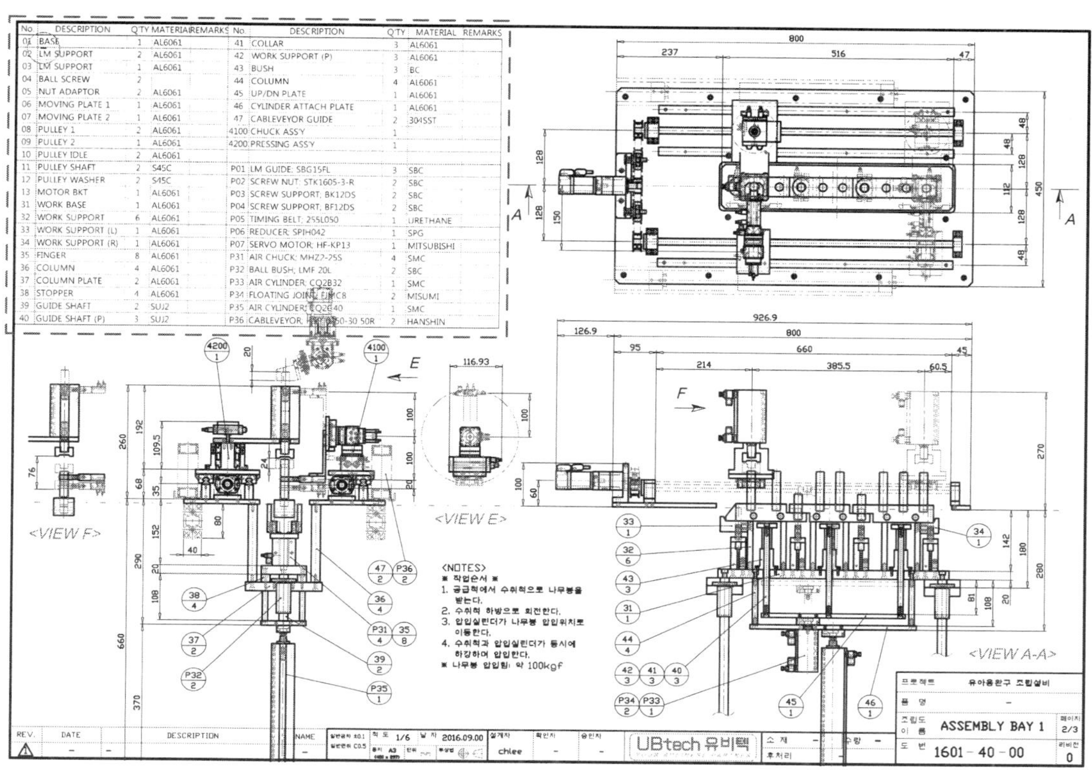

그림 5-101 파트리스트 오토캐드에 붙여넣기

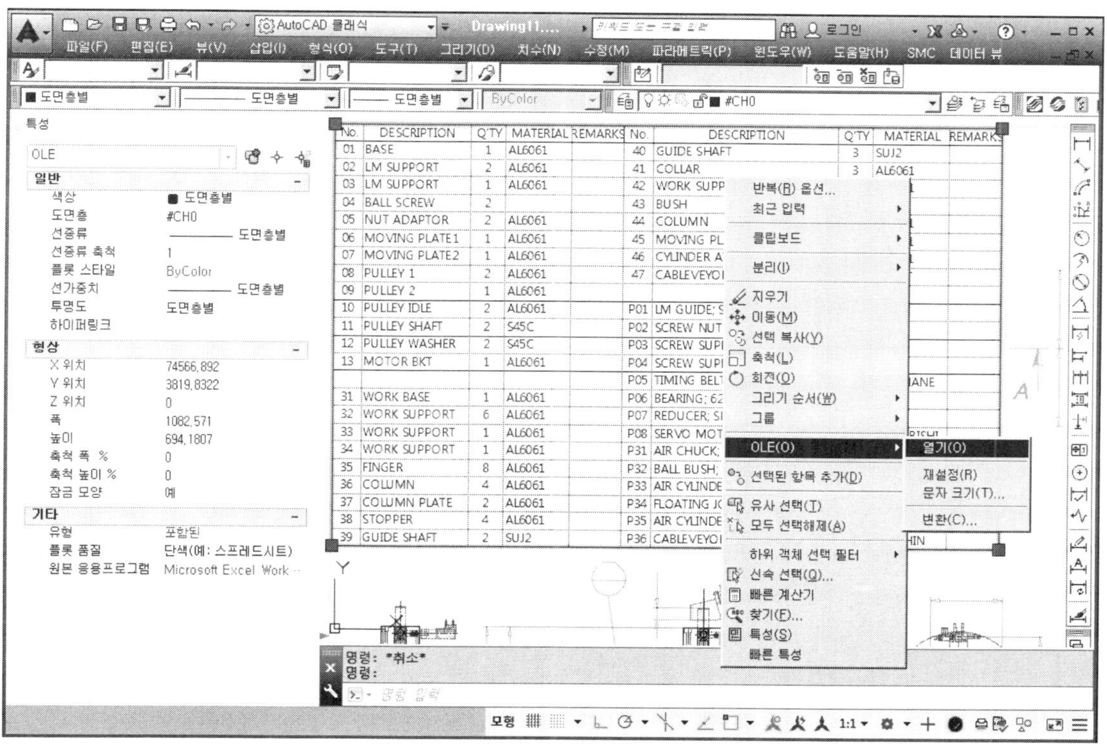

그림 5-102 파트리스트 열기

엑셀을 이용하여 파트리스트를 삽입하면 엑셀파일을 따로 저장하지 않아도 된다. 도면파일을 저장하면 엑셀파일이 따로 존재하지 않아도 함께 저장이 된다. 이를 OLE(Object Linking & Embedding) 기능이라고 한다.

파트리스트를 수정하고자 할 때는 해당 파트리스트를 더블 클릭하거나 파트리스트를 선택한 뒤에 마우스 우측버튼의 메뉴에서 OLE 열기를 선택하면 된다(그림 5-102). 그러면 엑셀이 실행되며 파트리스트가 열린다. 여기서 수정한 사항은 도면에 자동으로 반영되며 수정이 끝나면 실행된 엑셀파일을 저장 없이 그냥 끄면 된다.

Chapter

06

제작도 작성

조립도 작성이 완료되면 제작도를 작성한다. 조립도 설계단계에서 가능한 부품 수를 줄이고 비슷한 파트는 통일하여 제작도의 개수를 가능한 적은 방향으로 하는 것이 바람직하다. 여기서는 제작도의 작성에 대해서 설명한다.

6.1 뷰 배치, 뷰 만들기

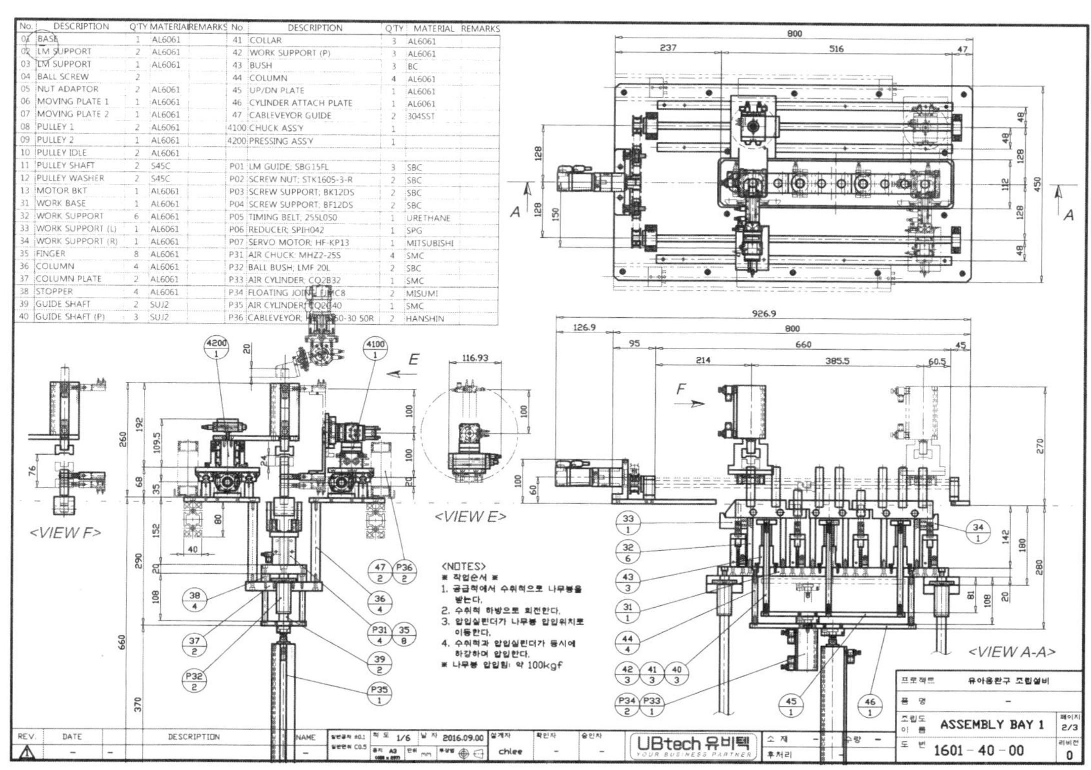

그림 6-1 조립베이-1 조립도

제작도 작성 시 조립도에 구성된 파트블록을 그대로 복사해서 동일한 배치로 제작도를 만드는 것이 좋은데 곧 설명하겠지만, 그렇지 못한 경우도 있다. 여기서는 조립도에 구성된 파트블록을 이용해서 제작도의 뷰를 배치하고 만드는 방법에 대해서 설명한다.

그림 6-2

그림 6-1의 조립도와 동일한 배치로 제작도를 작성하였다. 그런데 제작도의 측면도 블록은 조립도에 있지만, 정면도와 평면도는 블록이 아닌 간단한 선들로 조립도에 표현되어 있다. 부족한 부분은 직접 작도를 해야 한다.

한 가지 주목할 점은 뒤에 설명하겠지만 조립도에 사용하지 않을 뷰는 굳이 블록으로 만들 필요가 없다. 즉, 그림 6-2의 측면도는 조립도에서 가져온 블록이지만 정면도와 평면도는 작도만 하고 블록으로 만들 필요는 없다.

그림 6-3

조립도의 배치대로 제작도를 만들면 뷰 배치가 썩 좋지 않은 경우이다. 평면도를 반 시계방향으로 90도 회전시켰다.

그림 6-4

비슷한 파트는 하나의 도면에 모아서 일도다품도(一圖多品圖)를 만든다. 여기서 뷰의 배치는 조립도와 동일하게 하였다. 측면도는 조립도에서 사용하지 않아서 새로 작도하였다. 두 개의 뷰 만으로도 필요한 내용을 충분히 나타냄으로 평면도가 없어도 무방하다.

그림 6-5

사실 선반 제작품은 가로로 배치하는 것이 좋은데 조립도의 방향대로 세워서 배치하였다. 한번 회전시키는 것이 어려운 것은 아니나 한 번의 작업이라도 줄이려는 의미가 있고, 또한 도면 관리에 있어서 조립도와 제작도를 오가면서 볼 때 직관성을 유지하기 위한 목적도 있다.

뷰 하나에 필요한 정보가 모두 담겼다고 판단하여 여기에서는 측면도를 만들지 않았지만 측면도를 작도하면 만들려는 제품의 형태를 이해하는데 좀 더 도움이 된다.

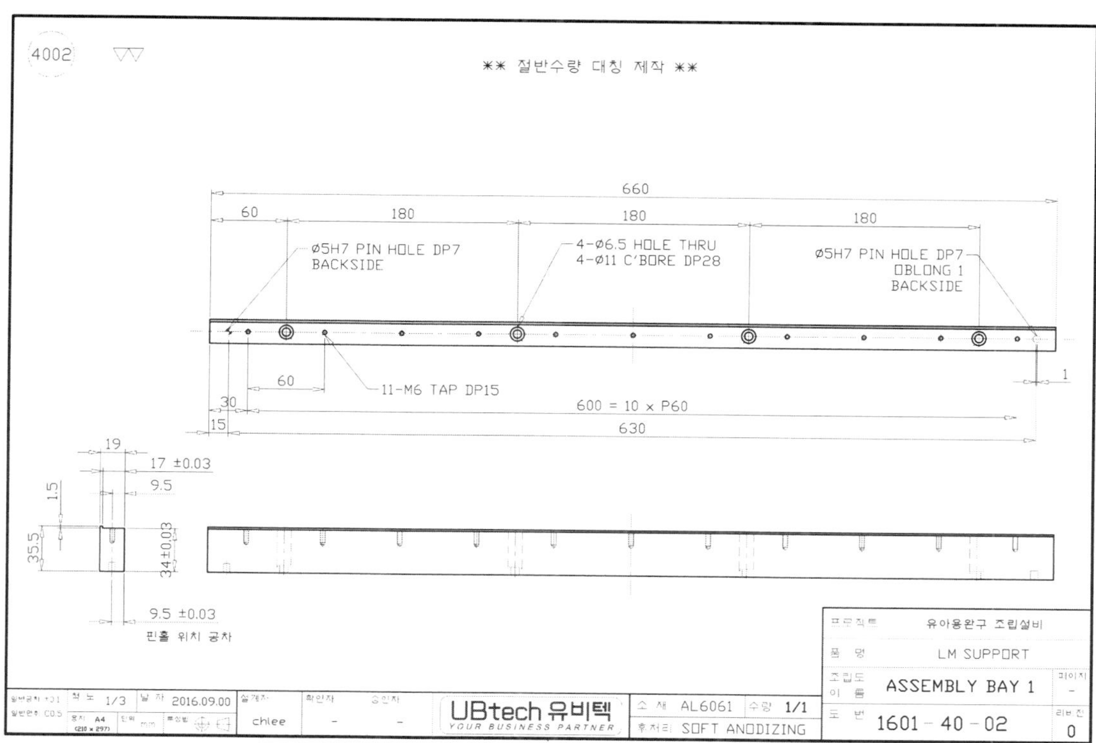

그림 6-2 제작도 만들기 / 조립도와 동일한 배치

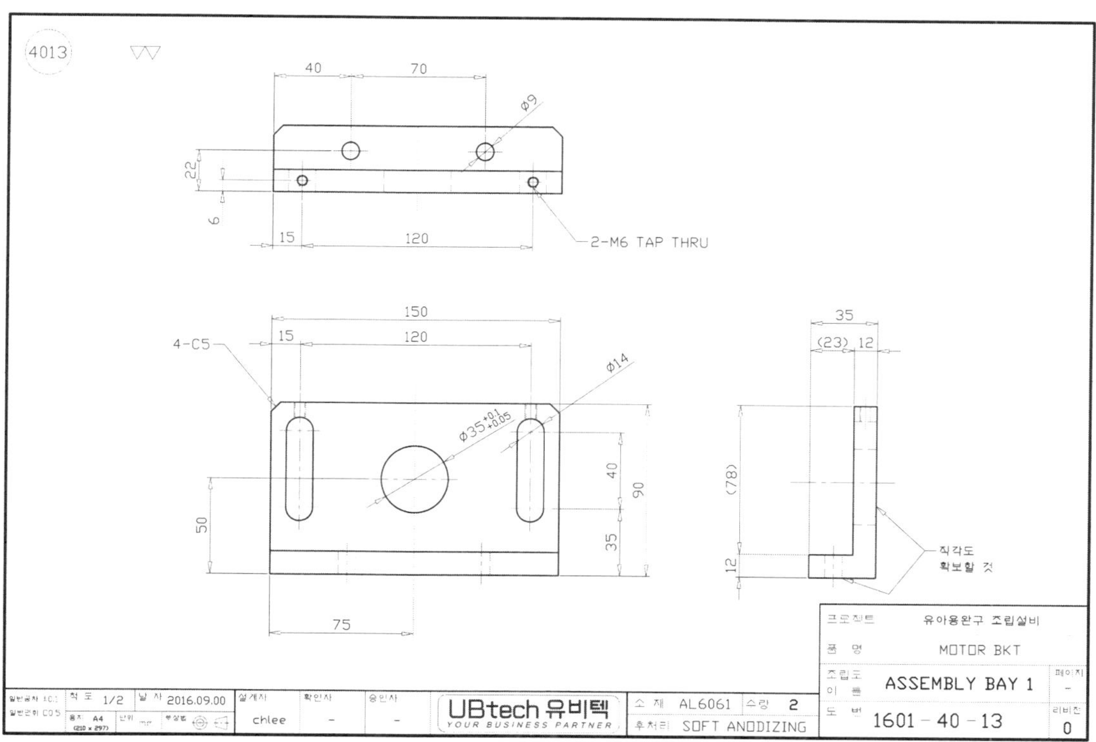

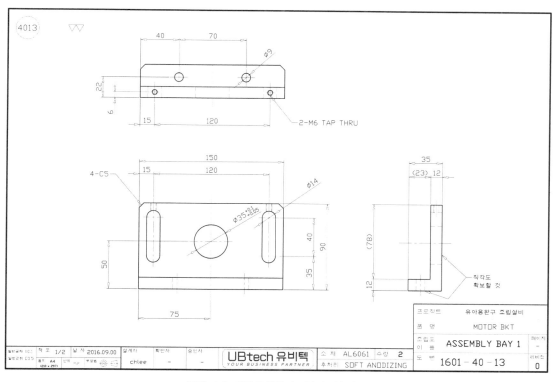

그림 6-3 제작도 만들기 / 평면도를 회전

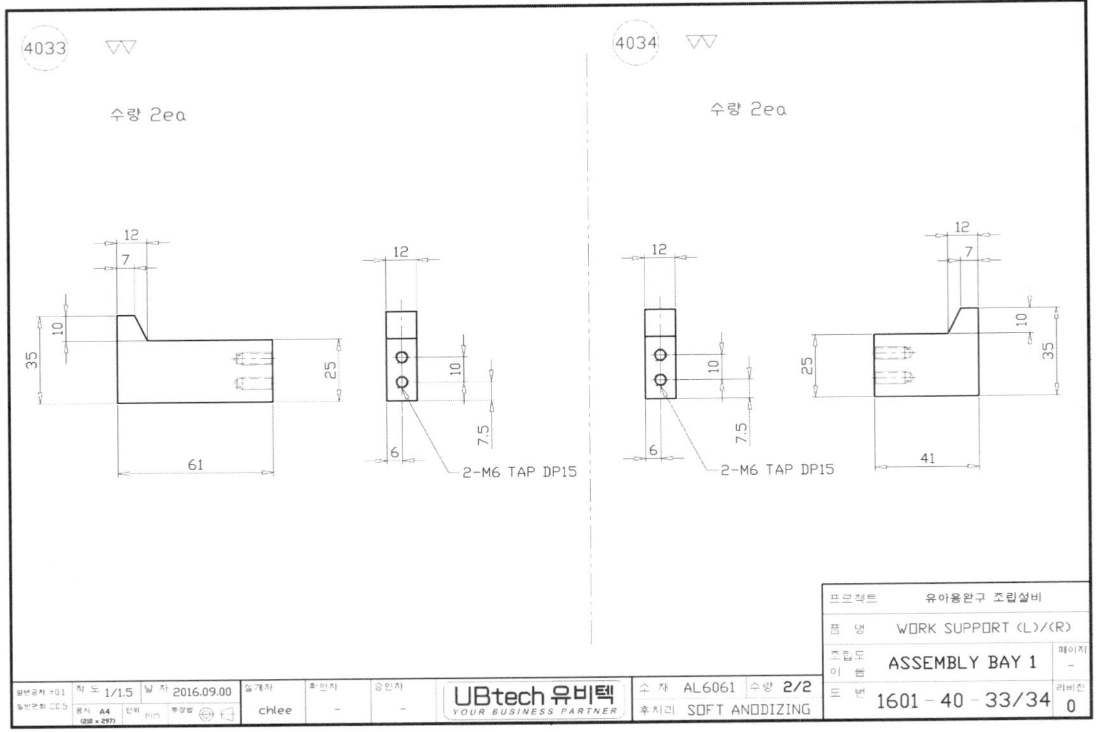

그림 6-4 제작도 만들기 / 일도다품도(一圖多品圖)

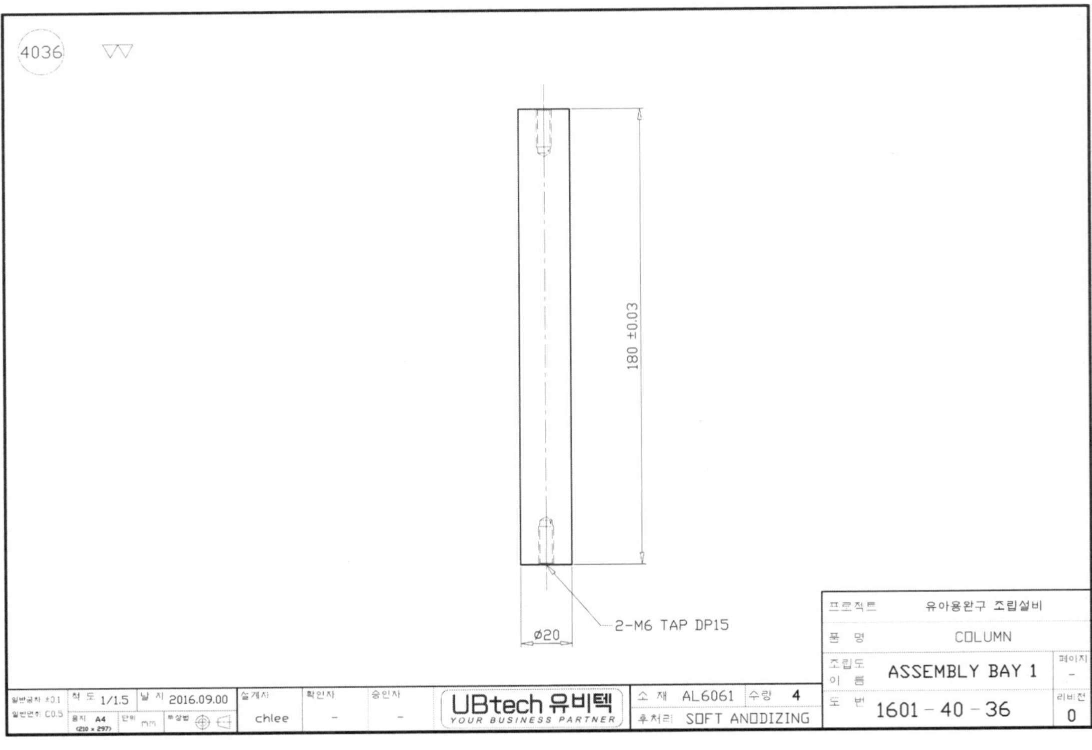

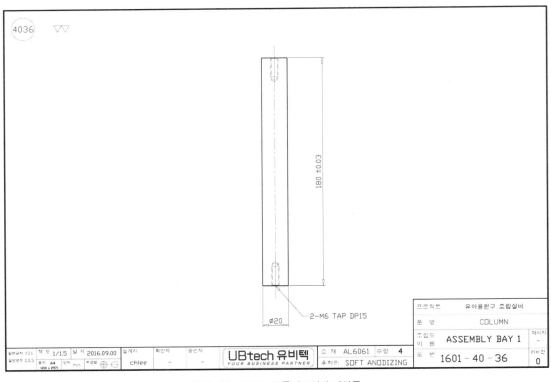

그림 6-5 제작도 만들기 / 선반 제작품

6.2 다중시트 도면의 작성

조립도와 마찬가지로 제작도를 작성할 때에도 표기할 내용이 많으면 시트를 추가한다. 그림 6-6과 그림 6-7은 40-01번 베이스판 도면의 페이지 1과 페이지 2이다.

베이스판의 경우 조립도를 구성할 때 나머지 부품들의 조립 기준이 된다. 즉 앞서 설명한 메인프레임의 경우처럼 하나의 밑그림 역할을 하게 된다. 베이스판에 가공된 홀과 탭들이 부품들의 조립위치가 되는 것이다. 베이스판을 블록으로 만들고 내부의 홀과 탭들을 가상선으로 처리한 뒤 해당하는 부품들을 부착하면 조립도가 구성된다.

일반적으로 자동화 설비에서 베이스판에는 대부분의 파트가 조립되므로 홀과 탭등의 가공이 많다. 그에 비교해서 본 예제설비의 베이스판은 비교적 가공부가 적은 경우이다. 시트를 추가하지 않고 한 장의 시트에 모두 표현할 수도 있지만 도면이 복잡해지면 도면을 보는 작업자는 해독의 오류 가능성이 높아진다.

도면을 나누는 기준은 가공의 종류이다. 작업자 입장에서 하나의 가공을 끝내고 다음 장에서 다음 가공을 할 수 있으면 좋겠다. 첫 번째 장에서는 ϕ6.5 구멍 및 ϕ11 카운터 보어 가공, ϕ5 핀 구멍 가공, M8 탭가공 등을 표기하였다. 두 번째 장에서는 M6 탭가공을 표기하였다.

하나의 도면을 여러 장의 시트로 만들 경우 소재, 수량, 후처리에 대한 내용은 첫 페이지에만 표기하는 것이 좋겠다. 시트가 여러 장일 때 이를 하나의 도면으로 이해하지 못할 경우 서로 다른 도면으로 착각할 수가 있다. 이 때 모든 시트에 소재, 수량, 후처리가 기입되어 있으면 중복 제작할 수 있기 때문이다.

베이스판 도면처럼 하나의 뷰를 여러 장의 시트에 동일하게 배치하고 지시하는 내용만 달라지는 경우 표기내용이 중복되거나 아예 빠지게 되는 오류의 가능성이 다분하다. 이런 경우 하나의 시트에서 표기를 한 가공부는 다른 시트에서는 가상선으로 처리하면 이러한 오류를 줄일 수 있다. 그림 6-6과 그림 6-7을 다시 보면 각각의 시트에서 치수선이 지시하는 부분은 실선으로 표현되어 있고 치수선이 지시하지 않는 부분은 가상선으로 표현되어 있는 것을 알 수 있다.

이 때 이들을 일일이 선택하여 선처리를 할 수는 없다. 여기서 블록을 사용하면 편리하다. 즉 각각의 시트에 표기할 블록을 분리하는 것이다. 그림 6-8은 이렇게 만든 각각의 블록이다. 이 때 블록 내부의 선 특성을 '블록별'로 설정한다. 그리고 무엇보다도, 기준이 되는 센터선은 동일하게 작도해두었음을 눈여겨봐야 한다.

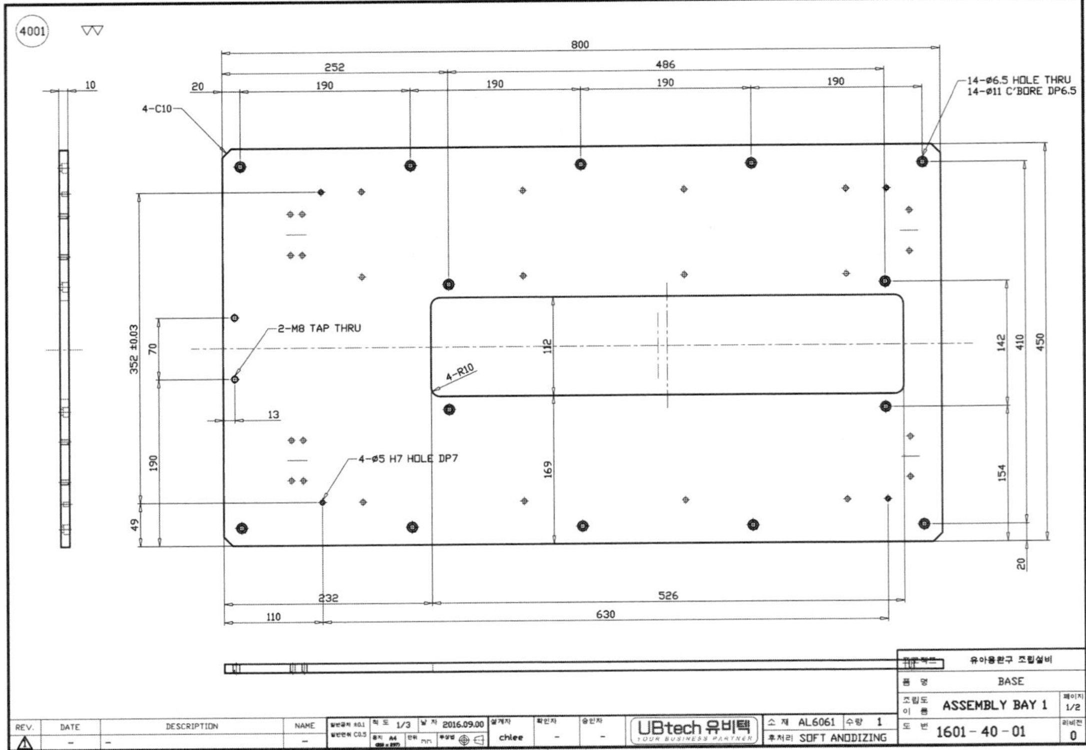

그림 6-6 베이스판 도면 페이지 1

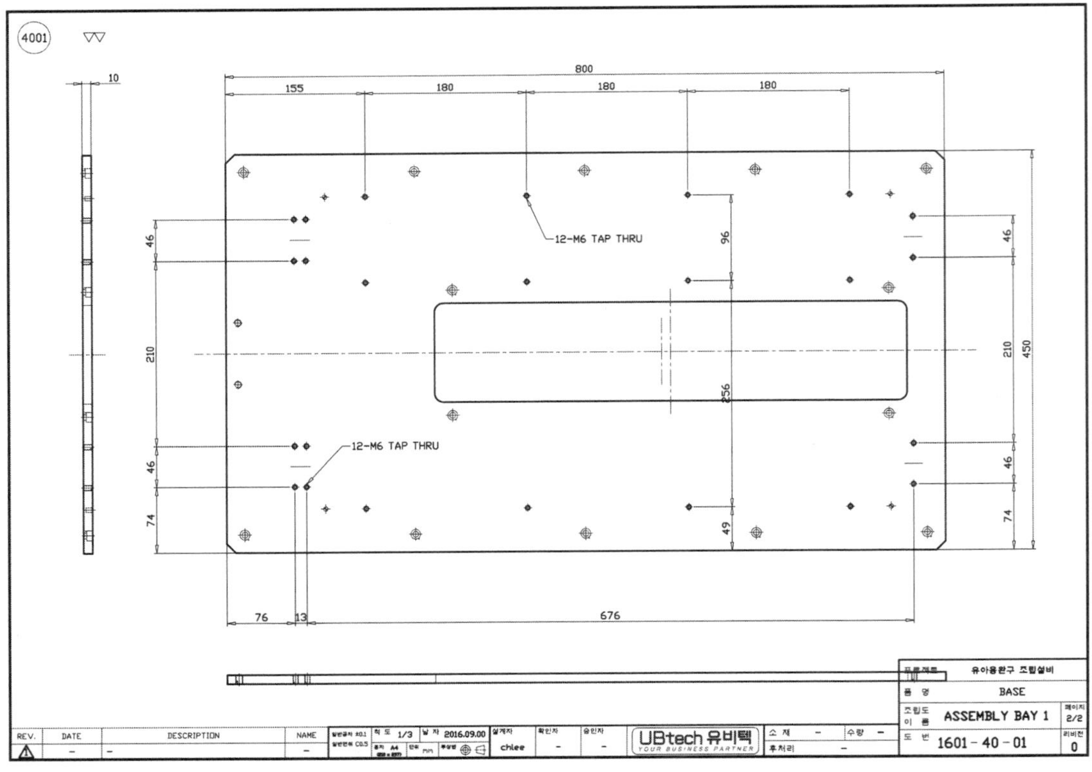

그림 6-7 그림 6-6 베이스판 도면 페이지 2

이 두 개의 블록을 합하면 비로소 그림 6-6, 그림 6-7과 같은 도면이 된다. 이 두 개의 블록을 이용하여 각각의 시트에서 실선과 가상선 지정을 쉽게 할 수 있다. 한 가지 주의할 점은 하나의 뷰를 다루기 위해서는 이렇게 분리한 두 개의 블록을 모두 다뤄야 한다는 것이다.

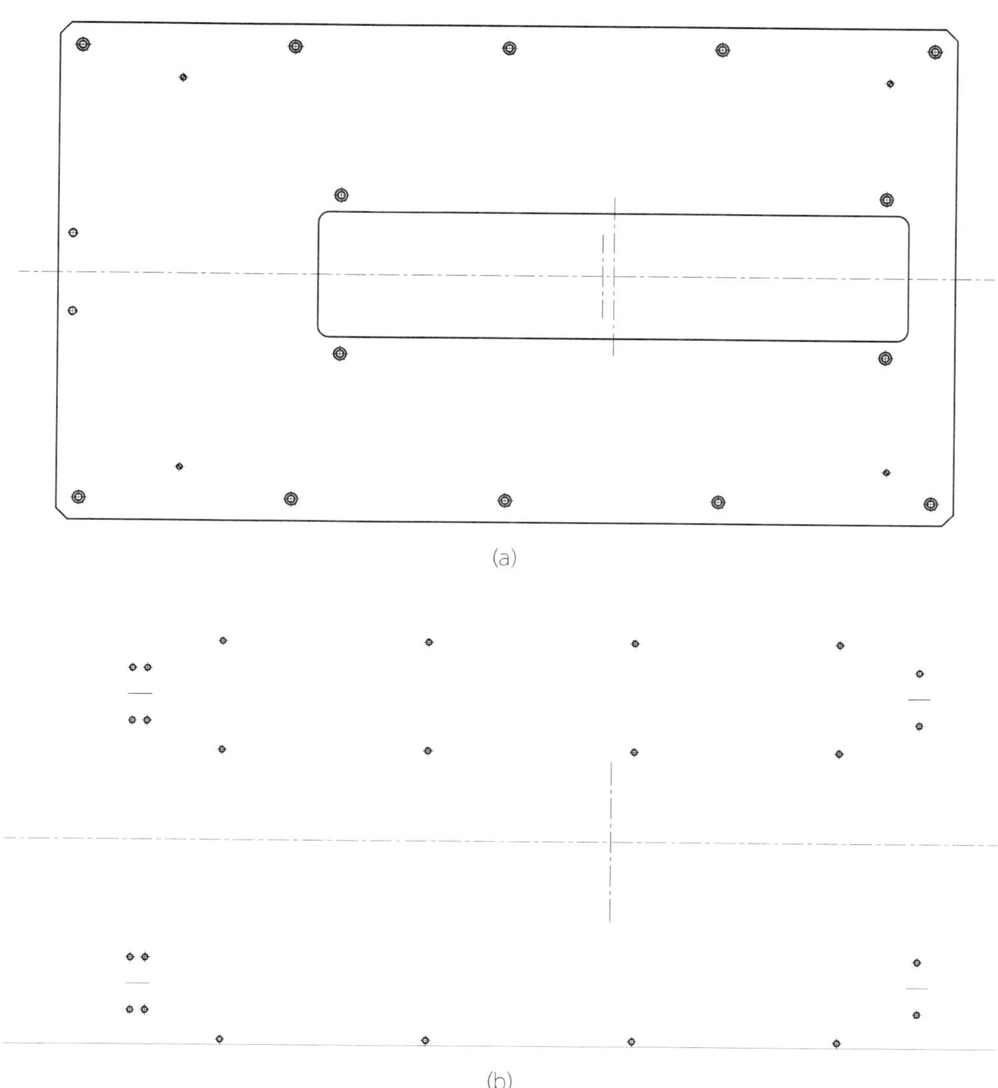

(a)

(b)

그림 6-8 하나의 뷰를 두 개의 블록으로 분리

6.3 도면파일 만들기

오토캐드는 컴퓨터 소프트웨어이므로 작성한 도면은 당연히 컴퓨터의 파일로 저장 및 관리하게 된다. 여기서는 도면파일을 만드는 방법에 대해서 설명한다.

자동화 기계설계에서 도면파일을 만드는 방법은 하나의 파일에 하나의 제작도(혹은 조립도)를 넣는 경우와 하나의 파일에 여러 개의 도면을 넣는 경우의 두 가지를 말할 수 있다.

먼저 하나의 파일에 하나의 도면을 넣는 경우 모든 조립도와 제작도 각각에 대해 하나의 파일을 만들어야 한다. 이 경우의 장단점은 다음과 같다.

01 다른 파일의 동일한 블록이나 선의 스케일의 영향을 받지 않는다.
02 리비전 관리에 다소 유리하다.
03 리습(LISP)을 만들어서 도면출력을 손쉽게 할 수도 있다.

리습 : 개별적으로 원하는 기능을 만드는 오토캐드의 프로그래밍 언어.

04 필요한 도면을 보려면 해당 파일을 일일이 열어야 한다.
05 파일의 개수가 많아져서 관리가 어려워질 수 있다.
06 다른 도면을 함께 봐야 할 경우 비효율적이다.

다음으로 하나의 파일에 여러 개의 도면을 넣는 경우 조립도 및 그와 관련된 제작도를 하나의 파일에 넣으므로 하나 혹은 단 몇 개의 파일만 만들면 된다. 이 경우의 장단점은 다음과 같다.

01 많은 도면을 하나의 화면에서 자유롭게 검토할 수 있다.
02 도면파일의 개수가 적어진다.
03 각 도면마다의 선의 스케일을 일정하게 맞추기가 어렵다.

먼저 설명한 하나의 파일에 하나의 도면을 넣는 경우는 소개의 차원에서 설명하였으며 일반적으로 사용하지 않는 방법이므로 비 추천 사항이다. 그러므로 여기서는 하나의 파일에 여러 개의 도면을 넣도록 한다. 참고사항으로 인벤터, 솔리드웍스 등의 3차원 캐드에서는 하나의 파일에 하나의 도면을 넣게끔 되어 있다.

앞서 오토캐드에서는 블록을 만들어 설계한다고 하였는데 이 때 한 가지 주의사항이 있다.

도면파일의 용량이 너무 크면 불리하다는 것이다. 보다 정확히 말하면 하나의 파일 안에 서로 다른 블록의 개수가 너무 많으면 불리하다.

블록을 수정하기 위해서는 블록 내부편집으로 출입을 하게 된다. 이 과정에서 오토캐드는 도면에 있는 블록 전체를 스캔한다. 복사되어 있을지 모르는 동일한 블록에 같은 변화를 적용해야 하기 때문이다. 내부편집으로 출입할 때 오토캐드는 항시 이를 시행한다. 그러므로 블록의 개수가 많을수록 시간이 많이 걸린다. 굳이 블록으로 만들지 않아도 되는 제작도의 뷰는 블록으로 만들지 않는 것이 좋다. 제작도에서 사용된 모든 뷰를 조립도에 사용하지는 않으며 이들 뷰까지 블록으로 만들 필요는 없다.

결론적으로 파일의 용량이 클수록 빠른 작업이 어려워지는 것이다. 작업내용을 불가피하게 잃지 않으려면 저장은 자주할수록 좋은데 파일의 용량이 클수록 저장하는 시간도 생각보다 많이 소모된다. 특히 자동저장을 설정해놓은 경우에 작업이 끊기는 경우가 자주 발생한다. 필자의 경험으로는 도면파일 하나의 용량은 최대 5MB를 넘지 않는 것이 좋다. 물론 더 작을수록 좋지만 일반적으로 수백 개의 파트를 가진 자동화설비의 도면파일 크기가 작기란 쉽지 않다.

파일의 크기가 너무 크다면 적절히 분리하여 파일의 개수를 늘린다. 예제설비 역시 조립도를 작성하고 제작도까지 하나씩 작성하다 보니 하나의 파일에 모두 담기에는 내용이 많아지게 되었다. 그래서 파일의 분할을 고민하였는데 그나마 다른 부분과의 연관성이 낮은 스태킹 로봇부분을 분리하기로 하였다. 이 때의 단점으로는 다른 파일에 있는 도면과의 관계 검토와 블록 이동에 더욱 주의해야 한다는 점이다. 이렇게 만든 예제설비의 도면파일은 그림 6-9와 같다.

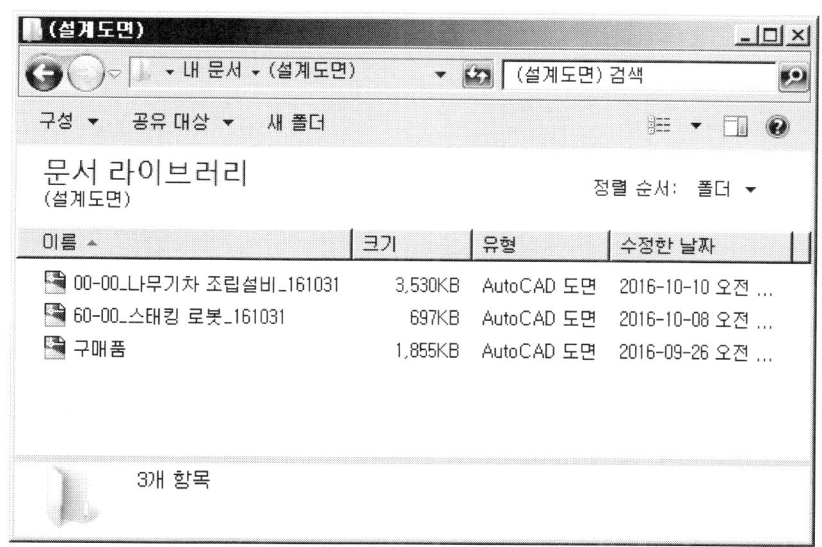

그림 6-9 예제설비의 도면파일

6.4 도면 배치하기

많은 양의 도면을 하나의 파일에 넣으면 자칫 질서를 잃어 원하는 도면을 찾기도 어려워지고 혼란에 빠질 수 있다. 그래서 일반적으로는 도번 순서로 조립도를 먼저 배치하고 그 아래에 해당하는 제작도를 정렬시켜 도면들을 배치한다.

여기서 이렇게 단순히 배열하기보다는 보다 작업 효율을 높이는 방법을 고민하게 되었고 그 결과 작은 방법을 생각하게 되었는데 여기서는 이를 설명하고자 한다.

6.4.1 조립도의 배치

그림 6-10에서 전체조립도와 그 우측으로 40번과 50번 조립도가 배치되어 있다. 그런데 도면들이 정렬되어 있지 않음을 알 수 있다. 여기서 하나의 선이 모든 도면들을 가로질러 그려져 있는 것을 볼 수 있는데 이 정렬선(Ⓐ)을 기준으로 전체조립도, 40번 조립도, 50번 조립도의 정면도와 측면도의 위치를 동일 선상에 배치한 것이다. 즉 도면틀의 정렬은 중요하지 않고 각 도면 안의 주요 뷰의 배치를 정렬한 것이다.

그림에서 보여주는 도면들은 작업이 모두 끝난 결과이므로 그 효과를 납득하기 어려울 수 있으나 도면이 현재 설계과정인 경우, 또는 설계변경 등의 사후 관리에 있어서 매우 유용한 방법이다.

그림 6-11에서 전체조립도와 그 좌측으로 30번 조립도가 배치되어 있다. 이 역시 전체조립도에서 30번 조립도를 그대로 좌측으로 복사하여 배치한 것이며 그 위치를 보여주는 정렬선(Ⓑ)이 그려져 있다.

정렬선의 도면층은 #CH5를 사용했다.

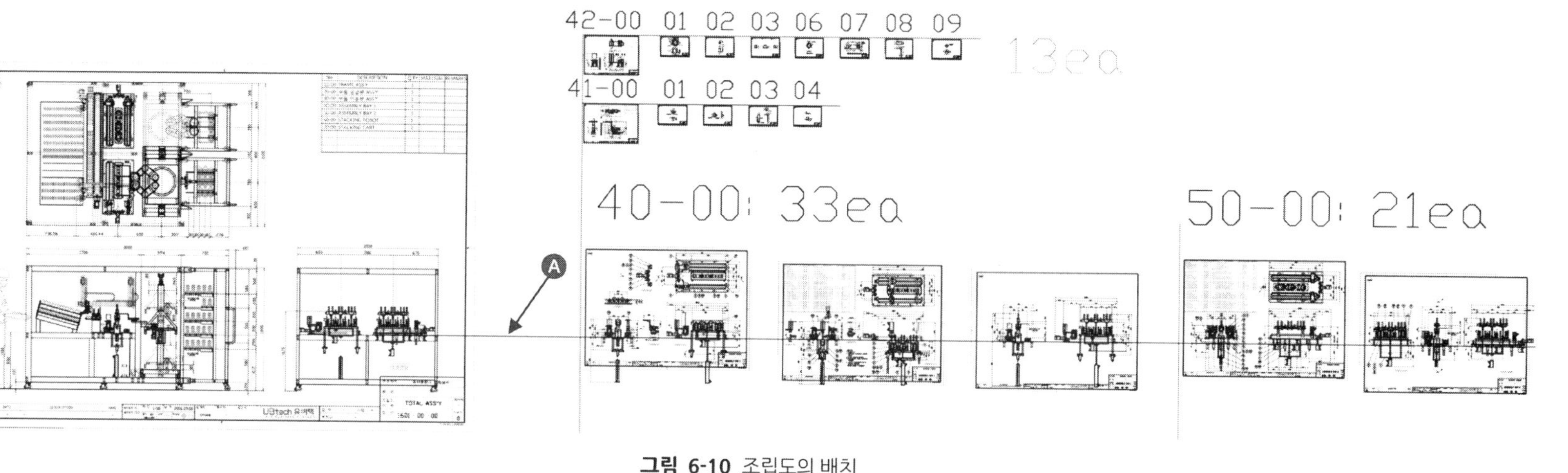

그림 6-10 조립도의 배치

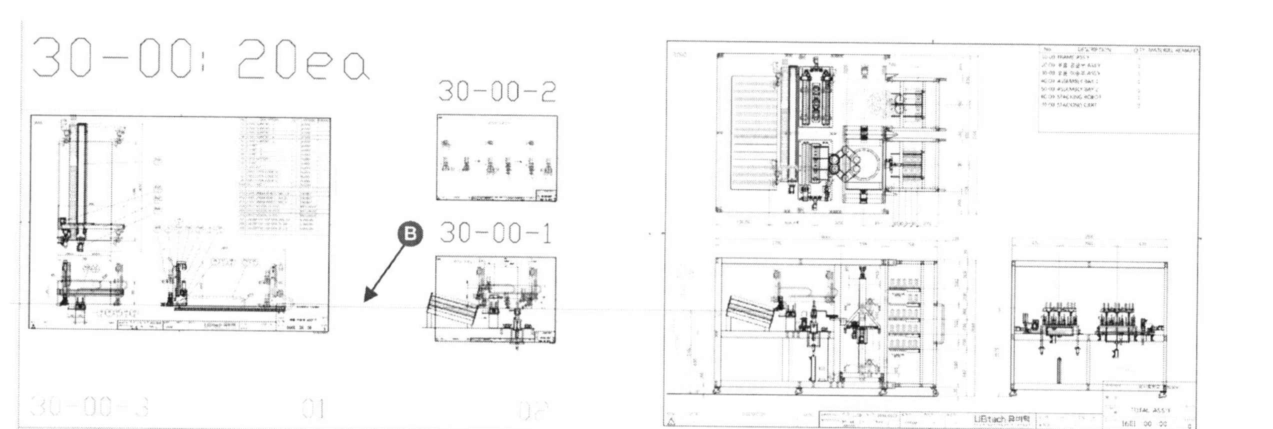

그림 6-11 조립도의 배치

6.4.2 제작도의 배치

이제 조립도 근처에 제작도를 도번 순서로 정렬하면 된다. 이를 그림 6-12에서 보여준다. 여기서 다른 조립도들의 배치도 볼 수 있는데 앞에 설명한대로 꼭 뷰를 기준으로 정렬하지 않는 도면들도 있다. 여기서 설명하는 내용이 꼭 지켜야만 하는 사항들은 아니다. 그저 각자의 방법에 더해서 활용하도록 하자.

그림에서 보면 각 도면의 상단에 번호가 기입되어 있는데 이는 도면 번호이다. 이렇게 보기 쉽게 기입해두면 도면을 찾기가 쉽다.

도면간의 배치 간격은 너무 좁지 않은 것이 좋다. 뒤에 설명할 리비전 관리를 위해서는 도면을 선택하여 이동해야 하는데 너무 좁으면 도면 선택이 쉽지 않기 때문이다.

70번 조립도는 카트 조립도이다. 그림에서 보면 70-01번 도면이 순서와 다르게 맨 끝에 배치된 것을 알 수 있다. 이는 상대적으로 큰 도면은 바깥쪽으로 배치하여 나머지 도면을 보다 가까이서 관리하기 위함이다.

설계과정에서나 사후 설계변경의 작업에서는 조립도와 제작도를 끊임없이 번갈아 가며 봐야 한다. 조립도와 제작도 뿐이 아니라 관련성이 높은 도면 간의 관계도 마찬가지다. 결론적으로 도면의 배치에 있어서 중요한 점은 관련 도면간의 거리와 상대적인 위치이다. 앞에 설명한 뷰를 기준으로 한 조립도의 배치는 조립도 간의 상대적인 위치를 보다 효율적으로 배치하기 위함이고 그림과 같이 조립도 및 제작도를 배치한 것은 전체조립도를 기준으로 관련성 높은 도면끼리 가능한 가까이에 배치하기 위함이다.

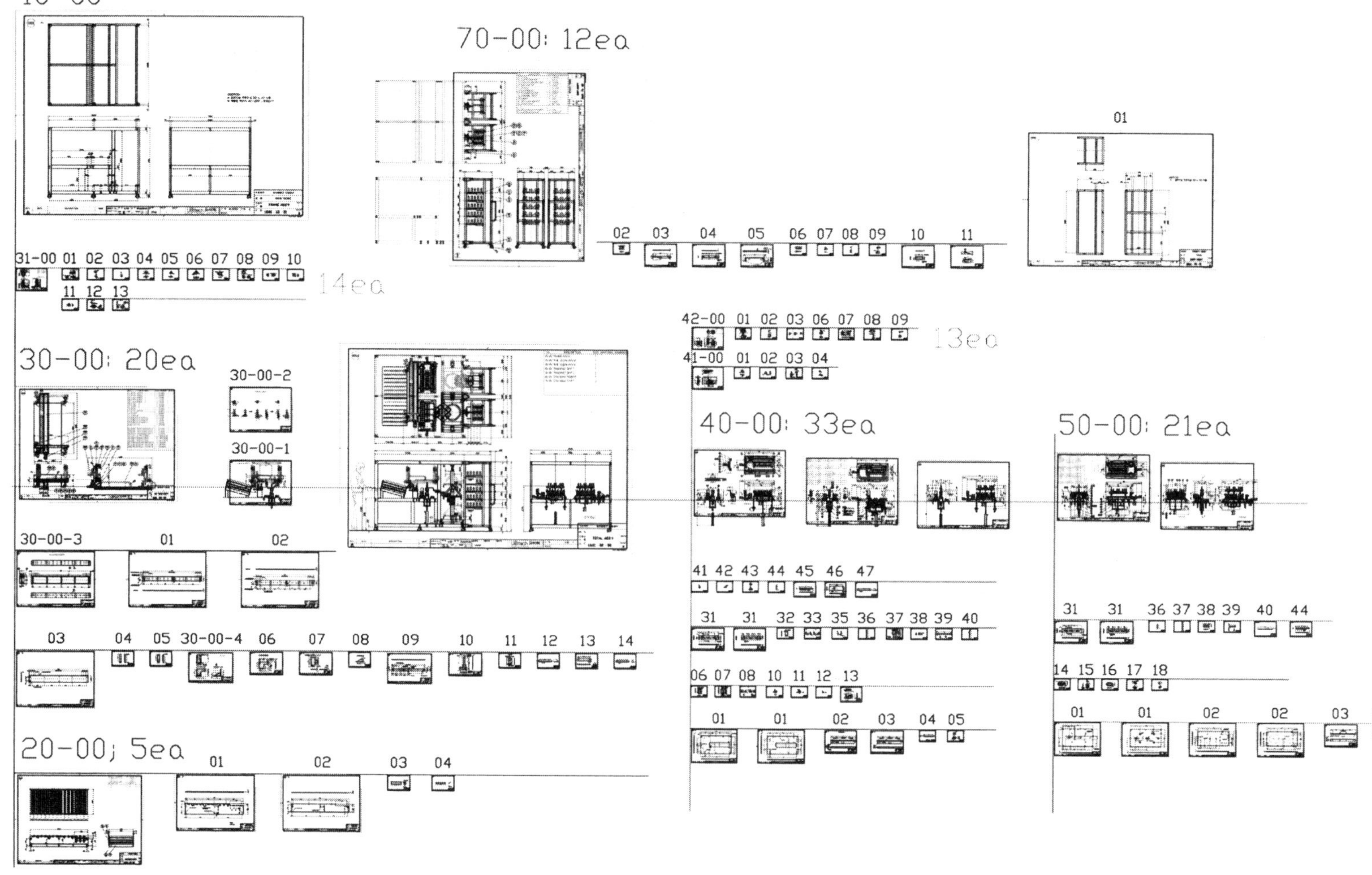
10-00
70-00: 12ea
01
02 03 04 05 06 07 08 09 10 11
31-00 01 02 03 04 05 06 07 08 09 10
11 12 13
14ea
42-00 01 02 03 06 07 08 09
13ea
41-00 01 02 03 04
30-00: 20ea
30-00-2
30-00-1
40-00: 33ea
50-00: 21ea
30-00-3 01 02
41 42 43 44 45 46 47
31 31 32 33 35 36 37 38 39 40
31 31 36 37 38 39 40 44
03 04 05 30-00-4 06 07 08 09 10 11 12 13 14
06 07 08 10 11 12 13
14 15 16 17 18
01 01 02 03 04 05
01 01 02 02 03 05
20-00; 5ea
01 02 03 04

그림 6-12 도면의 배치

6.4.3 뷰포트(view port) 기능

앞서의 내용에서 조립도와 제작도를 번갈아 가며 봐야 하기 때문에 관련도면간의 거리가 가까운 것이 좋다고 하였다. 이 때 뷰포트 기능으로 캐드 작업창을 두 개 혹은 그 이상으로 쪼개면 도면간의 거리를 좁히지 않더라도 작업하기 편리하다.

오토캐드의 명령어 입력란에 'VIEWPORT'를 입력한다. 혹은 메뉴바 → 뷰 → 뷰포트를 선택해도 된다. 그러면 그림 6-13과 같이 뷰포트 선택창이 나타나는데 여기서 원하는 뷰포트 분할 방법을 선택하면 된다. 주로 '둘: 수직'을 사용한다. 다시 하나의 뷰포트로 돌아오려면 '단일'을 선택하면 된다.

화면이 분할되었을 때 분할된 경계선을 클릭하여 움직이면 분할된 화면의 크기를 조절할 수 있다.

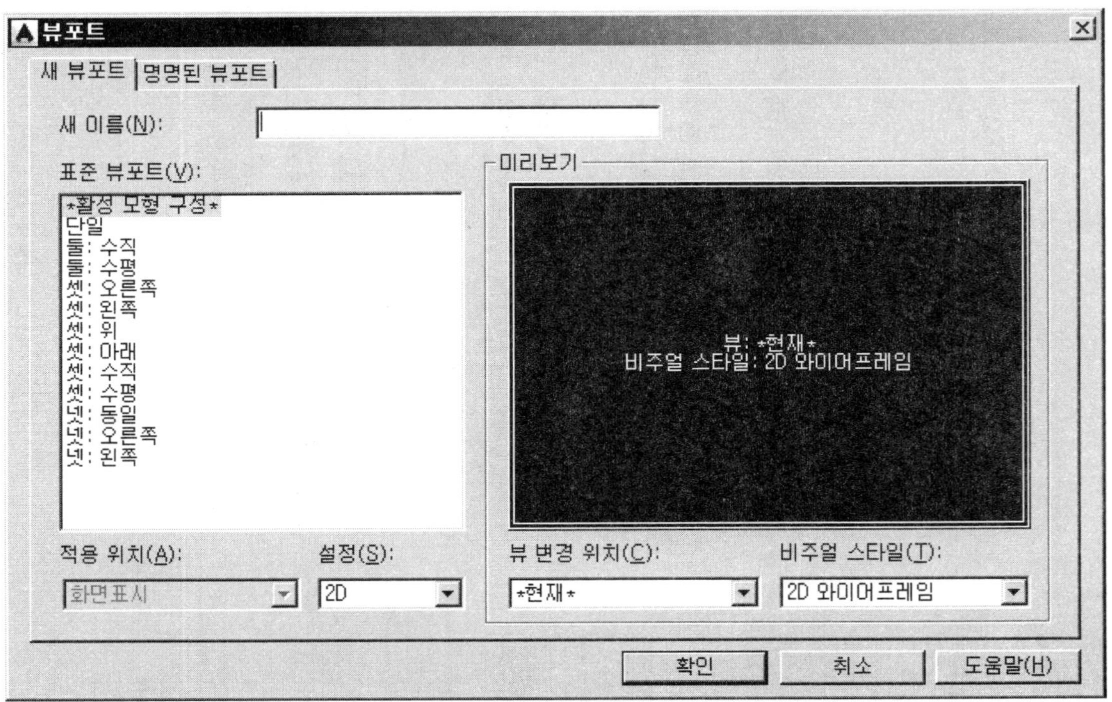

그림 6-13 뷰포트 선택창

6.4.4 척도(scale)

제작도를 나열할 때 도면들의 척도가 가능한 일정한 것이 좋다. 단일 도면만 두고 보면 척도가 다소 맞지 않더라도 척도가 크게 어긋나지 않다면 주변의 도면과 척도를 통일하는 것이 좋겠다. 그 이유는 우선 제작도의 나열된 형태가 시각적으로 안정감을 주고, 치수 스케일을 통일하여 자꾸 바꾸지 않고도 치수를 입력할 수 있기 때문이다. 또한 궁극적인 목적으로는 출력할 때 선의 스케일을 자주 바꾸지 않아도 되는 점이다.

선의 스케일이라 함은 중심선, 숨은선, 가상선 등의 쇄선의 크기를 의미한다. 도면 작성을 완료하고 최종적으로 출력할 때 선의 스케일이 적절하지 않으면 선을 구분하기가 어려워지고 따라서 도면의 품질이 떨어지게 된다. 이는 뒤에 '출력하기'에서 다시 설명하도록 한다.

그림 6-14는 일부 제작도들을 보여주고 있다. 이들 제작도의 척도는 1 : 1.5이다. 여기서 1번 도면은 대체적으로 도면틀 내에서의 뷰 배치를 고려할 때 척도가 적절하다. 그런데 2번과 3번 도면은 뷰 이외의 빈 공간이 많고 척도를 좀 줄이는 것이 적절하다고 보여진다.

하지만 도면을 해독하는데 문제가 없다면, 척도가 꼭 알맞을 필요는 없다. 도면들의 척도를 여러 가지로 가져가기 보다는 앞서 설명한 이유대로 주변의 도면과 척도를 통일하도록 한다. 하지만 이 역시 권고사항일 뿐 강제사항은 아니다. 필요할 때는 척도를 바꿔주도록 한다.

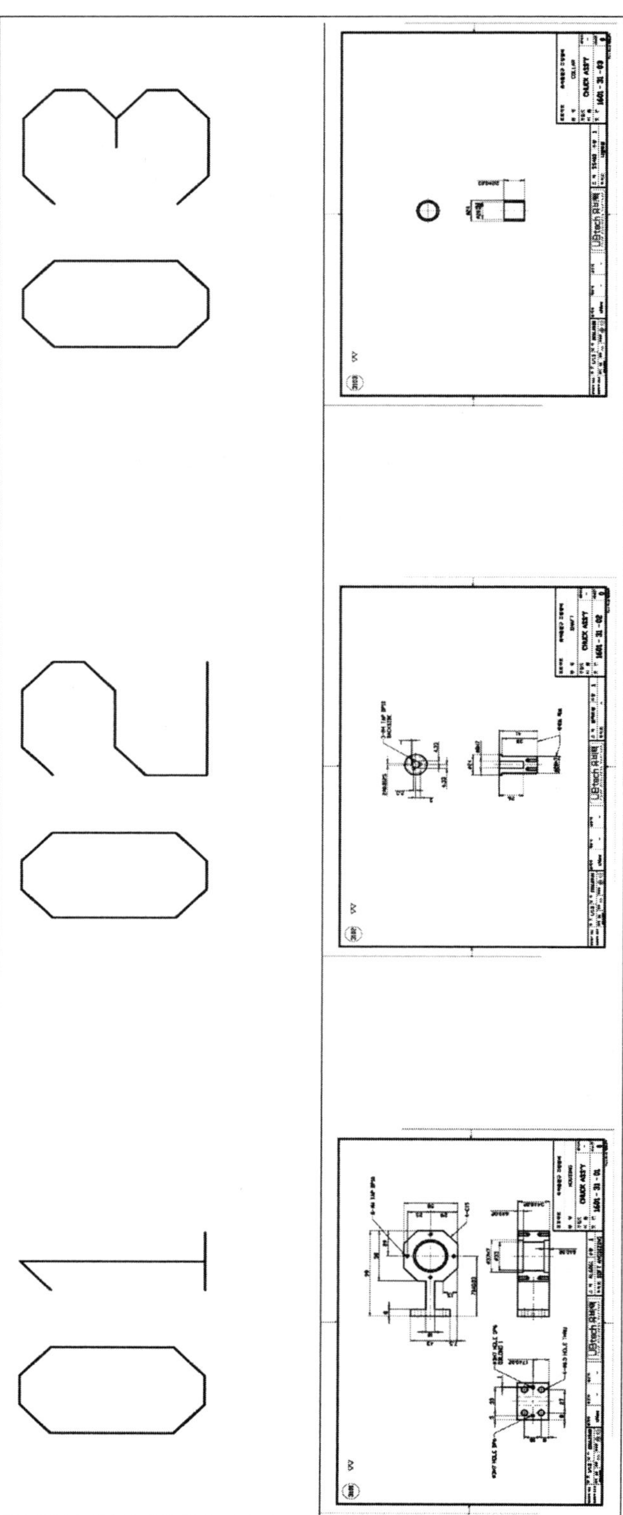

그림 6-14 제작도의 척도

6.4.5 리비전(revision) 관리

도면 작성을 완료하면 출도하기 전에 검도를 통해 오류를 찾아내고 고친다. 그리고 도면을 종이에 출력하고 회사마다의 절차를 통해 출도를 한다. 도면을 출도하면 제작도대로 가공하고 조립도대로 설비를 만들게 된다. 그런데 설계는 사람이 하는 일이다 보니 실수하기 마련이고 출도 후에 실수를 발견하면 이를 수정해야 한다.

설비제작을 완료하고 나서도 설계변경 하는 경우가 있다. 제작하기 전에는 미처 생각하지 못했던 결함을 발견했다든가 고객의 변경요청사항이 발생할 수도 있다. 혹은 설비를 납품하여 현장에서 사용하다 보니 발생하는 다양한 문제점들을 반영하여 설계변경 해야 하는 경우도 있다.

이렇게 출도 후에 도면을 변경하는 작업을 '리비전'이라고 한다. 도면을 리비전할 때 중요한 점은 도면을 변경하기 전의 상태를 보존해야 하는 점이다. 이 과정이 누적되면 설계변경 이력이 된다.

리비전 관리는 도면의 배치를 이용한다. 그림 6-15는 조립도의 리비전 배치이다. 조립도의 리비전 과정은 다음과 같다.

01 설계변경 하기 전의 도면을 우측방향으로 복사한다. 설계변경 하기 전이라는 점이 중요하다. 이동 방향이 중요한 것은 아니고 그저 도면이 모여있는 곳에서 바깥쪽으로 배치한다는 개념이다.

02 이렇게 복사한 도면의 블록을 모두 깬다(explode). 필요한 부분은 선처리 한다.

03 복사한 도면에 'X' 표시를 하여 과거의 도면임을 표시한다. 이는 매우 중요한 점인데, 차후에 어느 것이 최종 도면인지 혼동하면 안되기 때문이다.

04 이제 설계변경을 한다.

제작도의 리비전 과정도 동일하다. 그림 6-16은 제작도의 리비전 배치이다.

01 설계변경 하기 전의 도면을 아래방향으로 복사한다.

02 복사한 도면의 블록을 깬다.

03 복사한 도면에 'X' 표시를 한다.

04 설계변경을 한다.

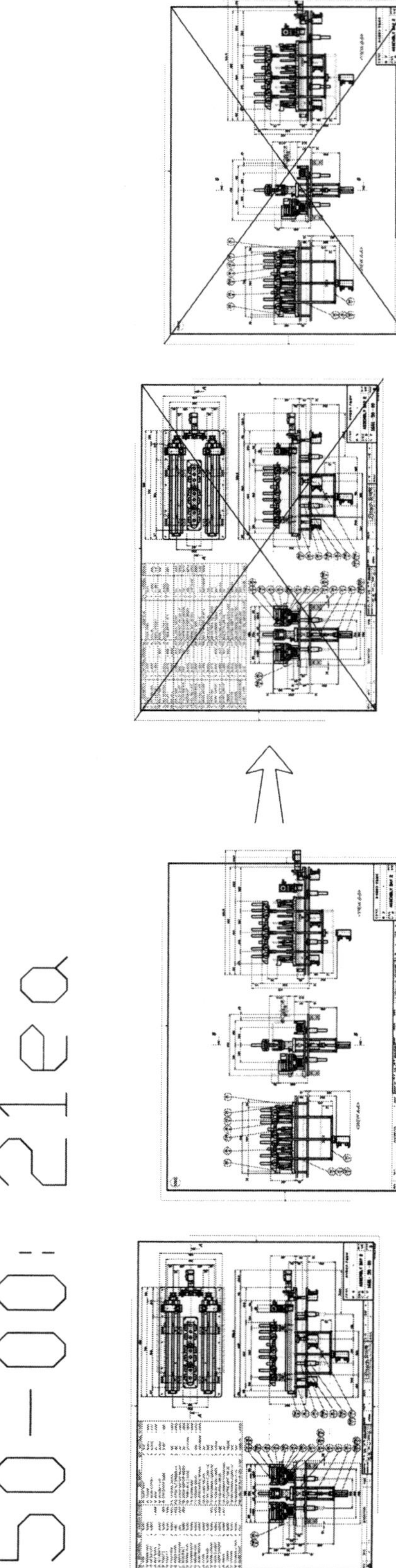

그림 6-15 조립도의 리비전 배치

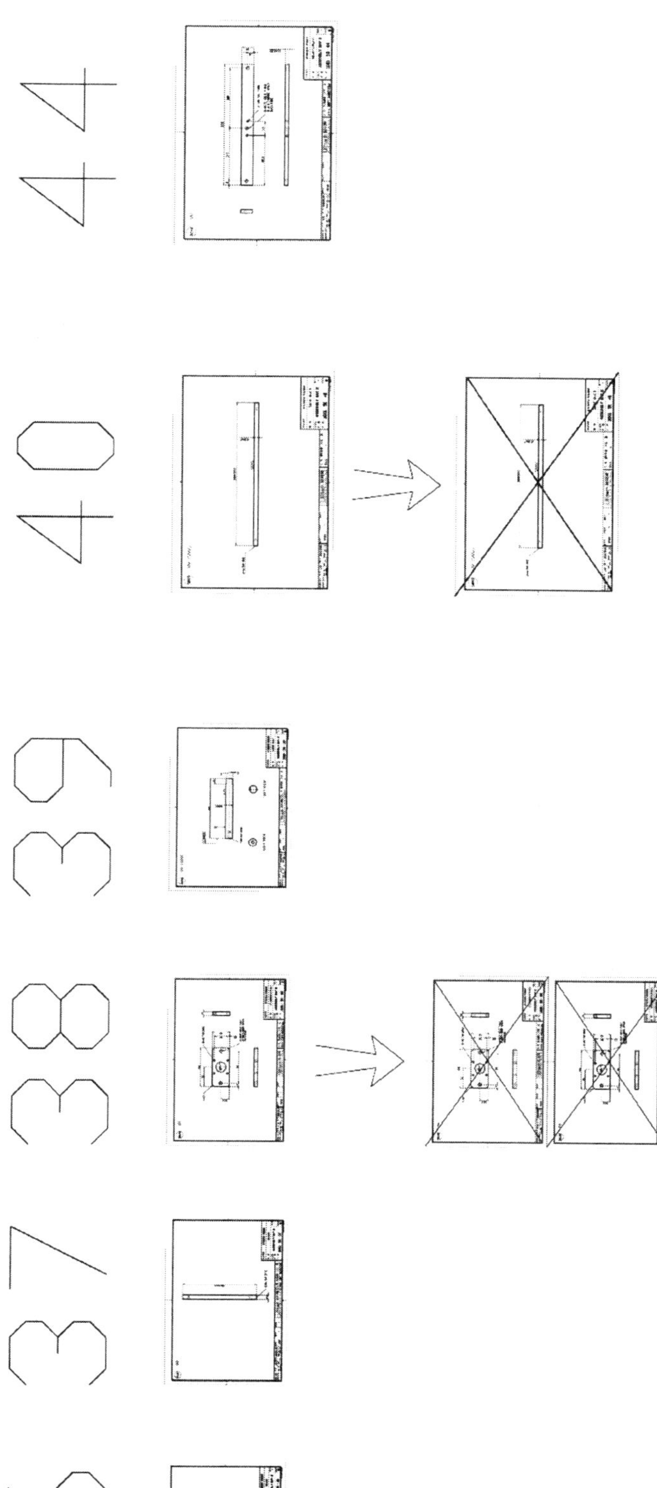

그림 6-16 제작도의 리비전 배치

제작도의 경우에도 도면의 크기가 커서 아래방향으로의 리비전 배치가 좋지 않다면 조립도와 마찬가지로 바깥쪽으로 배치하면 된다.

도면의 배치를 이용한 리비전 관리는 하나의 파일에서 이루어지는 과정이고 도면파일의 경우에도 설계변경하기 전의 파일을 보존하는 것이 필요하다. 여기서 필자가 제안하는 점은 매번 설계변경이 이루어질 때마다 새 파일을 만드는 것 보다는 간헐적으로 새 파일을 만드는 것이다.

사소한 설계변경인 경우에는 새 파일을 만들지 않고 설계변경 규모가 클 경우에 새 파일을 만든다. 또는 사소한 설계변경이 일정기간 누적되었을 때 새 파일을 만든다. 이를 그림 6-17에서 보여준다.

새 파일 생성 간격이 중요한 것은 아니다. 어느 정도라는 것은 정해져 있지 않으며 설계자 각자의 기준으로 정하면 된다. 구 버전 파일이 많아지면 폴더를 만들어 구 버전 파일만 따로 모아 두어도 좋다.

비단 도면의 리비전 관리뿐만 아니라 설계과정에서도 적당한 때 마다 새 파일을 만들어 주는 것이 좋다. 이 것이 쌓이면 설계과정의 이력이 되고 과거의 설계과정을 찾아 볼 수도 있다.

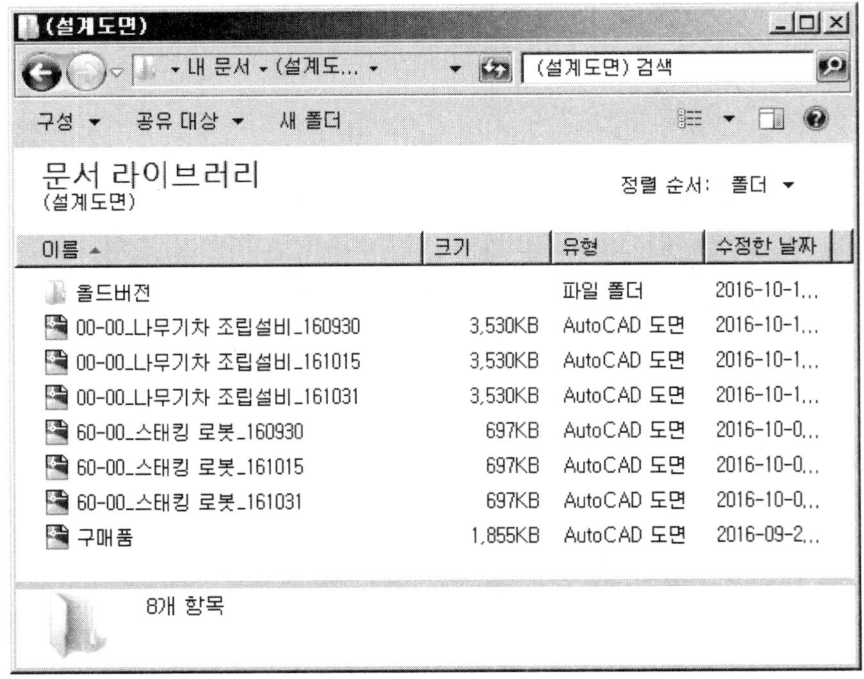

그림 6-17 도면파일의 리비전 관리

6.5 치수 기입하기

도면에 치수를 기입할 때는 도면의 척도에 맞는 치수스타일을 선택하여 기입한다. 기본적으로 선형치수 기입을 하면 된다. 이미 기입되어 있는 치수의 척도를 바꾸고자 할 때는 먼저 원하는 치수를 선택하고 스타일 도구막대에서 원하는 척도의 치수스타일을 선택하면 적용된다. 치수스타일에 대해서는 3장에서 설명하였다. 여기서는 도면에 치수를 기입할 때 필요한 사항들에 대해서 설명한다.

치수기입의 기본방법 : 선형치수 기입. 명령어 'DD', 'DA'

6.5.1 공차 입력하기

공차, 기호, 문자 등을 치수에 입력하는 방법은 일반 문자 편집과 동일하다. 'TE' 명령어를 입력한 뒤 편집을 원하는 치수문자를 선택하면 치수문자 내부로 들어갈 수 있다. 혹은 치수를 더블클릭 해도 된다. 그리고 원하는 문자를 입력하면 된다.

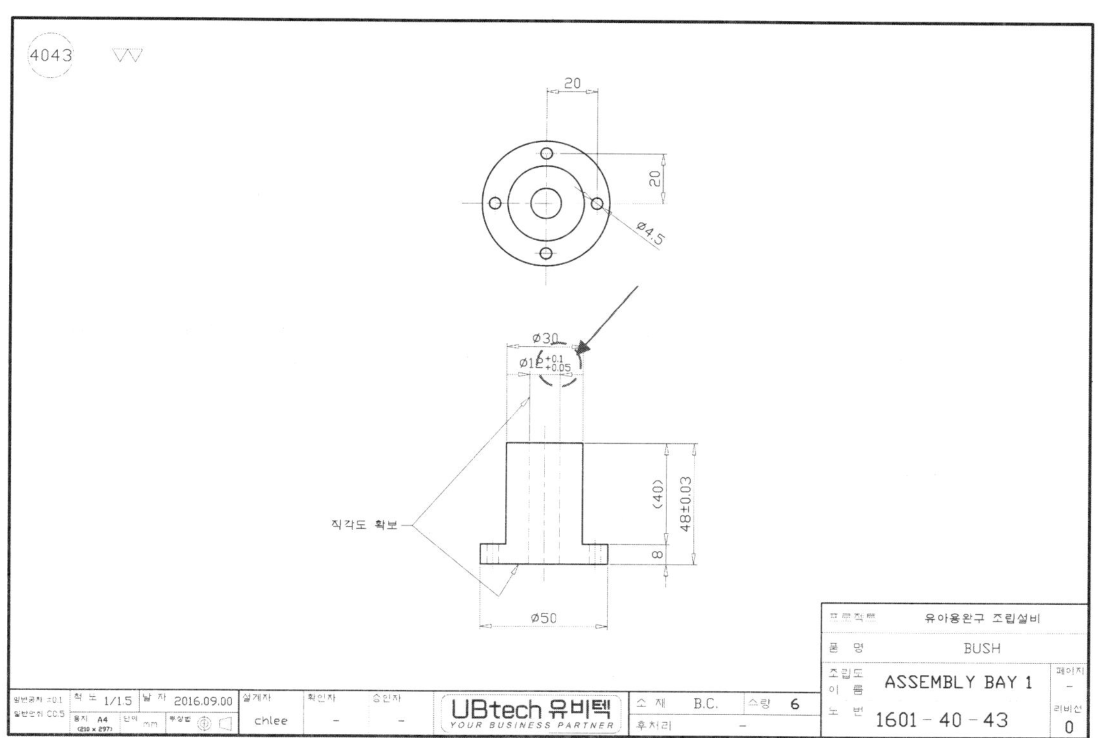

그림 6-18 치수에 입력된 공차

그림 6-18과 같은 공차를 입력하는 방법을 그림 6-19에서 보여준다.

01 치수문자 내부로 들어간다.

02 +0.1^+0.05라고 입력을 한다(그림 6-19-a).

03 입력한 문자를 선택한다(그림 6-19-b).

04 '스택' 버튼을 눌러주면 공차가 최종 입력된다(그림 6-19-c).

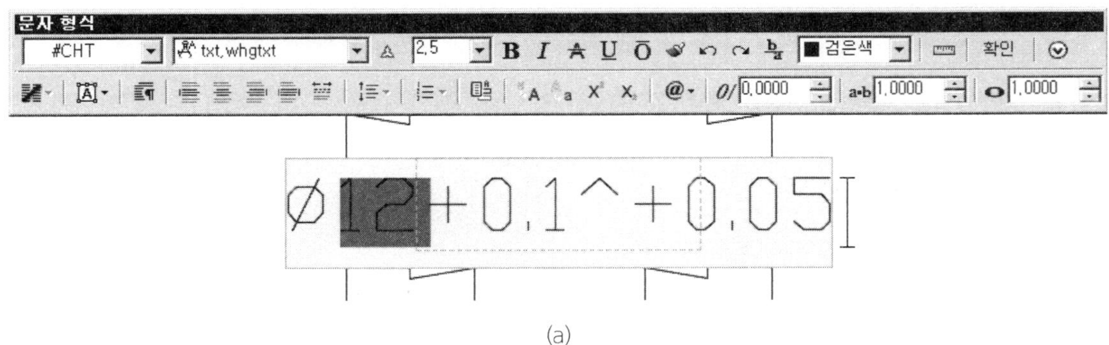

(a)

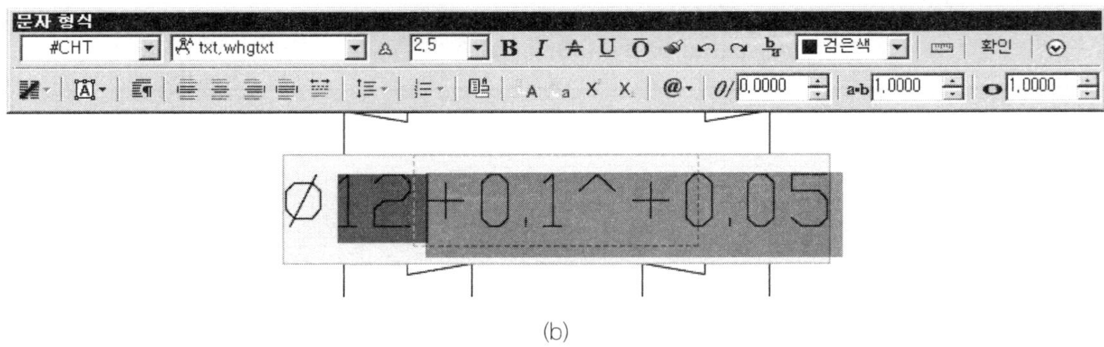

(b)

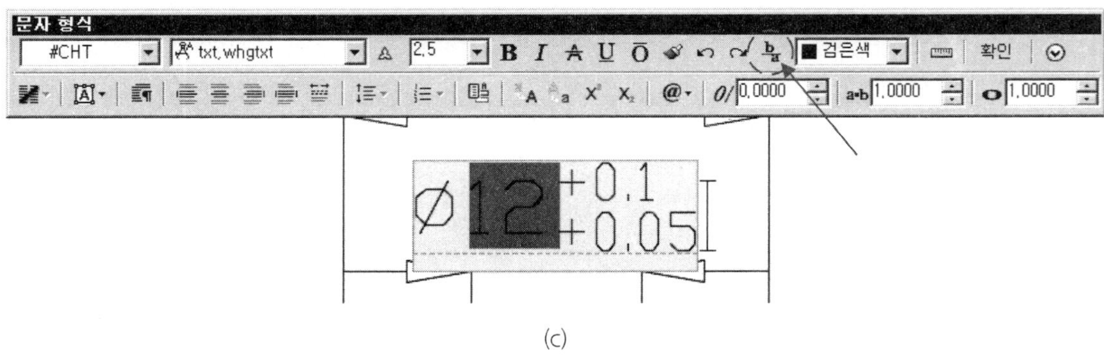

(c)

그림 6-19 치수에 공차 입력하기

입력된 공차를 편집하는 방법을 그림 6-20에서 보여준다.

01 공차부분을 선택한다(드래그가 아닌 그냥 클릭하면 선택된다).

02 그러면 그 아랫부분에 번개모양의 표시가 생긴다. 이를 클릭한다(그림 6-20-a).

03 팝업메뉴가 뜨는 것을 볼 수 있다. 맨 아래 '스택 특성'을 선택한다(그림 6-20-b).

04 '스택 특성' 입력 창이 뜬다. 여기서 공차를 수정 한다. 또한 공차문자의 크기를 설정할 수 있으며 '기본값' 버튼을 누르면 현재설정을 저장할 수 있다(그림 6-21).

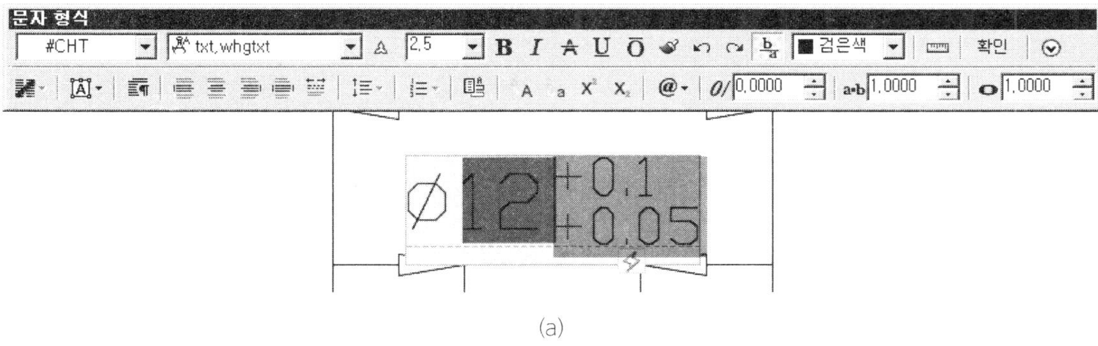

(a)

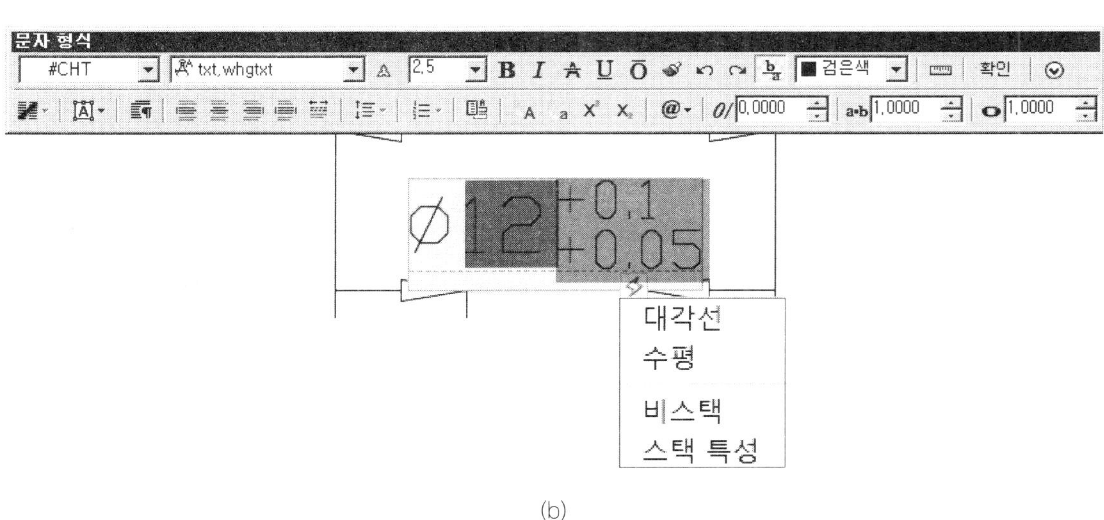

(b)

그림 6-20

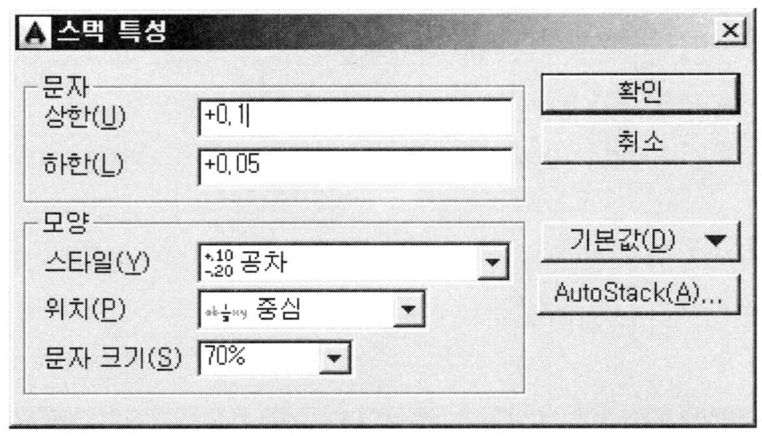

그림 6-21 공차 편집하기

6.5.2 기호, 문자 입력하기

주요 특수기호 입력방법은 다음과 같으며 그 외의 특수기호는 '한글자음+한자키'를 이용한다.

01 ϕ : %%C

02 ° : %%D

03 ± : %%P

치수에 문자를 추가할 때 여러 개의 치수에 동시에 입력할 수 있다. 앞의 그림 6-18에서 정면도를 보면 3개의 치수에 직경임을 나타내는 'ϕ' 기호가 들어가 있는데 이를 동시에 입력할 수 있다.

01 기호입력을 원하는 치수들을 선택한다.

02 특성창 → 문자 → 문자 재지정 란에 원하는 문자를 입력한다(그림 6-22 Ⓐ).

이 때 여러 개의 치수를 선택하면 각 치수는 모두 다르게 마련이다. 각 치수는 일괄적으로 '〈〉'으로 입력하면 된다.

여러 개의 치수에 동시에 문자를 입력할 때 주의할 점이 있는데 각 치수에 추가하는 문자가 똑같아야 한다는 점이다. 그림 6-18에서 공차를 먼저 입력하면 3개의 치수에 'ϕ' 기호를 동시에 입력할 수 없게 된다. 이 때는 3개의 치수에 동시에 'ϕ' 기호를 먼저 입력하고 이후에 하나의 치수에 공차를 입력하면 된다.

도면을 작성하다 보면 측정되는 치수와 다른 숫자를 기입해야 할 때가 있는데 이 때는 문자 재지정 란을 모두 지우고 원하는 숫자를 입력하면 된다. 이를 본래의 치수로 복구하려면 '〈〉'를 입력하면 된다.

- 비단 치수에서 문자입력뿐만 아니라 속성정의 블록에서도 여러 개를 선택하여 동시에 문자를 입력할 수 있다.
- 선 등의 엔티티도 동일한 것끼리 여러 개를 함께 선택하면 특성창에서 특성을 한꺼번에 설정할 수 있다. 이 때 특성이 서로 다르게 설정되어 있으면 그림 6-22에서 보듯이 '*다양함*'이라고 나타난다.
- 한꺼번에 특성을 설정하거나 값을 입력하는 방법은 잘못 입력할 가능성이 높으므로 주의해야 한다.

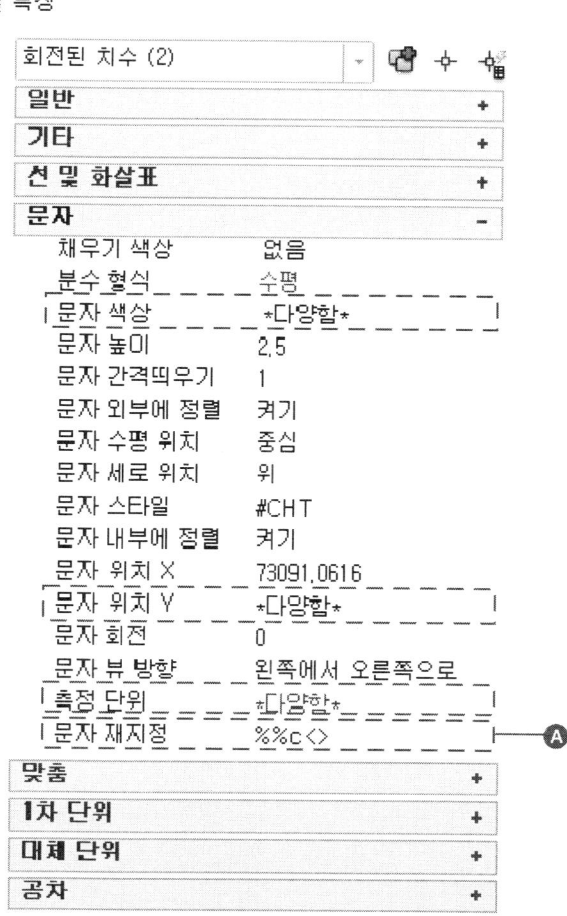

그림 6-22 치수에 문자 추가

6.5.3 좌표치수 기입하기

치수를 기입할 때 기입할 치수가 많거나 혹은 누진치수로 기입해야 할 때는 좌표치수를 기입한다. 그림 6-23의 도면에 좌표치수를 기입해보도록 하자.

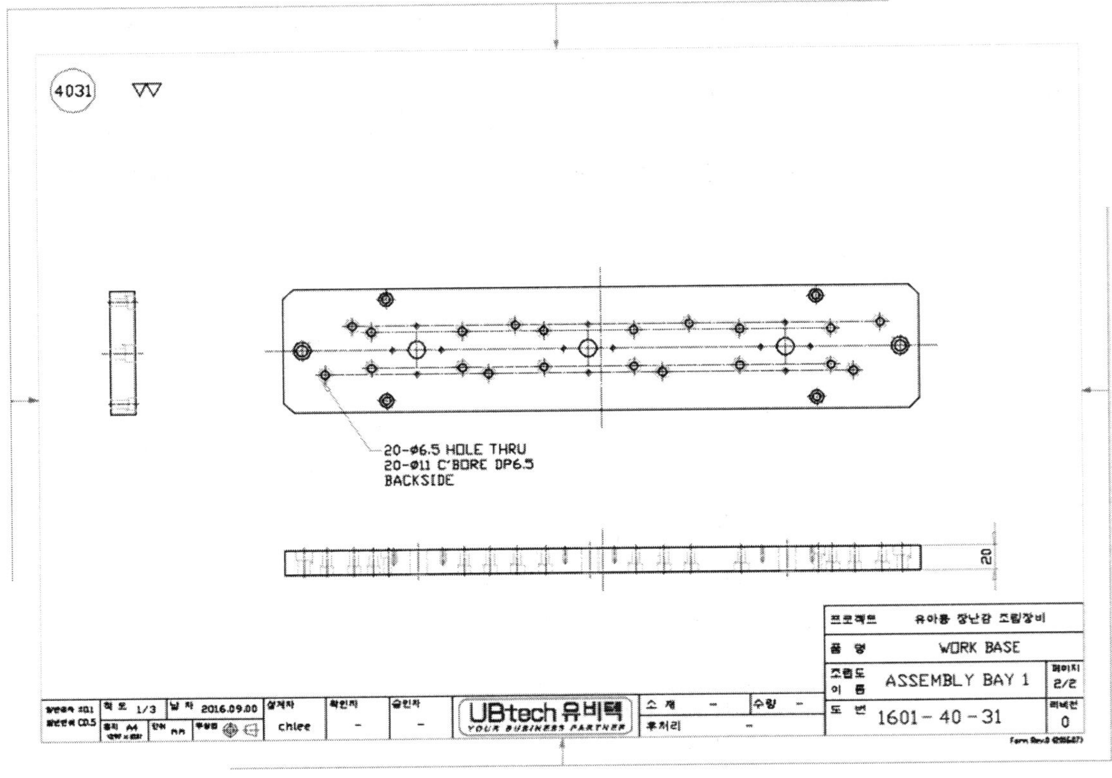

그림 6-23 40-31번 도면

좌표치수를 기입하기 위해서는 먼저 좌표의 원점을 지정해 주어야 한다. 원점을 이동하는 명령어는 'UCS(user coordinate system)'이다.

01 'USC' 명령어를 입력한다.

02 원점으로 설정할 점을 클릭하여 원점을 설정해준다(그림 6-24 Ⓐ).

03 도구막대에서 좌표치수 입력버튼을 누른다.

04 치수기입할 점(그림 6-24 Ⓑ)과 치수를 위치시킬 점(그림 6-24 Ⓒ)을 차례로 클릭한다.

그림 6-24에서 Ⓔ는 원점으로 설정한 좌표축 표시이다. Ⓓ는 치수를 정렬하기 위한 기준선을 임시로 그린 것이다. Ⓐ는 좌표치수를 선택했을 때 나타나는 원점 그립(grip)이다. 그립이란 마우스로 클릭하여 움직일 수 있는 절점을 말한다.

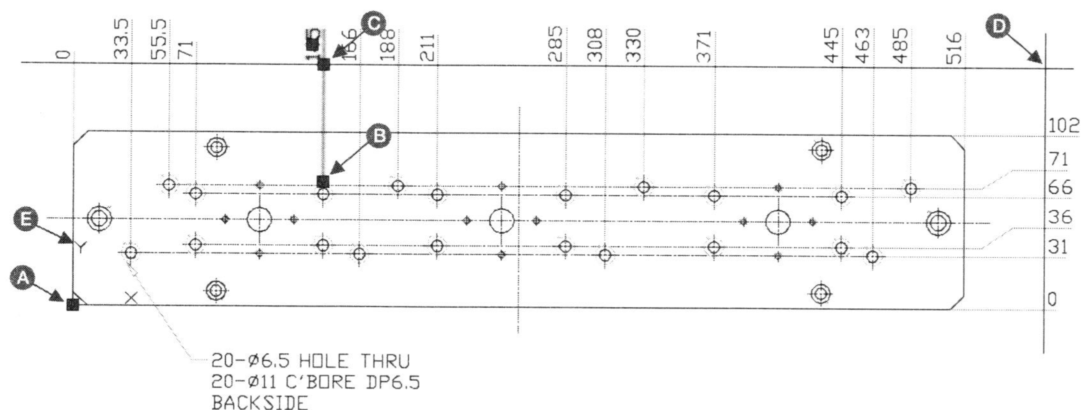

그림 6-24 좌표치수 기입

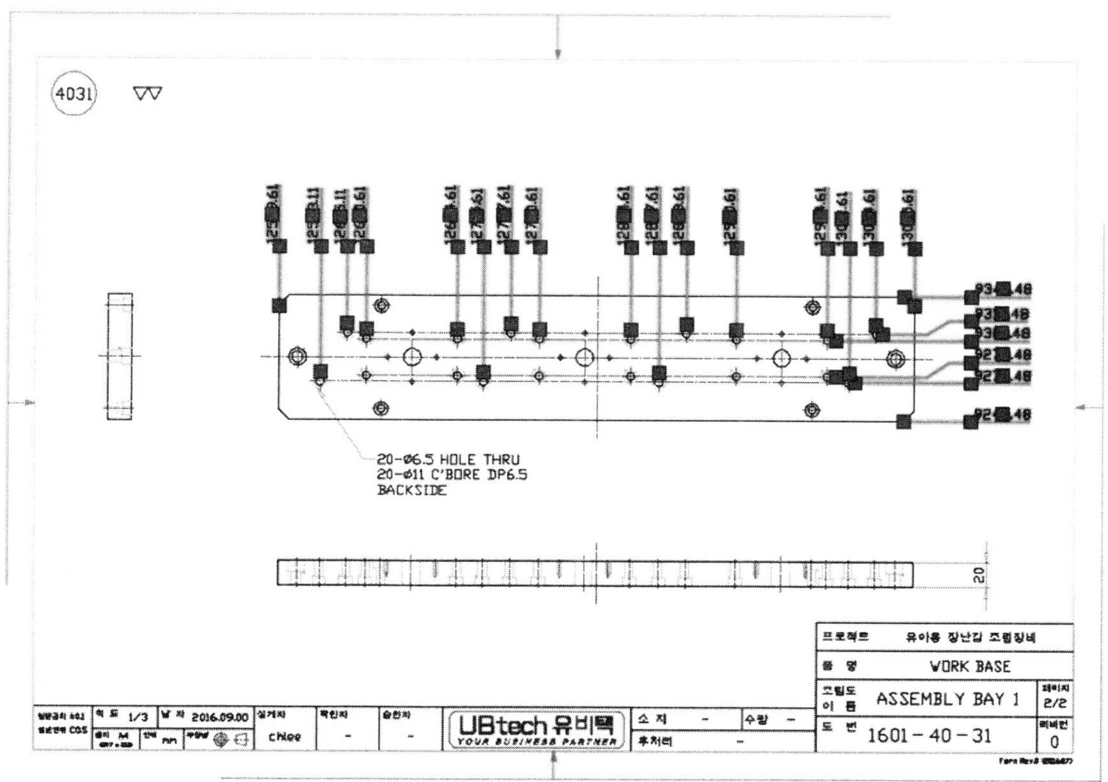

그림 6-25 좌표치수 기입을 먼저 한 뒤 원점을 옮기는 방법

원점을 원래 위치로 복원하는 방법 : 'UCS' 입력 → 'W' 입력하면 복원된다.

좌표치수를 기입할 때 반드시 좌표의 원점을 지정해야 하는 것은 아니다. 먼저 좌표치수를 기입한 뒤에 그림 6-25에서와 같이 입력한 치수를 모두 선택한다. 그러면 도면파일의 원점에 치수들의 원점 그립이 찍혀있다. 이를 선택하고 원점 지정을 원하는 점을 클릭하면 이동된다.

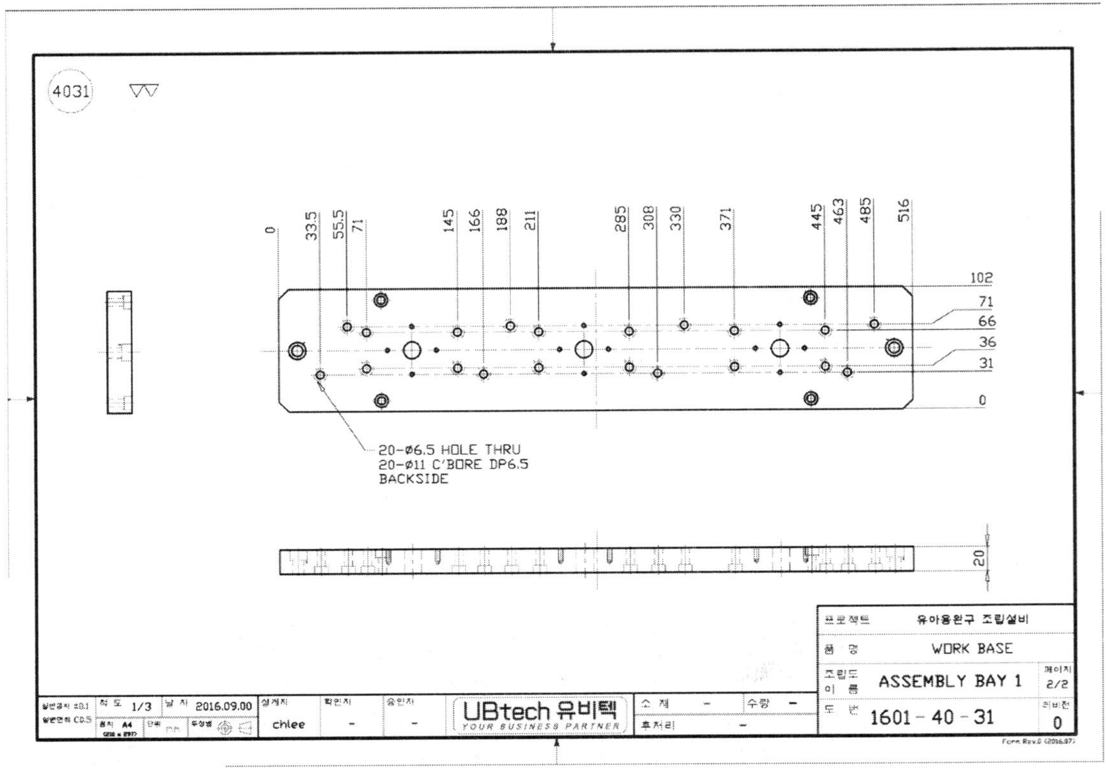

그림 6-26 좌표치수 기입이 완료된 도면

6.5.4 'DIMBREAK' 명령

'DIMBREAK' 명령은 치수가 이중 삼중으로 복잡하게 배치되었을 때 치수선을 적절히 잘라내어 치수값을 잘 보이도록 하는 기능이다. 그림 6-27에서 표시된 부분을 보면 치수보조선이 다른 치수의 치수값 위로 중첩되어 있다. 이를 'DIMBREAK' 기능으로 정리해보도록 하자.

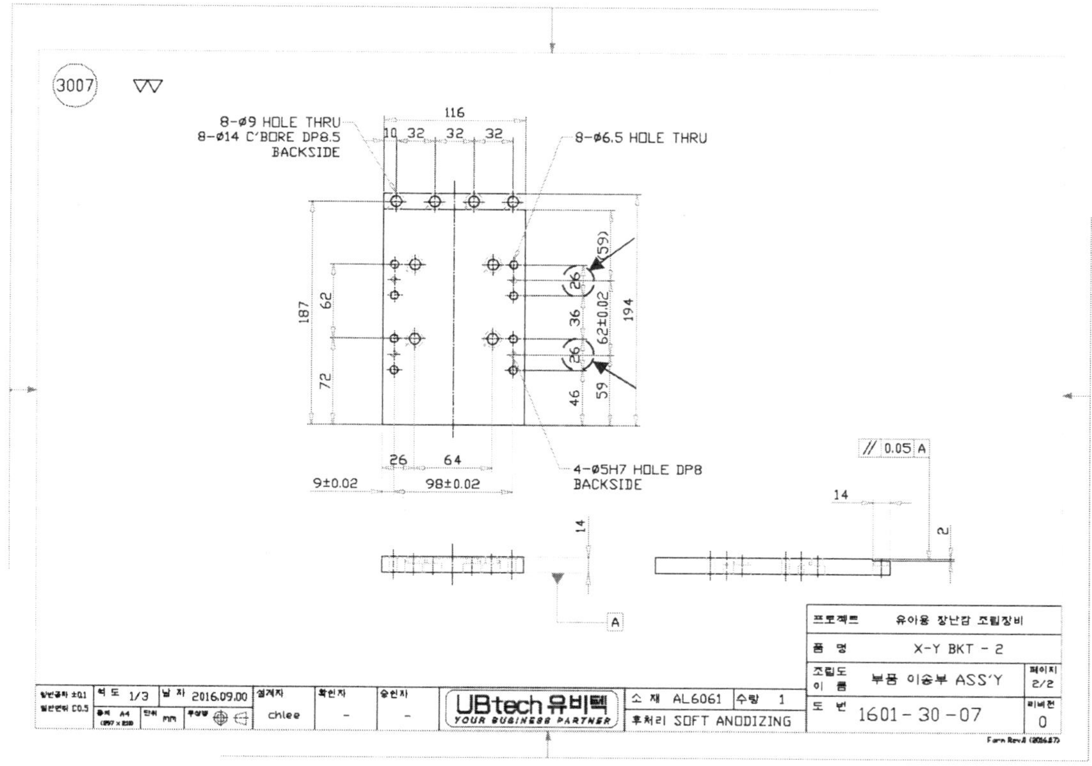

그림 6-27 치수 배치가 복잡할 때

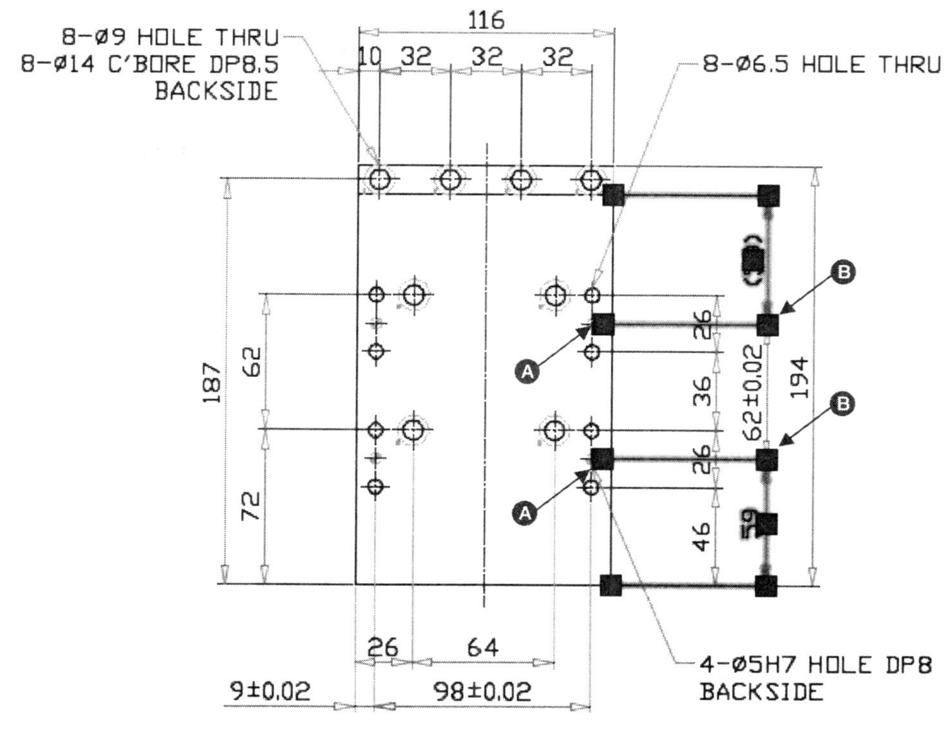

그림 6-28 치수 선택

치수가 연속해서 나열되면 치수 보조선이 서로 중첩되어 있는데 우선 이를 하나로 만들어준다. 그림 6-28은 두 개의 치수를 선택한 모습이다. 선택된 치수의 그립들이 보인다.

여기서 그립 Ⓐ와 그립 Ⓑ를 순차적으로 클릭한다. 이는 그립 Ⓐ를 그립 Ⓑ로 이동한다는 의미이다. 그러면 그림 6-29와 같이 된다. 선택된 치수의 치수보조선이 하나씩 사라졌다.

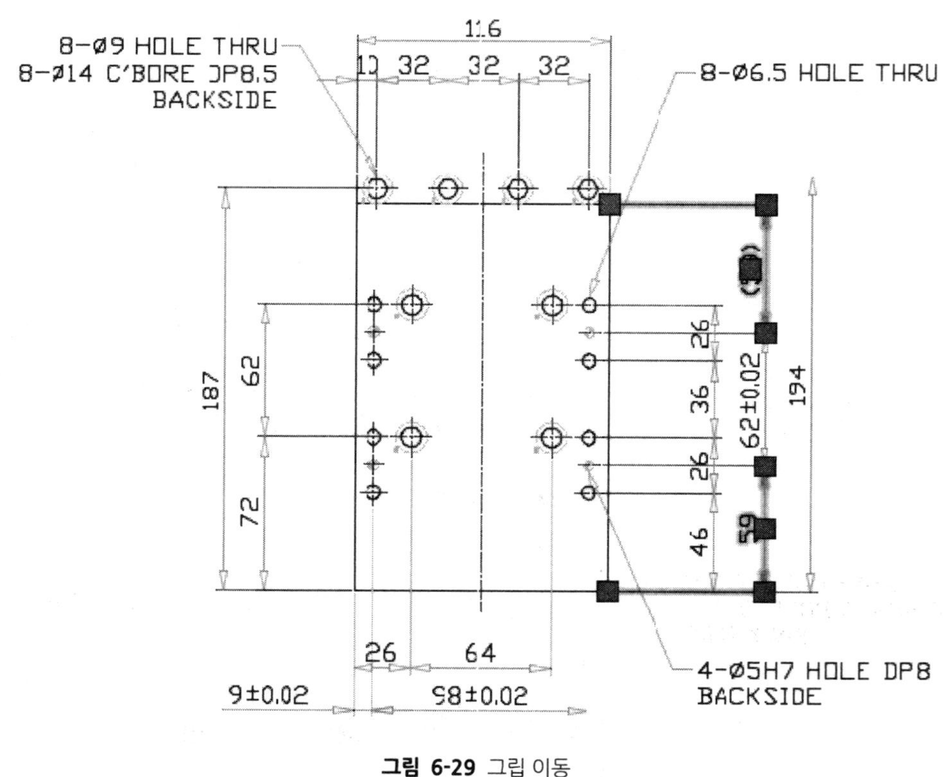

그림 6-29 그립 이동

다음으로 치수정리 과정은 다음과 같다.

01 'DIMBREAK' 명령을 입력한다.

02 '끊기를 추가/제거할 치수 선택 또는'에서 그림 6-30의 치수 Ⓐ를 클릭한다.

03 '치수를 끊을 객체 선택 또는'에서 치수 Ⓑ를 클릭한다.

04 'ESC' 버튼으로 명령을 종료한다.

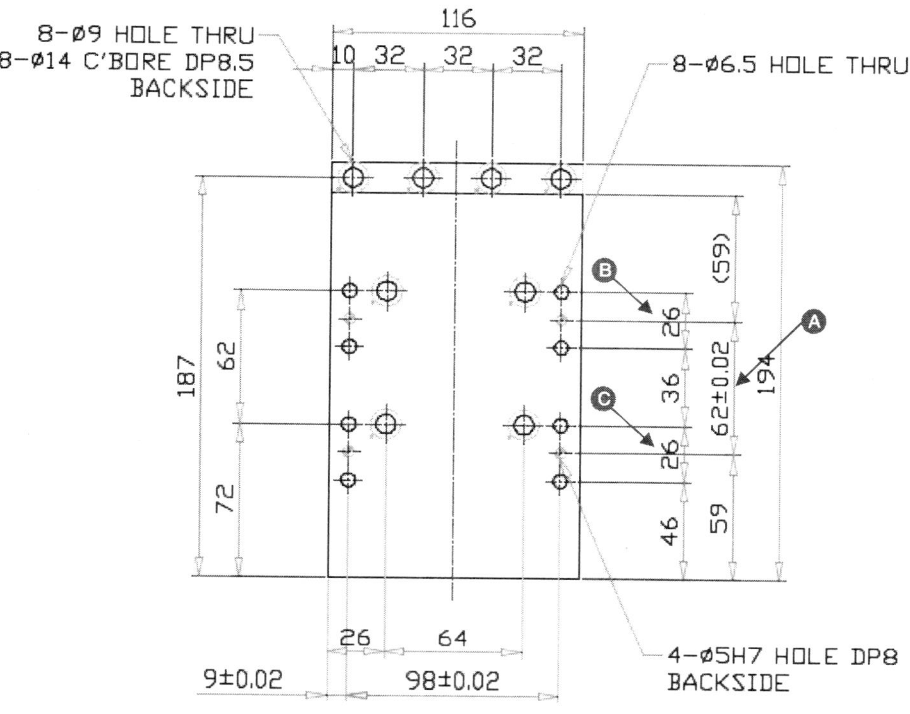

그림 6-30 치수 끊기

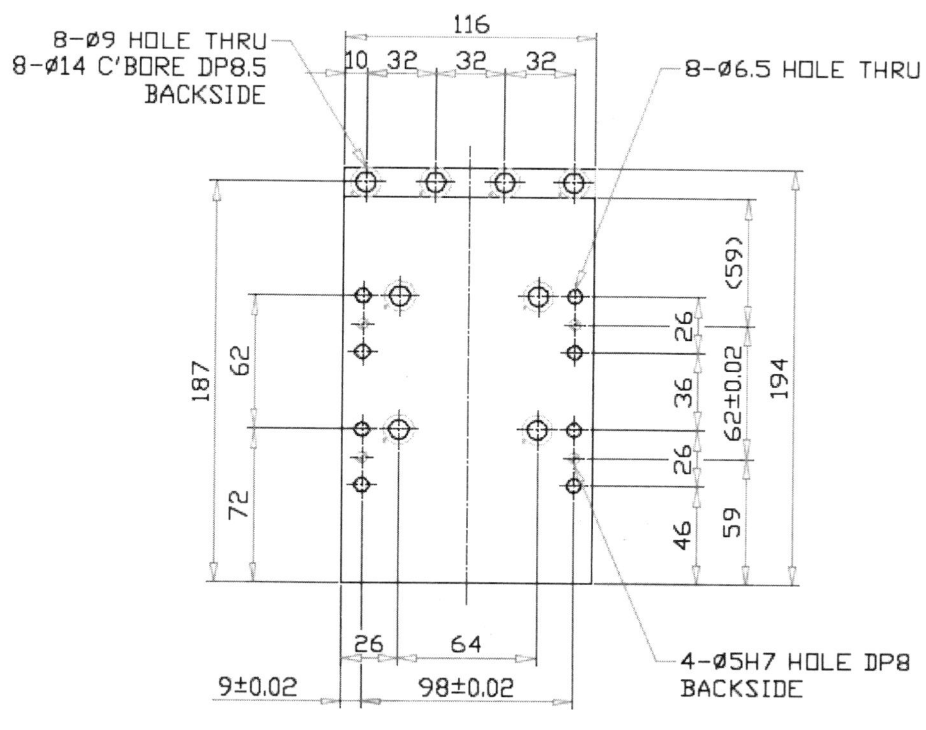

그림 6-31 치수 끊기 완료

그리고 다시 'DIMBREAK' 명령을 입력한 뒤 치수 ⓒ에 대해서도 동일한 작업을 해준다. 이제 그림 6-31과 같이 치수선이 치수값을 피해 끊어진 것을 볼 수 있다. 뷰의 아래쪽에 기입된 치수도 동일한 방법으로 정리하였다.

치수선 끊기를 복구하는 방법 : 'DIMBREAK' 명령 입력 → 복구할 치수 선택 → 'R' 입력하면 다시 복구된다.

6.5.5 홀, 탭 치수 기입

홀 및 탭의 치수를 기입할 때는 지시선 노트를 사용하여 그림 6-32-a와 같이 기입해야 한다. 그런데 그림과 같이 기입하려면 지시선 끝점을 원주상에 찍어야 하는데 오토캐드에서 이를 작업하려면 원주 위가 객체스냅이 잡히지 않으므로 몇 번의 클릭을 추가해야 한다. 이에 반해 그림 6-32-b와 같이 원주의 사분점에 지시선을 찍으면 한 번의 클릭만으로 해결된다.

지시선 노트의 지시선 끝점은 그대로 두고 문자의 위치를 움직이고자 할 때, 문자만을 선택하여 움직이면 된다. 지시선은 자동으로 따라오게 된다.

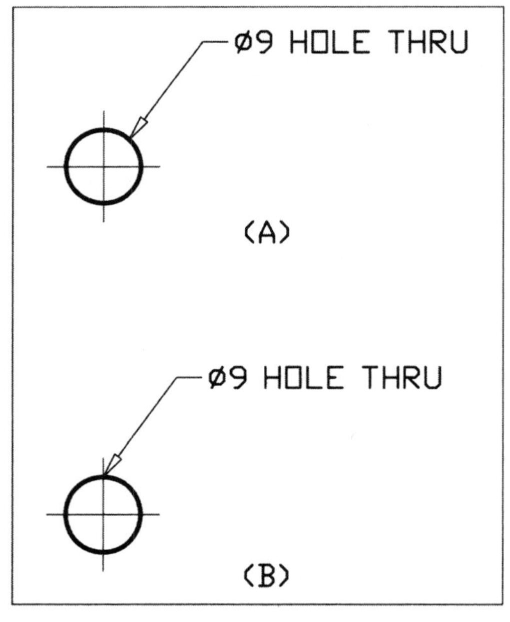

그림 6-32 구멍 치수 기입

6.6 체번하기

제작도 작성이 완료되면 체번을 한다. 앞서 설명한 조립도의 체번방법과 마찬가지다. 도면 번호를 그저 누적 형식으로 사용하는 것 보다는 해당 조립부의 특성에 맞는 일정한 기준으로 번호의 영역을 미리 정해놓으면 관련도면이 분산되지 않고 모이게 된다.

그림 6-33에 보면 Ⓐ 부분과 Ⓑ 부분으로 파트번호를 나누었다. 관련된 구매품 번호도 이에 따라서 나눈다. 이를 그림 6-34의 파트리스트에서 볼 수 있다. 구매품의 번호에는 기호 'P' (purchasing parts)를 붙여서 구매품임을 표시해준다.

01 Ⓐ 부분 파트 체번 : 01번~30번 사용
02 Ⓐ 부분 구매품 체번 : P01번~P30번 사용
03 Ⓑ 부분 파트 체번 : 31번~60번 사용
04 Ⓑ 부분 구매품 체번 : P31번~P60번 사용

여기서 보면 번호영역을 01~, 31~, 61~으로 나누었다. 경우에 따라서 01~, 21~, 41~, 61~, 81~으로 나누기도 한다.

이렇게 번호 영역을 나누어두면 추후에 설계변경에 의해 추가될 파트의 자리를 미리 할당해 두는 장점이 있다. 또한 작업자가 원하는 도면을 찾을 때도 보다 손쉽게 찾을 수 있다.

파트리스트를 작성할 때 그림 6-34에서 볼 수 있듯이 빈 줄을 추가하여 번호영역을 구분해 주는 것도 좋은 방법이다.

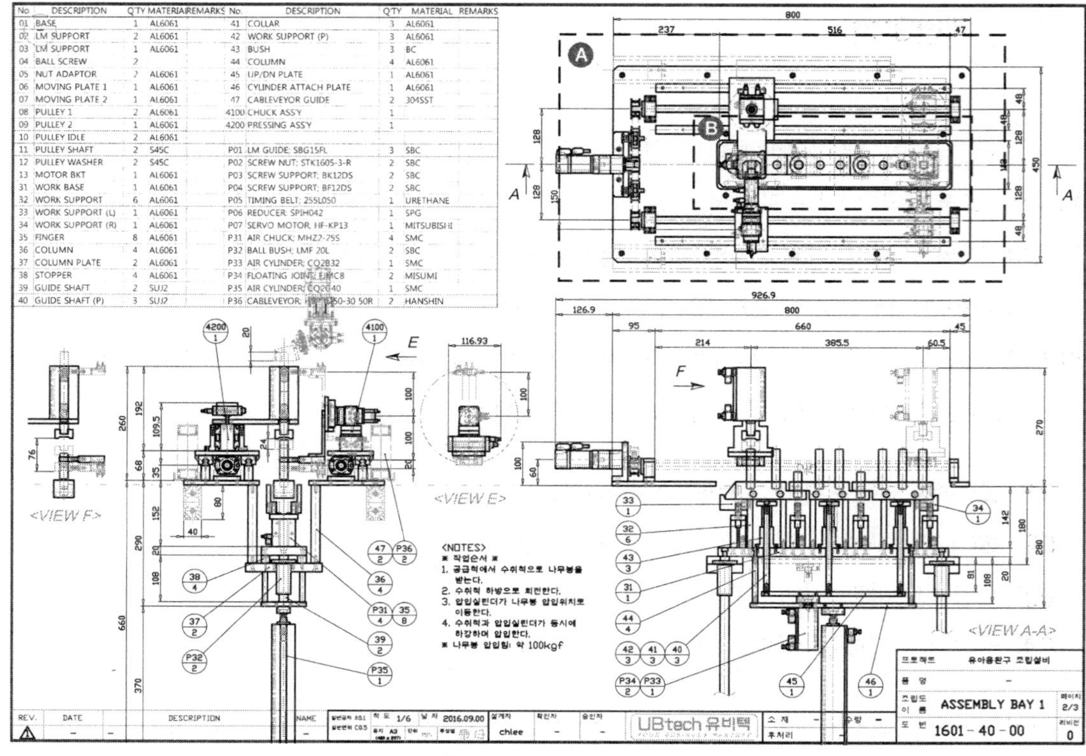

그림 6-33 조립베이-1 조립도

No.	DESCRIPTION	Q'TY	MATERIAL	REMARKS	No.	DESCRIPTION	Q'TY	MATERIAL	REMARKS
01	BASE	1	AL6061	A	41	COLLAR	3	AL6061	B
02	LM SUPPORT	2	AL6061		42	WORK SUPPORT (P)	3	AL6061	
03	LM SUPPORT	1	AL6061		43	BUSH	3	BC	
04	BALL SCREW	2			44	COLUMN	4	AL6061	
05	NUT ADAPTOR	2	AL6061		45	UP/DN PLATE	1	AL6061	
06	MOVING PLATE 1	1	AL6061		46	CYLINDER ATTACH PLATE	1	AL6061	
07	MOVING PLATE 2	1	AL6061		47	CABLEVEYOR GUIDE	2	304SST	
08	PULLEY 1	2	AL6061		4100	CHUCK ASS'Y	1		
09	PULLEY 2	1	AL6061		4200	PRESSING ASS'Y	1		
10	PULLEY IDLE	2	AL6061						
11	PULLEY SHAFT	2	S45C		P01	LM GUIDE; SBG15FL	3	SBC	A
12	PULLEY WASHER	2	S45C		P02	SCREW NUT; STK1605-3-R	2	SBC	
13	MOTOR BKT	1	AL6061		P03	SCREW SUPPORT; BK12DS	2	SBC	
31	WORK BASE	1	AL6061	B	P04	SCREW SUPPORT; BF12DS	2	SBC	
32	WORK SUPPORT	6	AL6061		P05	TIMING BELT; 255L050	1	URETHANE	
33	WORK SUPPORT (L)	1	AL6061		P06	REDUCER; SPIH042	1	SPG	
34	WORK SUPPORT (R)	1	AL6061		P07	SERVO MOTOR; HF-KP13	1	MITSUBISHI	
35	FINGER	8	AL6061		P31	AIR CHUCK; MHZ2-25S	4	SMC	B
36	COLUMN	4	AL6061		P32	BALL BUSH; LMF 20L	2	SBC	
37	COLUMN PLATE	2	AL6061		P33	AIR CYLINDER; CQ2B32	1	SMC	
38	STOPPER	4	AL6061		P34	FLOATING JOINT; FJMC8	2	MISUMI	
39	GUIDE SHAFT	2	SUJ2		P35	AIR CYLINDER; CQ2G40	1	SMC	
40	GUIDE SHAFT (P)	3	SUJ2		P36	CABLEVEYOR; HSP 0250-30 50R	2	HANSHIN	

그림 6-34 조립도 40-00 파트리스트

6.7 출력하기

도면을 출력하기 전에 선의 스케일을 설정해야 한다. 선의 스케일이라 함은 중심선, 숨은선, 가상선 등의 쇄선의 크기를 말한다. 이를 설정하기 위한 명령어는 'LTSCALE'이다. 선의 스케일은 숫자로 입력하게 되는데 척도 1 : 1인 A3 도면에서 선의 스케일은 5 정도면 적절하다(A4는 스케일 3). 이 숫자는 도면의 척도와 비례한다. 척도가 1 : 3인 도면에서 선의 스케일은 15가 된다.

01 선의 스케일 설정: 'LTSCALE' 명령어 입력한다.

02 '새 선종류 축척 비율 입력'에서 도면의 척도에 맞는 선의 스케일을 입력한다.

캐드에서의 모든 작업은 결국 종이에 온전하게 출력했을 때 의미가 있다. 도면을 출력하려면 'Ctrl + P' 혹은 명령어 'Plot'을 입력한다. 그러면 그림 6-35와 같이 플롯 설정 창이 나타난다. 플롯 설정에 대해서는 3장에서 설명하였다.

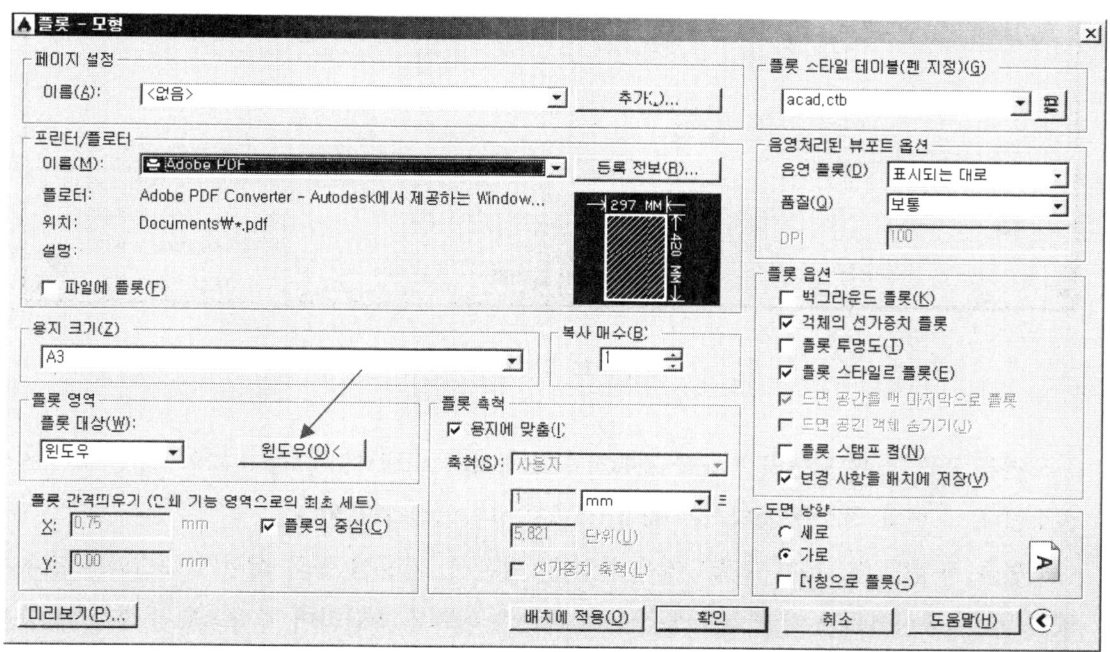

그림 6-35 플롯 설정창

01 도면 출력방법: 'Ctrl + P' 혹은 명령어 'Plot'을 입력한다.

02 플롯 설정창에서 '윈도우' 버튼을 누르고 출력을 하려는 도면을 선택한다.

03 도면 선택하는 방법 : 그림 6-36에서 모서리 Ⓐ → Ⓑ를 순서대로 선택한다.

04 혹은 모서리 Ⓒ → Ⓓ를 순서대로 선택한다.

05 다시 플롯 설정창에서 '확인' 버튼을 누르면 출력이 완료된다.

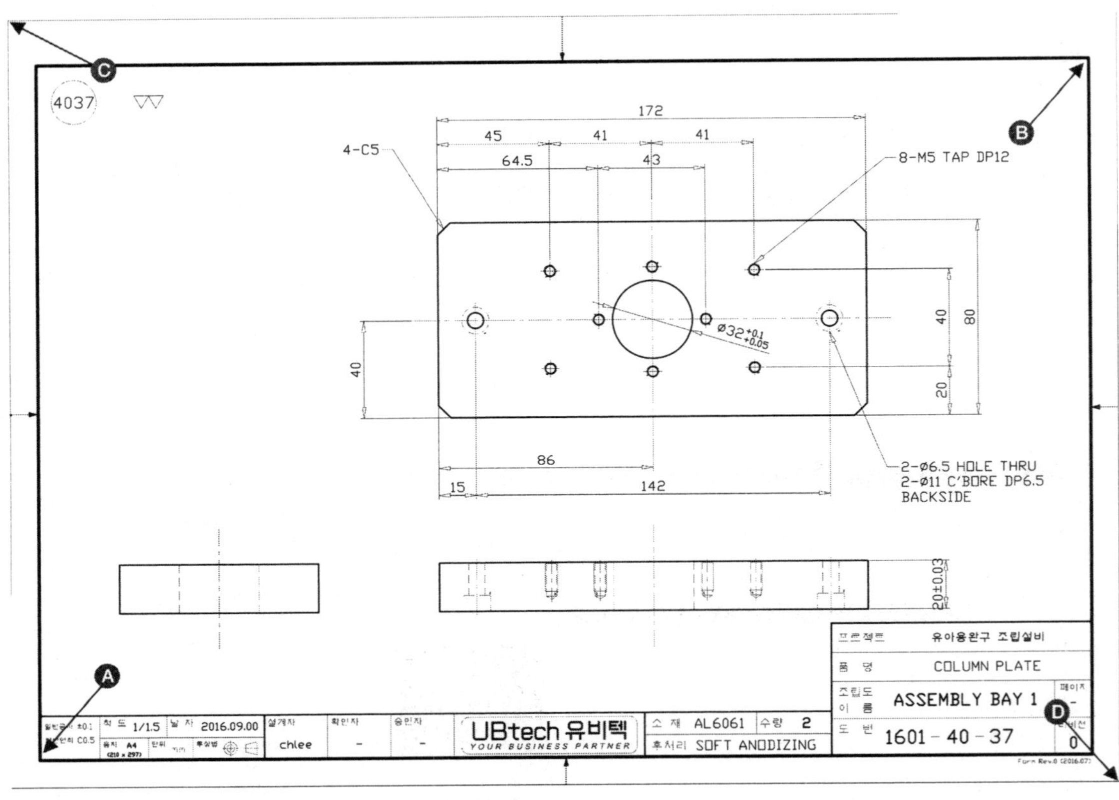

그림 6-36 도면 선택하기

도면을 출력할 때 도면의 척도를 정확하게 설정하기 위해서는 그림 6-37의 '플롯 축척'에서 설정한다. 도면의 척도에 해당하는 값을 선택하거나 입력하면 된다.

도면을 작성할 때, 특히 조립도에서 중심선, 숨은선, 가상선 등의 쇄선이 중첩되는 경우가 있다. 특히 중심선에서 이런 경우가 잦은데 파트와 파트를 결합하여 조립도를 구성할 때 중심선끼리 겹치는 경우가 많기 때문이다.

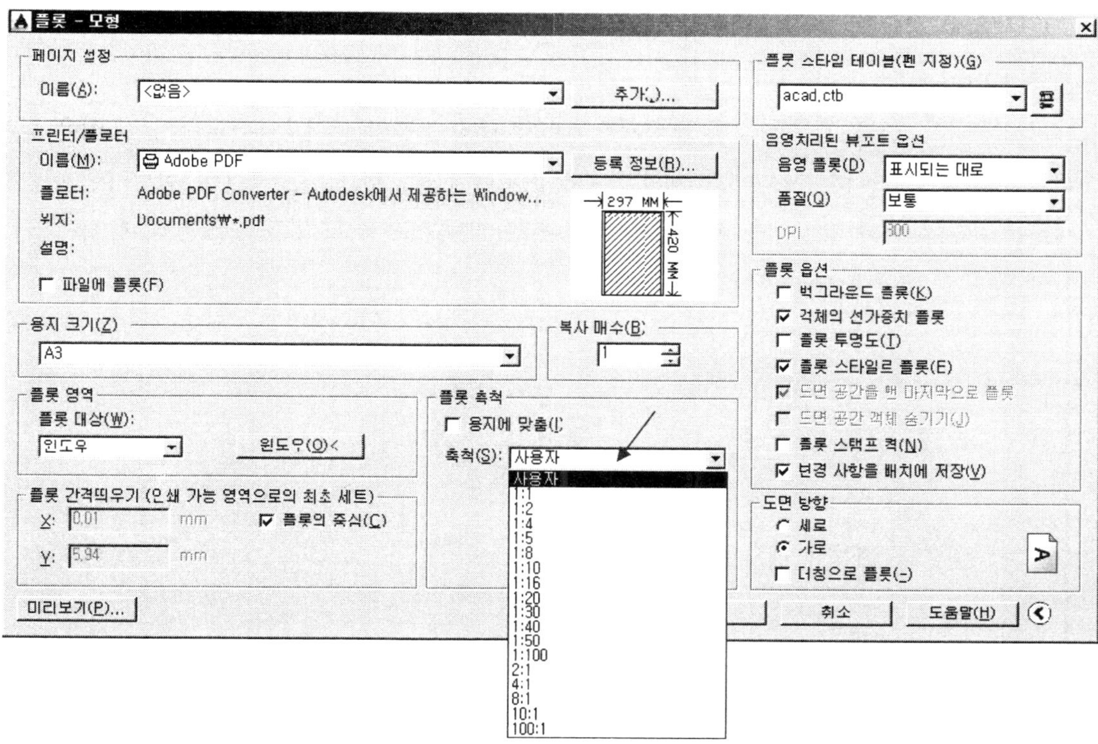

그림 6-37 플롯 축척 설정하기

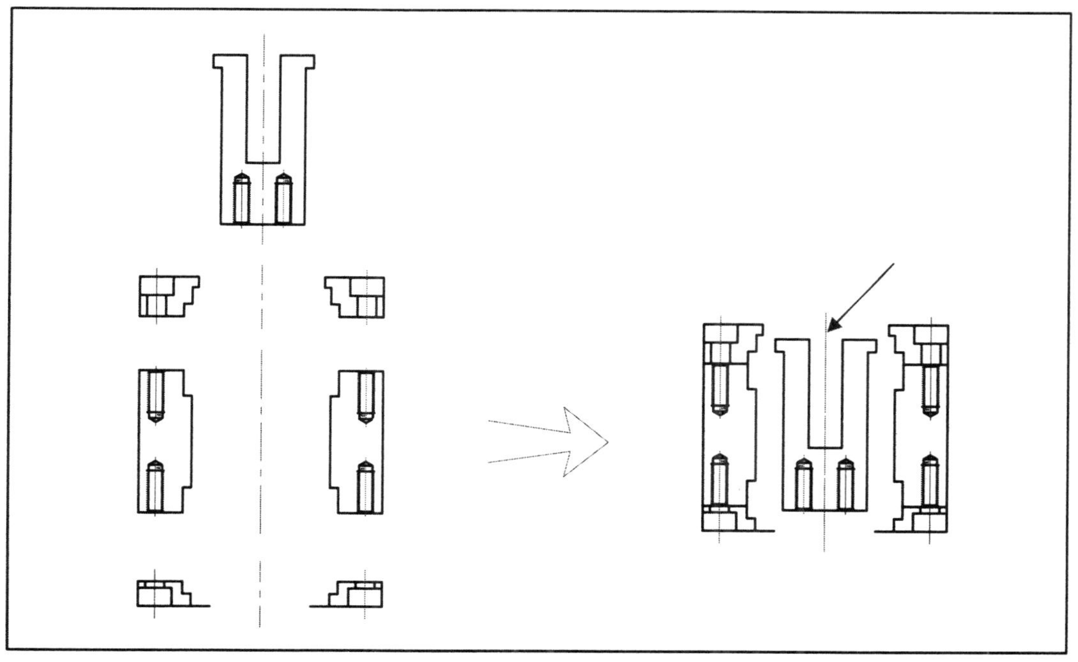

그림 6-38 중심선의 중첩

그런데 이 때 중심선의 끊어진 부분이 다른 중심선의 선 부분과 만나면 올바른 쇄선의 모습으로 보이지 않게 된다(그림 6-38).

이런 경우가 다소 아쉬운 부분인데 오토캐드의 활용 스킬만으로는 해결하기 쉽지 않은 문제이다. 필자의 생각에는 오토캐드 제작사에서 소프트웨어를 만드는 단계에서 검토하면 어떨까 생각한다. 소프트웨어의 기능적으로 동일한 선이 중첩될 때 하나의 선처럼 보이게 처리할 수 있지 않을까 희망해본다.

부 록

프로젝트: 유아용완구 조립설비 프로젝트 코드: 1601 작성일: 2016년 10월	B. O. M.	결재	작 성	확 인	승 인

<목차>

B. O. M.

No.	도면번호	품 명	수량	재질	후처리	단가	입고일	비고
		<10-00 프레임 ASS'Y>						
	01	MAIN FRAME	1	AL6061				
		<20-00 부품 공급부 ASS'Y>						
	01	FRONT & REAR PLATE	2	AL6061				
	02	COVER PLATE	2	AL6061				
	03	CONNECTING BEAM	4	AL6061				
	04	GUIDE PIPE	64	304SST				
		<30-00 부품 이송부 ASS'Y>						
	01	X-AXIS SUPPORT - 1	1	AL6061				
	02	X-AXIS SUPPORT - 2	1	AL6061				
	03	X-AXIS SUPPORT - 3	1	AL6061				
	04	X-AXIS SUPPORT - 4	5	AL6061				
	05	X-AXIS SUPPORT - 5	5	AL6061				
	06	X-Y BKT - 1	1	AL6061				
	07	X-Y BKT - 2	1	AL6061				
	08	X-Y BKT - 3	2	AL6061				
	09	Y-AXIS SUPPORT	1	AL6061				
	10	Y-Z BKT	1	AL6061				
	11	Z-AXIS BKT	1	AL6061				
	12	CABLEVEYOR GUIDE (X)	1	AL6061				
	13	CABLEVEYOR GUIDE (Y)	1	AL6061				
	14	CABLEVEYOR GUIDE (Z)	1	AL6061				
	3100	CHUCK ASS'Y	1	SUS304				
	P01	X-AXIS LINEAR ROBOT; SAN	1	I-ROBOT				
	P02	Y-AXIS LINEAR ROBOT; SAN	1	I-ROBOT				
	P03	Z-AXIS LINEAR ROBOT; SAN	1	I-ROBOT				
	P04	SERVO MOTOR; HF-KP43	1	MITSUBISHI				
	P05	SERVO MOTOR; HF-KP23	1	MITSUBISHI				
	P06	SERVO MOTOR; HF-KP13	1	MITSUBISHI				
	P07	CABLEBEYOR; HSP 0450-2BN	1	HANSHIN				
	P08	CABLEBEYOR; HSP 0250-35 5	1	HANSHIN				
	P09	CABLEBEYOR; HSP 0250-20 3	1	HANSHIN				

B. O. M.

No.	도면번호	품 명	수량	재질	후처리	단가	입고일	비고
		<31-00 CHUCK ASS'Y>						
	01	HOUSING	1	AL6061				
	02	SHAFT	1	SUJ2				
	03	COLLAR	1	SS400				
	04	FLANGE	1	AL6061				
	05	FLANGE	1	AL6061				
	06	ADAPTOR	1	AL6061				
	07	ADAPTOR	1	AL6061				
	08	HOUSING	1	AL6061				
	09	SHAFT	1	SUJ2				
	10	FLANGE	1	AL6061				
	11	FLANGE	1	AL6061				
	12	L - BKT	1	AL6061				
	13	FINGER	2	AL6061				
	P01	SERVO: HF-KP053	1	MITSUBISHI				
	P02	BEARING; 6904zz	2					
	P03	BEARING; 6804zz	2					
	P04	CYLINDER; CDRB2BWU30-18(	1	SMC				
	P05	AIR CHUCK; MHF2-12D2	1	SMC				
		<40-00 조립베이-1 ASS'Y>						
	01	BASE	1	AL6061				
	02	LM SUPPORT	2	AL6061				
	03	LM SUPPORT	1	AL6061				
	04	BALL SCREW	2					
	05	NUT ADAPTOR	2	AL6061				
	06	MOVING PLATE 1	1	AL6061				
	07	MOVING PLATE 2	1	AL6061				
	08	PULLEY 1	2	AL6061				
	09	PULLEY 2	1	AL6061				
	10	PULLEY IDLE	2	AL6061				
	11	PULLEY SHAFT	2	S45C				
	12	PULLEY WASHER	2	S45C				
	13	MOTOR BKT	1	AL6061				
	31	WORK BASE	1	AL6061				
	32	WORK SUPPORT	6	AL6061				

B. O. M.

No.	도면번호	품 명	수량	재질	후처리	단가	입고일	비고
	33	WORK SUPPORT (L)	1	AL6061				
	34	WORK SUPPORT (R)	1	AL6061				
	35	FINGER	8	AL6061				
	36	COLUMN	4	AL6061				
	37	COLUMN PLATE	2	AL6061				
	38	STOPPER	4	AL6061				
	39	GUIDE SHAFT	2	SUJ2				
	40	GUIDE SHAFT (P)	3	SUJ2				
	41	COLLAR	3	AL6061				
	42	WORK SUPPORT (P)	3	AL6061				
	43	BUSH	3	BC				
	44	COLUMN	4	AL6061				
	45	UP/DN PLATE	1	AL6061				
	46	CYLINDER ATTACH PLATE	1	AL6061				
	47	CABLEVEYOR GUIDE	2	304SST				
	4100	CHUCK ASS'Y	1					
	4200	PRESSING ASS'Y	1					
	P01	LM GUIDE; SBG15FL	3	SBC				
	P02	SCREW NUT; STK1605-3-R	2	SBC				
	P03	SCREW SUPPORT; BK12DS	2	SBC				
	P04	SCREW SUPPORT; BF12DS	2	SBC				
	P05	TIMING BELT; 255L050	1	URETHANE				
	P06	REDUCER; SPIH042	1	SPG				
	P07	SERVO MOTOR; HF-KP13	1	MITSUBISHI				
	P31	AIR CHUCK; MHZ2-25S	4	SMC				
	P32	BALL BUSH; LMF 20L	2	SBC				
	P33	AIR CYLINDER; CQ2B32	1	SMC				
	P34	FLOATING JOINT; FJMC8	2	MISUMI				
	P35	AIR CYLINDER; CQ2G40	1	SMC				
	P36	CABLEVEYOR; HSP 0250-30 5	2	HANSHIN				
		<41-00 CHUCK ASS'Y>						
	01	ADAPTER	1	AL6061				
	02	ADAPTER	1	AL6061				
	03	ADAPTER	1	AL6061				
	04	FINGER	2	AL6061				

B. O. M.

No.	도면번호	품 명	수량	재질	후처리	단가	입고일	비고
	P01	CYLINDER; MSQB10A	1	SMC				
	P02	CYLINDER; MDSUB3-180S	1	SMC				
	P03	CYLINDER; MXQ8A-20Z	1	SMC				
	P04	AIR CHUCK; MHY2-10D	1	SMC				
		<42-00 PRESSING ASS'Y>						
	01	HOUSING	1	AL6061				
	02	SHAFT	1	SS400				
	03	COLLAR	1	SS400				
	04	COLLAR	1	SS400				
	05	COLLAR	1	SS400				
	06	BEARING FLANGE	1	AL6061				
	07	PLATE	1	AL6061				
	08	L - BKT	1	AL6061				
	09	PRESSING TIP	1	AL6061				
	P01	BEARING; #32006	2					
	P02	CYLINDER; CDRQ2BS15-90	1	SMC				
	P03	CYLINDER; CQ2B50-80DMZ	1	SMC				
		<50-00 조립베이-2 ASS'Y>						
	01	BASE	1	AL6061				
	02	MOVING BASE	1	AL6061				
	03	LM SUPPORT	4	AL6061				
	04	BALL SCREW	2					
	05	NUT ADAPTOR	2	AL6061				
	08	PULLEY 1	2	AL6061				
	09	PULLEY 2	1	AL6061				
	10	PULLEY IDLE	2	AL6061				
	11	PULLEY SHAFT	2	S45C				
	12	PULLEY WASHER	2	S45C				
	13	MOTOR BKT	1	AL6061				
	14	MOVING PLATE	2	AL6061				
	15	CYLINDER BACK	2	AL6061				
	16	MOVING PLATE	2	AL6061				
	17	WHEEL HOLDER	2	AL6061				
	18	COVER	2	AL6061				

B. O. M.

No.	도면번호	품 명	수량	재질	후처리	단가	입고일	비고
	31	WORK BASE	1	AL6061				
	32	WORK SUPPORT	6	AL6061				
	33	WORK SUPPORT (L)	1	AL6061				
	34	WORK SUPPORT (R)	1	AL6061				
	35	FINGER	8	AL6061				
	36	COLUMN	4	AL6061				
	37	COLUMN	2	AL6061				
	38	CYLINDER ATTACH	4	AL6061				
	39	GUIDE SHAFT	4	SUJ2				
	40	GUIDE SHAFT (P)	3	SUJ2				
	41	COLLAR	3	AL6061				
	42	WORK SUPPORT (P)	3	AL6061				
	43	BUSH	3	BC				
	44	UP/DN PLATE	1	AL6061				
	45	CABLEVEYOR GUIDE	2	304SST				
	P01	LM GUIDE; SBG15FL	4	SBC				
	P02	SCREW NUT; STK1605-3-R	2	SBC				
	P03	SCREW SUPPORT; BK12DS	2	SBC				
	P04	SCREW SUPPORT; BF12DS	2	SBC				
	P05	TIMING BELT; 255L050	1	URETHANE				
	P06	REDUCER; SPIH042	1	SPG				
	P07	SERVO MOTOR; HF-KP13	1	MITSUBISHI				
	P31	LM GUIDE: SBG15FL	2	SBC				
	P32	AIR CYLINDER: CQ2B40-50Z	2	SMC				
	P33	AIR CYLINDER; CQ2B32-75Z	1	SMC				
	P34	FLOATING JOINT; FJMC8	3	MISUMI				
	P35	BALL BUSH; LMF 20L	4	SBC				
	P36	AIR CYLINDER; CQ2B50-50DZ	1	SBC				
	P37	FLOATING JOINT; FJMC10	1	MISUMI				
	P38	AIR CYLINDER; CQ2B32-50Z	2	SMC				
	P39	AIR CHUCK; MHZ2-25S	4	SMC				
	P40	CABLEVEYOR; HSP 0250-35 5	2	HANSHIN				
		<60-00 STACKING ROBOT ASS'Y>						
	61-00	ROBOT FRAME ASS'Y	1					
	62-00	2- ARM ROBOT ASS'Y	1					
	61-06	JOINT PLATE	1	SS400				
	61-P01	RODLESS CYLINDER; MY1M5(	1	SMC				

작성일: 2016년 10월

B. O. M.

No.	도면번호	품 명	수량	재질	후처리	단가	입고일	비고
		<61-00 FRAME ASS'Y>						
	01	ROBOT FRAME	1	AL6061				
	02	FRAME SUPPORT	4	SS400				
	03	UPPER FRAME	2	AL6061				
	04	LM BLOCK ADAPTOR	4	AL6061				
	05	JOINT PLATE	2	SS400				
	06	JOINT PLATE	1	SS400				
	07	PULLEY BKT	4	AL6061				
	08	TIMING PULLEY	4	AL6061				
	21	LIFTING PLATE	2	AL6061				
	22	LIFTING BLOCK	2	AL6061				
	23	TRIANGLE BKT	2	AL6061				
	24	BELT CLAMP 1	4	AL6061				
	25	BELT CLAMP 2	4	AL6061				
	26	WEIGHT BLOCK	2	SS400				
	27	WEIGHT PLATE	2	SS400				
	28	WEIGHT BLOCK	2	SS400				
	29	WEIGHT BLOCK	2	SS400				
	30	BELT CLAMP 1	4	SS400				
	31	BELT CLAMP 2	4	SS400				
	32	TENSION BKT	2	SS400				
	33	GUIDE ROLLER SHAFT	8	SS400				
	34	GUIDE ROLLER SHAFT	8	MC Nylon				
	35	GUIDE	4	SUS304				
	36	COVER	2	SUS304				
	P01	RODLESS CYLINDER; MY1M5(	1	SMC				
	P02	LM GUIDE; SBG30SL	4	SBC				
	P03	LM GUIDE; SBG20FL	4	SBC				
	P04	SERVO MOTOR; HF-KP23	2	MITSUBISHI				
	P05	REDUCER; SPIH060	2	SPG				
	P06	BEARING; 6907ZZ	8					
	P07	TIMING BELT; L-Type	4					
	P08	BEARING; 6800ZZ	8					

B. O. M.

No.	도면번호	품 명	수량	재질	후처리	단가	입고일	비고
		<62-00 DOUBLE ARM ASS'Y>						
	01	ROBOT ARM BASE	1	AL6061				
	02	OUTER FLANGE	1	AL6061				
	03	ROTATING BASE	1	AL6061				
	04	INNER FLANGE	1	AL6061				
	05	PROFILE	2	AL6061				
	06	CONNECT BKT	4	SS400				
	07	ROT. MOTOR COLUMN	4	AL6061				
	08	ROT. MOTOR BASE	1	AL6061				
	09	ROT. MOTOR FLANGE	1	AL6061				
	10	ROT. MOTOR ADAPTOR	1	AL6061				
	21	FIRST ARM	2	AL6061				
	22	FIRST ARM FLANGE	2	AL6061				
	23	INNER FLANGE	2	AL6061				
	24	PULLEY	2	AL6061				
	25	OUTER FLANGE	2	AL6061				
	26	TORQUE TRANS SHAFT	2	SUJ2				
	27	TORQUE TRANS FLANGE	2	AL6061				
	28	SECOND ARM FLANGE	2	AL6061				
	29	INNER FLANGE	2	AL6061				
	30	OUTER FLANGE	2	AL6061				
	31	TORQUE TRANS SHAFT	2	SUJ2				
	32	TORQUE TRANS FLANGE	2	AL6061				
	33	PULLEY	2	AL6061				
	41	SECOND ARM	2	AL6061				
	42	THIRD FLANGE	2	AL6061				
	43	INNER FLANGE	2	AL6061				
	44	OUTER FLANGE	2	AL6061				
	46	SYNC. GEAR	2	MC Nylon				
	47	GEAR BOX	1	AL6061				
	48	COVER	1	PC				
	49	FORK ADAPTOR	1	AL6061				
	50	FORK	4	AL6061				
	P01	CROSS ROLLERING; RB35020	1	THK				
	P02	SERVO MOTOR; HF-KP23	1	MITSUBISHI				
	P03	REDUCER; SPIFH060	1	SPG				
	P04	SERVO MOTOR; HF-KP53	2	MITSUBISHI				

B. O. M.

No.	도면번호	품 명	수량	재질	후처리	단가	입고일	비고
	P05	REDUCER; SPIFH042	2	SPG				
	P06	CROSS ROLLERING; RB6013	2	THK				
	P07	CROSS ROLLERING; RB4510	2	THK				
	P08	BEARING; 6901ZZ	8					
	P09	POWER LOCK; DR134S	6	두리마이텍				
	P10	CROSS ROLLERING; RB3010	2	THK				
		<70-00 CART ASS'Y>						
	01	FRAME	2	AL6061				
	02	CASTER ADAPTOR	8	AL6061				
	03	PRODUCT STACKING BAR	30	AL6061				
	04	BAR ADAPTOR	10	AL6061				
	05	HANDLE	4	SUS304				
	06	CLAMPING BAR	8	AL6061				
	07	CLAMPING SPACER	8	AL6061				
	08	CLAMPING SHAFT	4	SUJ2				
	09	FINGER	8	S45C				
	10	AIR CHUCK ADAPTOR	4	AL6061				
	11	ENTRY GUIDE	8	MC Nylon				
	P01	AIR CHUCK; MHW2-40D1	4	SMC				
	P02	CASTER; ACSU-76 SF	8	AUTO CFT				

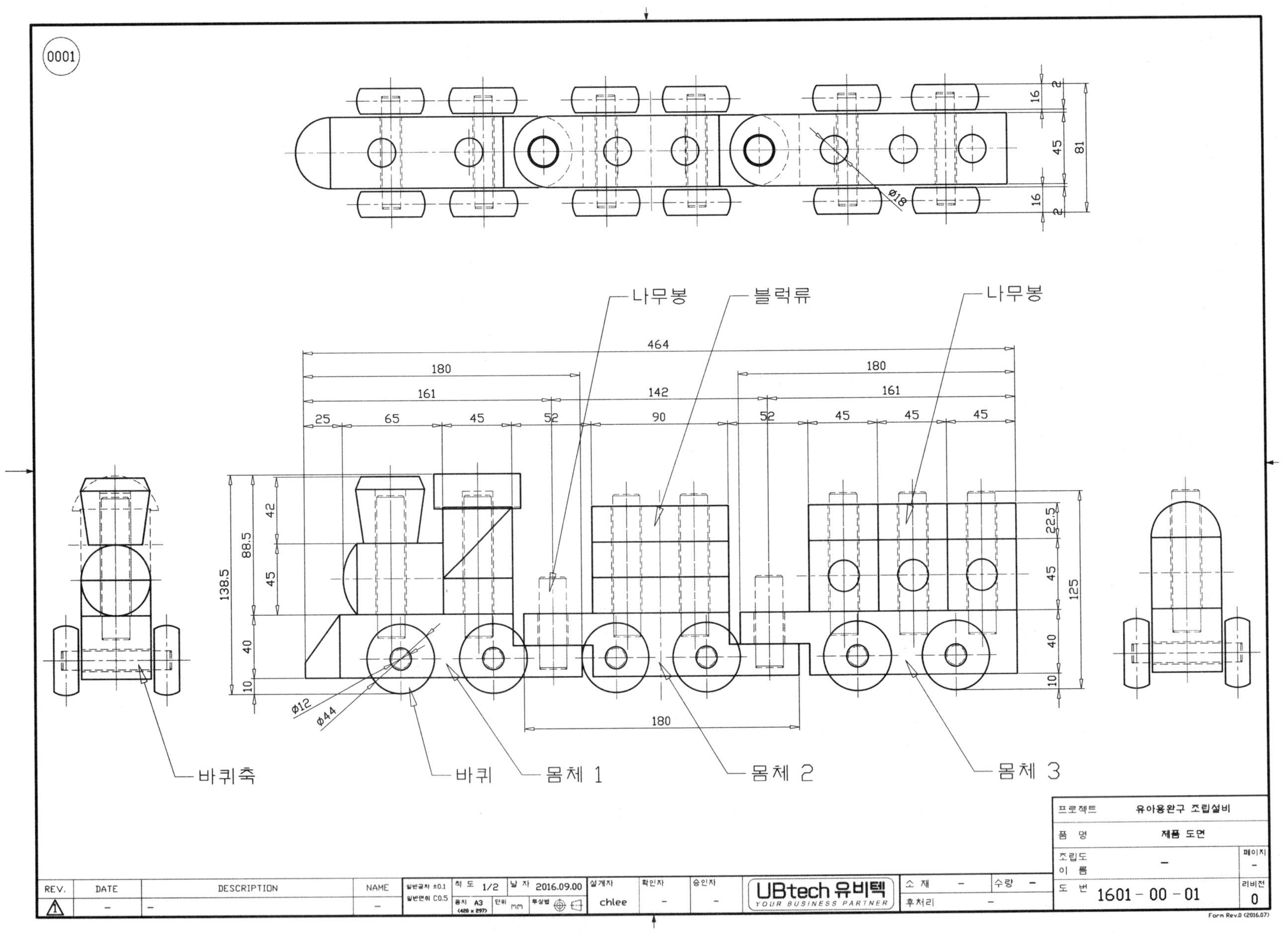
0001
나무봉
블럭류
나무봉
464
180
161
142
180
161
25
65
45
52
90
52
45
45
45
138.5
88.5
42
45
40
10
22.5
45
125
40
10
16
2
45
81
16
2
ø18
ø12
ø44
180
바퀴축
바퀴
몸체 1
몸체 2
몸체 3
프로젝트 유아용완구 조립설비
품 명 제품 도면
조립도
이 름 -
페이지 -
도 번 1601 - 00 - 01
리비전 0
REV. DATE DESCRIPTION NAME
일반공차 ±0.1
일반면취 C0.5
척 도 1/2
용지 A3 (420 x 297)
단위 mm
날 자 2016.09.00
투상법
설계자 chlee
확인자 -
승인자 -
UBtech 유비텍
YOUR BUSINESS PARTNER
소 재 -
수량 -
후처리 -
Form Rev.0 (2016.07)

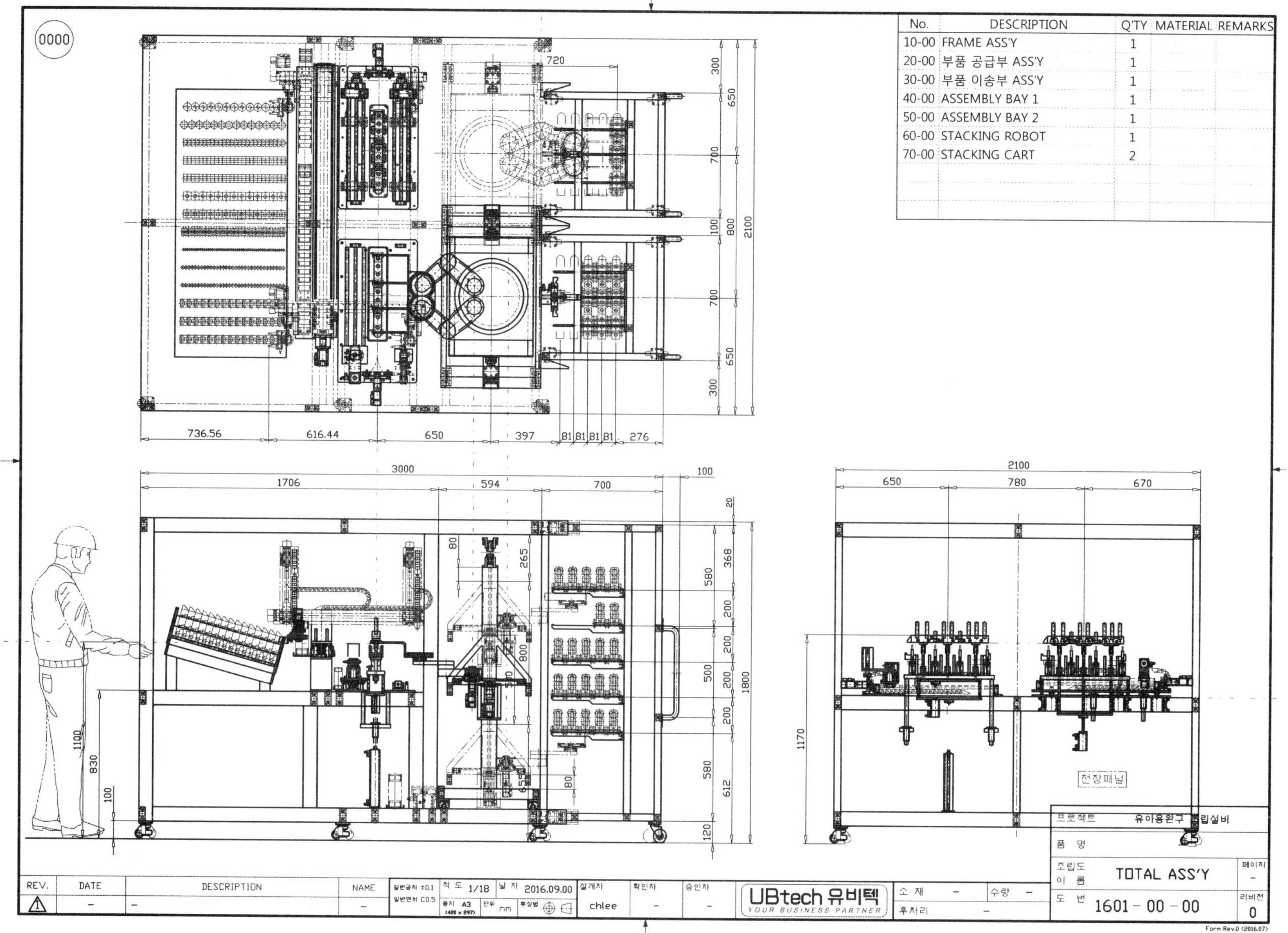
No.
DESCRIPTION
Q'TY
MATERIAL
REMARKS
10-00 FRAME ASS'Y 1
20-00 부품 공급부 ASS'Y 1
30-00 부품 이송부 ASS'Y 1
40-00 ASSEMBLY BAY 1 1
50-00 ASSEMBLY BAY 2 1
60-00 STACKING ROBOT 1
70-00 STACKING CART 2
전장패널
프로젝트 유아용완구 조립설비
품명
조립도 이름 TOTAL ASS'Y
도번 1601-00-00
페이지 -
리비전 0
REV.
DATE
DESCRIPTION
NAME
척도 1/18
날자 2016.09.00
설계자 chlee
확인자 -
승인자 -
UBtech 유비텍
YOUR BUSINESS PARTNER
소재 -
수량 -
후처리 -
Form Rev.0 (2016.07)

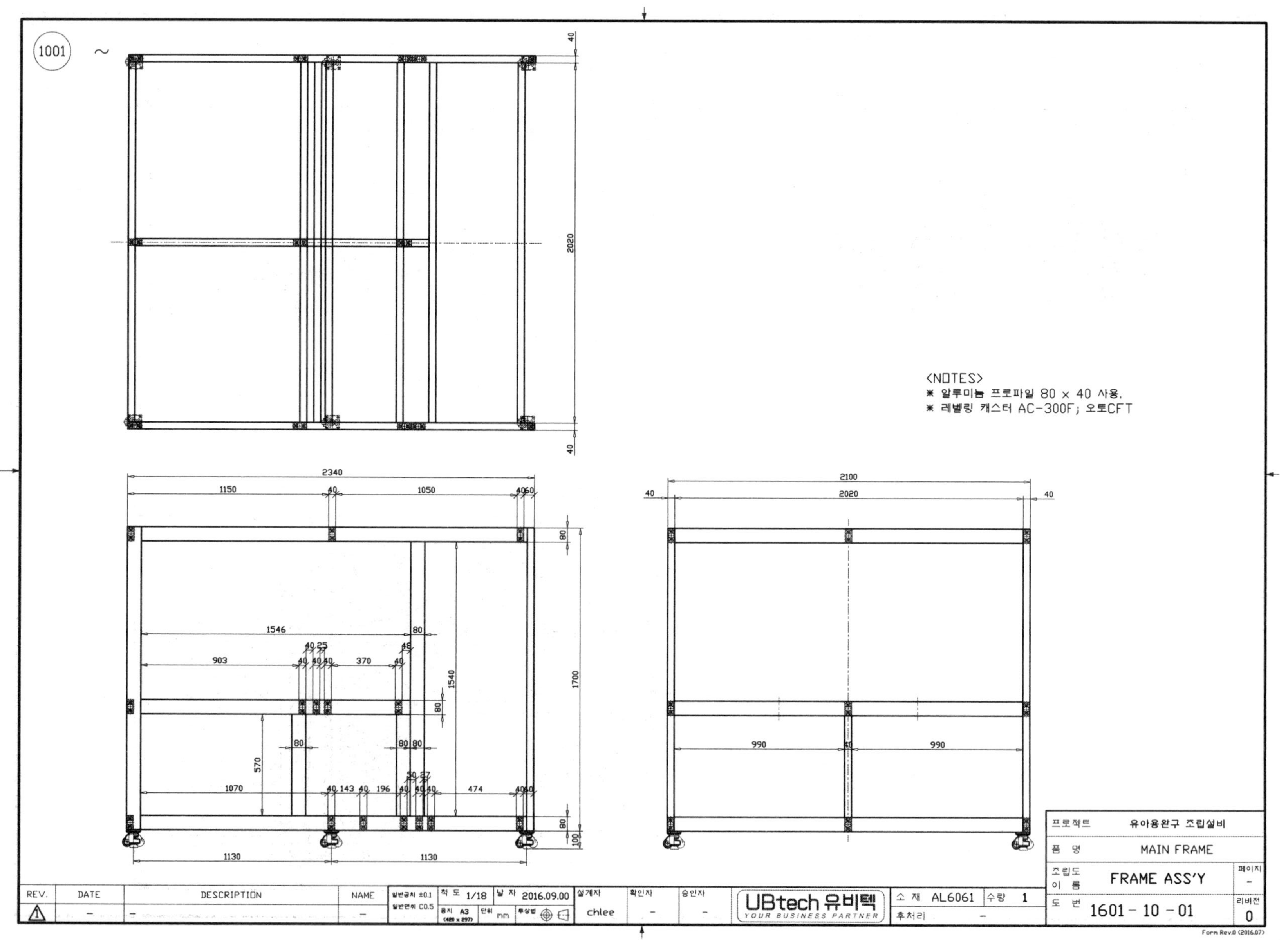

1001
<NOTES>
※ 알루미늄 프로파일 80 × 40 사용.
※ 레벨링 캐스터 AC-300F; 오토CFT
프로젝트 유아용완구 조립설비
품 명 MAIN FRAME
조립도 이 름 FRAME ASS'Y
페이지 -
도 번 1601 - 10 - 01
리비전 0
REV.
DATE
DESCRIPTION
NAME
일반공차 ±0.1
일반면취 C0.5
척 도 1/18
용지 A3 (420 x 297)
단위 mm
날 자 2016.09.00
설계자 chlee
확인자 -
승인자 -
UBtech 유비텍
YOUR BUSINESS PARTNER
소 재 AL6061
수량 1
후처리 -
Form Rev.0 (2016.07)

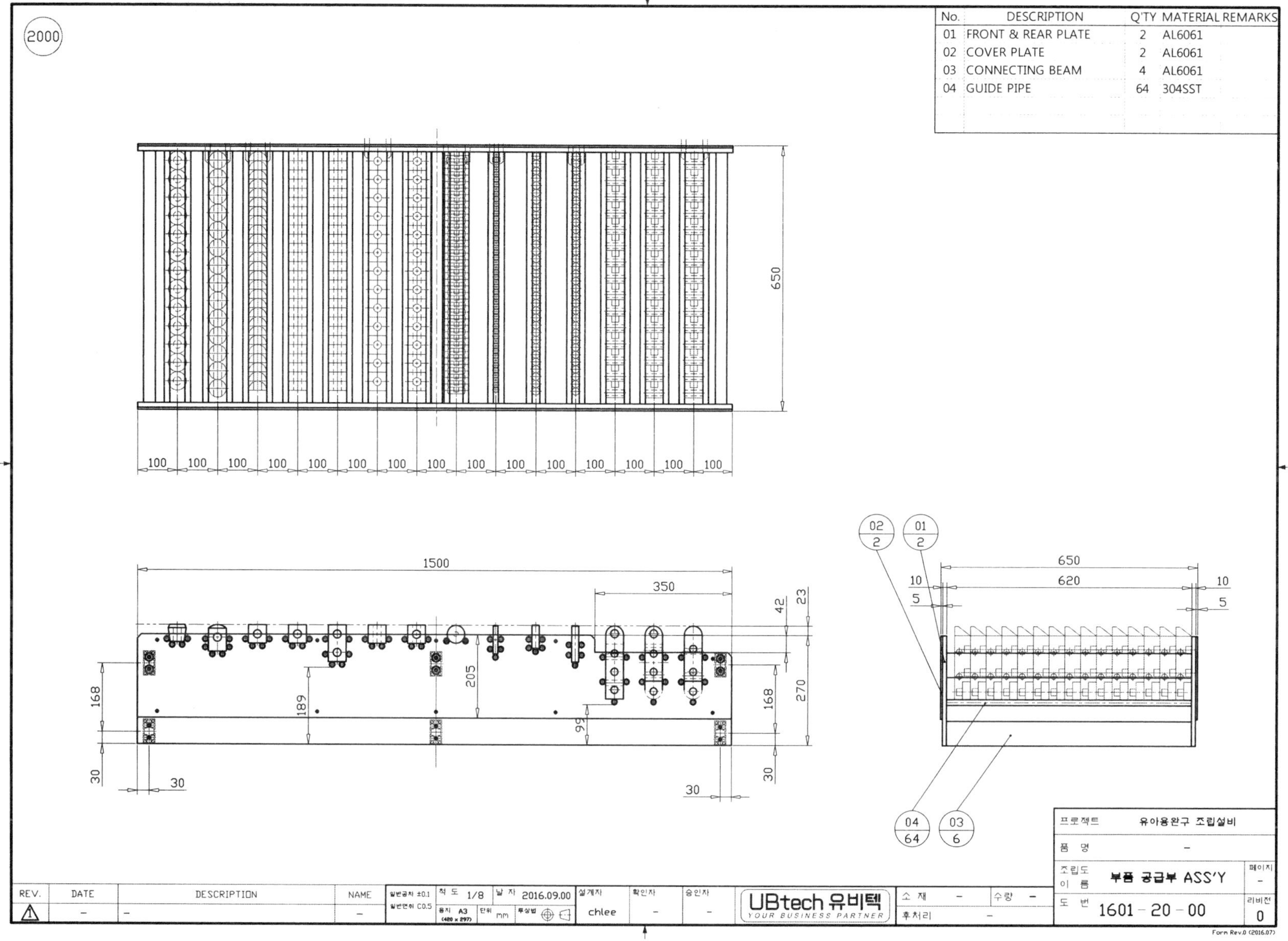
2000
No. DESCRIPTION Q'TY MATERIAL REMARKS
01 FRONT & REAR PLATE 2 AL6061
02 COVER PLATE 2 AL6061
03 CONNECTING BEAM 4 AL6061
04 GUIDE PIPE 64 304SST
650
100 100 100 100 100 100 100 100 100 100 100 100 100 100 100
1500
350
42
23
168
189
205
99
270
30
30
30
30
02/2
01/2
650
620
10
5
10
5
04/64
03/6
프로젝트 유아용완구 조립설비
품 명 -
조립도 이 름 부품 공급부 ASS'Y
페이지 -
도 번 1601 - 20 - 00
리비전 0
REV. DATE DESCRIPTION NAME
일반공차 ±0.1
일반면취 C0.5
척 도 1/8
날 자 2016.09.00
용지 A3 (420 x 297)
단위 mm
투상법
설계자 chlee
확인자 -
승인자 -
UBtech 유비텍
YOUR BUSINESS PARTNER
소 재 - 수량 -
후처리 -
Form Rev.0 (2016.07)

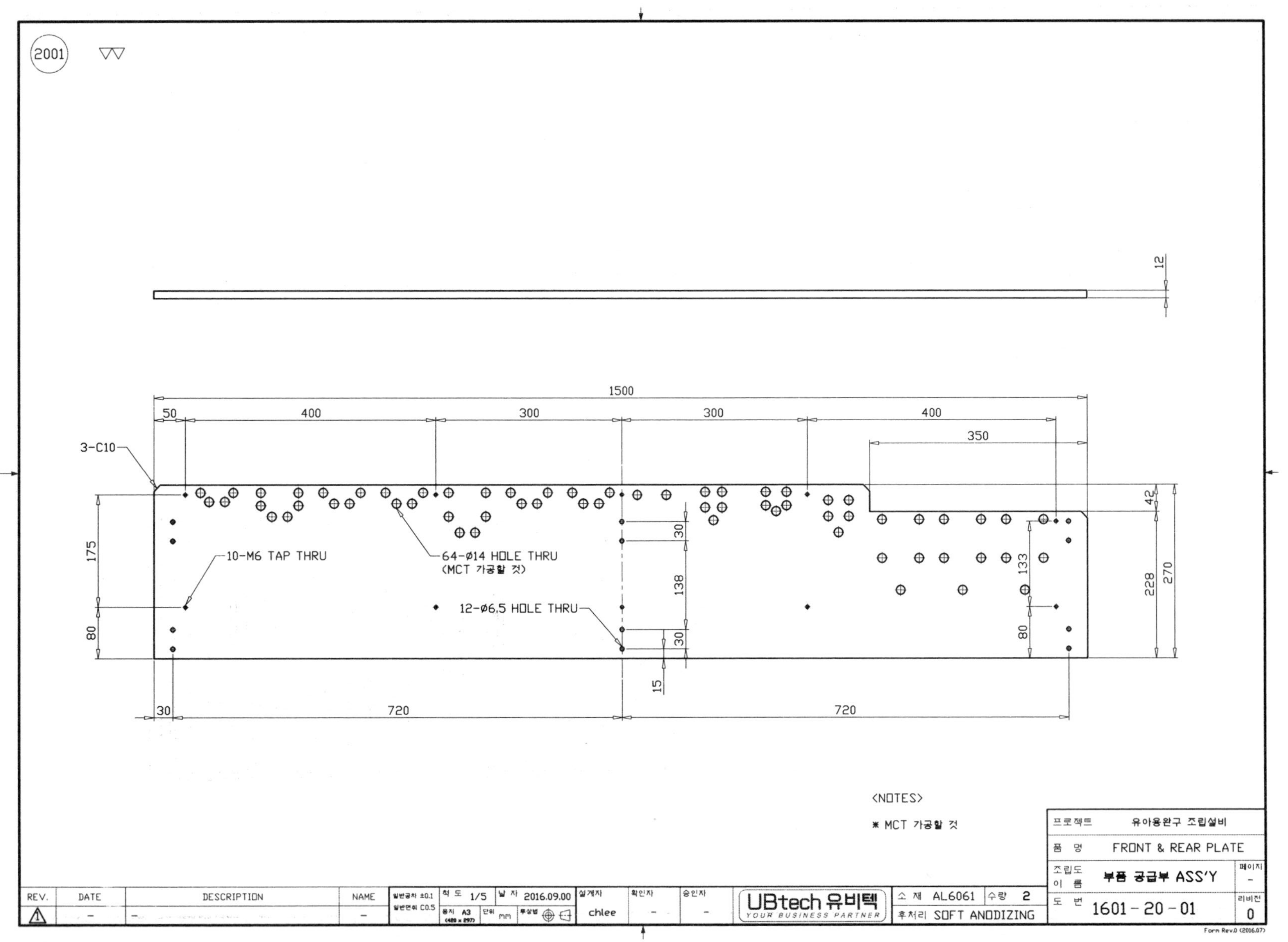

2001
1500
50
400
300
300
400
350
3-C10
175
80
10-M6 TAP THRU
64-Ø14 HOLE THRU
(MCT 가공할 것)
12-Ø6.5 HOLE THRU
30
138
30
15
133
80
42
228
270
12
30
720
720
<NOTES>
※ MCT 가공할 것
프로젝트 유아용완구 조립설비
품 명 FRONT & REAR PLATE
조립도 이 름 부품 공급부 ASS'Y
페이지 -
도 번 1601 - 20 - 01
리비전 0
REV.
DATE
DESCRIPTION
NAME
일반공차 ±0.1
일반면취 C0.5
척 도 1/5
날 자 2016.09.00
용지 A3 (420 x 297)
단위 mm
투상법
설계자 chlee
확인자 -
승인자 -
UBtech 유비텍
YOUR BUSINESS PARTNER
소 재 AL6061
수 량 2
후처리 SOFT ANODIZING
Form Rev.0 (2016.07)

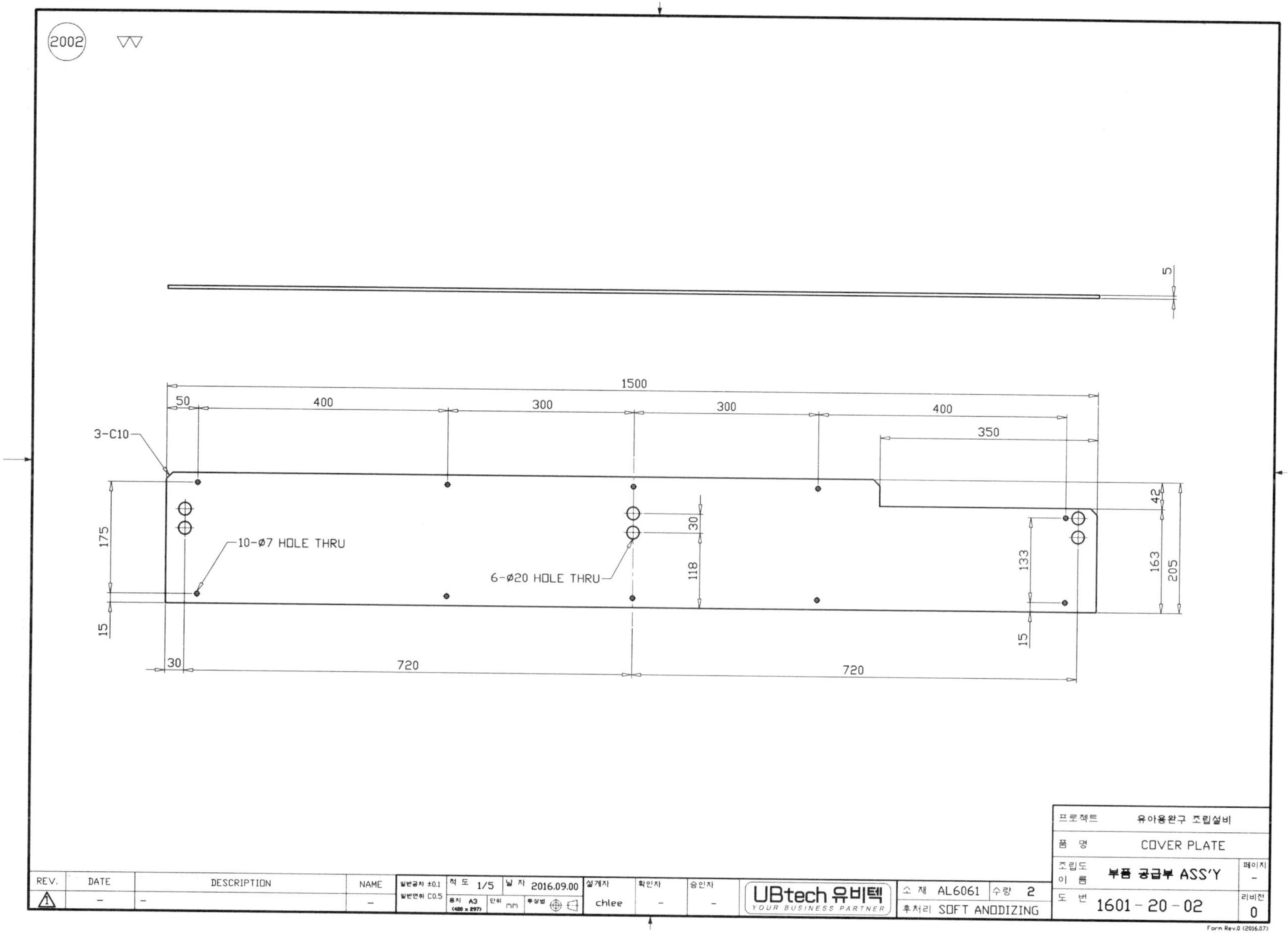

2002
5
1500
50
400
300
300
400
350
3-C10
42
175
10-Ø7 HOLE THRU
30
6-Ø20 HOLE THRU
118
133
163
205
15
15
30
720
720
REV. DATE DESCRIPTION NAME
일반공차 ±0.1
일반면취 C0.5
척도 1/5
날자 2016.09.00
용지 A3 (420 x 297)
단위 mm
설계자 chlee
확인자 -
승인자 -
UBtech 유비텍
YOUR BUSINESS PARTNER
소재 AL6061
수량 2
후처리 SOFT ANODIZING
프로젝트 유아용완구 조립설비
품명 COVER PLATE
조립도 이름 부품 공급부 ASS'Y
페이지 -
도번 1601 - 20 - 02
리비전 0
Form Rev.0 (2016.07)

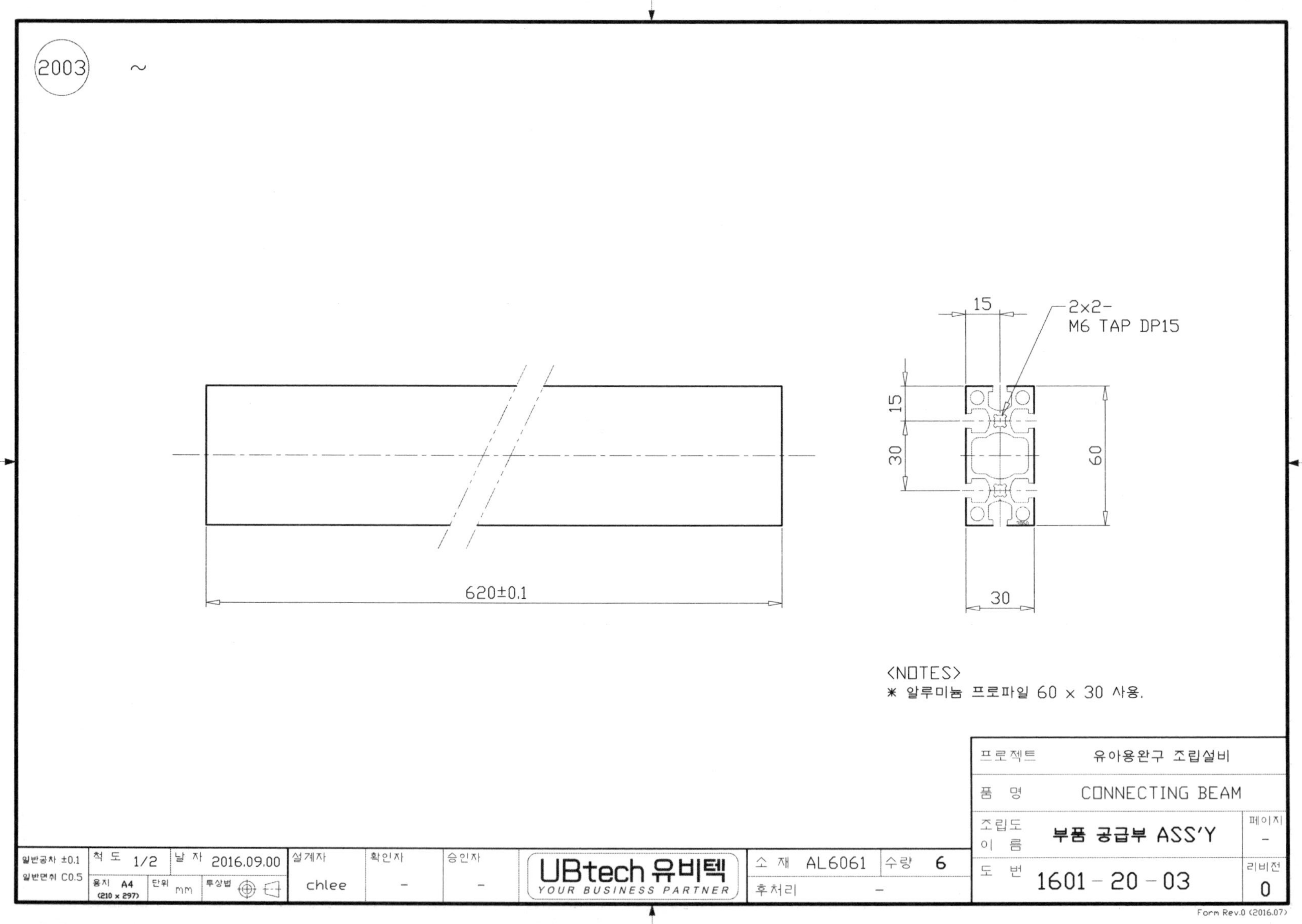
2003
2x2-
M6 TAP DP15
15
15
30
60
30
620±0.1
<NOTES>
※ 알루미늄 프로파일 60 × 30 사용.
프로젝트
유아용완구 조립설비
품명
CONNECTING BEAM
조립도 이름
부품 공급부 ASS'Y
페이지
-
도번
1601 - 20 - 03
리비전
0
일반공차 ±0.1
일반면취 C0.5
척도
1/2
날자
2016.09.00
용지
A4
(210 x 297)
단위
mm
투상법
설계자
chlee
확인자
-
승인자
-
UBtech 유비텍
YOUR BUSINESS PARTNER
소재
AL6061
수량
6
후처리
-
Form Rev.0 (2016.07)

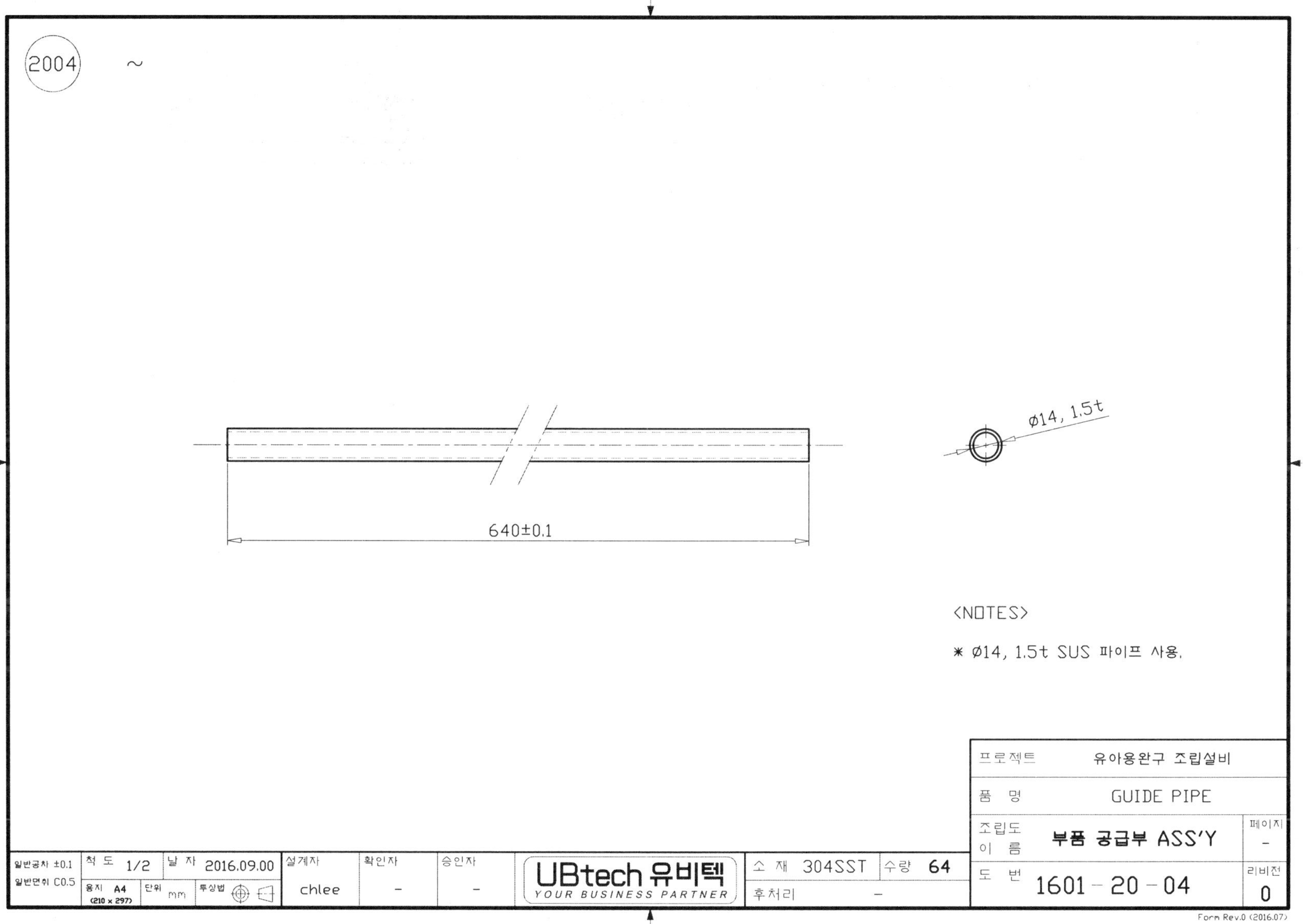
2004
Ø14, 1.5t
640±0.1
<NOTES>
※ Ø14, 1.5t SUS 파이프 사용.
프로젝트 유아용완구 조립설비
품 명 GUIDE PIPE
조립도 이 름 부품 공급부 ASS'Y
페이지 -
도 번 1601 - 20 - 04
리비전 0
Form Rev.0 (2016.07)
소 재 304SST
수량 64
후처리 -
UBtech 유비텍
YOUR BUSINESS PARTNER
승인자 -
확인자 -
설계자 chlee
척 도 1/2
날 자 2016.09.00
일반공차 ±0.1
일반면취 C0.5
용지 A4 (210 x 297)
단위 mm
투상법

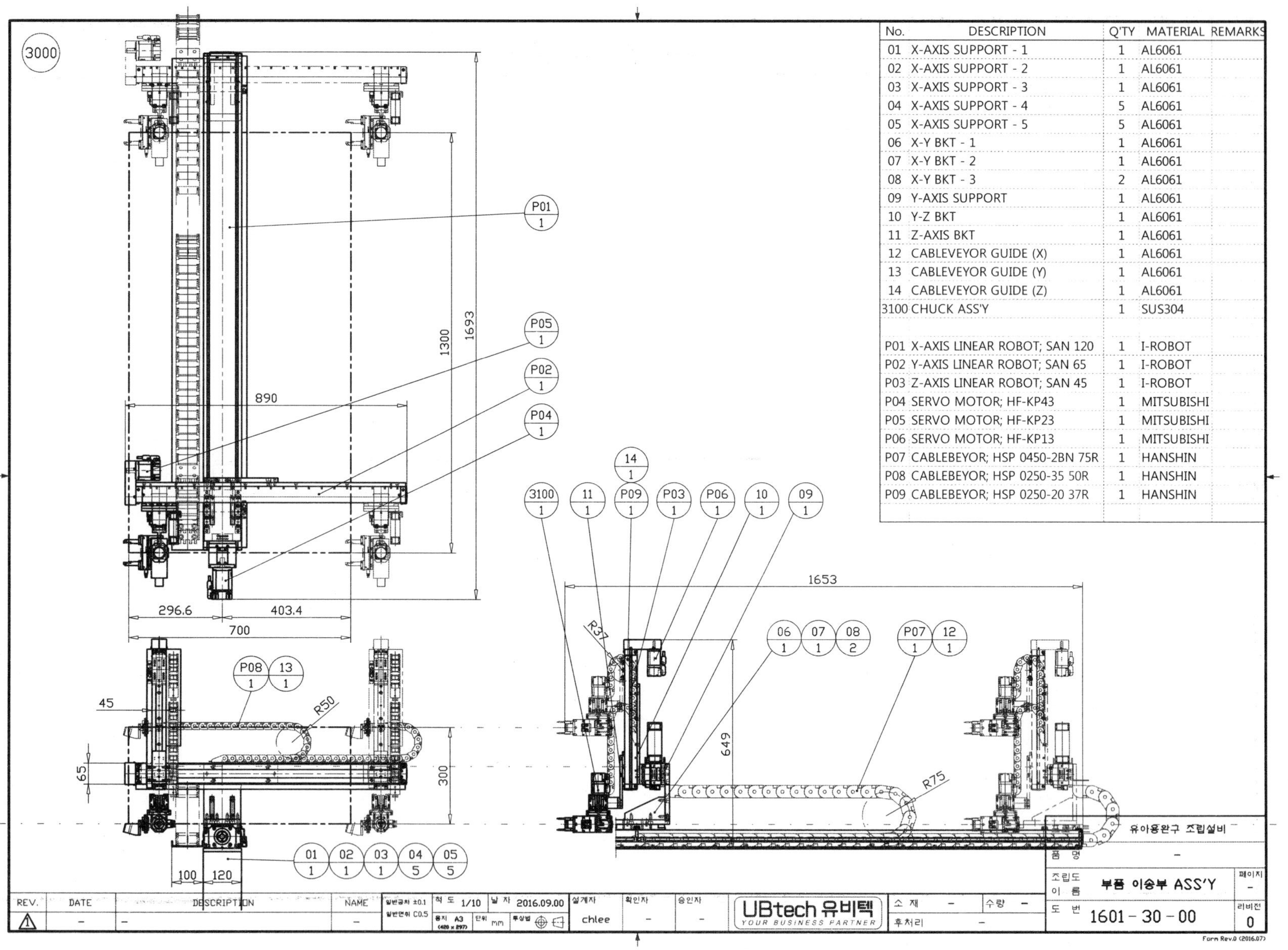

No.	DESCRIPTION	Q'TY	MATERIAL	REMARKS
01	X-AXIS SUPPORT - 1	1	AL6061	
02	X-AXIS SUPPORT - 2	1	AL6061	
03	X-AXIS SUPPORT - 3	1	AL6061	
04	X-AXIS SUPPORT - 4	5	AL6061	
05	X-AXIS SUPPORT - 5	5	AL6061	
06	X-Y BKT - 1	1	AL6061	
07	X-Y BKT - 2	1	AL6061	
08	X-Y BKT - 3	2	AL6061	
09	Y-AXIS SUPPORT	1	AL6061	
10	Y-Z BKT	1	AL6061	
11	Z-AXIS BKT	1	AL6061	
12	CABLEVEYOR GUIDE (X)	1	AL6061	
13	CABLEVEYOR GUIDE (Y)	1	AL6061	
14	CABLEVEYOR GUIDE (Z)	1	AL6061	
3100	CHUCK ASS'Y	1	SUS304	
P01	X-AXIS LINEAR ROBOT; SAN 120	1	I-ROBOT	
P02	Y-AXIS LINEAR ROBOT; SAN 65	1	I-ROBOT	
P03	Z-AXIS LINEAR ROBOT; SAN 45	1	I-ROBOT	
P04	SERVO MOTOR; HF-KP43	1	MITSUBISHI	
P05	SERVO MOTOR; HF-KP23	1	MITSUBISHI	
P06	SERVO MOTOR; HF-KP13	1	MITSUBISHI	
P07	CABLEBEYOR; HSP 0450-2BN 75R	1	HANSHIN	
P08	CABLEBEYOR; HSP 0250-35 50R	1	HANSHIN	
P09	CABLEBEYOR; HSP 0250-20 37R	1	HANSHIN	

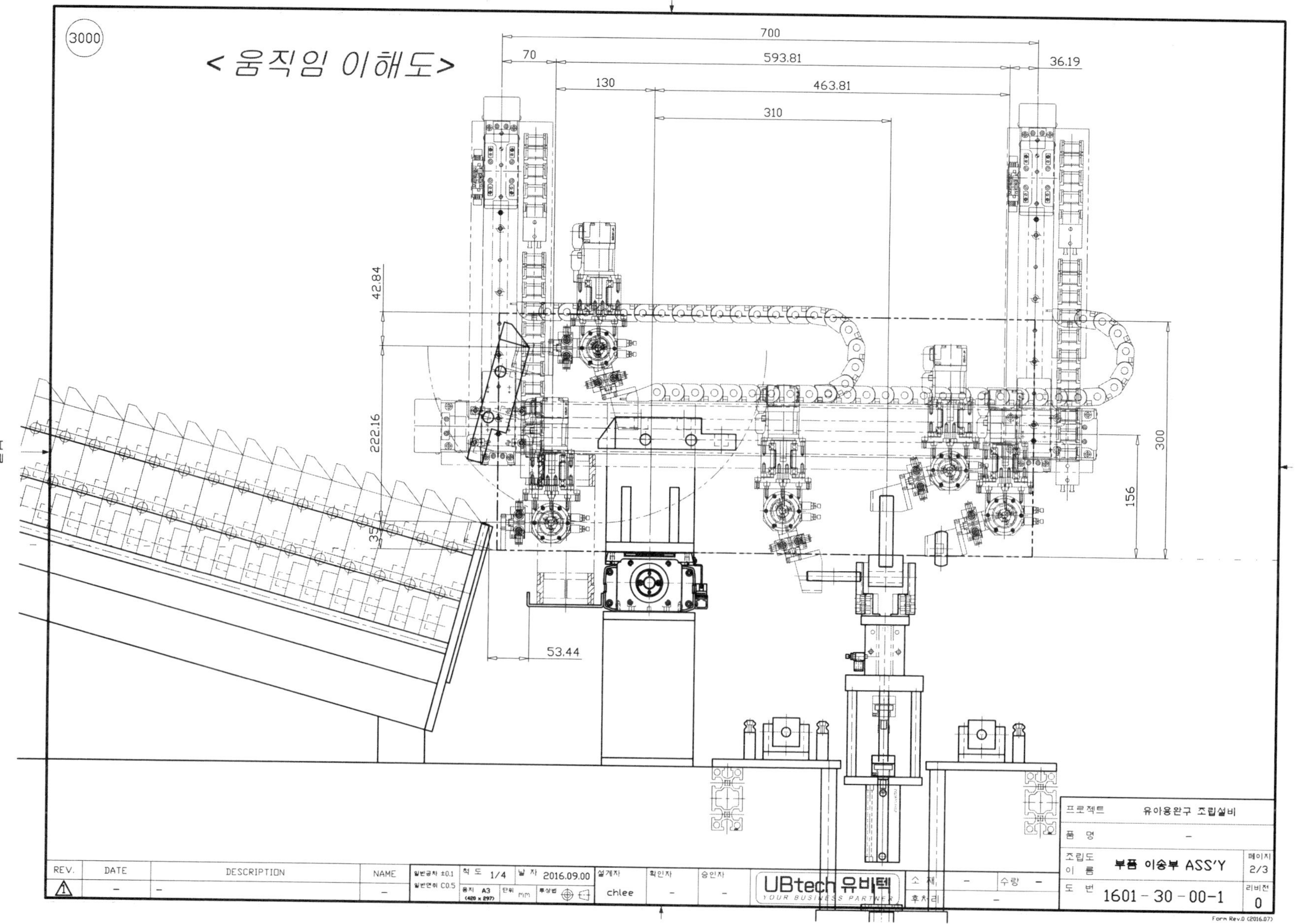
3000
<움직임 이해도>
700
70
593.81
36.19
130
463.81
310
42.84
222.16
35
53.44
300
156
프로젝트 유아용완구 조립설비
품명 -
조립도 이름 부품 이송부 ASS'Y
페이지 2/3
도번 1601-30-00-1
리비전 0
REV.
DATE
DESCRIPTION
NAME
일반공차 ±0.1
일반면취 C0.5
척도 1/4
용지 A3 (420 x 297)
단위 mm
날자 2016.09.00
설계자 chlee
확인자 -
승인자 -
UBtech 유비텍
YOUR BUSINESS PARTNER
소재 -
수량 -
후처리 -
Form Rev.0 (2016.07)

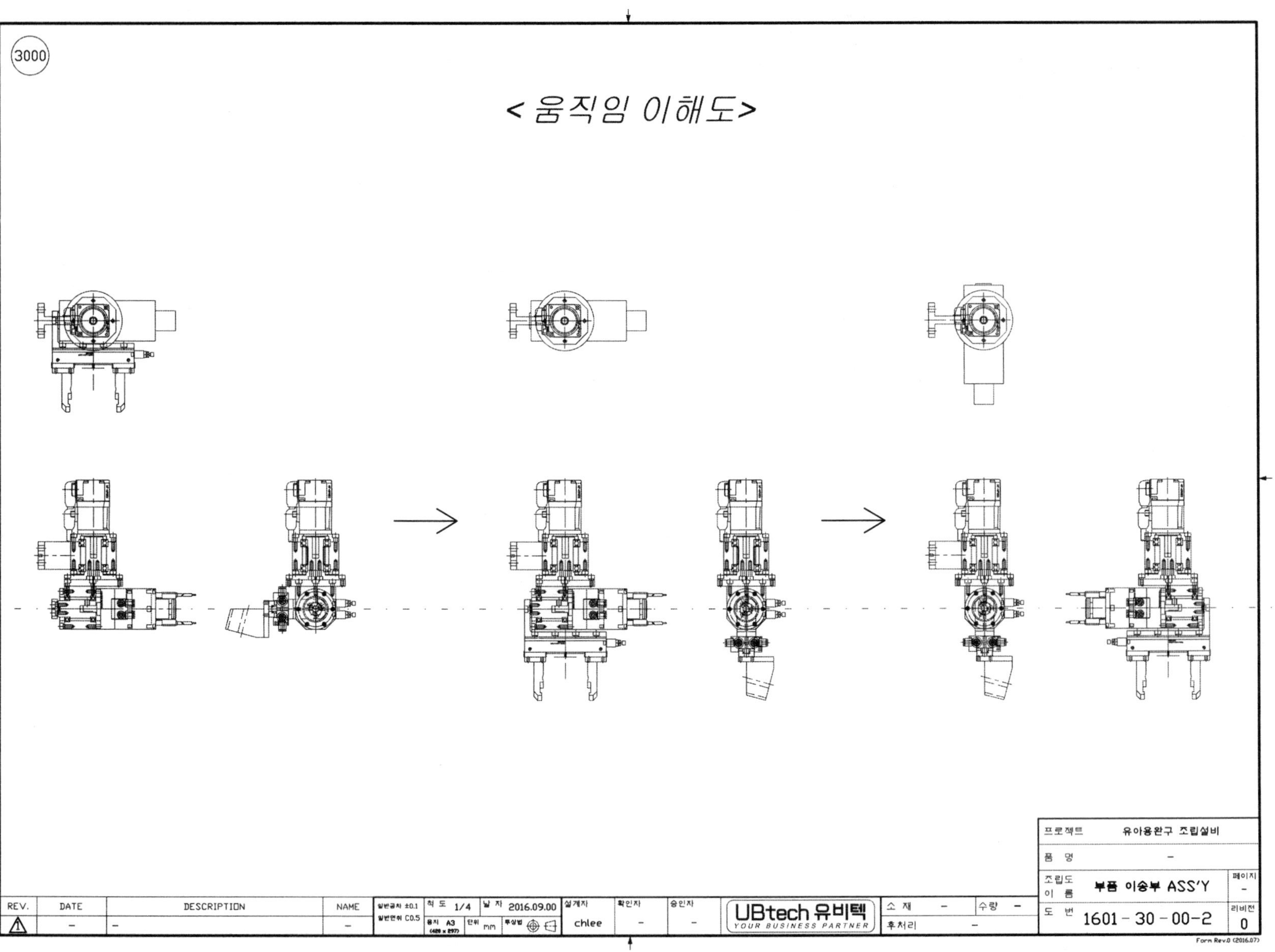
3000
<움직임 이해도>
REV.
DATE
DESCRIPTION
NAME
일반공차 ±0.1
일반면취 C0.5
척도 1/4
용지 A3 (420 x 297)
단위 mm
날자 2016.09.00
투상법
설계자 chlee
확인자 -
승인자 -
UBtech 유비텍
YOUR BUSINESS PARTNER
소재 -
수량 -
후처리 -
프로젝트 유아용완구 조립설비
품명 -
조립도 이름 부품 이송부 ASS'Y
페이지 -
도번 1601 - 30 - 00 - 2
리비전 0
Form Rev.0 (2016.07)

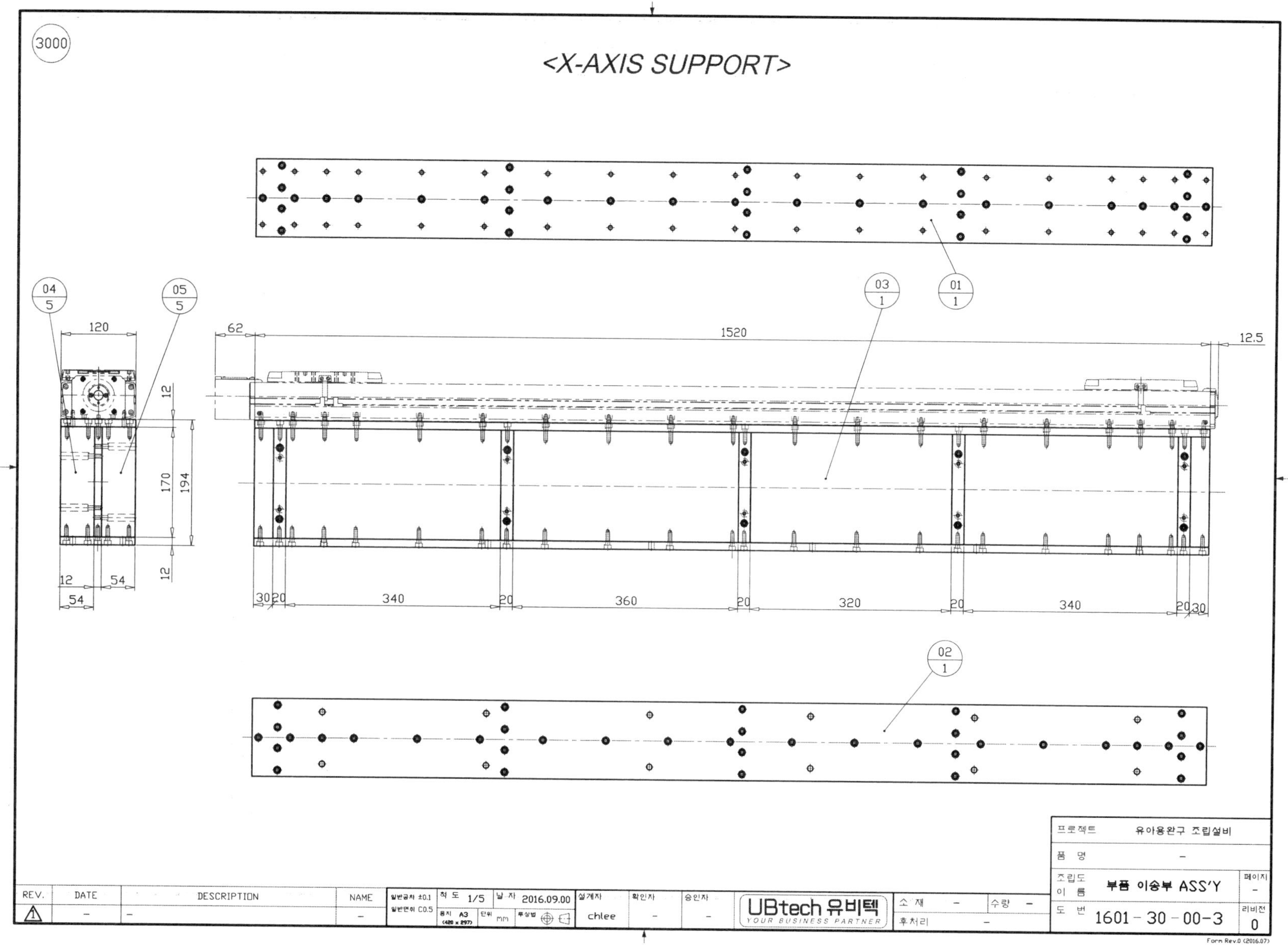

3000
<X-AXIS SUPPORT>
04/5
05/5
03/1
01/1
02/1
120
62
1520
12.5
12
170
194
12
12
54
54
30
20
340
20
360
20
320
20
340
20
30
프로젝트 유아용완구 조립설비
품 명 -
조립도 이 름 부품 이송부 ASS'Y
페이지 -
도 번 1601 - 30 - 00 - 3
리비전 0
REV.
DATE
DESCRIPTION
NAME
일반공차 ±0.1
일반면취 C0.5
척 도 1/5
용지 A3 (420 x 297)
단위 mm
투상법
날 자 2016.09.00
설계자 chlee
확인자 -
승인자 -
UBtech 유비텍
YOUR BUSINESS PARTNER
소 재 -
수량 -
후처리 -
Form Rev.0 (2016.07)

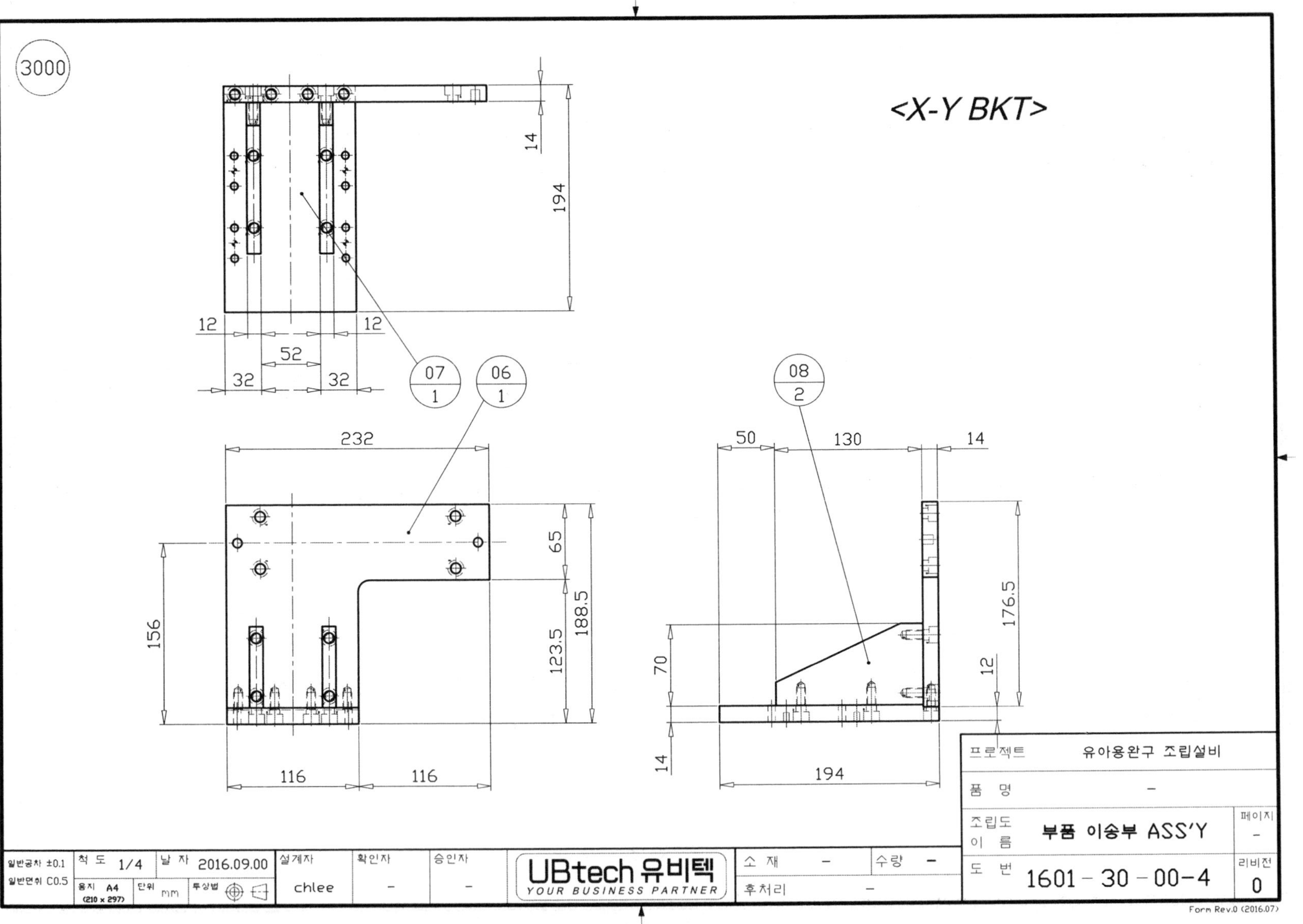
3000
<X-Y BKT>
14
194
12
12
52
32
32
07
1
06
1
08
2
232
65
188.5
123.5
156
116
116
50
130
14
176.5
70
12
14
194
프로젝트 유아용완구 조립설비
품 명 -
조립도 이 름 부품 이송부 ASS'Y
페이지 -
도 번 1601 - 30 - 00 - 4
리비전 0
일반공차 ±0.1
일반면취 C0.5
척 도 1/4
날 자 2016.09.00
용지 A4 (210 x 297)
단위 mm
투상법
설계자 chlee
확인자 -
승인자 -
UBtech 유비텍
YOUR BUSINESS PARTNER
소 재 -
수량 -
후처리 -
Form Rev.0 (2016.07)

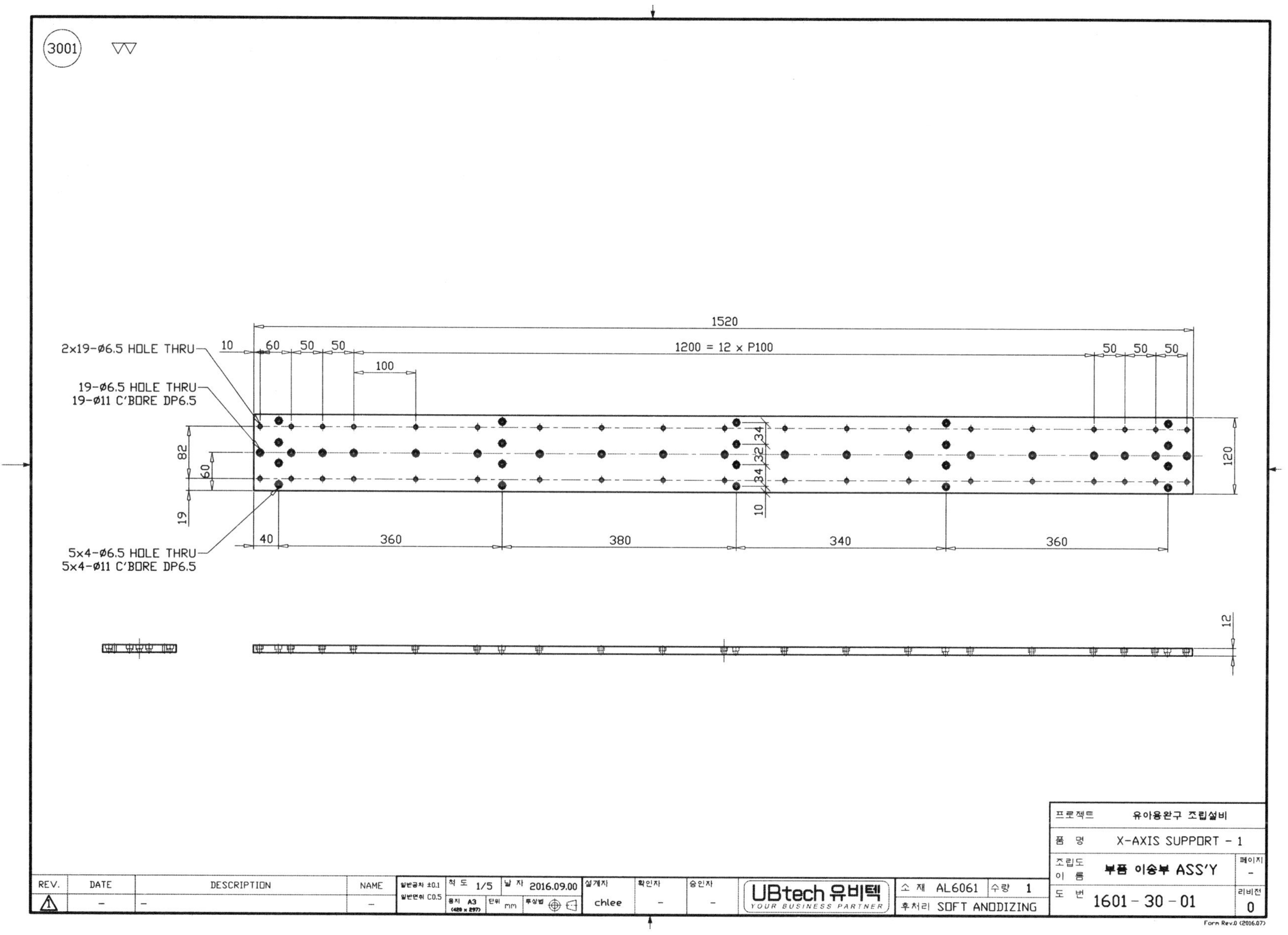

3001
2x19-Ø6.5 HOLE THRU
19-Ø6.5 HOLE THRU
19-Ø11 C'BORE DP6.5
5x4-Ø6.5 HOLE THRU
5x4-Ø11 C'BORE DP6.5
1520
1200 = 12 x P100
10
60
50
50
100
50
50
50
82
60
19
34
32
34
10
120
40
360
380
340
360
12
REV.
DATE
DESCRIPTION
NAME
일반공차 ±0.1
일반면취 C0.5
척 도 1/5
날 자 2016.09.00
용지 A3 (420 x 297)
단위 mm
설계자 chlee
확인자 -
승인자 -
UBtech 유비텍
YOUR BUSINESS PARTNER
소 재 AL6061
수량 1
후처리 SOFT ANODIZING
프로젝트 유아용완구 조립설비
품 명 X-AXIS SUPPORT - 1
조립도 이 름 부품 이송부 ASS'Y
페이지 -
도 번 1601 - 30 - 01
리비전 0
Form Rev.0 (2016.07)

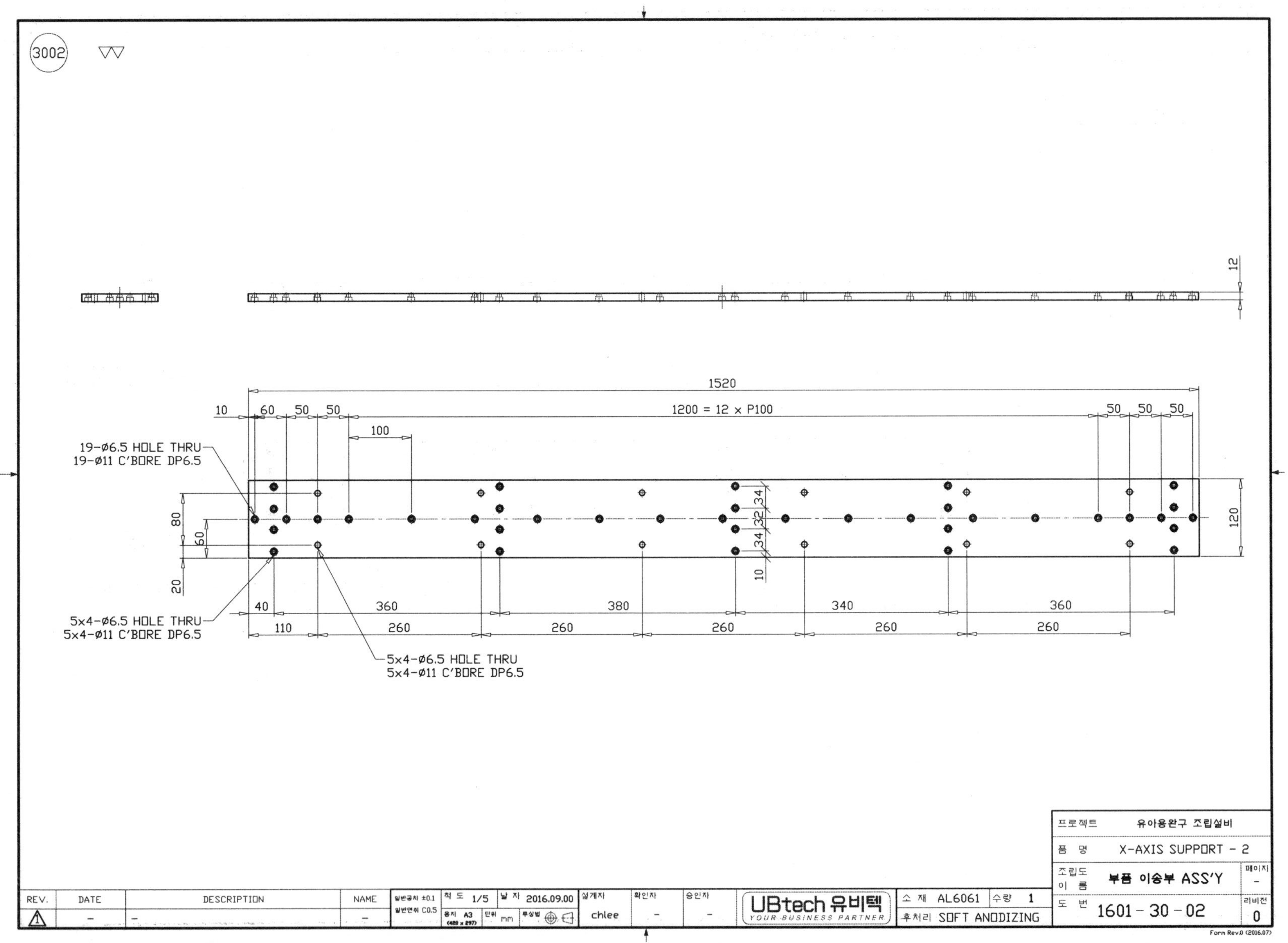

3002
12
1520
10
60
50
50
1200 = 12 x P100
100
50
50
50
19-Ø6.5 HOLE THRU
19-Ø11 C'BORE DP6.5
80
60
20
34
32
34
10
120
40
360
380
340
360
110
260
260
260
260
260
5x4-Ø6.5 HOLE THRU
5x4-Ø11 C'BORE DP6.5
5x4-Ø6.5 HOLE THRU
5x4-Ø11 C'BORE DP6.5
프로젝트 유아용완구 조립설비
품 명 X-AXIS SUPPORT - 2
조립도 이 름 부품 이송부 ASS'Y
페이지 -
도 번 1601 - 30 - 02
리비전 0
REV. DATE DESCRIPTION NAME
일반공차 ±0.1
일반면취 C0.5
척 도 1/5
용지 A3 (420 x 297)
단위 mm
날 자 2016.09.00
설계자 chlee
확인자 -
승인자 -
UBtech 유비텍
YOUR BUSINESS PARTNER
소 재 AL6061
수량 1
후처리 SOFT ANODIZING
Form Rev.0 (2016.07)

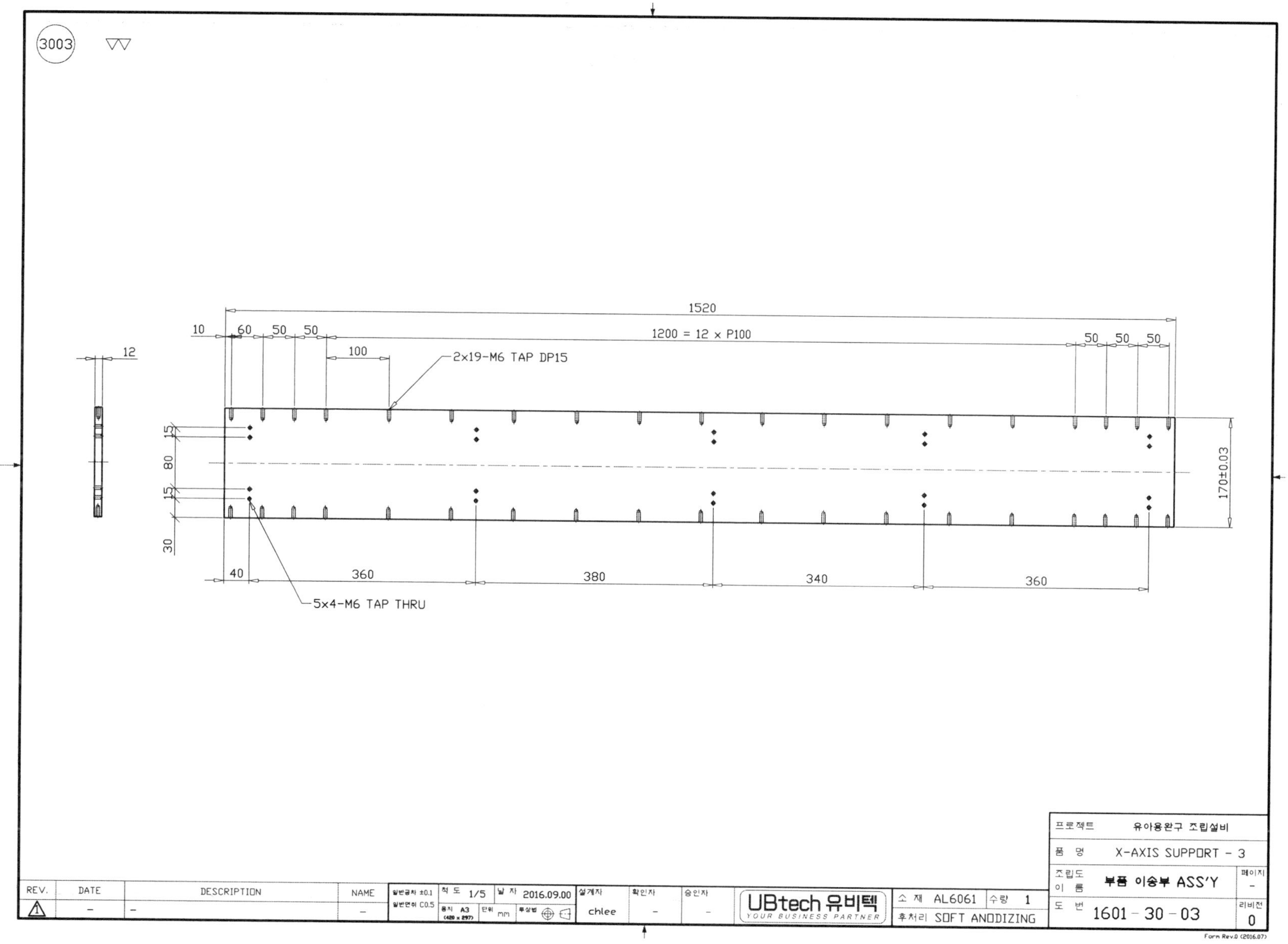
3003
170±0.03
1520
1200 = 12 x P100
50
50
50
100
50
50
60
10
360
340
380
360
40
2x19-M6 TAP DP15
5x4-M6 TAP THRU
15
80
15
30
12
프로젝트 유이용완구 조립설비
품 명 X-AXIS SUPPORT - 3
조립도 이 름 부품 이송부 ASS'Y
페이지 -
도 번 1601 - 30 - 03
리비젼 0
소 재 AL6061
수량 1
후처리 SOFT ANODIZING
UBtech 유비텍
YOUR BUSINESS PARTNER
승인자 -
확인자 -
설계자 chlee
척 도 1/5
일 자 2016.09.00
일반공차 ±0.1
일반면취 C0.5
용지 A3
단위 mm
REV.
DATE -
DESCRIPTION
NAME -
Form Rev.0 (2016.07)

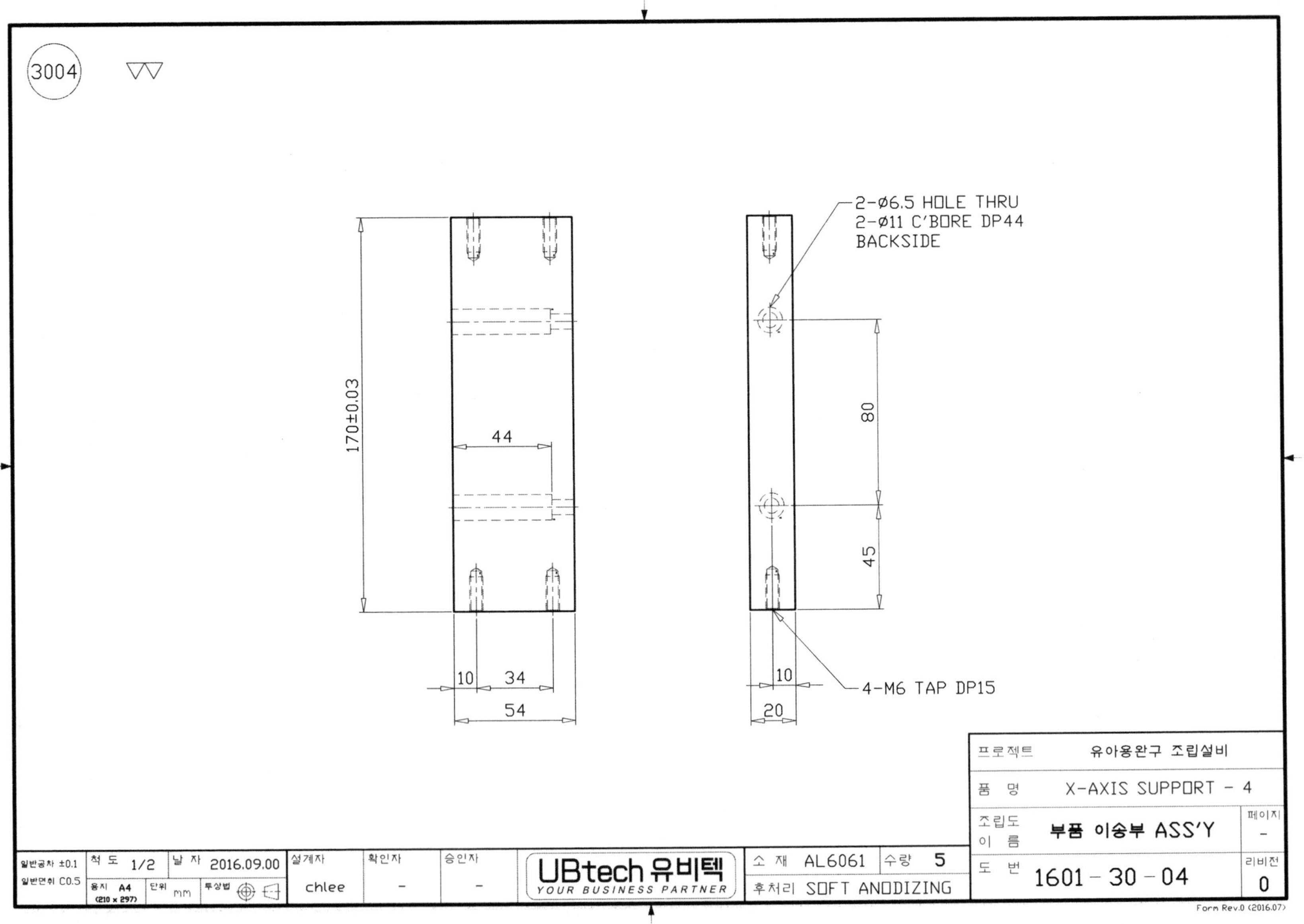

3004
170±0.03
44
10
34
54
2-Ø6.5 HOLE THRU
2-Ø11 C'BORE DP44
BACKSIDE
80
45
10
20
4-M6 TAP DP15
프로젝트 유아용완구 조립설비
품 명 X-AXIS SUPPORT - 4
조립도 이 름 부품 이송부 ASS'Y
페이지 -
도 번 1601 - 30 - 04
리비전 0
일반공차 ±0.1
일반면취 C0.5
척 도 1/2
날 자 2016.09.00
용지 A4 (210 x 297)
단위 mm
투상법
설계자 chlee
확인자 -
승인자 -
UBtech 유비텍
YOUR BUSINESS PARTNER
소 재 AL6061
수량 5
후처리 SOFT ANODIZING
Form Rev.0 (2016.07)

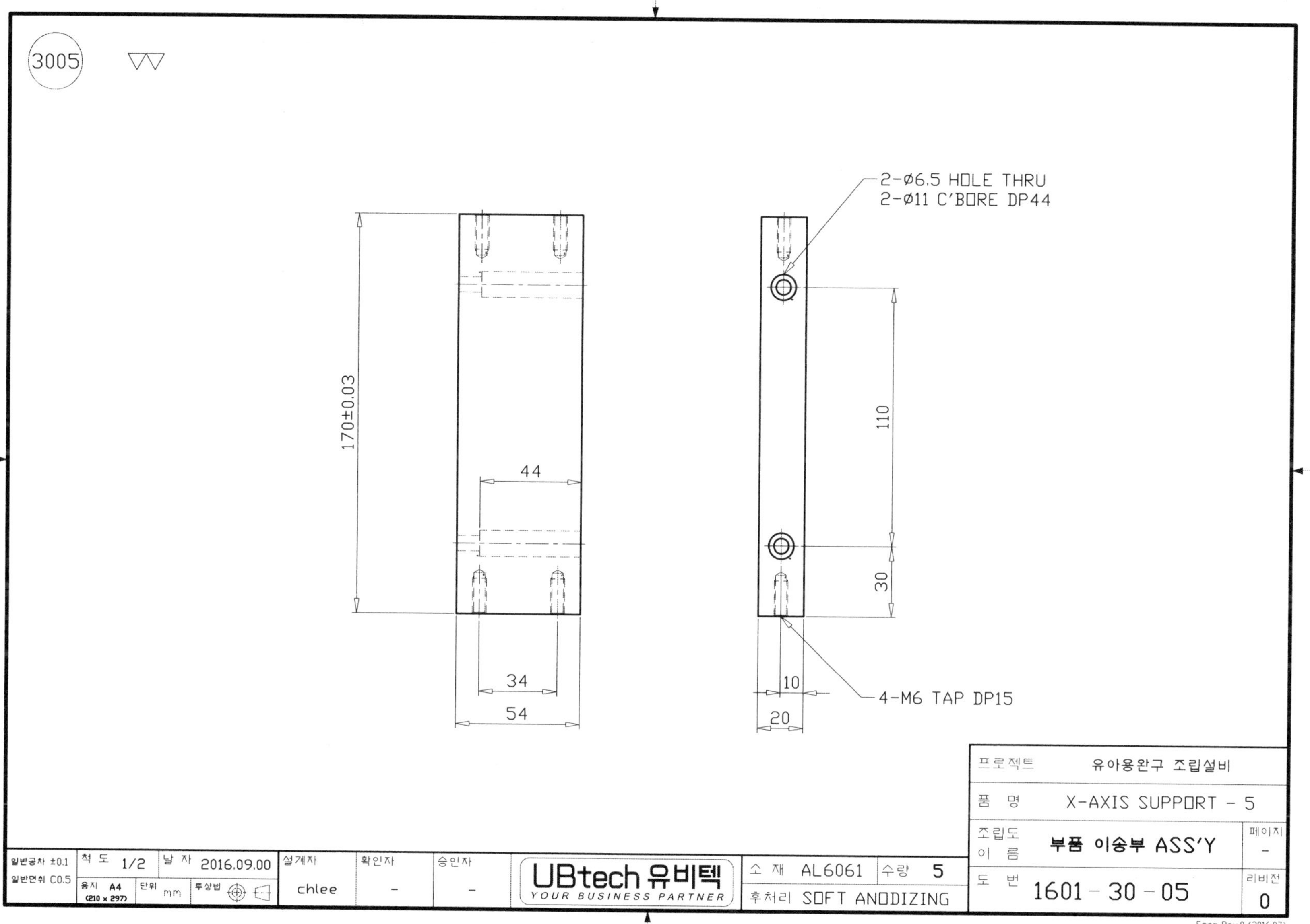

3005
2-Ø6.5 HOLE THRU
2-Ø11 C'BORE DP44
170±0.03
44
34
54
110
30
10
20
4-M6 TAP DP15
프로젝트 유아용완구 조립설비
품 명 X-AXIS SUPPORT - 5
조립도 이 름 부품 이송부 ASS'Y
페이지 -
도 번 1601 - 30 - 05
리비전 0
일반공차 ±0.1
일반면취 C0.5
척 도 1/2
날 자 2016.09.00
용지 A4 (210 x 297)
단위 mm
투상법
설계자 chlee
확인자 -
승인자 -
UBtech 유비텍
YOUR BUSINESS PARTNER
소 재 AL6061
수량 5
후처리 SOFT ANODIZING
Form Rev.0 (2016.07)

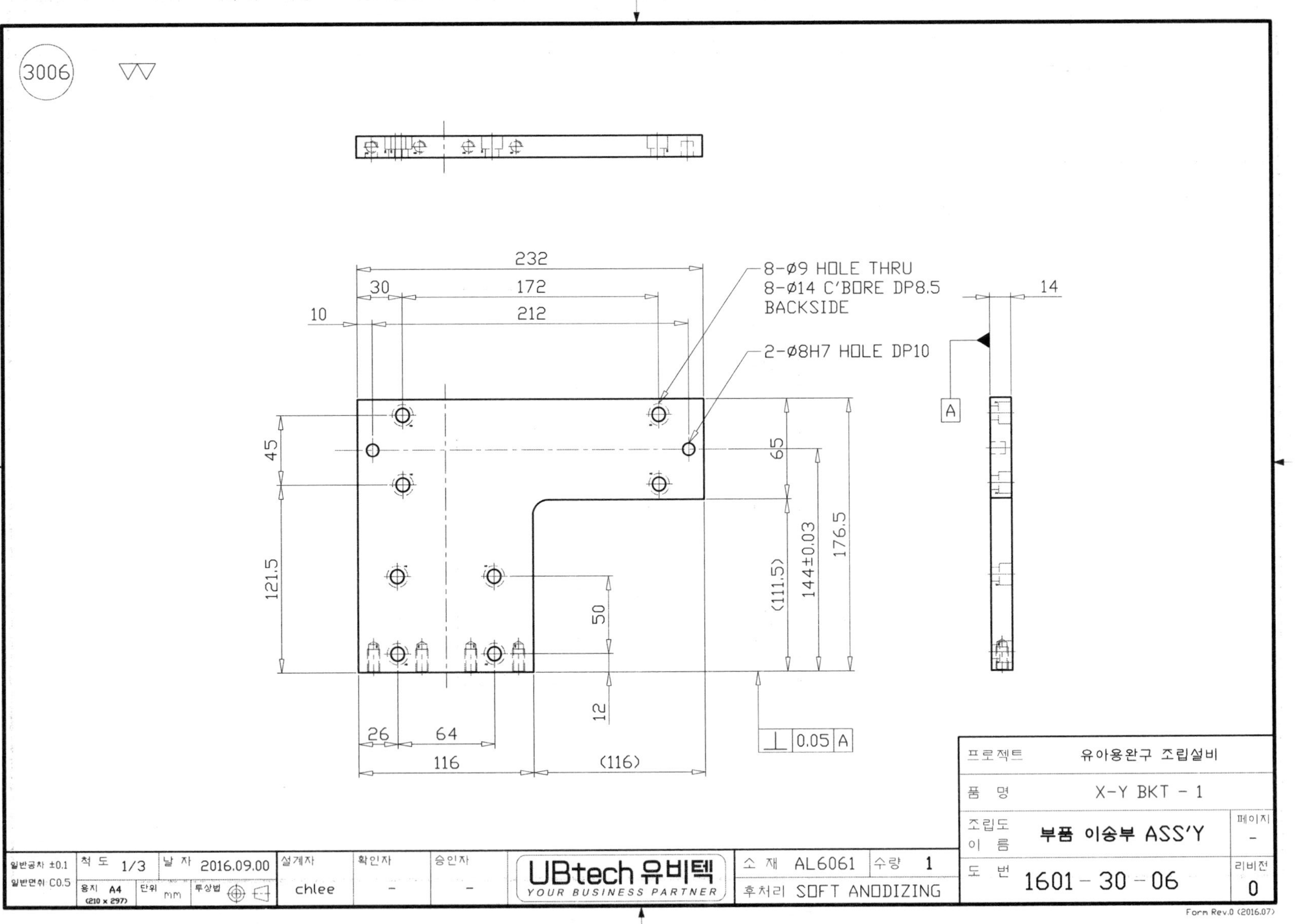
3006
232
30
172
10
212
8-Ø9 HOLE THRU
8-Ø14 C'BORE DP8.5
BACKSIDE
2-Ø8H7 HOLE DP10
14
A
45
121.5
65
(111.5)
144±0.03
176.5
50
12
0.05 A
26
64
116
(116)
프로젝트 유아용완구 조립설비
품 명 X-Y BKT - 1
조립도 이 름 부품 이송부 ASS'Y
페이지 -
도 번 1601 - 30 - 06
리비전 0
일반공차 ±0.1
일반면취 C0.5
척 도 1/3
날 자 2016.09.00
용지 A4 (210 x 297)
단위 mm
투상법
설계자 chlee
확인자 -
승인자 -
UBtech 유비텍
YOUR BUSINESS PARTNER
소 재 AL6061
수량 1
후처리 SOFT ANODIZING
Form Rev.0 (2016.07)

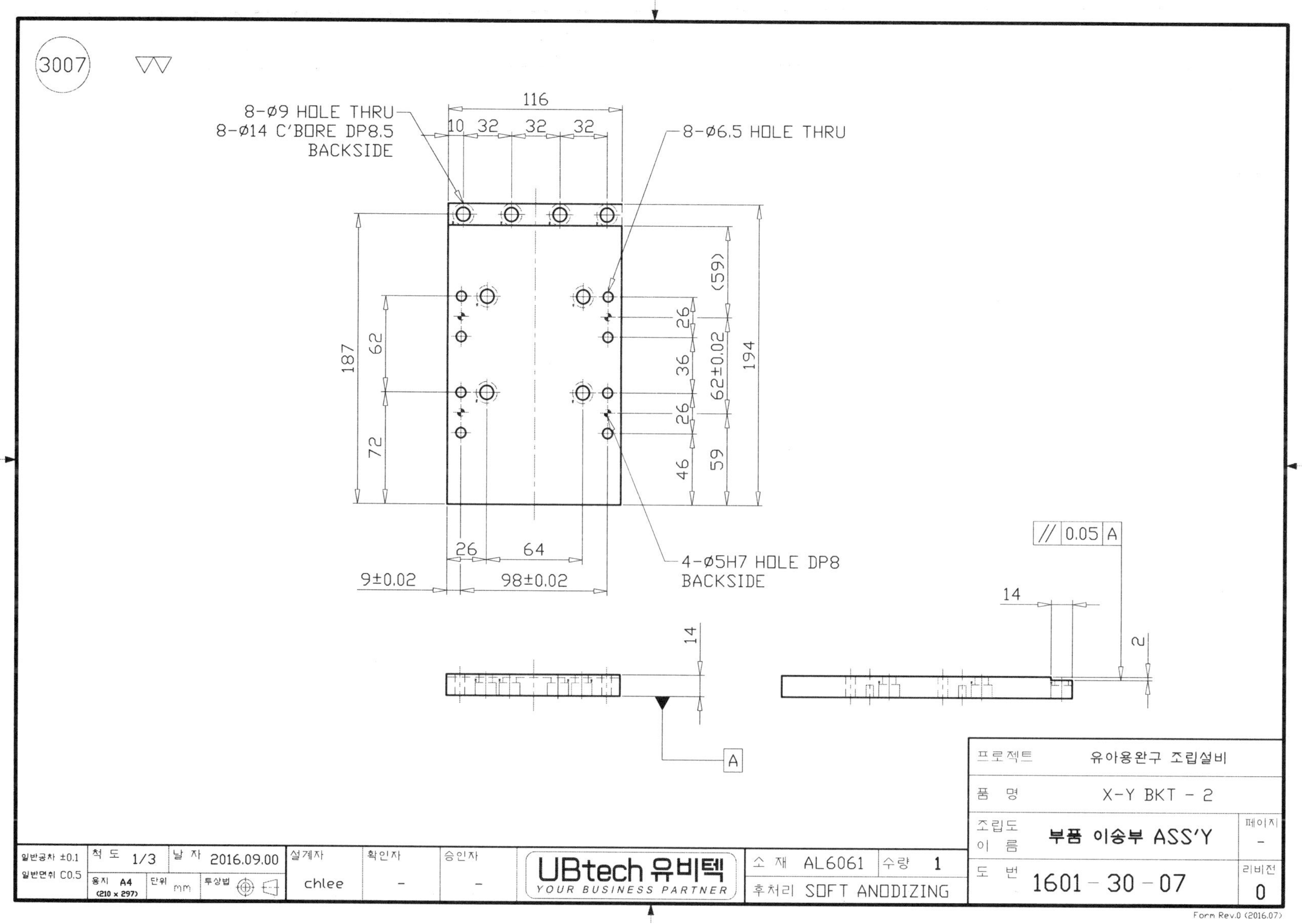
3007
8-Ø9 HOLE THRU
8-Ø14 C'BORE DP8.5
BACKSIDE
116
10 32 32 32
8-Ø6.5 HOLE THRU
(59)
26
36
26
46
62±0.02
59
194
187
62
72
26
64
9±0.02
98±0.02
4-Ø5H7 HOLE DP8
BACKSIDE
// 0.05 A
14
14
2
A
프로젝트 유아용완구 조립설비
품 명 X-Y BKT - 2
조립도 이 름 부품 이송부 ASS'Y
페이지 -
도 번 1601 - 30 - 07
리비전 0
일반공차 ±0.1
일반면취 C0.5
척 도 1/3
날 자 2016.09.00
용지 A4 (210 x 297)
단위 mm
투상법
설계자 chlee
확인자 -
승인자 -
UBtech 유비텍
YOUR BUSINESS PARTNER
소 재 AL6061
수량 1
후처리 SOFT ANODIZING
Form Rev.0 (2016.07)

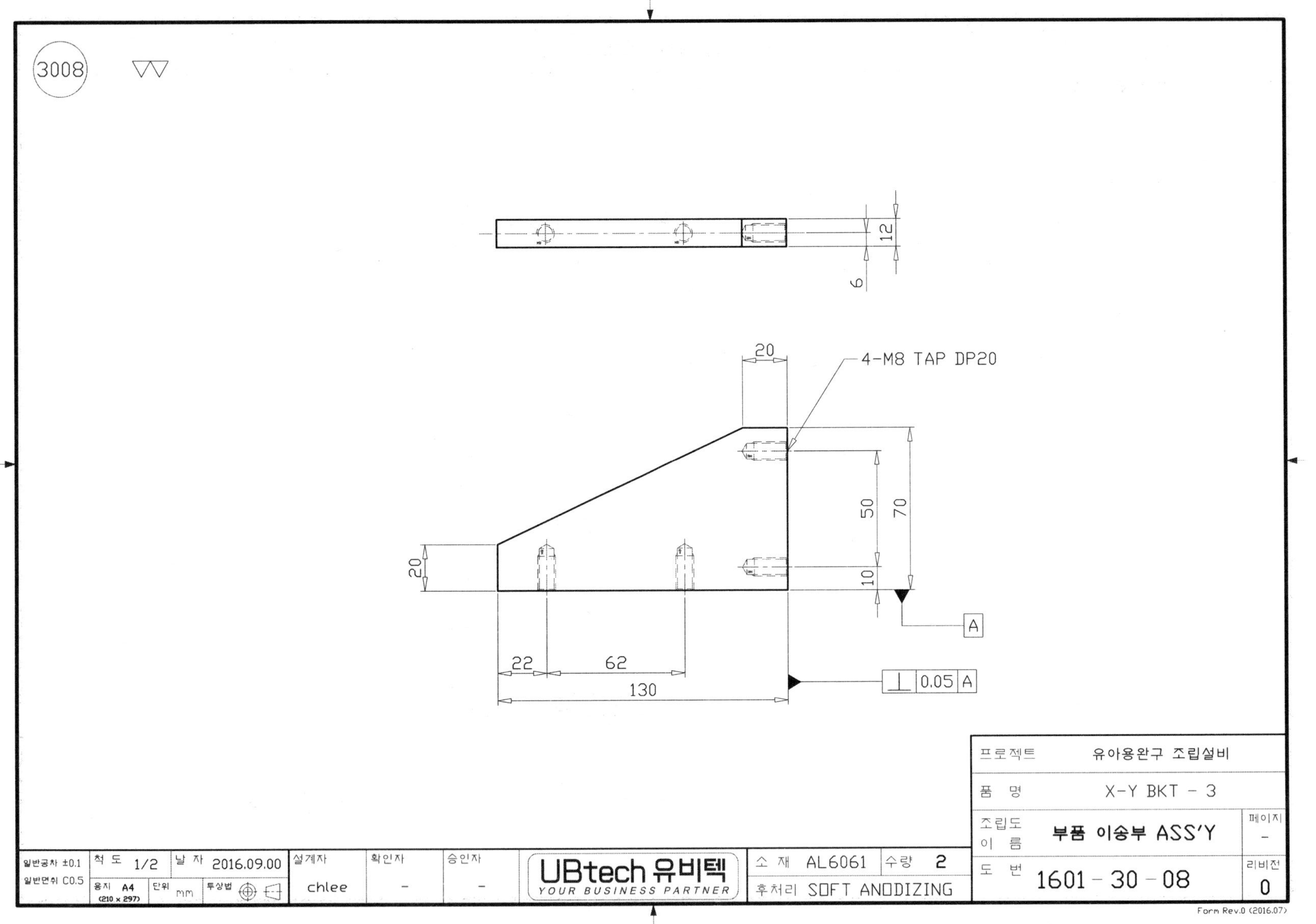
3008
12
6
20
4-M8 TAP DP20
50
70
20
10
A
22
62
130
⊥ 0.05 A
프로젝트 유아용완구 조립설비
품 명 X-Y BKT - 3
조립도 이름 부품 이송부 ASS'Y
페이지 -
일반공차 ±0.1
일반면취 C0.5
척 도 1/2
날 자 2016.09.00
용지 A4 (210 x 297)
단위 mm
투상법
설계자 chlee
확인자 -
승인자 -
UBtech 유비텍
YOUR BUSINESS PARTNER
소 재 AL6061
수량 2
후처리 SOFT ANODIZING
도 번 1601 - 30 - 08
리비전 0
Form Rev.0 (2016.07)

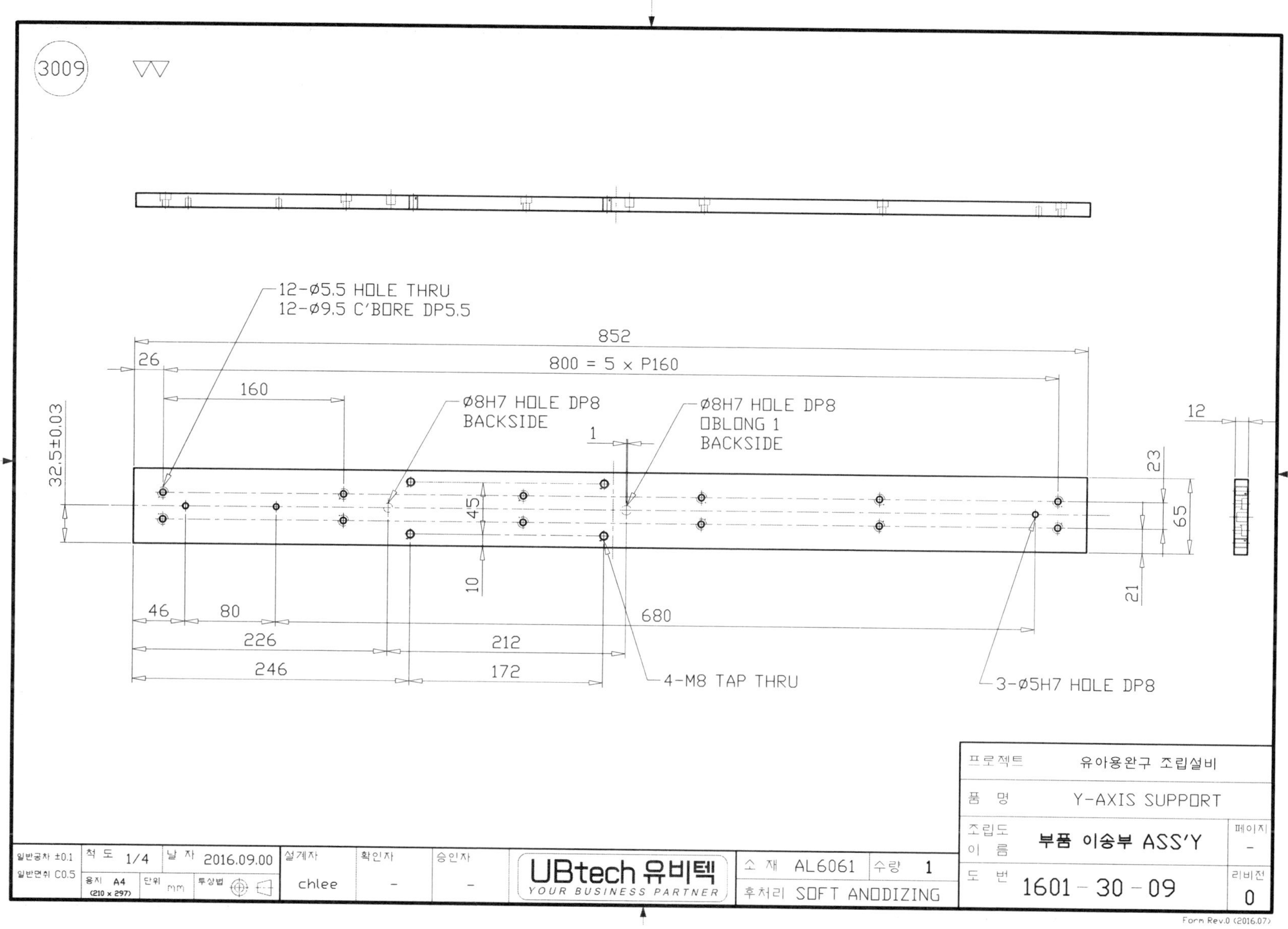
3009
12-Ø5.5 HOLE THRU
12-Ø9.5 C'BORE DP5.5
852
26
800 = 5 × P160
160
Ø8H7 HOLE DP8
BACKSIDE
Ø8H7 HOLE DP8
OBLONG 1
BACKSIDE
1
12
32.5±0.03
45
23
65
10
21
46
80
680
226
212
246
172
4-M8 TAP THRU
3-Ø5H7 HOLE DP8
프로젝트 유아용완구 조립설비
품명 Y-AXIS SUPPORT
조립도 이름 부품 이송부 ASS'Y
페이지 -
도번 1601 - 30 - 09
리비전 0
일반공차 ±0.1
일반면취 C0.5
척도 1/4
날자 2016.09.00
용지 A4 (210 x 297)
단위 mm
투상법
설계자 chlee
확인자 -
승인자 -
UBtech 유비텍
YOUR BUSINESS PARTNER
소재 AL6061
수량 1
후처리 SOFT ANODIZING
Form Rev.0 (2016.07)

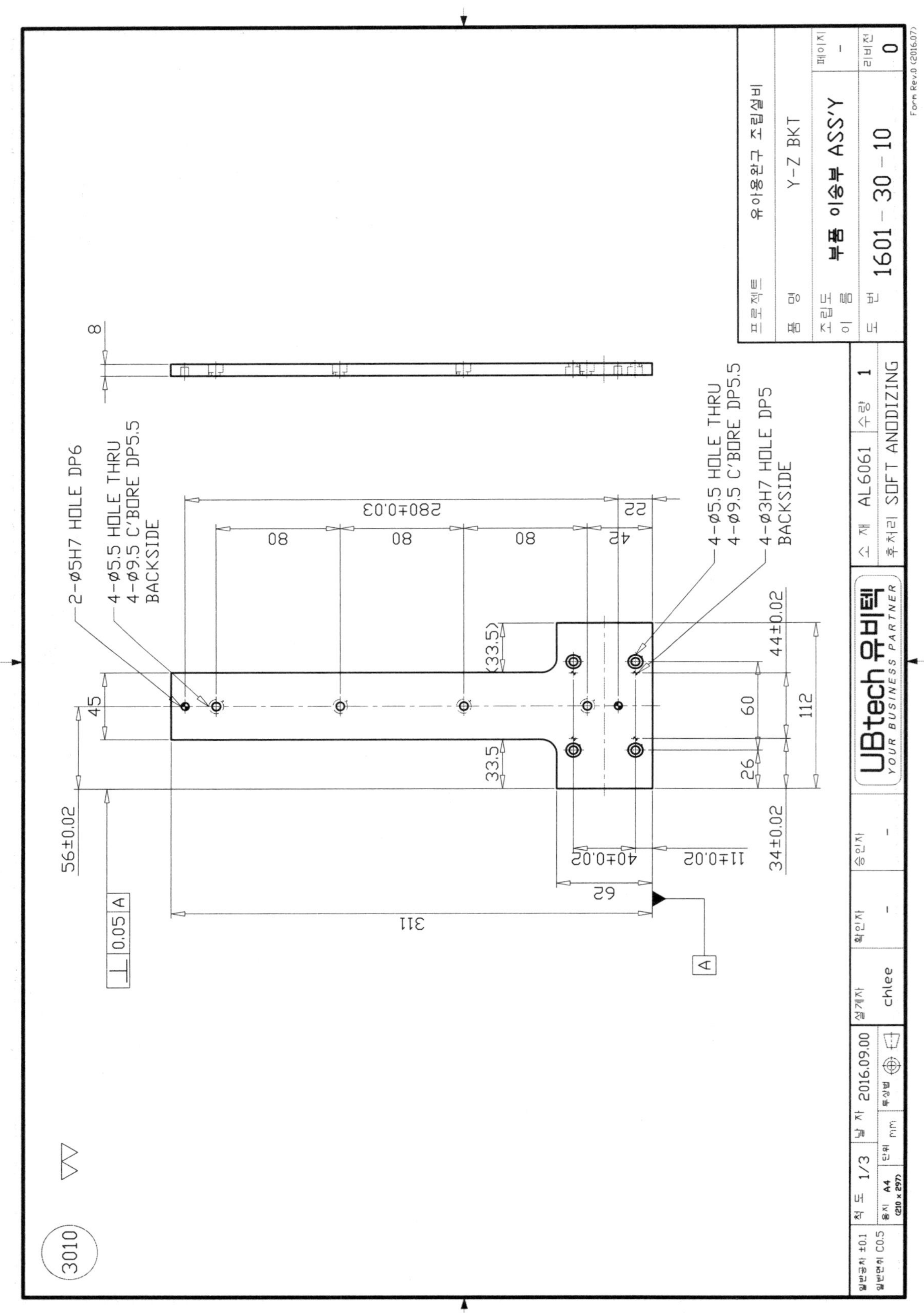
3010
2-Ø5H7 HOLE DP6
4-Ø5.5 HOLE THRU
4-Ø9.5 C'BORE DP5.5
BACKSIDE
4-Ø5.5 HOLE THRU
4-Ø9.5 C'BORE DP5.5
4-Ø3H7 HOLE DP5
BACKSIDE
280±0.03
80
80
80
42
22
8
45
56±0.02
0.05 A
A
33.5
(33.5)
60
26
112
44±0.02
34±0.02
40±0.02
11±0.02
62
311
프로젝트 유아용완구 조립설비
품 명 Y-Z BKT
조립도 이 름 부품 이송부 ASS'Y
페이지 -
도 번 1601 - 30 - 10
리비전 0
소 재 AL6061
수량 1
후처리 SOFT ANODIZING
UBtech 유비텍
YOUR BUSINESS PARTNER
일반공차 ±0.1
일반면취 C0.5
척 도 1/3
용지 A4 (210 x 297)
날 자 2016.09.00
단위 mm
투상법
설계자 chlee
확인자 -
승인자 -
Form Rev.0 (2016.07)

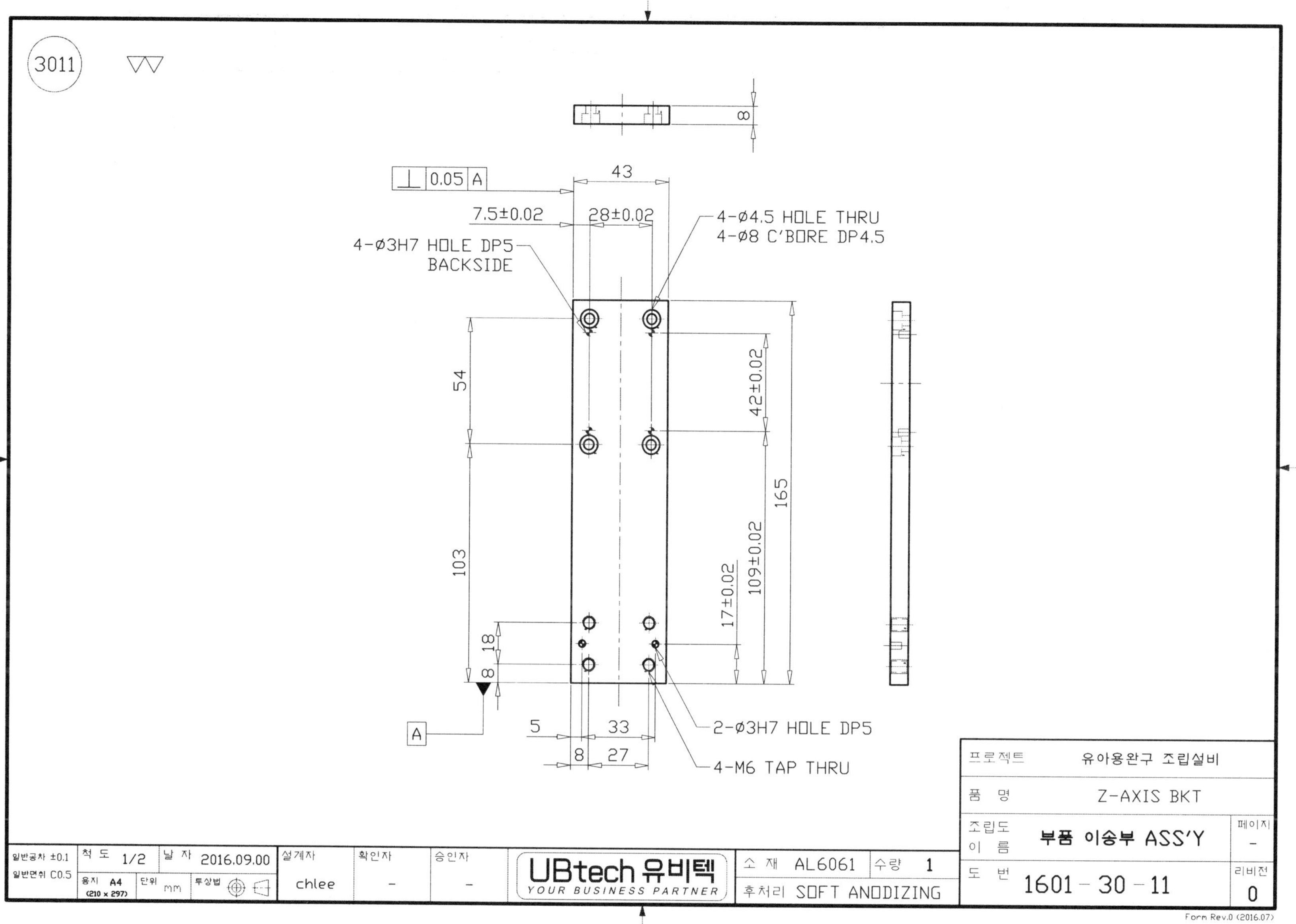

3011
8
0.05 A
43
7.5±0.02
28±0.02
4-Ø4.5 HOLE THRU
4-Ø8 C'BORE DP4.5
4-Ø3H7 HOLE DP5
BACKSIDE
54
42±0.02
165
103
109±0.02
17±0.02
18
8
A
5
33
8
27
2-Ø3H7 HOLE DP5
4-M6 TAP THRU
프로젝트 유아용완구 조립설비
품명 Z-AXIS BKT
조립도 이름 부품 이송부 ASS'Y
페이지 -
도번 1601 - 30 - 11
리비전 0
일반공차 ±0.1
일반면취 C0.5
척도 1/2
용지 A4 (210 x 297)
날자 2016.09.00
단위 mm
투상법
설계자 chlee
확인자 -
승인자 -
UBtech 유비텍
YOUR BUSINESS PARTNER
소재 AL6061
수량 1
후처리 SOFT ANODIZING
Form Rev.0 (2016.07)

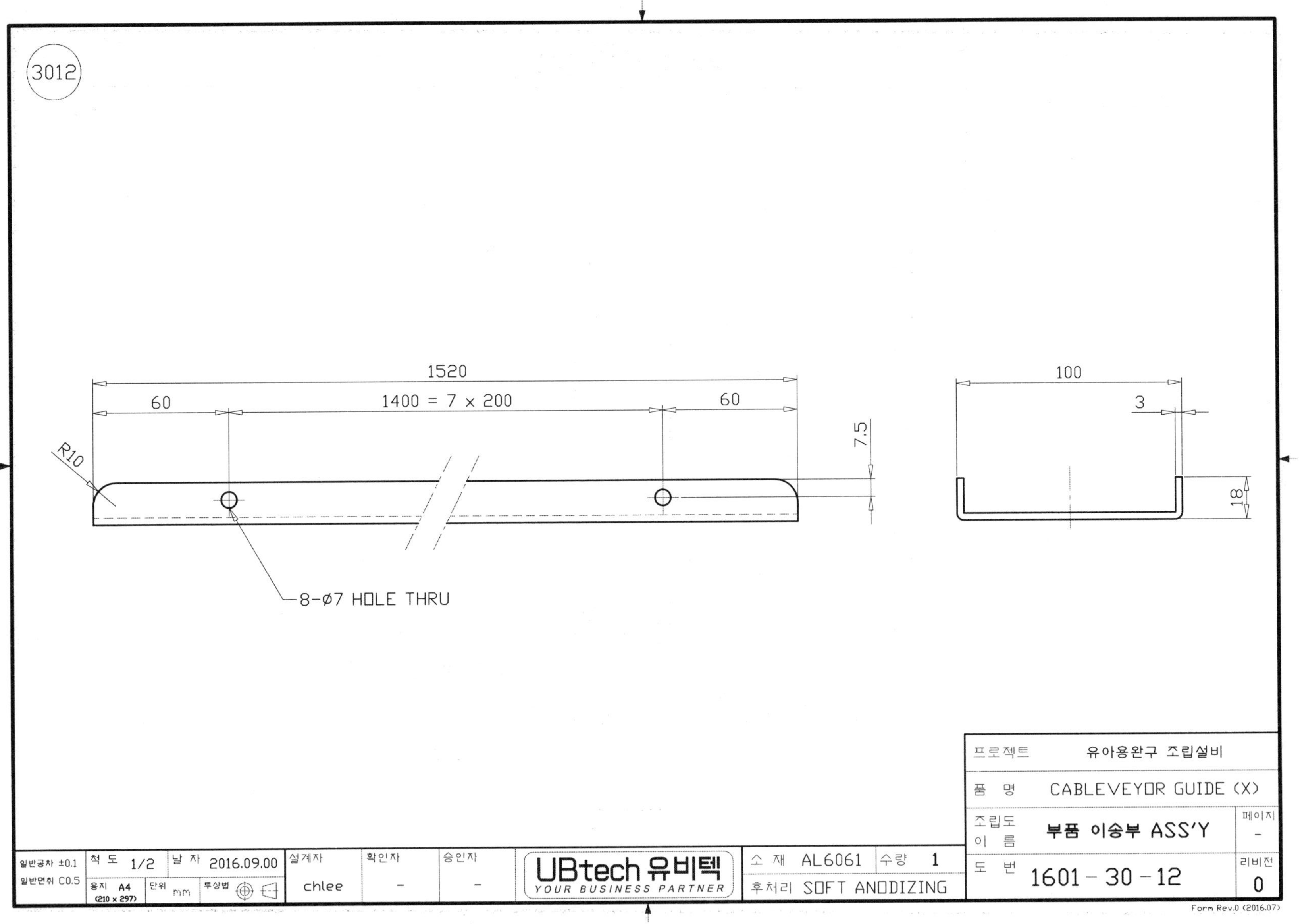

3012
1520
60
1400 = 7 × 200
60
R10
7.5
8-ø7 HOLE THRU
100
3
18
프로젝트 유아용완구 조립설비
품 명 CABLEVEYOR GUIDE (X)
조립도 이 름 부품 이송부 ASS'Y
페이지 -
도 번 1601 - 30 - 12
리비전 0
일반공차 ±0.1
일반면취 C0.5
척 도 1/2
날 자 2016.09.00
용지 A4 (210 × 297)
단위 mm
투상법
설계자 chlee
확인자 -
승인자 -
UBtech 유비텍
YOUR BUSINESS PARTNER
소 재 AL6061
수량 1
후처리 SOFT ANODIZING
Form Rev.0 (2016.07)

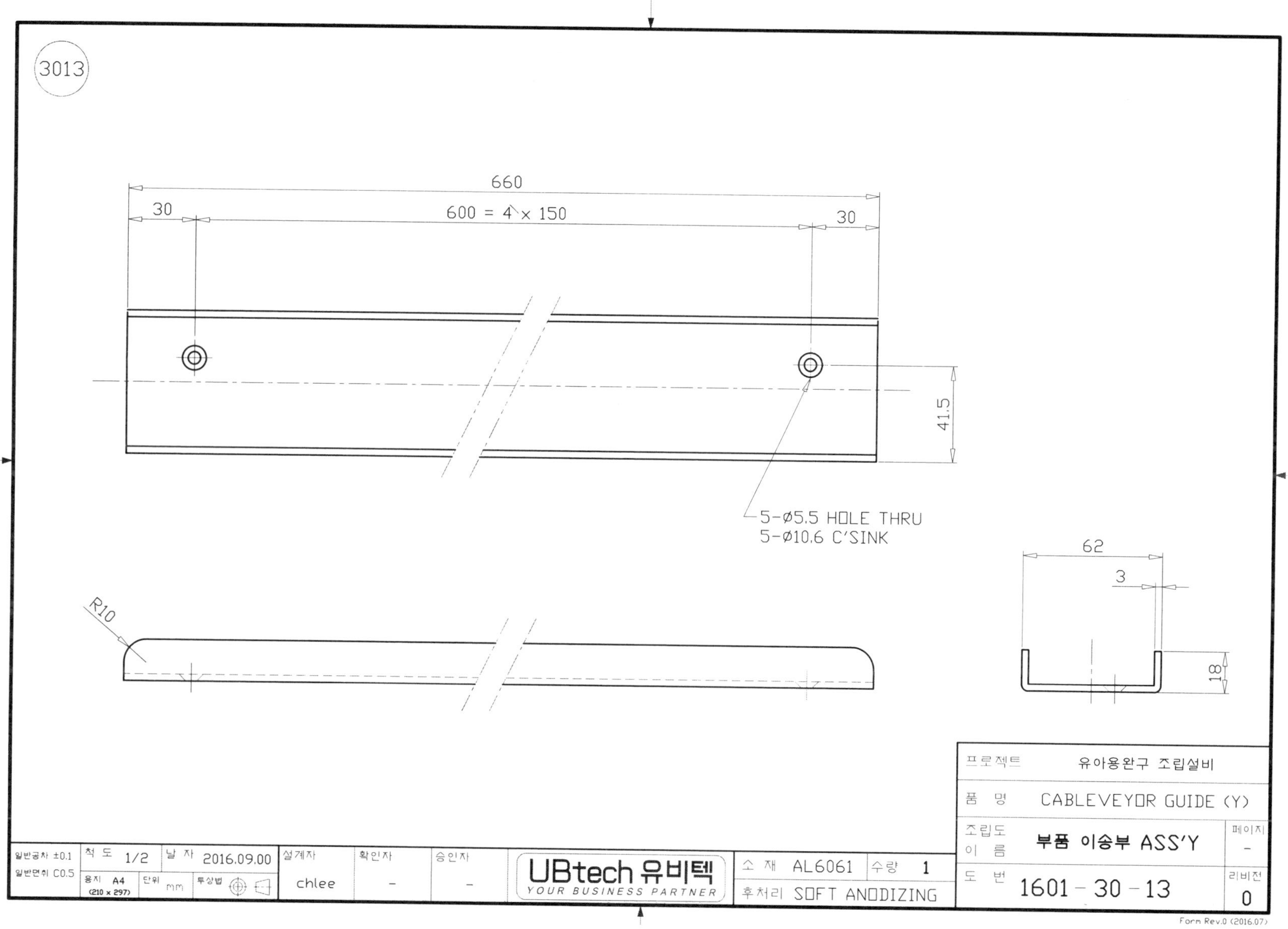

3013
660
30
600 = 4 × 150
30
41.5
5-Ø5.5 HOLE THRU
5-Ø10.6 C'SINK
R10
62
3
18
프로젝트 유아용완구 조립설비
품 명 CABLEVEYOR GUIDE (Y)
조립도 이 름 부품 이승부 ASS'Y
페이지 -
도 번 1601 - 30 - 13
리비전 0
일반공차 ±0.1
일반면취 C0.5
척 도 1/2
날 자 2016.09.00
용지 A4 (210 x 297)
단위 mm
투상법
설계자 chlee
확인자 -
승인자 -
UBtech 유비텍
YOUR BUSINESS PARTNER
소 재 AL6061
수량 1
후처리 SOFT ANODIZING
Form Rev.0 (2016.07)

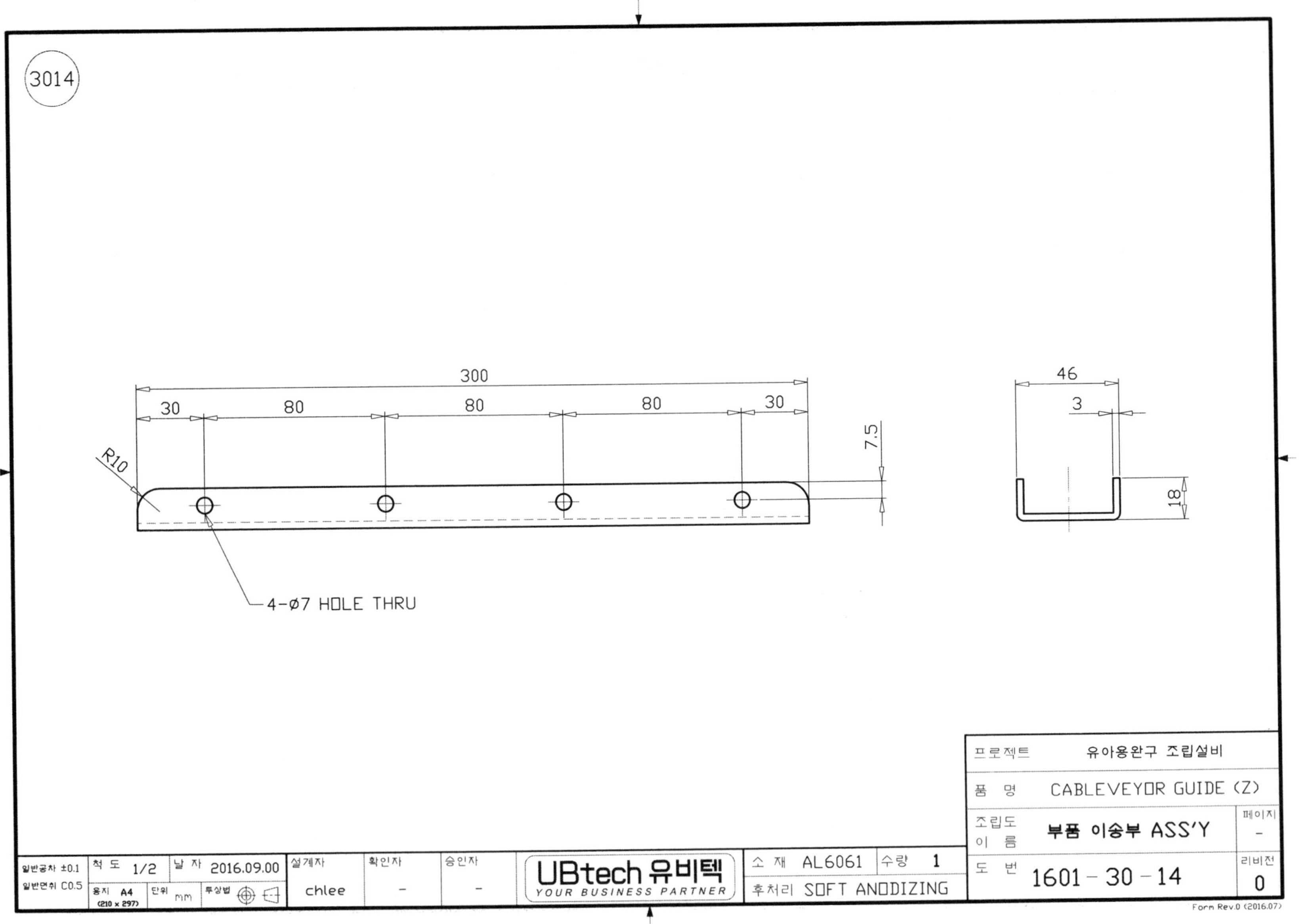

3014
300
30
80
80
80
30
7.5
R10
4-Ø7 HOLE THRU
46
3
18
프로젝트 유아용완구 조립설비
품 명 CABLEVEYOR GUIDE (Z)
조립도 이 름 부품 이송부 ASS'Y
페이지 -
도 번 1601 - 30 - 14
리비전 0
Form Rev.0 (2016.07)
일반공차 ±0.1
일반면취 C0.5
척 도 1/2
날 자 2016.09.00
용지 A4 (210 x 297)
단위 mm
투상법
설계자 chlee
확인자 -
승인자 -
UBtech 유비텍
YOUR BUSINESS PARTNER
소 재 AL6061
수량 1
후처리 SOFT ANODIZING

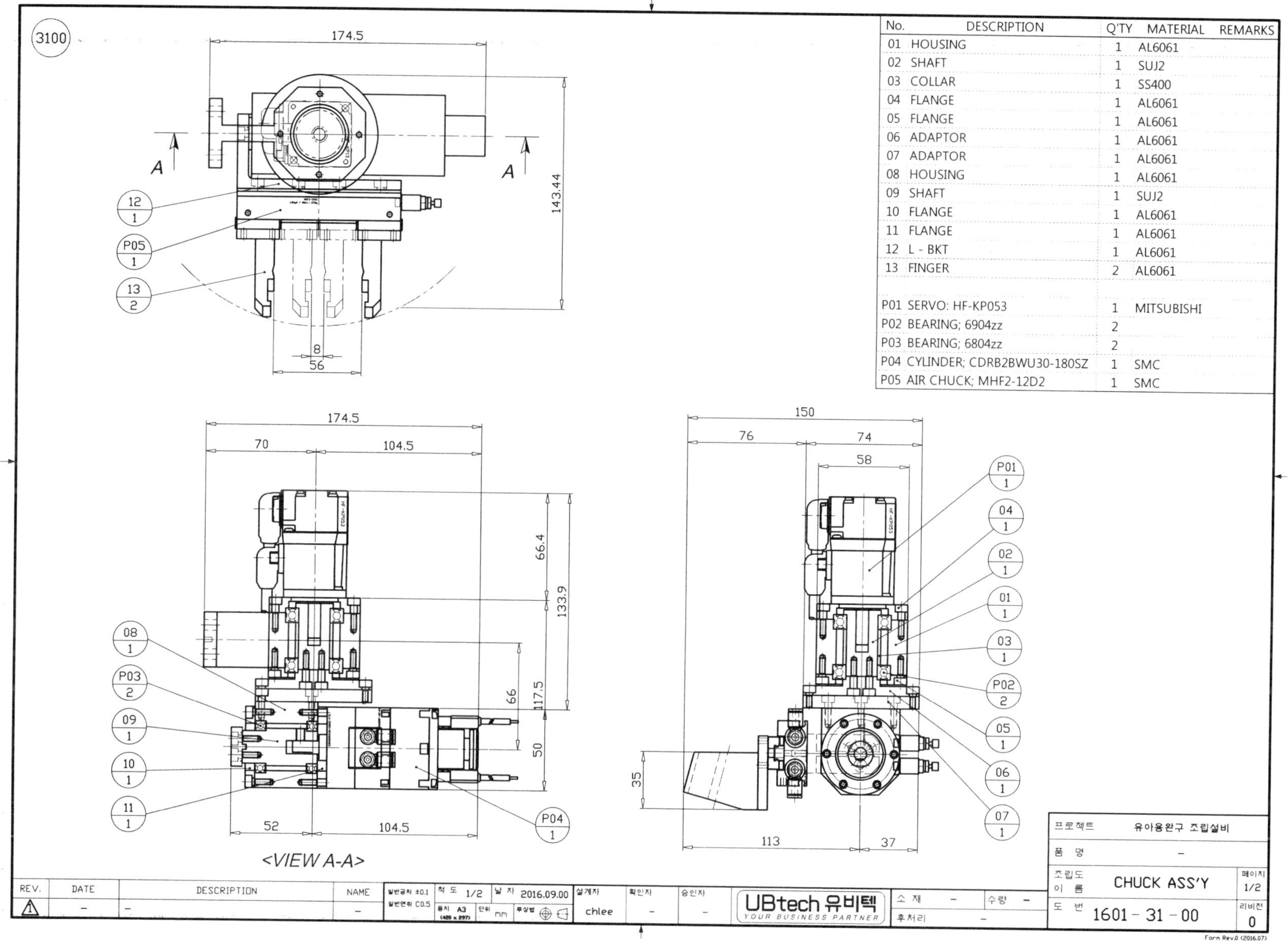

3100
No. DESCRIPTION Q'TY MATERIAL REMARKS
01 HOUSING 1 AL6061
02 SHAFT 1 SUJ2
03 COLLAR 1 SS400
04 FLANGE 1 AL6061
05 FLANGE 1 AL6061
06 ADAPTOR 1 AL6061
07 ADAPTOR 1 AL6061
08 HOUSING 1 AL6061
09 SHAFT 1 SUJ2
10 FLANGE 1 AL6061
11 FLANGE 1 AL6061
12 L - BKT 1 AL6061
13 FINGER 2 AL6061
P01 SERVO: HF-KP053 1 MITSUBISHI
P02 BEARING; 6904zz 2
P03 BEARING; 6804zz 2
P04 CYLINDER; CDRB2BWU30-180SZ 1 SMC
P05 AIR CHUCK; MHF2-12D2 1 SMC
<VIEW A-A>
프로젝트 유아용완구 조립설비
품 명 -
조립도 이 름 CHUCK ASS'Y
도 번 1601 - 31 - 00
페이지 1/2
리비전 0
UBtech 유비텍 YOUR BUSINESS PARTNER
REV. DATE DESCRIPTION NAME
척도 1/2
날자 2016.09.00
용지 A3 (420 x 297)
단위 mm
설계자 chlee
Form Rev.0 (2016.07)

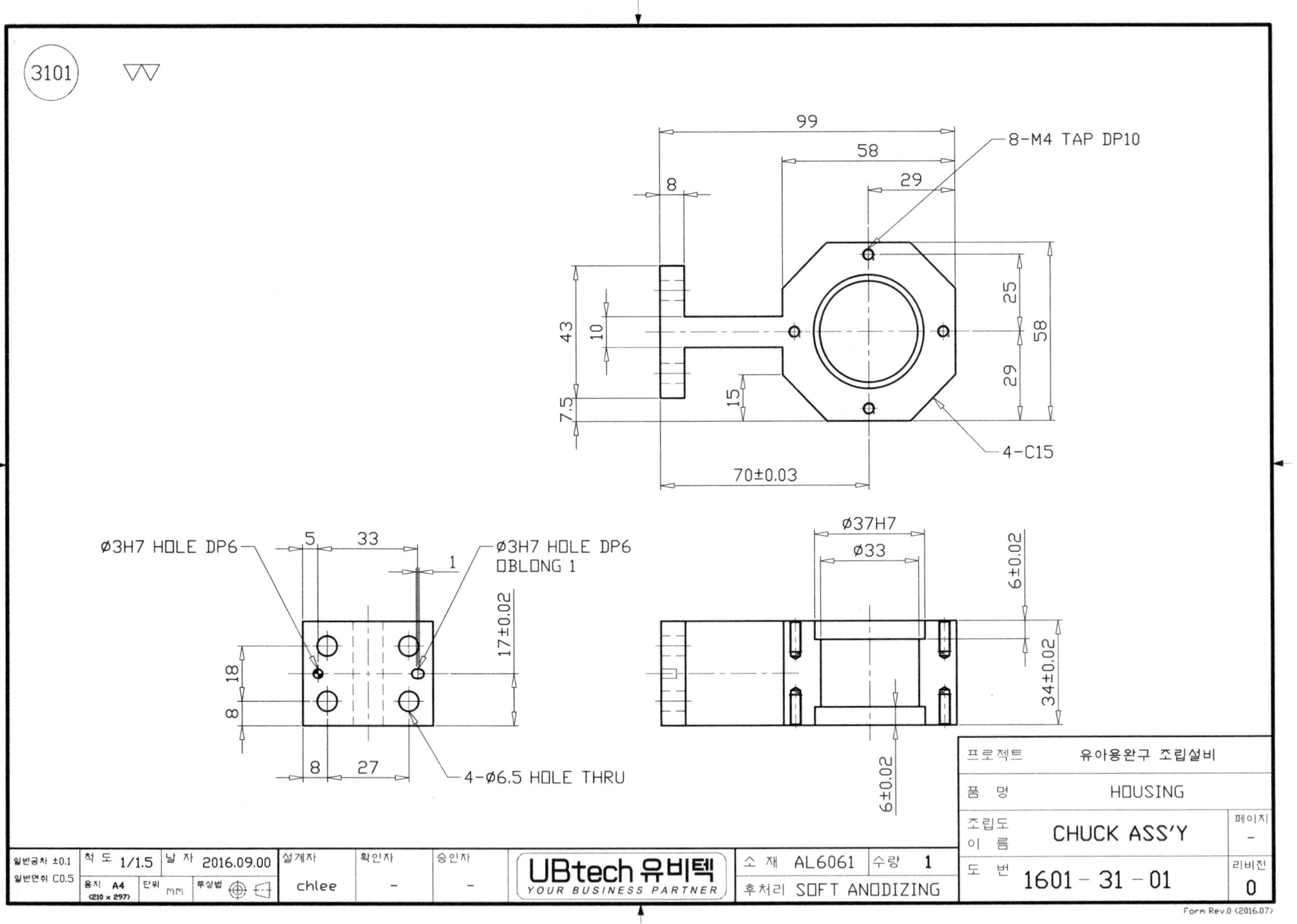

3101
99
58
29
8
8-M4 TAP DP10
43
10
25
58
29
15
7.5
4-C15
70±0.03
Ø3H7 HOLE DP6
5
33
1
Ø3H7 HOLE DP6
OBLONG 1
17±0.02
18
8
8
27
4-Ø6.5 HOLE THRU
Ø37H7
Ø33
6±0.02
34±0.02
6±0.02
프로젝트 유아용완구 조립설비
품 명 HOUSING
조립도 이 름 CHUCK ASS'Y
페이지 -
도 번 1601 - 31 - 01
리비전 0
소 재 AL6061
수량 1
후처리 SOFT ANODIZING
UBtech 유비텍
YOUR BUSINESS PARTNER
일반공차 ±0.1
일반면취 C0.5
척 도 1/1.5
날 자 2016.09.00
용지 A4 (210 × 297)
단위 mm
투상법
설계자 chlee
확인자 -
승인자 -
Form Rev.0 (2016.07)

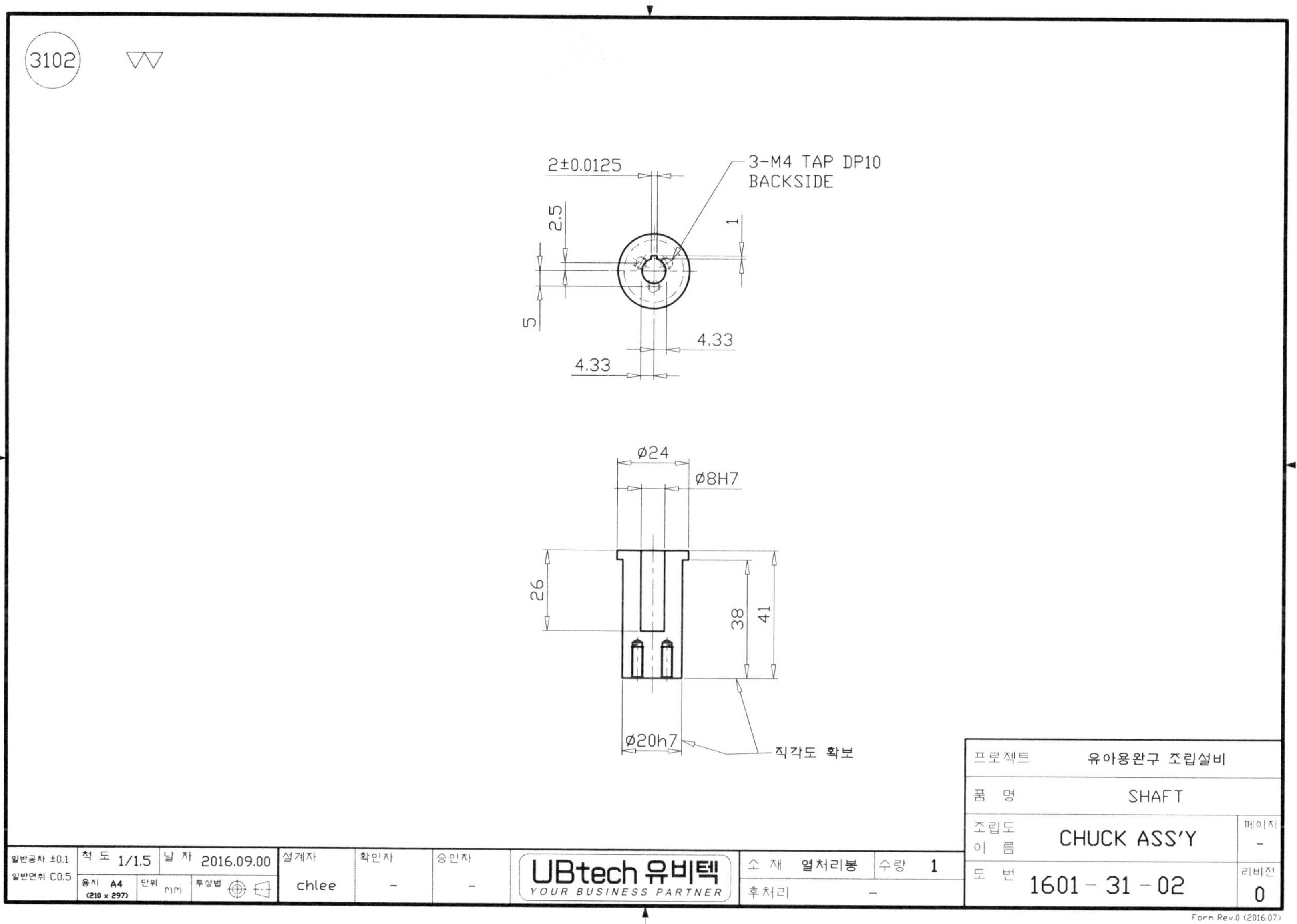
3102
2±0.0125
3-M4 TAP DP10
BACKSIDE
2.5
1
5
4.33
4.33
Ø24
Ø8H7
26
38
41
Ø20h7
직각도 확보
프로젝트
유아용완구 조립설비
품 명
SHAFT
조립도 이 름
CHUCK ASS'Y
페이지
-
도 번
1601 - 31 - 02
리비전
0
일반공차 ±0.1
일반면취 C0.5
척 도 1/1.5
날 자 2016.09.00
용지 A4 (210 x 297)
단위 mm
투상법
설계자
chlee
확인자
-
승인자
-
UBtech 유비텍
YOUR BUSINESS PARTNER
소 재
열처리봉
수량
1
후처리
-
Form Rev.0 (2016.07)

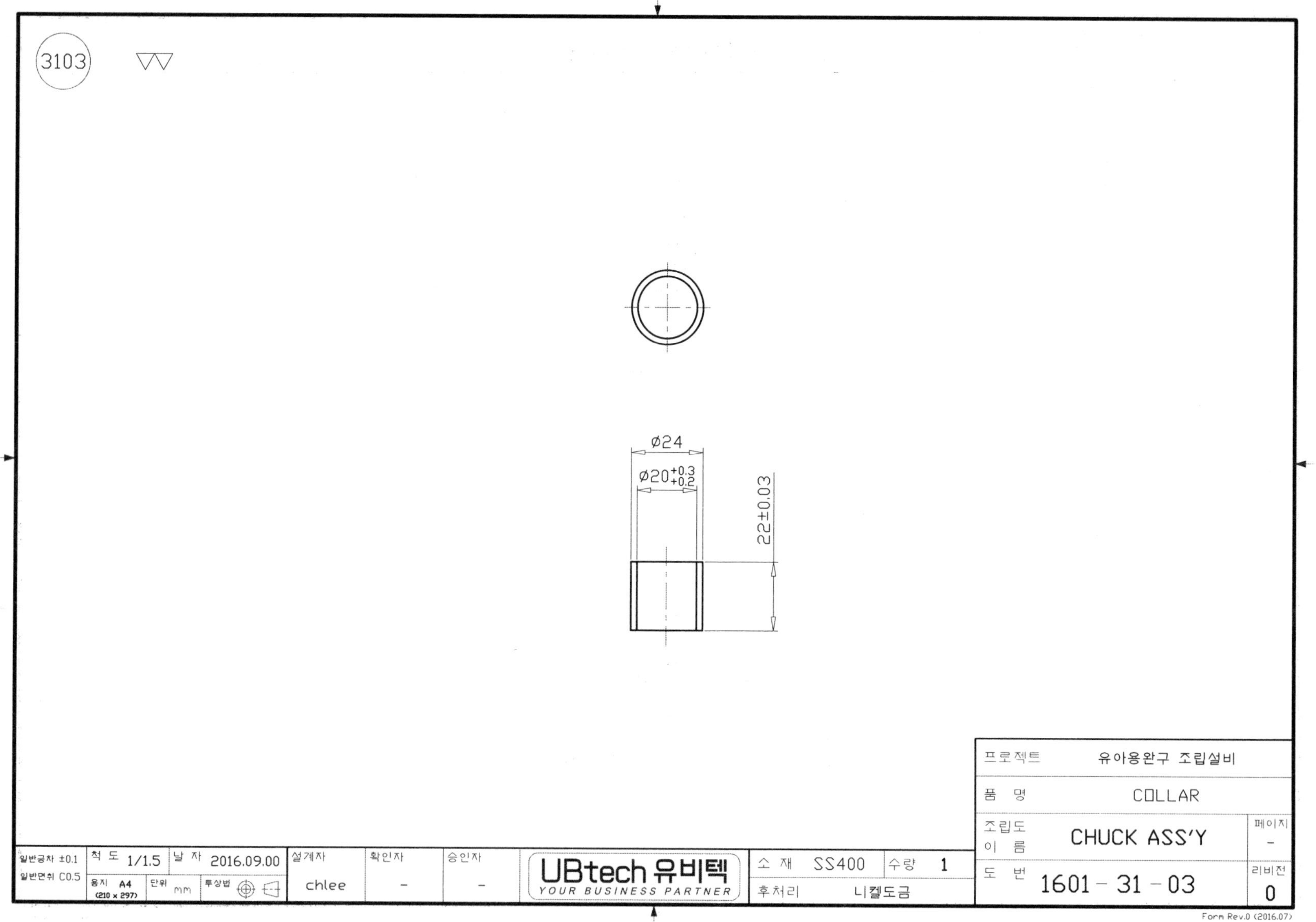

3103
Ø24
Ø20+0.3 +0.2
22±0.03
프로젝트 유아용완구 조립설비
품 명 COLLAR
조립도 이 름 CHUCK ASS'Y
페이지 -
도 번 1601 - 31 - 03
리비전 0
일반공차 ±0.1
일반면취 C0.5
척 도 1/1.5
날 자 2016.09.00
용지 A4 (210 x 297)
단위 mm
투상법
설계자 chlee
확인자 -
승인자 -
UBtech 유비텍
YOUR BUSINESS PARTNER
소 재 SS400
수량 1
후처리 니켈도금
Form Rev.0 (2016.07)

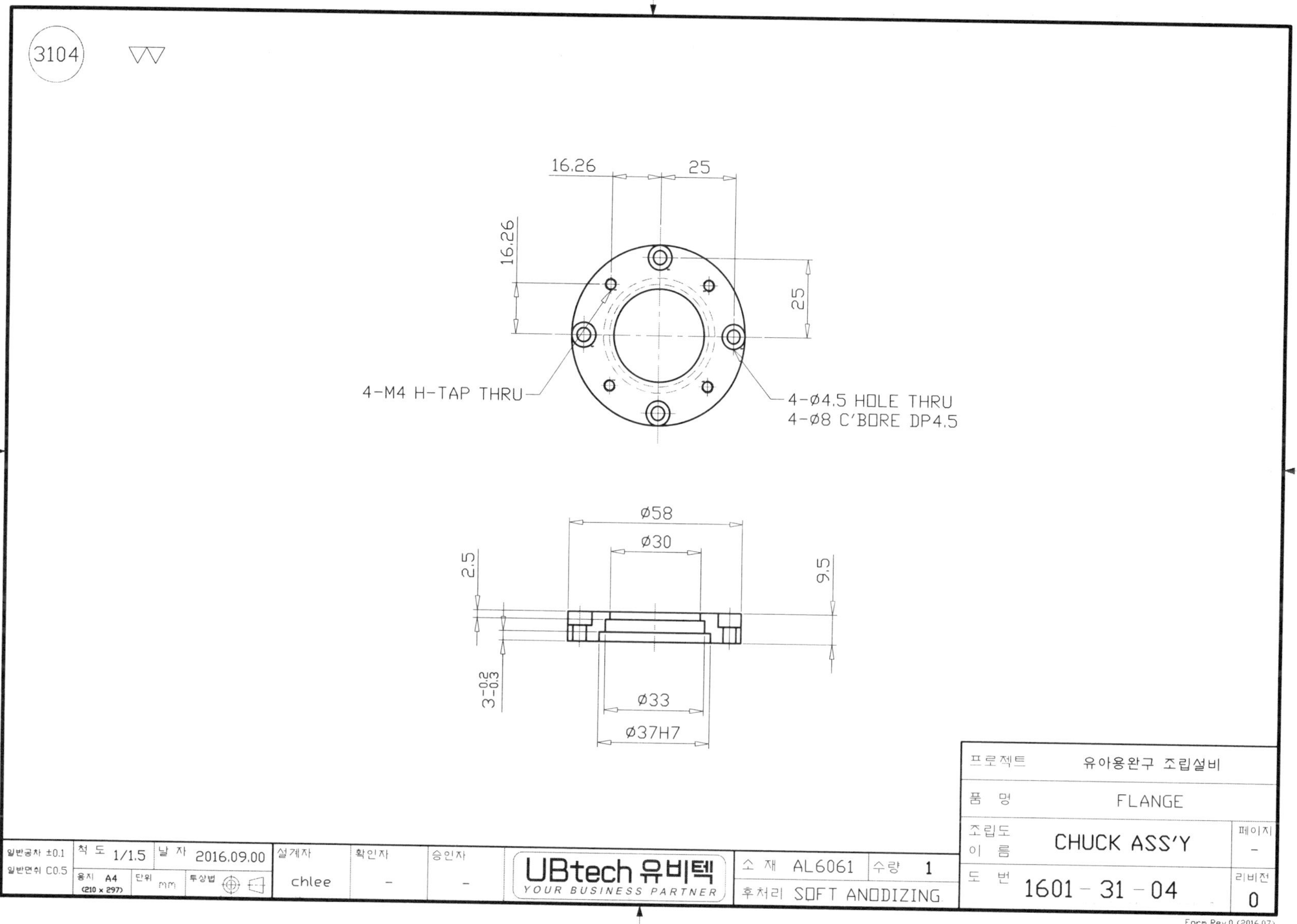
3104
16.26
25
16.26
25
4-M4 H-TAP THRU
4-Ø4.5 HOLE THRU
4-Ø8 C'BORE DP4.5
Ø58
Ø30
2.5
9.5
3-0.2/-0.3
Ø33
Ø37H7
프로젝트 유아용완구 조립설비
품 명 FLANGE
조립도 이름 CHUCK ASS'Y
페이지 -
도 번 1601 - 31 - 04
리비전 0
일반공차 ±0.1
일반면취 C0.5
척 도 1/1.5
날 자 2016.09.00
용지 A4 (210 x 297)
단위 mm
투상법
설계자 chlee
확인자 -
승인자 -
UBtech 유비텍
YOUR BUSINESS PARTNER
소 재 AL6061
수량 1
후처리 SOFT ANODIZING
Form Rev.0 (2016.07)

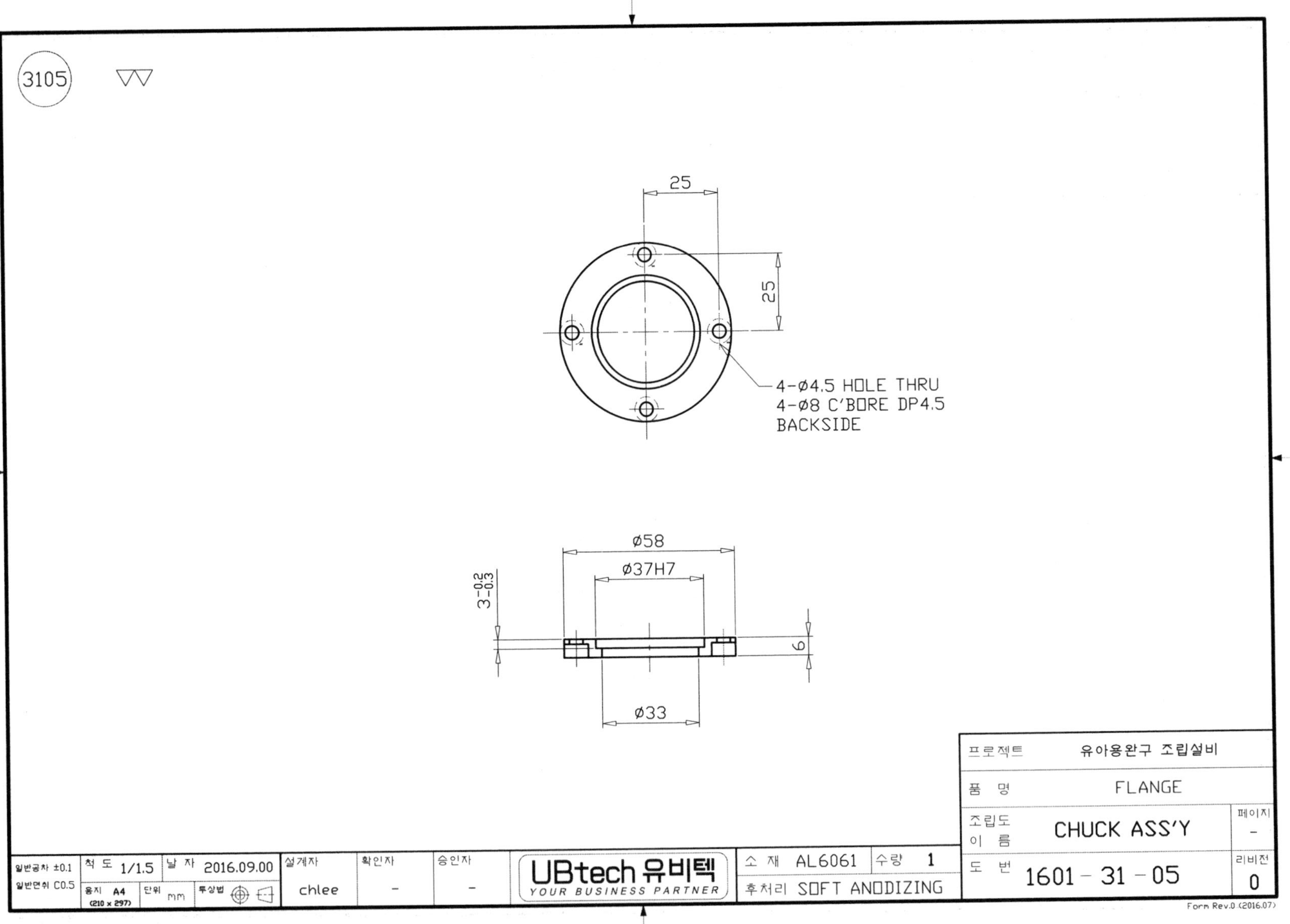

3105
25
25
4-Ø4.5 HOLE THRU
4-Ø8 C'BORE DP4.5
BACKSIDE
Ø58
Ø37H7
3 -0.2 -0.3
9
Ø33
프로젝트
유아용완구 조립설비
품 명
FLANGE
조립도 이 름
CHUCK ASS'Y
페이지
-
일반공차 ±0.1
일반면취 C0.5
척 도
1/1.5
용지
A4
(210 x 297)
날 자
2016.09.00
단위
mm
투상법
설계자
chlee
확인자
-
승인자
-
UBtech 유비텍
YOUR BUSINESS PARTNER
소 재
AL6061
수량
1
후처리
SOFT ANODIZING
도 번
1601 - 31 - 05
리비전
0
Form Rev.0 (2016.07)

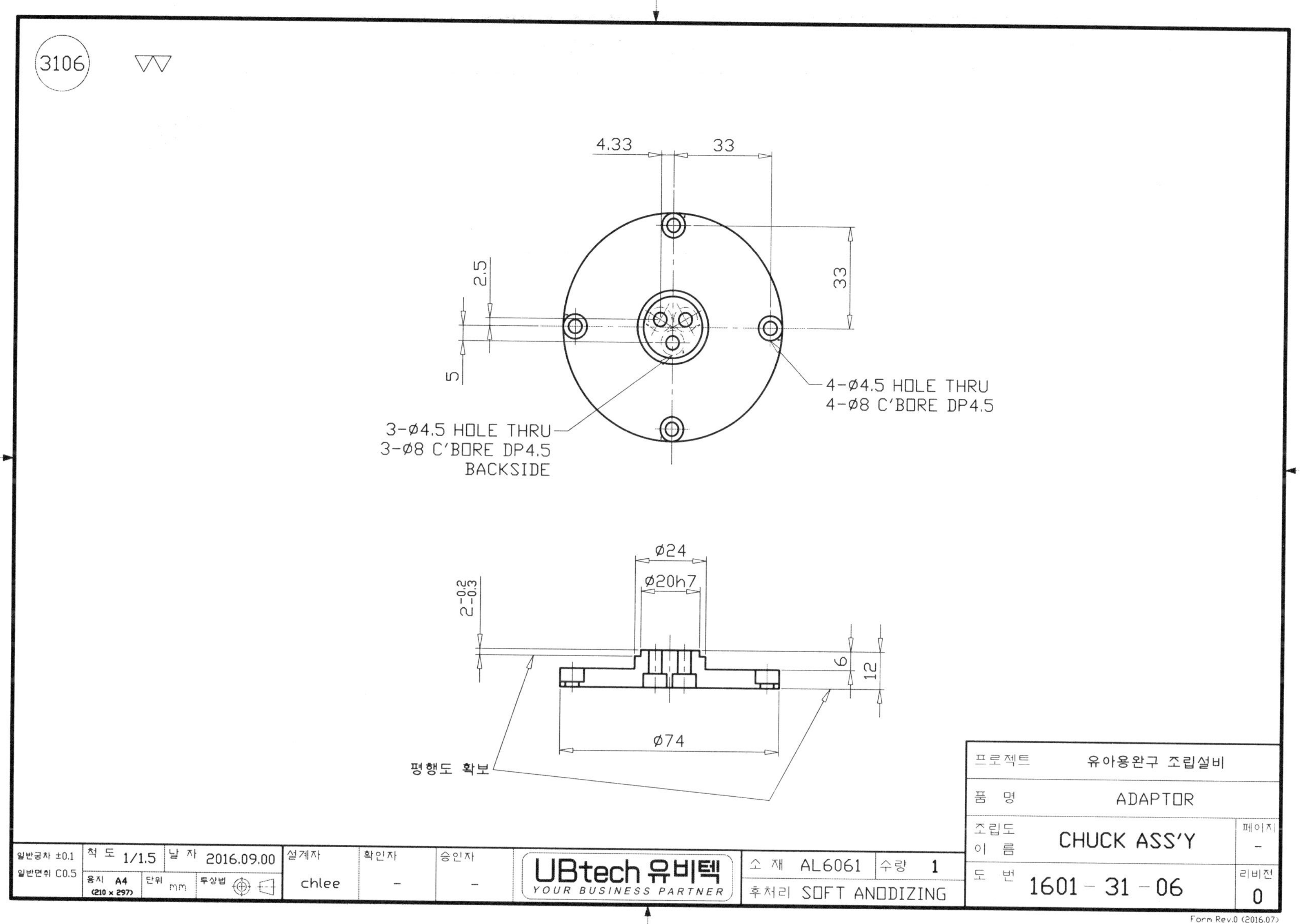
3106
4.33
33
33
2.5
5
4-Ø4.5 HOLE THRU
4-Ø8 C'BORE DP4.5
3-Ø4.5 HOLE THRU
3-Ø8 C'BORE DP4.5
BACKSIDE
Ø24
Ø20h7
2-0.2/-0.3
6
12
Ø74
평행도 확보
프로젝트 유아용완구 조립설비
품 명 ADAPTOR
조립도 이 름 CHUCK ASS'Y
페이지 -
도 번 1601 - 31 - 06
리비전 0
일반공차 ±0.1
일반면취 C0.5
척 도 1/1.5
날 자 2016.09.00
용지 A4 (210 x 297)
단위 mm
투상법
설계자 chlee
확인자 -
승인자 -
UBtech 유비텍
YOUR BUSINESS PARTNER
소 재 AL6061
수량 1
후처리 SOFT ANODIZING
Form Rev.0 (2016.07)

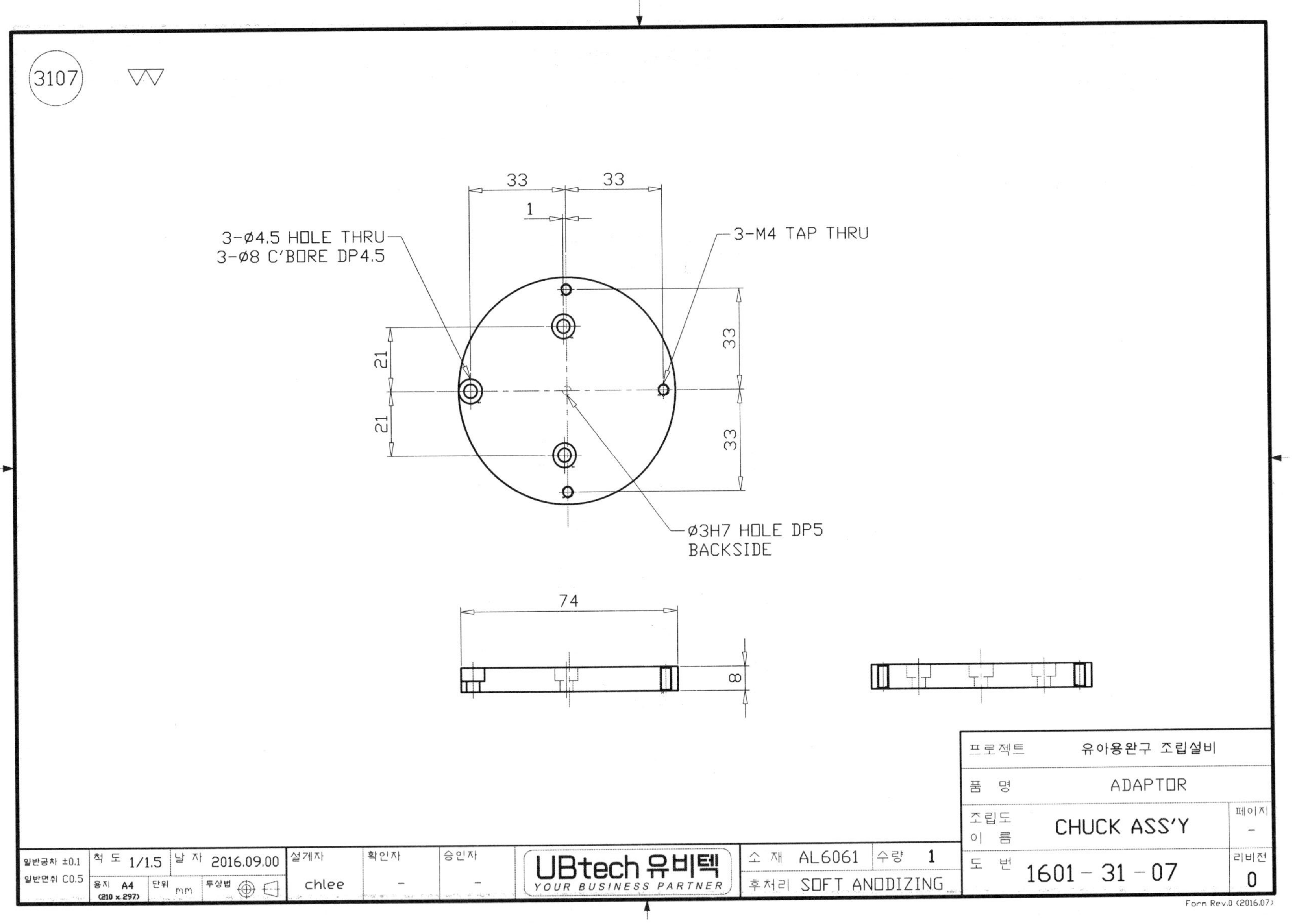
3107
33
33
1
3-Ø4.5 HOLE THRU
3-Ø8 C'BORE DP4.5
3-M4 TAP THRU
21
21
33
33
Ø3H7 HOLE DP5
BACKSIDE
74
8
프로젝트 유아용완구 조립설비
품 명 ADAPTOR
조립도 이 름 CHUCK ASS'Y
페이지 -
도 번 1601 - 31 - 07
리비전 0
일반공차 ±0.1
일반면취 C0.5
척 도 1/1.5
날 자 2016.09.00
용지 A4 (210 x 297)
단위 mm
투상법
설계자 chlee
확인자 -
승인자 -
UBtech 유비텍
YOUR BUSINESS PARTNER
소 재 AL6061
수량 1
후처리 SOFT ANODIZING
Form Rev.0 (2016.07)

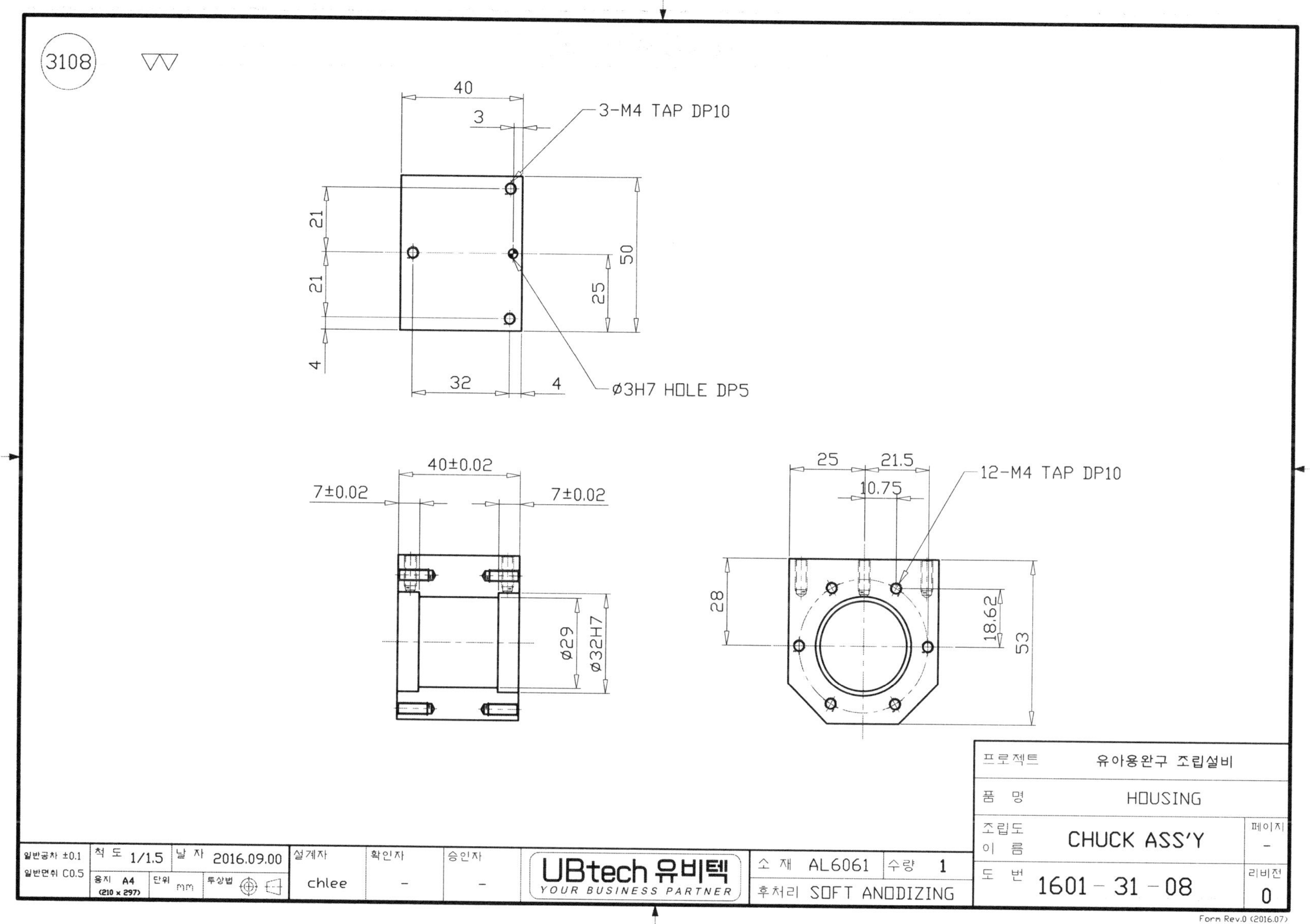
3108
3-M4 TAP DP10
Ø3H7 HOLE DP5
12-M4 TAP DP10
Ø29
Ø32H7
40±0.02
7±0.02
18.62
21.5
10.75
일반공차 ±0.1
일반면취 C0.5
척 도 1/1.5
날 자 2016.09.00
용지 A4 (210 x 297)
단위 mm
투상법
설계자 chlee
확인자 -
승인자 -
UBtech 유비텍
YOUR BUSINESS PARTNER
소 재 AL6061
수량 1
후처리 SOFT ANODIZING
프로젝트 유아용완구 조립설비
품 명 HOUSING
조립도 이 름 CHUCK ASS'Y
도 번 1601 - 31 - 08
페이지 -
리비전 0
Form Rev.0 (2016.07)

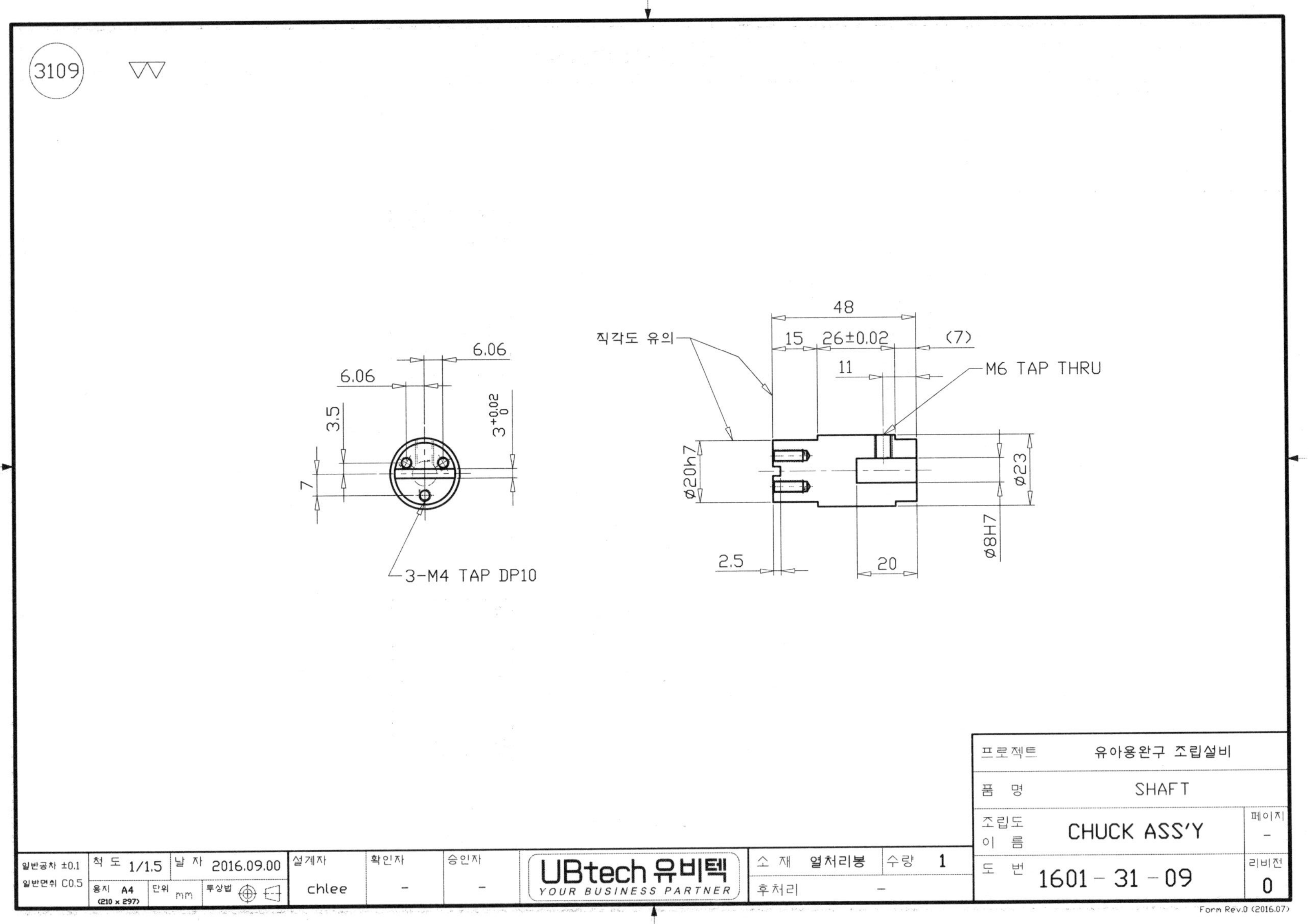

3109
6.06
6.06
3.5
3+0.02 0
7
3-M4 TAP DP10
직각도 유의
48
15
26±0.02
(7)
11
M6 TAP THRU
ø20h7
ø23
ø8H7
2.5
20
프로젝트 유아용완구 조립설비
품 명 SHAFT
조립도 이 름 CHUCK ASS'Y
페이지 -
도 번 1601 - 31 - 09
리비전 0
소 재 열처리봉
수량 1
후처리 -
UBtech 유비텍
YOUR BUSINESS PARTNER
설계자 chlee
확인자 -
승인자 -
척 도 1/1.5
날 자 2016.09.00
용지 A4 (210 x 297)
단위 mm
투상법
일반공차 ±0.1
일반면취 C0.5
Form Rev.0 (2016.07)

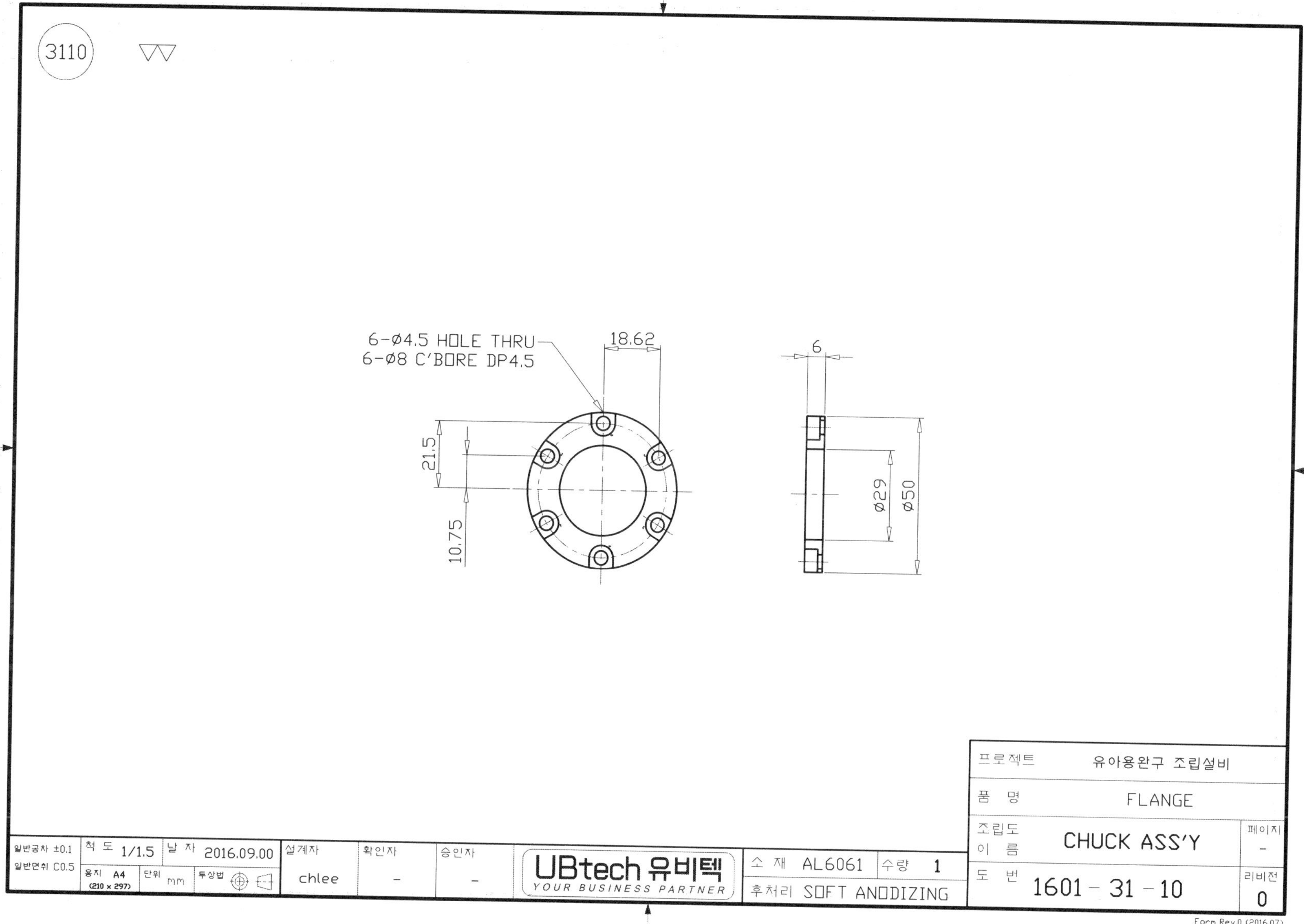
3110
6-Ø4.5 HOLE THRU
6-Ø8 C'BORE DP4.5
18.62
6
21.5
10.75
Ø29
Ø50
프로젝트 유아용완구 조립설비
품 명 FLANGE
조립도 이 름 CHUCK ASS'Y
페이지 -
도 번 1601 - 31 - 10
리비전 0
일반공차 ±0.1
일반면취 C0.5
척 도 1/1.5
날 자 2016.09.00
용지 A4 (210 × 297)
단위 mm
투상법
설계자 chlee
확인자 -
승인자 -
UBtech 유비텍
YOUR BUSINESS PARTNER
소 재 AL6061
수량 1
후처리 SOFT ANODIZING
Form Rev.0 (2016.07)

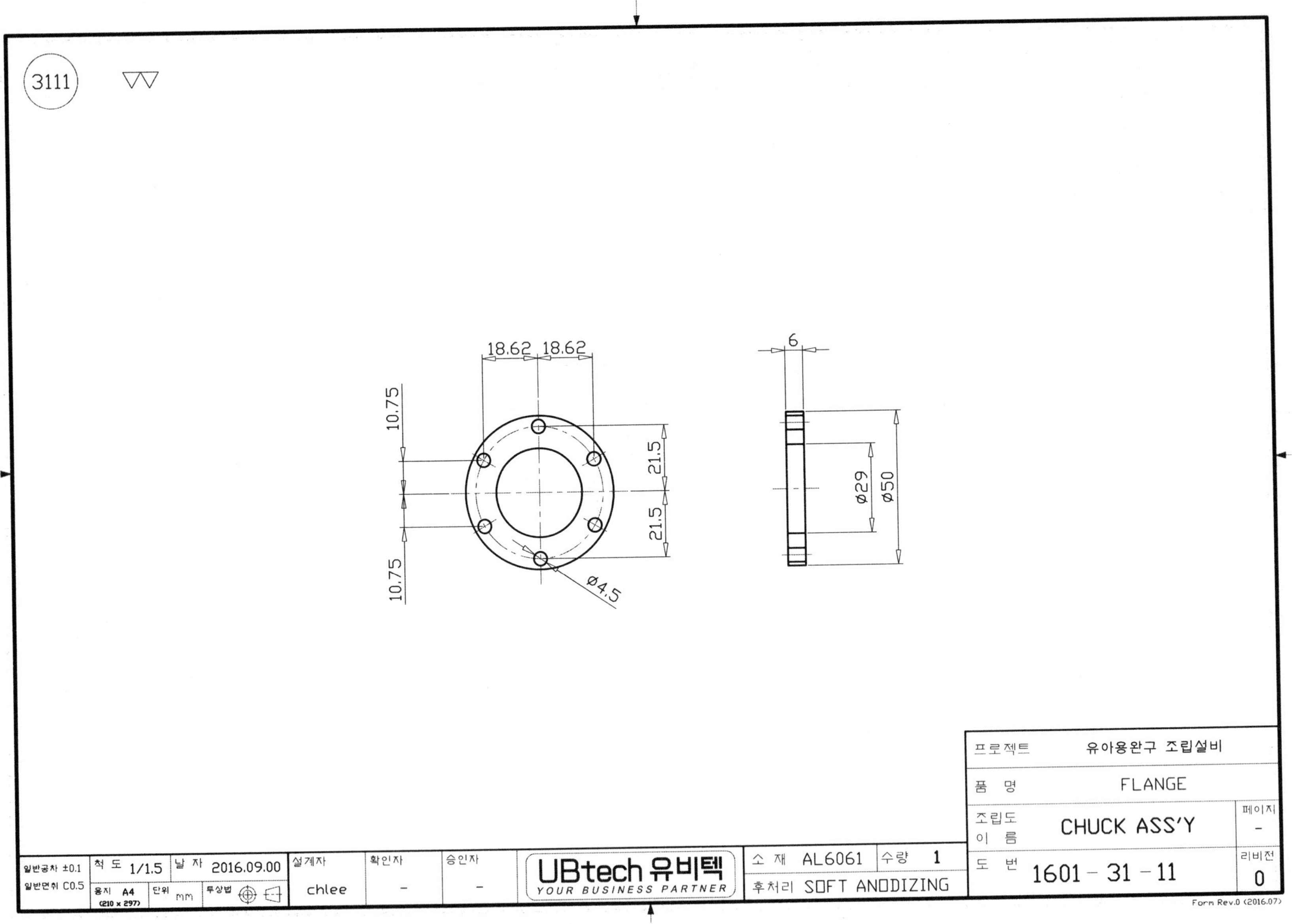
3111
18.62
18.62
10.75
10.75
21.5
21.5
ø4.5
6
ø29
ø50
프로젝트 유아용완구 조립설비
품 명 FLANGE
조립도 이 름 CHUCK ASS'Y
페이지 -
도 번 1601 - 31 - 11
리비전 0
일반공차 ±0.1
일반면취 C0.5
척 도 1/1.5
날 자 2016.09.00
용지 A4 (210 x 297)
단위 mm
투상법
설계자 chlee
확인자 -
승인자 -
UBtech 유비텍
YOUR BUSINESS PARTNER
소 재 AL6061
수량 1
후처리 SOFT ANODIZING
Form Rev.0 (2016.07)

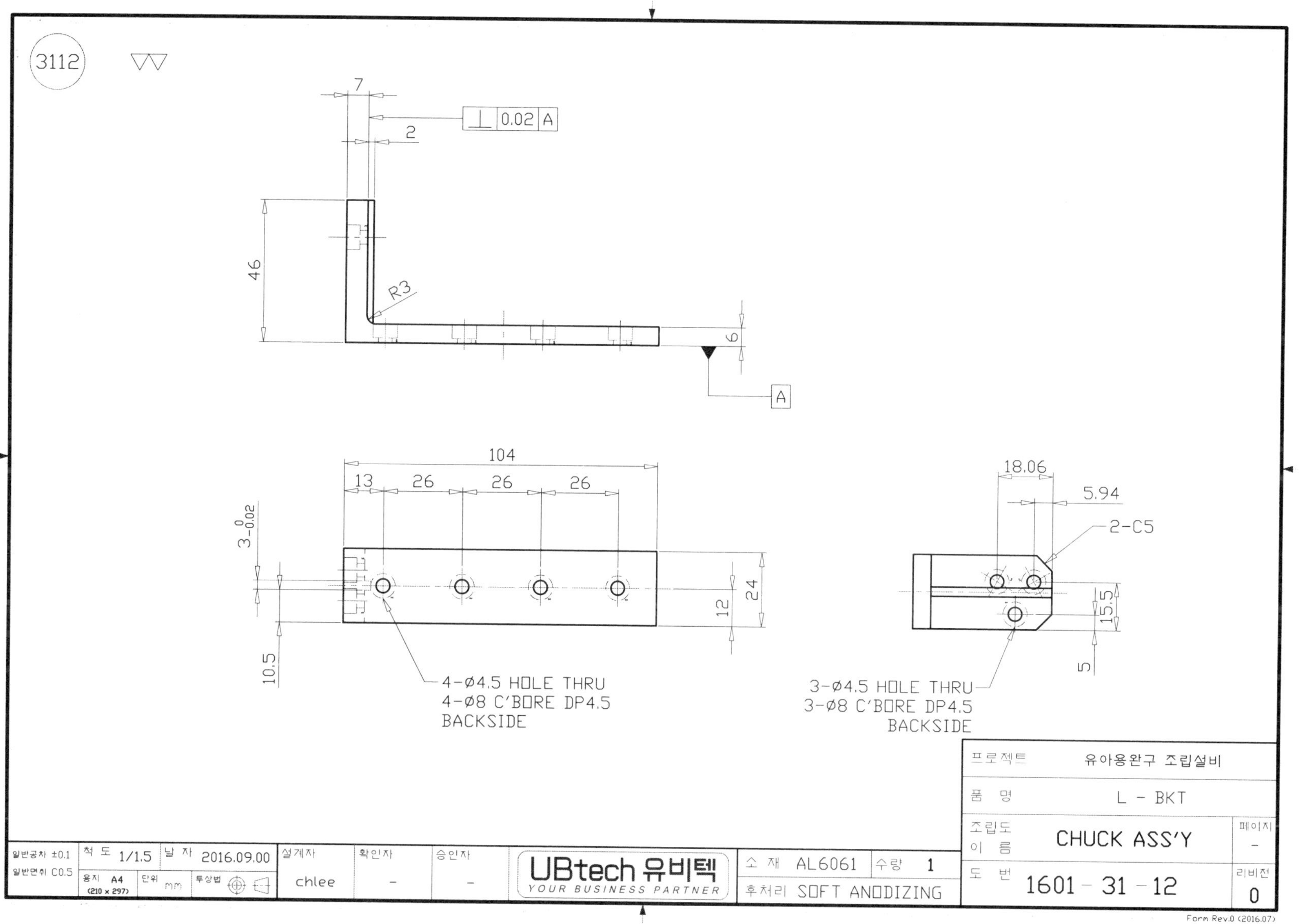
3112
⊥ 0.02 A
7
2
46
R3
6
A
104
13 26 26 26
3-0/-0.02
24
12
10.5
4-Ø4.5 HOLE THRU
4-Ø8 C'BORE DP4.5
BACKSIDE
18.06
5.94
2-C5
15.5
5
3-Ø4.5 HOLE THRU
3-Ø8 C'BORE DP4.5
BACKSIDE
프로젝트 유아용완구 조립설비
품 명 L - BKT
조립도 이름 CHUCK ASS'Y
페이지 -
도 번 1601 - 31 - 12
리비전 0
일반공차 ±0.1
일반면취 C0.5
척 도 1/1.5
날 자 2016.09.00
용지 A4 (210 x 297)
단위 mm
투상법
설계자 chlee
확인자 -
승인자 -
UBtech 유비텍
YOUR BUSINESS PARTNER
소 재 AL6061
수량 1
후처리 SOFT ANODIZING
Form Rev.0 (2016.07)

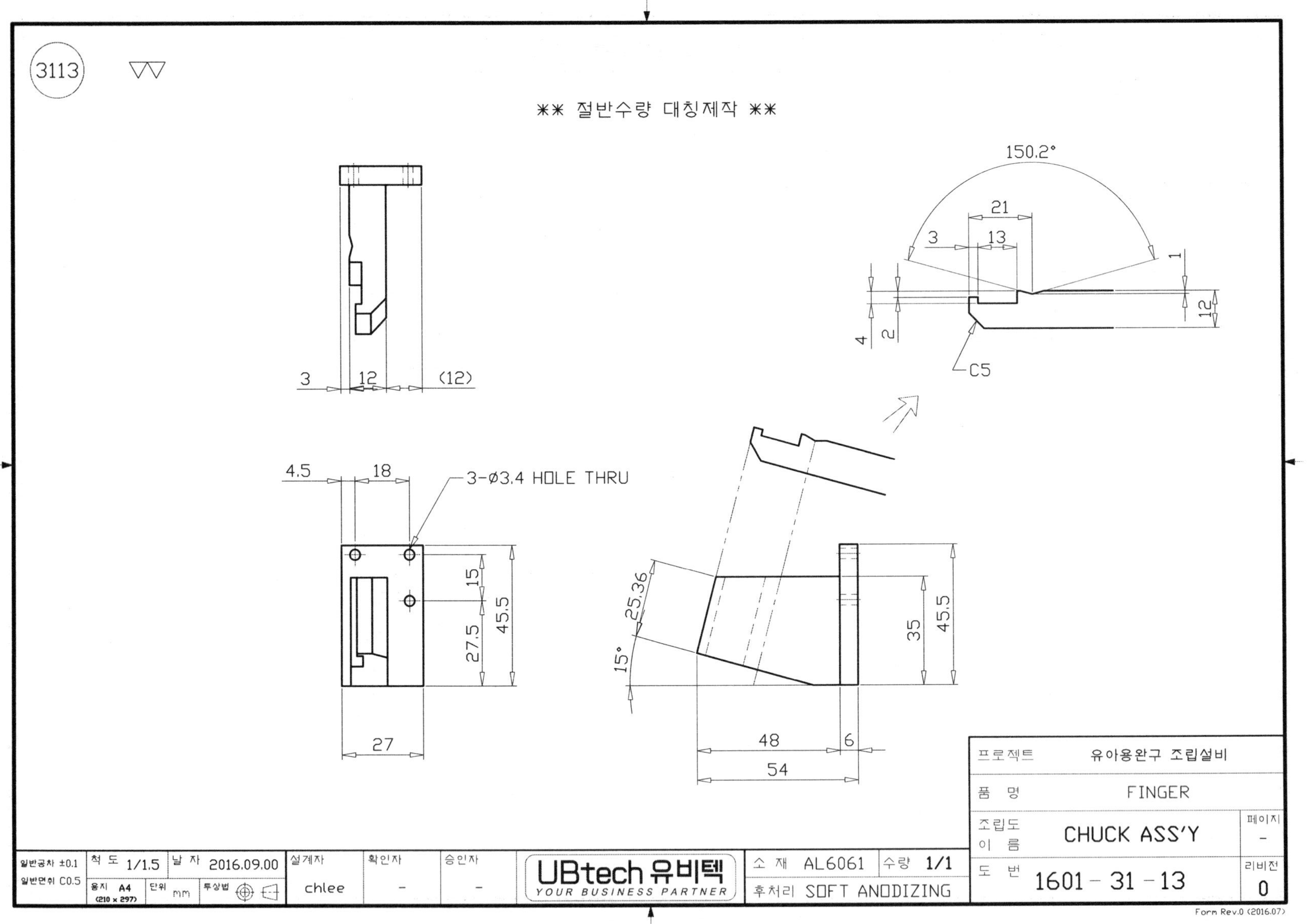

3113
** 절반수량 대칭제작 **
150.2°
21
3
13
1
12
4
2
C5
3
12
(12)
4.5
18
3-Ø3.4 HOLE THRU
15
27.5
45.5
27
25.36
15°
35
45.5
48
6
54
프로젝트 유아용완구 조립설비
품 명 FINGER
조립도 이 름 CHUCK ASS'Y
페이지 -
일반공차 ±0.1
일반면취 C0.5
척 도 1/1.5
날 자 2016.09.00
용지 A4 (210 x 297)
단위 mm
투상법
설계자 chlee
확인자 -
승인자 -
UBtech 유비텍
YOUR BUSINESS PARTNER
소 재 AL6061
수량 1/1
후처리 SOFT ANODIZING
도 번 1601 - 31 - 13
리비전 0
Form Rev.0 (2016.07)

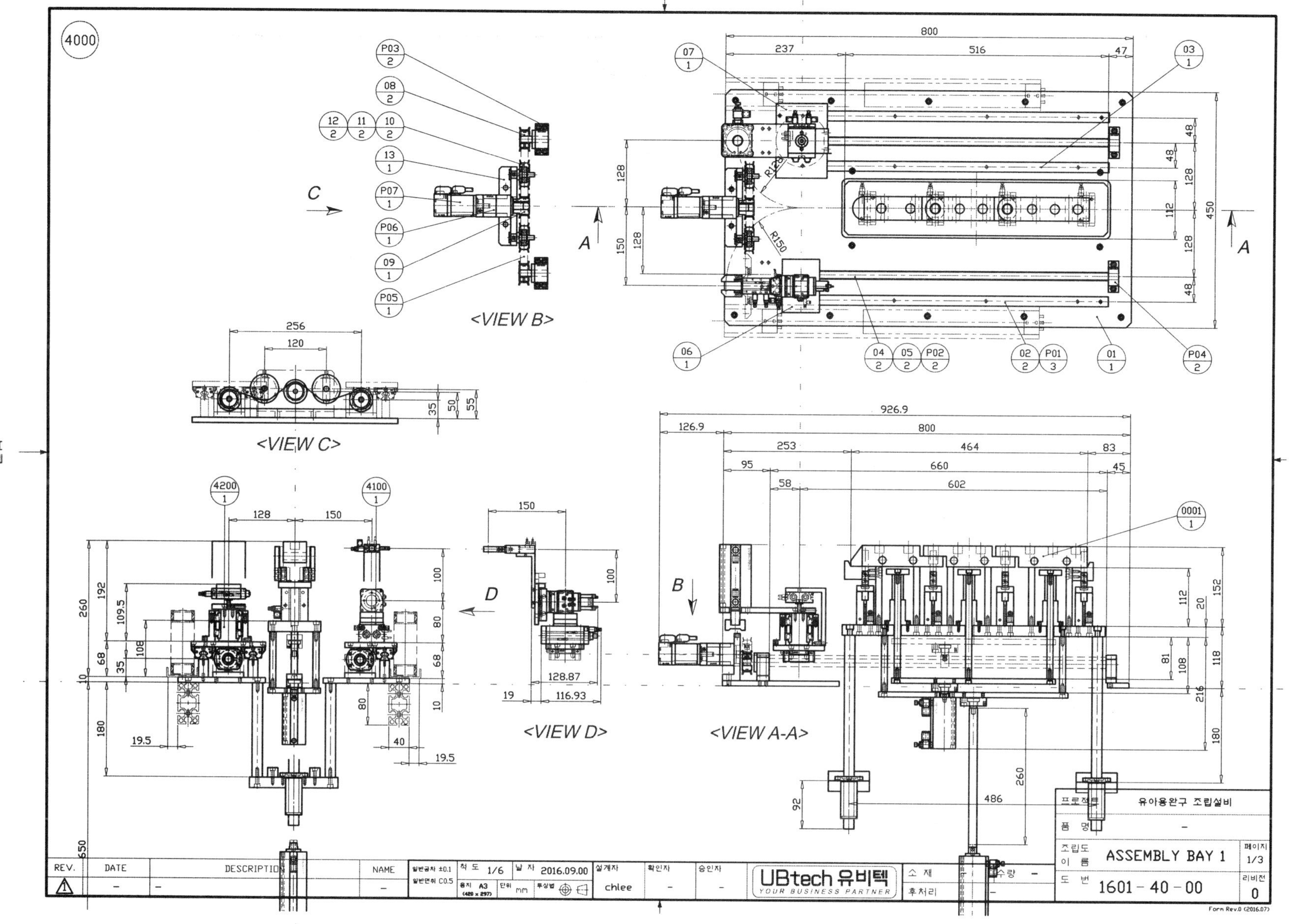
4000
<VIEW B>
<VIEW C>
<VIEW D>
<VIEW A-A>
프로젝트 유아용완구 조립설비
조립도 이름 ASSEMBLY BAY 1
도번 1601 - 40 - 00
페이지 1/3
리비전 0
UBtech 유비텍
YOUR BUSINESS PARTNER
척도 1/6
날자 2016.09.00
설계자 chlee
REV. DATE DESCRIPTION NAME
Form Rev.0 (2016.07)

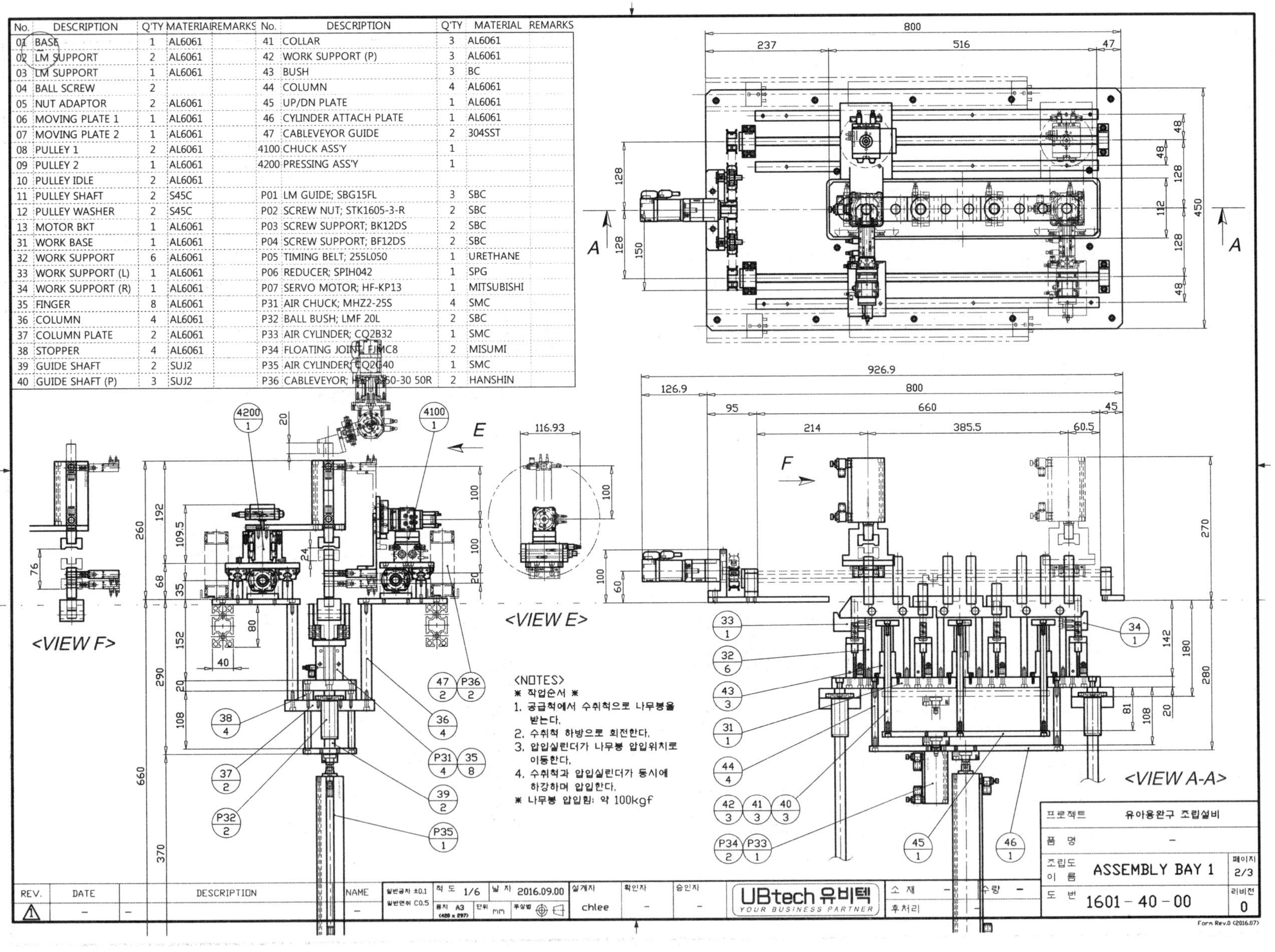

No. DESCRIPTION Q'TY MATERIAL REMARKS
01 BASE 1 AL6061
02 LM SUPPORT 2 AL6061
03 LM SUPPORT 1 AL6061
04 BALL SCREW 2
05 NUT ADAPTOR 2 AL6061
06 MOVING PLATE 1 1 AL6061
07 MOVING PLATE 2 1 AL6061
08 PULLEY 1 2 AL6061
09 PULLEY 2 1 AL6061
10 PULLEY IDLE 2 AL6061
11 PULLEY SHAFT 2 S45C
12 PULLEY WASHER 2 S45C
13 MOTOR BKT 1 AL6061
31 WORK BASE 1 AL6061
32 WORK SUPPORT 6 AL6061
33 WORK SUPPORT (L) 1 AL6061
34 WORK SUPPORT (R) 1 AL6061
35 FINGER 8 AL6061
36 COLUMN 4 AL6061
37 COLUMN PLATE 2 AL6061
38 STOPPER 4 AL6061
39 GUIDE SHAFT 2 SUJ2
40 GUIDE SHAFT (P) 3 SUJ2
41 COLLAR 3 AL6061
42 WORK SUPPORT (P) 3 AL6061
43 BUSH 3 BC
44 COLUMN 4 AL6061
45 UP/DN PLATE 1 AL6061
46 CYLINDER ATTACH PLATE 1 AL6061
47 CABLEVEYOR GUIDE 2 304SST
4100 CHUCK ASS'Y 1
4200 PRESSING ASS'Y 1
P01 LM GUIDE; SBG15FL 3 SBC
P02 SCREW NUT; STK1605-3-R 2 SBC
P03 SCREW SUPPORT; BK12DS 2 SBC
P04 SCREW SUPPORT; BF12DS 2 SBC
P05 TIMING BELT; 255L050 1 URETHANE
P06 REDUCER; SPIH042 1 SPG
P07 SERVO MOTOR; HF-KP13 1 MITSUBISHI
P31 AIR CHUCK; MHZ2-25S 4 SMC
P32 BALL BUSH; LMF 20L 2 SBC
P33 AIR CYLINDER; CQ2B32 1 SMC
P34 FLOATING JOINT; FJMC8 2 MISUMI
P35 AIR CYLINDER; CQ2G40 1 SMC
P36 CABLEVEYOR; 50-30 50R 2 HANSHIN
<VIEW F>
<VIEW E>
<VIEW A-A>
<NOTES>
※ 작업순서 ※
1. 공급척에서 수취척으로 나무봉을 받는다.
2. 수취척 하방으로 회전한다.
3. 압입실린더가 나무봉 압입위치로 이동한다.
4. 수취척과 압입실린더가 동시에 하강하며 압입한다.
※ 나무봉 압입힘: 약 100kgf
REV. DATE DESCRIPTION NAME
일반공차 ±0.1 일반면취 C0.5 척도 1/6 날자 2016.09.00 용지 A3 (420 x 297) 단위 mm
설계자 chlee 확인자 - 승인자 -
UBtech 유비텍 YOUR BUSINESS PARTNER
소재 - 수량 - 후처리
프로젝트 유아용완구 조립설비
품명 -
조립도 이름 ASSEMBLY BAY 1
페이지 2/3
도번 1601-40-00
리비전 0
Form Rev.0 (2016.07)

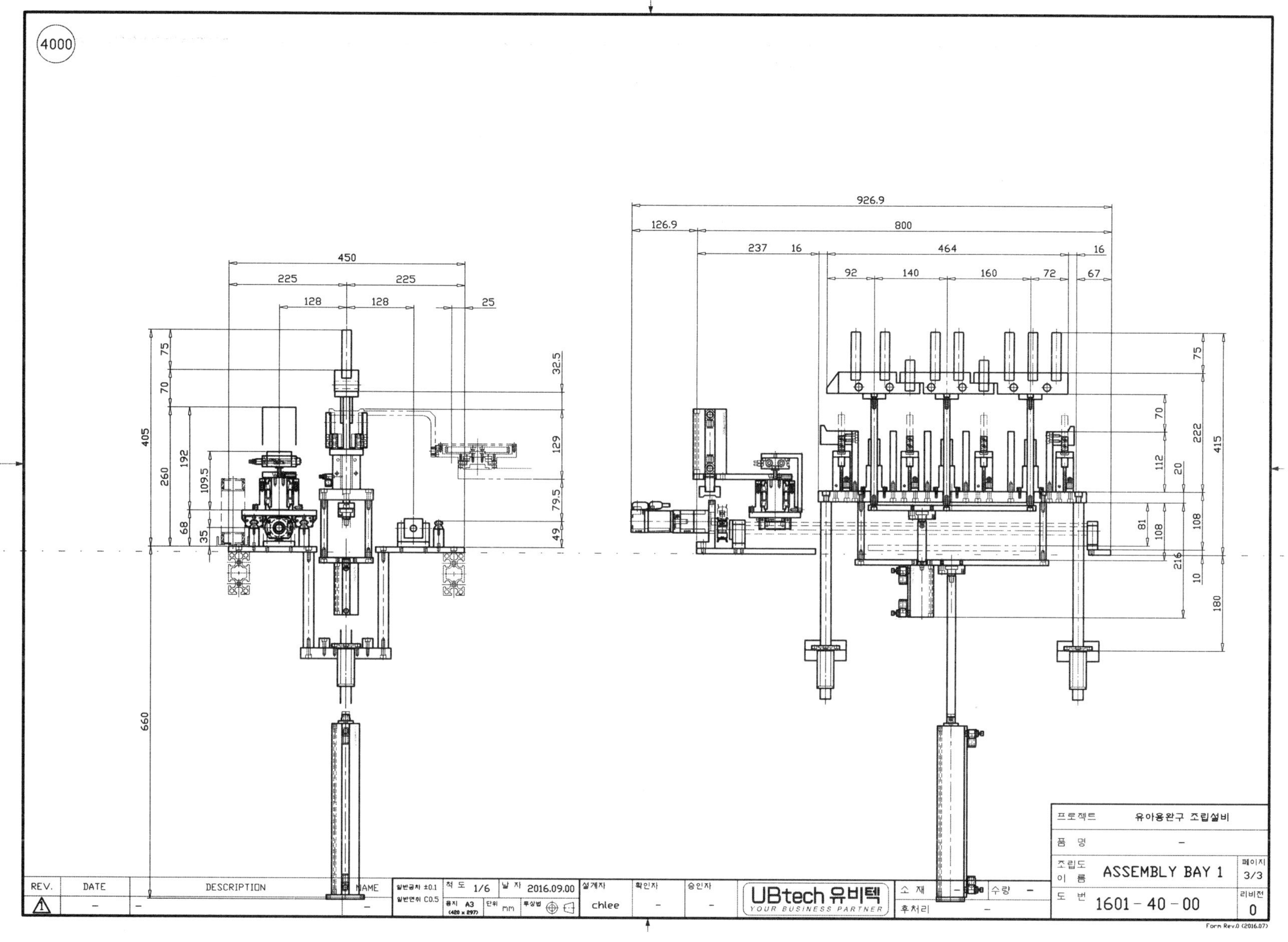
4000
프로젝트 유아용완구 조립설비
품 명 -
조립도 이 름 ASSEMBLY BAY 1
페이지 3/3
도 번 1601 - 40 - 00
리비전 0
REV.
DATE
DESCRIPTION
NAME
일반공차 ±0.1
일반면취 C0.5
척 도 1/6
용지 A3 (420 x 297)
단위 mm
날 자 2016.09.00
투상법
설계자 chlee
확인자 -
승인자 -
UBtech 유비텍
YOUR BUSINESS PARTNER
소 재 -
수량 -
후처리 -
Form Rev.0 (2016.07)

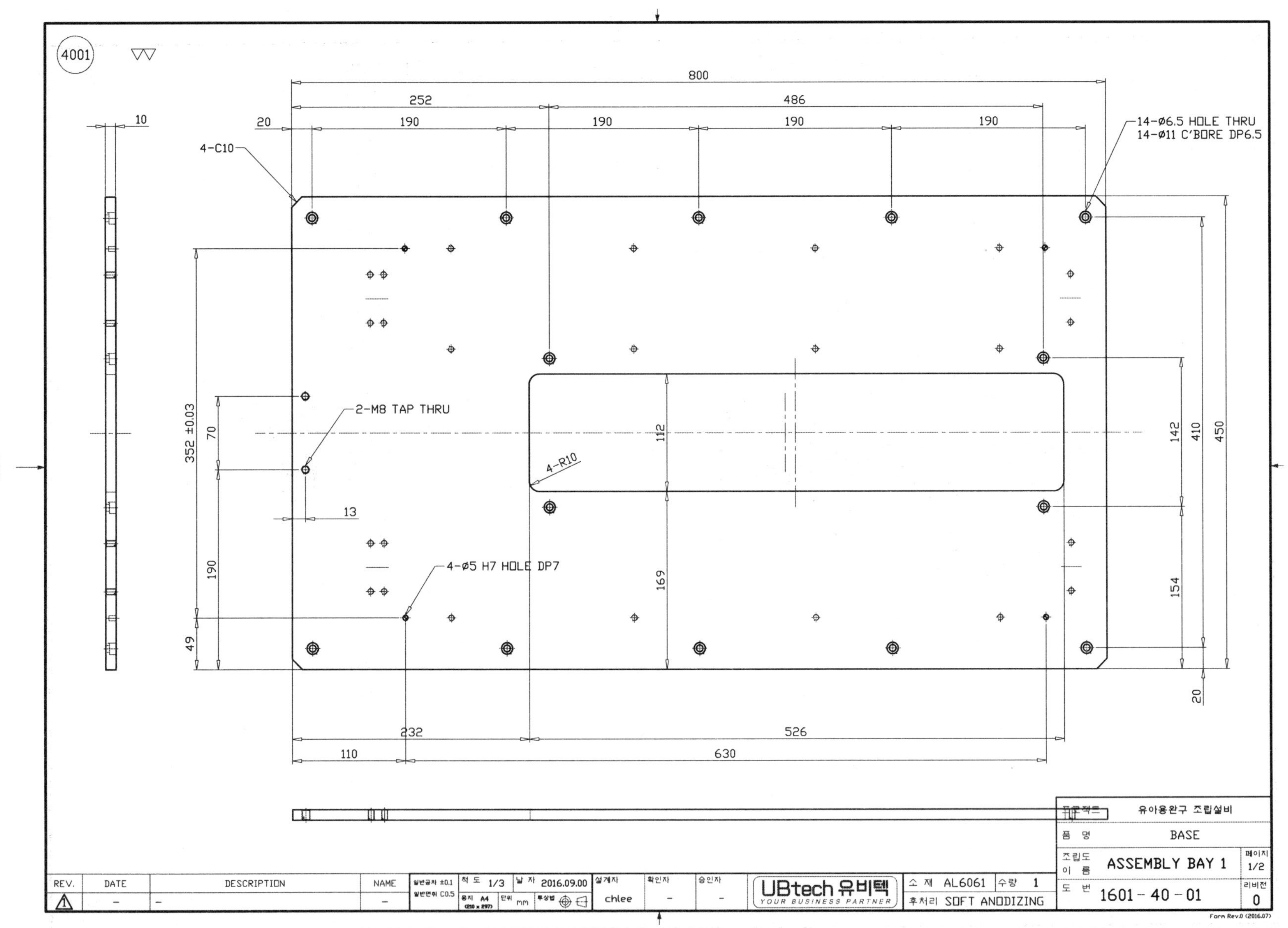

4001
800
252
486
20
190
190
190
190
10
4-C10
14-Ø6.5 HOLE THRU
14-Ø11 C'BORE DP6.5
352 ±0.03
70
2-M8 TAP THRU
13
190
49
4-R10
112
169
4-Ø5 H7 HOLE DP7
142
410
450
154
20
232
526
110
630
프로젝트 유아용완구 조립설비
품 명 BASE
조립도 이 름 ASSEMBLY BAY 1
페이지 1/2
도 번 1601 - 40 - 01
리비전 0
소 재 AL6061
수량 1
후처리 SOFT ANODIZING
UBtech 유비텍
YOUR BUSINESS PARTNER
REV.
DATE
DESCRIPTION
NAME
일반공차 ±0.1
일반면취 C0.5
척 도 1/3
용지 A4 (210 x 297)
단위 mm
날 자 2016.09.00
투상법
설계자 chlee
확인자
승인자
Form Rev.0 (2016.07)

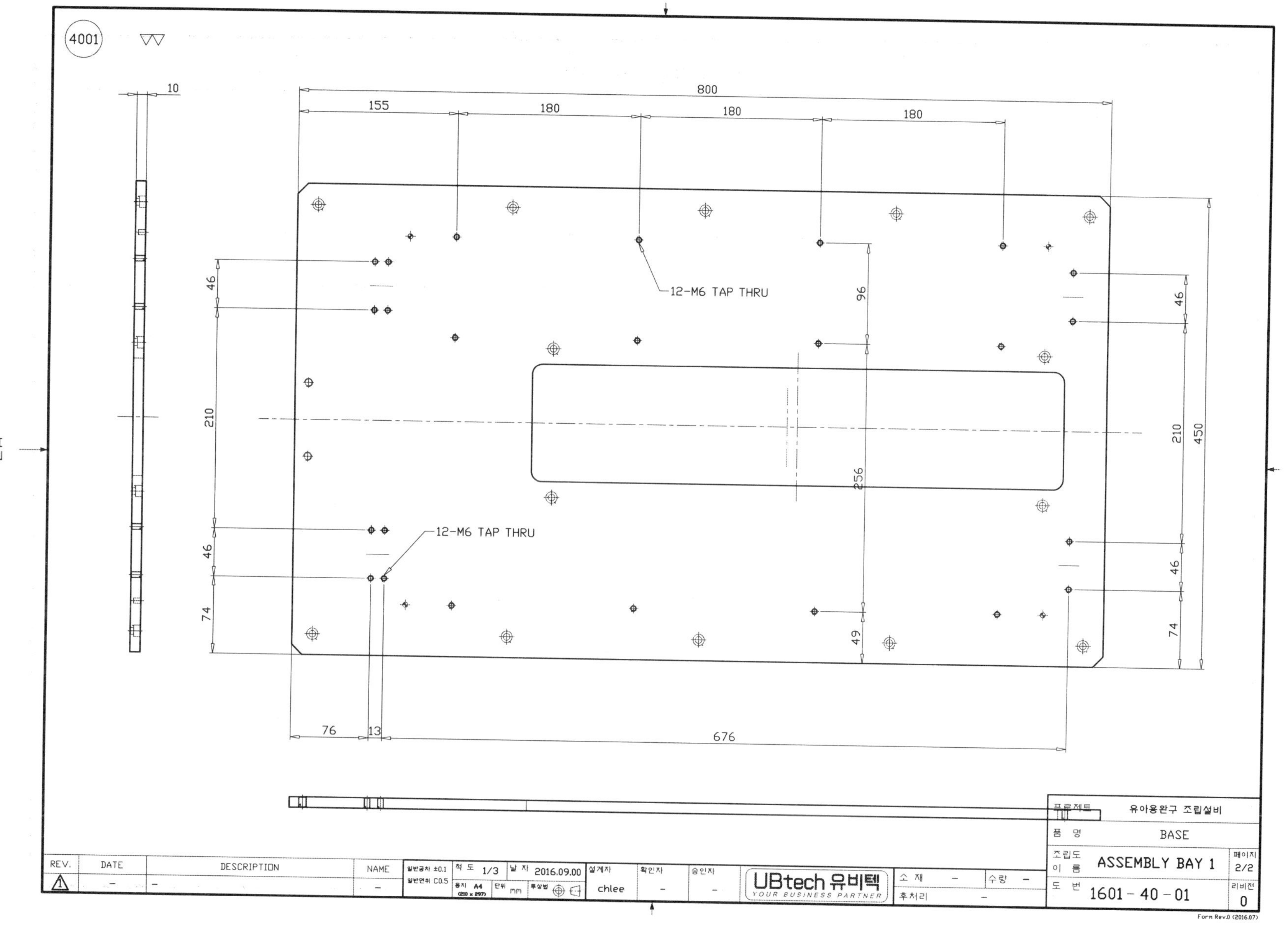

유아용완구 조립설비
BASE
ASSEMBLY BAY 1
1601 - 40 - 01
2/2
0
12-M6 TAP THRU
12-M6 TAP THRU
450
210
46
74
800
180
155
96
256
49
676
13
76
10
4001
UBtech 유비텍
YOUR BUSINESS PARTNER
chlee
2016.09.00
1/3
A4
mm
NAME
DESCRIPTION
DATE
REV.

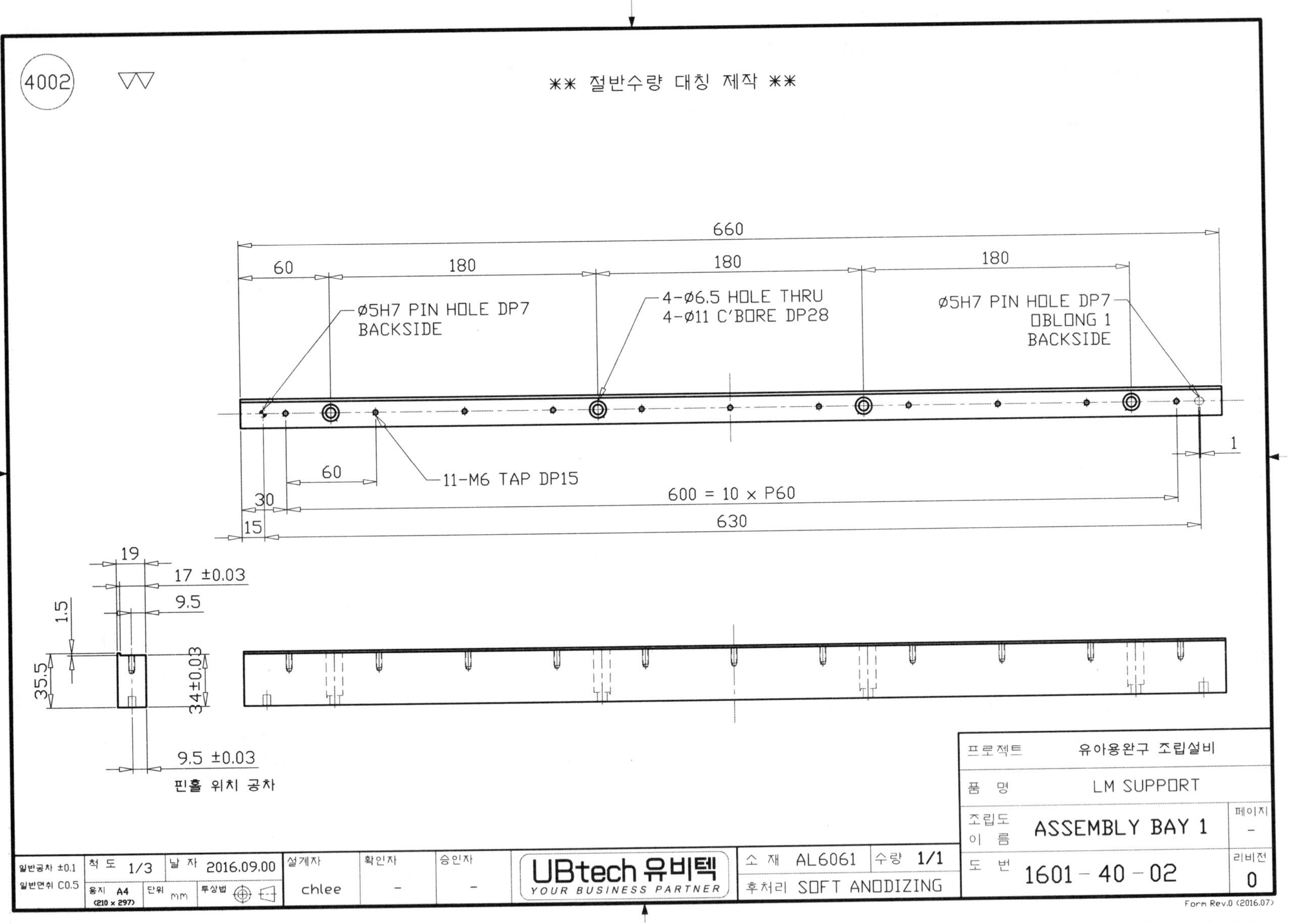
4002
** 절반수량 대칭 제작 **
660
60
180
180
180
Ø5H7 PIN HOLE DP7
BACKSIDE
4-Ø6.5 HOLE THRU
4-Ø11 C'BORE DP28
Ø5H7 PIN HOLE DP7
OBLONG 1
BACKSIDE
1
60
11-M6 TAP DP15
30
600 = 10 × P60
15
630
19
17 ±0.03
9.5
1.5
35.5
34±0.03
9.5 ±0.03
핀홀 위치 공차
프로젝트 유아용완구 조립설비
품 명 LM SUPPORT
조립도 이 름 ASSEMBLY BAY 1
페이지 -
도 번 1601 - 40 - 02
리비전 0
일반공차 ±0.1
일반면취 C0.5
척 도 1/3
날 자 2016.09.00
용지 A4 (210 x 297)
단위 mm
투상법
설계자 chlee
확인자 -
승인자 -
UBtech 유비텍
YOUR BUSINESS PARTNER
소 재 AL6061
수량 1/1
후처리 SOFT ANODIZING
Form Rev.0 (2016.07)

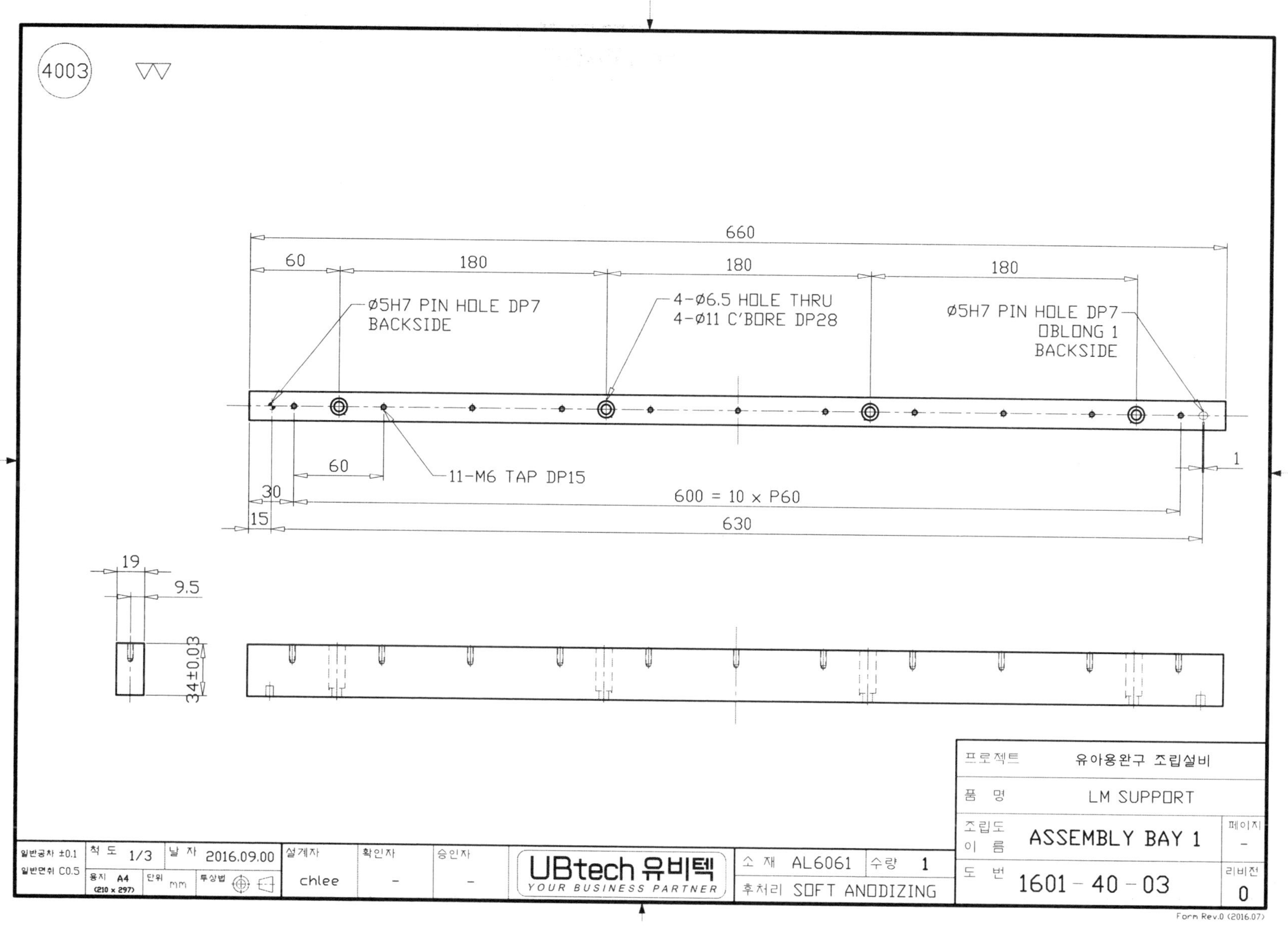

4003
660
60
180
180
180
Ø5H7 PIN HOLE DP7
BACKSIDE
4-Ø6.5 HOLE THRU
4-Ø11 C'BORE DP28
Ø5H7 PIN HOLE DP7
OBLONG 1
BACKSIDE
60
11-M6 TAP DP15
1
30
600 = 10 × P60
15
630
19
9.5
34±0.03
프로젝트 유아용완구 조립설비
품 명 LM SUPPORT
조립도 이 름 ASSEMBLY BAY 1
페이지 -
도 번 1601 - 40 - 03
리비전 0
일반공차 ±0.1
일반면취 C0.5
척 도 1/3
날 자 2016.09.00
용지 A4 (210 x 297)
단위 mm
투상법
설계자 chlee
확인자 -
승인자 -
UBtech 유비텍
YOUR BUSINESS PARTNER
소 재 AL6061
수량 1
후처리 SOFT ANODIZING
Form Rev.0 (2016.07)

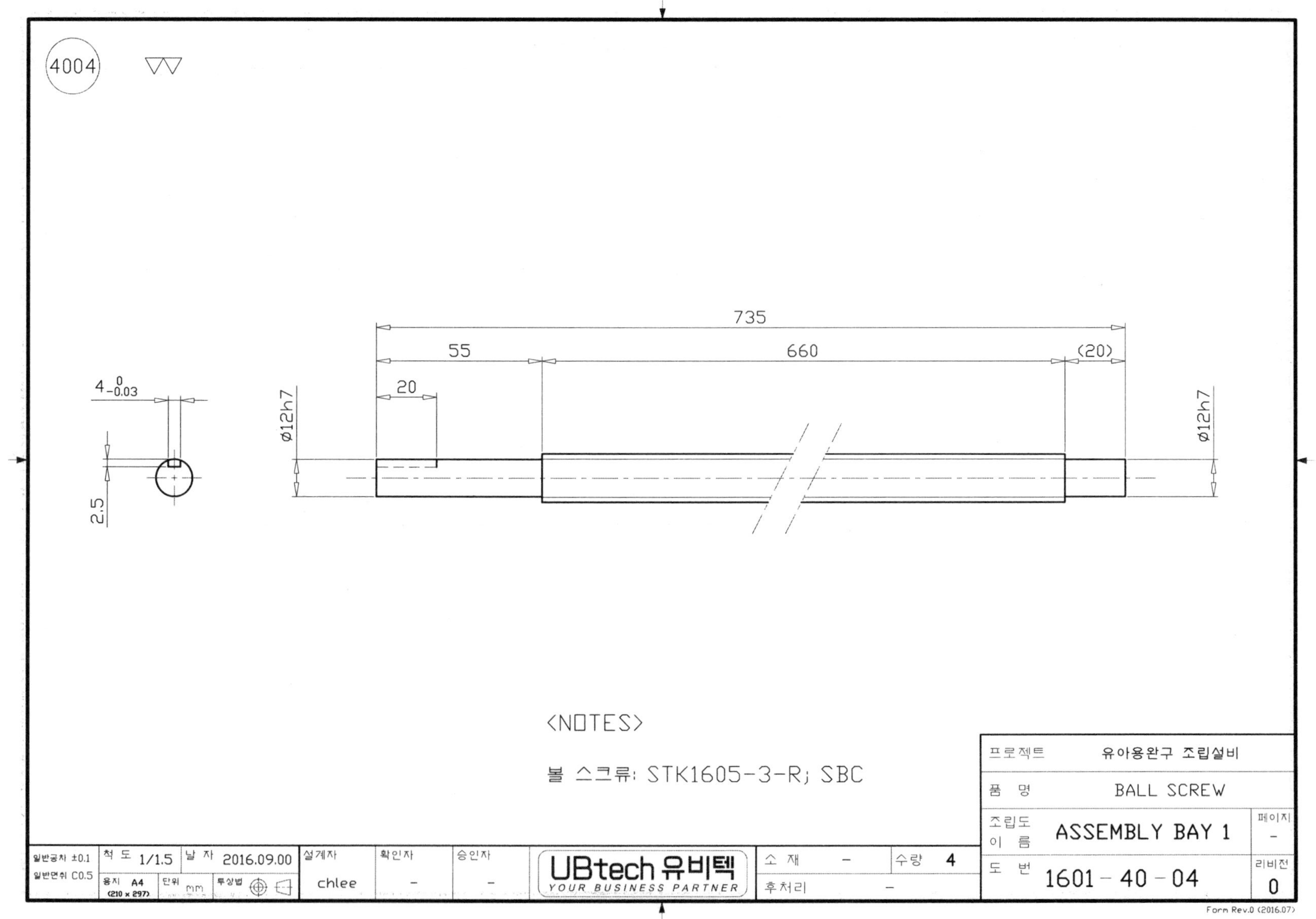

4004
$4^{0}_{-0.03}$
2.5
735
55
660
(20)
20
⌀12h7
⌀12h7
<NOTES>
볼 스크류: STK1605-3-R; SBC
프로젝트 유아용완구 조립설비
품 명 BALL SCREW
조립도 이 름 ASSEMBLY BAY 1
페이지 -
도 번 1601 - 40 - 04
리비전 0
일반공차 ±0.1
일반면취 C0.5
척 도 1/1.5
날 자 2016.09.00
용지 A4 (210 x 297)
단위 mm
투상법
설계자 chlee
확인자 -
승인자 -
UBtech 유비텍
YOUR BUSINESS PARTNER
소 재 -
수량 4
후처리 -
Form Rev.0 (2016.07)

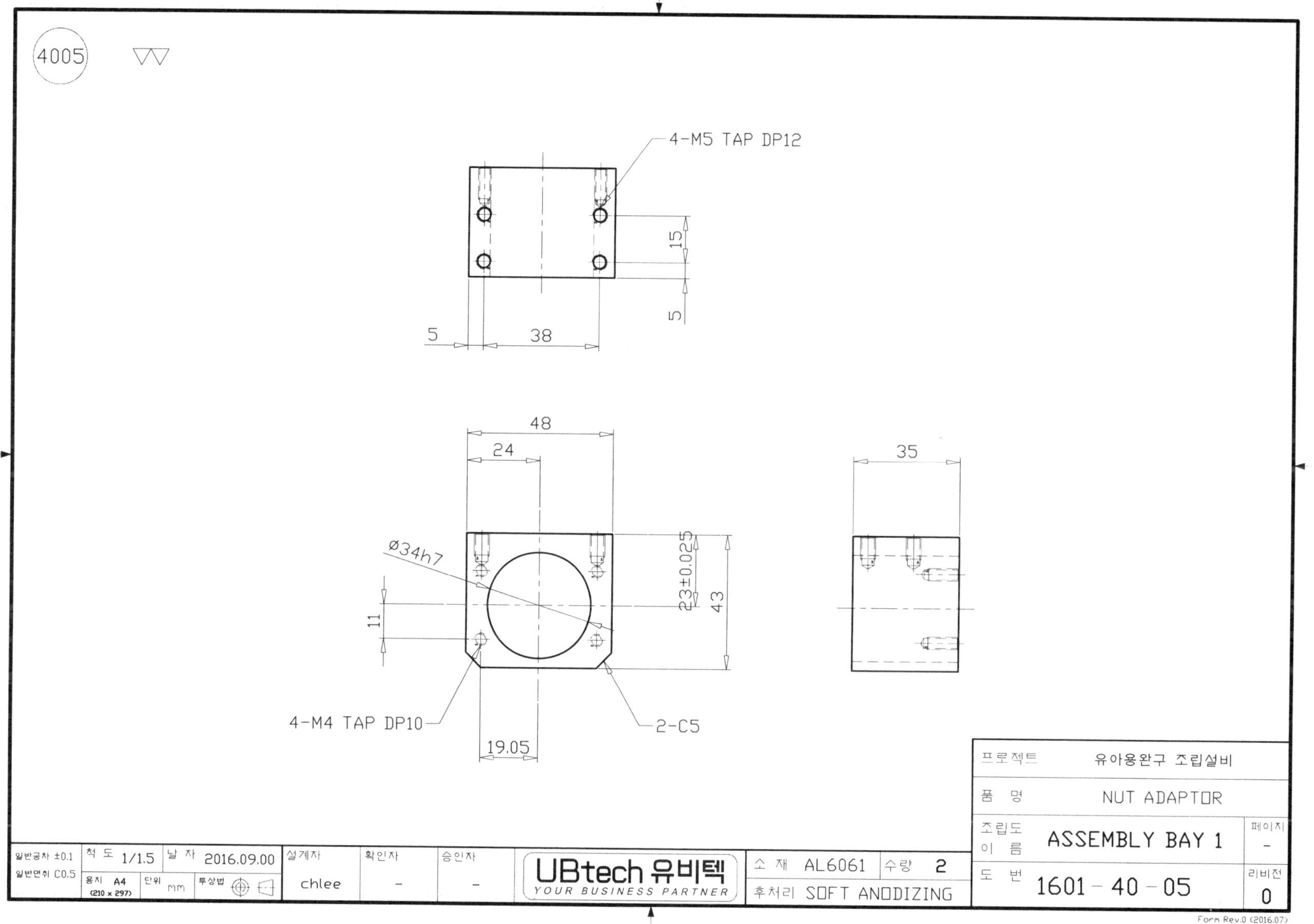
4005
4-M5 TAP DP12
15
5
5
38
48
24
Ø34h7
11
23±0.025
43
35
4-M4 TAP DP10
19.05
2-C5
프로젝트 유아용완구 조립설비
품 명 NUT ADAPTOR
조립도 이 름 ASSEMBLY BAY 1
페이지 -
도 번 1601 - 40 - 05
리비전 0
일반공차 ±0.1
일반면취 C0.5
척 도 1/1.5
날 자 2016.09.00
용지 A4 (210 x 297)
단위 mm
투상법
설계자 chlee
확인자 -
승인자 -
UBtech 유비텍
YOUR BUSINESS PARTNER
소 재 AL6061
수량 2
후처리 SOFT ANODIZING
Form Rev.0 (2016.07)

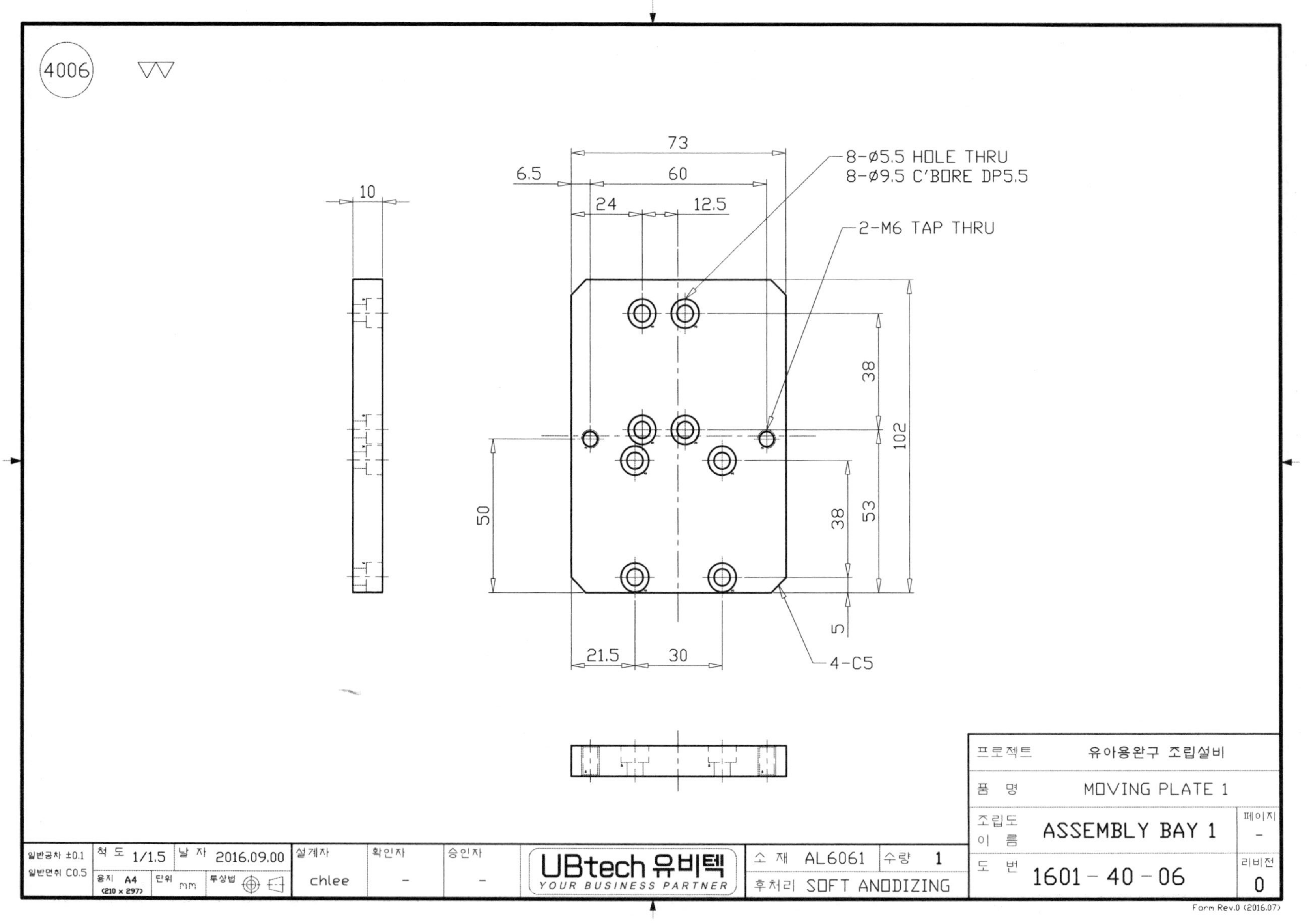
4006
8-Ø5.5 HOLE THRU
8-Ø9.5 C'BORE DP5.5
2-M6 TAP THRU
4-C5
73
6.5
60
24
12.5
10
38
102
50
38
53
5
21.5
30
프로젝트 유아용완구 조립설비
품 명 MOVING PLATE 1
조립도 이 름 ASSEMBLY BAY 1
페이지 -
도 번 1601 - 40 - 06
리비전 0
일반공차 ±0.1
일반면취 C0.5
척 도 1/1.5
날 자 2016.09.00
용지 A4 (210 x 297)
단위 mm
투상법
설계자 chlee
확인자 -
승인자 -
UBtech 유비텍
YOUR BUSINESS PARTNER
소 재 AL6061
수량 1
후처리 SOFT ANODIZING
Form Rev.0 (2016.07)

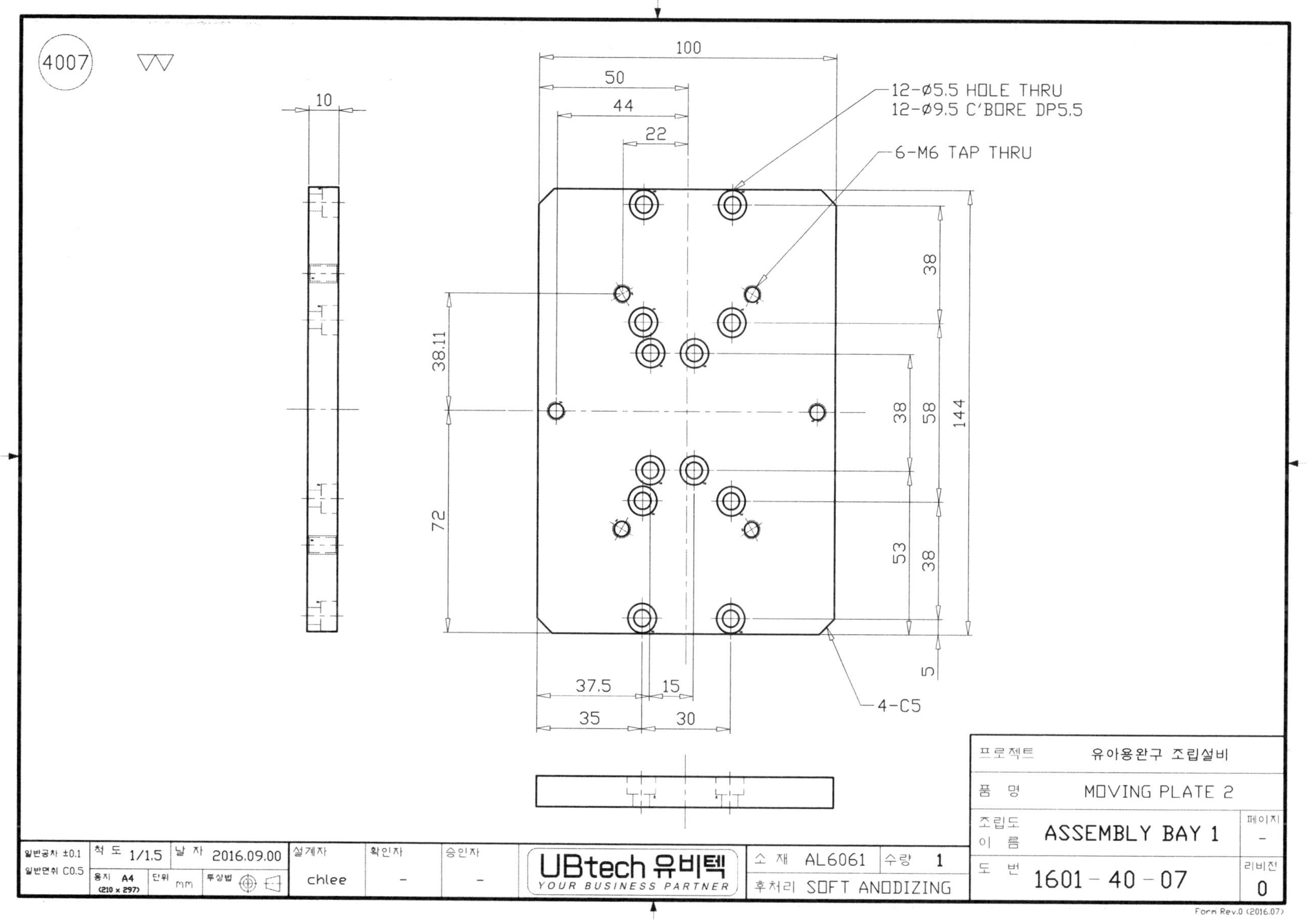
4007
10
100
50
44
22
12-Ø5.5 HOLE THRU
12-Ø9.5 C'BORE DP5.5
6-M6 TAP THRU
38.11
72
38
38
58
144
53
38
5
37.5
15
35
30
4-C5
프로젝트 유아용완구 조립설비
품 명 MOVING PLATE 2
조립도 이 름 ASSEMBLY BAY 1
페이지 -
도 번 1601 - 40 - 07
리비전 0
일반공차 ±0.1
일반면취 C0.5
척 도 1/1.5
날 자 2016.09.00
용지 A4 (210 x 297)
단위 mm
투상법
설계자 chlee
확인자 -
승인자 -
UBtech 유비텍
YOUR BUSINESS PARTNER
소 재 AL6061
수량 1
후처리 SOFT ANODIZING
Form Rev.0 (2016.07)

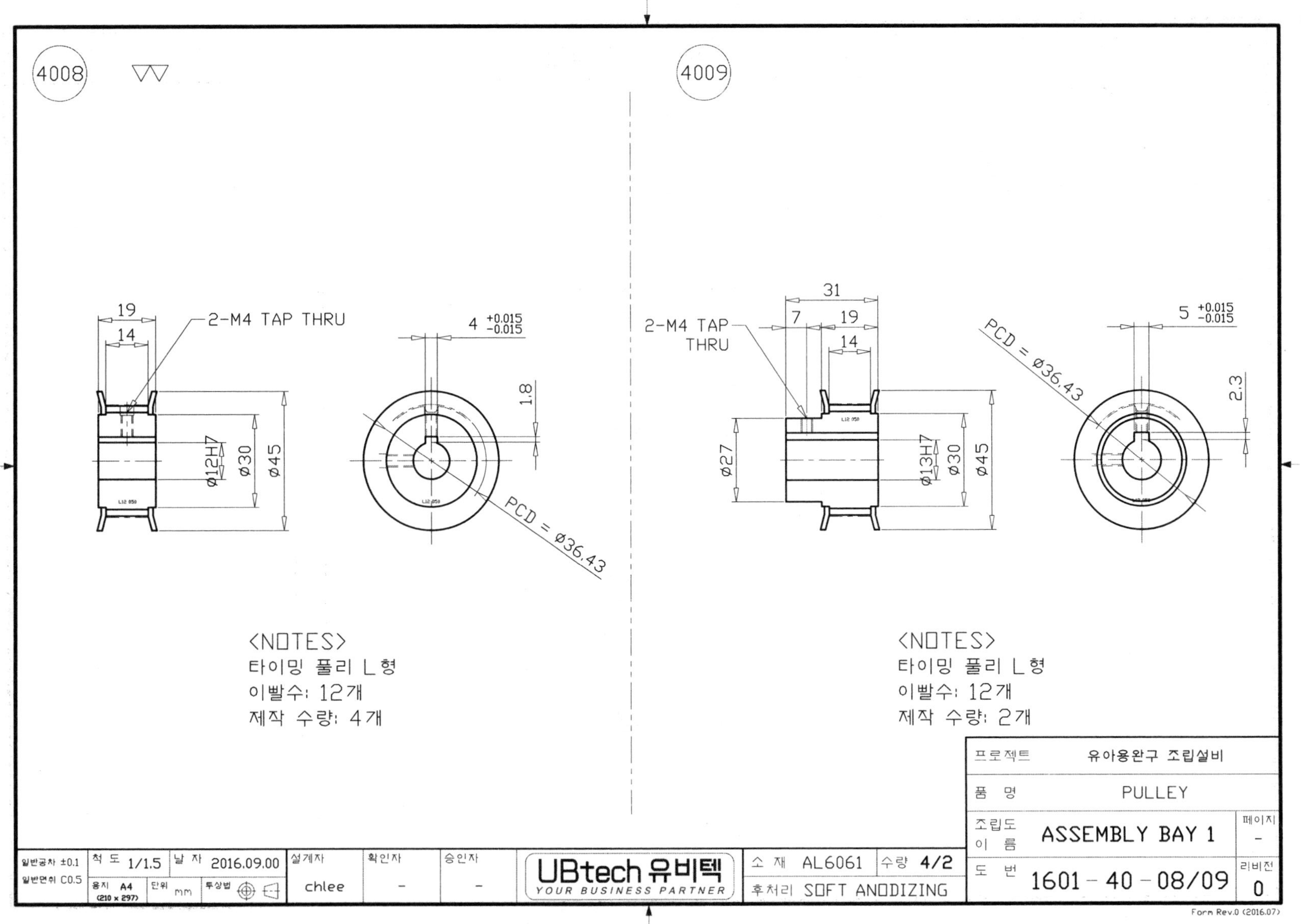
4008
2-M4 TAP THRU
19
14
4 +0.015 -0.015
1.8
Ø12H7
Ø30
Ø45
PCD = Ø36.43
<NOTES>
타이밍 풀리 L형
이빨수: 12개
제작 수량: 4개
4009
31
7
19
14
2-M4 TAP THRU
PCD = Ø36.43
5 +0.015 -0.015
2.3
Ø27
Ø13H7
Ø30
Ø45
<NOTES>
타이밍 풀리 L형
이빨수: 12개
제작 수량: 2개
프로젝트 유아용완구 조립설비
품 명 PULLEY
조립도 이 름 ASSEMBLY BAY 1
페이지 -
도 번 1601 - 40 - 08/09
리비전 0
일반공차 ±0.1
일반면취 C0.5
척 도 1/1.5
날 자 2016.09.00
용지 A4 (210 x 297)
단위 mm
투상법
설계자 chlee
확인자 -
승인자 -
UBtech 유비텍
YOUR BUSINESS PARTNER
소 재 AL6061
수량 4/2
후처리 SOFT ANODIZING
Form Rev.0 (2016.07)

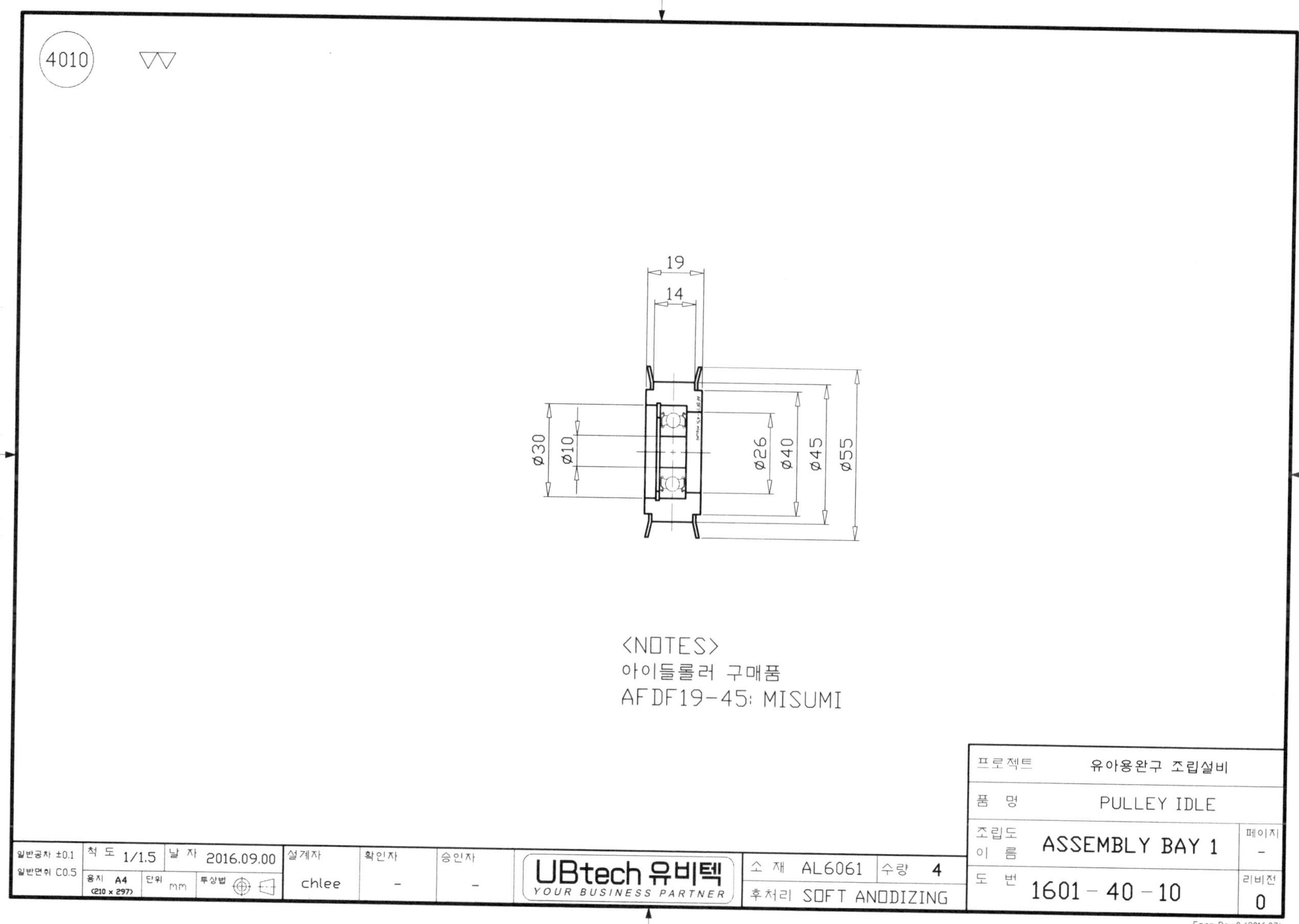

4010
19
14
Ø30
Ø10
Ø26
Ø40
Ø45
Ø55
<NOTES>
아이들롤러 구매품
AFDF19-45: MISUMI
프로젝트 유아용완구 조립설비
품 명 PULLEY IDLE
조립도 이 름 ASSEMBLY BAY 1
페이지 -
도 번 1601 - 40 - 10
리비전 0
일반공차 ±0.1
일반면취 C0.5
척 도 1/1.5
날 자 2016.09.00
용지 A4 (210 x 297)
단위 mm
투상법
설계자 chlee
확인자 -
승인자 -
UBtech 유비텍
YOUR BUSINESS PARTNER
소 재 AL6061
수량 4
후처리 SOFT ANODIZING
Form Rev.0 (2016.07)

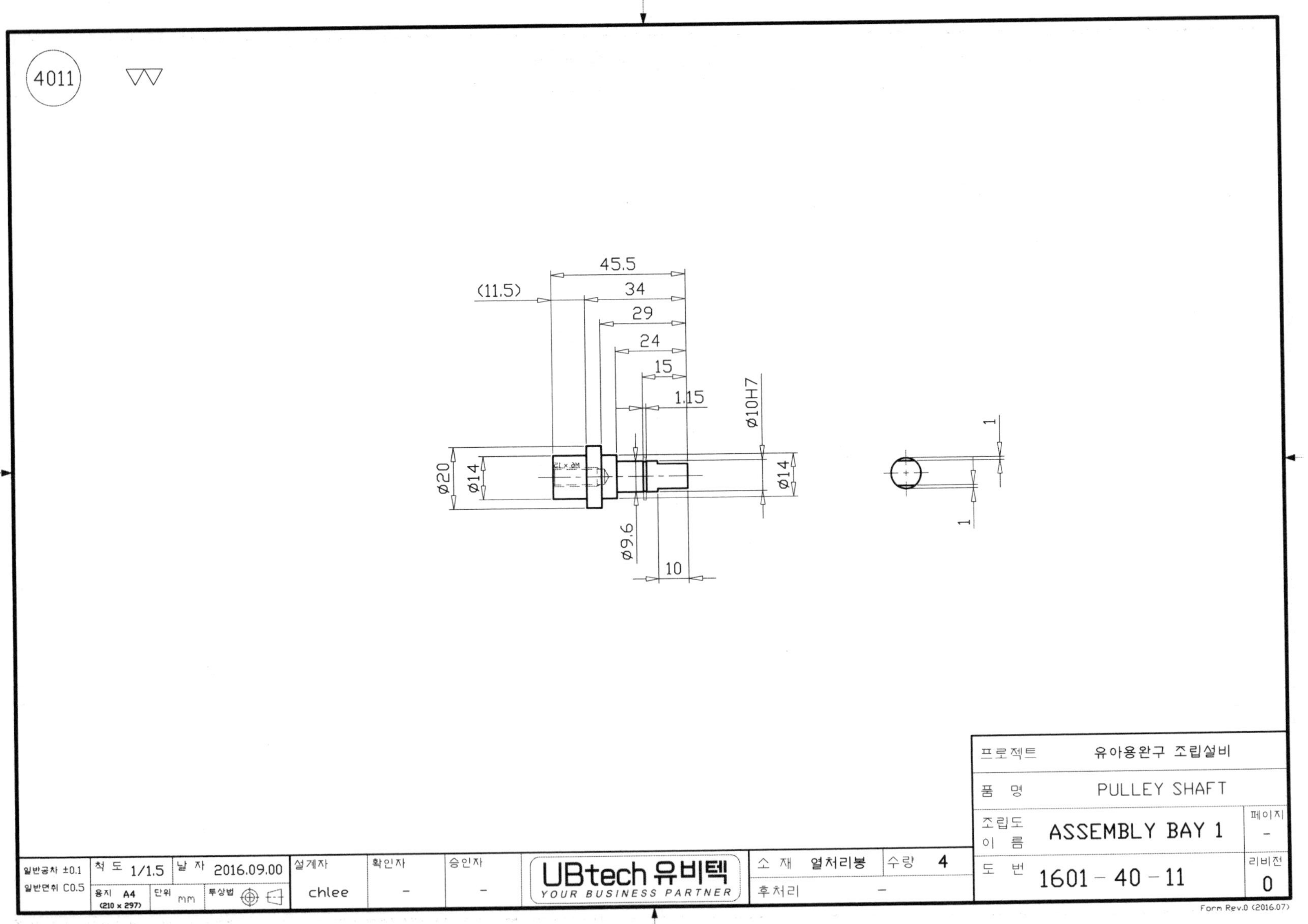
4011
45.5
(11.5)
34
29
24
15
1.15
Ø10H7
Ø20
Ø14
Ø14
Ø9.6
10
1
1
프로젝트 유아용완구 조립설비
품 명 PULLEY SHAFT
조립도 이 름 ASSEMBLY BAY 1
페이지 -
도 번 1601 - 40 - 11
리비전 0
일반공차 ±0.1
일반면취 C0.5
척 도 1/1.5
날 자 2016.09.00
용지 A4 (210 x 297)
단위 mm
투상법
설계자 chlee
확인자 -
승인자 -
UBtech 유비텍
YOUR BUSINESS PARTNER
소 재 열처리봉
수량 4
후처리 -
Form Rev.0 (2016.07)

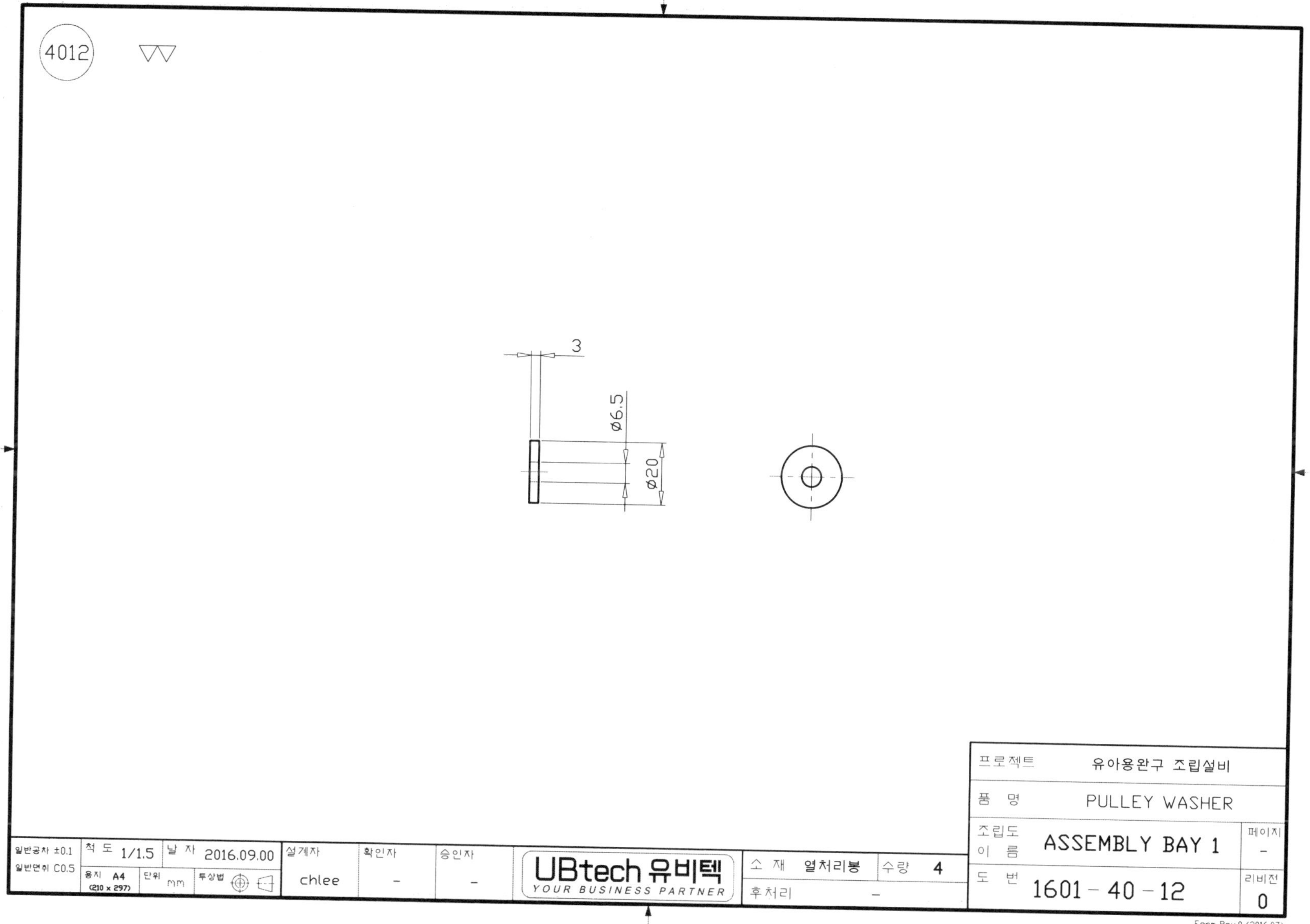
4012
3
Ø6.5
Ø20
일반공차 ±0.1
일반면취 C0.5
척 도 1/1.5
날 자 2016.09.00
용지 A4 (210 x 297)
단위 mm
투상법
설계자 chlee
확인자 -
승인자 -
UBtech 유비텍
YOUR BUSINESS PARTNER
소 재 열처리봉
수량 4
후처리 -
프로젝트 유아용완구 조립설비
품 명 PULLEY WASHER
조립도 이 름 ASSEMBLY BAY 1
페이지 -
도 번 1601 - 40 - 12
리비전 0
Form Rev.0 (2016.07)

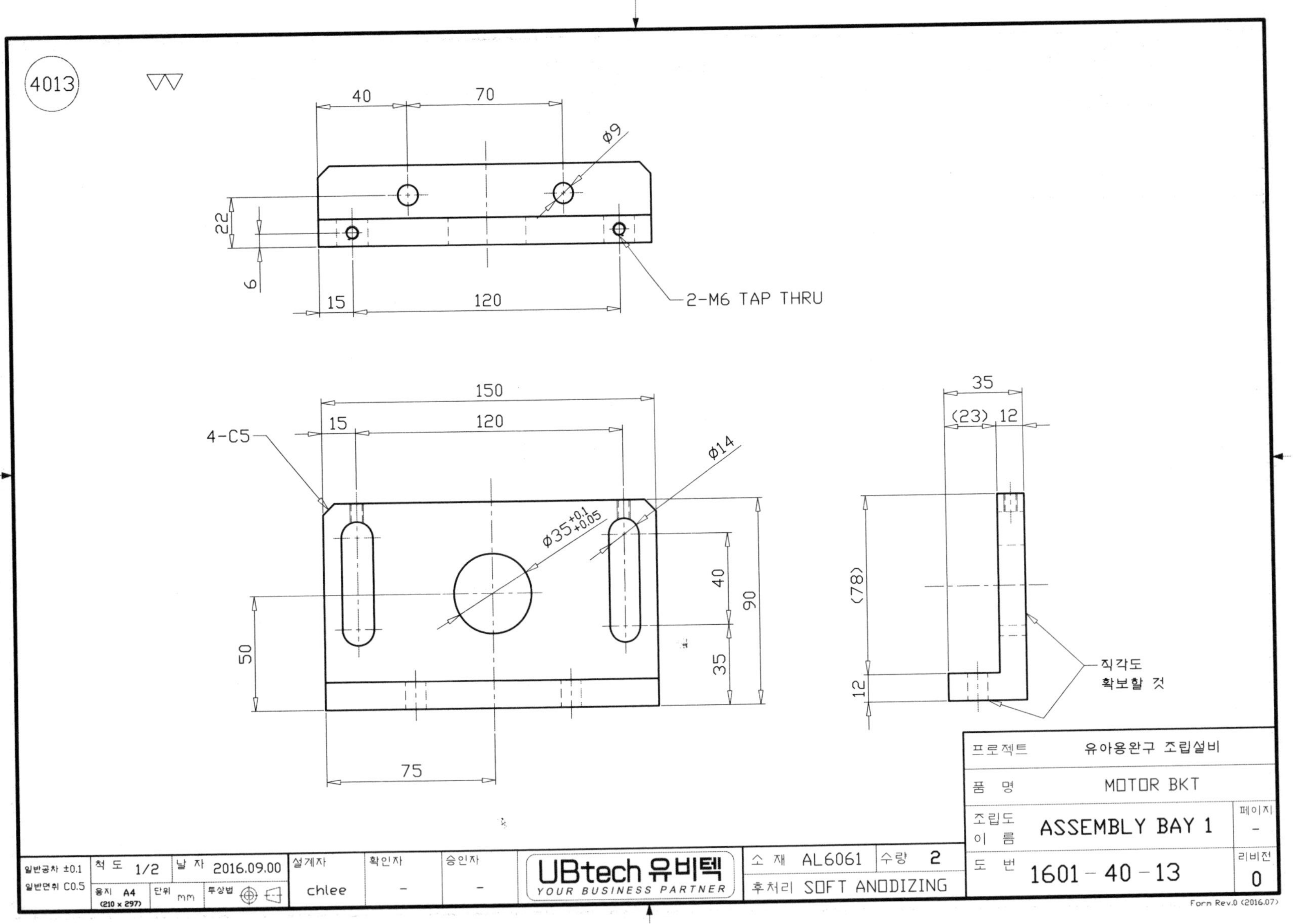
4013
40
70
Φ9
22
6
15
120
2-M6 TAP THRU
150
15
120
4-C5
Φ14
Φ35+0.1 +0.05
40
90
50
35
75
35
(23) 12
(78)
12
직각도
확보할 것
프로젝트 유아용완구 조립설비
품 명 MOTOR BKT
조립도 이 름 ASSEMBLY BAY 1
페이지 -
도 번 1601 - 40 - 13
리비전 0
일반공차 ±0.1
일반면취 C0.5
척 도 1/2
용지 A4 (210 x 297)
날 자 2016.09.00
단위 mm
투상법
설계자 chlee
확인자 -
승인자 -
UBtech 유비텍
YOUR BUSINESS PARTNER
소 재 AL6061
수량 2
후처리 SOFT ANODIZING
Form Rev.0 (2016.07)

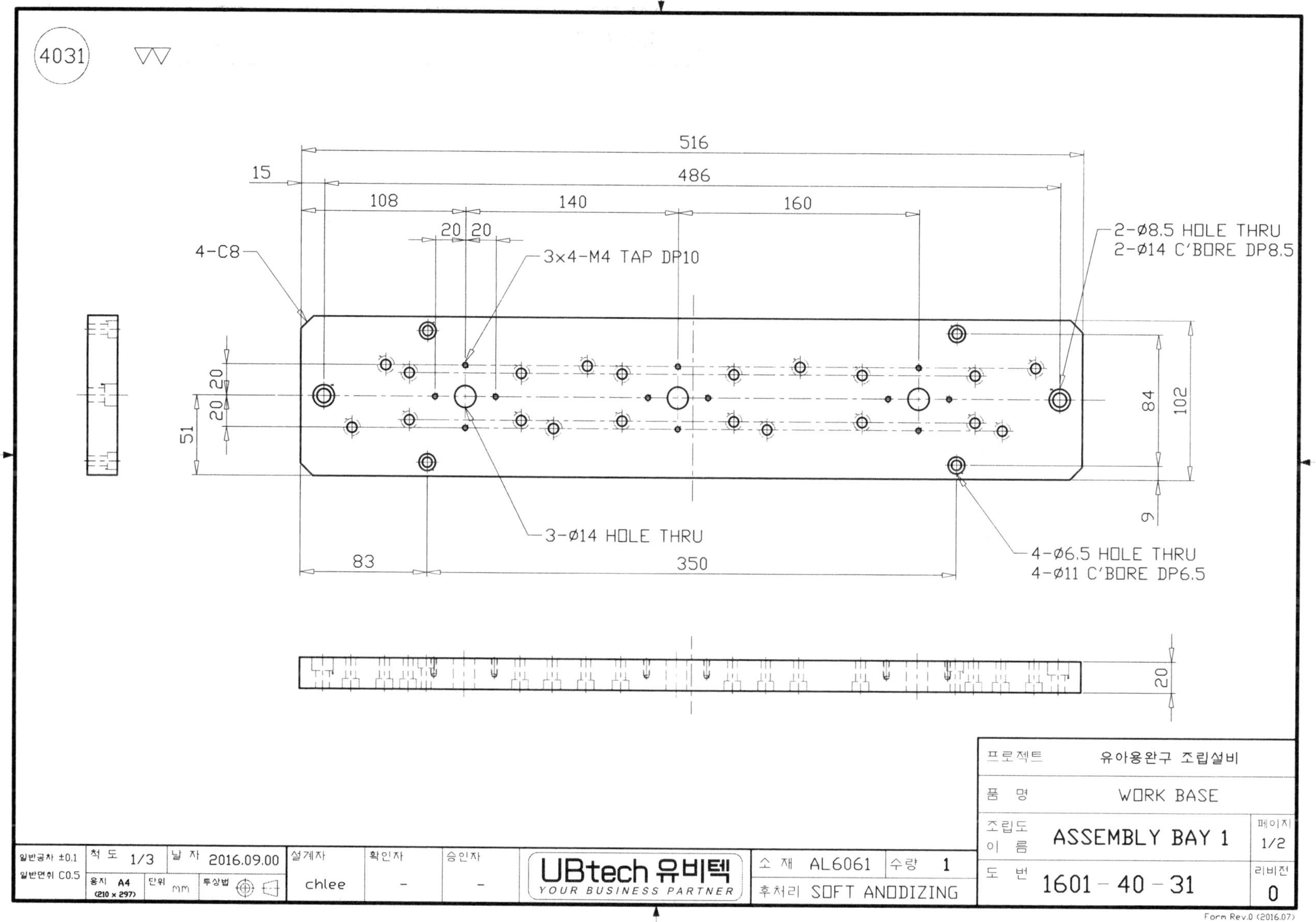

4031
516
15
486
108
140
160
20 20
4-C8
3×4-M4 TAP DP10
2-Ø8.5 HOLE THRU
2-Ø14 C'BORE DP8.5
20
20
51
84
102
9
3-Ø14 HOLE THRU
83
350
4-Ø6.5 HOLE THRU
4-Ø11 C'BORE DP6.5
20
프로젝트 유아용완구 조립설비
품 명 WORK BASE
조립도 이 름 ASSEMBLY BAY 1
페이지 1/2
도 번 1601 - 40 - 31
리비전 0
일반공차 ±0.1
일반면취 C0.5
척 도 1/3
용지 A4 (210 x 297)
단위 mm
날 자 2016.09.00
투상법
설계자 chlee
확인자 -
승인자 -
UBtech 유비텍
YOUR BUSINESS PARTNER
소 재 AL6061
수량 1
후처리 SOFT ANODIZING
Form Rev.0 (2016.07)

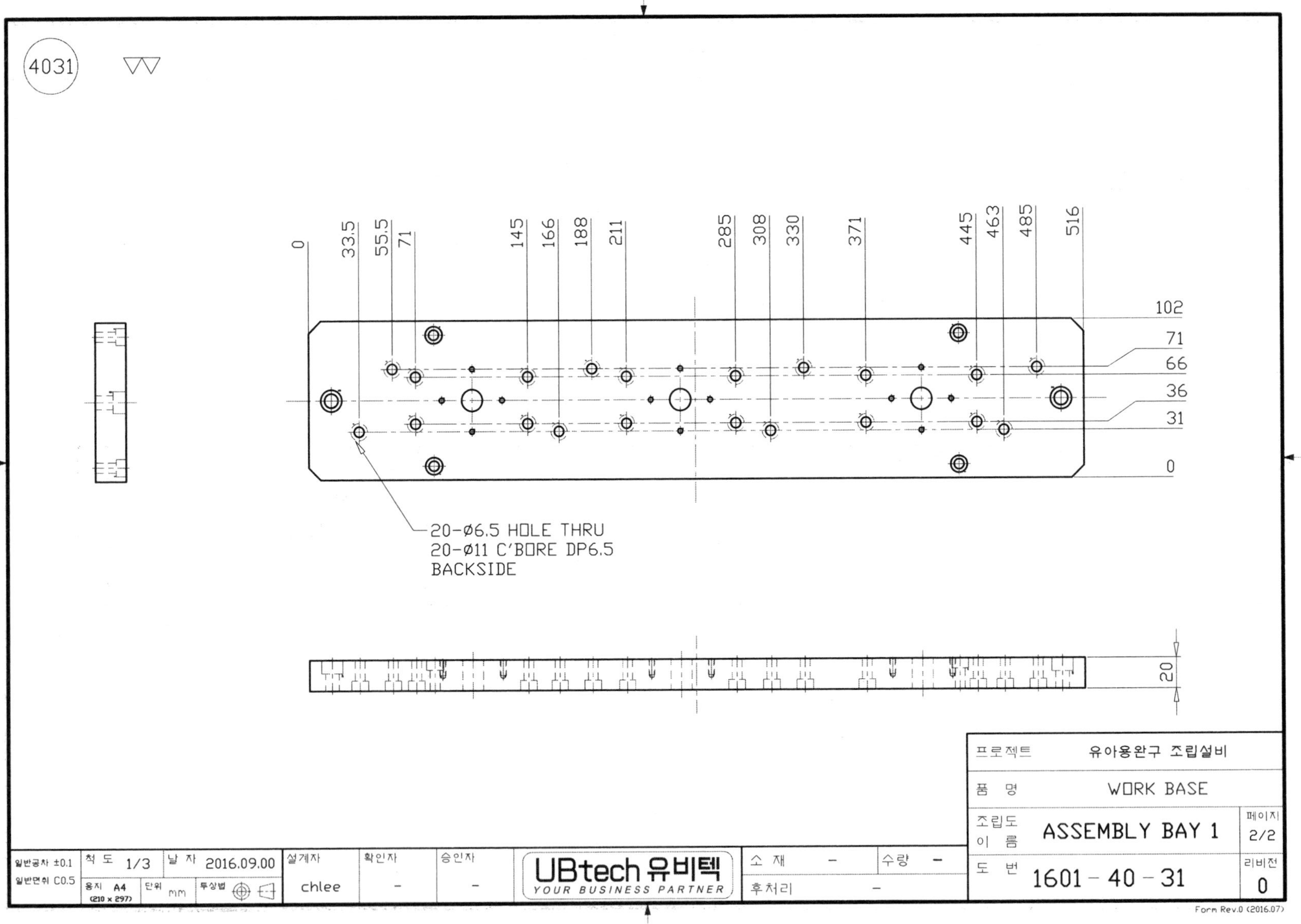
4031
0
33.5
55.5
71
145
166
188
211
285
308
330
371
445
463
485
516
102
71
66
36
31
0
20-Ø6.5 HOLE THRU
20-Ø11 C'BORE DP6.5
BACKSIDE
20
프로젝트 유아용완구 조립설비
품 명 WORK BASE
조립도 이 름 ASSEMBLY BAY 1
페이지 2/2
도 번 1601 - 40 - 31
리비전 0
일반공차 ±0.1
일반면취 C0.5
척 도 1/3
날 자 2016.09.00
용지 A4 (210 x 297)
단위 mm
투상법
설계자 chlee
확인자 -
승인자 -
UBtech 유비텍
YOUR BUSINESS PARTNER
소 재 -
수량 -
후처리 -
Form Rev.0 (2016.07)

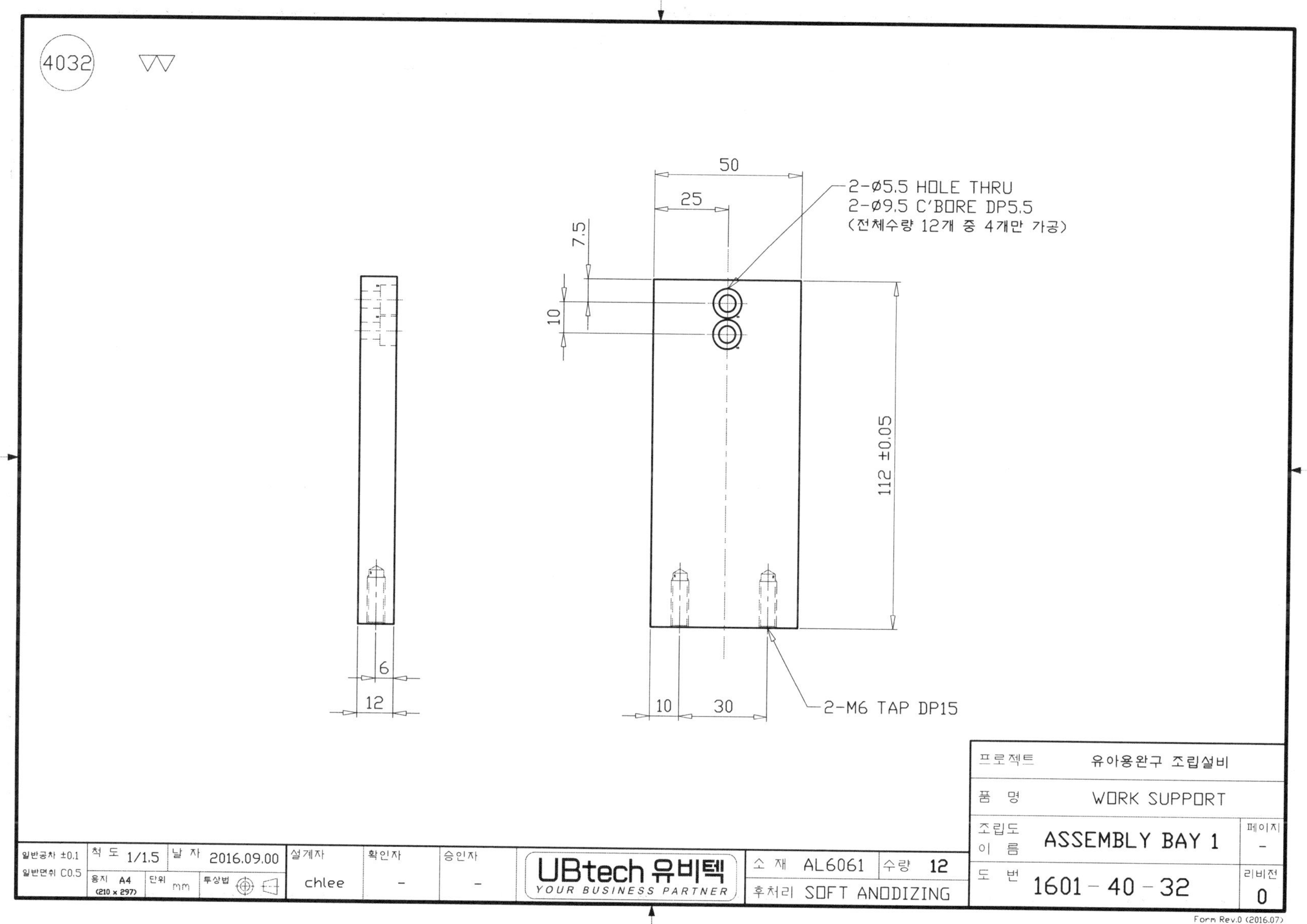

4032
50
25
7.5
10
2-Ø5.5 HOLE THRU
2-Ø9.5 C'BORE DP5.5
(전체수량 12개 중 4개만 가공)
112 ±0.05
6
12
10
30
2-M6 TAP DP15
프로젝트 유아용완구 조립설비
품 명 WORK SUPPORT
조립도 이 름 ASSEMBLY BAY 1
페이지 -
도 번 1601 - 40 - 32
리비전 0
일반공차 ±0.1
일반면취 C0.5
척 도 1/1.5
날 자 2016.09.00
용지 A4 (210 x 297)
단위 mm
투상법
설계자 chlee
확인자 -
승인자 -
UBtech 유비텍
YOUR BUSINESS PARTNER
소 재 AL6061
수량 12
후처리 SOFT ANODIZING
Form Rev.0 (2016.07)

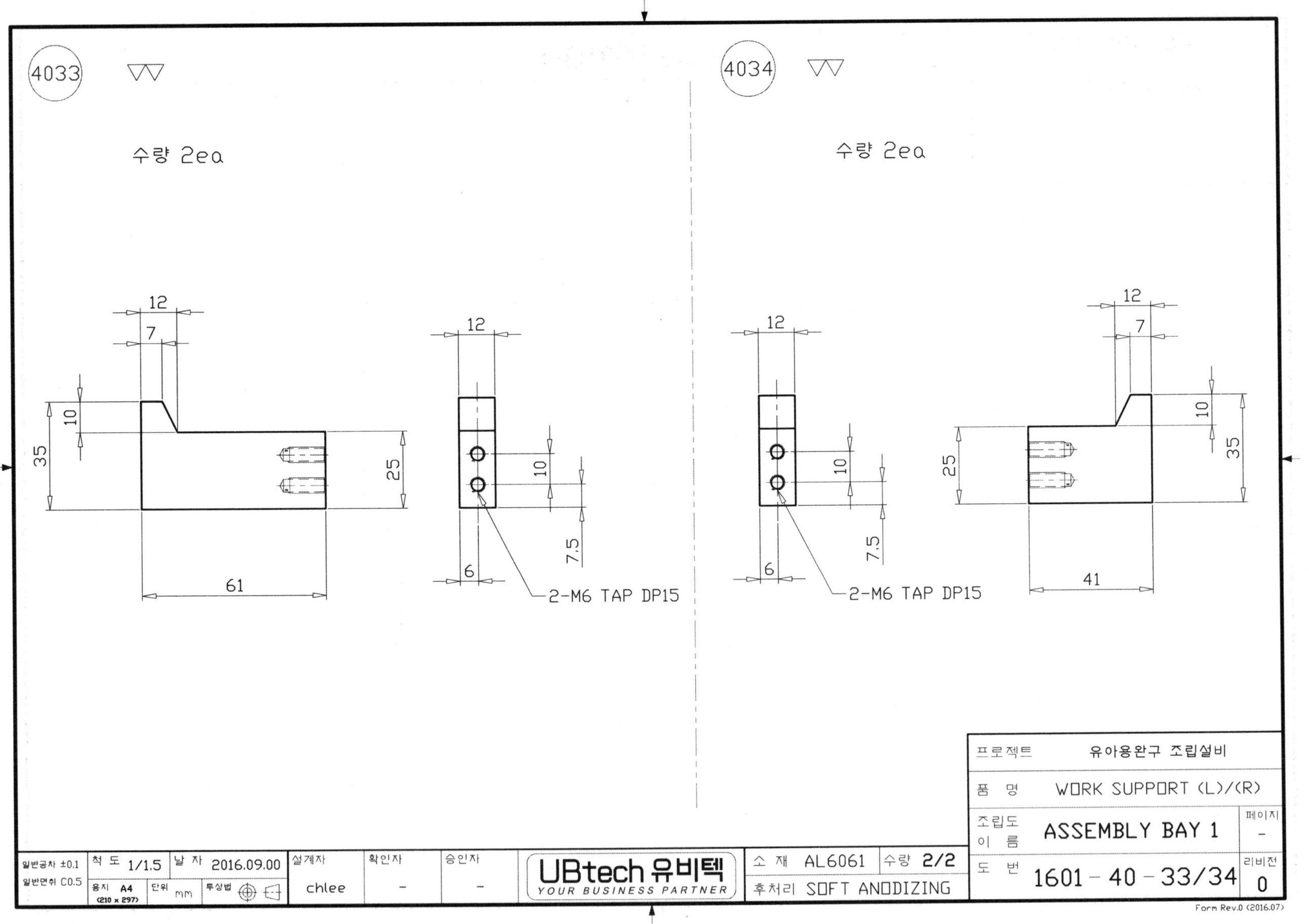

4033
수량 2ea
12
7
10
35
25
61
12
10
7.5
6
2-M6 TAP DP15
4034
수량 2ea
12
10
7.5
6
2-M6 TAP DP15
12
7
10
35
25
41
프로젝트 유아용완구 조립설비
품 명 WORK SUPPORT (L)/(R)
조립도 이 름 ASSEMBLY BAY 1
페이지 -
도 번 1601 - 40 - 33/34
리비전 0
일반공차 ±0.1
일반면취 C0.5
척 도 1/1.5
용지 A4 (210 x 297)
날 자 2016.09.00
단위 mm
투상법
설계자 chlee
확인자 -
승인자 -
UBtech 유비텍
YOUR BUSINESS PARTNER
소 재 AL6061
수량 2/2
후처리 SOFT ANODIZING
Form Rev.0 (2016.07)

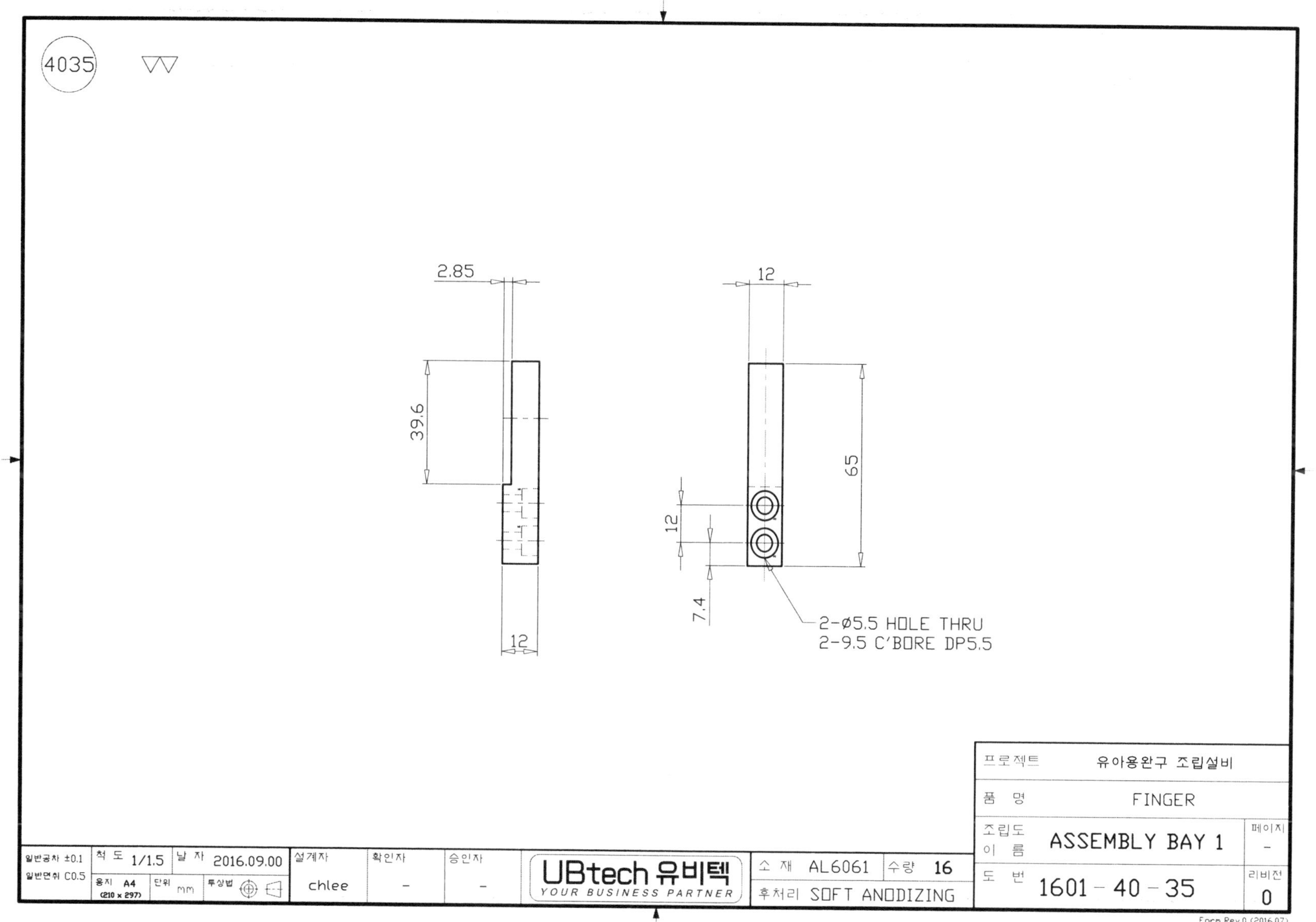

4035
2.85
12
39.6
65
12
7.4
12
2-Ø5.5 HOLE THRU
2-9.5 C'BORE DP5.5
프로젝트 유아용완구 조립설비
품 명 FINGER
조립도 이 름 ASSEMBLY BAY 1
페이지 -
일반공차 ±0.1
일반면취 C0.5
척 도 1/1.5
날 자 2016.09.00
용지 A4 (210 x 297)
단위 mm
투상법
설계자 chlee
확인자 -
승인자 -
UBtech 유비텍
YOUR BUSINESS PARTNER
소 재 AL6061
수량 16
후처리 SOFT ANODIZING
도 번 1601 - 40 - 35
리비전 0
Form Rev.0 (2016.07)

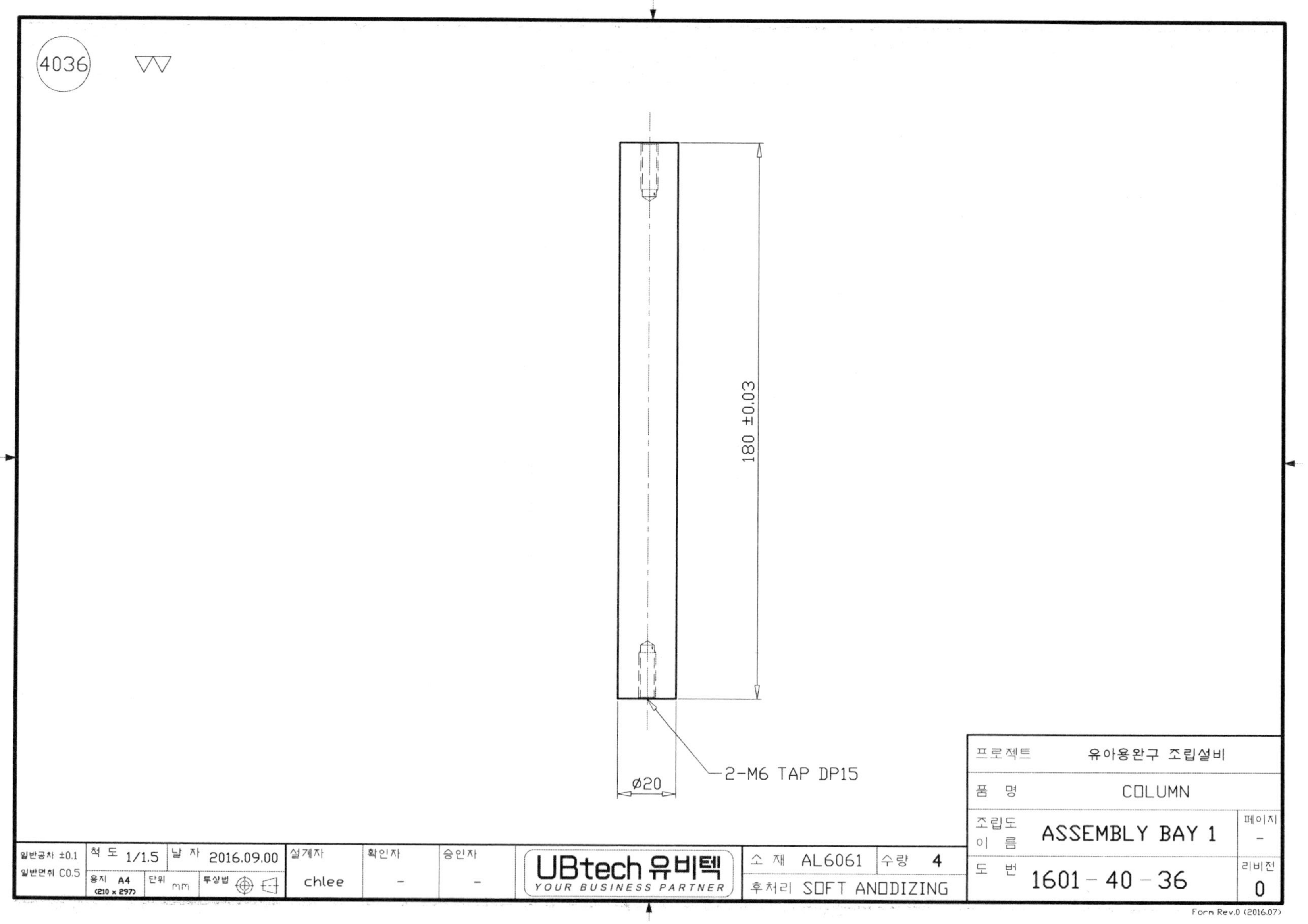
4036
180 ±0.03
2-M6 TAP DP15
Ø20
프로젝트 유아용완구 조립설비
품 명 COLUMN
조립도 이 름 ASSEMBLY BAY 1
페이지 -
도 번 1601 - 40 - 36
리비전 0
소 재 AL6061
수량 4
후처리 SOFT ANODIZING
UBtech 유비텍
YOUR BUSINESS PARTNER
일반공차 ±0.1
일반면취 C0.5
척 도 1/1.5
용지 A4 (210 x 297)
단위 mm
날 자 2016.09.00
투상법
설계자 chlee
확인자 -
승인자 -
Form Rev.0 (2016.07)

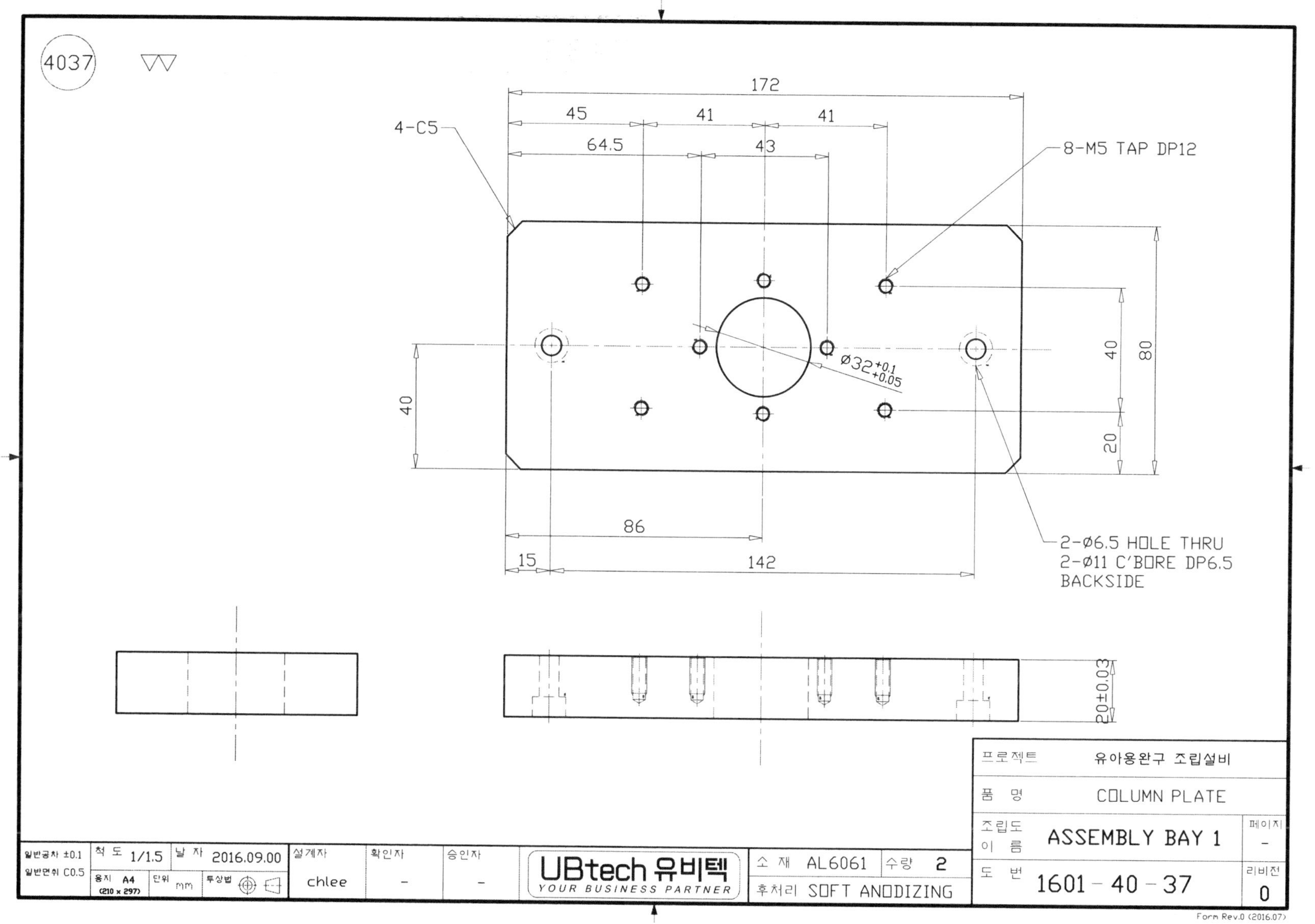
4037
172
45
41
41
64.5
43
4-C5
8-M5 TAP DP12
Ø32+0.1/+0.05
40
40
80
20
86
15
142
2-Ø6.5 HOLE THRU
2-Ø11 C'BORE DP6.5
BACKSIDE
20±0.03
프로젝트
유아용완구 조립설비
품 명
COLUMN PLATE
조립도 이 름
ASSEMBLY BAY 1
페이지
-
도 번
1601 - 40 - 37
리비전
0
일반공차 ±0.1
일반면취 C0.5
척 도 1/1.5
날 자 2016.09.00
용지 A4 (210 x 297)
단위 mm
투상법
설계자
chlee
확인자
-
승인자
-
UBtech 유비텍
YOUR BUSINESS PARTNER
소 재 AL6061
수량 2
후처리 SOFT ANODIZING
Form Rev.0 (2016.07)

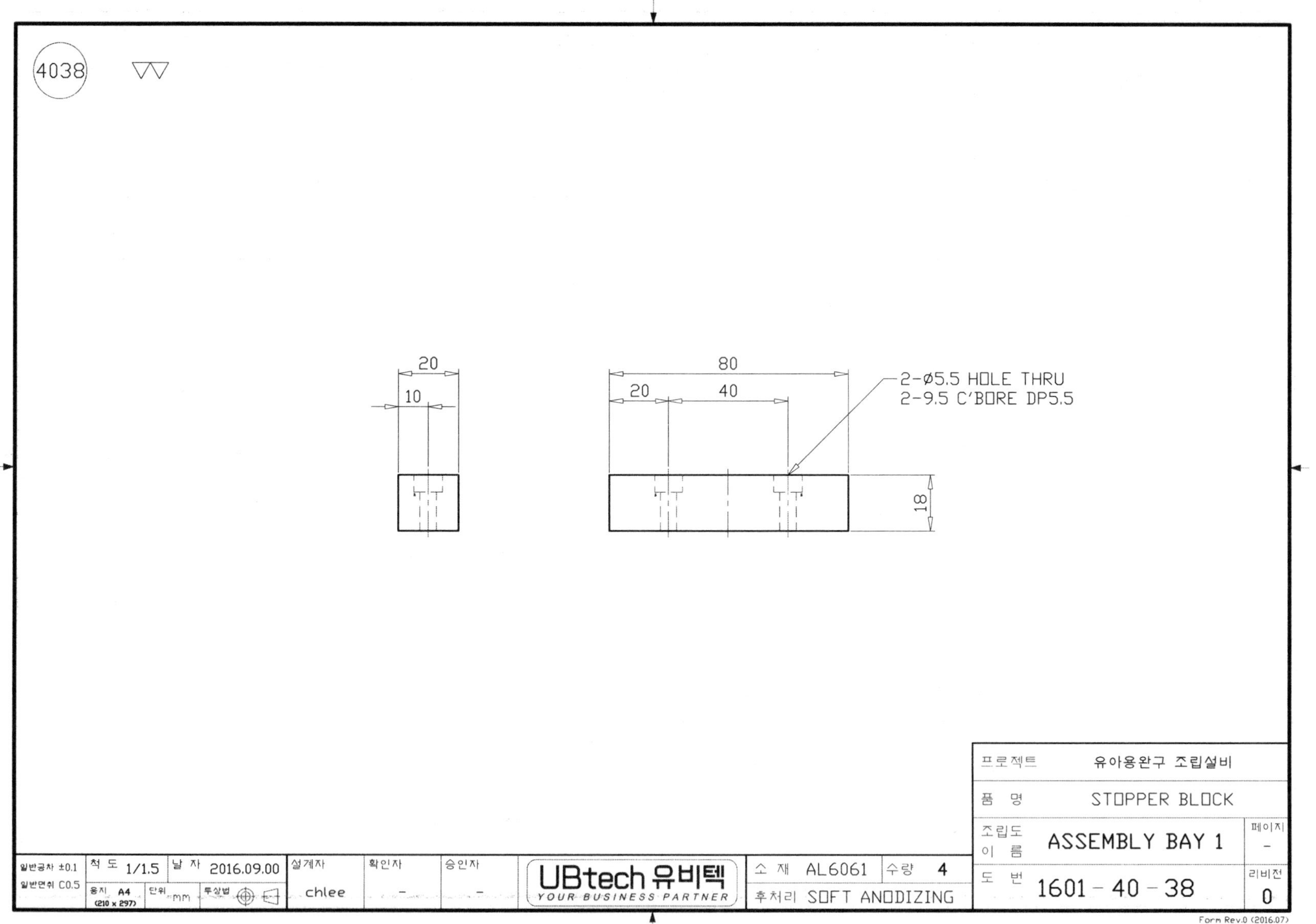
4038
20
10
80
20
40
2-Ø5.5 HOLE THRU
2-9.5 C'BORE DP5.5
18
프로젝트 유아용완구 조립설비
품 명 STOPPER BLOCK
조립도 이 름 ASSEMBLY BAY 1
페이지 -
도 번 1601 - 40 - 38
리비전 0
일반공차 ±0.1
일반면취 C0.5
척 도 1/1.5
날 자 2016.09.00
용지 A4 (210 x 297)
단위 mm
투상법
설계자 chlee
확인자 -
승인자 -
UBtech 유비텍
YOUR BUSINESS PARTNER
소 재 AL6061
수량 4
후처리 SOFT ANODIZING
Form Rev.0 (2016.07)

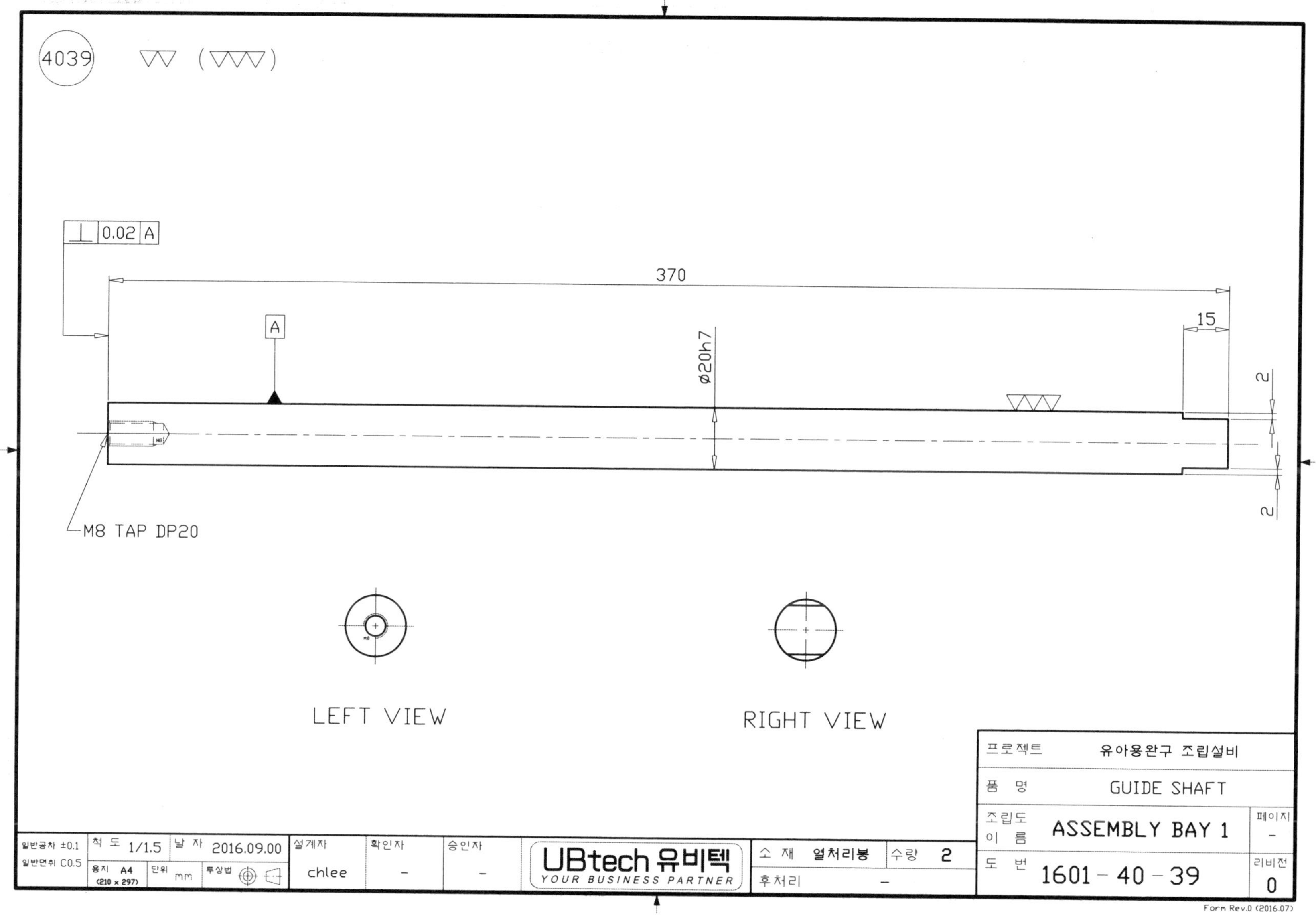
4039
0.02 A
370
15
A
Ø20h7
2
2
M8 TAP DP20
LEFT VIEW
RIGHT VIEW
프로젝트 유아용완구 조립설비
품 명 GUIDE SHAFT
조립도 이 름 ASSEMBLY BAY 1
페이지 -
도 번 1601 - 40 - 39
리비전 0
소 재 열처리봉
수량 2
후처리 -
UBtech 유비텍
YOUR BUSINESS PARTNER
설계자 chlee
확인자 -
승인자 -
일반공차 ±0.1
일반면취 C0.5
척 도 1/1.5
날 자 2016.09.00
용지 A4 (210 x 297)
단위 mm
투상법
Form Rev.0 (2016.07)

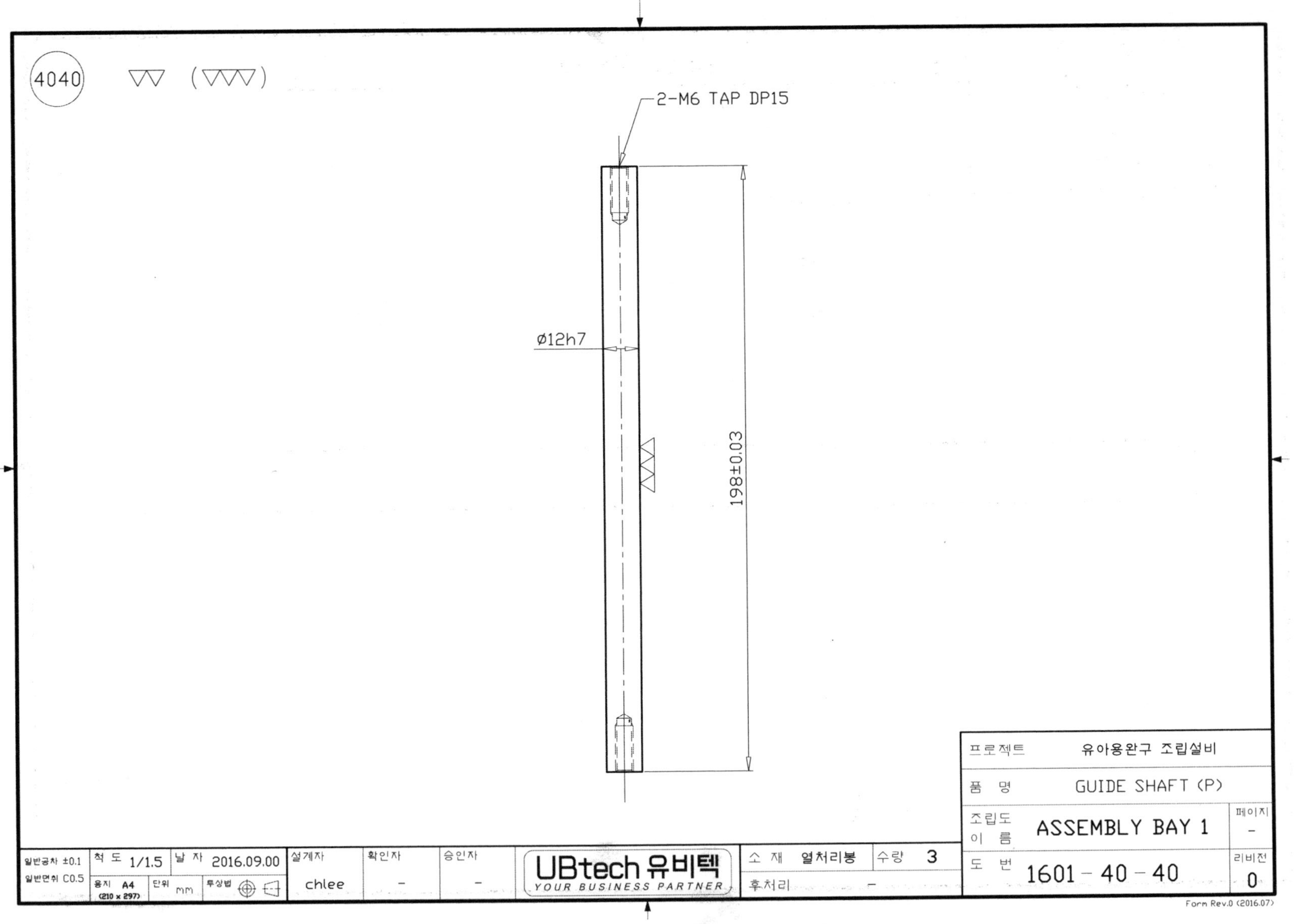
4040
2-M6 TAP DP15
Ø12h7
198±0.03
프로젝트 유아용완구 조립설비
품 명 GUIDE SHAFT (P)
조립도 이 름 ASSEMBLY BAY 1
페이지 -
도 번 1601 - 40 - 40
리비전 0
일반공차 ±0.1
일반면취 C0.5
척 도 1/1.5
날 자 2016.09.00
용지 A4 (210 x 297)
단위 mm
투상법
설계자 chlee
확인자 -
승인자 -
UBtech 유비텍
YOUR BUSINESS PARTNER
소 재 열처리봉
수량 3
후처리 -
Form Rev.0 (2016.07)

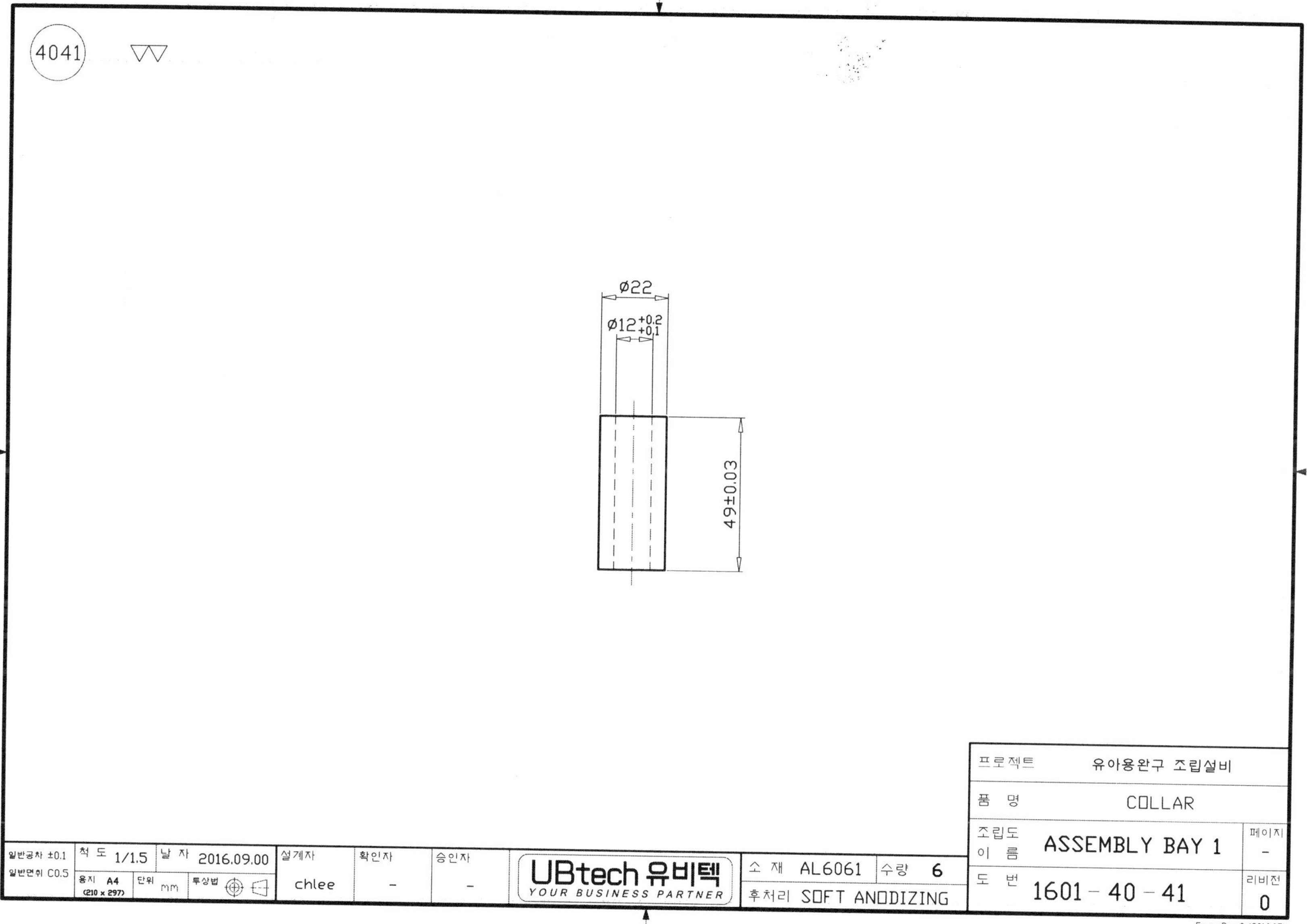

4041
Ø22
Ø12 +0.2 +0.1
49±0.03
일반공차 ±0.1
일반면취 C0.5
척 도 1/1.5
날 자 2016.09.00
용지 A4 (210 x 297)
단위 mm
투상법
설계자 chlee
확인자 -
승인자 -
UBtech 유비텍
YOUR BUSINESS PARTNER
소 재 AL6061
수량 6
후처리 SOFT ANODIZING
프로젝트 유아용완구 조립설비
품 명 COLLAR
조립도 이 름 ASSEMBLY BAY 1
페이지 -
도 번 1601 - 40 - 41
리비전 0
Form Rev.0 (2016.07)

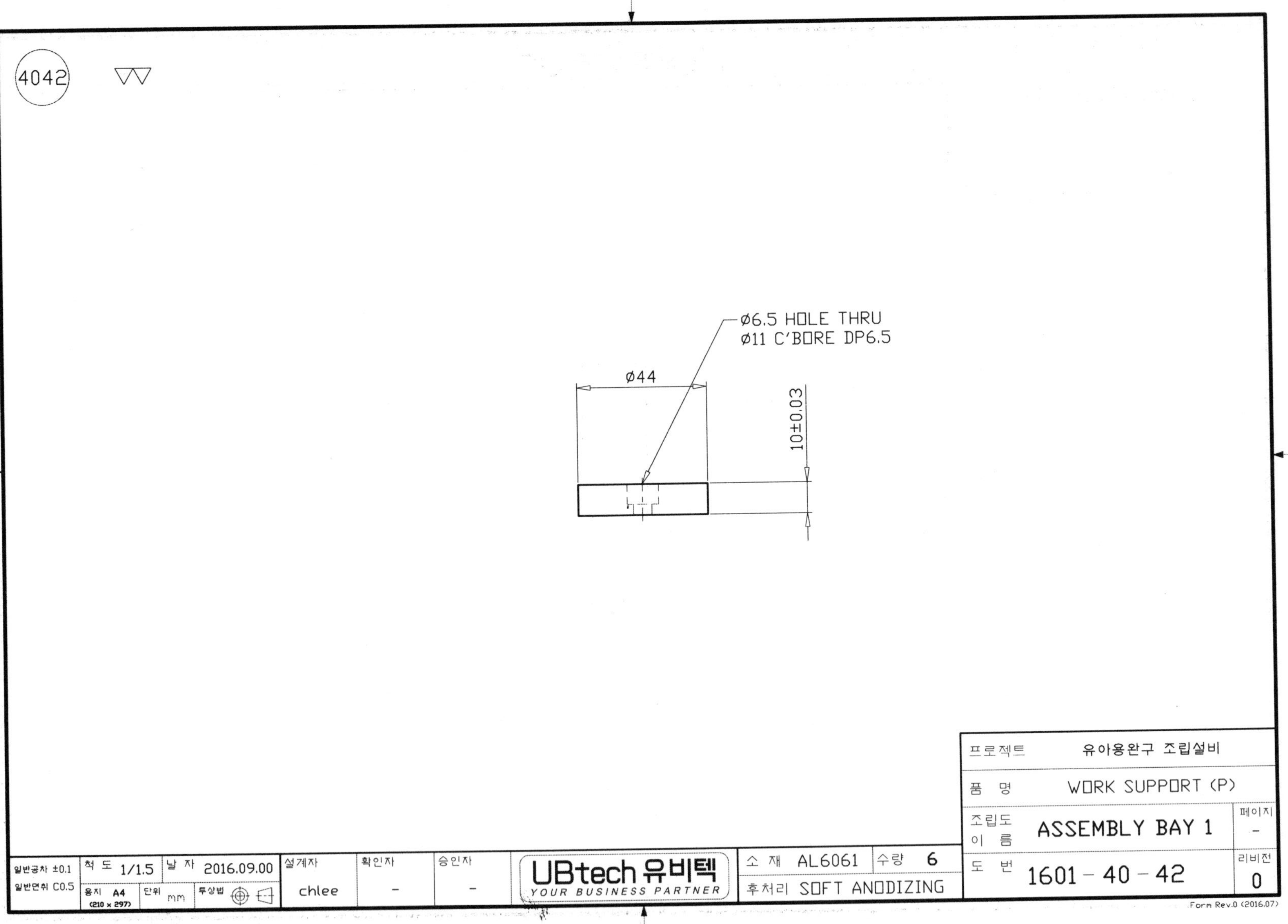
4042
Ø6.5 HOLE THRU
Ø11 C'BORE DP6.5
Ø44
10±0.03
프로젝트 유아용완구 조립설비
품 명 WORK SUPPORT (P)
조립도 이 름 ASSEMBLY BAY 1
페이지 -
도 번 1601 - 40 - 42
리비전 0
일반공차 ±0.1
일반면취 C0.5
척 도 1/1.5
날 자 2016.09.00
용지 A4 (210 x 297)
단위 mm
투상법
설계자 chlee
확인자 -
승인자 -
UBtech 유비텍
YOUR BUSINESS PARTNER
소 재 AL6061
수량 6
후처리 SOFT ANODIZING
Form Rev.0 (2016.07)

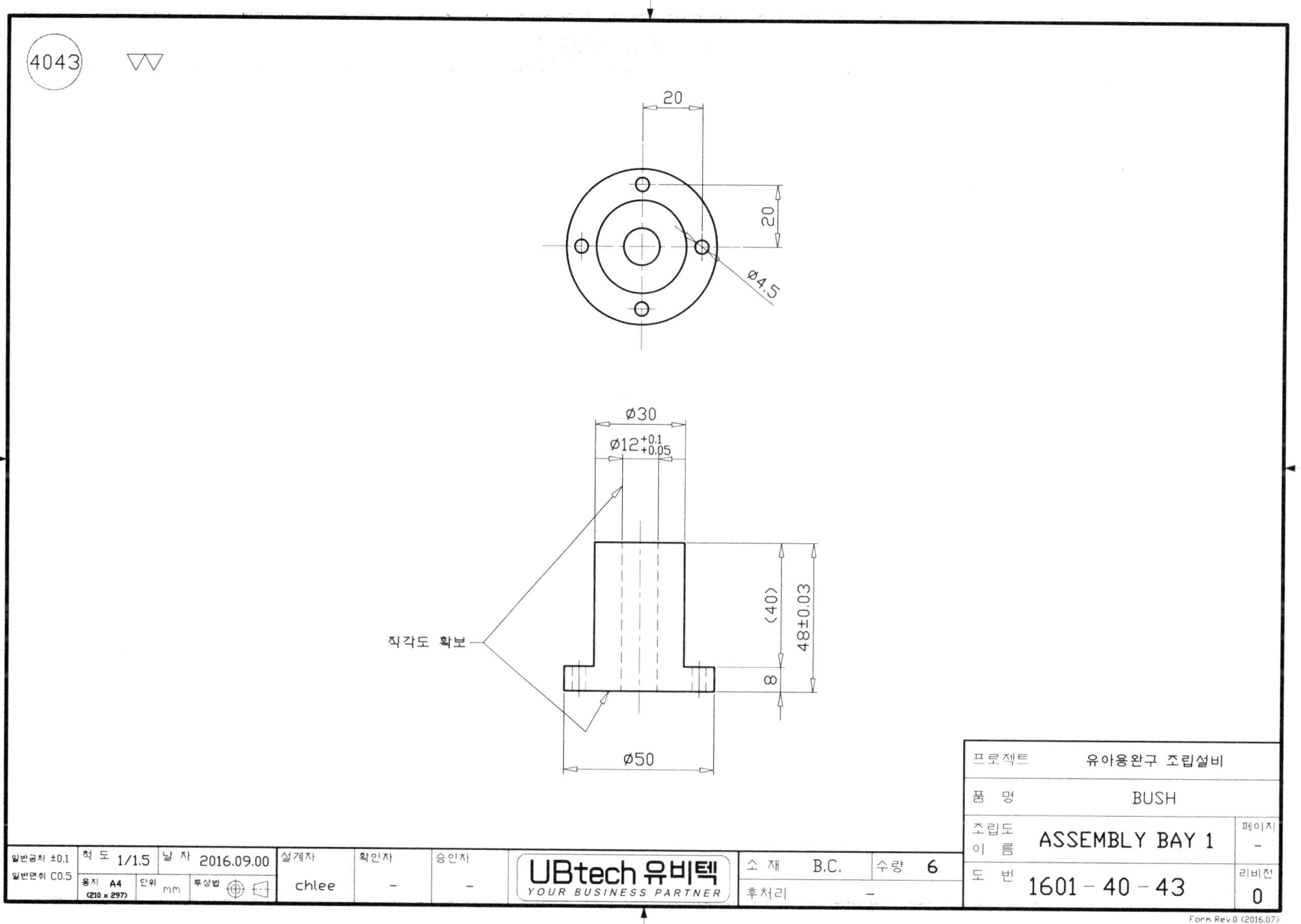

4043
20
20
Ø4.5
Ø30
Ø12+0.1 +0.05
(40)
48±0.03
8
Ø50
직각도 확보
일반공차 ±0.1
일반면취 C0.5
척 도 1/1.5
날 자 2016.09.00
용지 A4 (210 x 297)
단위 mm
투상법
설계자
chlee
확인자
-
승인자
-
UBtech 유비텍
YOUR BUSINESS PARTNER
소 재 B.C.
수량 6
후처리 -
프로젝트 유아용완구 조립설비
품 명 BUSH
조립도 이 름 ASSEMBLY BAY 1
페이지 -
도 번 1601 - 40 - 43
리비전 0
Form Rev.0 (2016.07)

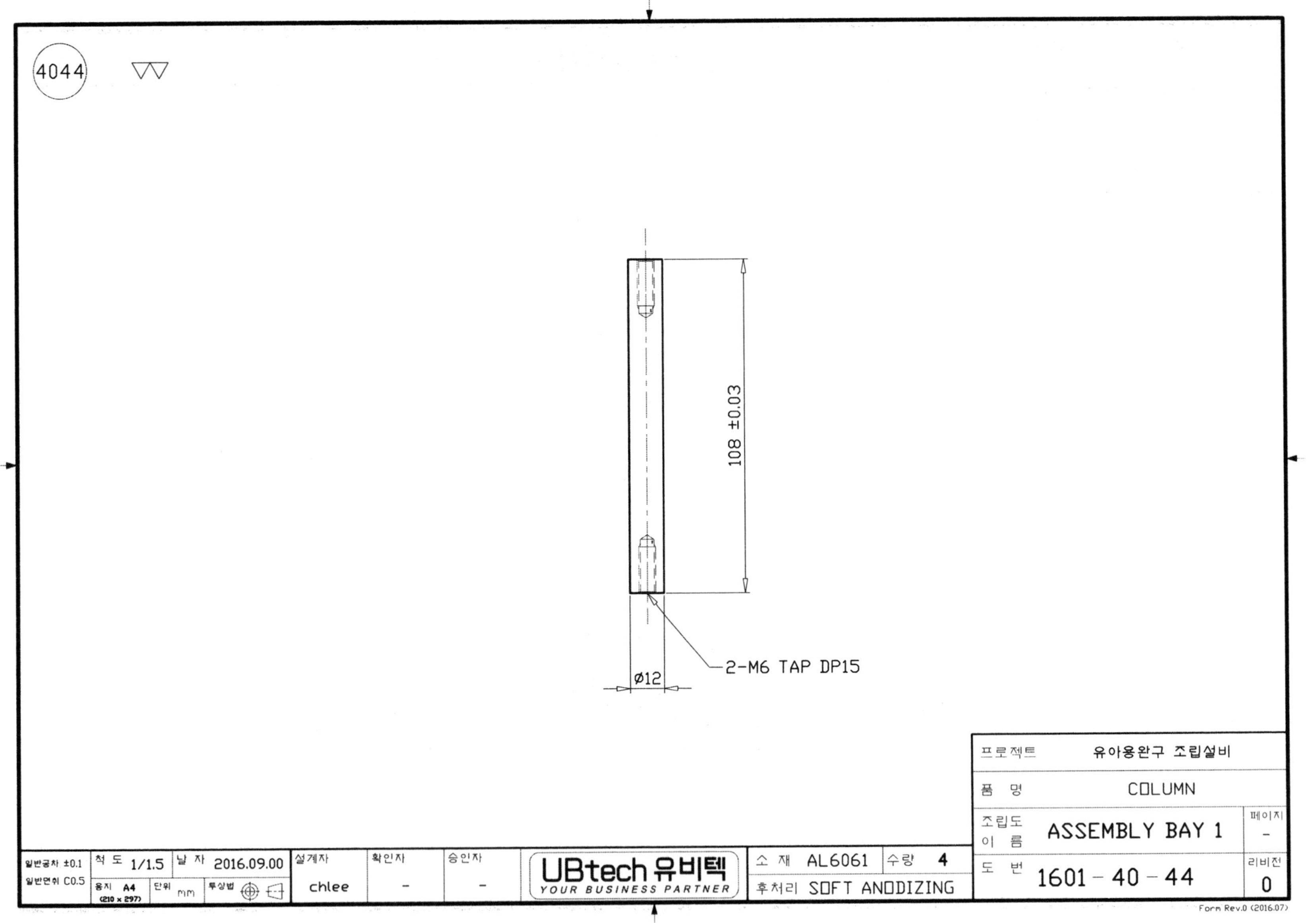
4044
108 ±0.03
2-M6 TAP DP15
Ø12
일반공차 ±0.1
일반면취 C0.5
척 도 1/1.5
용지 A4 (210 × 297)
날 자 2016.09.00
단위 mm
투상법
설계자 chlee
확인자 -
승인자 -
UBtech 유비텍 YOUR BUSINESS PARTNER
소 재 AL6061
수량 4
후처리 SOFT ANODIZING
프로젝트 유아용완구 조립설비
품 명 COLUMN
조립도 이 름 ASSEMBLY BAY 1
페이지 -
도 번 1601 - 40 - 44
리비전 0
Form Rev.0 (2016.07)

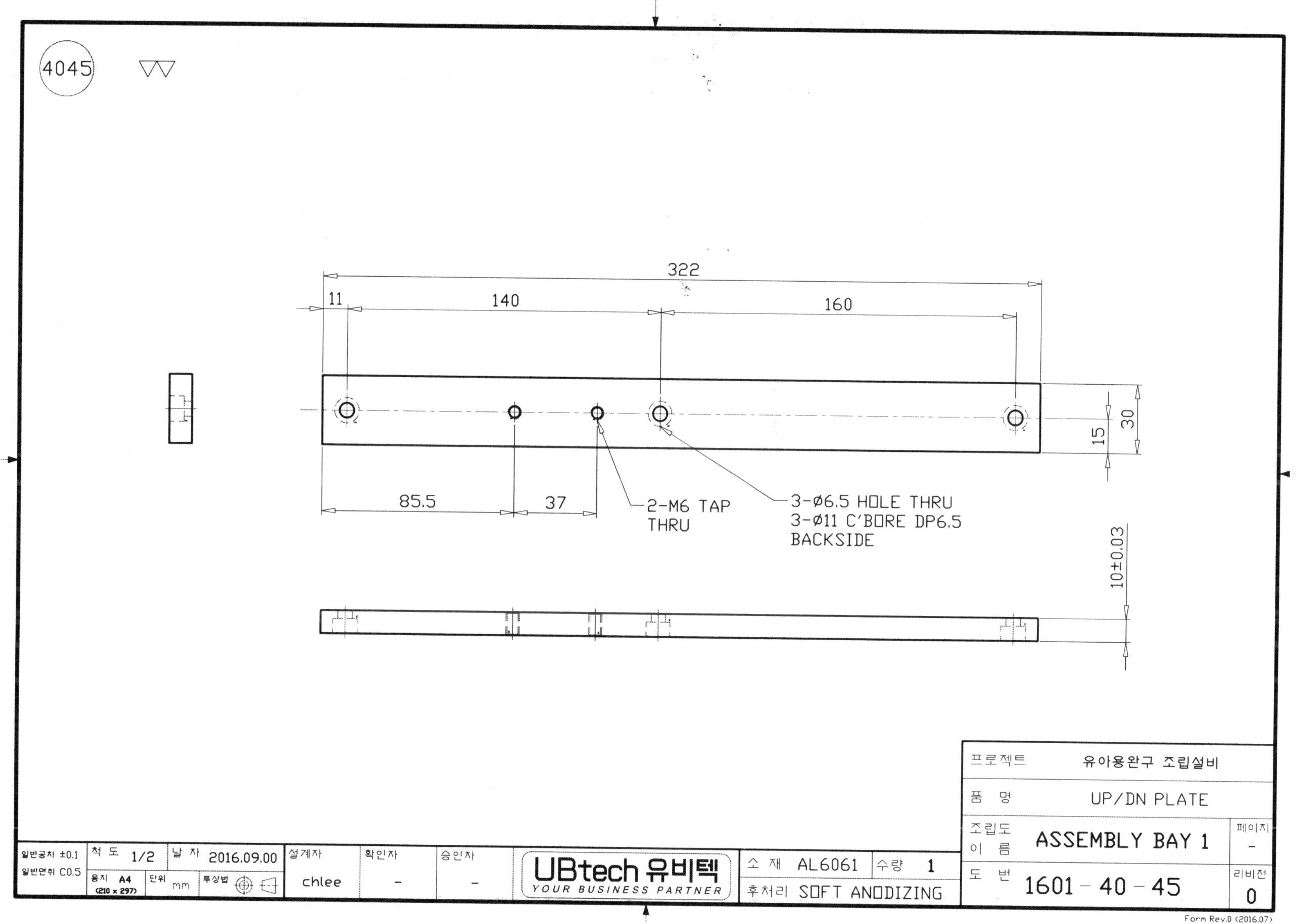

4045
322
11
140
160
15
30
85.5
37
2-M6 TAP
THRU
3-Ø6.5 HOLE THRU
3-Ø11 C'BORE DP6.5
BACKSIDE
10±0.03
프로젝트 유아용완구 조립설비
품 명 UP/DN PLATE
조립도 이 름 ASSEMBLY BAY 1
페이지 -
도 번 1601 - 40 - 45
리비전 0
일반공차 ±0.1
일반면취 C0.5
척 도 1/2
날 자 2016.09.00
용지 A4 (210 x 297)
단위 mm
투상법
설계자 chlee
확인자 -
승인자 -
UBtech 유비텍
YOUR BUSINESS PARTNER
소 재 AL6061
수량 1
후처리 SOFT ANODIZING
Form Rev.0 (2016.07)

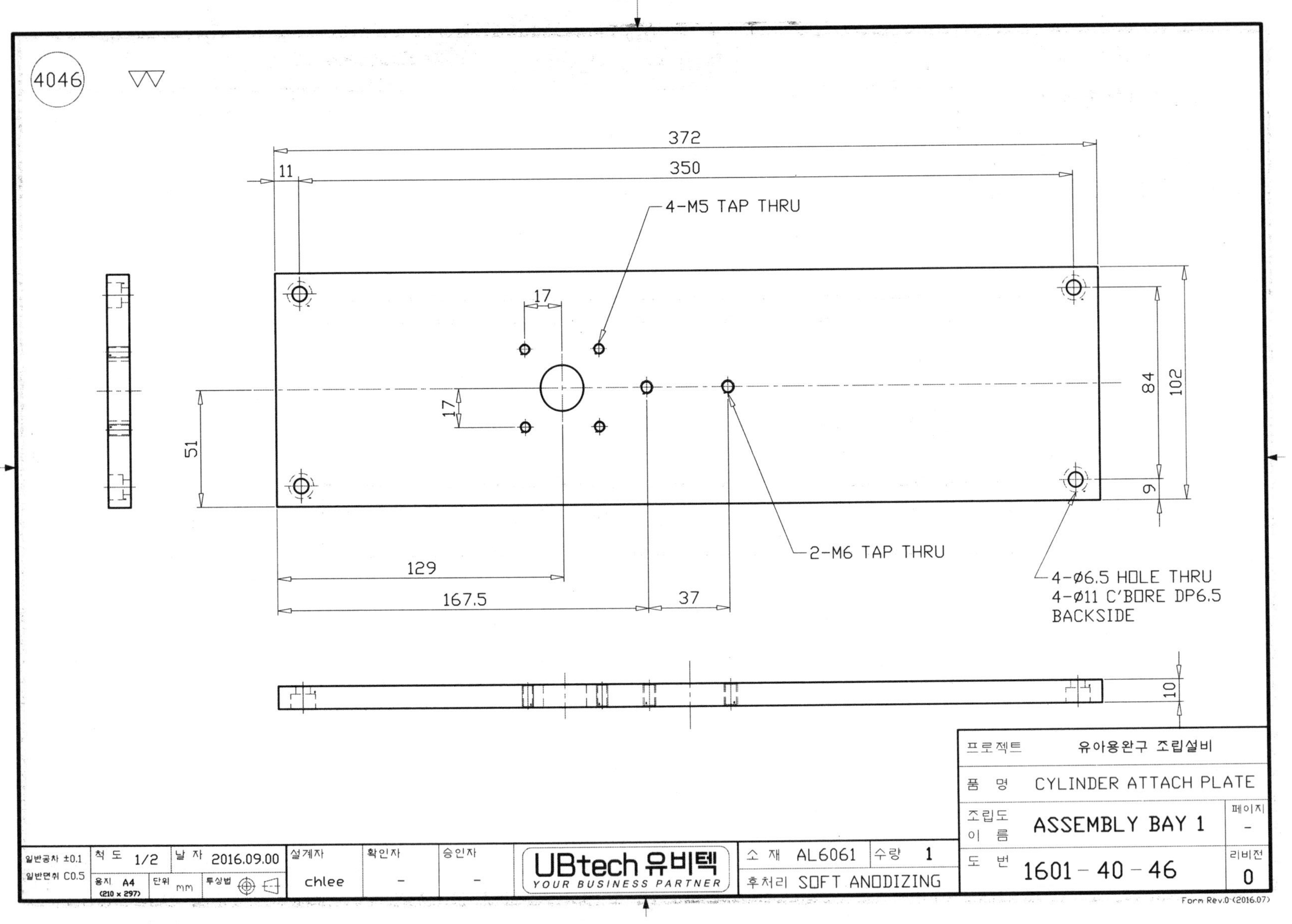

4046
372
11
350
4-M5 TAP THRU
17
17
84
102
9
51
2-M6 TAP THRU
129
167.5
37
4-Ø6.5 HOLE THRU
4-Ø11 C'BORE DP6.5
BACKSIDE
10
프로젝트 유아용완구 조립설비
품 명 CYLINDER ATTACH PLATE
조립도 이 름 ASSEMBLY BAY 1
페이지 -
도 번 1601 - 40 - 46
리비전 0
일반공차 ±0.1
일반면취 C0.5
척 도 1/2
날 자 2016.09.00
용지 A4 (210 x 297)
단위 mm
투상법
설계자 chlee
확인자 -
승인자 -
UBtech 유비텍
YOUR BUSINESS PARTNER
소 재 AL6061
수량 1
후처리 SOFT ANODIZING
Form Rev.0 (2016.07)

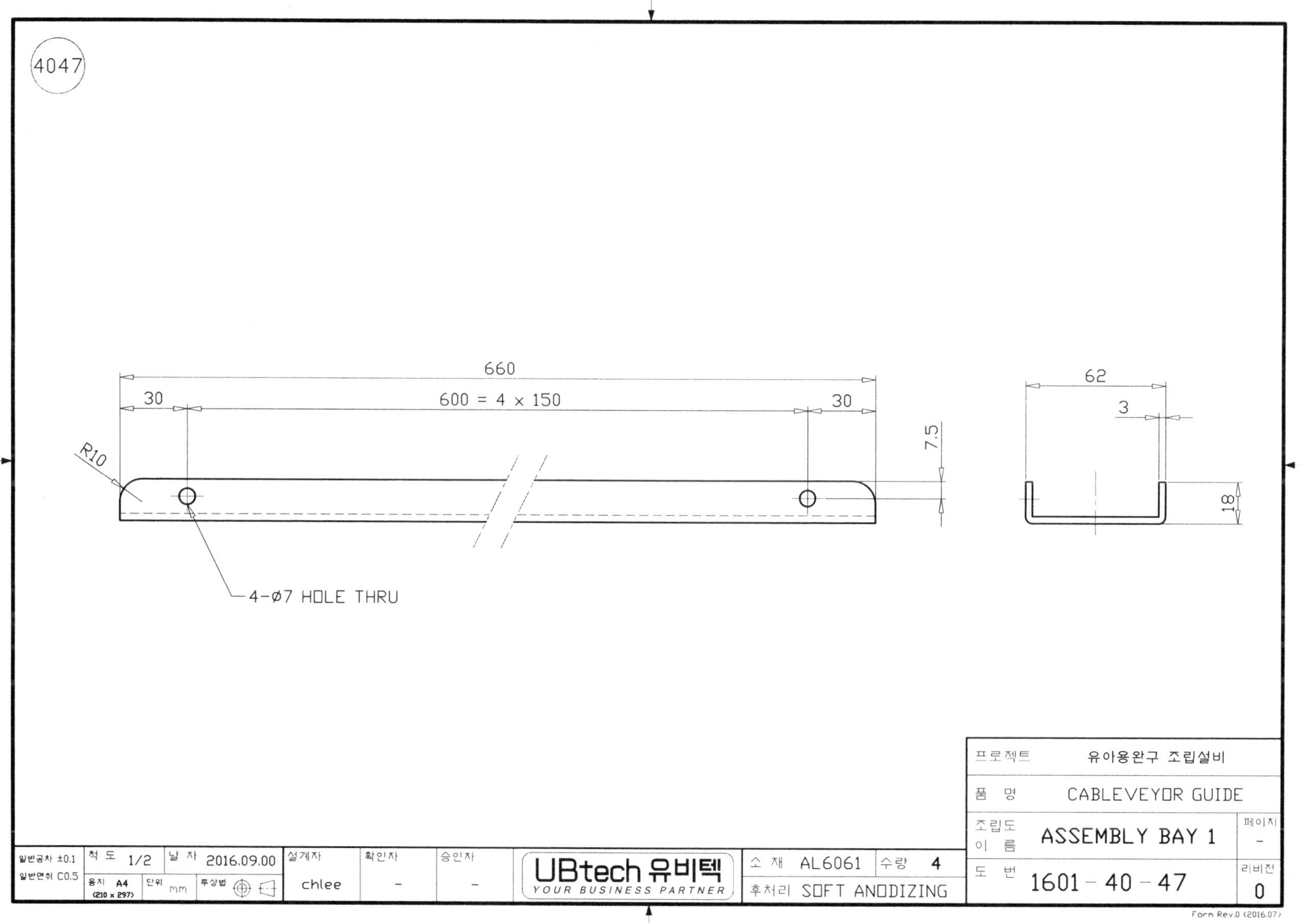

4047
660
30
600 = 4 × 150
30
7.5
R10
62
3
18
4-Ø7 HOLE THRU
프로젝트 유아용완구 조립설비
품 명 CABLEVEYOR GUIDE
조립도 이 름 ASSEMBLY BAY 1
페이지 -
도 번 1601 - 40 - 47
리비전 0
일반공차 ±0.1
일반면취 C0.5
척 도 1/2
날 자 2016.09.00
용지 A4 (210 x 297)
단위 mm
투상법
설계자 chlee
확인자 -
승인자 -
UBtech 유비텍
YOUR BUSINESS PARTNER
소 재 AL6061
수량 4
후처리 SOFT ANODIZING
Form Rev.0 (2016.07)

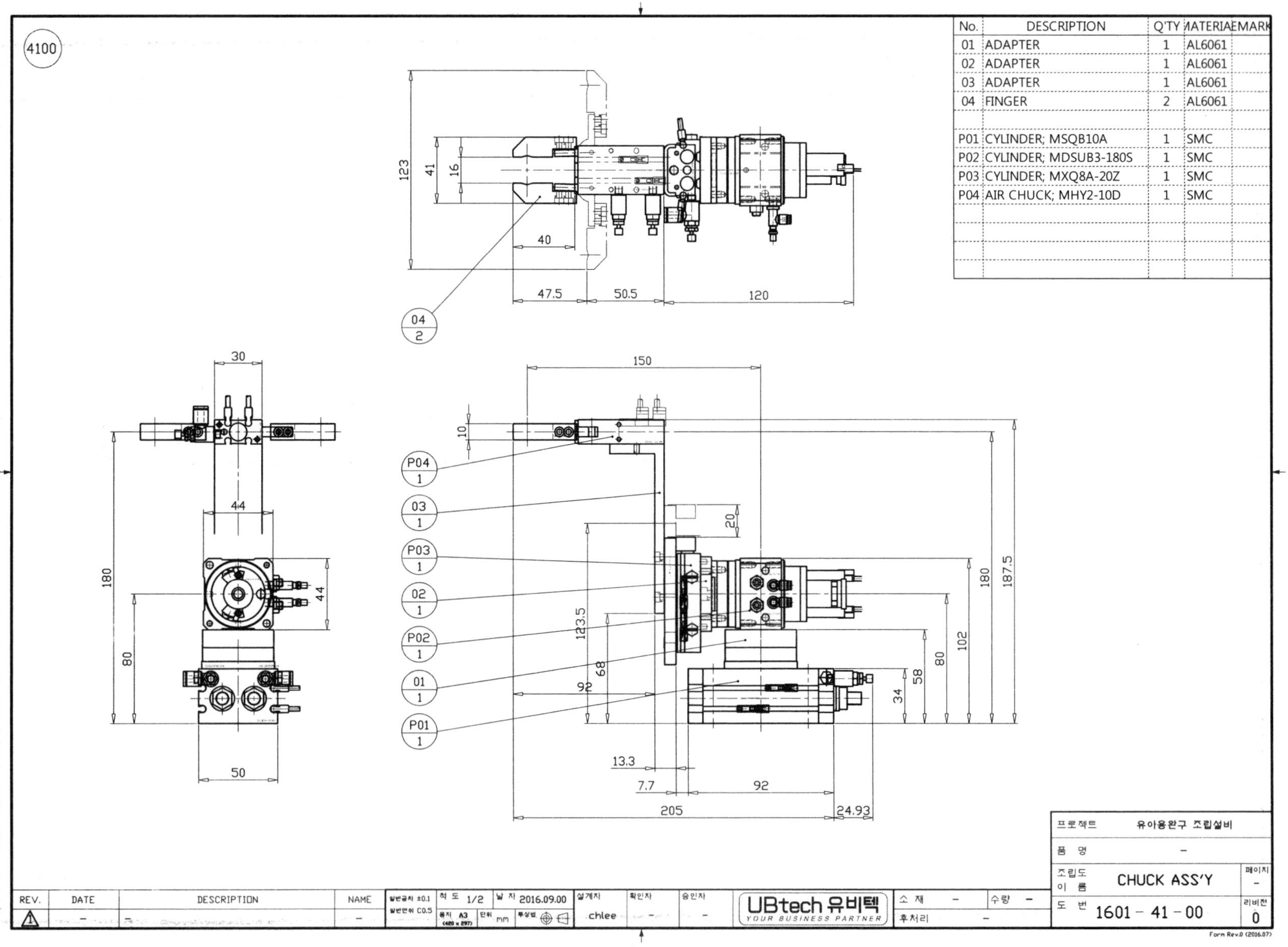

No.	DESCRIPTION	Q'TY	MATERIAL	REMARK
01	ADAPTER	1	AL6061	
02	ADAPTER	1	AL6061	
03	ADAPTER	1	AL6061	
04	FINGER	2	AL6061	
P01	CYLINDER; MSQB10A	1	SMC	
P02	CYLINDER; MDSUB3-180S	1	SMC	
P03	CYLINDER; MXQ8A-20Z	1	SMC	
P04	AIR CHUCK; MHY2-10D	1	SMC	

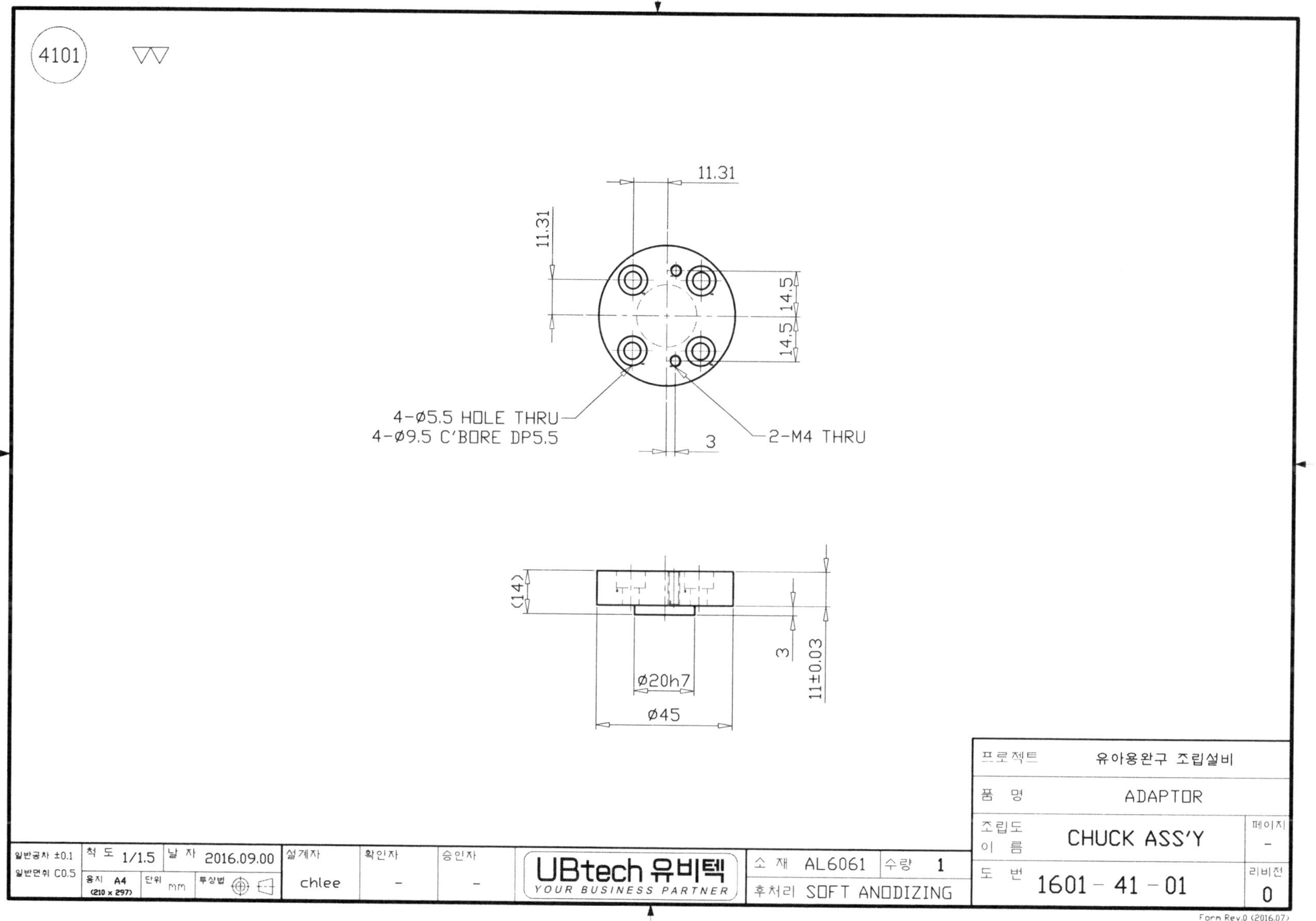
4101
11.31
11.31
14.5
14.5
4-Ø5.5 HOLE THRU
4-Ø9.5 C'BORE DP5.5
3
2-M4 THRU
(14)
3
11±0.03
Ø20h7
Ø45
프로젝트 유아용완구 조립설비
품 명 ADAPTOR
조립도 이 름 CHUCK ASS'Y
페이지 -
도 번 1601 - 41 - 01
리비전 0
일반공차 ±0.1
일반면취 C0.5
척 도 1/1.5
날 자 2016.09.00
용지 A4 (210 x 297)
단위 mm
투상법
설계자 chlee
확인자 -
승인자 -
UBtech 유비텍
YOUR BUSINESS PARTNER
소 재 AL6061
수량 1
후처리 SOFT ANODIZING
Form Rev.0 (2016.07)

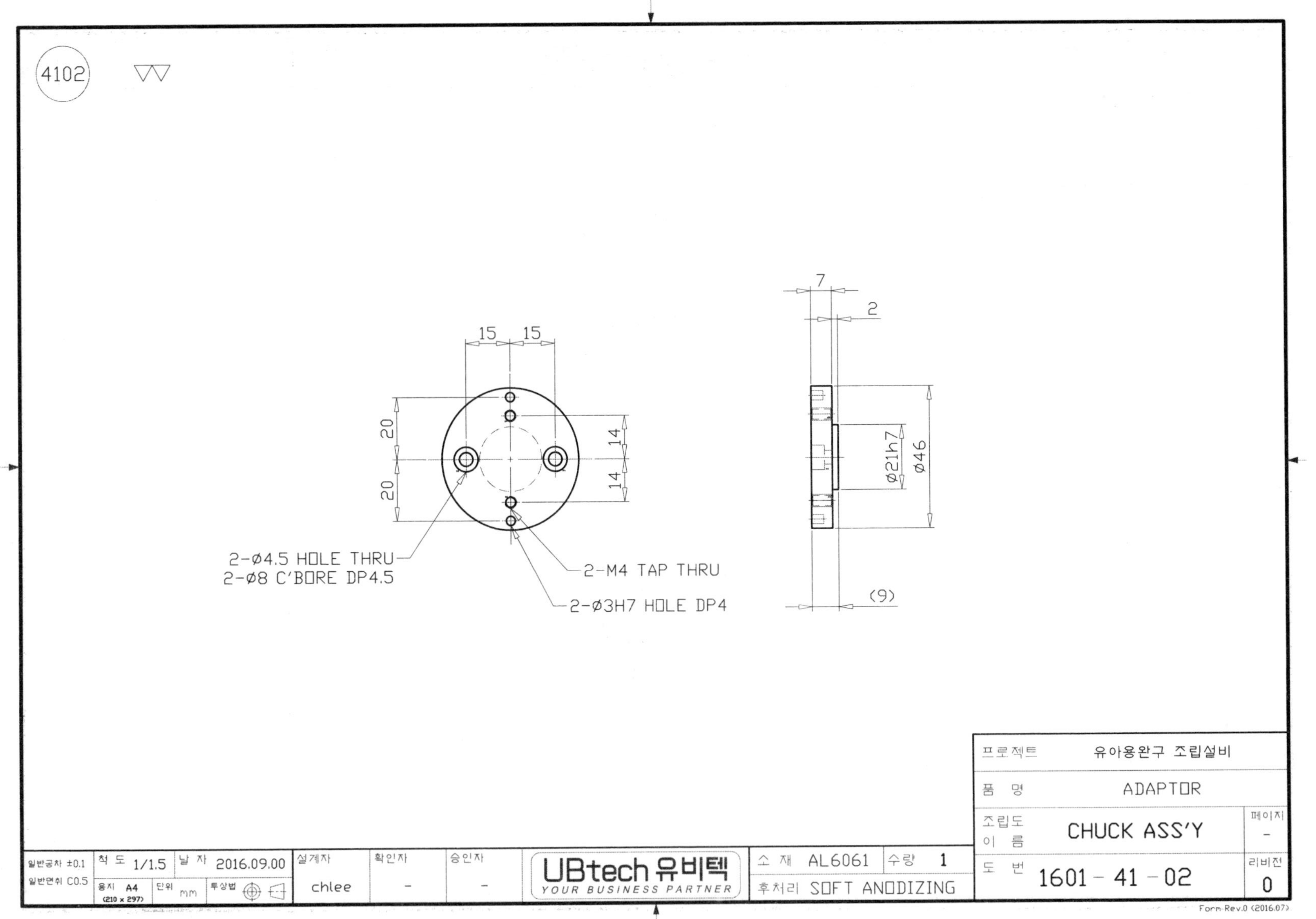

4102
2-Ø4.5 HOLE THRU
2-Ø8 C'BORE DP4.5
2-M4 TAP THRU
2-Ø3H7 HOLE DP4
Ø21h7
Ø46
(9)
프로젝트 유아용완구 조립설비
품 명 ADAPTOR
조립도 이 름 CHUCK ASS'Y
페이지 -
도 번 1601 - 41 - 02
리비전 0
일반공차 ±0.1
일반면취 C0.5
척 도 1/1.5
날 자 2016.09.00
용지 A4 (210 x 297)
단위 mm
투상법
설계자 chlee
확인자 -
승인자 -
UBtech 유비텍
YOUR BUSINESS PARTNER
소 재 AL6061
수량 1
후처리 SOFT ANODIZING
Form Rev.0 (2016.07)

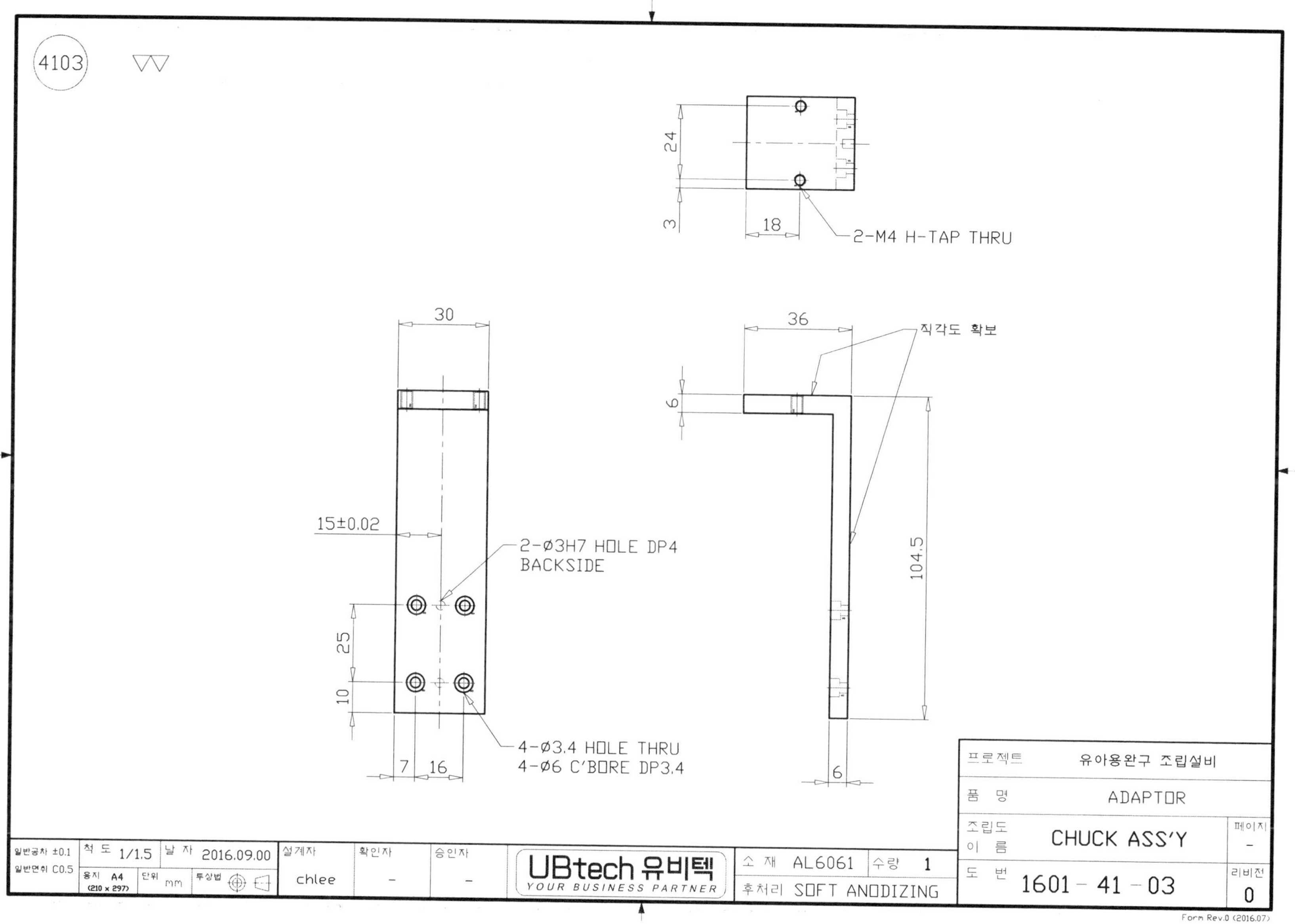
4103
24
3
18
2-M4 H-TAP THRU
30
36
직각도 확보
6
15±0.02
2-Ø3H7 HOLE DP4
BACKSIDE
104.5
25
10
4-Ø3.4 HOLE THRU
4-Ø6 C'BORE DP3.4
7
16
6
프로젝트
유아용완구 조립설비
품 명
ADAPTOR
조립도 이 름
CHUCK ASS'Y
페이지
-
도 번
1601 - 41 - 03
리비전
0
일반공차 ±0.1
일반면취 C0.5
척 도 1/1.5
날 자 2016.09.00
용지 A4 (210 x 297)
단위 mm
투상법
설계자
chlee
확인자
-
승인자
-
UBtech 유비텍
YOUR BUSINESS PARTNER
소 재 AL6061
수량 1
후처리 SOFT ANODIZING
Form Rev.0 (2016.07)

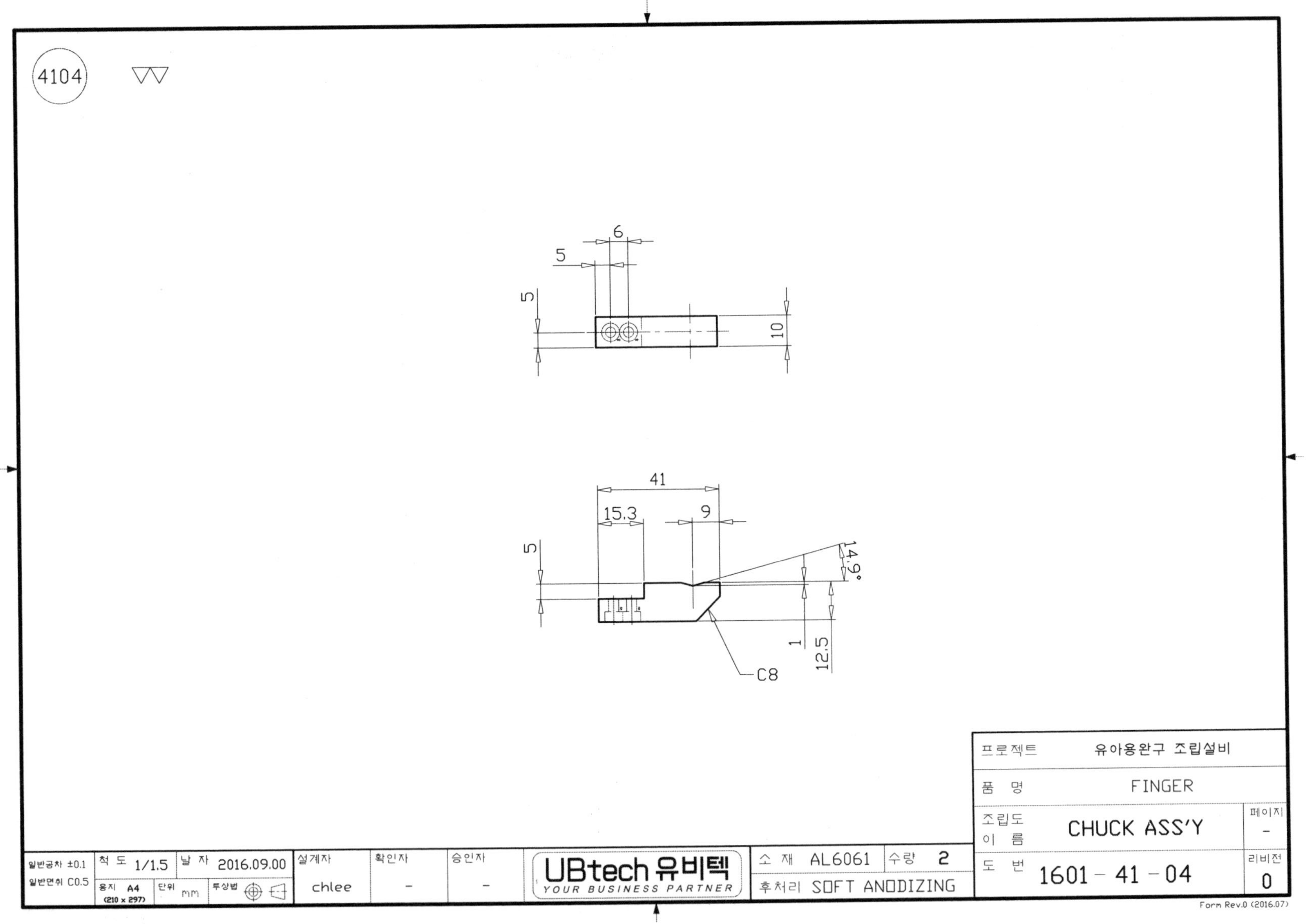

4104
5
6
5
5
10
41
15.3
9
5
14.9°
1
12.5
C8
프로젝트 유아용완구 조립설비
품 명 FINGER
조립도 이 름 CHUCK ASS'Y
페이지 -
도 번 1601 - 41 - 04
리비전 0
일반공차 ±0.1
일반면취 C0.5
척 도 1/1.5
날 자 2016.09.00
용지 A4 (210 x 297)
단위 mm
투상법
설계자 chlee
확인자 -
승인자 -
UBtech 유비텍
YOUR BUSINESS PARTNER
소 재 AL6061
수량 2
후처리 SOFT ANODIZING
Form Rev.0 (2016.07)

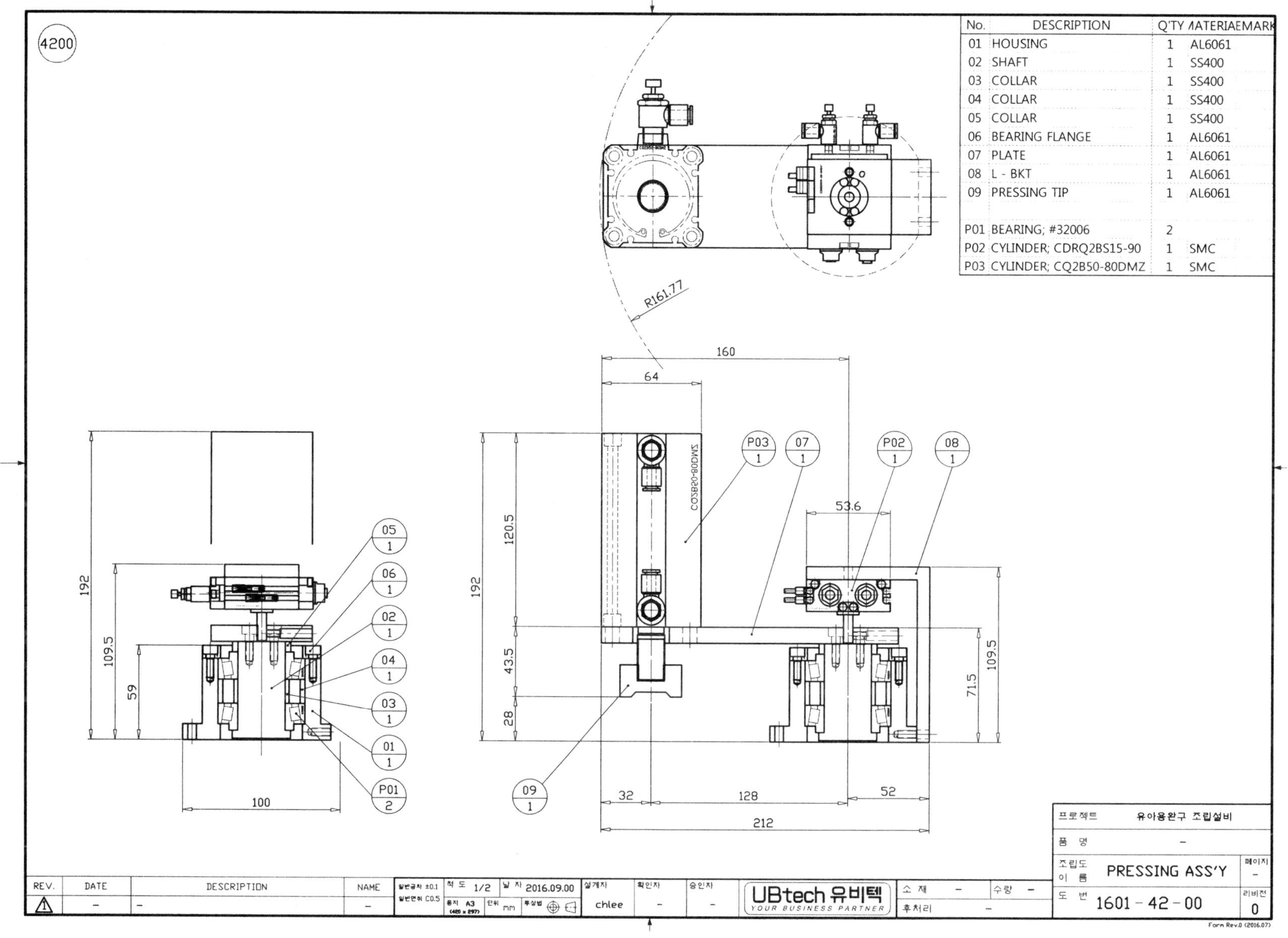

4200
No. DESCRIPTION Q'TY MATERIAL REMARK
01 HOUSING 1 AL6061
02 SHAFT 1 SS400
03 COLLAR 1 SS400
04 COLLAR 1 SS400
05 COLLAR 1 SS400
06 BEARING FLANGE 1 AL6061
07 PLATE 1 AL6061
08 L - BKT 1 AL6061
09 PRESSING TIP 1 AL6061
P01 BEARING; #32006 2
P02 CYLINDER; CDRQ2BS15-90 1 SMC
P03 CYLINDER; CQ2B50-80DMZ 1 SMC
R161.77
160
64
CQ2B50-80DMZ
53.6
120.5
192
43.5
28
109.5
71.5
59
100
32
128
52
212
프로젝트 유아용완구 조립설비
품명 -
조립도 이름 PRESSING ASS'Y
페이지 -
도번 1601 - 42 - 00
리비전 0
REV. DATE DESCRIPTION NAME
척도 1/2
일자 2016.09.00
용지 A3
단위 mm
설계자 chlee
확인자 -
승인자 -
UBtech 유비텍
YOUR BUSINESS PARTNER
소재 -
수량 -
후처리 -
Form Rev.0 (2016.07)

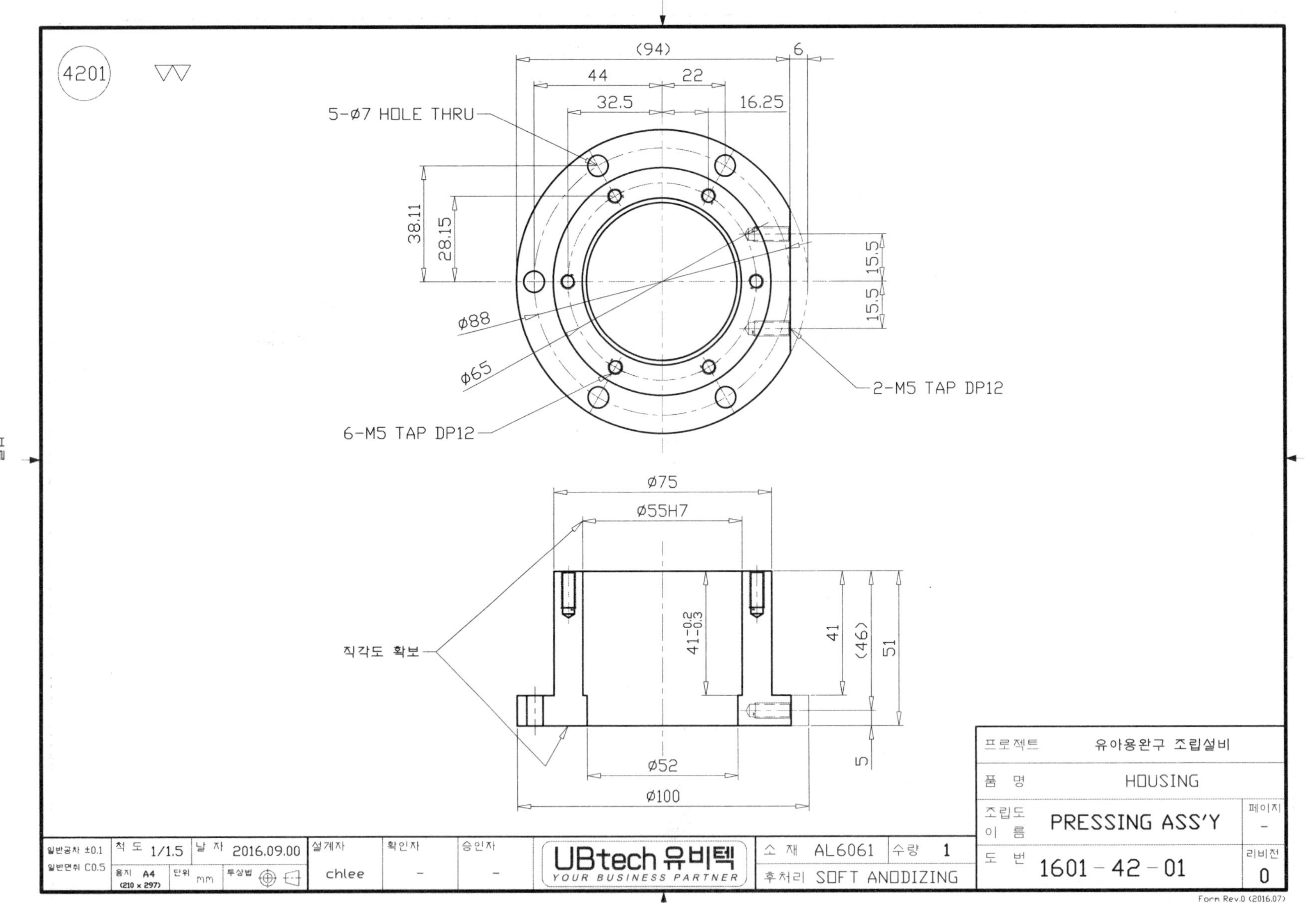
4201
(94)
6
44
22
32.5
16.25
5-Ø7 HOLE THRU
38.11
28.15
15.5
15.5
Ø88
Ø65
2-M5 TAP DP12
6-M5 TAP DP12
Ø75
Ø55H7
41-0.2-0.3
41
(46)
51
직각도 확보
5
Ø52
Ø100
프로젝트 유아용완구 조립설비
품 명 HOUSING
조립도 이 름 PRESSING ASS'Y
페이지 -
도 번 1601 - 42 - 01
리비전 0
일반공차 ±0.1
일반면취 C0.5
척 도 1/1.5
날 자 2016.09.00
용지 A4 (210 x 297)
단위 mm
투상법
설계자 chlee
확인자 -
승인자 -
UBtech 유비텍
YOUR BUSINESS PARTNER
소 재 AL6061
수량 1
후처리 SOFT ANODIZING
Form Rev.0 (2016.07)

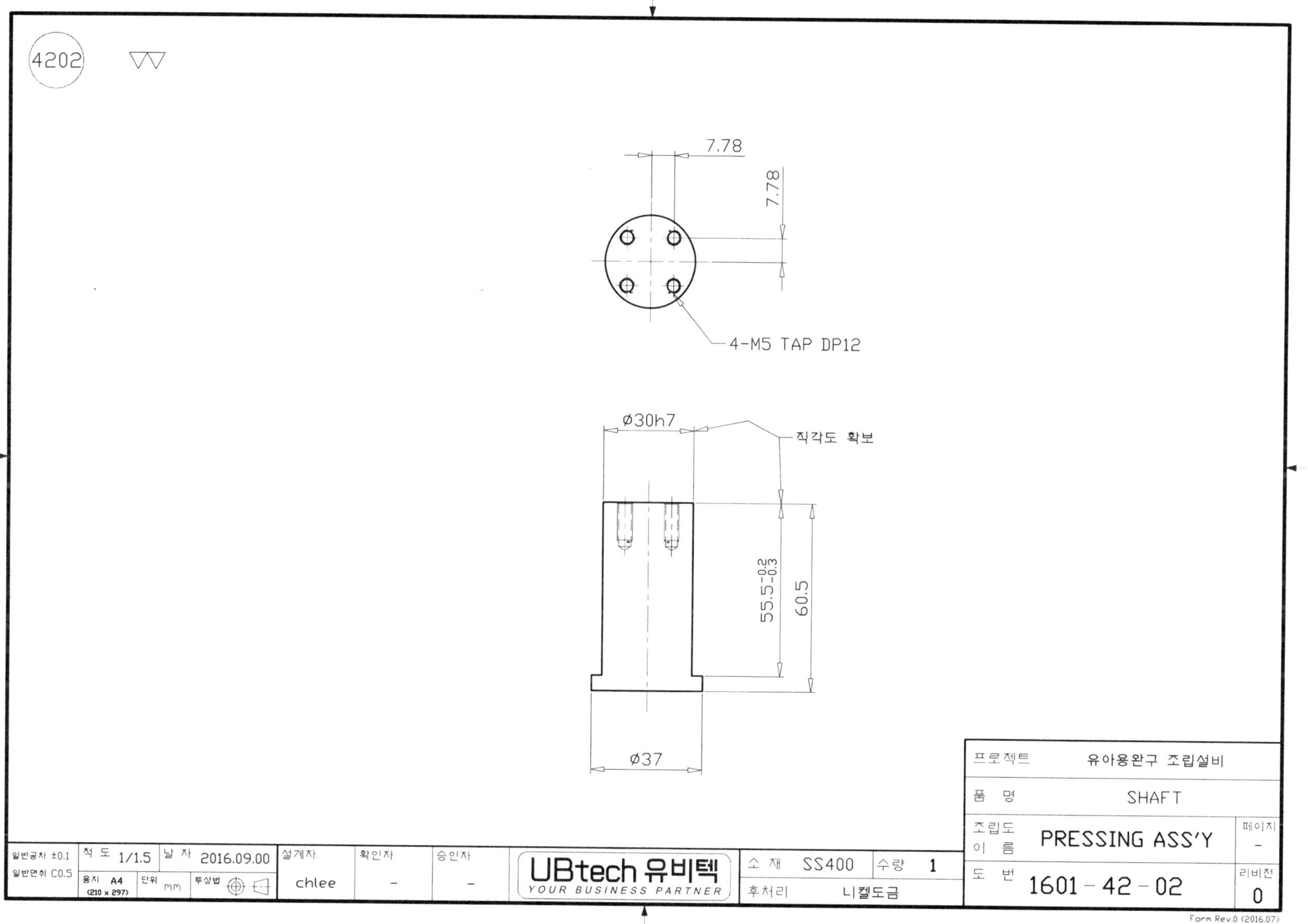
4202
7.78
7.78
4-M5 TAP DP12
Ø30h7
직각도 확보
55.5 -0.2 -0.3
60.5
Ø37
프로젝트
유아용완구 조립설비
품 명
SHAFT
조립도 이 름
PRESSING ASS'Y
페이지
-
도 번
1601 - 42 - 02
리비전
0
일반공차 ±0.1
일반면취 C0.5
척 도 1/1.5
날 자 2016.09.00
용지 A4 (210 x 297)
단위 mm
투상법
설계자
chlee
확인자
-
승인자
-
UBtech 유비텍
YOUR BUSINESS PARTNER
소 재 SS400
수량 1
후처리 니켈도금
Form Rev.0 (2016.07)

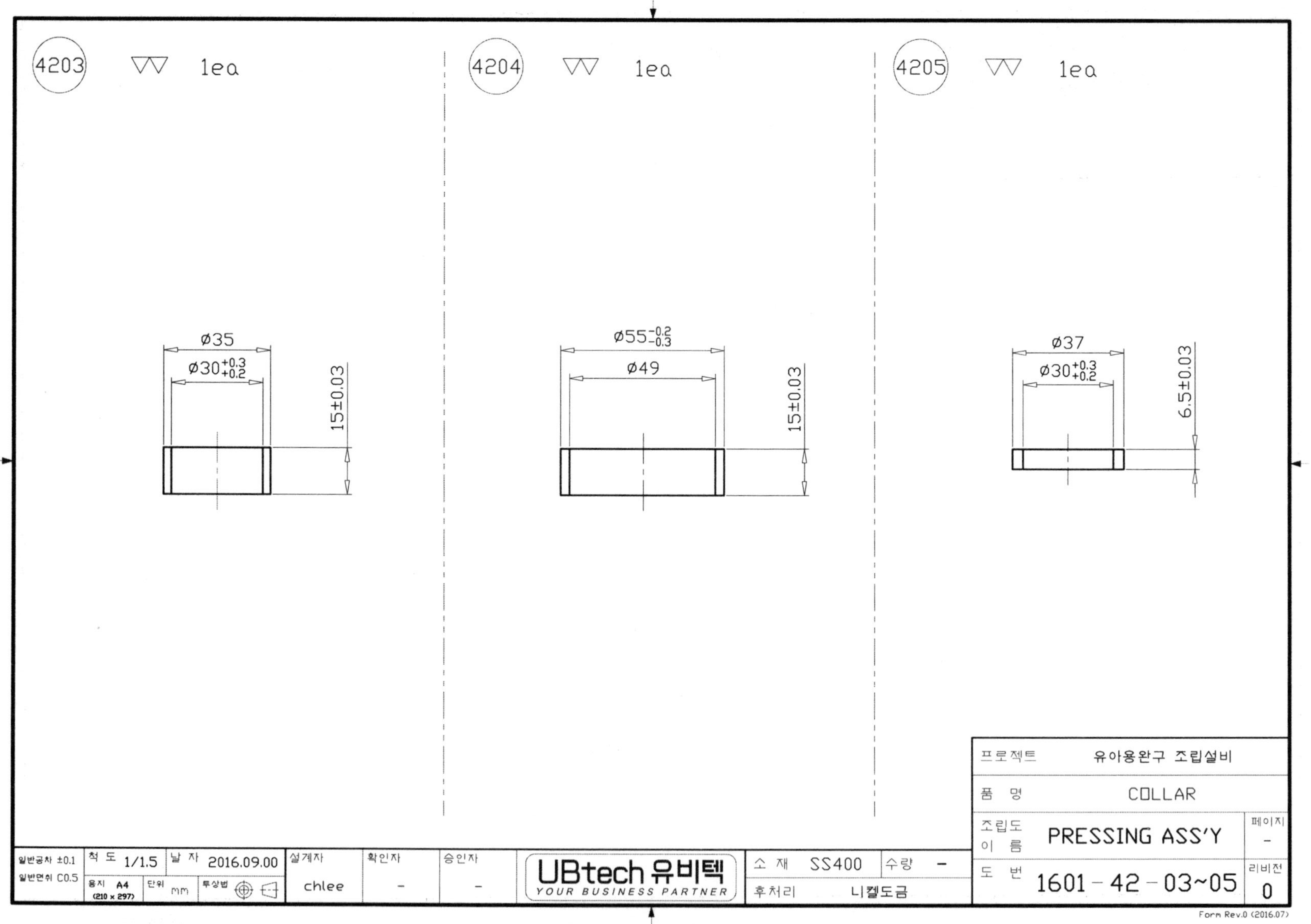

4203
1ea
Ø35
Ø30+0.3/+0.2
15±0.03
4204
1ea
Ø55-0.2/-0.3
Ø49
15±0.03
4205
1ea
Ø37
Ø30+0.3/+0.2
6.5±0.03
프로젝트 유아용완구 조립설비
품명 COLLAR
조립도 이름 PRESSING ASS'Y
페이지 -
도번 1601 - 42 - 03~05
리비전 0
소재 SS400
수량 -
후처리 니켈도금
UBtech 유비텍
YOUR BUSINESS PARTNER
일반공차 ±0.1
일반면취 C0.5
척도 1/1.5
날자 2016.09.00
용지 A4 (210 x 297)
단위 mm
투상법
설계자 chlee
확인자 -
승인자 -
Form Rev.0 (2016.07)

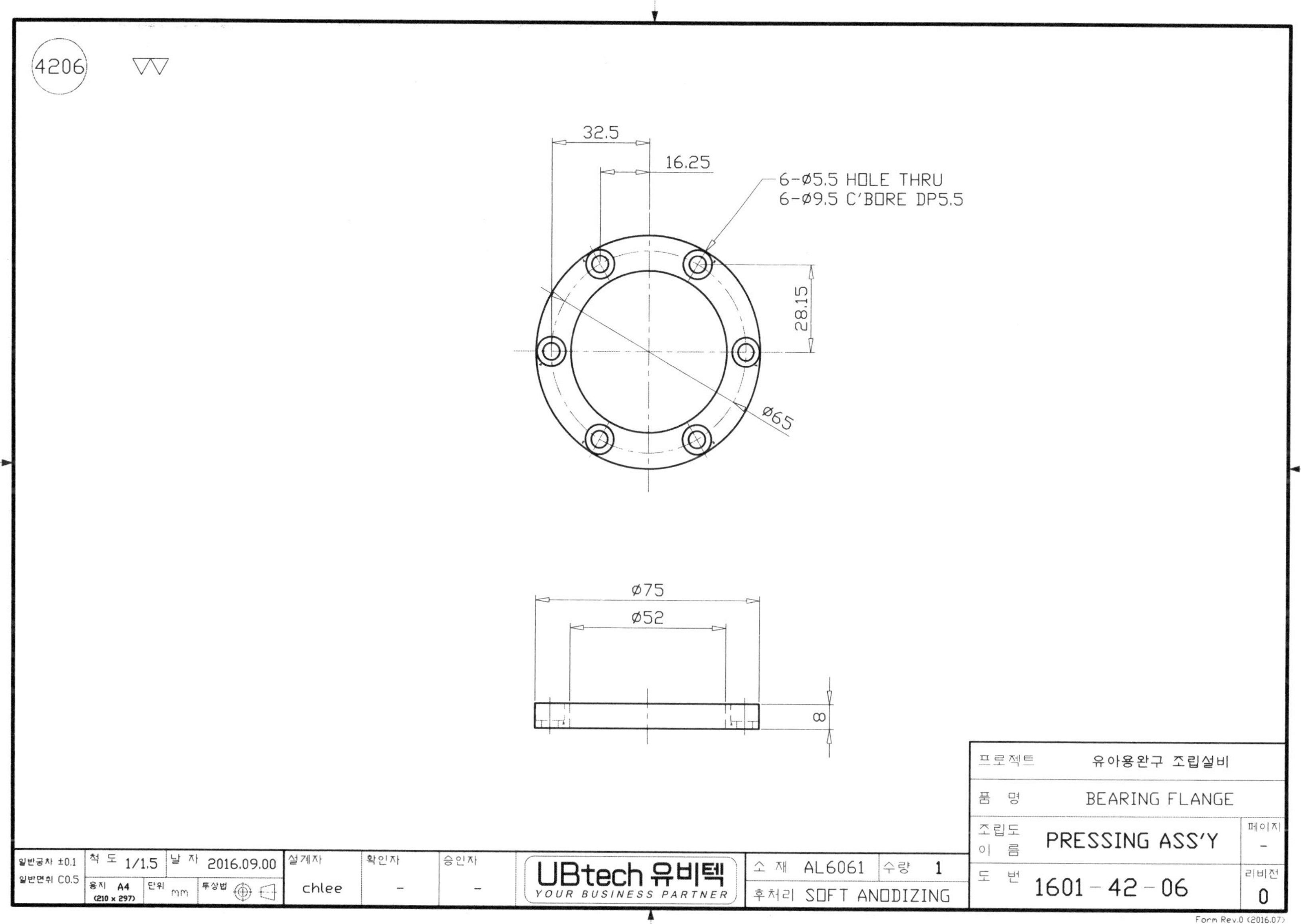

4206
32.5
16.25
6-Ø5.5 HOLE THRU
6-Ø9.5 C'BORE DP5.5
28.15
Ø65
Ø75
Ø52
8
프로젝트 유아용완구 조립설비
품 명 BEARING FLANGE
조립도 이 름 PRESSING ASS'Y
페이지 -
도 번 1601 - 42 - 06
리비전 0
일반공차 ±0.1
일반면취 C0.5
척 도 1/1.5
날 자 2016.09.00
용지 A4 (210 x 297)
단위 mm
투상법
설계자 chlee
확인자 -
승인자 -
UBtech 유비텍
YOUR BUSINESS PARTNER
소 재 AL6061
수량 1
후처리 SOFT ANODIZING
Form Rev.0 (2016.07)

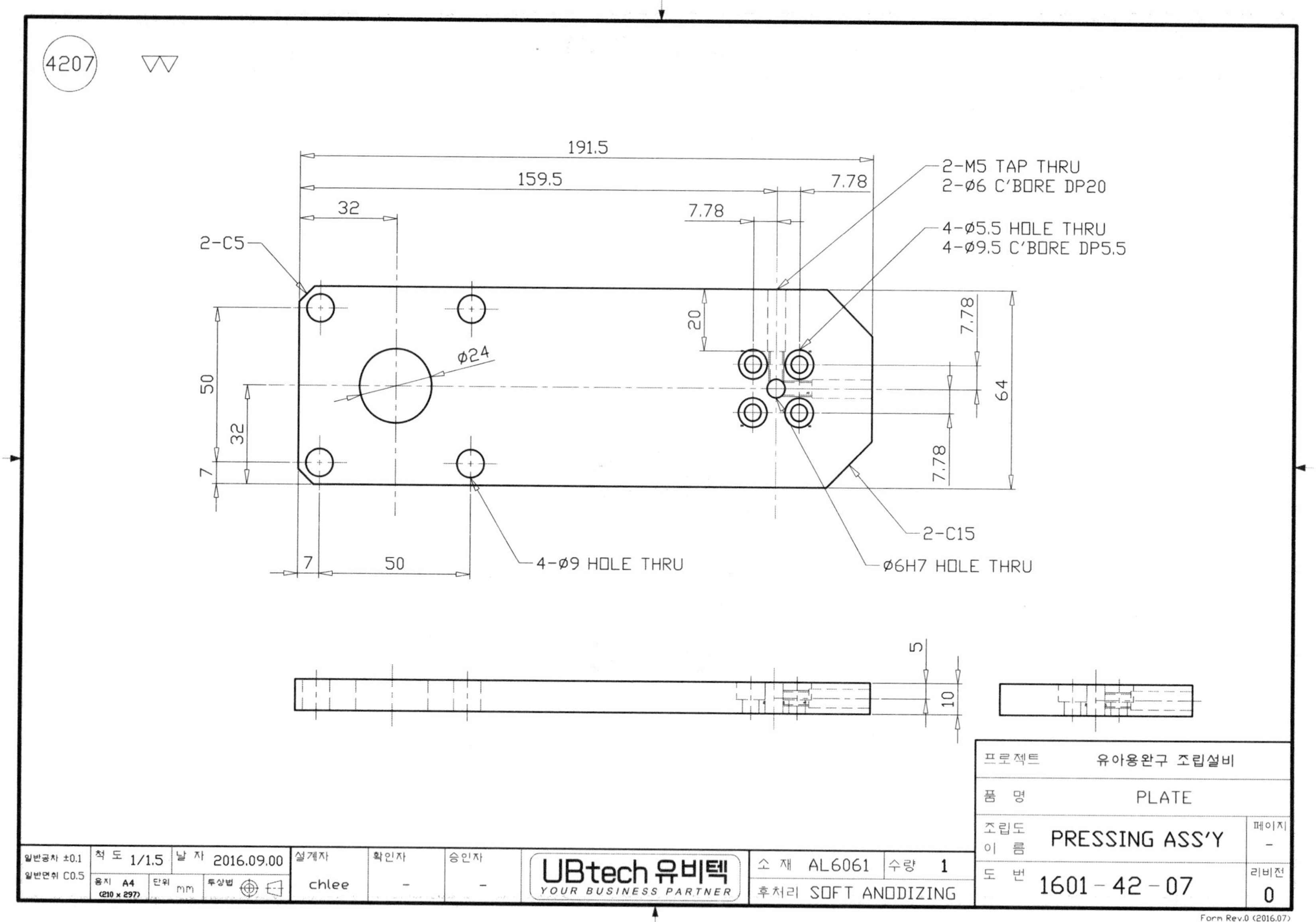

4207
191.5
159.5
7.78
32
7.78
2-M5 TAP THRU
2-Ø6 C'BORE DP20
4-Ø5.5 HOLE THRU
4-Ø9.5 C'BORE DP5.5
2-C5
20
Ø24
7.78
64
7.78
50
32
7
2-C15
7
50
4-Ø9 HOLE THRU
Ø6H7 HOLE THRU
5
10
프로젝트 유아용완구 조립설비
품 명 PLATE
조립도 이 름 PRESSING ASS'Y
페이지 -
도 번 1601-42-07
리비전 0
일반공차 ±0.1
일반면취 C0.5
척 도 1/1.5
용지 A4 (210 x 297)
단위 mm
투상법
날 자 2016.09.00
설계자 chlee
확인자 -
승인자 -
UBtech 유비텍
YOUR BUSINESS PARTNER
소 재 AL6061
수량 1
후처리 SOFT ANODIZING
Form Rev.0 (2016.07)

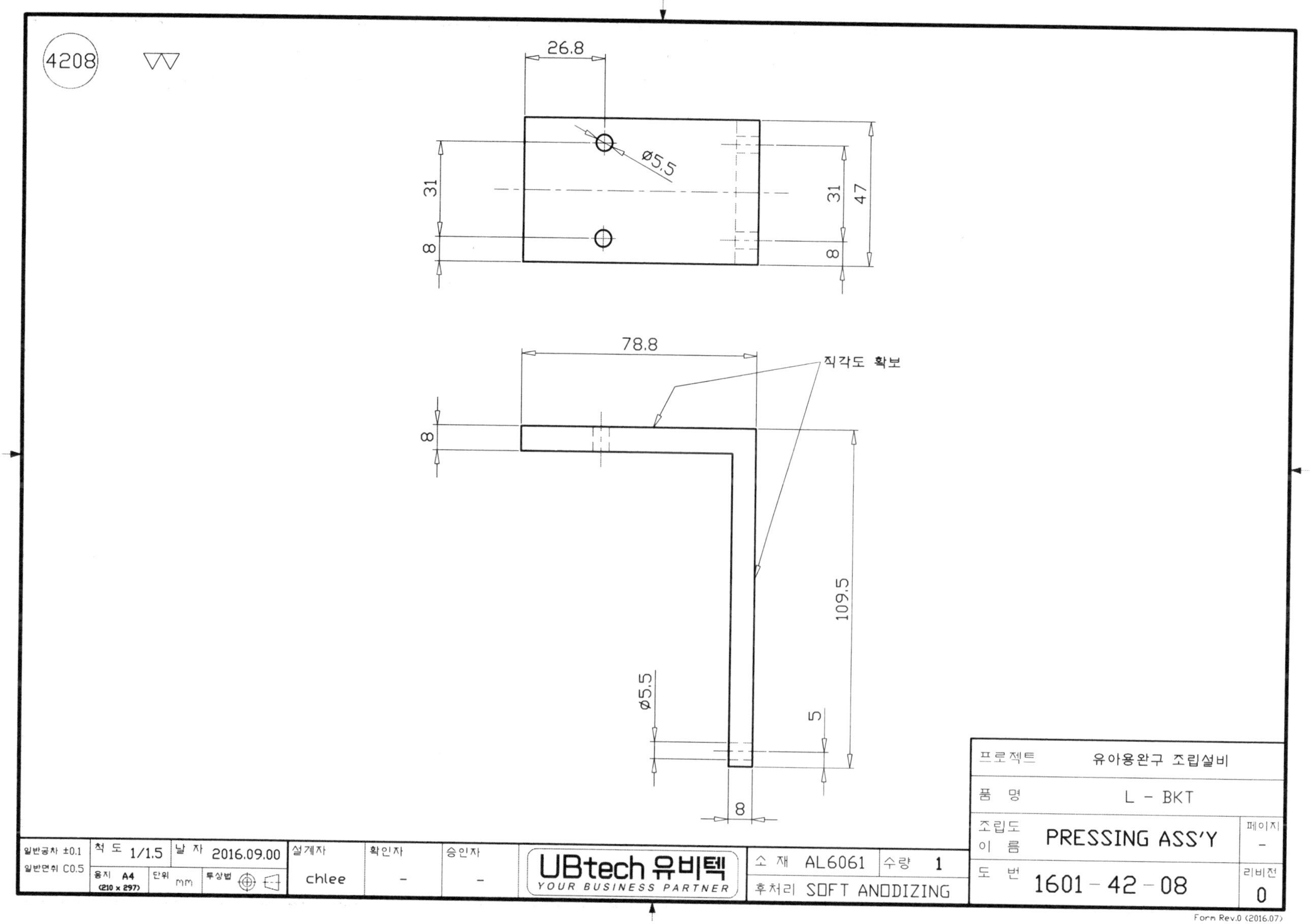
4208
26.8
Ø5.5
31
8
31
47
8
78.8
직각도 확보
8
109.5
Ø5.5
5
8
프로젝트 유아용완구 조립설비
품 명 L - BKT
조립도 이 름 PRESSING ASS'Y
페이지 -
도 번 1601 - 42 - 08
리비전 0
일반공차 ±0.1
일반면취 C0.5
척 도 1/1.5
날 자 2016.09.00
용지 A4 (210 x 297)
단위 mm
투상법
설계자 chlee
확인자 -
승인자 -
UBtech 유비텍
YOUR BUSINESS PARTNER
소 재 AL6061
수량 1
후처리 SOFT ANODIZING
Form Rev.0 (2016.07)

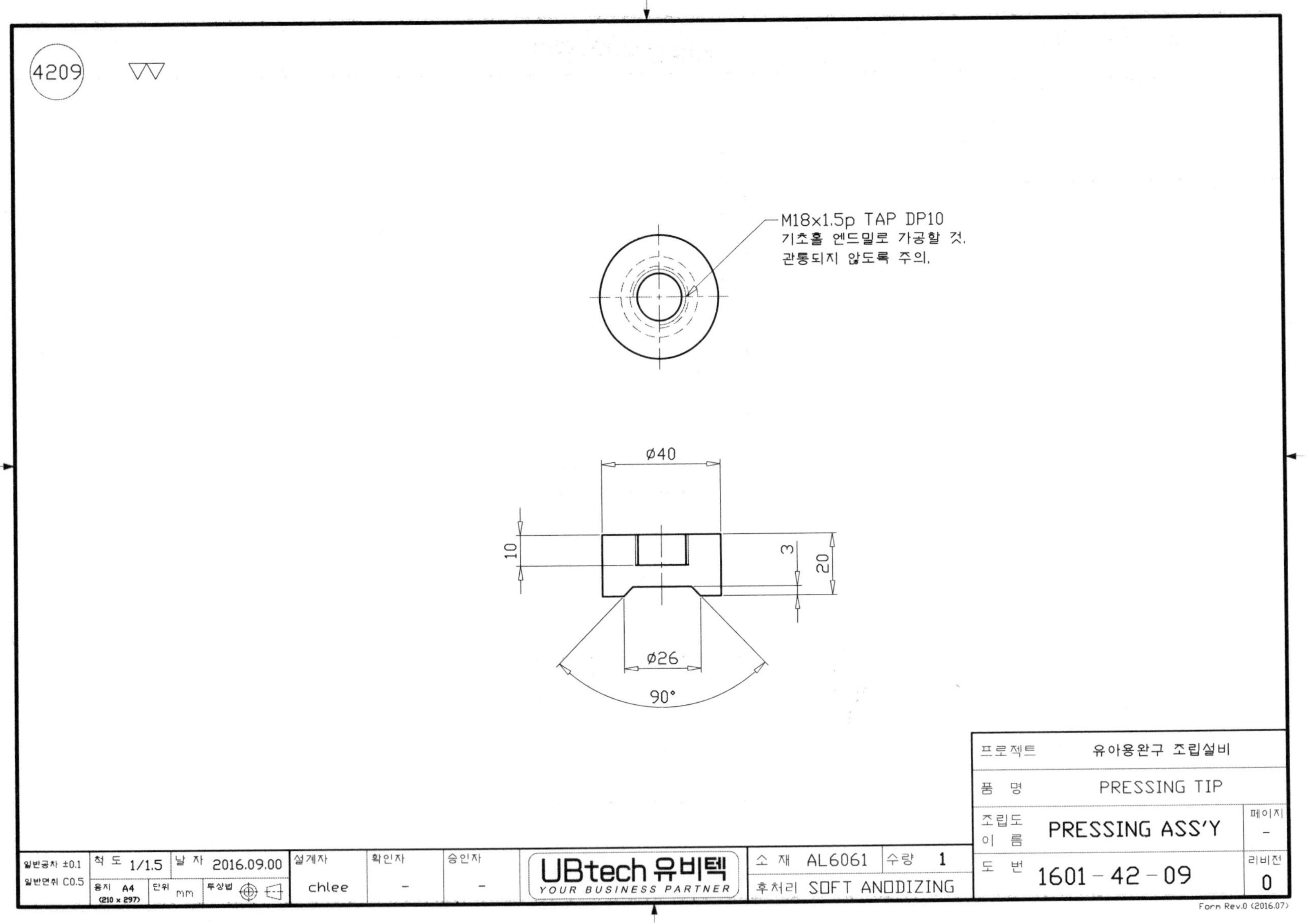
4209
M18×1.5p TAP DP10
기초홀 엔드밀로 가공할 것.
관통되지 않도록 주의.
Ø40
10
3
20
Ø26
90°
프로젝트 유아용완구 조립설비
품 명 PRESSING TIP
조립도 이 름 PRESSING ASS'Y
페이지 -
도 번 1601 - 42 - 09
리비전 0
소 재 AL6061
수량 1
후처리 SOFT ANODIZING
UBtech 유비텍
YOUR BUSINESS PARTNER
일반공차 ±0.1
일반면취 C0.5
척 도 1/1.5
날 자 2016.09.00
용지 A4 (210 x 297)
단위 mm
투상법
설계자 chlee
확인자 -
승인자 -
Form Rev.0 (2016.07)

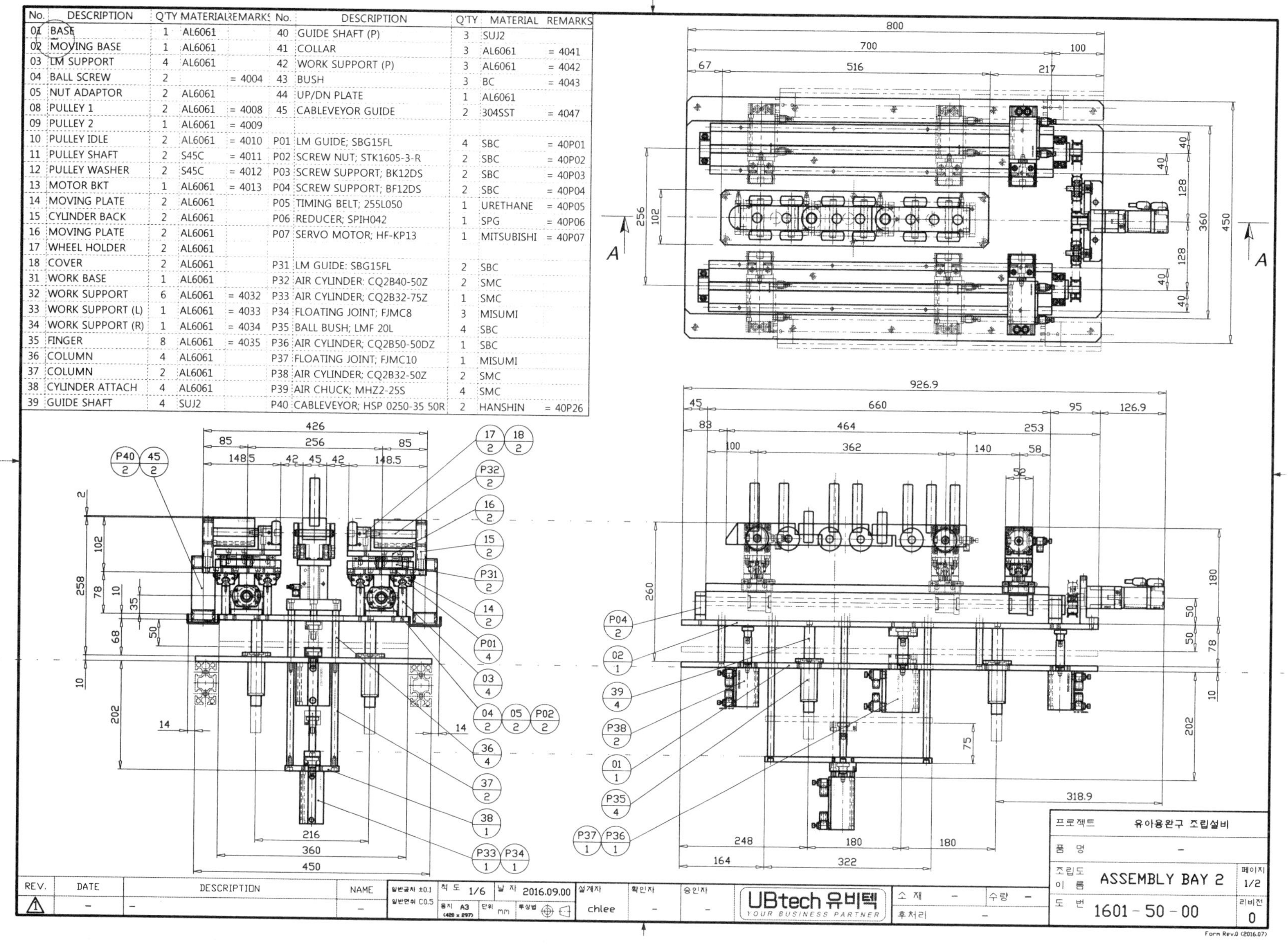

No.	DESCRIPTION	Q'TY	MATERIAL	REMARKS	No.	DESCRIPTION	Q'TY	MATERIAL	REMARKS
01	BASE	1	AL6061		40	GUIDE SHAFT (P)	3	SUJ2	
02	MOVING BASE	1	AL6061		41	COLLAR	3	AL6061	= 4041
03	LM SUPPORT	4	AL6061		42	WORK SUPPORT (P)	3	AL6061	= 4042
04	BALL SCREW	2		= 4004	43	BUSH	3	BC	= 4043
05	NUT ADAPTOR	2	AL6061		44	UP/DN PLATE	1	AL6061	
08	PULLEY 1	2	AL6061	= 4008	45	CABLEVEYOR GUIDE	2	304SST	= 4047
09	PULLEY 2	1	AL6061	= 4009					
10	PULLEY IDLE	2	AL6061	= 4010	P01	LM GUIDE; SBG15FL	4	SBC	= 40P01
11	PULLEY SHAFT	2	S45C	= 4011	P02	SCREW NUT; STK1605-3-R	2	SBC	= 40P02
12	PULLEY WASHER	2	S45C	= 4012	P03	SCREW SUPPORT; BK12DS	2	SBC	= 40P03
13	MOTOR BKT	1	AL6061	= 4013	P04	SCREW SUPPORT; BF12DS	2	SBC	= 40P04
14	MOVING PLATE	2	AL6061		P05	TIMING BELT; 255L050	1	URETHANE	= 40P05
15	CYLINDER BACK	2	AL6061		P06	REDUCER; SPIH042	1	SPG	= 40P06
16	MOVING PLATE	2	AL6061		P07	SERVO MOTOR; HF-KP13	1	MITSUBISHI	= 40P07
17	WHEEL HOLDER	2	AL6061						
18	COVER	2	AL6061		P31	LM GUIDE; SBG15FL	2	SBC	
31	WORK BASE	1	AL6061		P32	AIR CYLINDER; CQ2B40-50Z	2	SMC	
32	WORK SUPPORT	6	AL6061	= 4032	P33	AIR CYLINDER; CQ2B32-75Z	1	SMC	
33	WORK SUPPORT (L)	1	AL6061	= 4033	P34	FLOATING JOINT; FJMC8	3	MISUMI	
34	WORK SUPPORT (R)	1	AL6061	= 4034	P35	BALL BUSH; LMF 20L	4	SBC	
35	FINGER	8	AL6061	= 4035	P36	AIR CYLINDER; CQ2B50-50DZ	1	SBC	
36	COLUMN	4	AL6061		P37	FLOATING JOINT; FJMC10	1	MISUMI	
37	COLUMN	2	AL6061		P38	AIR CYLINDER; CQ2B32-50Z	2	SMC	
38	CYLINDER ATTACH	4	AL6061		P39	AIR CHUCK; MHZ2-25S	4	SMC	
39	GUIDE SHAFT	4	SUJ2		P40	CABLEVEYOR; HSP 0250-35 50R	2	HANSHIN	= 40P26

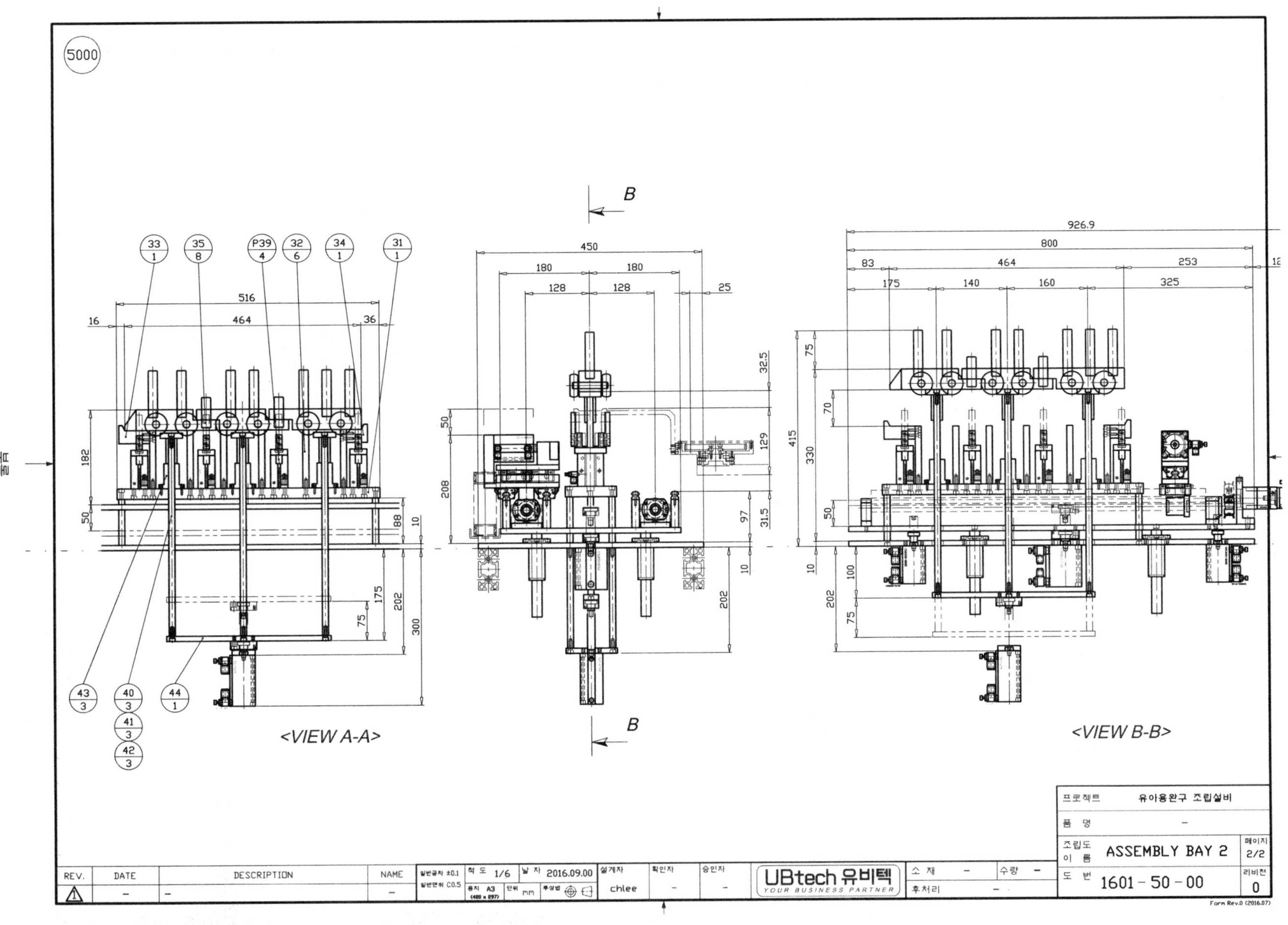

<VIEW A-A>
<VIEW B-B>
프로젝트 유아용완구 조립설비
품 명 -
조립도 이 름 ASSEMBLY BAY 2
페이지 2/2
도 번 1601 - 50 - 00
리비전 0
REV. DATE DESCRIPTION NAME
척 도 1/6
날 자 2016.09.00
설계자 chlee
확인자 -
승인자 -
UBtech 유비텍
YOUR BUSINESS PARTNER
소 재 -
수량 -
후처리 -
Form Rev.0 (2016.07)

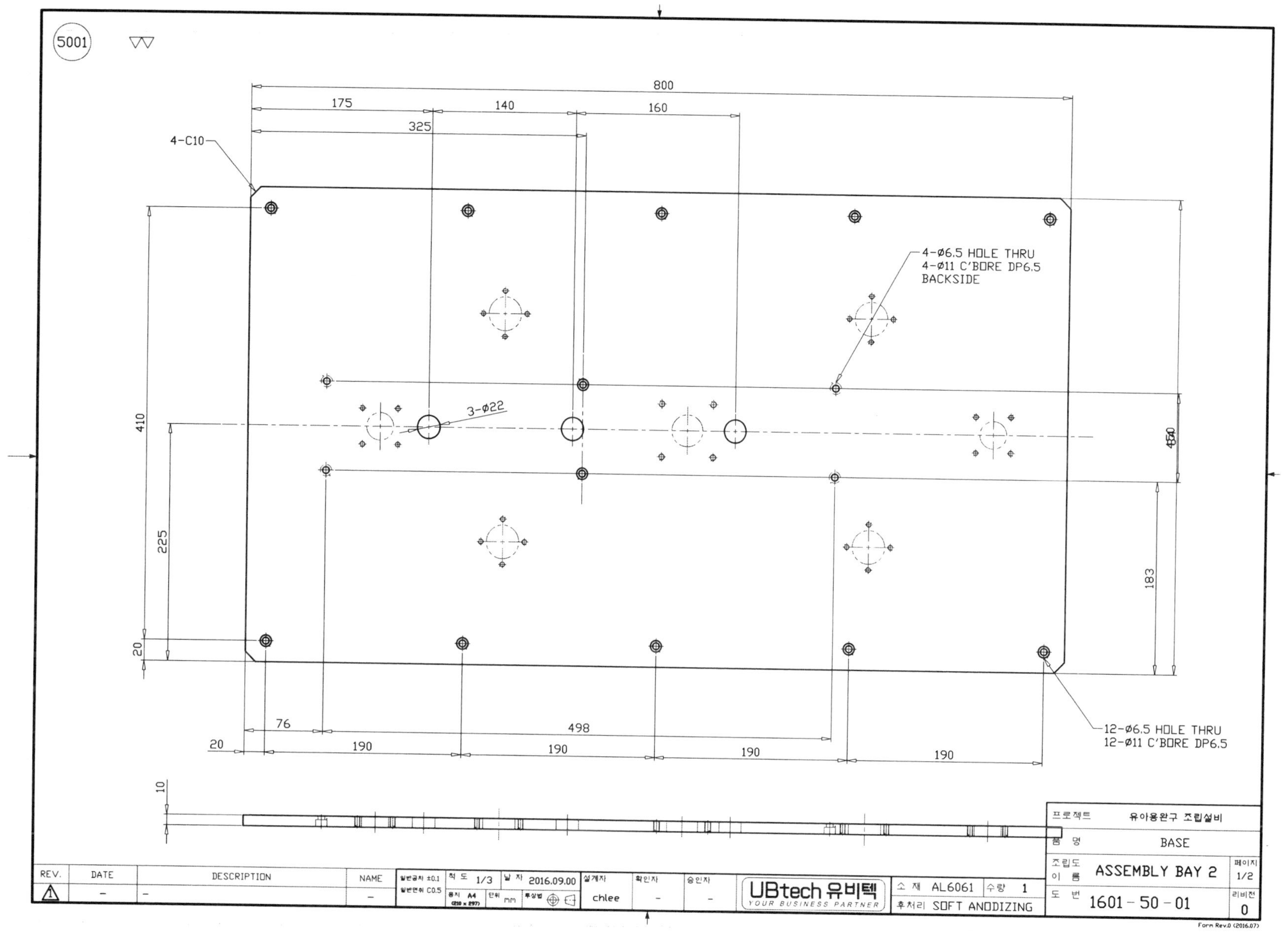

5001
800
175
140
160
325
4-C10
4-Ø6.5 HOLE THRU
4-Ø11 C'BORE DP6.5
BACKSIDE
3-Ø22
410
225
20
183
76
498
20
190
190
190
190
12-Ø6.5 HOLE THRU
12-Ø11 C'BORE DP6.5
10
프로젝트 유아용완구 조립설비
품명 BASE
조립도 이름 ASSEMBLY BAY 2
페이지 1/2
도번 1601 - 50 - 01
리비전 0
소재 AL6061
수량 1
후처리 SOFT ANODIZING
UBtech 유비텍
YOUR BUSINESS PARTNER
설계자 chlee
확인자 -
승인자 -
척도 1/3
날자 2016.09.00
용지 A4
단위 mm
REV. DATE DESCRIPTION NAME
Form Rev.0 (2016.07)

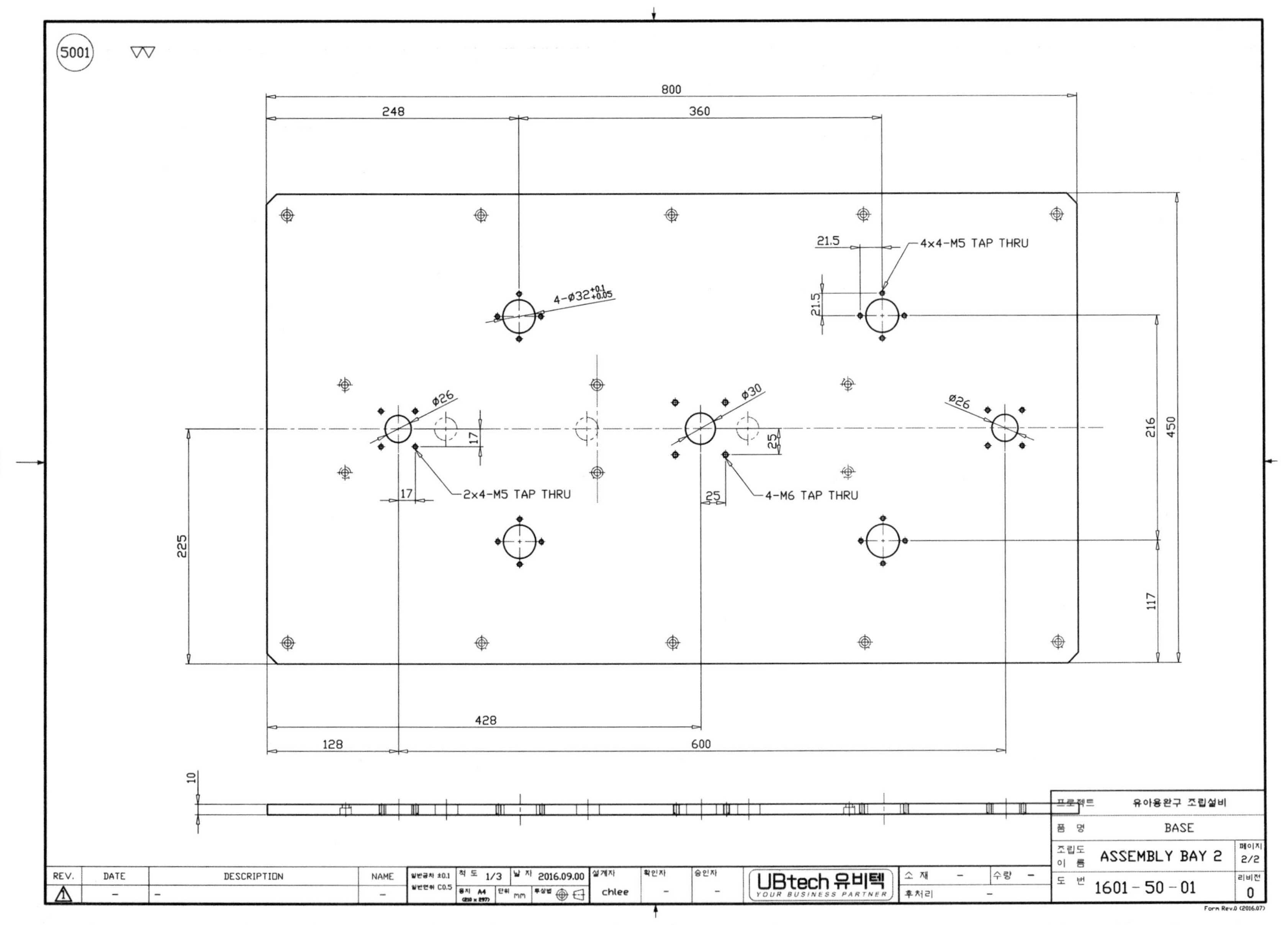

5001
800
248
360
4-Ø32+0.1+0.05
21.5
4x4-M5 TAP THRU
21.5
Ø26
17
2x4-M5 TAP THRU
17
Ø30
25
4-M6 TAP THRU
25
Ø26
216
450
225
117
428
128
600
10
프로젝트 유아용완구 조립설비
품 명 BASE
조립도 이 름 ASSEMBLY BAY 2
페이지 2/2
도 번 1601 - 50 - 01
리비전 0
Form Rev.0 (2016.07)
REV.
DATE -
DESCRIPTION -
NAME -
일반공차 ±0.1
일반면취 C0.5
척 도 1/3
용지 A4 (210 x 297)
단위 mm
날 자 2016.09.00
설계자 chlee
확인자 -
승인자 -
UBtech 유비텍
YOUR BUSINESS PARTNER
소 재 -
수량 -
후처리 -

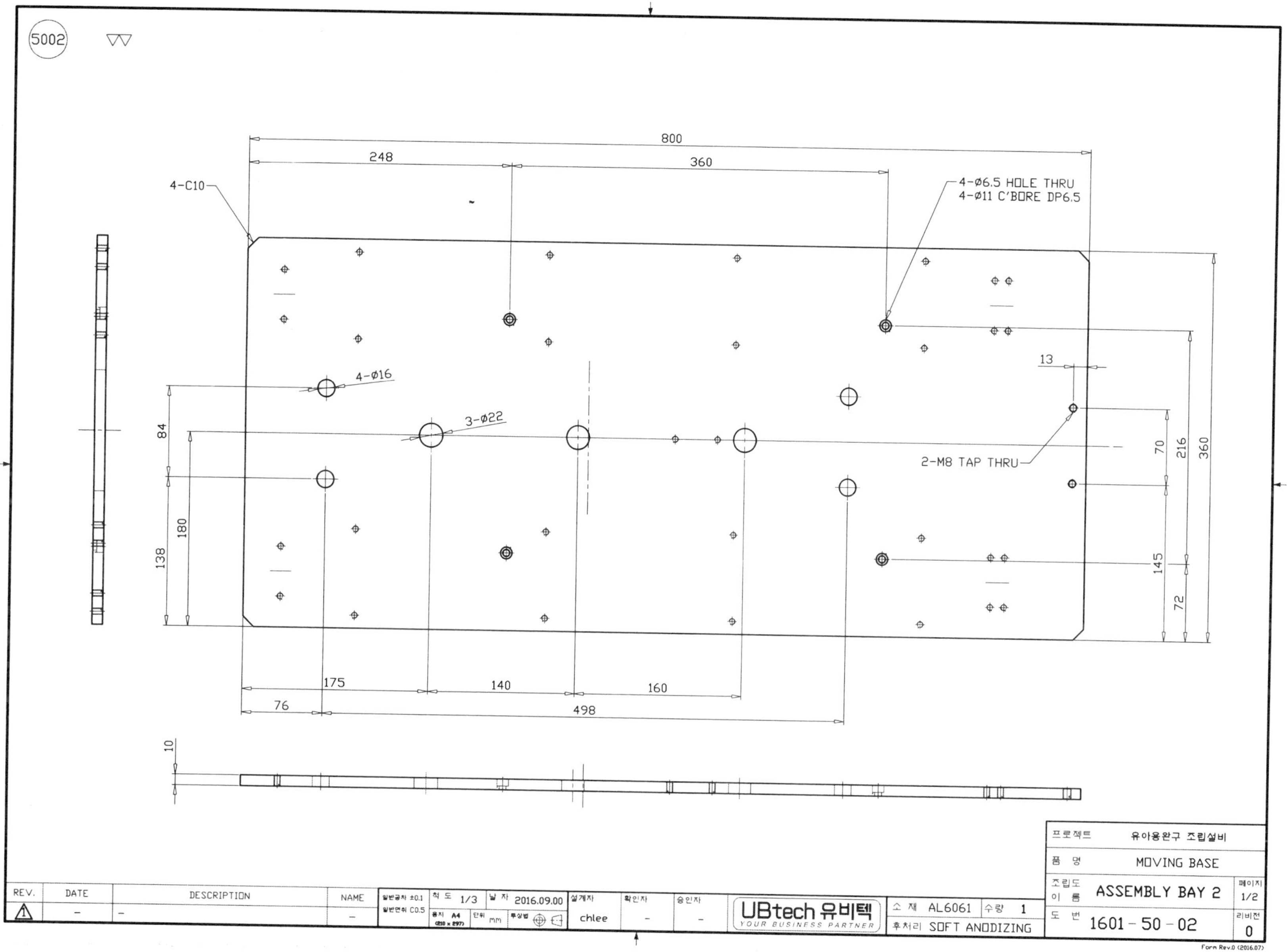
5002
800
248
360
4-C10
4-Ø6.5 HOLE THRU
4-Ø11 C'BORE DP6.5
13
4-Ø16
3-Ø22
2-M8 TAP THRU
84
180
138
70
216
360
145
72
175
140
160
76
498
10
REV.
DATE
DESCRIPTION
NAME
일반공차 ±0.1
일반면취 C0.5
척 도 1/3
날 자 2016.09.00
용지 A4 (210 × 297)
단위 mm
투상법
설계자 chlee
확인자 -
승인자 -
UBtech 유비텍
YOUR BUSINESS PARTNER
소 재 AL6061
수량 1
후처리 SOFT ANODIZING
프로젝트 유아용완구 조립설비
품 명 MOVING BASE
조립도 이 름 ASSEMBLY BAY 2
페이지 1/2
도 번 1601 - 50 - 02
리비전 0
Form Rev.0 (2016.07)

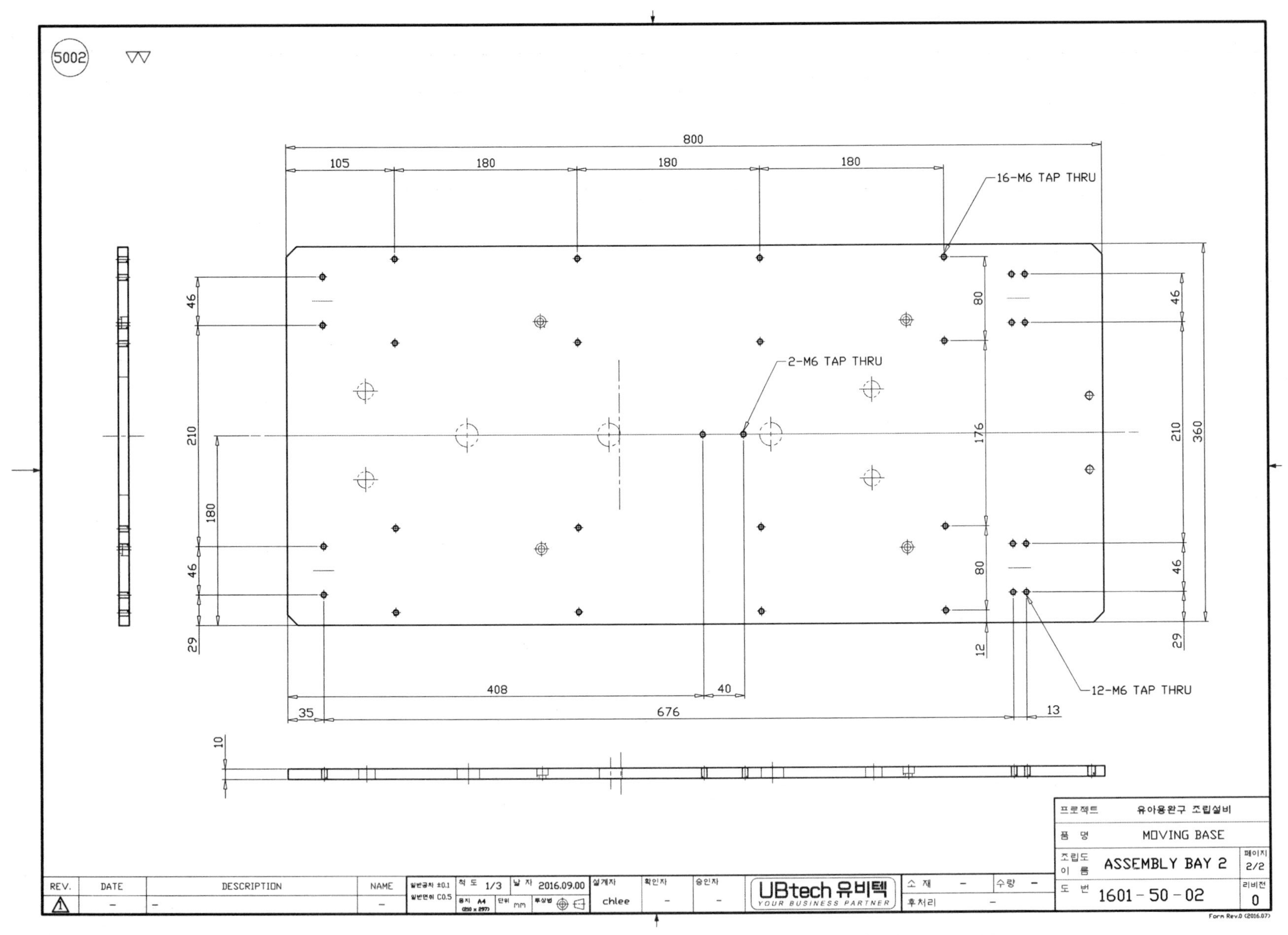

5002
16-M6 TAP THRU
2-M6 TAP THRU
12-M6 TAP THRU
프로젝트 유아용완구 조립설비
품명 MOVING BASE
조립도 이름 ASSEMBLY BAY 2
페이지 2/2
도번 1601 - 50 - 02
리비전 0
REV. DATE DESCRIPTION NAME
척도 1/3
날자 2016.09.00
설계자 chlee
확인자 -
승인자 -
용지 A4
단위 mm
UBtech 유비텍
YOUR BUSINESS PARTNER
소재 -
수량 -
후처리 -
Form Rev.0 (2016.07)

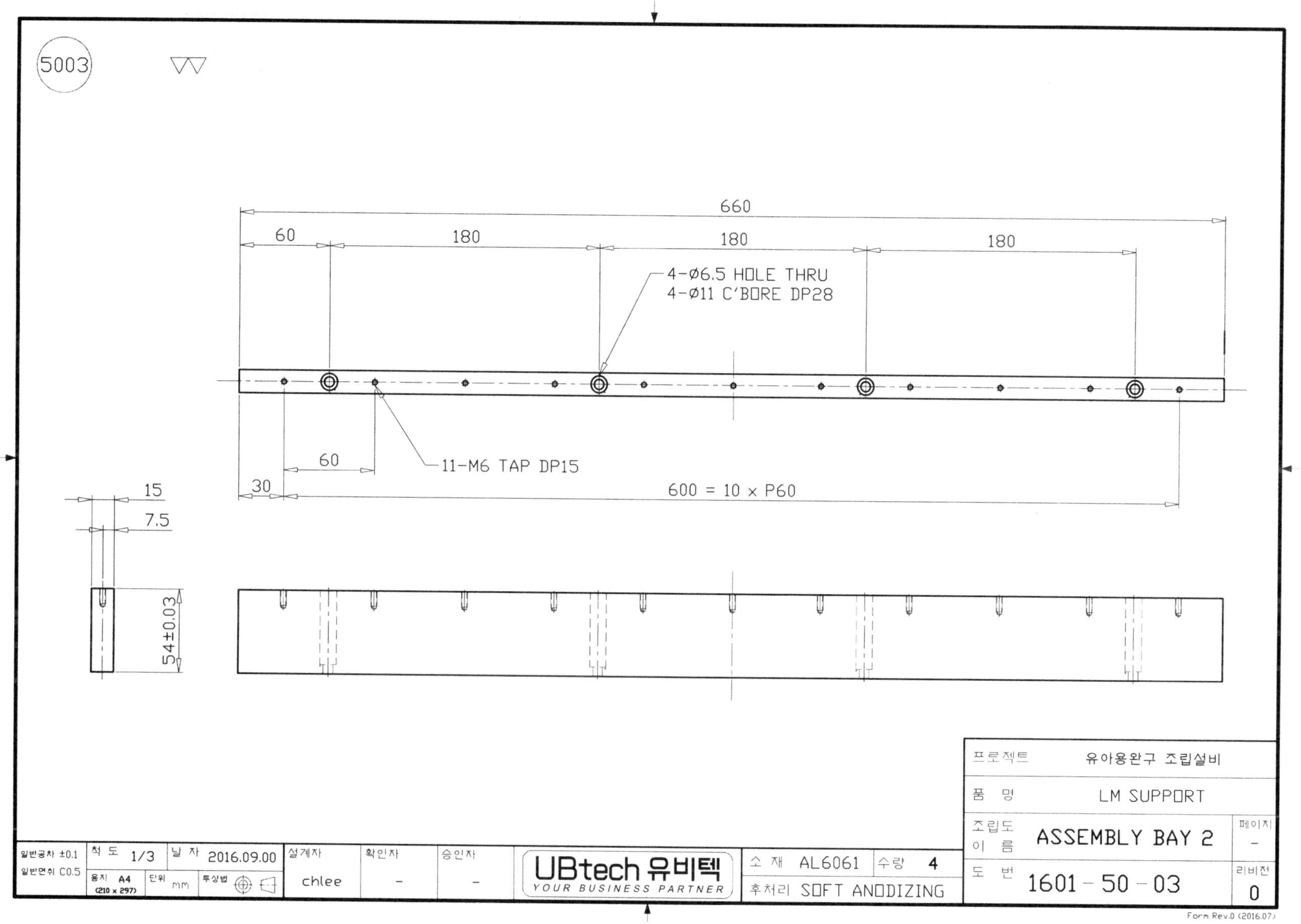
5003
660
60
180
180
180
4-Ø6.5 HOLE THRU
4-Ø11 C'BORE DP28
11-M6 TAP DP15
60
30
600 = 10 x P60
15
7.5
54±0.03
프로젝트 유아용완구 조립설비
품 명 LM SUPPORT
조립도 이 름 ASSEMBLY BAY 2
페이지 -
도 번 1601 - 50 - 03
리비전 0
일반공차 ±0.1
일반면취 C0.5
척 도 1/3
날 자 2016.09.00
용지 A4 (210 x 297)
단위 mm
투상법
설계자 chlee
확인자 -
승인자 -
UBtech 유비텍
YOUR BUSINESS PARTNER
소 재 AL6061
수량 4
후처리 SOFT ANODIZING
Form Rev.0 (2016.07)

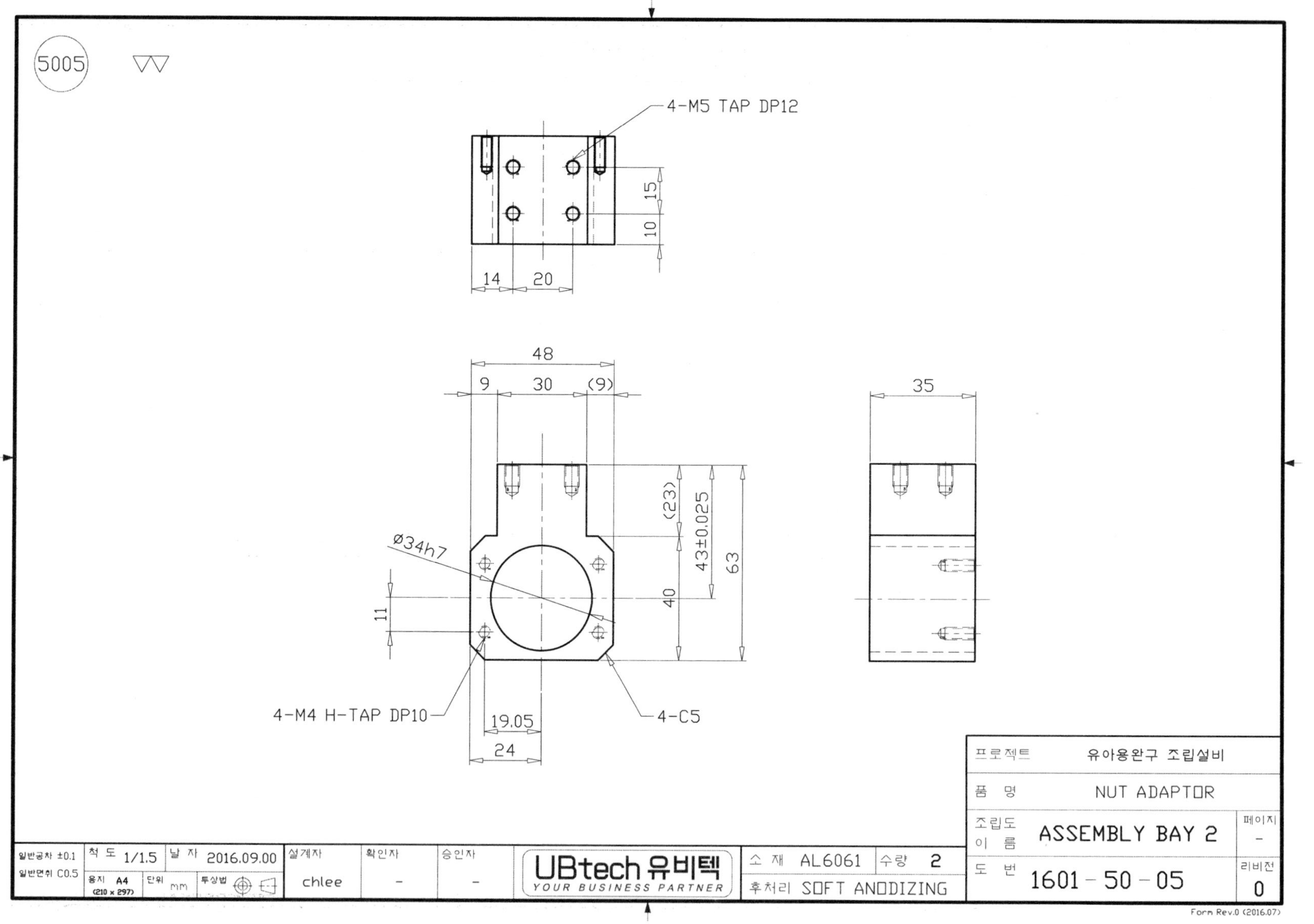

5005
4-M5 TAP DP12
15
10
14
20
48
9
30
(9)
35
(23)
43±0.025
63
40
Ø34h7
11
4-M4 H-TAP DP10
19.05
24
4-C5
프로젝트 유아용완구 조립설비
품 명 NUT ADAPTOR
조립도 이 름 ASSEMBLY BAY 2
페이지 -
도 번 1601 - 50 - 05
리비전 0
일반공차 ±0.1
일반면취 C0.5
척 도 1/1.5
날 자 2016.09.00
용지 A4 (210 x 297)
단위 mm
투상법
설계자 chlee
확인자 -
승인자 -
UBtech 유비텍
YOUR BUSINESS PARTNER
소 재 AL6061
수량 2
후처리 SOFT ANODIZING
Form Rev.0 (2016.07)

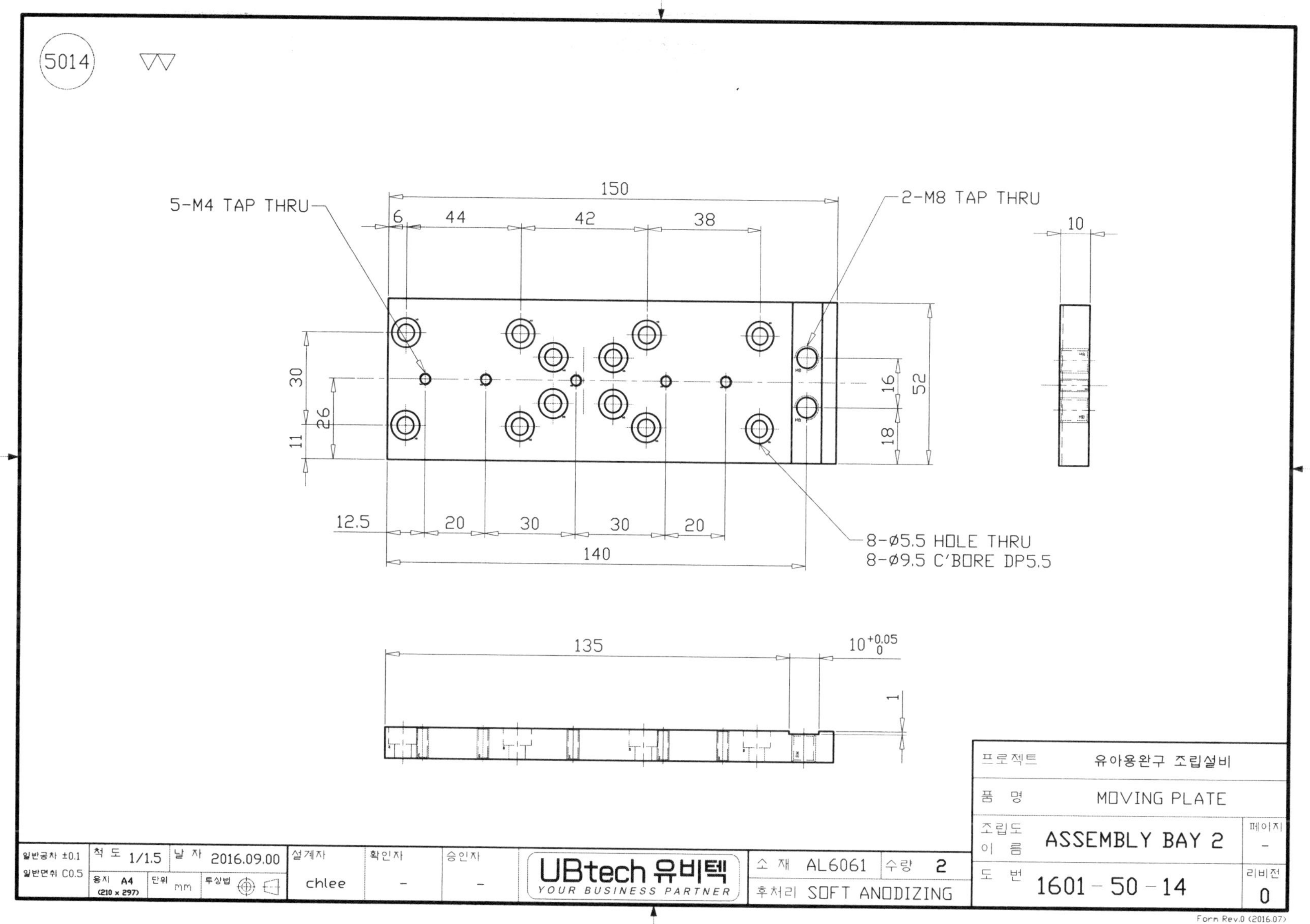
5014
5-M4 TAP THRU
2-M8 TAP THRU
8-Ø5.5 HOLE THRU
8-Ø9.5 C'BORE DP5.5
프로젝트 유아용완구 조립설비
품 명 MOVING PLATE
조립도 이 름 ASSEMBLY BAY 2
페이지 -
도 번 1601 - 50 - 14
리비전 0
소 재 AL6061
수량 2
후처리 SOFT ANODIZING
UBtech 유비텍
YOUR BUSINESS PARTNER
설계자 chlee
확인자 -
승인자 -
척 도 1/1.5
날 자 2016.09.00
용지 A4 (210 x 297)
단위 mm
투상법
일반공차 ±0.1
일반면취 C0.5
Form Rev.0 (2016.07)

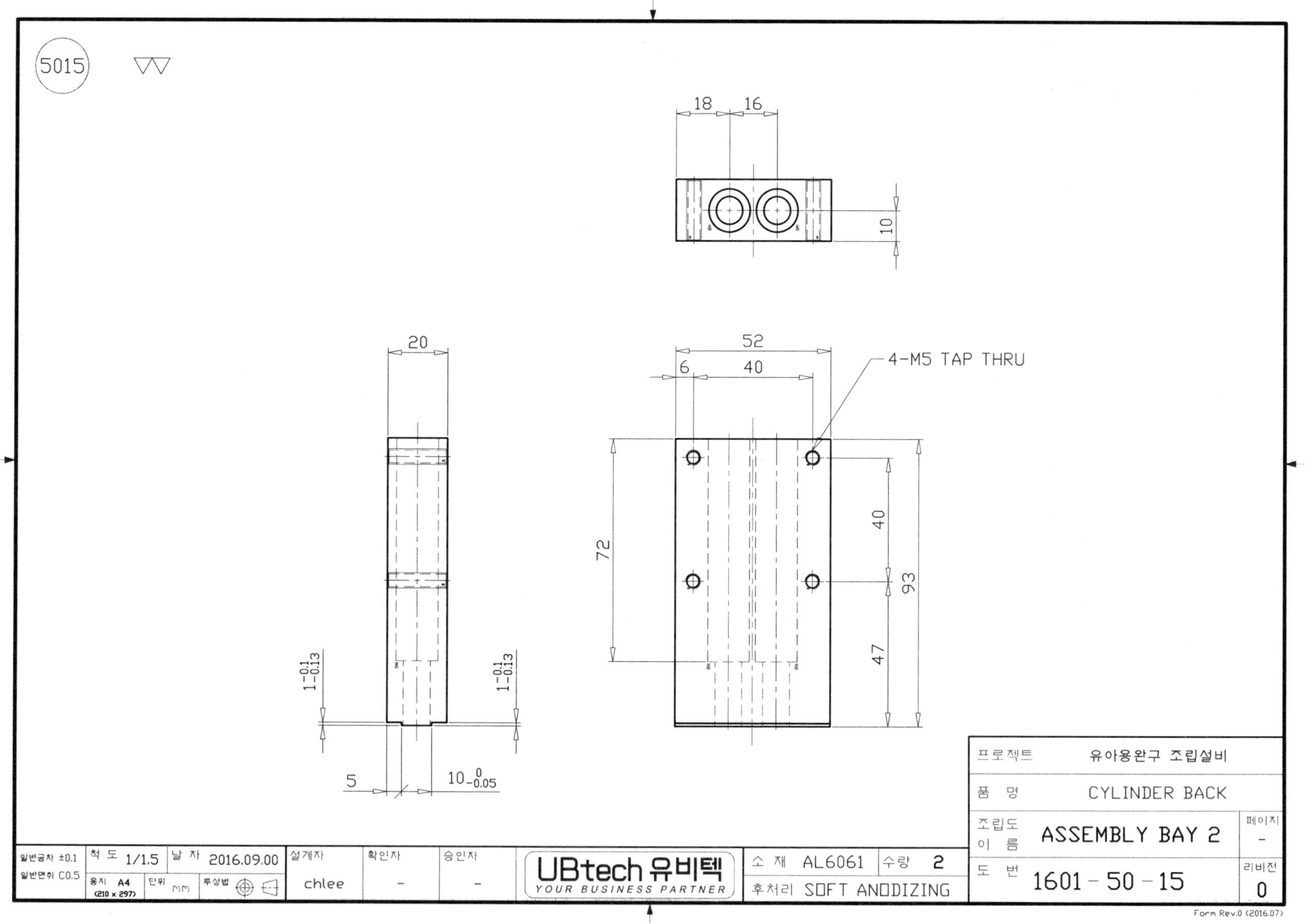

5015
18
16
10
20
52
6
40
4-M5 TAP THRU
72
40
93
47
$1^{-0.1}_{-0.13}$
$1^{-0.1}_{-0.13}$
5
$10^{0}_{-0.05}$
프로젝트 유아용완구 조립설비
품 명 CYLINDER BACK
조립도 이 름 ASSEMBLY BAY 2
페이지 -
도 번 1601 - 50 - 15
리비전 0
소 재 AL6061
수량 2
후처리 SOFT ANODIZING
UBtech 유비텍
YOUR BUSINESS PARTNER
설계자 chlee
확인자 -
승인자 -
척 도 1/1.5
날 자 2016.09.00
용지 A4 (210 x 297)
단위 mm
투상법
일반공차 ±0.1
일반면취 C0.5
Form Rev.0 (2016.07)

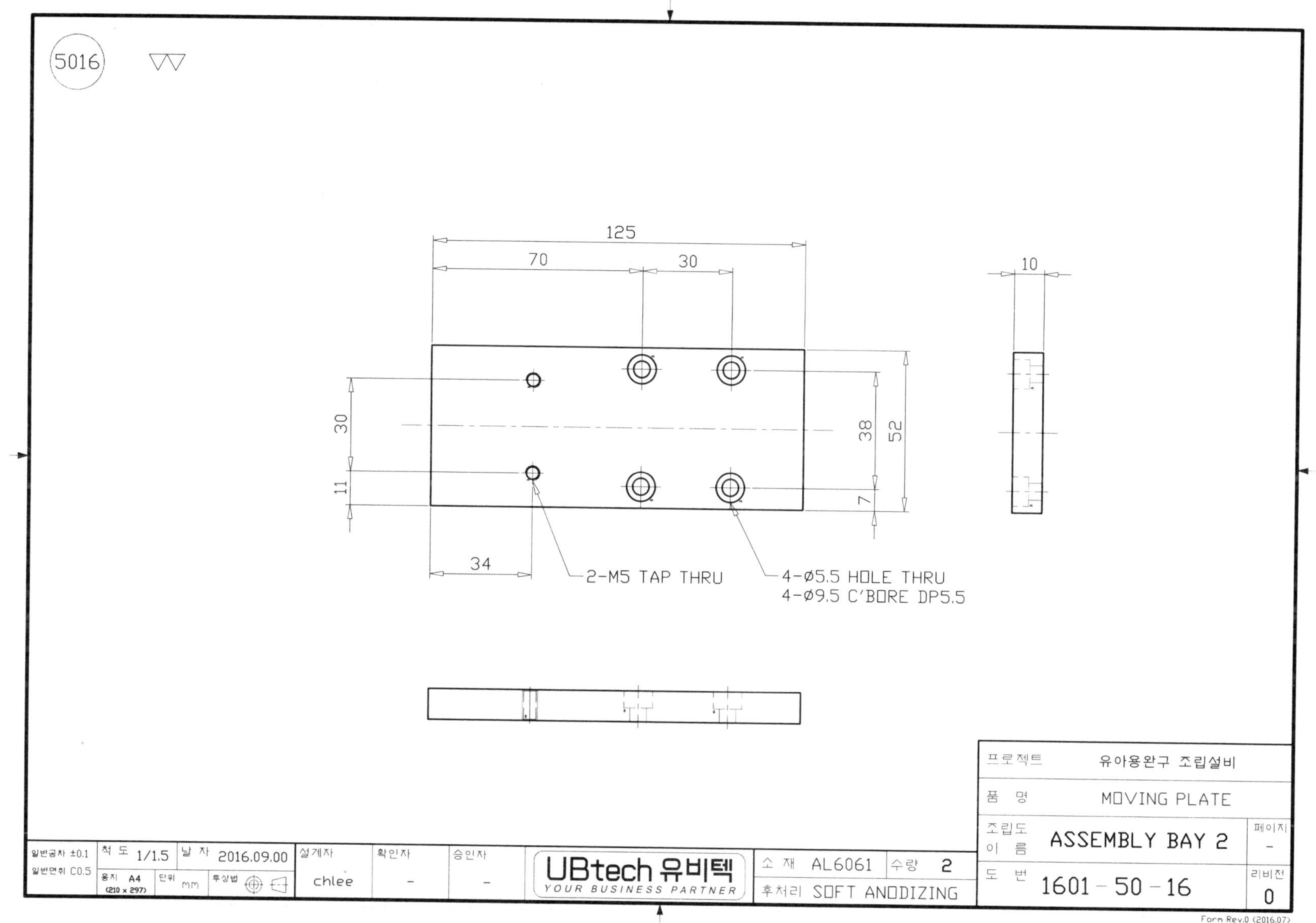

5016
125
70
30
10
30
11
38
52
7
34
2-M5 TAP THRU
4-Ø5.5 HOLE THRU
4-Ø9.5 C'BORE DP5.5
프로젝트 유아용완구 조립설비
품 명 MOVING PLATE
조립도 이 름 ASSEMBLY BAY 2
페이지 -
도 번 1601 - 50 - 16
리비전 0
일반공차 ±0.1
일반면취 C0.5
척 도 1/1.5
날 자 2016.09.00
용지 A4 (210 x 297)
단위 mm
투상법
설계자 chlee
확인자 -
승인자 -
UBtech 유비텍
YOUR BUSINESS PARTNER
소 재 AL6061
수량 2
후처리 SOFT ANODIZING
Form Rev.0 (2016.07)

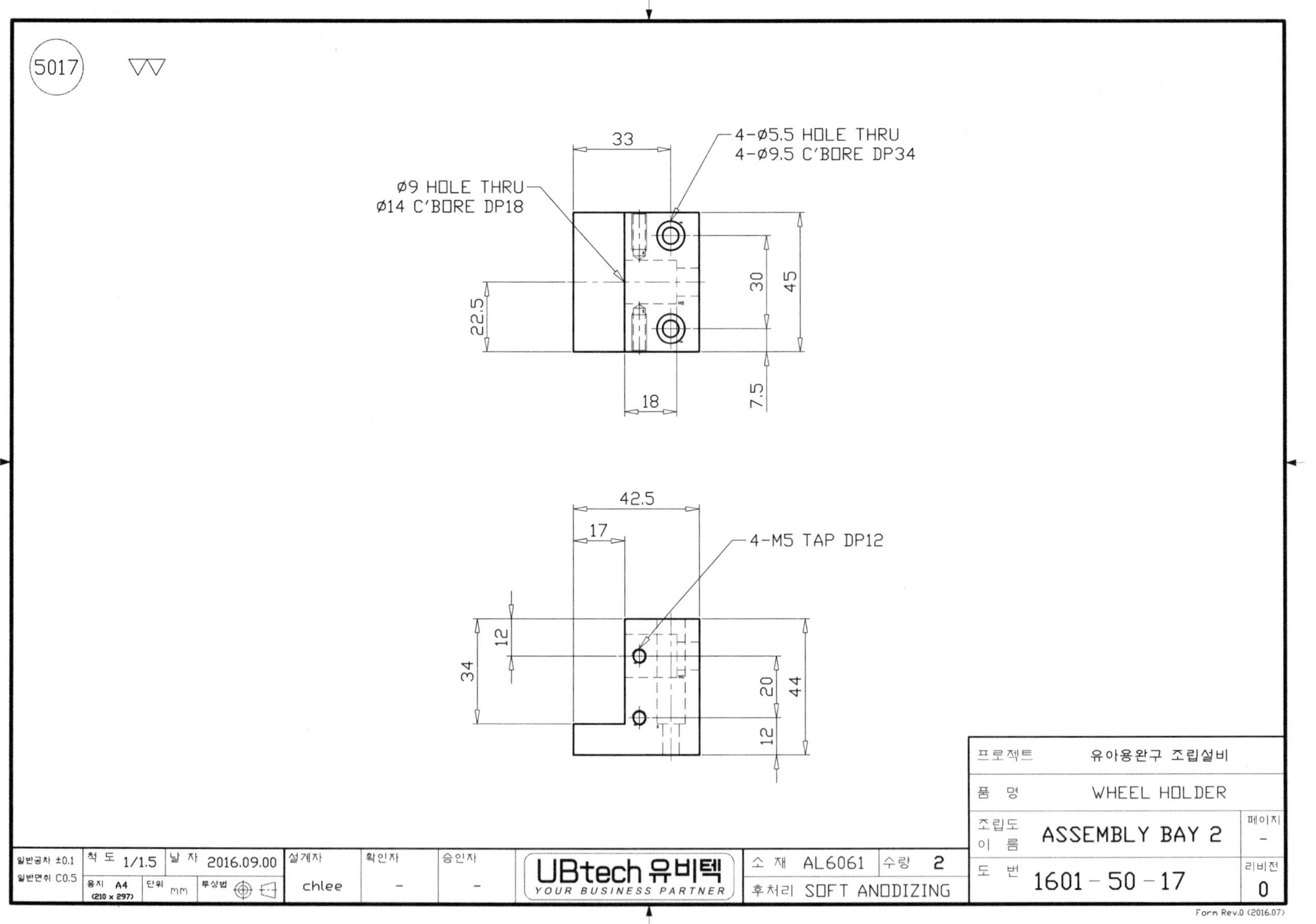
5017
33
4-Ø5.5 HOLE THRU
4-Ø9.5 C'BORE DP34
Ø9 HOLE THRU
Ø14 C'BORE DP18
30
45
22.5
18
7.5
42.5
17
4-M5 TAP DP12
12
34
20
44
12
프로젝트 유아용완구 조립설비
품 명 WHEEL HOLDER
조립도 이 름 ASSEMBLY BAY 2
페이지 -
도 번 1601 - 50 - 17
리비전 0
일반공차 ±0.1
일반면취 C0.5
척 도 1/1.5
날 자 2016.09.00
용지 A4 (210 x 297)
단위 mm
투상법
설계자 chlee
확인자 -
승인자 -
UBtech 유비텍
YOUR BUSINESS PARTNER
소 재 AL6061
수량 2
후처리 SOFT ANODIZING
Form Rev.0 (2016.07)

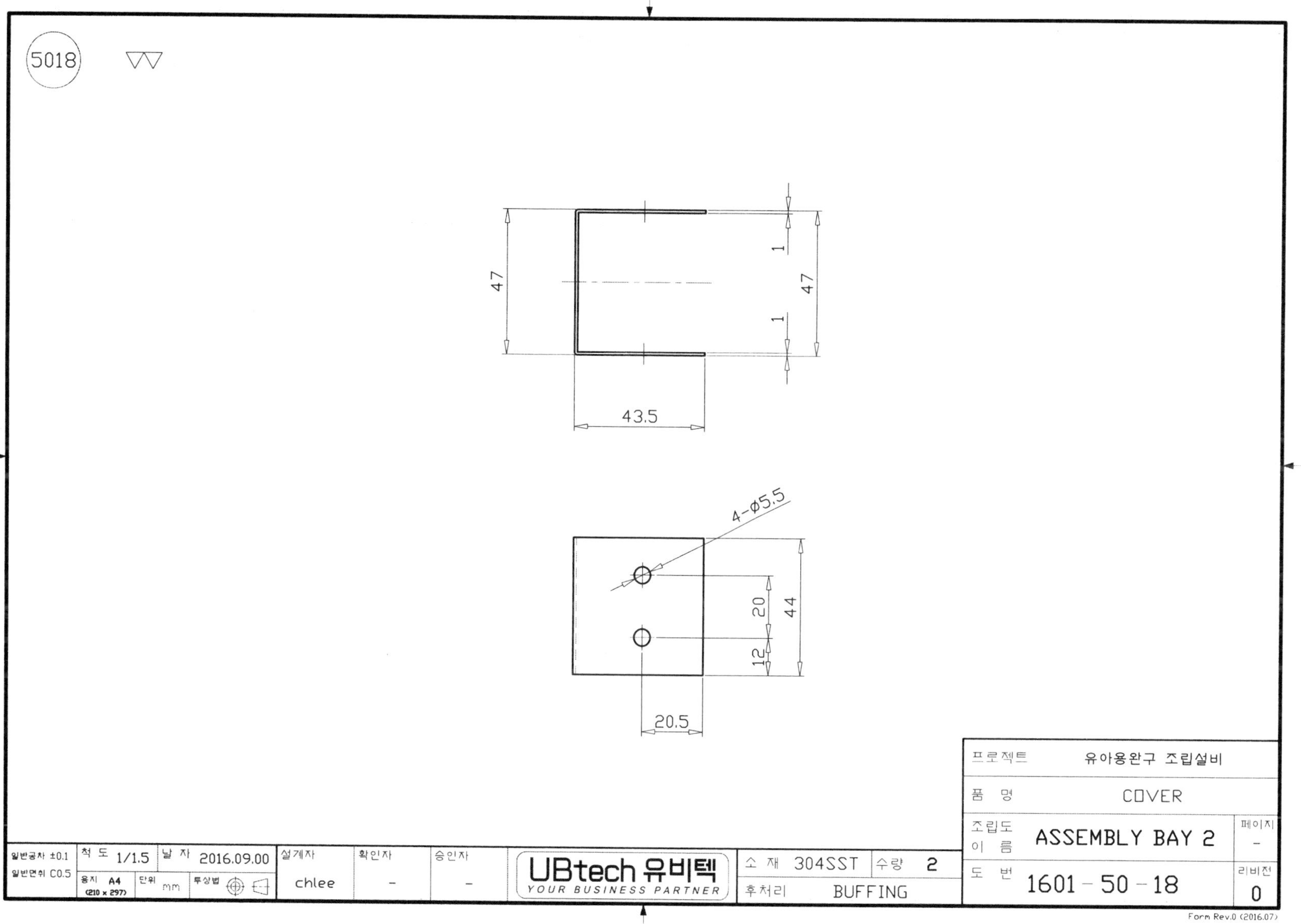

5018
47
1
47
1
43.5
4-Φ5.5
20
44
12
20.5
일반공차 ±0.1
일반면취 C0.5
척 도 1/1.5
날 자 2016.09.00
용지 A4 (210 x 297)
단위 mm
투상법
설계자 chlee
확인자 -
승인자 -
UBtech 유비텍
YOUR BUSINESS PARTNER
소 재 304SST
수량 2
후처리 BUFFING
프로젝트 유아용완구 조립설비
품 명 COVER
조립도 이 름 ASSEMBLY BAY 2
페이지 -
도 번 1601 - 50 - 18
리비전 0
Form Rev.0 (2016.07)

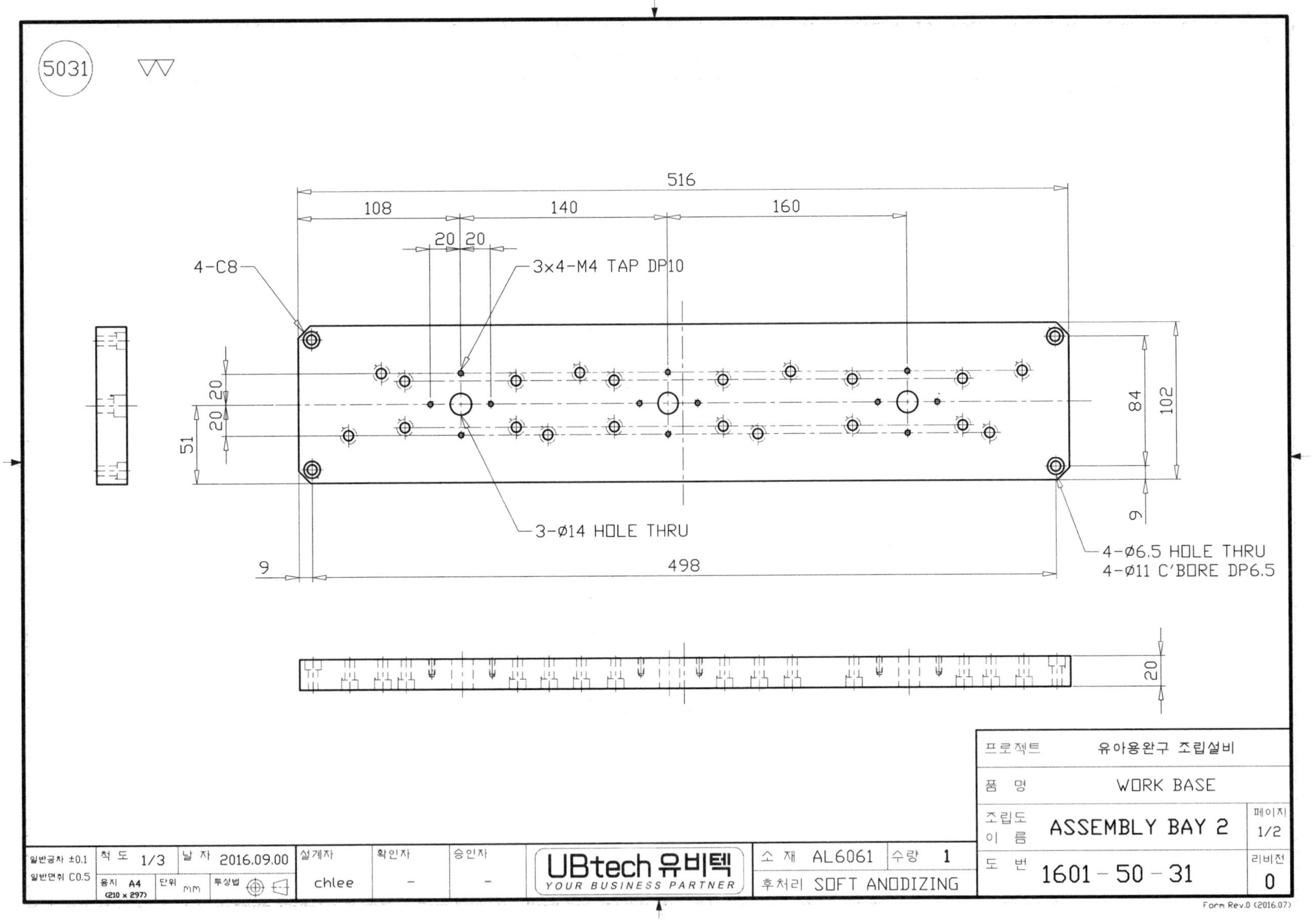

5031
516
108
140
160
20 20
4-C8
3x4-M4 TAP DP10
20
20
51
84
102
9
3-Ø14 HOLE THRU
9
498
4-Ø6.5 HOLE THRU
4-Ø11 C'BORE DP6.5
20
프로젝트 유아용완구 조립설비
품 명 WORK BASE
조립도 이 름 ASSEMBLY BAY 2
페이지 1/2
도 번 1601 - 50 - 31
리비전 0
소 재 AL6061
수량 1
후처리 SOFT ANODIZING
UBtech 유비텍
YOUR BUSINESS PARTNER
일반공차 ±0.1
일반면취 C0.5
척 도 1/3
용지 A4 (210 x 297)
단위 mm
날 자 2016.09.00
투상법
설계자 chlee
확인자 -
승인자 -
Form Rev.0 (2016.07)

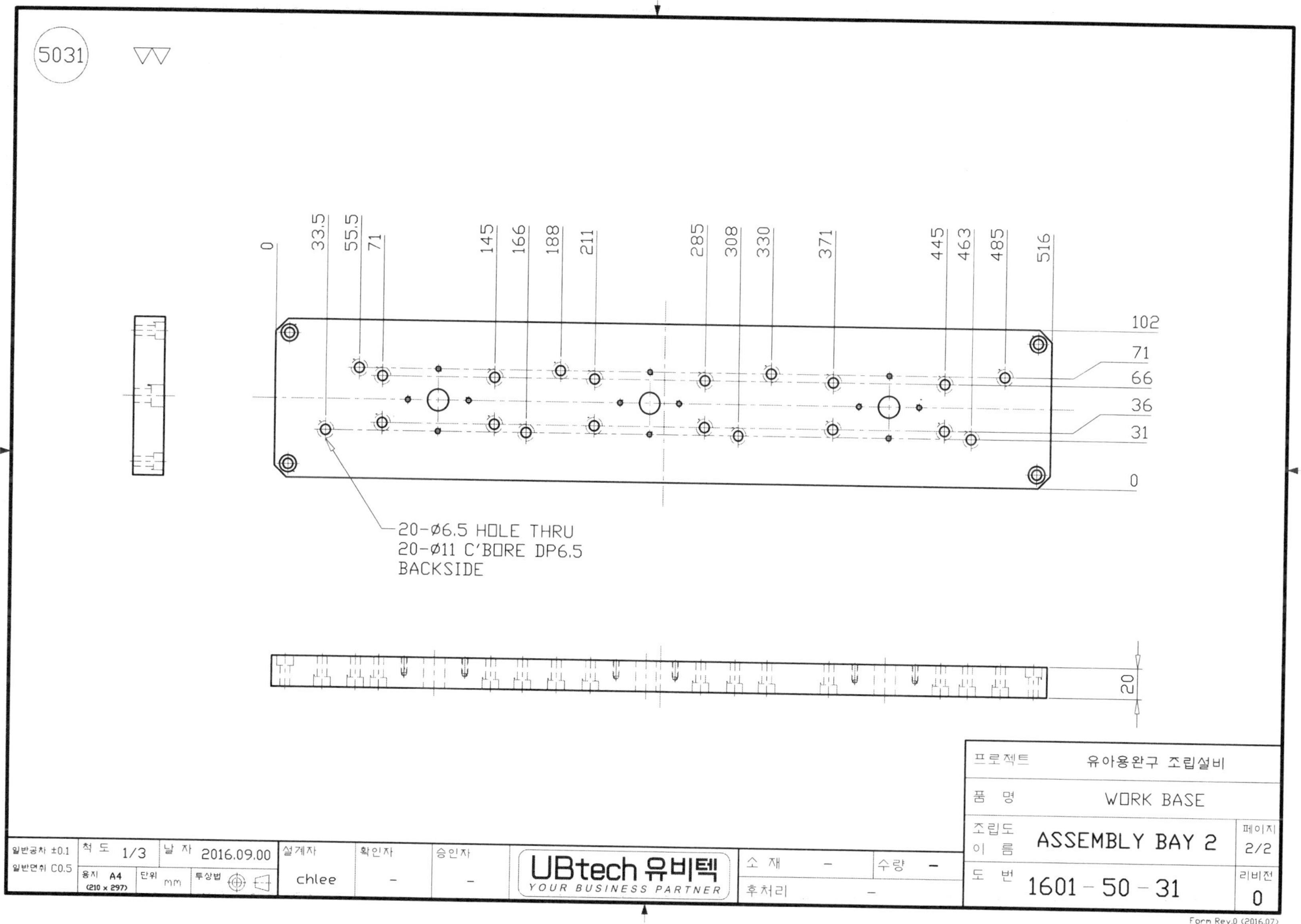

5031
0
33.5
55.5
71
145
166
188
211
285
308
330
371
445
463
485
516
102
71
66
36
31
0
20-Ø6.5 HOLE THRU
20-Ø11 C'BORE DP6.5
BACKSIDE
20
프로젝트 유아용완구 조립설비
품명 WORK BASE
조립도 이름 ASSEMBLY BAY 2
페이지 2/2
도번 1601 - 50 - 31
리비전 0
일반공차 ±0.1
일반면취 C0.5
척도 1/3
날자 2016.09.00
용지 A4 (210 x 297)
단위 mm
투상법
설계자 chlee
확인자 -
승인자 -
UBtech 유비텍
YOUR BUSINESS PARTNER
소재 -
수량 -
후처리 -
Form Rev.0 (2016.07)

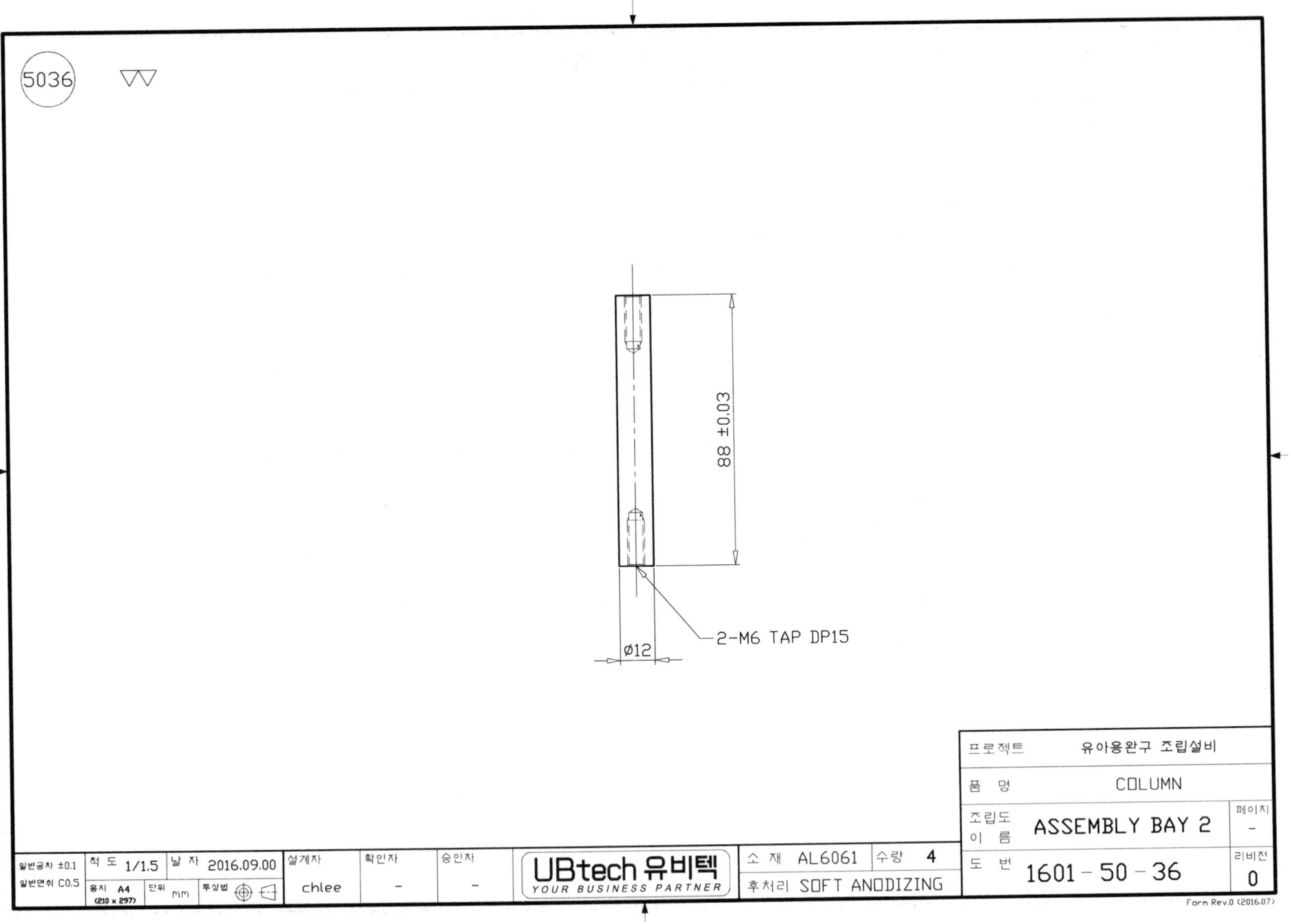

5036
88 ±0.03
2-M6 TAP DP15
Ø12
프로젝트 유아용완구 조립설비
품 명 COLUMN
조립도 이 름 ASSEMBLY BAY 2
페이지 -
도 번 1601 - 50 - 36
리비전 0
일반공차 ±0.1
일반면취 C0.5
척 도 1/1.5
날 자 2016.09.00
용지 A4 (210 x 297)
단위 mm
투상법
설계자 chlee
확인자 -
승인자 -
UBtech 유비텍
YOUR BUSINESS PARTNER
소 재 AL6061
수량 4
후처리 SOFT ANODIZING
Form Rev.0 (2016.07)

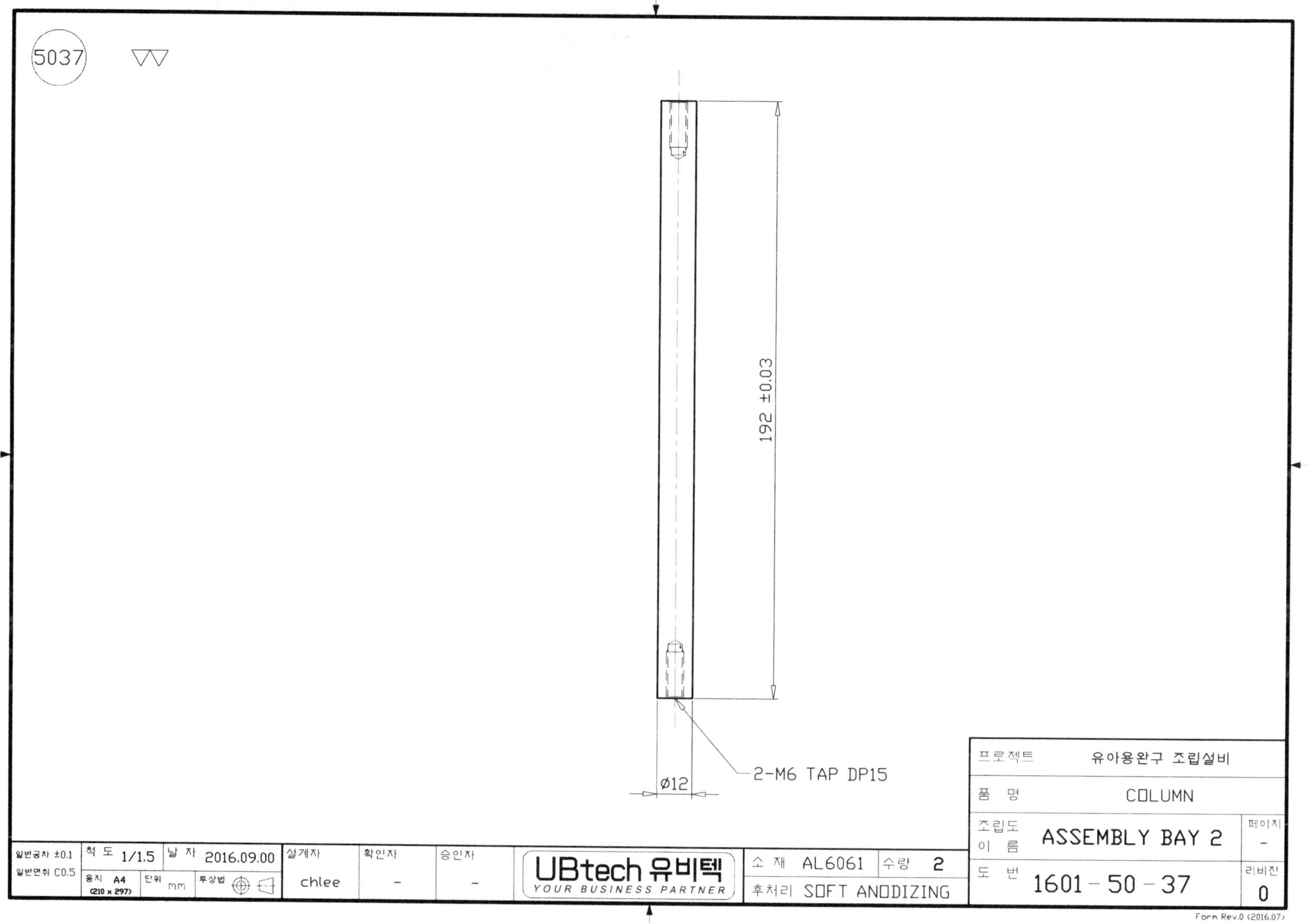
5037
192 ±0.03
Ø12
2-M6 TAP DP15
프로젝트 유아용완구 조립설비
품 명 COLUMN
조립도 이 름 ASSEMBLY BAY 2
페이지 -
도 번 1601 - 50 - 37
리비전 0
일반공차 ±0.1
일반면취 C0.5
척 도 1/1.5
날 자 2016.09.00
용지 A4 (210 x 297)
단위 mm
투상법
설계자 chlee
확인자 -
승인자 -
UBtech 유비텍
YOUR BUSINESS PARTNER
소 재 AL6061
수량 2
후처리 SOFT ANODIZING
Form Rev.0 (2016.07)

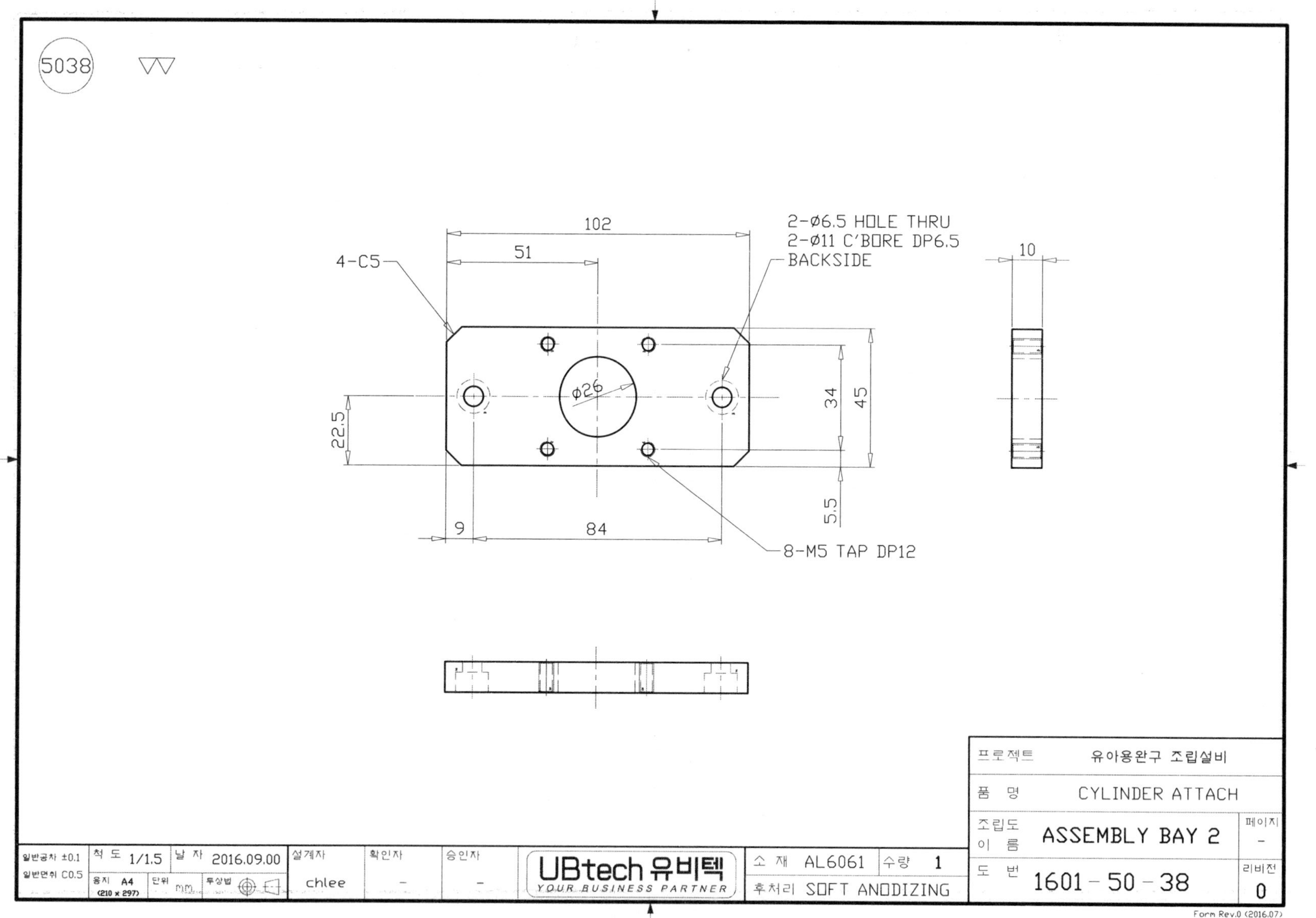

5038
102
51
4-C5
2-Ø6.5 HOLE THRU
2-Ø11 C'BORE DP6.5
BACKSIDE
10
Ø26
22.5
34
45
5.5
9
84
8-M5 TAP DP12
프로젝트 유아용완구 조립설비
품 명 CYLINDER ATTACH
조립도 이 름 ASSEMBLY BAY 2
페이지 -
도 번 1601 - 50 - 38
리비전 0
일반공차 ±0.1
일반면취 C0.5
척 도 1/1.5
날 자 2016.09.00
용지 A4 (210 × 297)
단위 mm
투상법
설계자 chlee
확인자 -
승인자 -
UBtech 유비텍
YOUR BUSINESS PARTNER
소 재 AL6061
수량 1
후처리 SOFT ANODIZING
Form Rev.0 (2016.07)

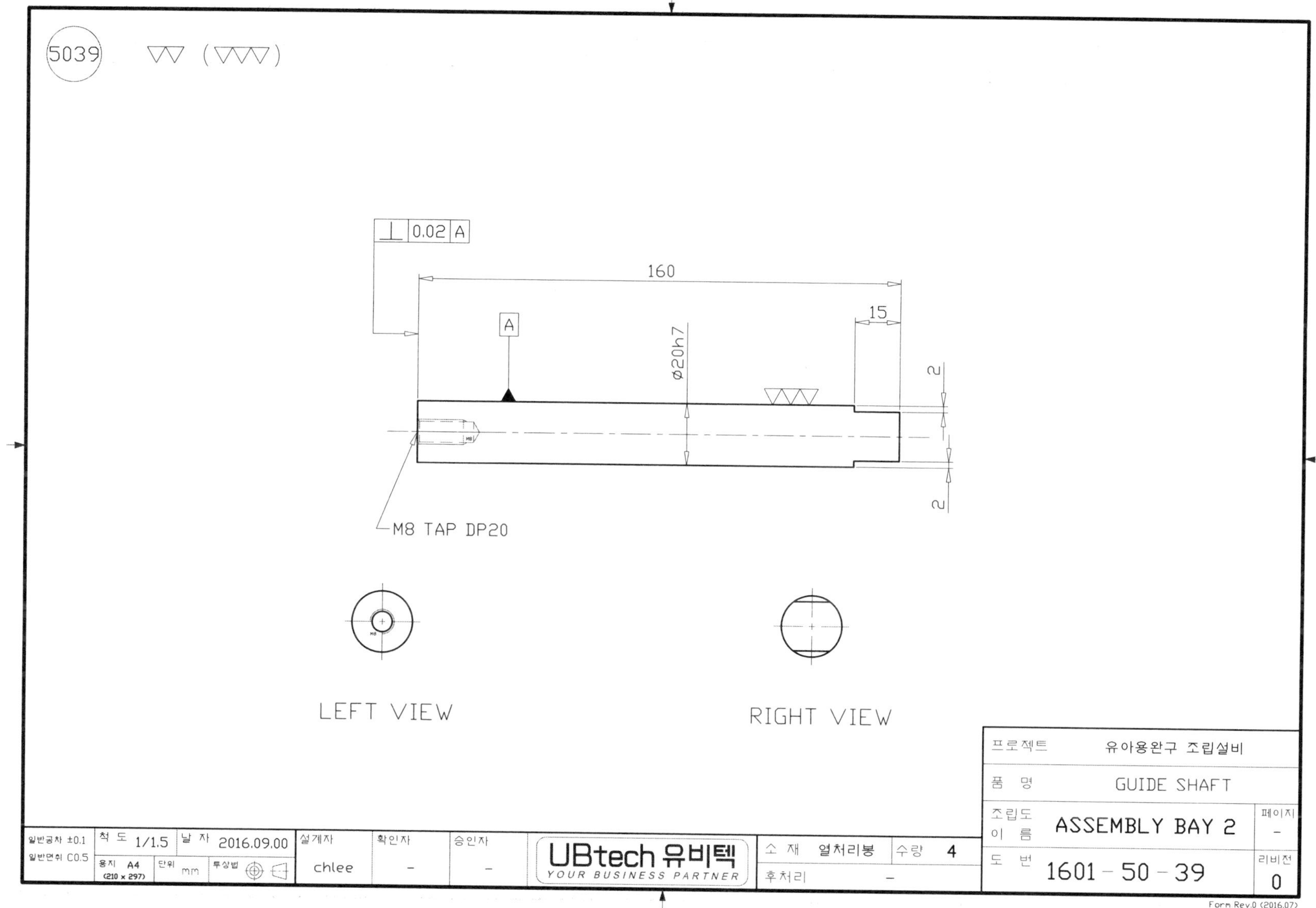
5039
0.02 A
160
A
Ø20h7
15
2
2
M8 TAP DP20
LEFT VIEW
RIGHT VIEW
프로젝트 유아용완구 조립설비
품 명 GUIDE SHAFT
조립도 이 름 ASSEMBLY BAY 2
페이지 -
도 번 1601 - 50 - 39
리비전 0
일반공차 ±0.1
일반면취 C0.5
척 도 1/1.5
날 자 2016.09.00
용지 A4 (210 x 297)
단위 mm
투상법
설계자 chlee
확인자 -
승인자 -
UBtech 유비텍
YOUR BUSINESS PARTNER
소 재 열처리봉
수량 4
후처리 -
Form Rev.0 (2016.07)

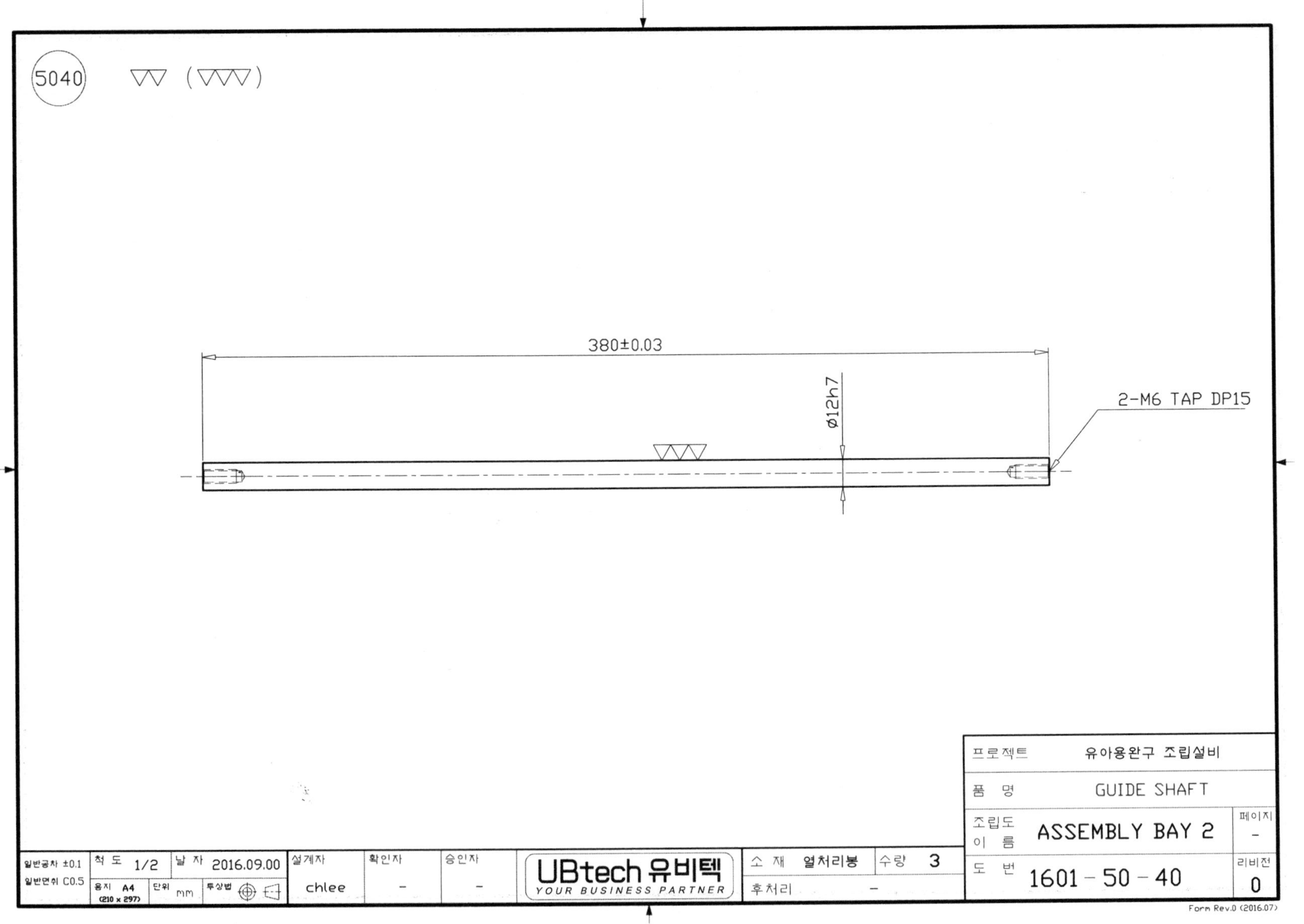
5040
380±0.03
ø12h7
2-M6 TAP DP15
프로젝트 유아용완구 조립설비
품 명 GUIDE SHAFT
조립도 이 름 ASSEMBLY BAY 2
페이지 -
도 번 1601 - 50 - 40
리비전 0
일반공차 ±0.1
일반면취 C0.5
척 도 1/2
날 자 2016.09.00
용지 A4 (210 x 297)
단위 mm
투상법
설계자 chlee
확인자 -
승인자 -
UBtech 유비텍
YOUR BUSINESS PARTNER
소 재 열처리봉
수량 3
후처리 -
Form Rev.0 (2016.07)

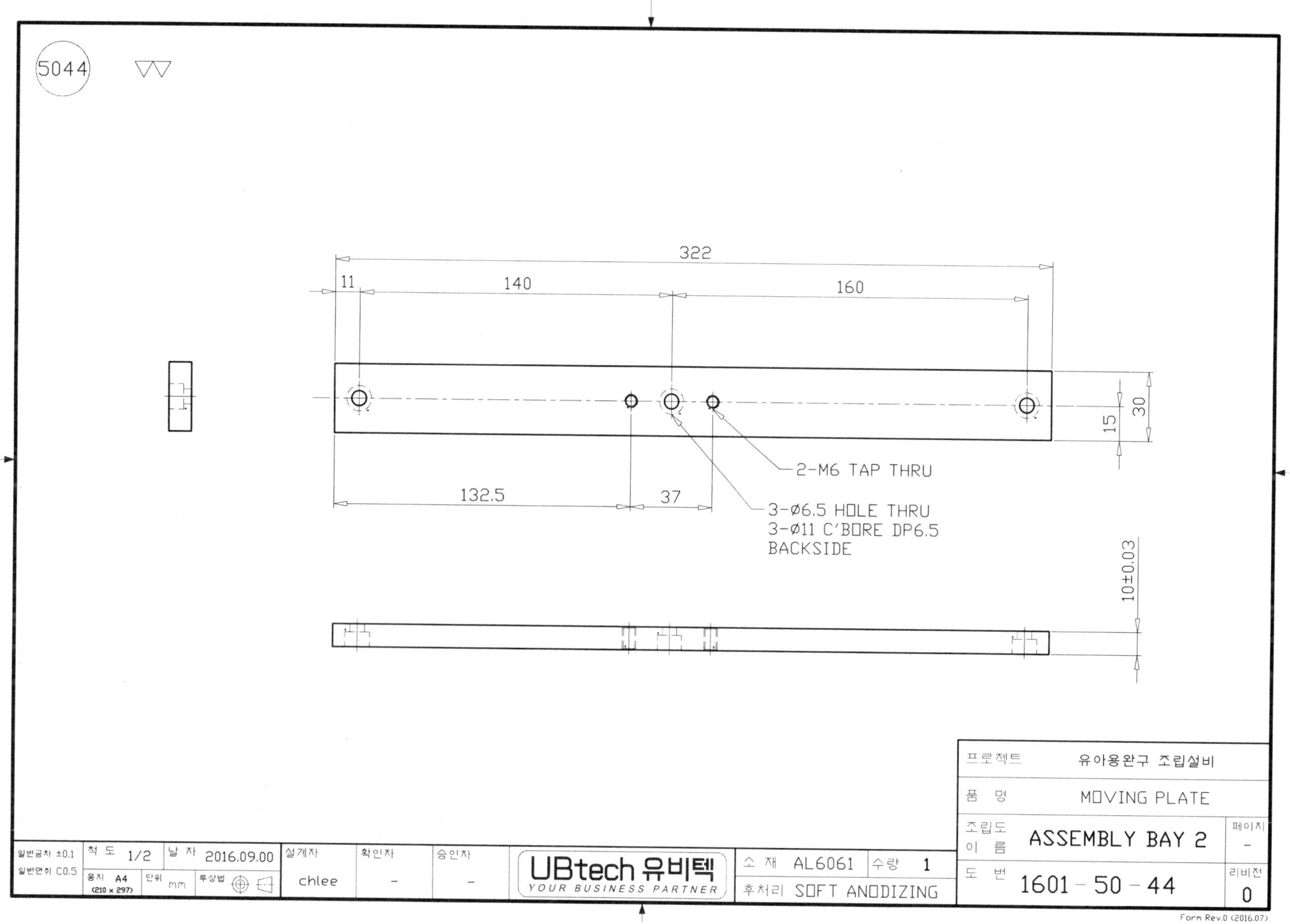

5044
322
11
140
160
15
30
132.5
37
2-M6 TAP THRU
3-Ø6.5 HOLE THRU
3-Ø11 C'BORE DP6.5
BACKSIDE
10±0.03
프로젝트 유아용완구 조립설비
품 명 MOVING PLATE
조립도 이 름 ASSEMBLY BAY 2
페이지 -
도 번 1601 - 50 - 44
리비전 0
일반공차 ±0.1
일반면취 C0.5
척 도 1/2
용지 A4 (210 x 297)
단위 mm
날 자 2016.09.00
투상법
설계자 chlee
확인자 -
승인자 -
UBtech 유비텍
YOUR BUSINESS PARTNER
소 재 AL6061
수량 1
후처리 SOFT ANODIZING
Form Rev.0 (2016.07)

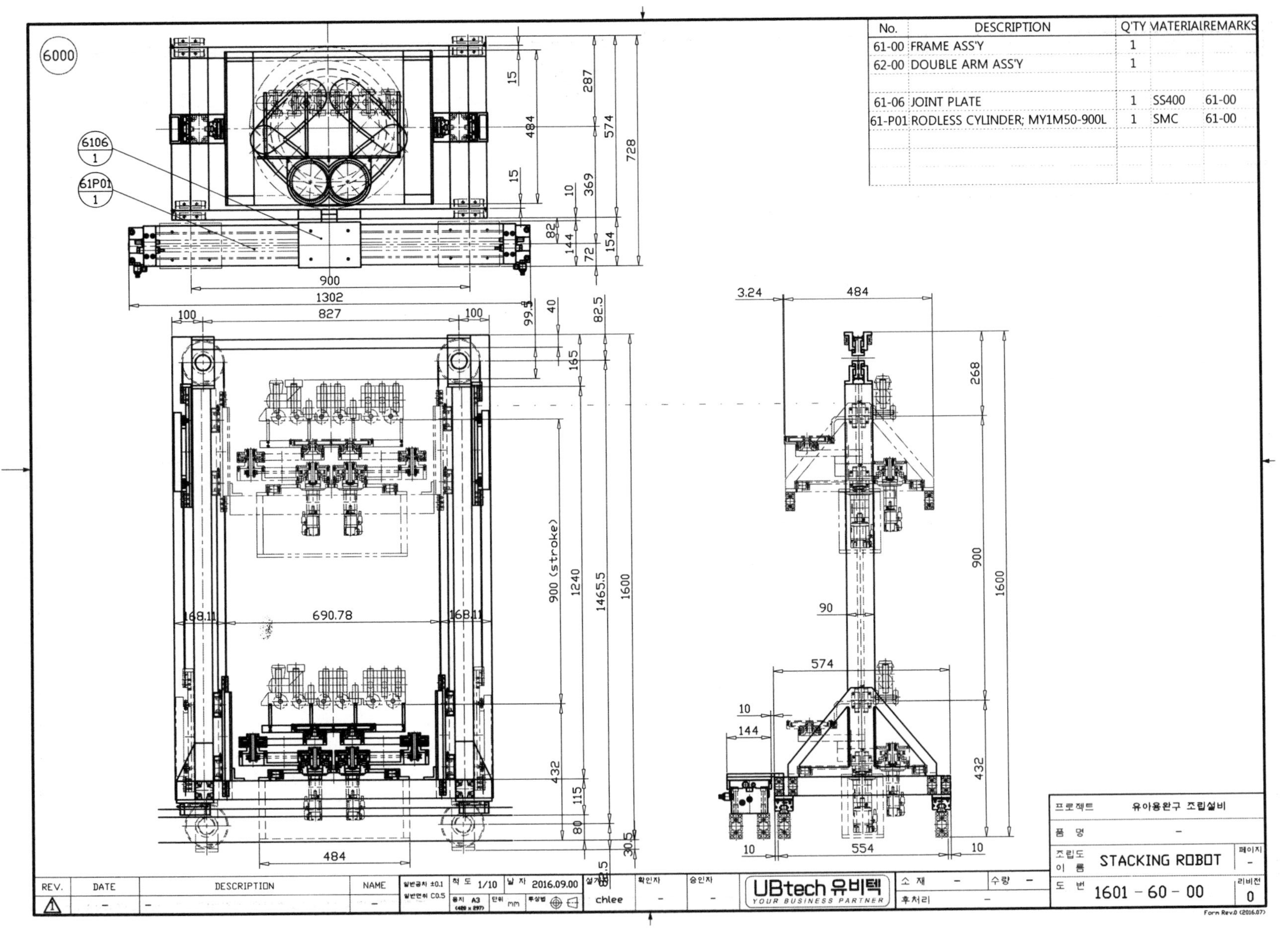
No.
DESCRIPTION
Q'TY
MATERIAL
REMARKS
61-00 FRAME ASS'Y 1
62-00 DOUBLE ARM ASS'Y 1
61-06 JOINT PLATE 1 SS400 61-00
61-P01 RODLESS CYLINDER; MY1M50-900L 1 SMC 61-00
6000
6106 1
61P01 1
900 (stroke)
1600
1465.5
1240
690.78
프로젝트 유아용완구 조립설비
품명 -
조립도 이름 STACKING ROBOT
페이지 -
도번 1601 - 60 - 00
리비전 0
UBtech 유비텍
YOUR BUSINESS PARTNER
척도 1/10
날자 2016.09.00
chlee
REV.
DATE
DESCRIPTION
NAME
Form Rev.0 (2016.07)

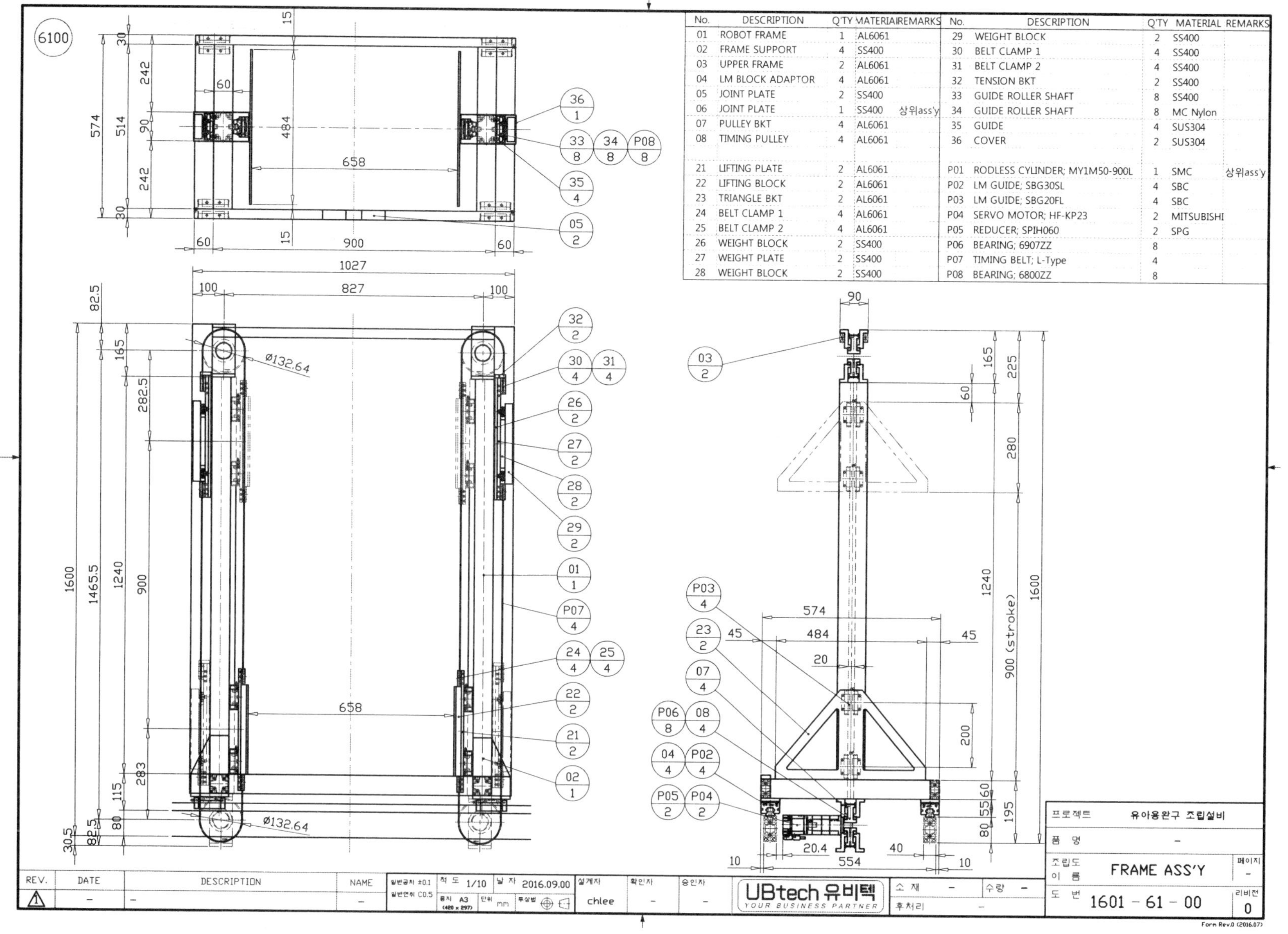

No.	DESCRIPTION	Q'TY	MATERIAL	REMARKS
01	ROBOT FRAME	1	AL6061	
02	FRAME SUPPORT	4	SS400	
03	UPPER FRAME	2	AL6061	
04	LM BLOCK ADAPTOR	4	AL6061	
05	JOINT PLATE	2	SS400	
06	JOINT PLATE	1	SS400	상위ass'y
07	PULLEY BKT	4	AL6061	
08	TIMING PULLEY	4	AL6061	
21	LIFTING PLATE	2	AL6061	
22	LIFTING BLOCK	2	AL6061	
23	TRIANGLE BKT	2	AL6061	
24	BELT CLAMP 1	4	AL6061	
25	BELT CLAMP 2	4	AL6061	
26	WEIGHT BLOCK	2	SS400	
27	WEIGHT PLATE	2	SS400	
28	WEIGHT BLOCK	2	SS400	
29	WEIGHT BLOCK	2	SS400	
30	BELT CLAMP 1	4	SS400	
31	BELT CLAMP 2	4	SS400	
32	TENSION BKT	2	SS400	
33	GUIDE ROLLER SHAFT	8	SS400	
34	GUIDE ROLLER SHAFT	8	MC Nylon	
35	GUIDE	4	SUS304	
36	COVER	2	SUS304	
P01	RODLESS CYLINDER; MY1M50-900L	1	SMC	상위ass'y
P02	LM GUIDE; SBG30SL	4	SBC	
P03	LM GUIDE; SBG20FL	4	SBC	
P04	SERVO MOTOR; HF-KP23	2	MITSUBISHI	
P05	REDUCER; SPIH060	2	SPG	
P06	BEARING; 6907ZZ	8		
P07	TIMING BELT; L-Type	4		
P08	BEARING; 6800ZZ	8		

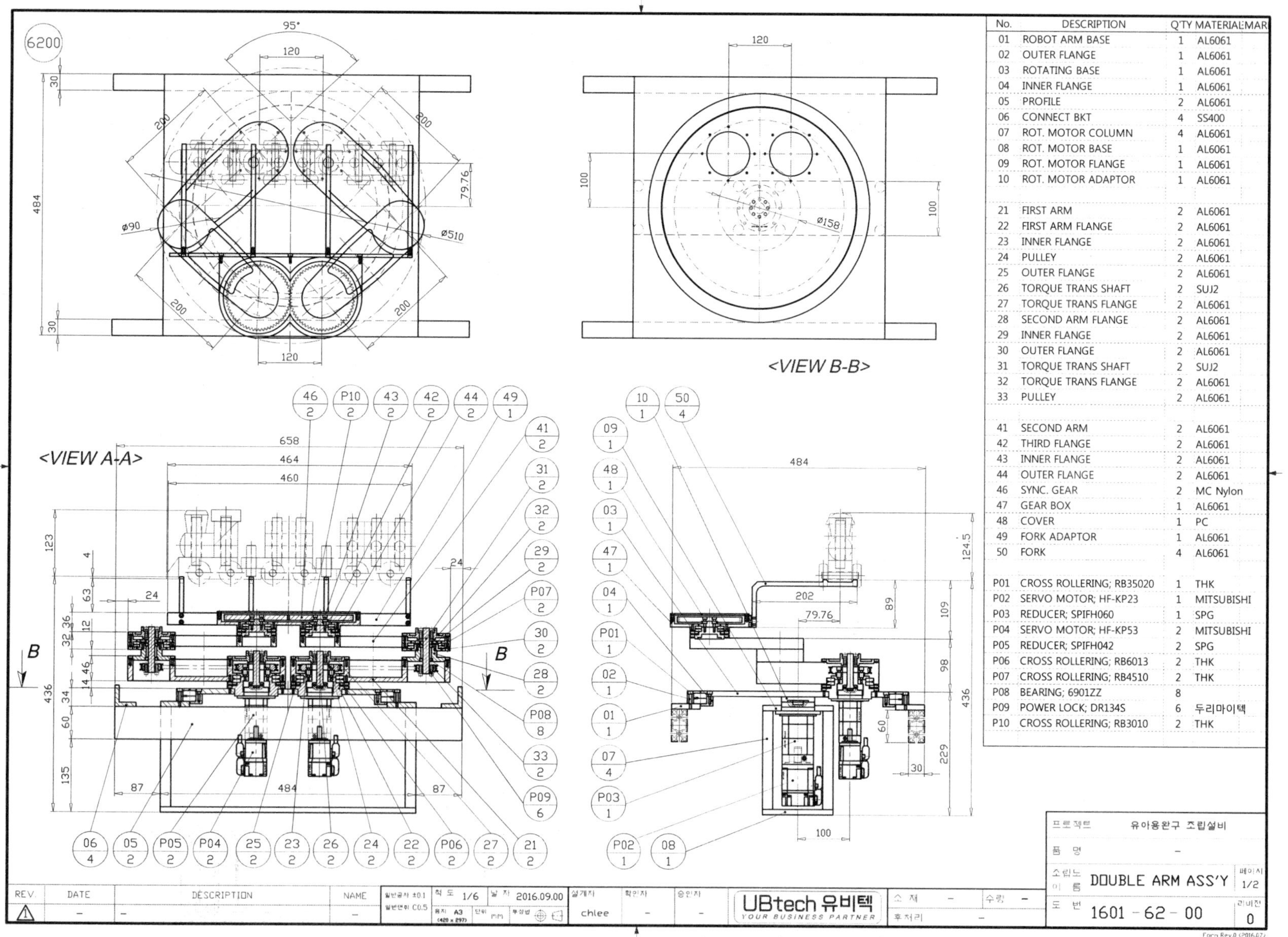
No. DESCRIPTION Q'TY MATERIAL MAR
01 ROBOT ARM BASE 1 AL6061
02 OUTER FLANGE 1 AL6061
03 ROTATING BASE 1 AL6061
04 INNER FLANGE 1 AL6061
05 PROFILE 2 AL6061
06 CONNECT BKT 4 SS400
07 ROT. MOTOR COLUMN 4 AL6061
08 ROT. MOTOR BASE 1 AL6061
09 ROT. MOTOR FLANGE 1 AL6061
10 ROT. MOTOR ADAPTOR 1 AL6061
21 FIRST ARM 2 AL6061
22 FIRST ARM FLANGE 2 AL6061
23 INNER FLANGE 2 AL6061
24 PULLEY 2 AL6061
25 OUTER FLANGE 2 AL6061
26 TORQUE TRANS SHAFT 2 SUJ2
27 TORQUE TRANS FLANGE 2 AL6061
28 SECOND ARM FLANGE 2 AL6061
29 INNER FLANGE 2 AL6061
30 OUTER FLANGE 2 AL6061
31 TORQUE TRANS SHAFT 2 SUJ2
32 TORQUE TRANS FLANGE 2 AL6061
33 PULLEY 2 AL6061
41 SECOND ARM 2 AL6061
42 THIRD FLANGE 2 AL6061
43 INNER FLANGE 2 AL6061
44 OUTER FLANGE 2 AL6061
46 SYNC. GEAR 2 MC Nylon
47 GEAR BOX 1 AL6061
48 COVER 1 PC
49 FORK ADAPTOR 1 AL6061
50 FORK 4 AL6061
P01 CROSS ROLLERING; RB35020 1 THK
P02 SERVO MOTOR; HF-KP23 1 MITSUBISHI
P03 REDUCER; SPIFH060 1 SPG
P04 SERVO MOTOR; HF-KP53 2 MITSUBISHI
P05 REDUCER; SPIFH042 2 SPG
P06 CROSS ROLLERING; RB6013 2 THK
P07 CROSS ROLLERING; RB4510 2 THK
P08 BEARING; 6901ZZ 8
P09 POWER LOCK; DR134S 6 두리마이텍
P10 CROSS ROLLERING; RB3010 2 THK
<VIEW A-A>
<VIEW B-B>
프로젝트 유아용완구 조립설비
품명 -
소분류 이름 DOUBLE ARM ASS'Y
도번 1601 - 62 - 00
페이지 1/2
리비전 0
UBtech 유비텍
YOUR BUSINESS PARTNER
척도 1/6
용지 A3
날자 2016.09.00
설계자 chlee
6200

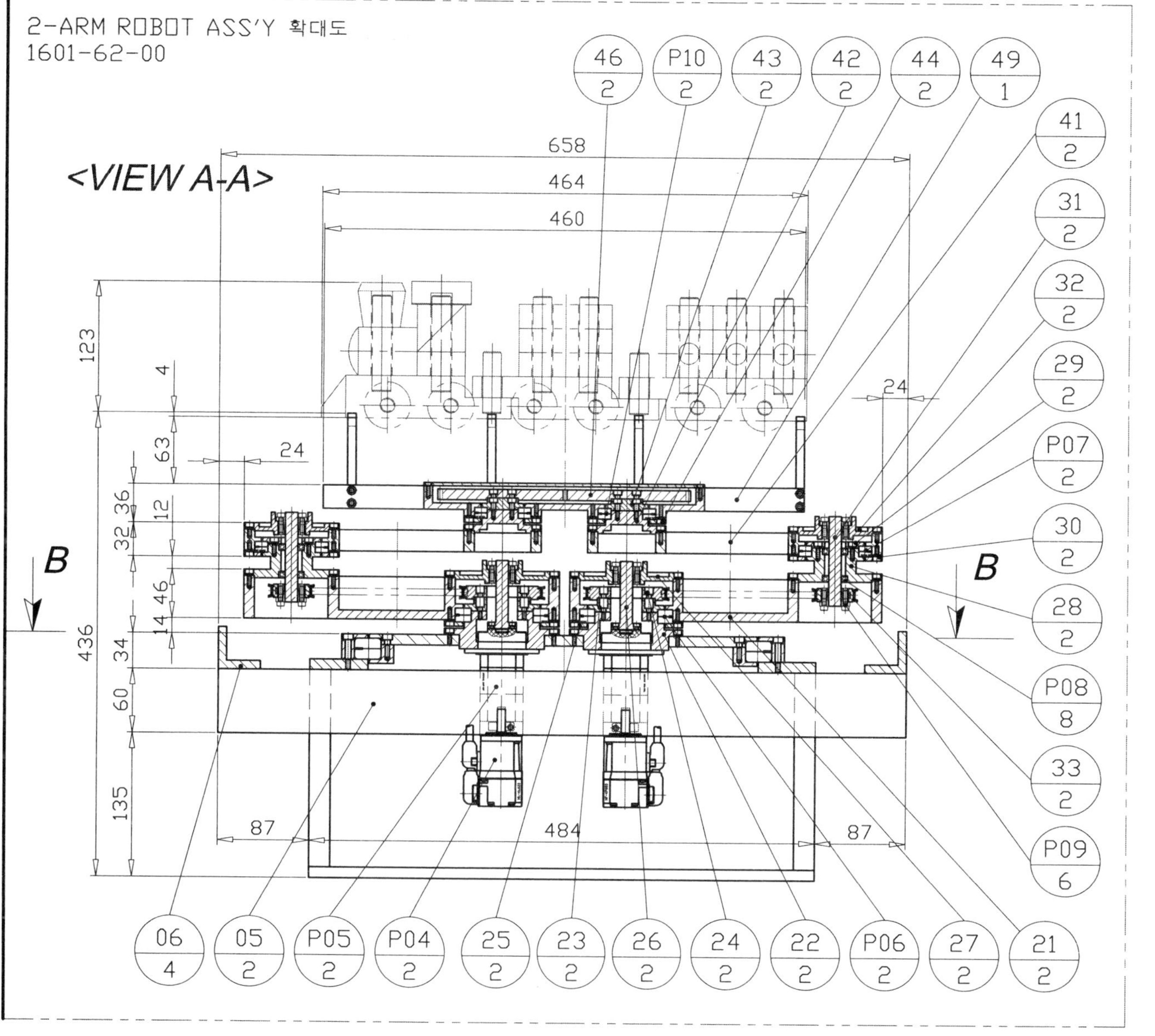
2-ARM ROBOT ASS'Y 확대도
1601-62-00
<VIEW A-A>
658
464
460
123
4
63
24
36
12
32
46
14
34
60
135
436
87
484
87
24
B
B
46 2
P10 2
43 2
42 2
44 2
49 1
41 2
31 2
32 2
29 2
P07 2
30 2
28 2
P08 8
33 2
P09 6
06 4
05 2
P05 2
P04 2
25 2
23 2
26 2
24 2
22 2
P06 2
27 2
21 2

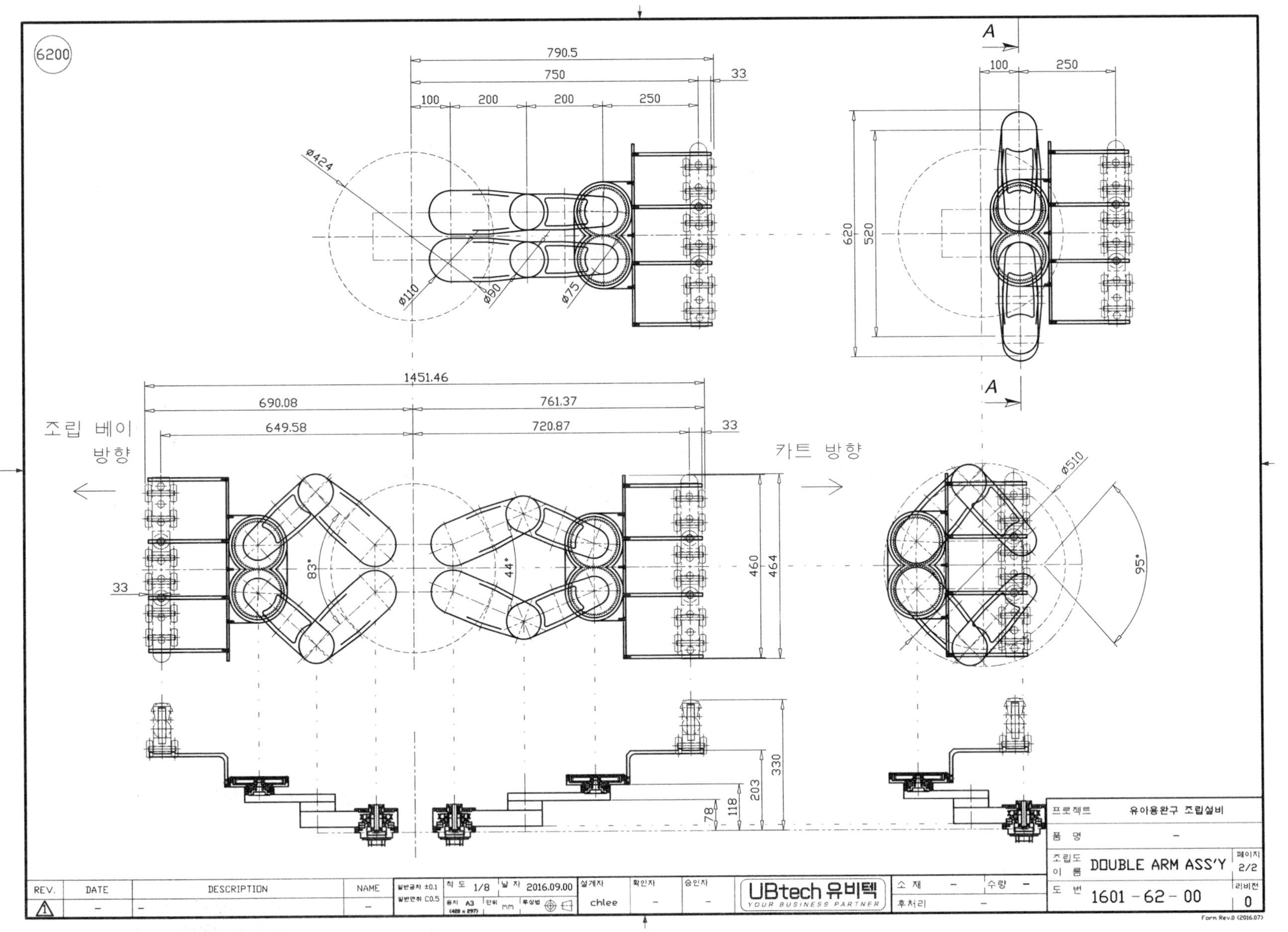

조립 베이 방향
카트 방향
프로젝트 유아용완구 조립설비
품 명 -
조립도 이름 DOUBLE ARM ASS'Y
페이지 2/2
도 번 1601 - 62 - 00
리비전 0
소 재 -
수량 -
후처리 -
UBtech 유비텍
YOUR BUSINESS PARTNER
설계자 chlee
확인자 -
승인자 -
척 도 1/8
날 자 2016.09.00
용지 A3 (420 x 297)
단위 mm
일반공차 ±0.1
일반면취 C0.5
REV.
DATE
DESCRIPTION
NAME
Form Rev.0 (2016.07)

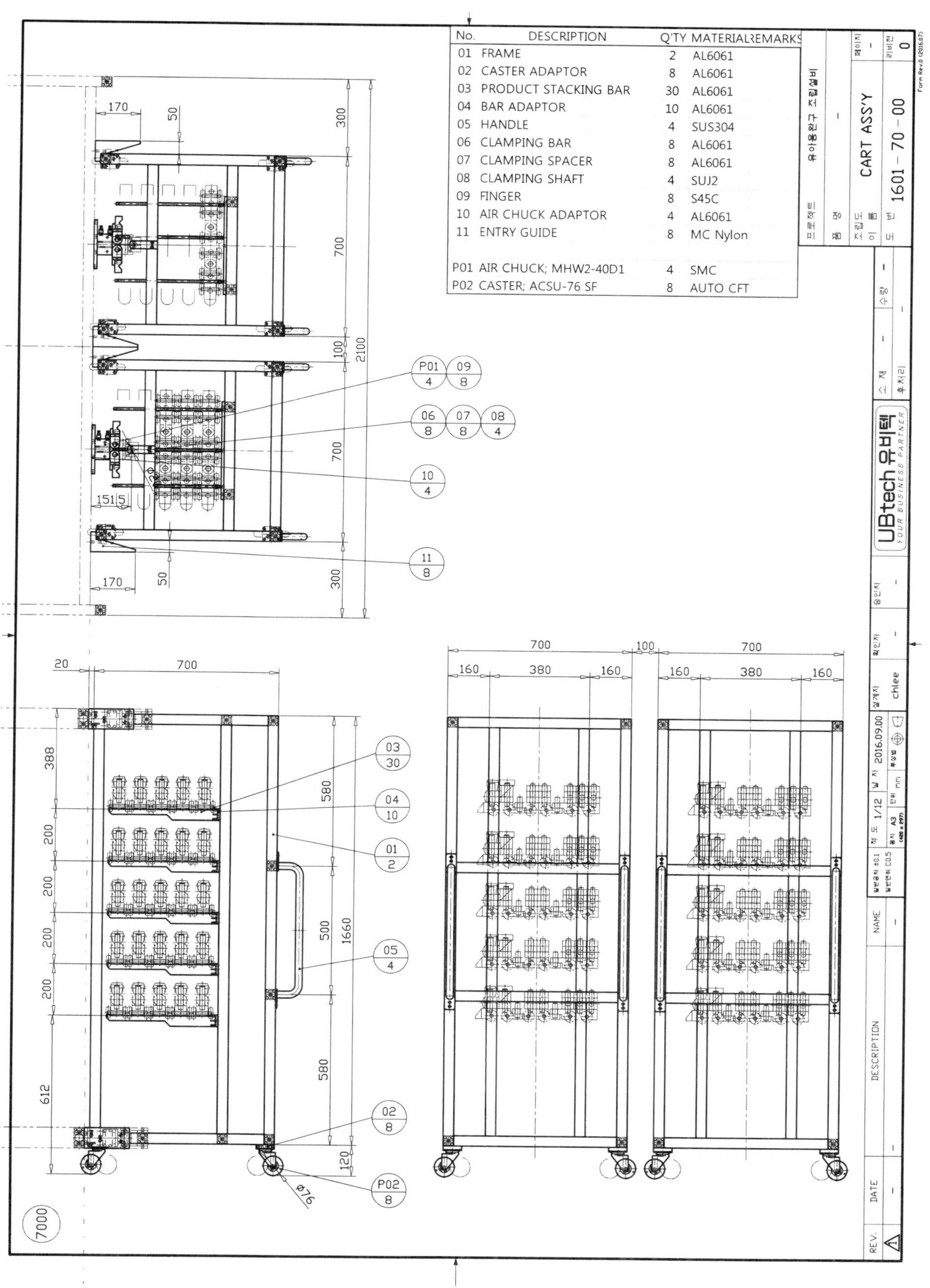

No. DESCRIPTION Q'TY MATERIAL REMARKS
01 FRAME 2 AL6061
02 CASTER ADAPTOR 8 AL6061
03 PRODUCT STACKING BAR 30 AL6061
04 BAR ADAPTOR 10 AL6061
05 HANDLE 4 SUS304
06 CLAMPING BAR 8 AL6061
07 CLAMPING SPACER 8 AL6061
08 CLAMPING SHAFT 4 SUJ2
09 FINGER 8 S45C
10 AIR CHUCK ADAPTOR 4 AL6061
11 ENTRY GUIDE 8 MC Nylon
P01 AIR CHUCK; MHW2-40D1 4 SMC
P02 CASTER; ACSU-76 SF 8 AUTO CFT
프로젝트 유아용완구 조립설비
품 명 -
조립도
이 름 CART ASS'Y
도 번 1601 - 70 - 00
페이지 -
리비전 0
Form Rev.0 (2016.07)
소 재 -
수량 -
후처리 -
UBtech 유비텍
YOUR BUSINESS PARTNER
승인자 -
확인자 -
설계자 chlee
날 자 2016.09.00
척 도 1/12
단위 mm
용지 A3
일반공차 ±0.1
일반면취 C0.5
투상법
REV. DATE DESCRIPTION NAME
-
7000

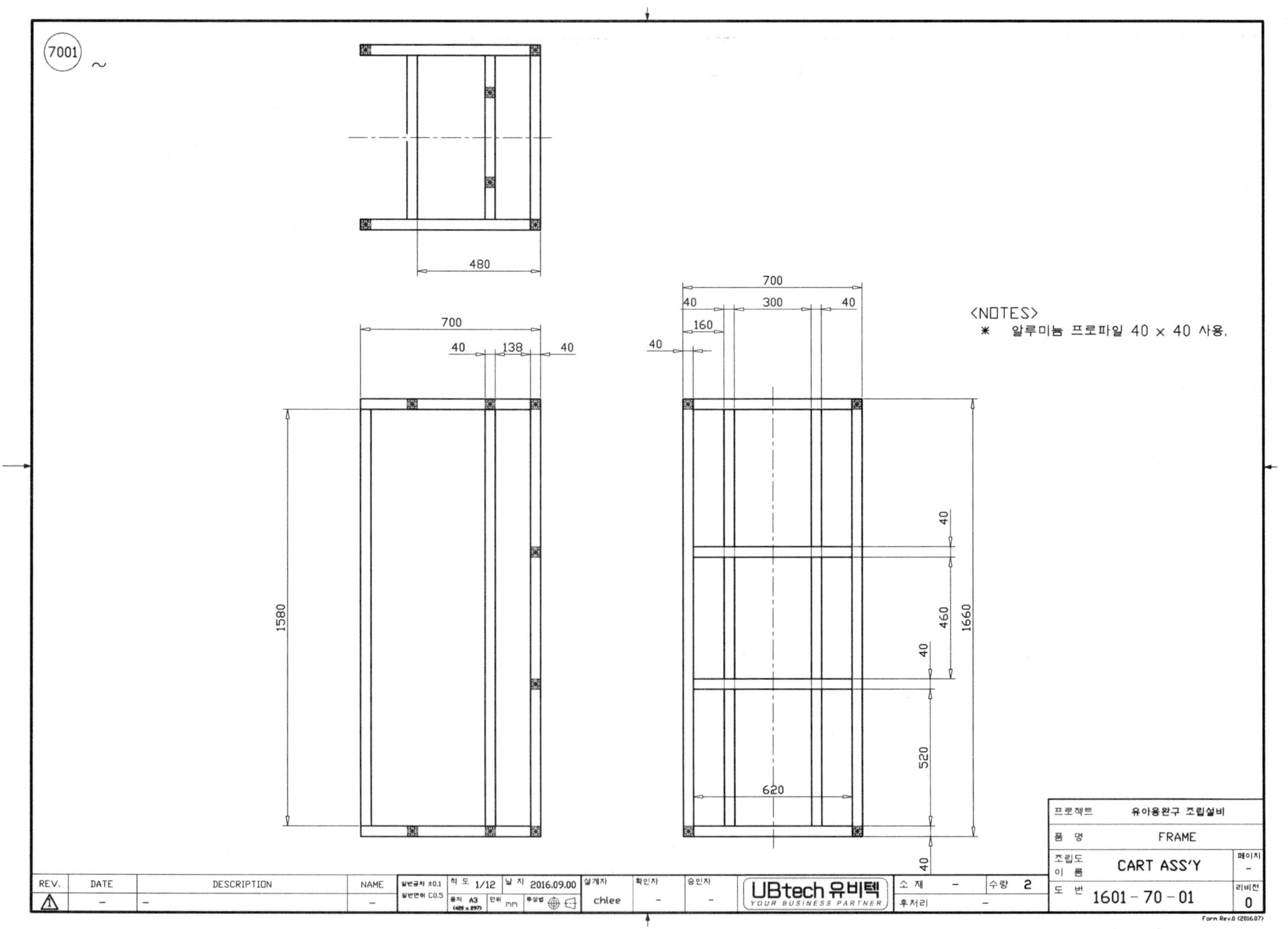
7001
480
700
40
138
40
700
40
300
40
160
40
<NOTES>
※ 알루미늄 프로파일 40 × 40 사용.
1580
40
460
1660
40
520
620
40
프로젝트 유아용완구 조립설비
품 명 FRAME
조립도 이 름 CART ASS'Y
페이지 -
도 번 1601 - 70 - 01
리비전 0
REV. DATE DESCRIPTION NAME
일반공차 ±0.1
일반면취 C0.5
척 도 1/12
날 자 2016.09.00
용지 A3 (420 x 297)
단위 mm
설계자 chlee
확인자 -
승인자 -
UBtech 유비텍
YOUR BUSINESS PARTNER
소 재 -
수량 2
후처리 -
Form Rev.0 (2016.07)

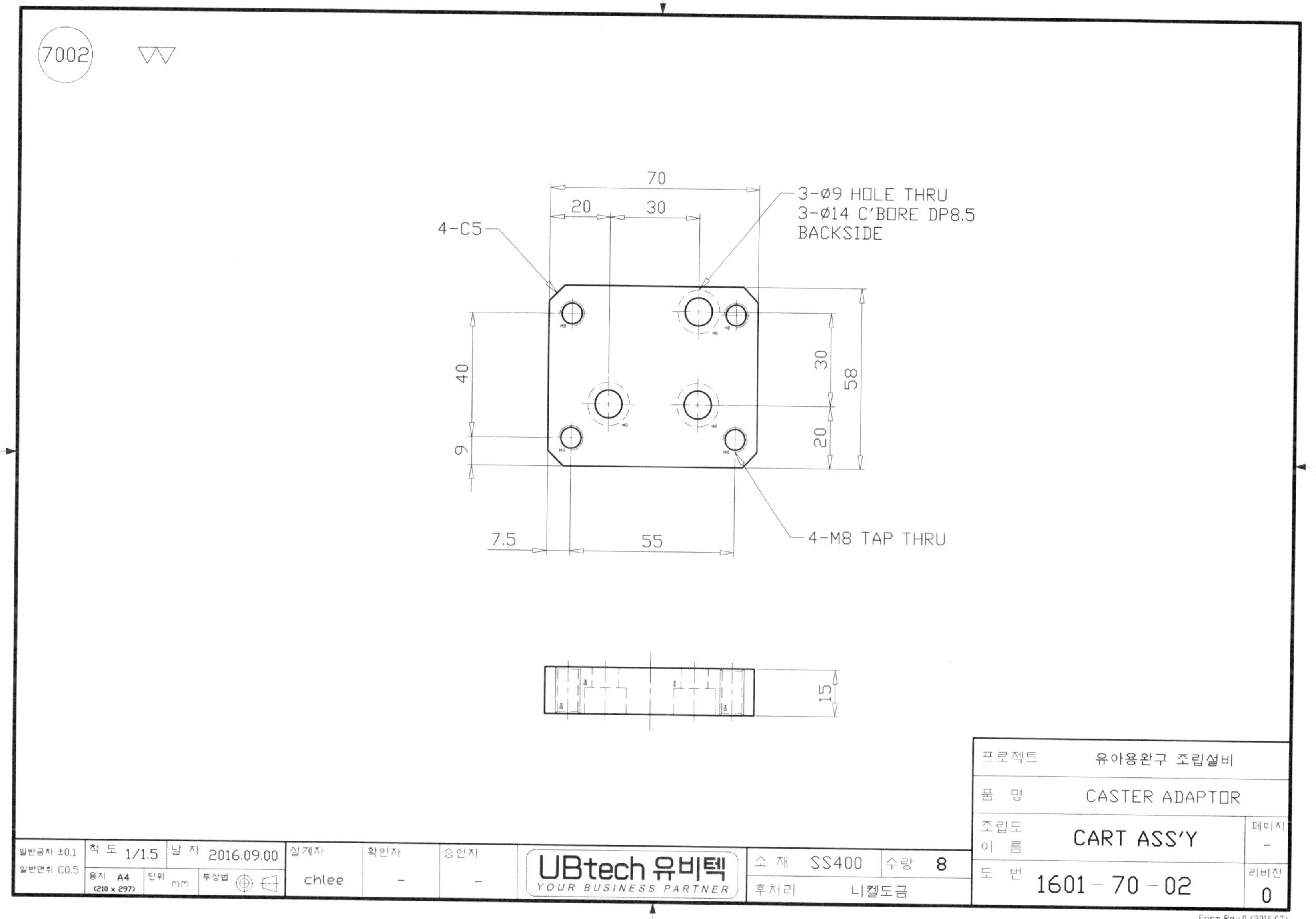

7002
70
20
30
4-C5
3-Ø9 HOLE THRU
3-Ø14 C'BORE DP8.5
BACKSIDE
40
9
30
58
20
7.5
55
4-M8 TAP THRU
15
프로젝트 유아용완구 조립설비
품 명 CASTER ADAPTOR
조립도 이 름 CART ASS'Y
페이지 -
도 번 1601 - 70 - 02
리비전 0
Form Rev.0 (2016.07)
일반공차 ±0.1
일반면취 C0.5
척 도 1/1.5
날 자 2016.09.00
용지 A4 (210 x 297)
단위 mm
투상법
설계자 chlee
확인자 -
승인자 -
UBtech 유비텍
YOUR BUSINESS PARTNER
소 재 SS400
수량 8
후처리 니켈도금

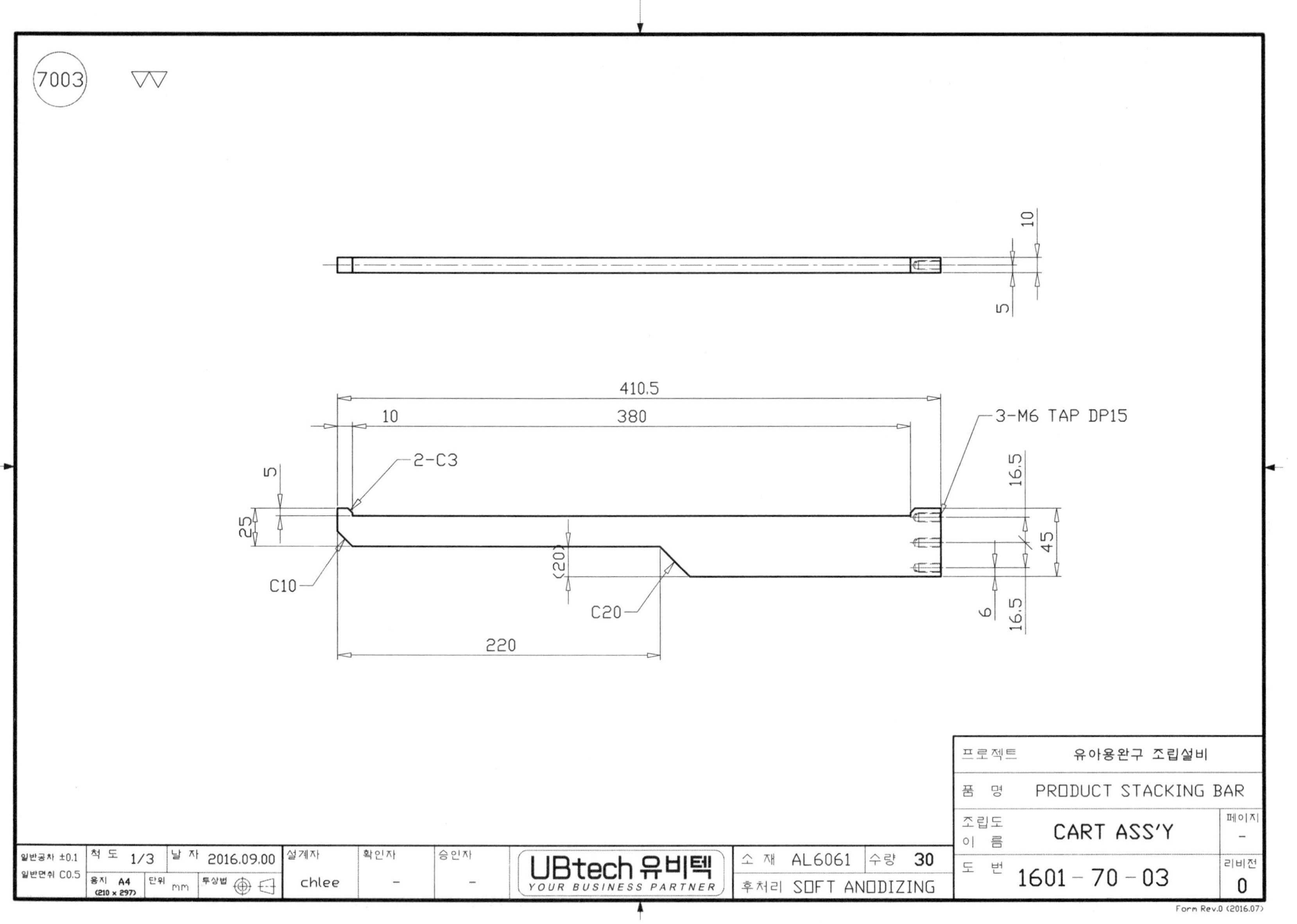
7003
10
5
410.5
10
380
3-M6 TAP DP15
2-C3
5
25
16.5
45
(20)
C10
C20
6
16.5
220
프로젝트 유아용완구 조립설비
품 명 PRODUCT STACKING BAR
조립도 이 름 CART ASS'Y
페이지 -
도 번 1601 - 70 - 03
리비전 0
일반공차 ±0.1
일반면취 C0.5
척 도 1/3
날 자 2016.09.00
용지 A4 (210 x 297)
단위 mm
투상법
설계자 chlee
확인자 -
승인자 -
UBtech 유비텍
YOUR BUSINESS PARTNER
소 재 AL6061
수량 30
후처리 SOFT ANODIZING
Form Rev.0 (2016.07)

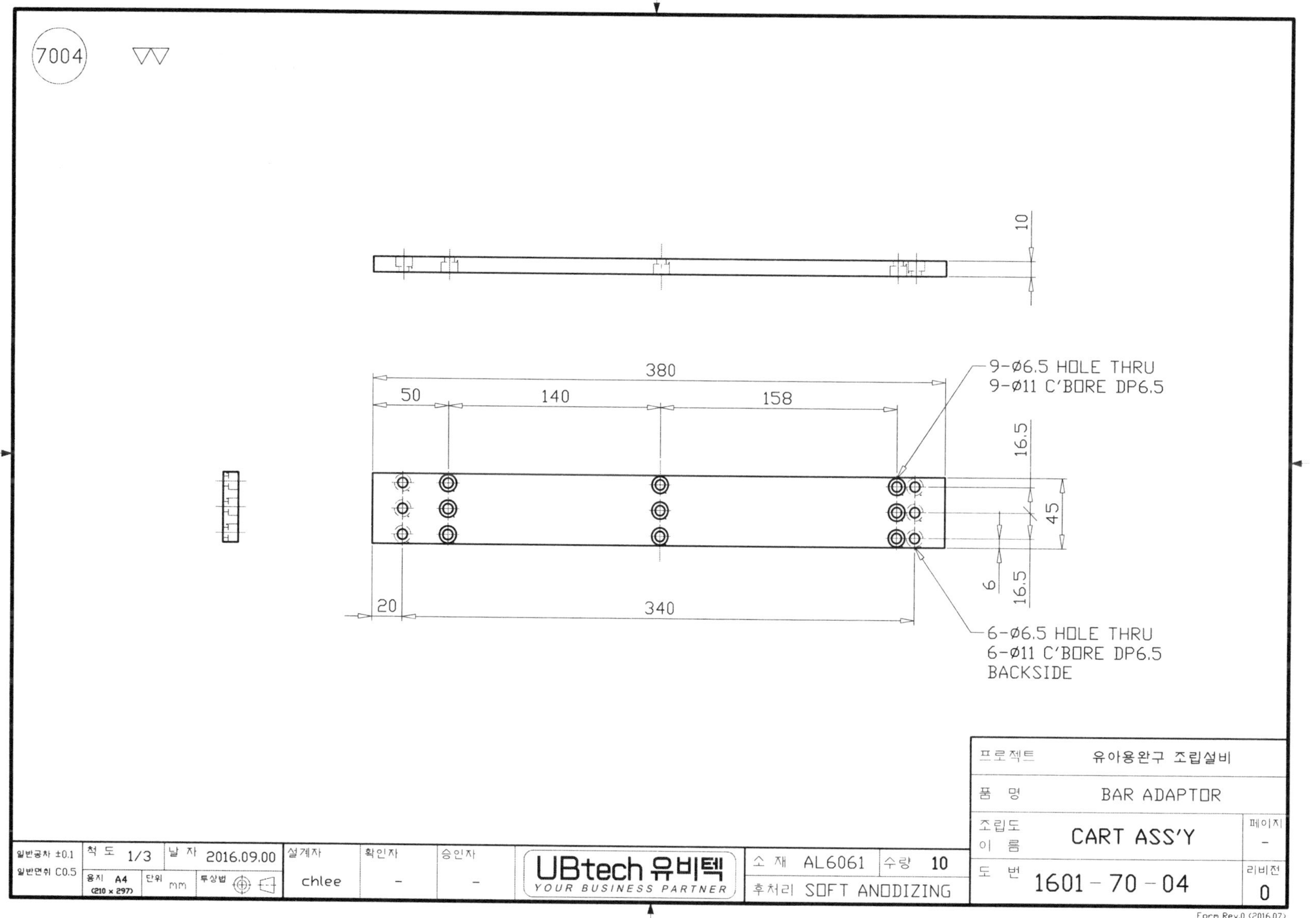

7004
10
380
50
140
158
9-Ø6.5 HOLE THRU
9-Ø11 C'BORE DP6.5
16.5
45
6
16.5
20
340
6-Ø6.5 HOLE THRU
6-Ø11 C'BORE DP6.5
BACKSIDE
프로젝트 유아용완구 조립설비
품 명 BAR ADAPTOR
조립도 이 름 CART ASS'Y
페이지 -
도 번 1601 - 70 - 04
리비전 0
일반공차 ±0.1
일반면취 C0.5
척 도 1/3
날 자 2016.09.00
용지 A4 (210 x 297)
단위 mm
투상법
설계자 chlee
확인자 -
승인자 -
UBtech 유비텍
YOUR BUSINESS PARTNER
소 재 AL6061
수량 10
후처리 SOFT ANODIZING
Form Rev.0 (2016.07)

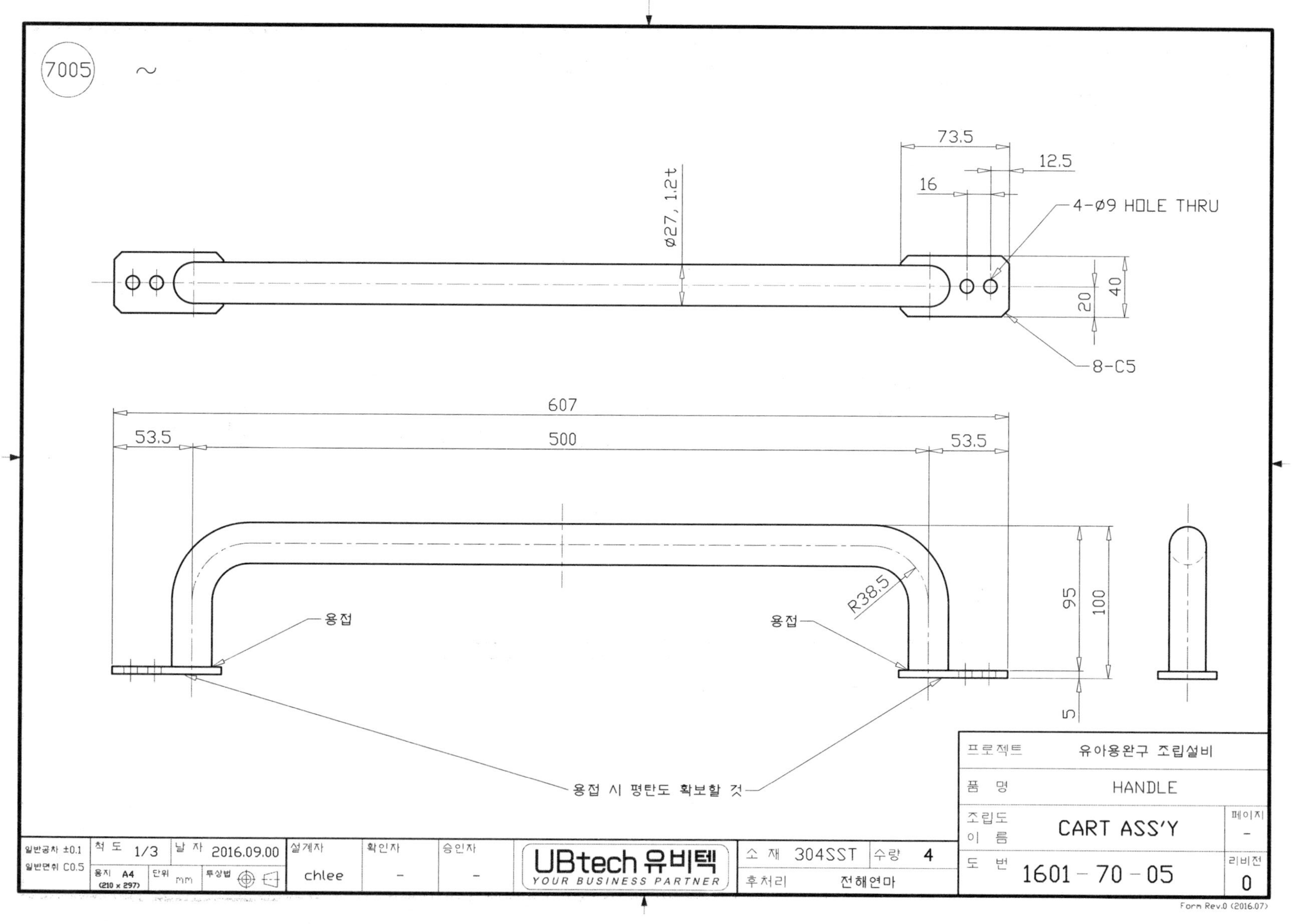

7005
73.5
12.5
16
4-Ø9 HOLE THRU
Ø27, 1.2t
40
20
8-C5
607
53.5
500
53.5
용접
용접
R38.5
95
100
5
용접 시 평탄도 확보할 것
프로젝트
유아용완구 조립설비
품명
HANDLE
조립도 이름
CART ASS'Y
페이지
-
도번
1601 - 70 - 05
리비전
0
일반공차 ±0.1
일반면취 C0.5
척도
1/3
날자
2016.09.00
용지
A4
(210 x 297)
단위
mm
투상법
설계자
chlee
확인자
-
승인자
-
UBtech 유비텍
YOUR BUSINESS PARTNER
소재
304SST
수량
4
후처리
전해연마
Form Rev.0 (2016.07)

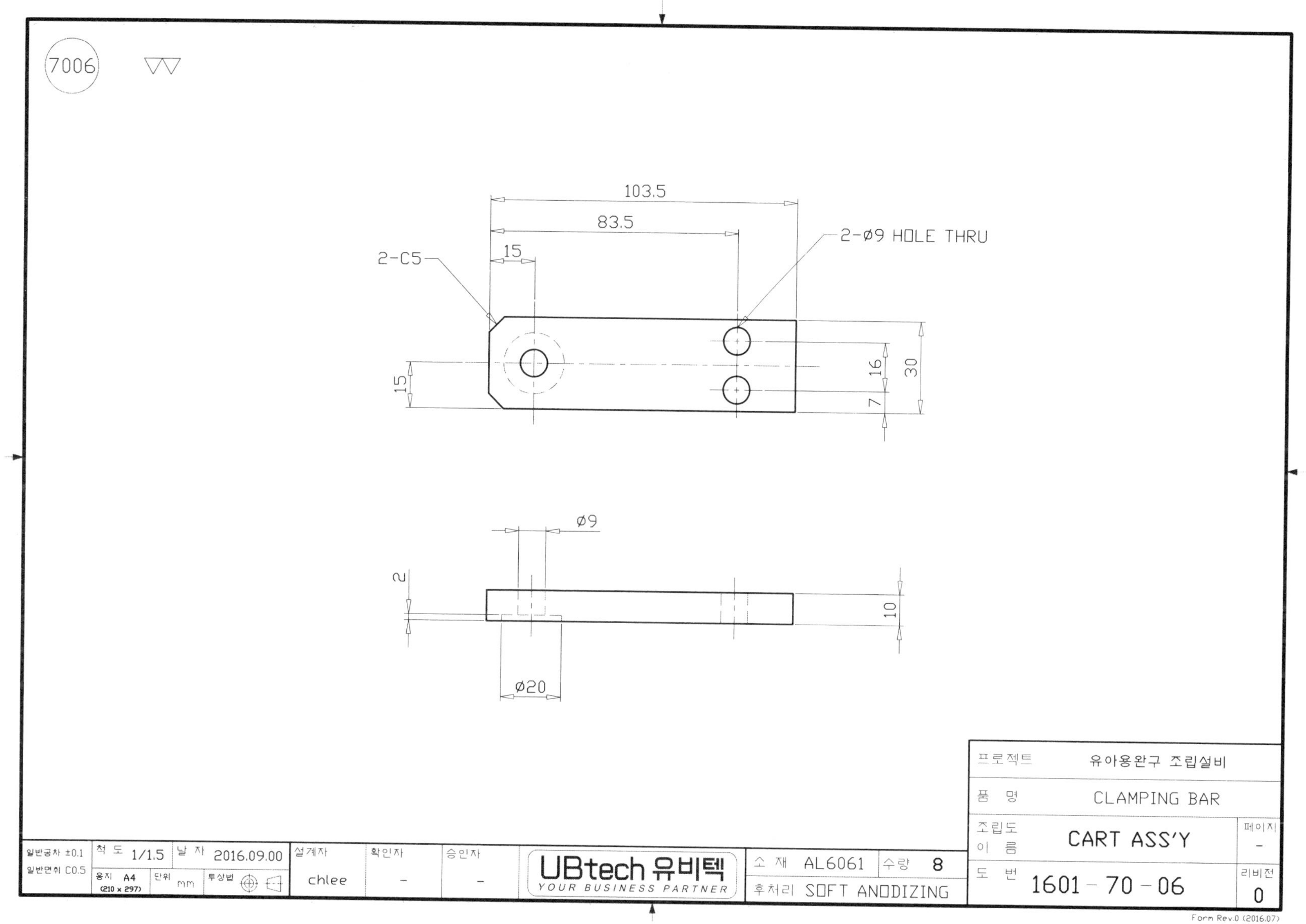
7006
103.5
83.5
15
2-C5
2-Ø9 HOLE THRU
15
16
30
7
Ø9
2
10
Ø20
프로젝트 유아용완구 조립설비
품명 CLAMPING BAR
조립도 이름 CART ASS'Y
페이지 -
도번 1601 - 70 - 06
리비전 0
일반공차 ±0.1
일반면취 C0.5
척도 1/1.5
날자 2016.09.00
용지 A4 (210 x 297)
단위 mm
투상법
설계자 chlee
확인자 -
승인자 -
UBtech 유비텍
YOUR BUSINESS PARTNER
소재 AL6061
수량 8
후처리 SOFT ANODIZING
Form Rev.0 (2016.07)

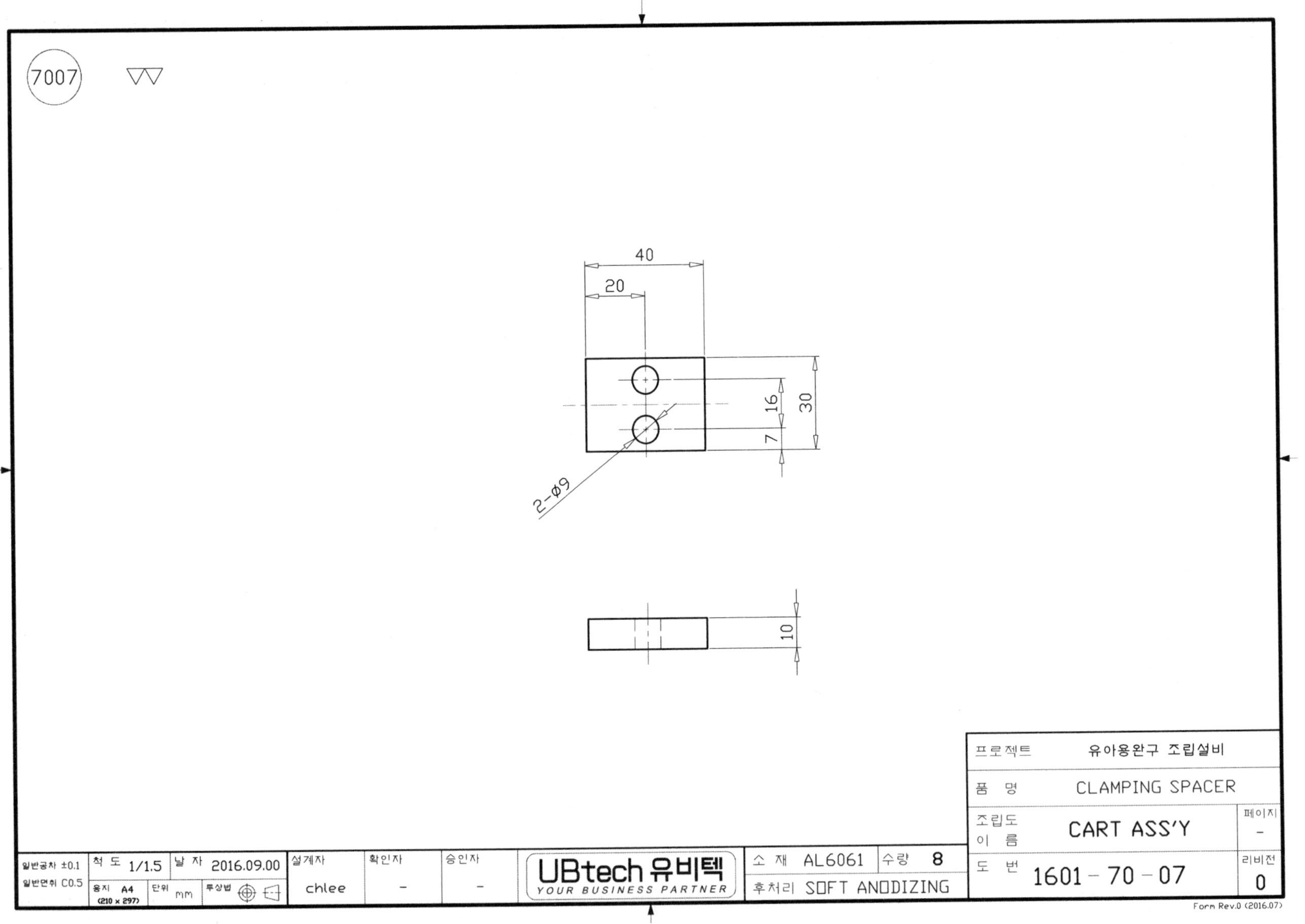

7007
40
20
16
30
7
2-Ø9
10
프로젝트
유아용완구 조립설비
품 명
CLAMPING SPACER
조립도 이 름
CART ASS'Y
페이지
-
도 번
1601 - 70 - 07
리비전
0
Form Rev.0 (2016.07)
일반공차 ±0.1
일반면취 C0.5
척 도 1/1.5
날 자 2016.09.00
용지 A4 (210 x 297)
단위 mm
투상법
설계자
chlee
확인자
-
승인자
-
UBtech 유비텍
YOUR BUSINESS PARTNER
소 재 AL6061
수량 8
후처리 SOFT ANODIZING

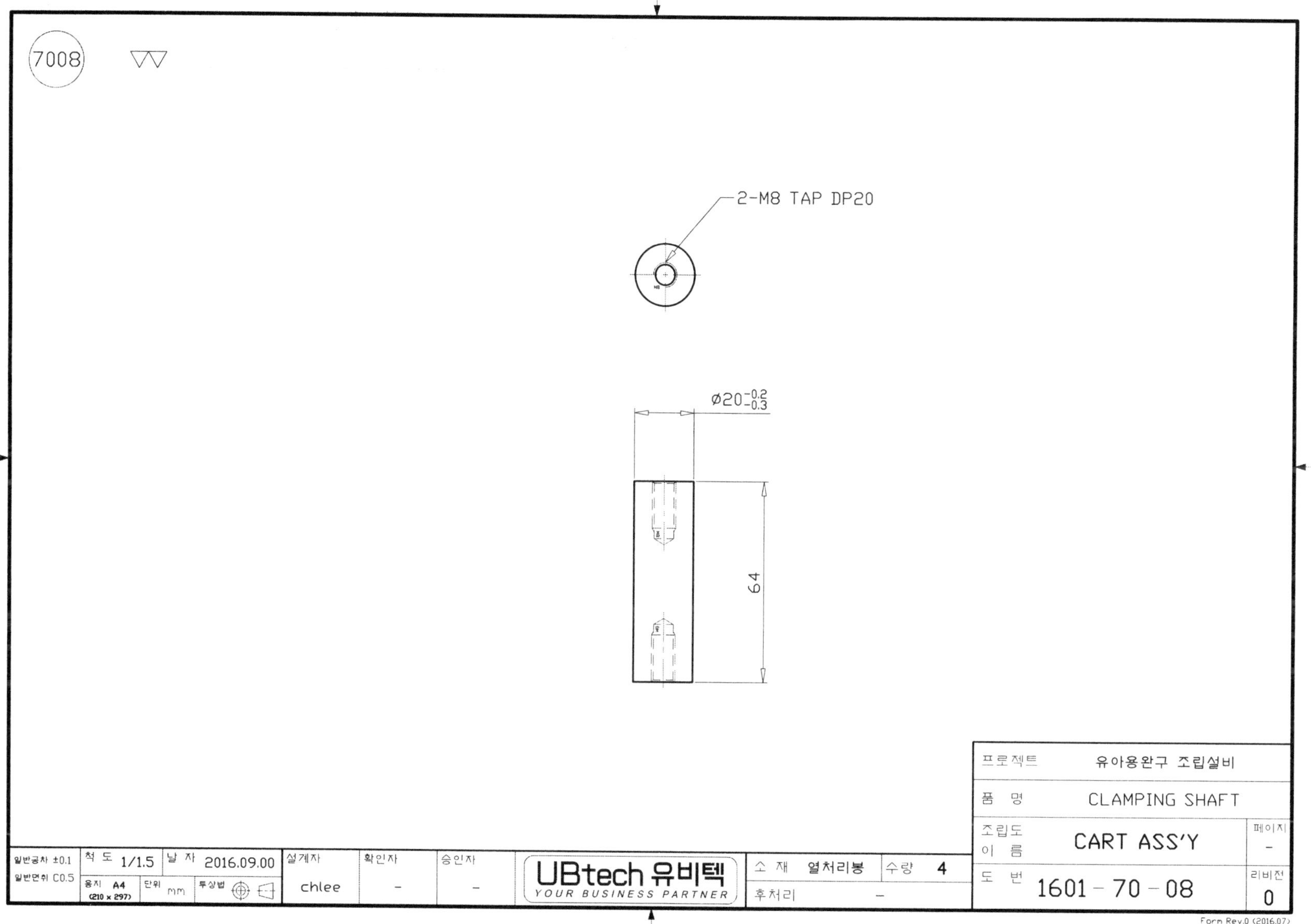
7008
2-M8 TAP DP20
Ø20$^{-0.2}_{-0.3}$
64
프로젝트 유아용완구 조립설비
품 명 CLAMPING SHAFT
조립도 이 름 CART ASS'Y
페이지 -
도 번 1601 - 70 - 08
리비전 0
일반공차 ±0.1
일반면취 C0.5
척 도 1/1.5
날 자 2016.09.00
용지 A4 (210 x 297)
단위 mm
투상법
설계자 chlee
확인자 -
승인자 -
UBtech 유비텍
YOUR BUSINESS PARTNER
소 재 열처리봉
수량 4
후처리 -
Form Rev.0 (2016.07)

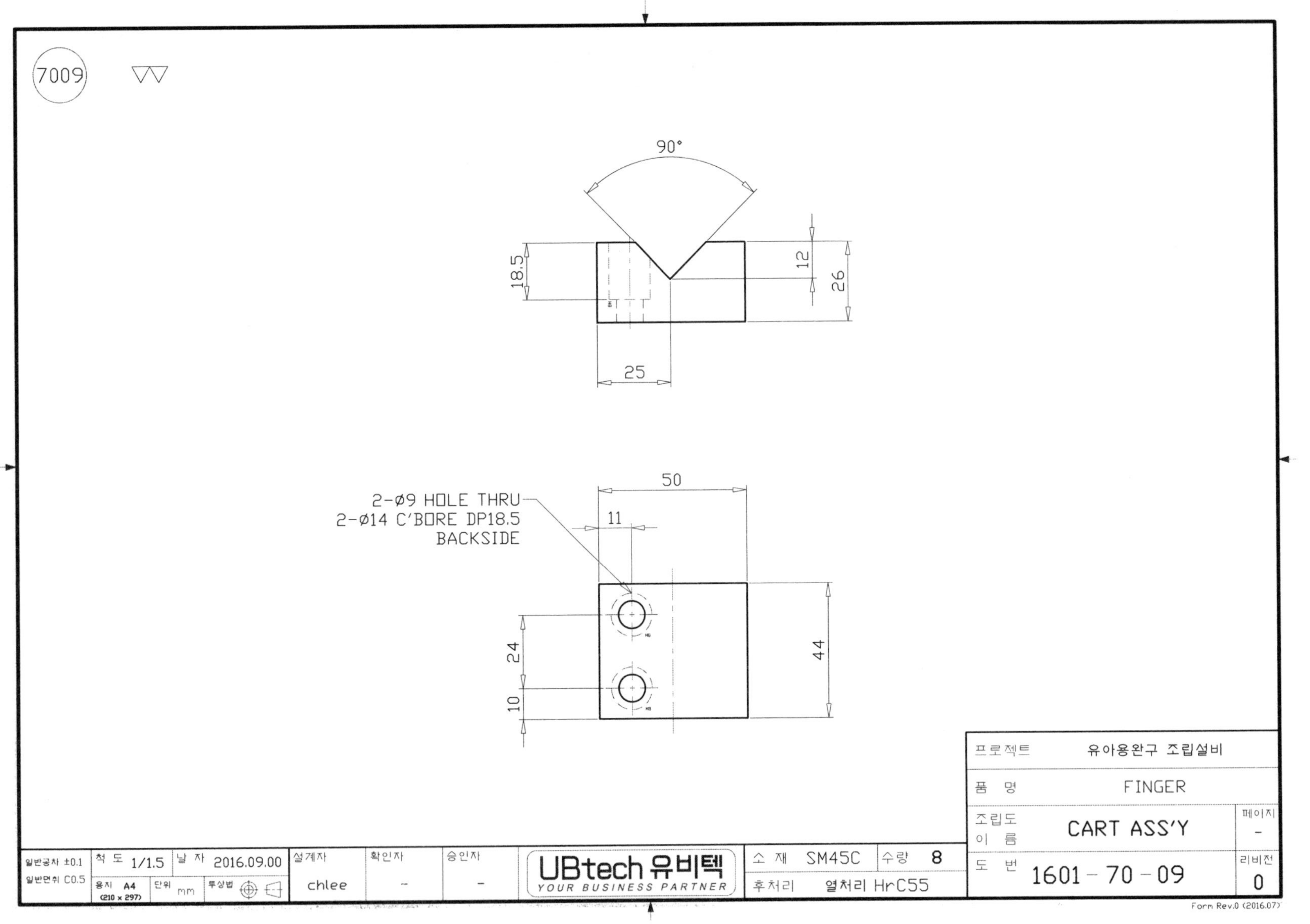

7009
90°
18.5
12
26
25
50
11
2-Ø9 HOLE THRU
2-Ø14 C'BORE DP18.5
BACKSIDE
24
10
44
프로젝트 유아용완구 조립설비
품 명 FINGER
조립도 이 름 CART ASS'Y
페이지 -
도 번 1601 - 70 - 09
리비전 0
일반공차 ±0.1
일반면취 C0.5
척 도 1/1.5
날 자 2016.09.00
용지 A4 (210 x 297)
단위 mm
투상법
설계자 chlee
확인자 -
승인자 -
UBtech 유비텍
YOUR BUSINESS PARTNER
소 재 SM45C
수량 8
후처리 열처리 HrC55
Form Rev.0 (2016.07)

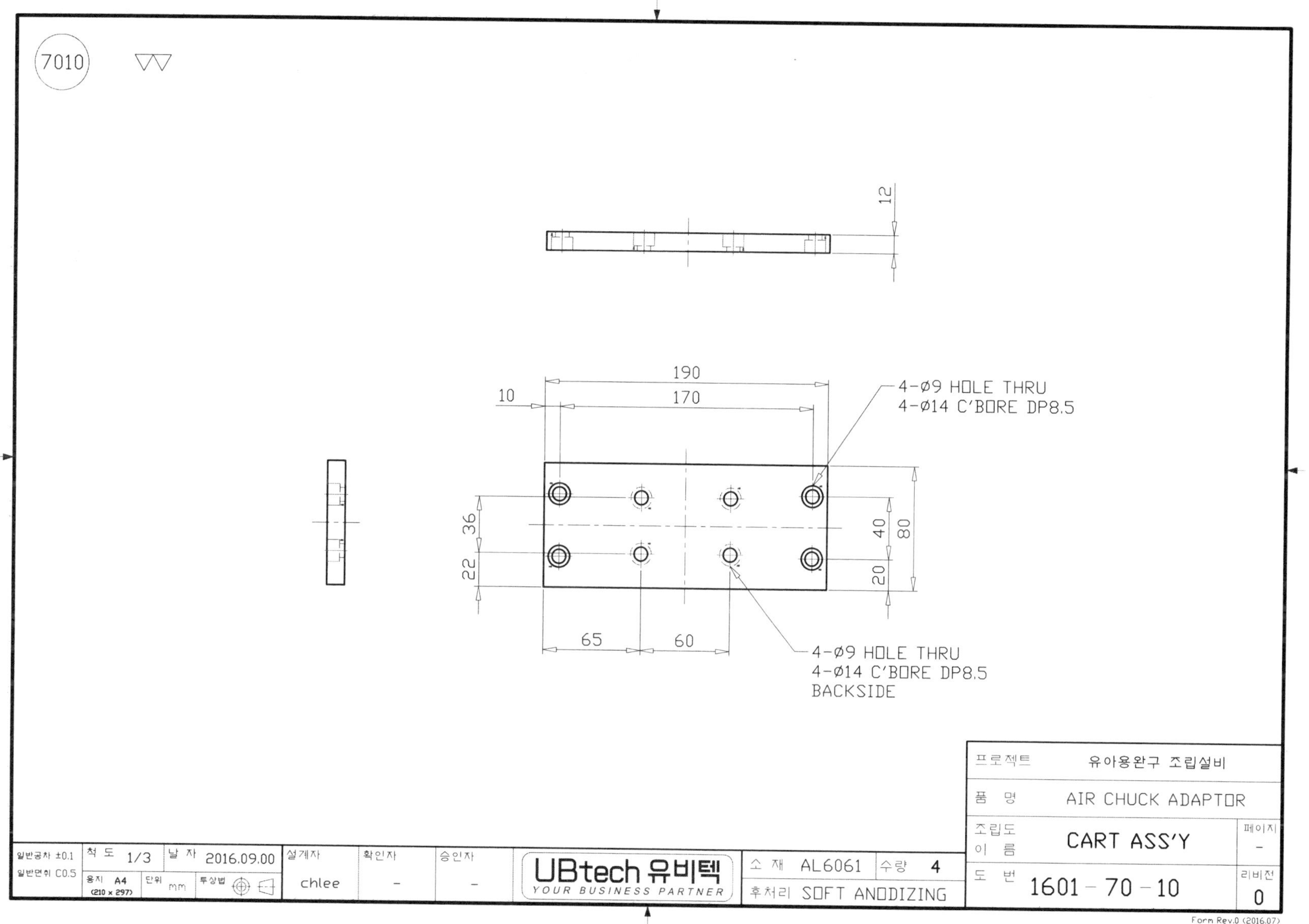
7010
12
190
170
10
4-Ø9 HOLE THRU
4-Ø14 C'BORE DP8.5
36
22
40
80
20
65
60
4-Ø9 HOLE THRU
4-Ø14 C'BORE DP8.5
BACKSIDE
프로젝트 유아용완구 조립설비
품 명 AIR CHUCK ADAPTOR
조립도 이 름 CART ASS'Y
페이지 -
도 번 1601 - 70 - 10
리비전 0
일반공차 ±0.1
일반면취 C0.5
척 도 1/3
날 자 2016.09.00
용지 A4 (210 x 297)
단위 mm
투상법
설계자 chlee
확인자 -
승인자 -
UBtech 유비텍
YOUR BUSINESS PARTNER
소 재 AL6061
수량 4
후처리 SOFT ANODIZING
Form Rev.0 (2016.07)

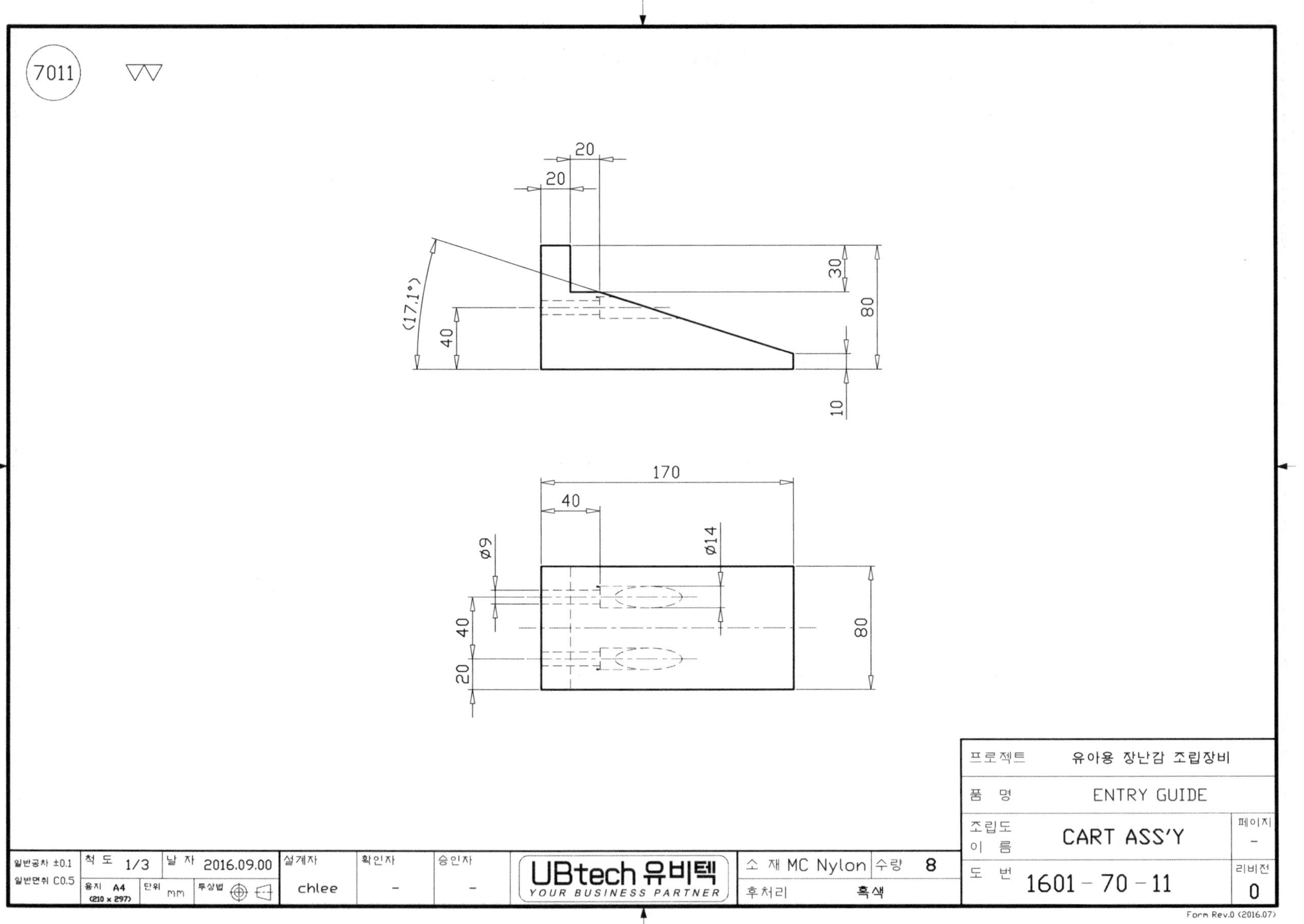
7011
20
20
(17.1°)
40
30
80
10
170
40
Ø9
Ø14
40
20
80
프로젝트 유아용 장난감 조립장비
품명 ENTRY GUIDE
조립도 이름 CART ASS'Y
페이지 -
도번 1601 - 70 - 11
리비전 0
일반공차 ±0.1
일반면취 C0.5
척도 1/3
날자 2016.09.00
용지 A4 (210 x 297)
단위 mm
투상법
설계자 chlee
확인자 -
승인자 -
UBtech 유비텍
YOUR BUSINESS PARTNER
소재 MC Nylon
수량 8
후처리 흑색
Form Rev.0 (2016.07)

SAN 120①□□ - 1200 S + 3SR

① 볼스크류 리드 및 제원

Lead	Item		Spec
□05	Max Load	Horizontal (X)	60 kg
		Wall Mount (Y)	50 kg
		Vertical (Z)	40 kg
	Max Speed		83 mm/s [at 1000 rpm]
	Repeatability		± 0.005 mm
	Ball Screw		#1505 (연삭 C7)
	LM Guide		#15 4Block 2Rail
□10	Max Load	Horizontal (X)	50 kg
		Wall Mount (Y)	40 kg
		Vertical (Z)	38 kg
	Max Speed		167 mm/s [at 1000 rpm]
	Repeatability		± 0.005 mm
	Ball Screw		#1510 (연삭 C7)
	LM Guide		#15 4Block 2Rail
□20	Max Load	Horizontal (X)	30 kg
		Wall Mount (Y)	25 kg
		Vertical (Z)	20 kg
	Max Speed		333 mm/s [at 1000 rpm]
	Repeatability		± 0.005 mm
	Ball Screw		#1520 (연삭 C7)
	LM Guide		#15 4Block 2Rail

주) 상기 수치는 Mitsubishi HG-KR43 (400W)를 기준으로 작성한 참고 수치 이므로, 사용하는 모터에 따라 달라질 수가 있습니다.

○ 모터 사양

SERVO	MITSUBISHI	□	HF-KP 23 / 43
	YASKAWA	□	SGMJV-02 / 04
	Panasonic	□	MSMA-02 / 04
	RS Automation	□	CSMT-02B / 04B
	Cool Muscle	□	60 A10A / A40A
STEP	FASTECH	□	EzM-60
	Oriental	□	PK-56
		□	ASC-66
	Autonics	□	AK-60
	Eraetech	□	EDCI-60

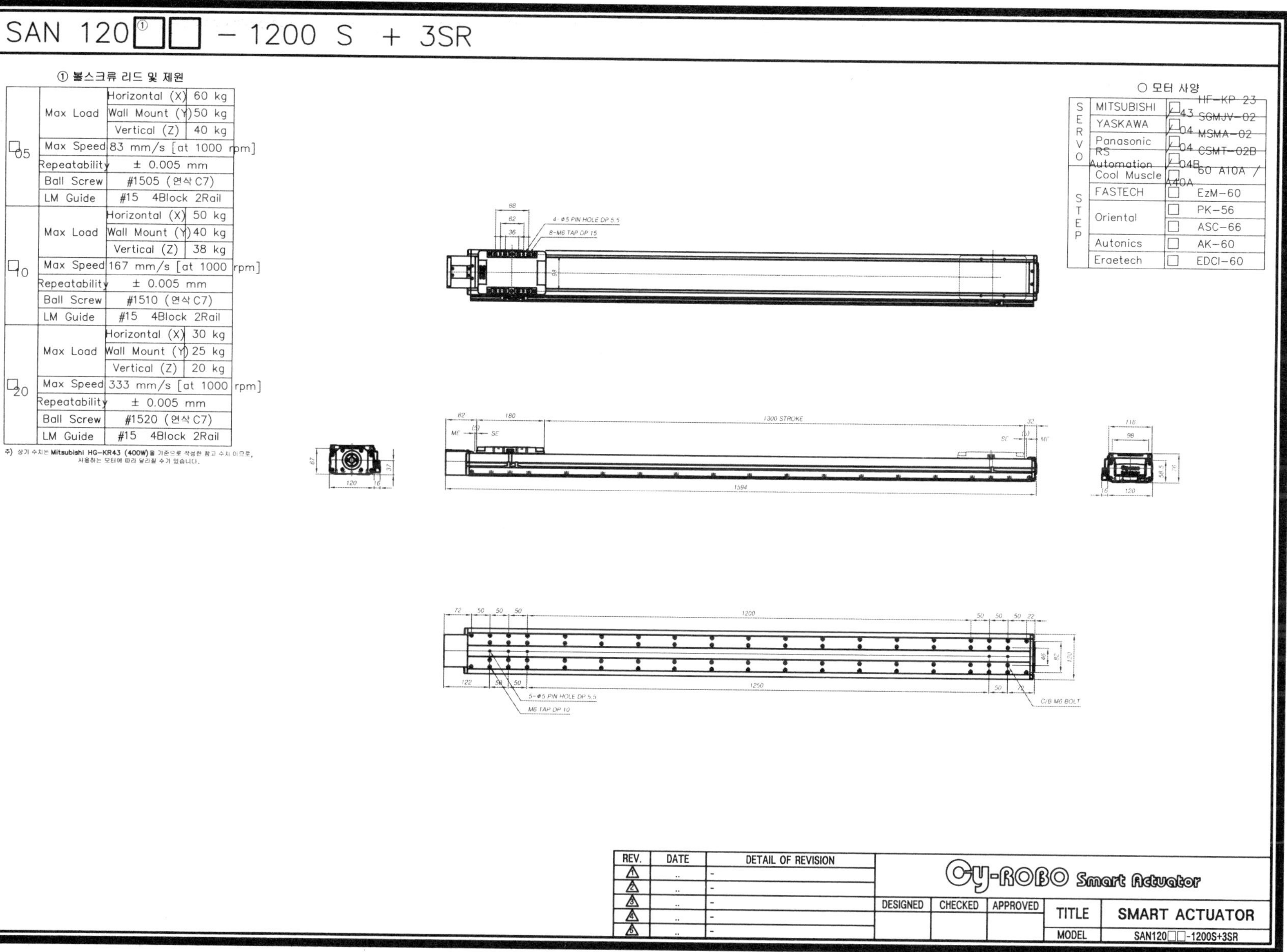

REV.	DATE	DETAIL OF REVISION
1	..	-
2	..	-
3	..	-
4	..	-
5	..	-

Cy-ROBO Smart Actuator

DESIGNED	CHECKED	APPROVED	TITLE	SMART ACTUATOR
			MODEL	SAN120□□-1200S+3SR

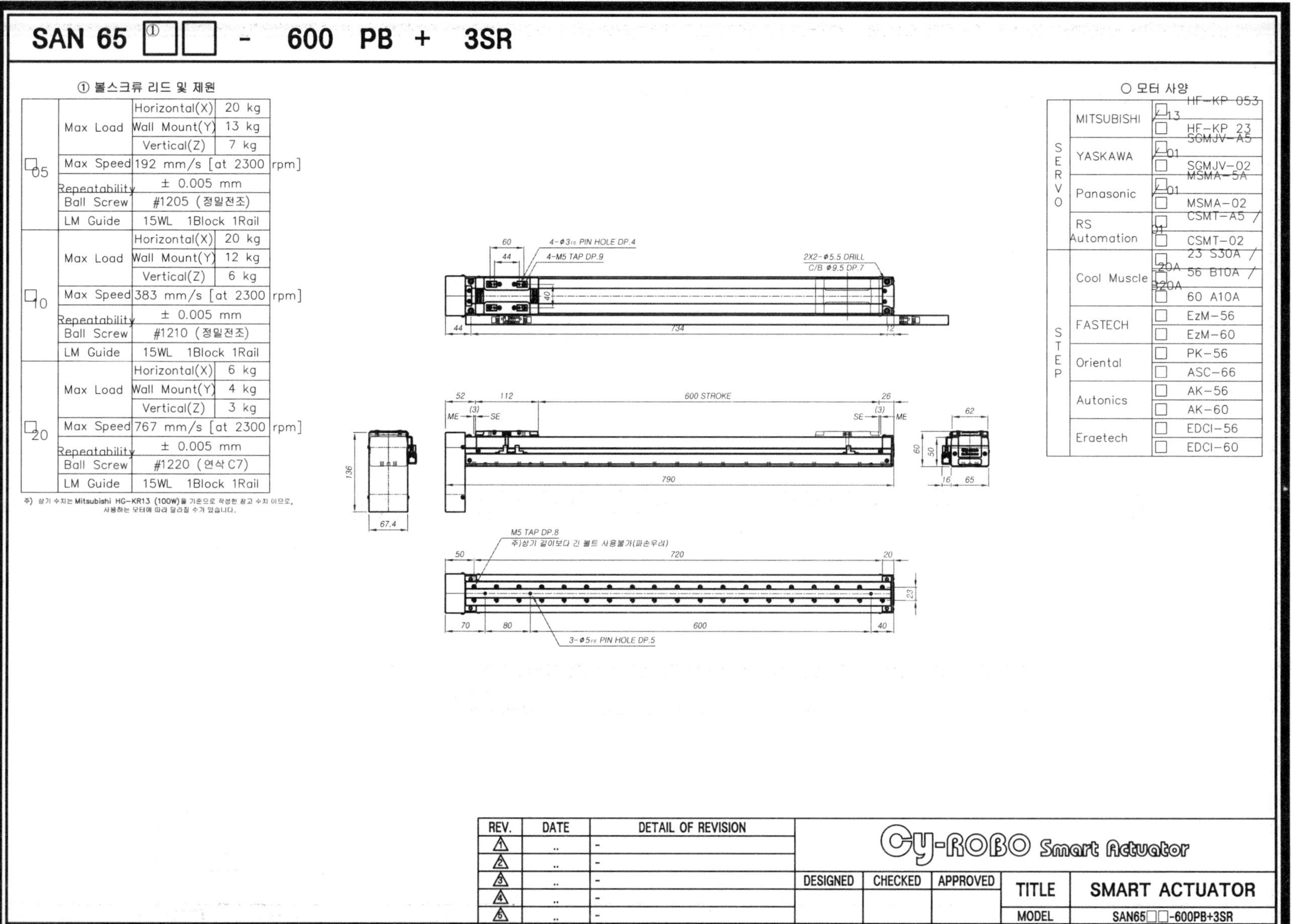

SAN 65 ①□□ - 600 PB + 3SR

① 볼스크류 리드 및 제원

Lead	Item		Value
□05	Max Load	Horizontal(X)	20 kg
		Wall Mount(Y)	13 kg
		Vertical(Z)	7 kg
	Max Speed	192 mm/s [at 2300 rpm]	
	Repeatability	± 0.005 mm	
	Ball Screw	#1205 (정밀전조)	
	LM Guide	15WL 1Block 1Rail	
□10	Max Load	Horizontal(X)	20 kg
		Wall Mount(Y)	12 kg
		Vertical(Z)	6 kg
	Max Speed	383 mm/s [at 2300 rpm]	
	Repeatability	± 0.005 mm	
	Ball Screw	#1210 (정밀전조)	
	LM Guide	15WL 1Block 1Rail	
□20	Max Load	Horizontal(X)	6 kg
		Wall Mount(Y)	4 kg
		Vertical(Z)	3 kg
	Max Speed	767 mm/s [at 2300 rpm]	
	Repeatability	± 0.005 mm	
	Ball Screw	#1220 (연삭 C7)	
	LM Guide	15WL 1Block 1Rail	

주) 상기 수치는 Mitsubishi HG-KR13 (100W)을 기준으로 작성한 참고 수치 이므로, 사용하는 모터에 따라 달라질 수가 있습니다.

○ 모터 사양

Type	Maker	Model
SERVO	MITSUBISHI	□ (13) HF-KP 053
		□ HF-KP 23
	YASKAWA	□ (01) SGMJV-A5
		□ SGMJV-02
	Panasonic	□ (01) MSMA-5A
		□ MSMA-02
	RS Automation	□ (01) CSMT-A5
		□ CSMT-02
	Cool Muscle	□ (20A) 23 S30A
		□ (320A) 56 B10A
		□ 60 A10A
STEP	FASTECH	□ EzM-56
		□ EzM-60
	Oriental	□ PK-56
		□ ASC-66
	Autonics	□ AK-56
		□ AK-60
	Eraetech	□ EDCI-56
		□ EDCI-60

REV.	DATE	DETAIL OF REVISION
1	..	-
2	..	-
3	..	-
4	..	-
5	..	-

Cy-ROBO Smart Actuator

DESIGNED	CHECKED	APPROVED	TITLE	SMART ACTUATOR
			MODEL	SAN65□□-600PB+3SR

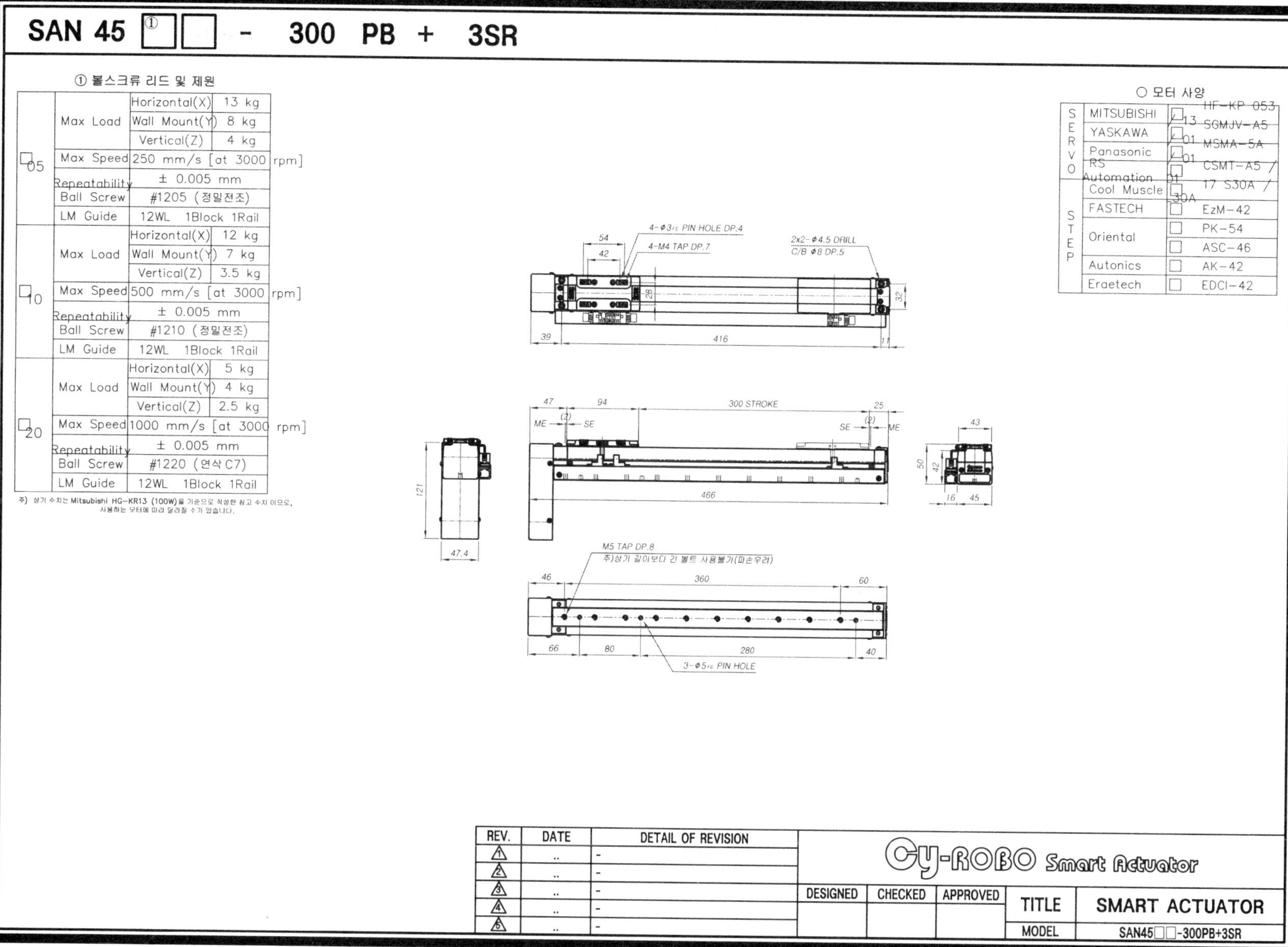

SAN 45 ① □□ - 300 PB + 3SR

① 볼스크류 리드 및 제원

□05	Max Load	Horizontal(X)	13 kg
		Wall Mount(Y)	8 kg
		Vertical(Z)	4 kg
	Max Speed	250 mm/s [at 3000 rpm]	
	Repeatability	± 0.005 mm	
	Ball Screw	#1205 (정밀전조)	
	LM Guide	12WL 1Block 1Rail	
□10	Max Load	Horizontal(X)	12 kg
		Wall Mount(Y)	7 kg
		Vertical(Z)	3.5 kg
	Max Speed	500 mm/s [at 3000 rpm]	
	Repeatability	± 0.005 mm	
	Ball Screw	#1210 (정밀전조)	
	LM Guide	12WL 1Block 1Rail	
□20	Max Load	Horizontal(X)	5 kg
		Wall Mount(Y)	4 kg
		Vertical(Z)	2.5 kg
	Max Speed	1000 mm/s [at 3000 rpm]	
	Repeatability	± 0.005 mm	
	Ball Screw	#1220 (연삭 C7)	
	LM Guide	12WL 1Block 1Rail	

주) 상기 수치는 Mitsubishi HG-KR13 (100W)을 기준으로 작성한 참고 수치 이므로, 사용하는 모터에 따라 달라질 수가 있습니다.

○ 모터 사양

SERVO	MITSUBISHI	□	HF-KP 053 / 13
	YASKAWA	□	SGMJV-A5 / 01
	Panasonic	□	MSMA-5A / 01
	RS Automation	□	CSMT-A5 / 01
	Cool Muscle	□	17 S30A / 30A
STEP	FASTECH	□	EzM-42
	Oriental	□	PK-54
		□	ASC-46
	Autonics	□	AK-42
	Eraetech	□	EDCI-42

REV.	DATE	DETAIL OF REVISION
1	..	-
2	..	-
3	..	-
4	..	-
5	..	-

Cy-ROBO Smart Actuator

DESIGNED	CHECKED	APPROVED	TITLE	SMART ACTUATOR
			MODEL	SAN45□□-300PB+3SR

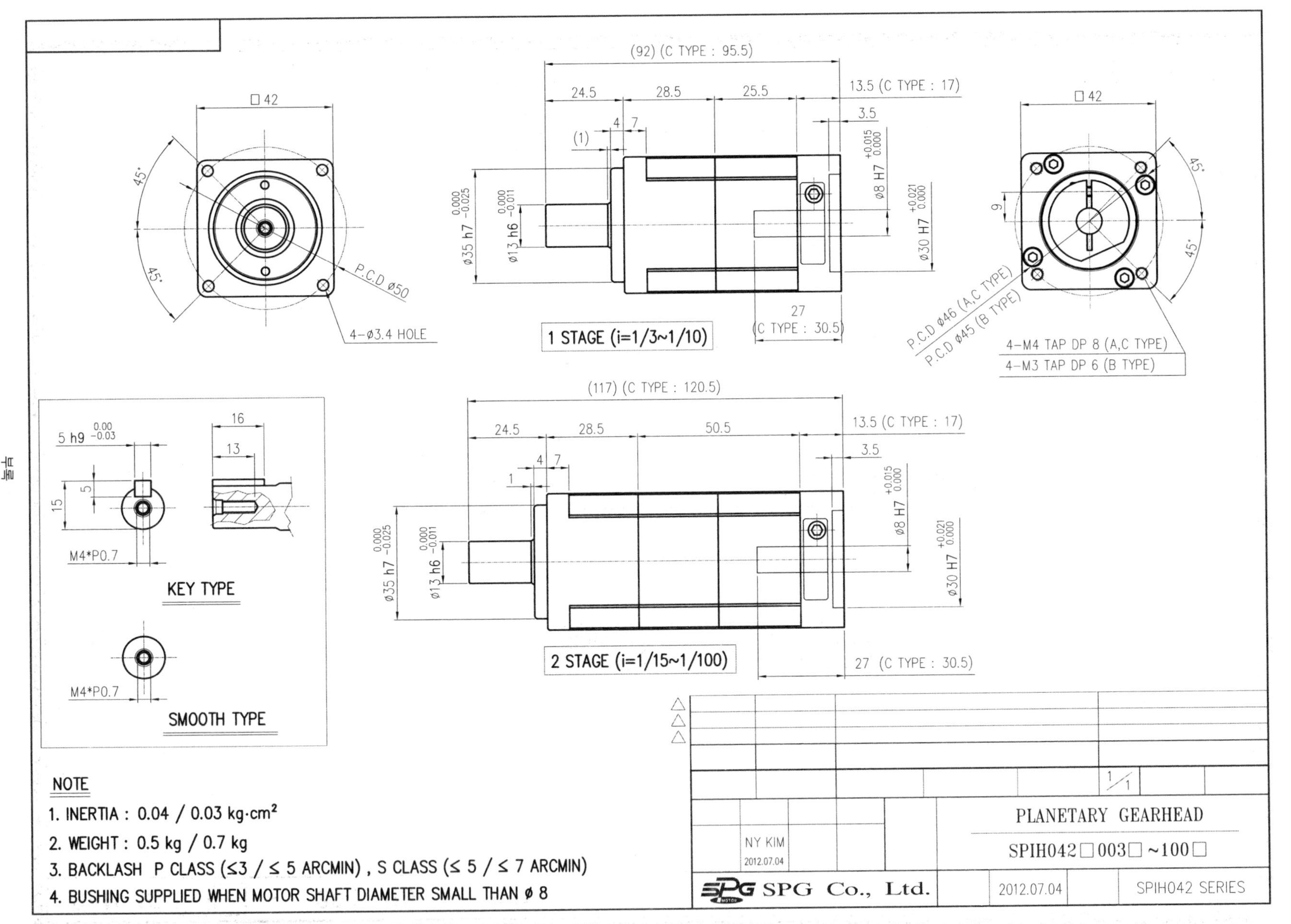
□42
45°
P.C.D ø50
4-ø3.4 HOLE
(92) (C TYPE : 95.5)
24.5
28.5
25.5
13.5 (C TYPE : 17)
3.5
(1)
4
7
ø35 h7 0.000 -0.025
ø13 h6 0.000 -0.011
ø8 H7 +0.015 0.000
ø30 H7 +0.021 0.000
27 (C TYPE : 30.5)
1 STAGE (i=1/3~1/10)
6
P.C.D ø46 (A,C TYPE)
P.C.D ø45 (B TYPE)
4-M4 TAP DP 8 (A,C TYPE)
4-M3 TAP DP 6 (B TYPE)
(117) (C TYPE : 120.5)
50.5
2 STAGE (i=1/15~1/100)
5 h9 0.00 -0.03
16
13
15
5
M4*P0.7
KEY TYPE
SMOOTH TYPE
NOTE
1. INERTIA : 0.04 / 0.03 kg·cm²
2. WEIGHT : 0.5 kg / 0.7 kg
3. BACKLASH P CLASS (≤3 / ≤ 5 ARCMIN) , S CLASS (≤ 5 / ≤ 7 ARCMIN)
4. BUSHING SUPPLIED WHEN MOTOR SHAFT DIAMETER SMALL THAN ø 8
1/1
PLANETARY GEARHEAD
SPIH042□003□ ~100□
NY KIM
2012.07.04
SPG Co., Ltd.
2012.07.04
SPIH042 SERIES

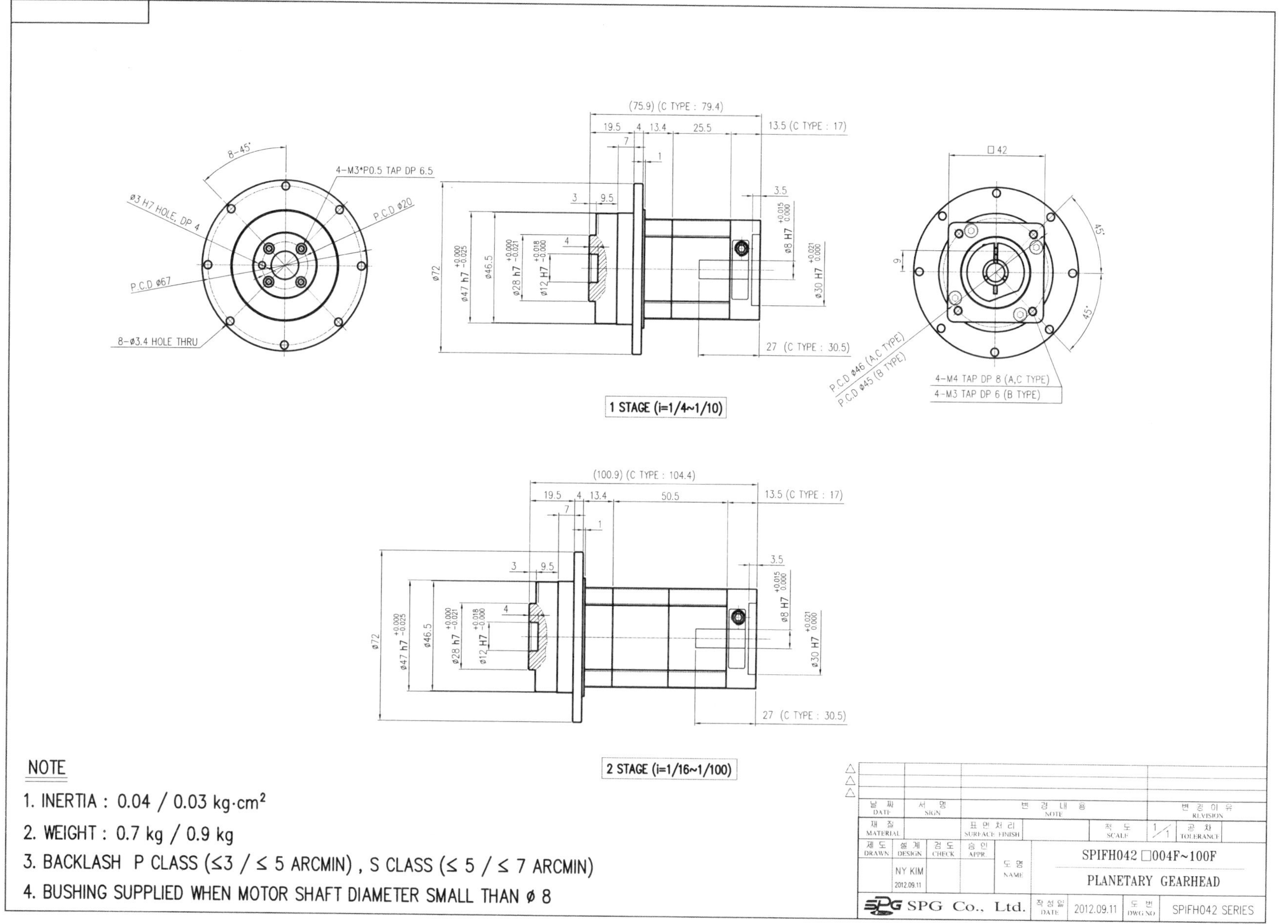

NOTE
1. INERTIA : 0.04 / 0.03 kg·cm²
2. WEIGHT : 0.7 kg / 0.9 kg
3. BACKLASH P CLASS (≤3 / ≤ 5 ARCMIN) , S CLASS (≤ 5 / ≤ 7 ARCMIN)
4. BUSHING SUPPLIED WHEN MOTOR SHAFT DIAMETER SMALL THAN ø 8

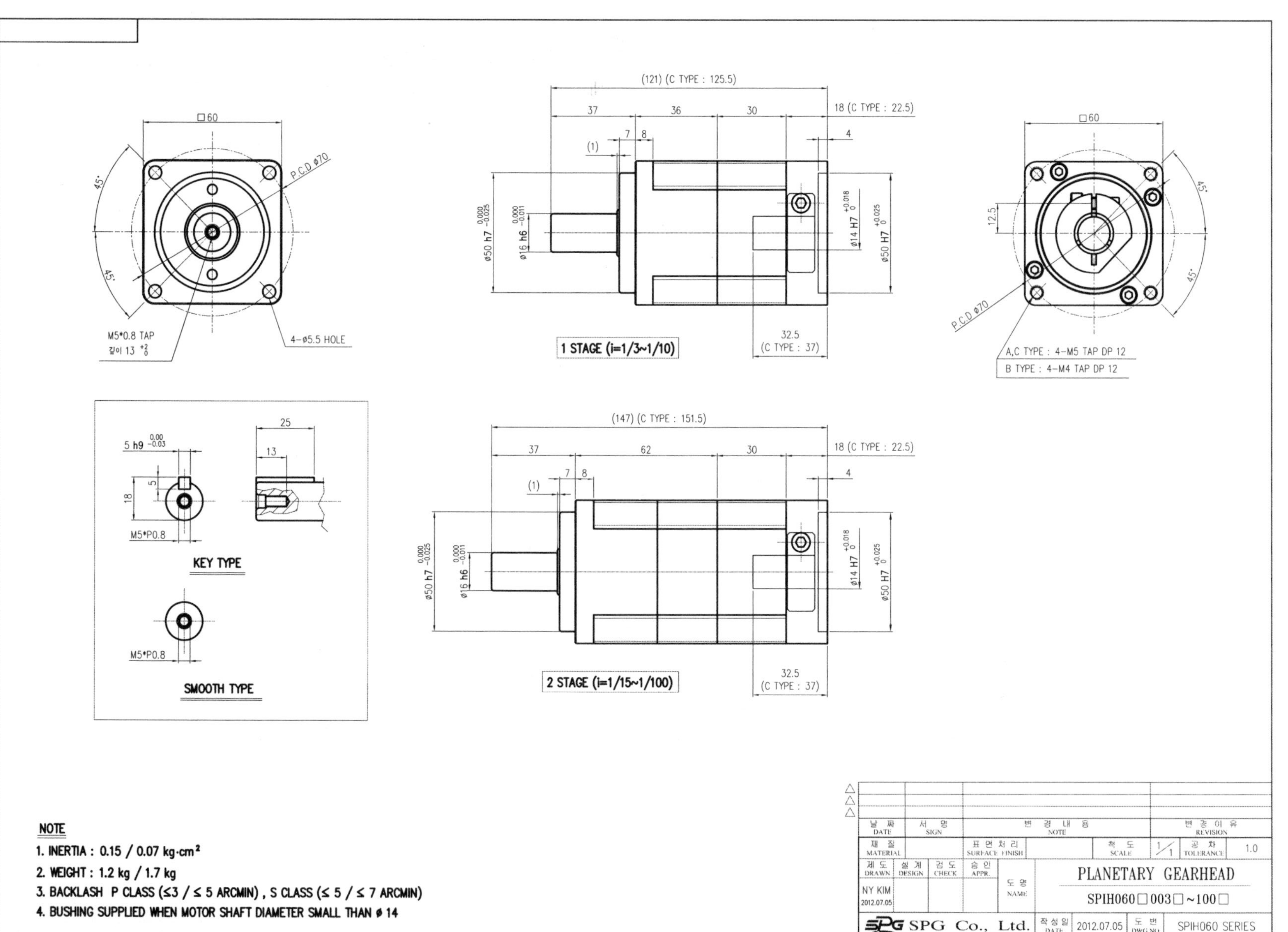

□60
P.C.D ø70
45°
45°
M5*0.8 TAP
깊이 13 +2 0
4-ø5.5 HOLE
(121) (C TYPE : 125.5)
37
36
30
18 (C TYPE : 22.5)
7
8
(1)
4
ø50 h7 0.000 -0.025
ø16 h6 0.000 -0.011
ø14 H7 +0.018 0
ø50 H7 +0.025 0
1 STAGE (i=1/3~1/10)
32.5
(C TYPE : 37)
12.5
A,C TYPE : 4-M5 TAP DP 12
B TYPE : 4-M4 TAP DP 12
5 h9 0.00 -0.03
5
18
25
13
M5*P0.8
KEY TYPE
M5*P0.8
SMOOTH TYPE
(147) (C TYPE : 151.5)
37
62
30
18 (C TYPE : 22.5)
7
8
(1)
4
ø50 h7 0.000 -0.025
ø16 h6 0.000 -0.011
ø14 H7 +0.018 0
ø50 H7 +0.025 0
2 STAGE (i=1/15~1/100)
32.5
(C TYPE : 37)
NOTE
1. INERTIA : 0.15 / 0.07 kg·cm²
2. WEIGHT : 1.2 kg / 1.7 kg
3. BACKLASH P CLASS (≤3 / ≤ 5 ARCMIN) , S CLASS (≤ 5 / ≤ 7 ARCMIN)
4. BUSHING SUPPLIED WHEN MOTOR SHAFT DIAMETER SMALL THAN ø 14
날 짜 DATE
서 명 SIGN
변 경 내 용 NOTE
변 경 이 유 REVISION
재 질 MATERIAL
표 면 처 리 SURFACE FINISH
척 도 SCALE
1/1
공 차 TOLERANCE
1.0
제 도 DRAWN
설 계 DESIGN
검 도 CHECK
승 인 APPR.
도 명 NAME
PLANETARY GEARHEAD
SPIH060□003□~100□
NY KIM
2012.07.05
SPG Co., Ltd.
작성일 DATE
2012.07.05
도 번 DWG NO
SPIH060 SERIES

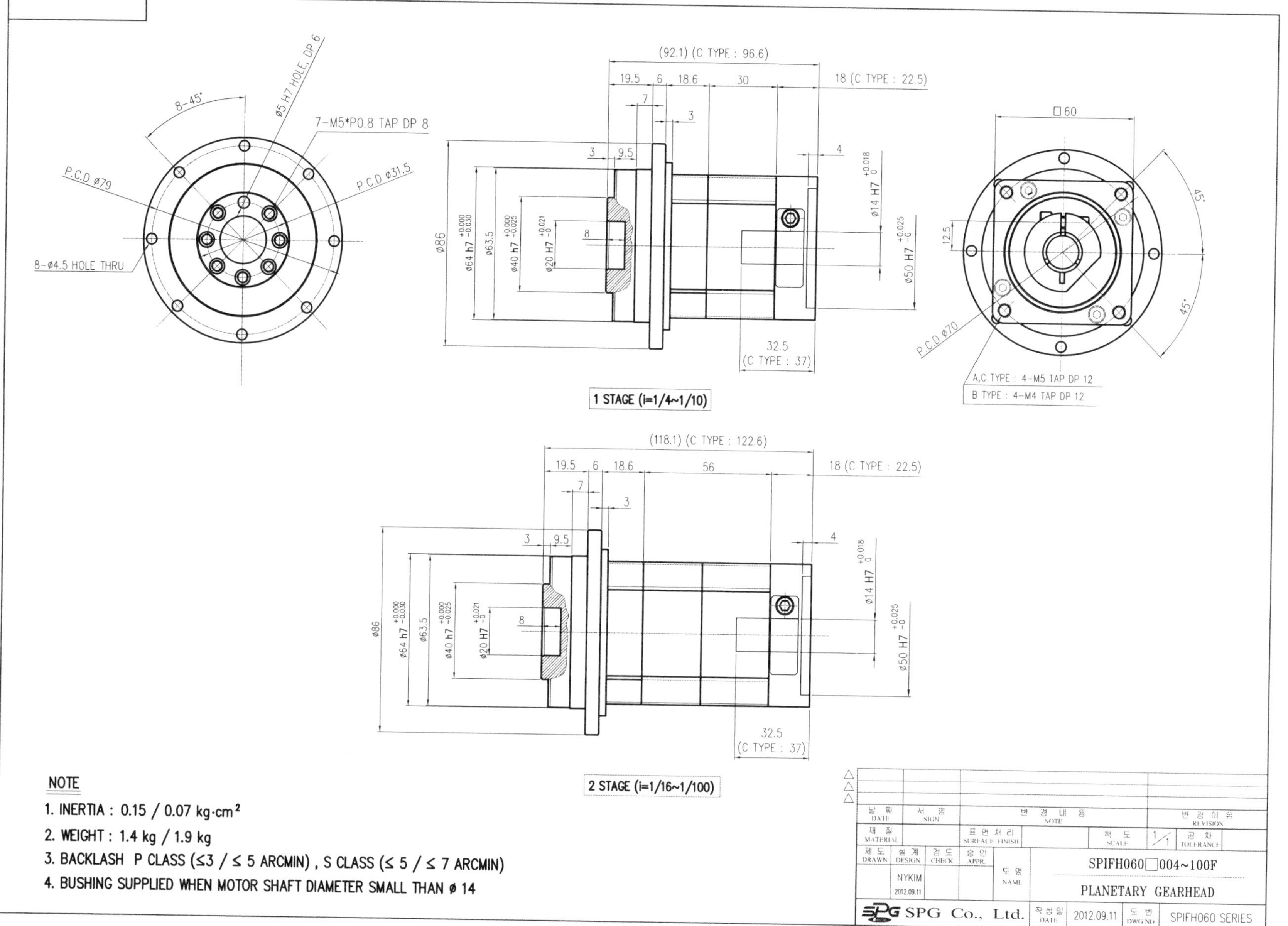

8-45°
ø5 H7 HOLE, DP 6
7-M5*P0.8 TAP DP 8
P.C.D ø79
P.C.D ø31.5
8-ø4.5 HOLE THRU
(92.1) (C TYPE : 96.6)
19.5
6
18.6
30
18 (C TYPE : 22.5)
7
3
9.5
4
ø86
ø64 h7 +0.000 -0.030
ø63.5
ø40 h7 +0.000 -0.025
ø20 H7 +0.021 -0
8
ø14 H7 +0.018 0
ø50 H7 +0.025 -0
32.5
(C TYPE : 37)
1 STAGE (i=1/4~1/10)
□60
45°
12.5
P.C.D ø70
A,C TYPE : 4-M5 TAP DP 12
B TYPE : 4-M4 TAP DP 12
(118.1) (C TYPE : 122.6)
56
2 STAGE (i=1/16~1/100)
NOTE
1. INERTIA : 0.15 / 0.07 kg·cm²
2. WEIGHT : 1.4 kg / 1.9 kg
3. BACKLASH P CLASS (≤3 / ≤ 5 ARCMIN) , S CLASS (≤ 5 / ≤ 7 ARCMIN)
4. BUSHING SUPPLIED WHEN MOTOR SHAFT DIAMETER SMALL THAN ø 14
날 짜 DATE
서 명 SIGN
변 경 내 용 NOTE
변 경 이 유 REVISION
재 질 MATERIAL
표 면 처 리 SURFACE FINISH
척 도 SCALE
1/1
공 차 TOLERANCE
제 도 DRAWN
설 계 DESIGN
검 도 CHECK
승 인 APPR.
NYKIM
2012.09.11
도 명 NAME
SPIFH060□004~100F
PLANETARY GEARHEAD
SPG Co., Ltd.
작 성 일 DATE
2012.09.11
도 번 DWG.NO
SPIFH060 SERIES

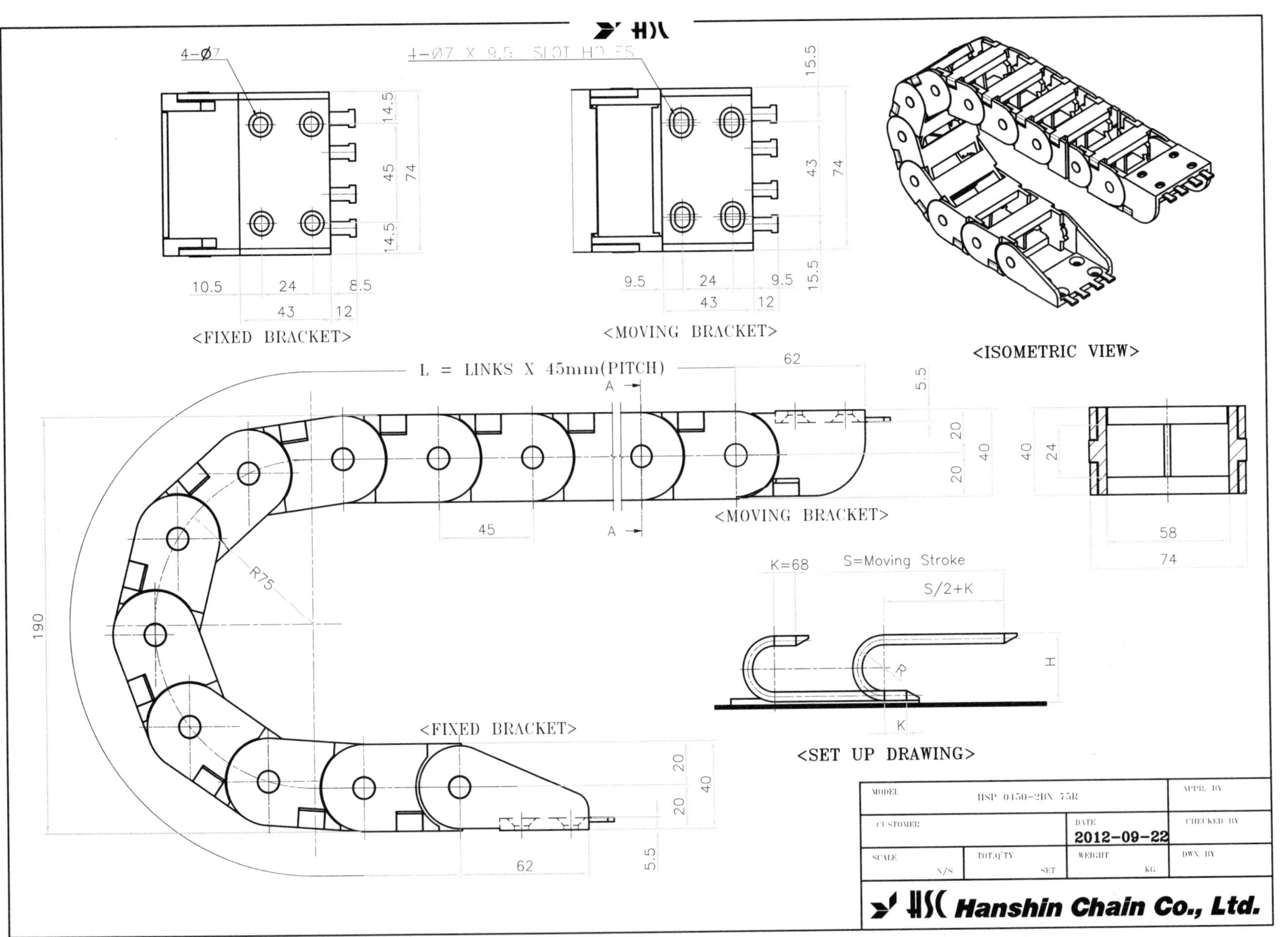

4-Ø7
4-Ø7 X 9.5 SLOT HOLES
<FIXED BRACKET>
<MOVING BRACKET>
<ISOMETRIC VIEW>
L = LINKS X 45mm(PITCH)
R75
<MOVING BRACKET>
<FIXED BRACKET>
K=68
S=Moving Stroke
S/2+K
<SET UP DRAWING>
MODEL
HSP 0450-2BN 75R
CUSTOMER
DATE
2012-09-22
SCALE
N/S
TOT.Q'TY
SET
WEIGHT
KG
APPR. BY
CHECKED BY
DWN BY
Hanshin Chain Co., Ltd.

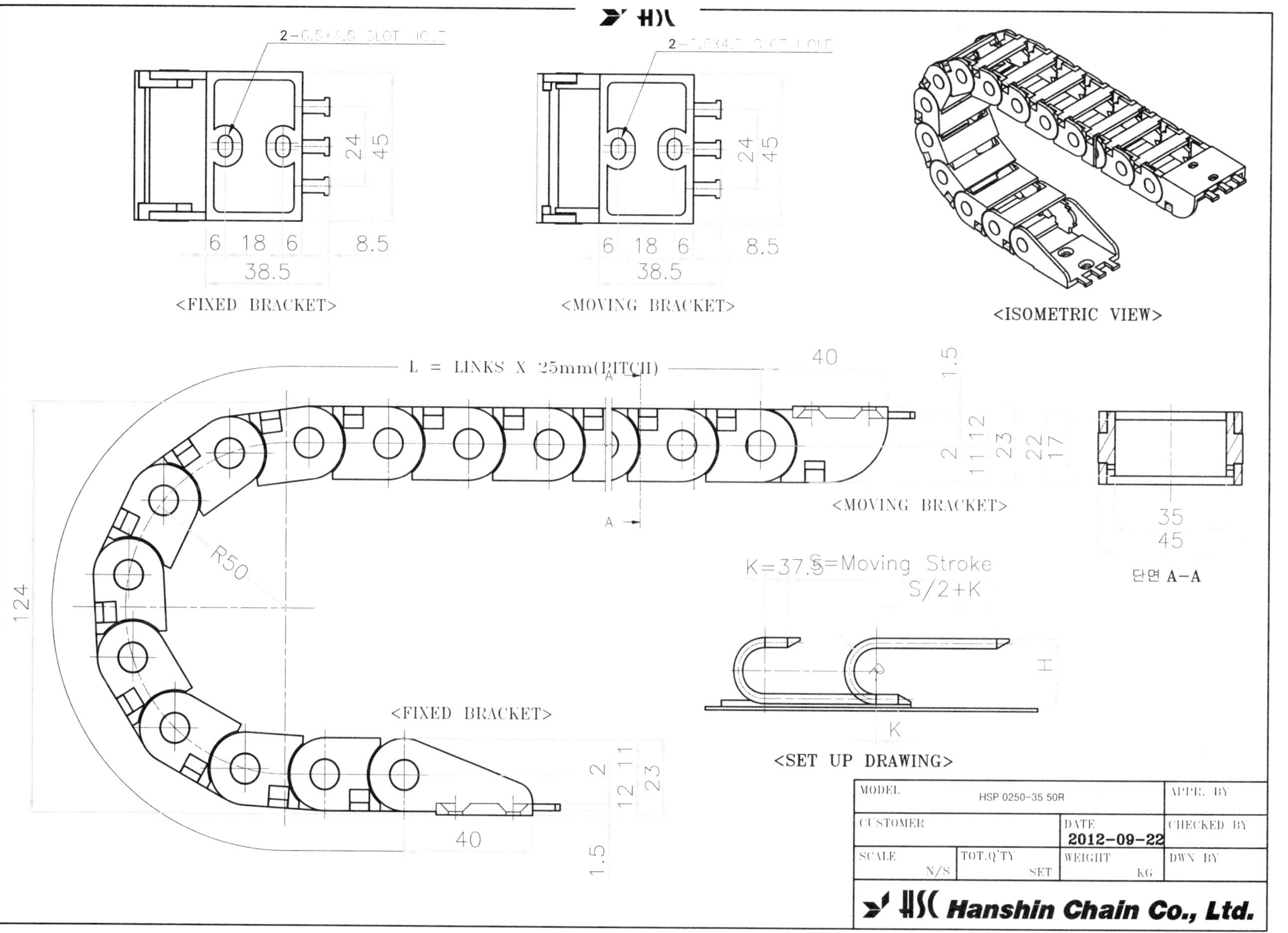

<FIXED BRACKET>
<MOVING BRACKET>
<ISOMETRIC VIEW>
6 18 6
8.5
38.5
24
45
L = LINKS X 25mm(PITCH)
40
1.5
2
11 12
23
22
17
<MOVING BRACKET>
35
45
단면 A-A
R50
124
K=37.5
S=Moving Stroke
S/2+K
H
K
<FIXED BRACKET>
<SET UP DRAWING>
MODEL
HSP 0250-35 50R
APPR. BY
CUSTOMER
DATE
2012-09-22
CHECKED BY
SCALE
N/S
TOT.Q'TY
SET
WEIGHT
KG
DWN BY
Hanshin Chain Co., Ltd.

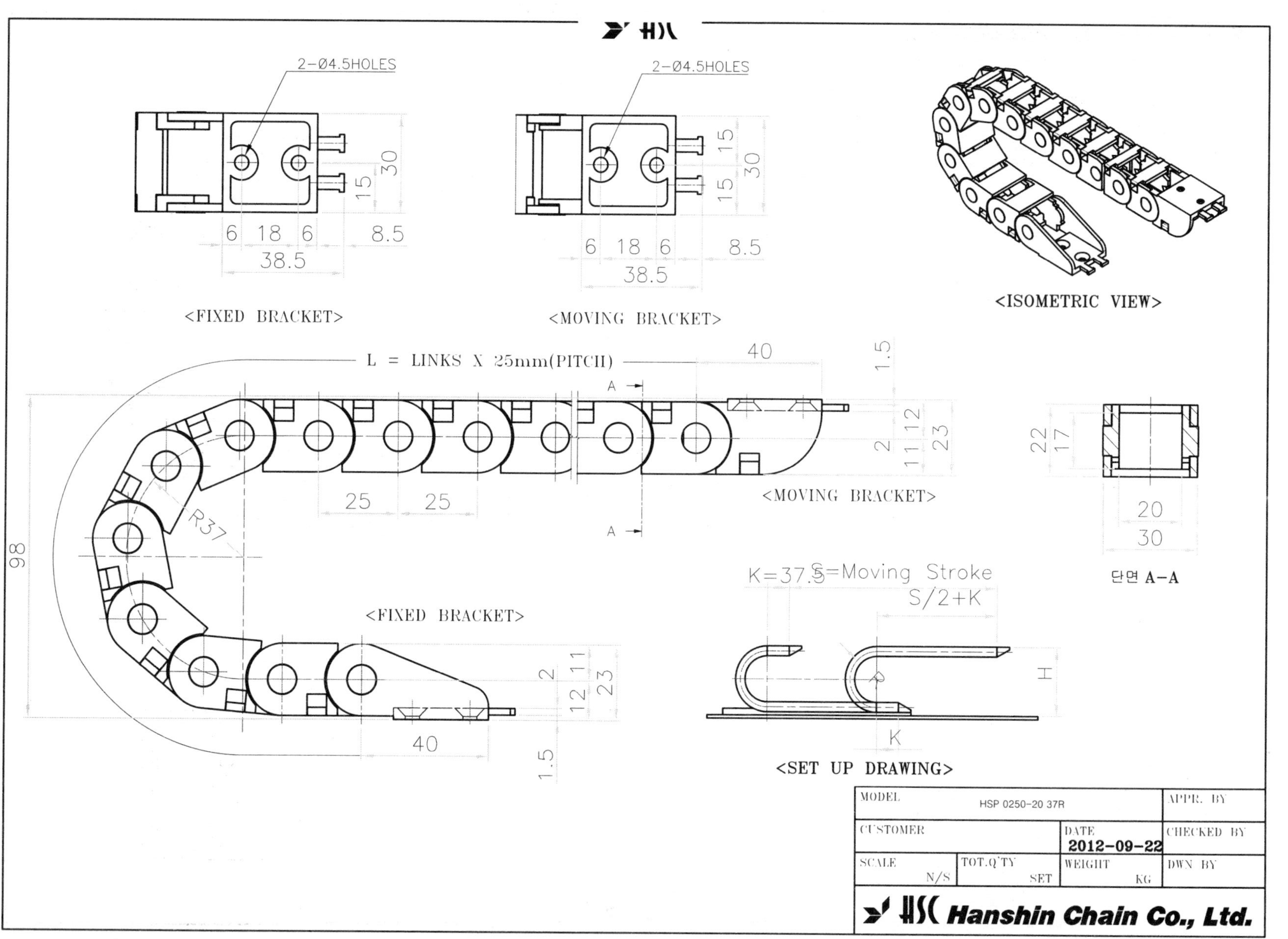

2-Ø4.5HOLES
2-Ø4.5HOLES
<FIXED BRACKET>
<MOVING BRACKET>
<ISOMETRIC VIEW>
L = LINKS X 25mm(PITCH)
R37
<MOVING BRACKET>
<FIXED BRACKET>
단면 A-A
K=37.5
S=Moving Stroke
S/2+K
<SET UP DRAWING>
MODEL
HSP 0250-20 37R
APPR. BY
CUSTOMER
DATE
2012-09-22
CHECKED BY
SCALE
N/S
TOT.Q'TY
SET
WEIGHT
KG
DWN BY
Hanshin Chain Co., Ltd.

○ 외형도 DIMENSIONS

(Unit:mm)

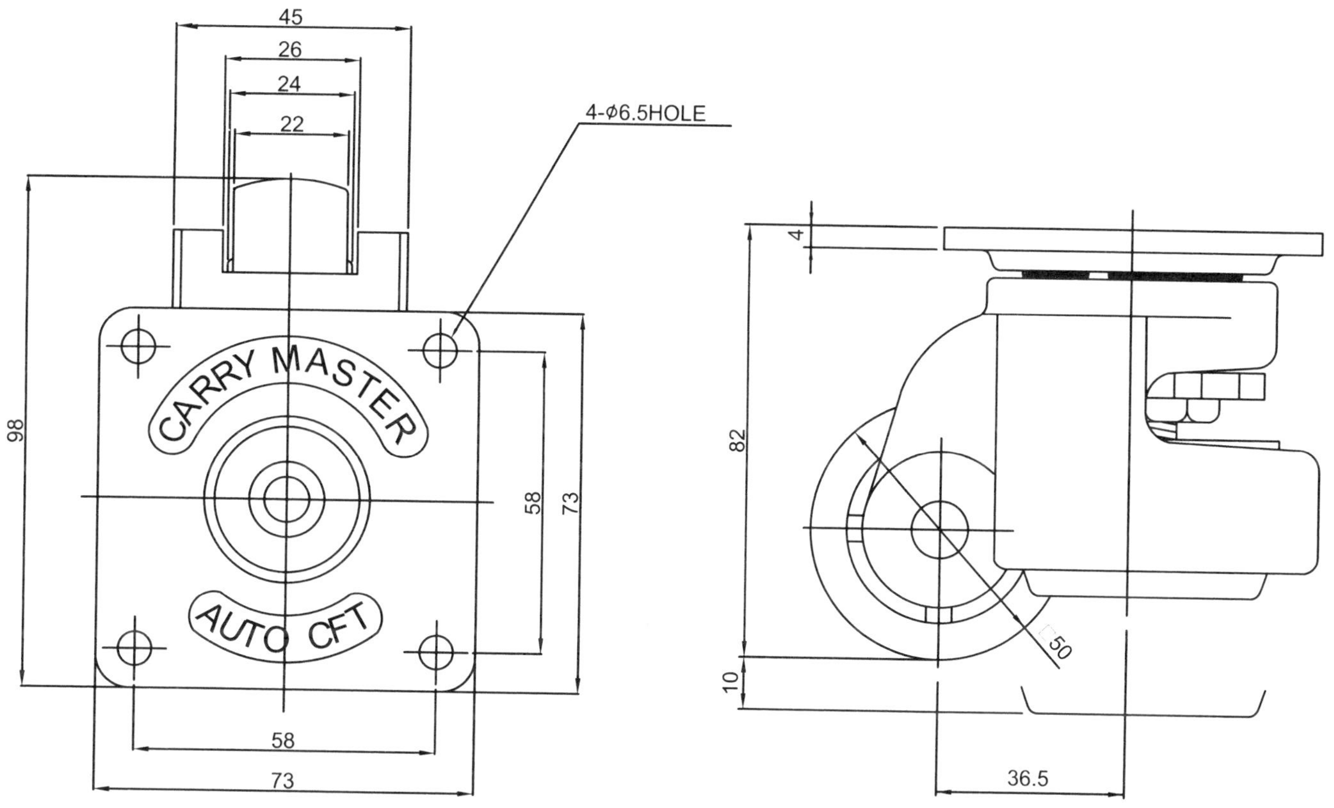

AC-300 "F" TYPE

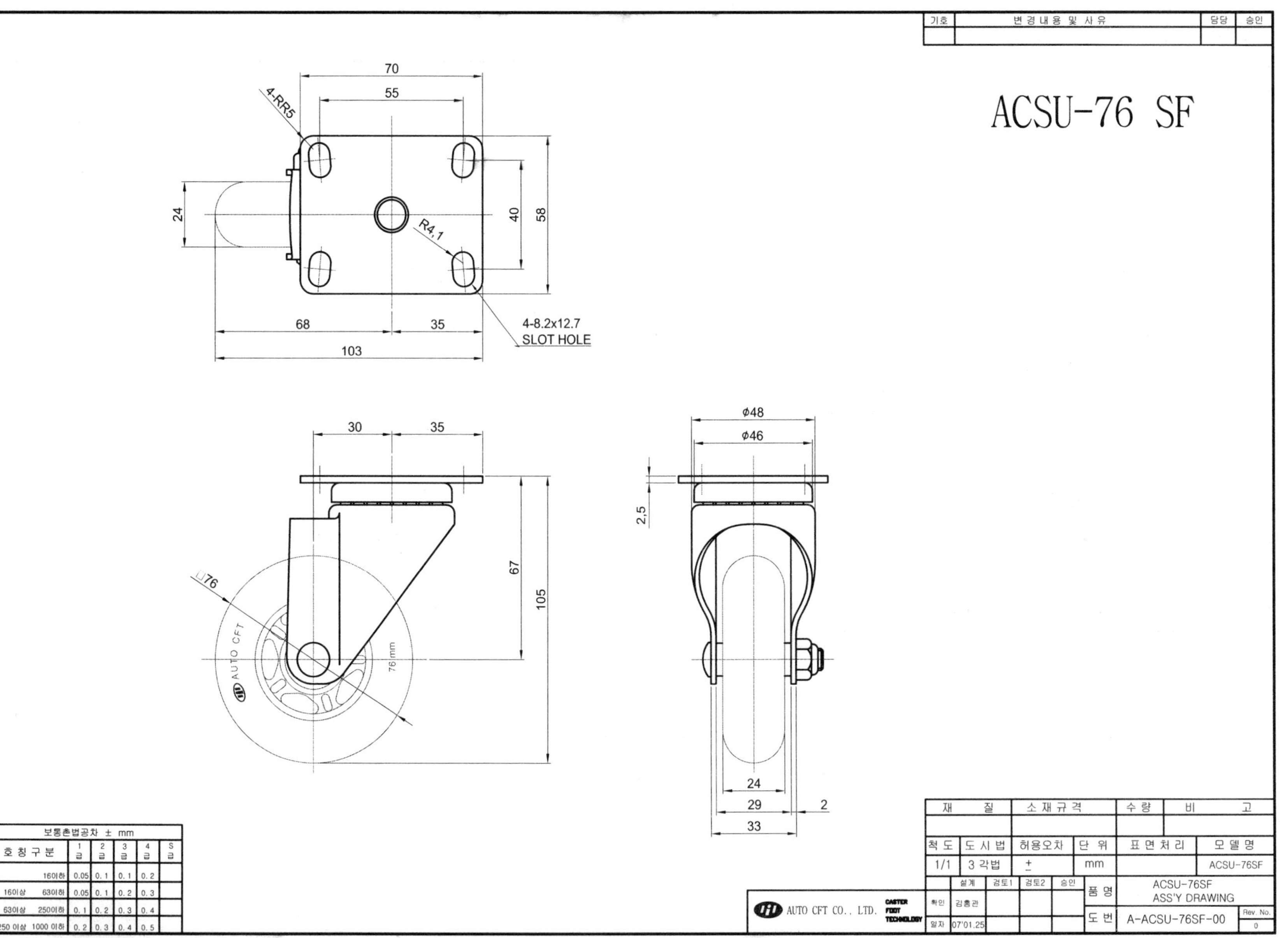
ACSU-76 SF
4-8.2x12.7
SLOT HOLE
R4.1
4-RR5
AUTO CFT
76 mm
AUTO CFT CO., LTD.
ACSU-76SF
ASS'Y DRAWING
A-ACSU-76SF-00

이창훈

2004년부터 자동화기계 제조회사에서 근무했으며 기계 설계와 생산관리를 담당했다. 기계제조의 대기업과 소기업 모두에서 경력을 쌓았다. 현재는 자동화기계를 설계하고 제작하는 소규모 사업을 하고 있다.

메일주소: ubtechne@naver.co

AutoCAD를 활용한

자동화기계설계

2017년 2월 10일 제1판제1인쇄
2017년 2월 15일 제1판제1발행

저 자 이 창 훈
발행인 나 영 찬

발행처 **기전연구사**

서울특별시 동대문구 천호대로4길 16(신설동 104-29)
전 화 : 2235-0791/2238-7744/2234-9703
FAX : 2252-4559
등 록 : 1974. 5. 13. 제5-12호

정가 23,000원

ISBN 978-89-336-0915-6
www.kijeonpb.co.kr